DICTIONNAIRE
DE
PHYSIQUE,
DÉDIÉ AU ROI.

NEUVIEME ÉDITION,

Dans laquelle on a mis à leur place les articles du *Supplément*, imprimé en l'année 1787.

Par M. AIMÉ-HENRI PAULIAN, *Prêtre, de différentes Académies.*

TOME TROISIEME.

A NÎMES,
Chez GAUDE, Freres, Libraires.

M. DCC. LXXXIX.

AVEC APPROBATION ET PRIVILÉGE DU ROI.

AVERTISSEMENT.

CE troiſieme Volume eſt à-peu-près dans le goût du ſecond. Parmi les articles qu'il contient, les uns ne demandent, pour être compris, aucune teinture de Phyſique ; les autres ſuppoſent le Lecteur déja initié dans cette ſcience ; quelques-uns enfin ſuppoſent une parfaite connoiſſance de la Géométie & du calcul. Les articles de la premiere claſſe commencent par les mots *Électricité*, *Fontaine*, *Homme*, *Hyene*, *Hygrometre*, *Imagination*, *Influences*, *Inoculation*, *Inſecte*, *larme batavique*, &c. Il faut encore faire entrer dans cette claſſe les articles purement hiſtoriques, c'eſt-à-dire, les articles qui préſentent l'hiſtoire des Auteurs que la mort nous a enlevés.

Les articles de la ſeconde claſſe ont pour objet la *Force*, les *Fractions*, la *Géométrie*, la *Gravité des Corps*, l'*Hydraulique*, l'*Hydroſtatique*, la *Latitude*, &c.

A ij

Enfin, la troisieme classe est composée des articles *Flux & Reflux de la Mer* & *Képler*. L'article sur les *grains* est peut-être le seul qui appartienne aux trois classes dont nous venons de parler. Comme nous y avons fait entrer tout ce qu'il est nécessaire de savoir sur les moulins à eau & à vent, il n'est pas étonnant qu'il contienne des choses dont les unes aient rapport à la simple Agriculture, les autres à la Physique ordinaire, & quelques-unes à la Physique la plus sublime. Heureux, si dans ce Volume, comme dans les trois autres, nous pouvions dire avec le Poëte, *omne tulit punctum qui miscuit utile dulci.*

DICTIONNAIRE
DE
PHYSIQUE.

E

ÉLECTRICITÉ. Il étoit réservé à notre siecle de produire, par le moyen de la Machine électrique, les phénomenes les plus surprenans. Depuis environ 50 ans les plus grands Physiciens se sont occupés à en chercher les causes. Les uns, timides & pusillanimes, ont avoué qu'on ne pouvoit rien prononcer sur une matiere aussi obscure ; les autres, hardis & présomptueux, ont proposé des systemes dans les formes, & ont voulu assujettir tous les Physiciens à leur maniere de penser ; quelques-uns enfin, plus sages & plus retenus, n'ont donné leurs découvertes en ce genre, que comme de pures conjectures. M. l'Abbé Nollet, à qui ses seuls ouvrages sur l'électricité auroient assuré l'immortalité, a suivi l'exemple de ces derniers : je n'ai rien vu de meilleur, que ce qu'il a composé sur cette matiere ; aussi nous a-t-il servi de guide dans une route encore si peu frayée. Entrons en matiere, & commençons par la description de la Machine électrique, *fig. Iere.*, *pl.* 1.

La Machine électrique doit être composée 1°. d'un globe de verre G, dont le diametre ait environ un pied, & dont l'épaisseur soit d'une ligne & demie au moins ; 2°. d'un tour T & d'une roue R, de trois à quatre pieds de diametre, qui communique avec le globe G par le moyen d'une corde, & qui en tournant lui imprime un mouvement de rotation ; 3°. d'un coussinet couvert de peau qui frotte le globe, lorsqu'il est en mouvement ; il vaut encore mieux le frotter avec la main nue M, pourvu qu'elle soit bien seche ; 4°. d'une barre de fer, ou d'un tube de fer-blanc AB, appuyant sur des rubans, ou suspendu par le moyen de quelques cordons de soie DE, FH ; la barre de fer, ou le tube de fer-blanc doit communiquer avec le globe de verre par le moyen d'un peu de clinquant C, ou d'une petite frange de métal qui s'avance d'un pouce, & qui puisse toucher impunément sur la superficie du verre ; 5°. d'un gâteau de résine ou de poix qui ait 7 à 8 pouces d'épaisseur, & qui soit assez large pour appuyer commodément les pieds de la personne qui doit y monter dessus. Telle est la Machine par le moyen de laquelle nous faisons les expériences les plus surprenantes.

Cette machine, beaucoup plus commode que le cylindre de verre dont on se servoit autrefois, est sujette à de grands inconvéniens. Plus d'une fois le globe trop échauffé, a éclaté en des millions de pieces, & ces éclats ont dangereusement blessé, non-seulement le frotteur, mais encore nombre de spectateurs.

Un simple coussinet, couvert de peau, ne rendoit pas, par ses frottemens, le globe de verre assez électrique ; il falloit employer la main nue ; mais elle devoit être naturellement seche ; & combien peu en trouvoit-on ? Sur vingt personnes, à peine quelquefois en ai-je trouvé une dont la main fût propre à être appliquée au globe. D'ailleurs après un certain tems le frotteur avoit sa main tellement échauffée, il sentoit des picotemens si insupportables, qu'il falloit ou suspendre les expériences, ou trouver une main aussi seche que la sienne, pour pouvoir les continuer avec le même succès. Les Physiciens modernes ont parfaitement paré à tous ces inconvéniens ; & voici les principaux changemens qu'ils ont fait à la machine électrique à *globe de verre*.

1°. Au globe de verre ils ont substitué un plan circulaire de glace, qu'on nomme *plâteau*, d'un diametre plus ou moins long ; sa longueur cependant n'excede gueres celle de vingt-quatre pouces. Le plateau, percé à son centre, est monté de maniere à recevoir très-facilement un mouvement circulaire des plus rapides ; & il ne peut se mouvoir, sans être frotté par quatre coussins, dont l'effet est bien supérieur à celui que produisoit la main nue, quelque seche qu'elle fût, lorsqu'elle étoit appliquée au globe de verre.

2°. Le fond des coussins dont nous parlons, est fait d'une lame circulaire de cuivre de cinq pouces de diametre, lorsque le plateau en a vingt-quatre. Ils sont garnis de crin, & recouverts d'une peau qu'on appelle *basane*.

3°. Pour rendre l'électricité plus sensible, on se sert, depuis quelques années, d'un amalgame dont on enduit la surface des coussins. Cet amalgame est composé de mercure saturé d'étain par voie de trituration, & réduit ensuite en poudre par l'intermede d'une quantité suffisante de blanc d'Espagne pilé. Avant de s'en servir, il faut prendre la précaution de le bien faire sécher.

4°. Pour appliquer l'amalgame sur la surface des coussins, voici comment il faut s'y prendre. Si les coussins ont déjà été amalgamés, il faut les essuyer, jusqu'à ce qu'on ait rendu à la peau toute la netteté qu'elle peut avoir. On les frotte ensuite circulairement jusqu'à un pouce près du bord, avec un bout de chandelle, de façon qu'ils en soient modérément couverts. On met sur le milieu de ces coussins, une forte pincée d'amalgame & on applique un autre coussin par-dessus. On les frotte circulairement l'un sur l'autre, ayant soin de les mettre alternativement l'un dessus & l'autre dessous. On continue à les frotter, jusqu'à ce que l'amalgame paroisse universellement étendu sur leurs surfaces : cela fait, on essuie les bords avec un linge, & on les met en place.

5°. Le conducteur est soutenu par deux colonnes de cristal qui l'isolent beaucoup mieux que des cordons de soie, & il est traversé par un arc de cuivre, terminé à chaque extrémité par deux godets de cuivre de quatre pouces de diametre, dans chacun desquels sont implantées trois pointes de cuivre. Ces pointes, présentées au plateau, à la distance d'environ un demi-pouce, en soutirent beaucoup plus abondamment & beaucoup plus facilement la matiere électrique, & la transportent beaucoup plus infailliblement au conducteur, que ne faisoit le clinquant ou la frange de métal que l'on plaçoit autrefois entre le conducteur & le globe de verre des anciennes machines électriques. Tels sont les principaux changemens dont nous sommes redevables au génie des Physiciens modernes, à celui surtout de M. *Sigaud de la Fond*, qui dans le *Tome second* de son ouvrage intitulé *Description & usage d'un cabinet de Physique expérimentale*, entre les *pages* 303 & 412, a décrit la machine électrique *à plateau* avec l'élégance qui lui est propre. Nous renvoyons volontiers le Lecteur à cet ouvrage classique, & nous avouons avec reconnoissance que, dans cette occasion, nous nous sommes servis quelquefois des propres termes de cet Auteur. Lisez la préface du premier volume.

Avant que de proposer les expériences qu'on a coutume de faire par le moyen de la machine électrique, voici quelques notions communes à presque tous les systemes.

1°. Un corps actuellement électrique est un corps que l'on a mis en état d'attirer & de repousser des corps légers, tels que sont les pailles, les plumes, les feuilles de métal; l'électricité d'un corps se manifeste encore par les bluettes que l'on en tire.

2°. Presque tous les corps peuvent devenir électriques ou par frottement, ou par communication.

3°. Les matieres vitrifiées & les matieres résineuses s'électrisent très-facilement, lorsqu'on les frotte, ou avec la main nue bien seche, ou avec un morceau d'étoffe.

4°. Les métaux & les corps vivans deviennent très-facilement électriques, lorsqu'ils communiquent, par exemple, par le moyen, ou d'une frange de métal, ou d'une chaîne de fer avec les corps devenus électriques par frottement.

5°. Les corps qui deviennent électriques par frottement, ne le deviennent presque jamais, ou du moins le deviennent très-peu par communication ; & les corps qui deviennent électriques par communication, ne le deviennent presque jamais par frottement.

6°. Un corps électrisé perd communément toute sa vertu par l'attouchement de ceux qui ne le sont pas.

7°. Tout corps électrisé, soit qu'il l'ait été par frottement, ou par communication, est entouré d'un fluide très-subtil, qui s'étend plus ou moins loin, suivant que l'électricité a été plus ou moins forte. Ce fluide sert d'atmosphere au corps actuellement électrisé.

8°. Le fluide qui sert d'atmosphere aux corps qui sont dans l'état actuel d'électrisation, n'est pas l'air grossier que nous respirons, puisque les corps s'électrisent parfaitement bien dans le récipient de la Machine pneumatique, après que l'on en a pompé l'air.

9°. L'atmosphere des corps actuellement électrisés, est formée par les particules qui s'élancent continuellement de leur sein, & qui se portent plus ou moins, suivant que l'électricité est plus ou moins forte.

10°. Le fluide subtil qui compose l'atmosphere des corps électrisés, s'insinue sans peine à travers les corps les plus durs ; l'on dit même que cette matiere traverse plus facilement les métaux, que l'air ; elle est en cela semblable à la lumiere qui traverse plus aisément le verre que l'air.

11°. Le fluide subtil qui compose l'atmosphere des corps électrisés, & que nous pouvons nommer *matiere électrique*, se trouve plus ou moins abondamment dans tous les corps ; l'on peut même conjecturer que cette matiere est répandue par-tout, & qu'elle n'a besoin que d'un tel degré de mouvement pour se rendre sensible.

12°. La matiere électrique est une vraie matiere ignée ; c'est un vrai feu qui, pour agir avec plus de force, s'unit à des parties hétérogenes qu'il trouve, ou dans les corps qu'on électrise, ou dans l'atmosphere de ces corps.

13°. Un corps, à force d'être électrisé, ne perd pas son électricité. Electrisez, par exemple, un globe de verre pendant deux ou trois heures de suite, il n'en paroîtra pas moins électrique. Telles sont les notions qu'il faut avoir présentes à l'esprit, quelque parti que l'on prenne en matiere d'électricité.

CONJECTURES

Sur les causes physiques des phénomenes électriques.

C'est moins à mon Bureau, qu'autour de la Machine électrique, que j'ai formé l'hypothese dont je vais rendre compte au Public. Ce qui me fait plaisir dans cette hypothese, c'est qu'elle est fondée sur une loi d'Hydrostatique avouée de tout le monde, & sur des expériences qui réussissent en tout tems, à toute sorte de personnes, & avec la Machine la plus médiocre. Le Lecteur me permettra bien d'entrer dans le détail suivant ; c'est comme le Journal de tout ce que j'ai fait, pour arriver à des explications que je regarde comme nouvelles.

J'ai enseigné la Philosophie pendant six ans, sans oser rien hasarder sur les causes physiques des phénomenes électriques. Pendant ce tems-là, je n'ai donné l'Electricité que d'une maniere purement historique. Ces six ans écoulés, je résolus de mettre l'Electricité en dispute réglée, & d'imaginer une espece de systeme. Pour le faire d'une maniere plus conforme à la vérité, je pris six de mes Eleves, & je fis avec eux, pendant trois mois consécutifs, toute sorte d'opérations électriques ; résolu d'admettre, comme un *Principe*, toute conséquence directe d'une expérience constatée. Je revenois jusqu'à cent fois sur la même expérience ; j'examinois, je faisois examiner jusqu'aux moindres circonstances ; je m'attachois aux moindres détails ; mais avec tout cela je n'avançois pas, & mon esprit demeuroit toujours dans la même incertitude. J'étois donc résolu à mettre fin à un travail si ingrat, & à retourner à mon ancien Pyrrhonisme sur les causes physiques de l'Electricité, lorsque je m'avisai de faire l'expérience suivante. Je me fis apporter deux gâteaux de résine. Je plaçai sur ces gâteaux deux de mes Eleves, dont l'un communiquoit avec le tube de fer-blanc à la maniere ordinaire, & l'autre étoit occupé à frotter le Globe de verre. Je leur fis signe à tous les deux d'approcher en même tems leur doigt du tube. Il arriva, comme je l'attendois, que le premier ne tira point de bluette, & que le second en tira de très-vives. Je m'approchai moi-même d'eux, & je trouvai électrique non-seulement celui qui communiquoit avec le tube par la chaîne ordinaire, mais encore celui qui frottoit le Globe; avec cette différence que les bluettes que je tirai de celui-ci étoient beaucoup plus foibles que celles que je tirai de celui-là. Cette expérience dont personne, à ce que je sache, n'a fait encore aucun usage, dissipa tout-à-coup toutes mes ténebres. Je m'apperçus d'abord que toute la matiere électrique qui sortoit du Globe de verre, n'enfiloit pas le tube de fer-blanc; que celle qui se répandoit dans l'air étoit capable de communiquer une foible Electricité aux corps environnans; qu'on pourroit tirer parti du courant électrique qui n'alloit pas dans le tube; en un mot, cette expérience me donna occasion de faire les conjectures suivantes.

1°. L'on peut regarder la matiere qui sort du Globe de verre, comme divisée en deux courans, dont l'un enfile le tube de fer-blanc, & l'autre se répand dans l'air, puisque le tube suspendu sur des fils de soie, & l'homme qui frotte le Globe, isolé sur le gâteau, sont électrisés en même tems.

2°. Le premier courant rend le tube de fer-blanc *parfaitement électrique*, puisque j'en tire des bluettes très-vives. Le second met en mouvement la matiere électrique répandue dans l'air, & rend à *demi-électrique* tout ce qui environne la Machine, pourvu qu'il se trouve électrisable par communication. Cette conjecture est fondée sur la foiblesse des bluettes que je tire de celui qui frotte le Globe, lorsque je le place sur un gâteau de résine.

3°. Tous les corps que le premier courant a électrisés, sont entourés d'une atmosphere très-dense, puisqu'il les a électrisés très-fortement. Tous ceux au contraire qui n'ont été électrisés que par le second courant, ne sont entourés que d'une atmosphere très-rare, puisqu'ils ne sont électrisés que très-foiblement.

4°. Lorsqu'un corps à *demi-électrique* s'approche d'un corps *parfaitement électrique*, alors l'atmosphere de celui-ci, par la loi de l'équilibre entre deux liquides homogenes; se porte vers l'Atmosphere de celui-là, à-peu-près comme l'air extérieur se porte vers l'air contenu dans une chambre dans laquelle on vient d'allumer du feu. Ces deux Atmospheres composées de particules inflammables, se mêlent, se choquent, & par-là même s'enflamment.

5°. Le mélange & l'inflammation dont nous venons de parler, sont la vraie cause du petit bruit dont la bluette est accompagnée; parce que l'air placé entre l'Atmosphere dense & l'Atmosphere rare, est chassé par le mélange & dilaté par l'inflammation.

6°. Les deux courans qui sont le fondement de cette hypothese, peuvent être regardés comme une *Electricité effluente.* La matiere que ces deux courans déterminent à se rendre dans le Globe, & les deux courans eux-mêmes réfléchis totalement ou en partie vers le Globe par les couches de l'air environnant, sont une vraie *Electricité affluente.* Je distingue donc, à l'exemple du Chef des Physiciens électrisans, mais dans un sens bien différent, la matiere électrique en *effluente* & en *affluente.* La premiere sort du Globe de verre, & rend certains corps *parfaitement* & certains autres *imparfaitement électriques.* Le frottement & le mouvement de rotation sont les causes physiques de l'*effluence* qui se fait du sein même du Globe. Ces causes sont plus que suffisantes pour donner une pareille émission, puisque le mouvement le plus simple fait sortir un grand nombre de particules du sein des corps odoriférans. Pour ce qui regarde la matiere *affluente*, j'admets non-seulement la matiere électrique qui se porte de l'air vers le Globe de verre, mais encore la matiere *effluente* elle-même, que les couches de l'air environnant réfléchissent souvent vers le Globe; peut-être même est-ce pour cela que l'Electricité est plus forte pendant l'hiver où l'air est très-dense, que pendant l'été où l'air est très-rare. La loi de l'équilibre entre deux liquides homogenes, dont l'un fait des pertes très-considérables, & l'autre les répare; le plein presque parfait autour de la Machine; la résistance de l'air; le mouvement communiqué au feu électrique qui réside dans l'atmosphere terrestre, sont donc les causes physiques de l'*affluence*, tantôt d'une nouvelle ; tantôt de la même matiere vers le ſein du Globe de verre.

7°. Il y a ſouvent un choc très - violent entre la matiere *effluente* & la matiere *affluente*, puiſque celle - là ſort du Globe, en même tems que celle-ci s'y rend.

Telle eſt l'hypotheſe que nous avons imaginée. On verra à la fin de cet article combien elle differe de toutes celles qui ont paru juſqu'à préſent. Voyons ſi les explications qu'elle nous fournit des phénomenes électriques, ſont recevables.

Premiere Expérience. Electriſez un corps ou par frottement ou par communication, & préſentez-lui quelque corps léger, par exemple, des pailles ou des feuilles de métal; vous verrez ces corps légers, tantôt attirés & tantôt repouſſés par le corps électriſé.

Explication. La matiere *affluente* doit néceſſairement porter les corps légers vers le corps électriſé, & c'eſt-là ce qu'on nomme *attraction* ; la *matiere effluente* emporte avec elle les corps légers & les oblige à fuir le corps électriſé, & c'eſt-là ce qu'on nomme *répulſion.*

Seconde Expérience. Faites monter quelqu'un ſur un gâteau de matiere réſineuſe, & faites-lui tenir à la main une chaîne qui communique avec le tube de la Machine électrique ; cet homme s'électriſera par communication, & vous tirerez auſſi facilement des étincelles de ſon corps, que du tube de la Machine electrique.

Explication. Lorſque l'on fait tourner le globe de la Machine électrique, il en ſort une matiere ignée qui, par le moyen du tube de fer-blanc & de la chaîne qui lui eſt attachée, met en mouvement celle qui eſt contenue dans le corps de l'homme que l'on a placé ſur le gâteau de réſine, & l'oblige de ſe porter du dedans au-dehors.

Les étincelles que l'on tire de ſon corps, ont pour cauſe le mélange dont nous avons parlé, *num.* 4°.

Un homme qui tiendroit à la main la même chaîne, & qui ſeroit placé immédiatement ſur le plancher d'une chambre, ne s'électriſeroit pas ; pourquoi ? Parce que l'homme & le plancher étant électriſables par communication, la matiere ignée qui ſort du globe de verre, n'agiroit pas seulement sur l'homme, comme dans l'expérience précédente, mais encore sur tous les corps avec lesquels cet homme communique; est-il étonnant qu'elle n'eût presque aucun effet ?

Il suit de-là qu'on n'électrisera jamais un corps électrisable par communication, en le plaçant sur un autre corps électrisable par communication. Pour en venir à bout, il faut l'isoler, c'est-à-dire, il faut le placer sur un corps électrisable par frottement, tels que sont le crin, la soie, la résine, les matieres vitrifiées, &c.

Il suit encore que l'homme que l'on a fait monter sur le gâteau de résine, ne tirera pas lui-même des bluettes du tube de fer-blanc avec lequel il communique par une chaîne de fer; parce que l'atmosphere électrique qui l'environne, est aussi dense que celle du tube.

Troisieme Expérience. Placez sur le gâteau de résine celui qui frotte le globe, & approchez votre doigt de son corps; vous en tirerez des étincelles très-sensibles, mais cependant beaucoup moins fortes que celles que l'on tire de celui qui monte sur le gâteau, à la maniere ordinaire.

Explication. Ce que nous avons conjecturé, *num.* 2°. est actuellement démontré par l'expérience que nous venons de rapporter. La matiere électrique qui sort du globe de verre, & qui ne se rend pas dans le tube de fer-blanc, vient électriser celui qui frotte le globe. Les étincelles que l'on tire de son corps, sont cependant assez foibles, parce que cet homme n'est électrisé qu'imparfaitement.

Quatrieme Expérience. Faites jouer la Machine électrique & dans un tems humide & dans un tems sec; l'Electricité sera beaucoup plus forte dans un tems sec, que dans un tems humide.

Explication. Dans un tems de pluie l'air est chargé d'exhalaisons très-propres à retarder le mouvement de la matiere électrique; il en est de même dans un tems chaud. Mais dans un tems sec l'atmosphere ne contient pas beaucoup de ces sortes d'exhalaisons; l'électricité doit donc beaucoup mieux réussir dans un tems sec, que dans un tems de pluie; elle doit mieux réussir en hiver, qu'en été.

Un Physicien n'a point de peine à rendre raison d'un pareil effet. Accoutumé à expliquer pourquoi le feu agit sur le bois avec plus de force pendant l'hiver, que pendant l'été, il comprend d'abord pourquoi le feu électrique produit de plus grands effets pendant l'hiver, que pendant l'été. Tout cela nous prouve que le ressort de l'air a beaucoup de part aux phénomenes électriques. Tout le monde sait que l'air pendant l'hiver est beaucoup plus dense & beaucoup plus élastique, que pendant l'été.

C'est ici que l'on a coutume de faire une objection qui paroît d'abord spécieuse. Si l'humidité, dit-on, retarde les effets de la Machine Electrique, pourquoi l'électricité se communique-t-elle si facilement à l'eau ? L'électricité se communique facilement à l'eau, j'en conviens, mais pourquoi ? C'est qu'elle trouve dans cet élément des pores disposés à recevoir la matiere électrique. Il y a bien de la différence entre l'eau & les exhalaisons qui retardent les effets de l'électricité. Ces exhalaisons ne sont pas des particules aqueuses ; ce sont pour la plupart des particules grasses, très-propres à diminuer le mouvement du feu électrique.

Cinquieme Expérience. Ayez une corde mouillée, aussi longue que vous le voudrez, attachez-la au tube de la Machine électrique par un bout, & placez sur le gâteau de résine un homme qui tienne l'autre bout de la corde ; si la corde est isolée, c'est-à-dire, si elle est soutenue d'espace en espace par le moyen de quelques rubans ou de quelques cordons de soie, l'homme placé sur le gâteau de résine s'électrisera, quelque éloigné qu'il soit de la Machine électrique, & quelques détours que fasse la corde.

Explication. Je me représente la matiere électrique comme résidant dans tous les corps, & comme composée de rayons dont les parties sont contiguës. Il est impossible de faire tourner le Globe de la Machine électrique, sans que l'une des extrémités de ces rayons soit agitée ; & il est impossible que l'une des extrémités de ces rayons soit agitée, sans que l'autre le soit presque au même instant. Il en est à-peu-près des rayons de la matiere électrique, comme de 500 boules contiguës & rangées de file ; frappez la boule que vous voyez placée au commencement de la ligne ; vous verrez partir presque dans le même instant celle qui est placée à l'extrémité. Si cela arrive pour des corps aussi massifs que des boules ; cela n'arrivera-t-il pas pour des particules aussi déliées que celles dont est composé le feu électrique ? Une corde mouillée réussit beaucoup mieux qu'une corde seche ; pourquoi ? Parce que la matiere électrique se dissipe plus difficilement à travers celle-là, qu'à travers celle-ci.

Sixieme Expérience. Approchez de fort près le bout du doigt, ou un morceau de métal d'un corps quelconque fortement électrisé ; vous appercevrez une ou plusieurs étincelles très-brillantes qui éclateront avec bruit ; si ce sont deux corps animés que l'on applique à cette épreuve, l'effet dont je parle, sera accompagné d'une piquure qui se fera sentir de part & d'autre.

Explication. Tout corps électrisé contient, en dedans & en dehors, des particules d'un feu mêlé de plusieurs parties hétérogenes inflammables ; il suffit de les agiter tant soit peu pour les enflammer. Lorsque j'approche le bout du doigt, ou un morceau de métal d'un corps fortement électrisé, le mélange qui se fait d'une atmosphere dense avec une atmosphere rare, imprime à ses particules le degré de mouvement & d'agitation nécessaire pour causer l'inflammation ; je dois donc dans cette occasion appercevoir une ou plusieurs étincelles très-brillantes qui éclatent avec bruit. Deux corps animés que l'on applique à cette epreuve, doivent sentir une piquure très-forte ; pourquoi ? Parce qu'il n'est rien qui agisse tant sur les corps animés, que le feu enflammé.

Je n'ai pas les mêmes étincelles, lorsque j'approche le bout du doigt du Globe de verre, quelque vivement qu'il soit électrisé ; aussi conclus-je que la matiere électrique sort plus pure du Globe de verre, que du tube de fer-blanc.

Septieme Expérience. Tirez une ou deux étincelles d'un corps électrisé, son électricité cessera subitement, ou du moins diminuera très-sensiblement.

Explication. Me sera-t-il permis de hasarder ici une conjecture ? Je comparerois volontiers un corps dans l'état actuel d'électrisation à un fusil à vent ; les premiers coups que l'on tire sont terribles ; les derniers ne le sont

sont pas à beaucoup près autant. De même les premieres étincelles que vous tirerez d'un corps électrisé, seront très-fortes & très-brillantes ; mais les dernieres perdront bientôt toute leur force & tout leur éclat.

Huitieme Expérience. Placez une personne sur le gâteau de résine ; électrisez-la par le moyen du Globe de verre, & présentez-lui dans une cuillier de métal de l'esprit de vin, ou une liqueur inflammable légerement chauffée ; la personne en question allumera la liqueur avec le bout du doigt.

Explication. La matiere électrique est un vrai feu ; tout le monde sait que le feu, lorsqu'il a un certain degré de mouvement, & qu'il se joint à un corps inflammable, le pénetre & dissipe ses parties en flamme, ou en fumée ; il n'est pas donc surprenant que, puisqu'il sort du doigt d'un homme électrisé des particules de feu, & que ces particules se joignent à un corps aussi inflammable que l'est l'esprit de vin, il n'est pas, dis-je, surprenant que cette liqueur soit allumée.

M. Nollet pense que si l'Electricité étoit très-forte, le degré de chaleur préparatoire ne seroit pas d'une nécessité absolue pour le succès de l'expérience dont nous parlons.

M. Nollet fait encore sur cette expérience une remarque très-sage. Le doigt qui se présente à la liqueur, *dit-il*, ne doit pas la toucher, mais seulement s'en approcher à une petite distance. S'il a été plongé, il faut l'essuyer ou en présenter un autre ; car sans cela on court risque de n'avoir pas d'étincelle, & de manquer l'expérience. L'obstacle vient de ce qu'un corps mouillé d'esprit de vin est un corps enduit d'une matiere sulfureuse, à travers laquelle la matiere électrique a peine à se faire jour pour sortir. On me dira peut-être, *continue M. Nollet*, que cette matiere passe bien à travers l'esprit de vin qui est dans la cuillier ; mais je répondrai que cet esprit de vin est chaud, au lieu que celui qui est autour du doigt, ne l'est plus un instant après l'émersion.

Neuvieme Expérience. Qu'un homme électrisé passe légerement sa main sur une personne non électrique, vêtue de quelque étoffe d'or ou d'argent ; il la fera étinceler de toute part, non-seulement elle, mais encore toutes les personnes qui sont habillées de pareilles étoffes, & qui la touchent ; & ces étincelles se feront sentir aux personnes sur qui elles paroîtront, par des picotemens que l'on aura peine à souffrir long-tems.

Explication. Je me représente les étoffes d'or ou d'argent, comme remplies & pénétrées de la matiere électrique en repos. Je me représente un homme électrisé comme rempli & pénétré de la matiere électrique en mouvement. Lorsque cet homme passe légerement la main sur une personne non électrique vêtue de quelque étoffe d'or ou d'argent, il en sort une matiere qui met en mouvement & en feu celle qui étoit renfermée dans l'étoffe d'or ou d'argent ; l'on doit donc voir sortir des étincelles, non-seulement de la personne que l'homme électrisé touche, mais encore de toutes celles qui sont vêtues de pareilles étoffes, & qui ont communication avec elle. L'on sait que l'Electricité se communique, presque en un instant, par une corde mouillée de 1200 pieds ; à plus forte raison doit-elle se communiquer à quelques personnes qui se touchent, & qui sont vêtues de pareilles étoffes.

Le picotement que sentent les personnes sur qui on fait l'expérience dont nous parlons, doit être très-douloureux ; l'on sait qu'il n'y a rien de plus subtil, de plus pénétrant & de plus vif, que le feu électrique.

Pour expliquer l'expérience que je viens de proposer, j'aurois presque été tenté de regarder la matiere électrique renfermée dans l'étoffe d'or ou d'argent, comme une infinité de grains de poudre rangés l'un après l'autre, & dont le premier est mis en feu par les rayons de matiere qui sortent de l'homme électrisé, à qui vous voyez passer légerement sa main sur une personne non électrique, vêtue de quelque étoffe d'or ou d'argent.

Dixieme Expérience. Tenez dans une main un vase de verre ou de porcelaine, en partie plein d'eau, dans lequel soit plongé le bout d'un fil de métal électrisé, & approchez l'autre main de ce fil pour en tirer une étincelle ; vous sentirez une commotion violente dans les deux bras, dans la poitrine, dans les entrailles & dans tout le corps.

Explication. En électrisant le fil de métal, je l'ai chargé de matiere ignée, à-peu-près comme l'on charge de poudre un pistolet que l'on veut tirer. En approchant le doigt du fil de métal électrisé, j'ai mis le feu à cette matiere ignée & j'ai déchargé mon fil, à-peu-près comme l'on décharge un pistolet, en mettant le feu à la poudre contenue dans le bassinet. Un courant de matiere ignée sort alors avec impétuosité de l'extrémité supérieure du fil, & entre dans mon corps par la main qui a tiré la bluette; un second courant de matiere ignée sort avec presque autant de force de l'extrémité inférieure du même fil, traverse le verre, & entre dans mon corps par la main qui tient la bouteille. Ces deux courans se choquent violemment, & ce choc me cause cette commotion terrible que je ressens dans tout mon corps.

Ceux qui, à l'exemple de M. l'Abbé Nollet, prétendent que le choc des deux courans ne se fait pas dans le corps même de la personne qui reçoit la commotion, mais qui veulent qu'il se fasse un double choc hors de son corps, l'un entre le conducteur & le doigt qui tire l'étincelle, l'autre entre la bouteille & la main qui la soutient, ou qui touche le support de métal sur lequel elle est posée, expliqueront en la maniere suivante l'expérience dixieme.

Le fluide électrique très-subtil & très-élastique de sa nature, non-seulement réside par-tout, au-dedans comme au-dehors des corps, mais encore il jouit en nous d'une continuité, sinon parfaite, du moins sensible. Que doit-il donc arriver, lorsqu'on décharge la fameuse bouteille de Leyde? Le fluide électrique qui est en nous, est alors mis en mouvement, d'un côté par le courant que donne l'extrémité supérieure, de l'autre par celui que donne l'extrémité inférieure du fil de métal. Ces deux courans opposés occasionnent dans le corps de celui qui tente l'expérience de Leyde, un ou même plusieurs chocs des plus violens; & tous ces chocs produisent plusieurs commotions, auxquelles les personnes d'une poitrine foible ne doivent jamais s'exposer.

Demande-t-on pourquoi, lorsque je tire une bluette du tube de fer-blanc de la Machine électrique, je ne reçois qu'une commotion bien légere? Je réponds que la matiere électrique n'est pas aussi comprimée dans le tube de fer-blanc, qu'elle l'est dans le fil de métal de l'expérience précédente, & qu'il n'entre dans mon corps qu'un courant de matiere ignée.

La commotion auroit été infiniment plus violente, si la bouteille eût contenu la même quantité d'eau bouillante ; preuve évidente de l'analogie qu'il y a entre la matiere ignée & la matiere électrique. Je ne conseillerois cependant à personne de tenter une pareille expérience. M. Jallabert, pour éviter à un Paralytique nommé Nogués dont nous parlerons dans l'article suivant, le contact d'un vase froid dans l'expérience de la commotion, la lui fit éprouver avec de l'eau bouillante. Des éclats de lumiere très-vifs parurent d'eux-mêmes, avant que Nogués approchât la main du vase ils devinrent encore plus vifs & plus nombreux, quand il y appliqua la main ; & au moment qu'il tira l'étincelle, le feu dont le vase se remplit, parut tout-à-coup d'une vivacité inexprimable. La secousse fut prodigieuse ; & au même instant un morceau orbiculaire de deux lignes ½ de diametre fut lancé contre le mur qui en étoit à 5 pieds de distance. Le morceau en fut emporté sans félure au vase. Nogués, jusques-là empressé à s'offrir à la commotion, effrayé & tremblant se jetta sur un siége. Il assura qu'un coup violent l'avoit frappé en diverses parties du corps, & qu'il lui en restoit une vive douleur dans les bras & dans les reins. Je l'exhortai, *dit M. Jallabert*, à aller se mettre au lit. L'étonnante vivacité d'un feu qu'on ne peut mieux comparer qu'à celui de la foudre ; le phénomene inoui d'un vase percé par l'action de l'électricité ; la terrible commotion qu'avoit ressentie la personne qui tira l'étincelle ; tout cela avoit imprimé dans les Spectateurs une terreur qui ne nous permit, ni à eux ni à moi-même, d'en exposer aucune à une seconde épreuve.

L'on peut faire cette expérience avec moins de risque d'une maniere presque aussi efficace. Prenez un carreau de verre blanc, de 18 pouces de long sur 12 de large. Collez en dessous & en dessus de ce verre deux plaques de métal, de 15 pouces de longueur, & de 10 de largeur. Posez ce carreau ainsi couvert sur un corps électrisable par communication ; & placez le tout sous le tube de la Machine électrique. Faites communiquer par une petite chaîne la partie supérieure du carreau avec le tube, & mettez une seconde chaîne sous le carreau. Si quelqu'un tient d'une main cette seconde chaîne, & qu'il tire de l'autre une bluette de la feuille de métal, il sentira une commotion à-peu-près aussi forte que celle de Nogués. C'est-là l'expérience du Tableau magique.

Si l'on met sur le carreau de verre un oiseau, de la tête duquel on ait ôté les plumes, & que la même main qui tient la chaîne inférieure tire une bluette de la tête de l'animal, l'oiseau seul éprouvera la commotion & expirera sur le coup.

Si, au lieu d'un oiseau, l'on met un carton sur la feuille de métal, & que la même main qui tient la chaîne inférieure, tâche d'en tirer une étincelle, elle le percera en excitant une flamme à-peu-près semblable à celle d'une grosse chandelle, & un bruit aussi fort que celui d'un pétard.

Onzéeme Expérience. Servez-vous pour l'expérience précédente d'un vase qui ne soit ni de verre ni de porcelaine, par exemple, d'un vase de métal; le fil de fer ne s'électrisera pas plus, que si vous en eussiez tenu le bout dans votre main; aussi ne sentirez-vous aucune commotion, lorsque vous tirerez la bluette, ou du moins en sentirez-vous une bien foible.

Explication. La dixieme expérience, si connue sous le nom d'*expérience de Leyde*, parce qu'elle a été trouvée par Messieurs *Muschembroek* & *Allamand de Leyde*, cette expérience, dis-je, ne réussit que parce que la matiere électrique que l'on a communiqué au fil de fer & à l'eau contenue dans le vase, ne se dissipe pas à travers les pores du vase, ou ne va pas se perdre dans ces mêmes pores. Il faut donc se servir d'un vase, ou de verre, ou de porcelaine; parce que ces deux corps étant électrisables par frottement, le sont très-peu par communication. Les vases de métal au contraire étant très-électrisables par communication, recevroient & laisseroient passer une grande partie de l'électricité communiquée au fil de fer & à l'eau; le fil de fer ne seroit donc plus chargé de matiere électrique, & par conséquent je ne devrois pas ressentir la commotion.

Douzieme Expérience. Formez une chaîne de 50 à 60 personnes qui se tiennent toutes par les mains; que le premier de la bande tienne le vase de l'expérience de Leyde sous le fil de métal, & que le dernier tire l'étincelle du fil de fer ; tous ceux qui participeront à cette expérience, ressentiront en même tems la commotion.

Explication. Il est facile de rendre raison de ce phénomene, lorsque l'on se représente la matiere électrique comme résidant dans tous les corps, & comme composée de rayons dont les parties sont contiguës ; il faut donc expliquer cette douzieme expérience à-peu-près comme nous avons expliqué la cinquieme. En effet il n'est pas plus étonnant que l'Electricité se communique, je ne dis pas seulement à 50, mais à 1000 personnes qui se tiendroient toutes par les mains, qu'il est étonnant qu'elle se communique par une corde de 1200 pieds. Ce phénomene prouve encore la sortie impétueuse, & le choc violent des deux courans électriques dont nous avons parlé dans l'explication de la dixieme Expérience.

Je puis moins que personne révoquer en doute la vérité du fait qu'annonce cette expérience. Je me trouvai au mois d'Octobre de l'année 1757 à Gajans, village du Languedoc, dans le diocese d'Uzès. Le Seigneur de l'endroit qui a eu dès sa plus tendre jeunesse un goût décidé pour les sciences, & sur-tout pour la nouvelle Physique, avoit construit lui-même une excellente Machine électrique. Il assembla un Dimanche tout le village; il plaça sur la terrasse du Château la bouteille de l'expérience de Leyde qu'il mit sur un plat d'argent, & qu'il fit communiquer par une corde mouillée avec la Machine électrique; tous les paysans formerent une chaîne d'une longueur prodigieuse; le premier de la bande tenoit la main étendue sur le plat d'argent ; & dès l'instant que le dernier tiroit l'étincelle du fil de fer, l'on entendoit un cri qui nous prouvoit combien violente étoit la commotion qu'avoient ressentie ceux qui formoient la chaîne.

Treizieme Expérience. Laissez pendre du tube de la Machine éleĉique deux brins de fil de 12 à 15 pouces de longueur ; ils se tiendront écartés l'un de l'autre, & ils formeront un angle d'autant plus grand que l'Electricité sera plus forte.

Explication. Tant que le tube de fer-blanc est électrique, il sort de chacun de ces fils une matiere effluente qui les tient écartés l'un de l'autre ; aussi les voit-on retomber l'un vers l'autre, lorsque le tube cesse d'être électrique. On pourroit nommer ces deux fils un vrai *Electrometre.*

Quatorzieme Expérience. Electrisez un fluide contenu dans un vase, par exemple, électrisez de l'eau ou du vin contenu dans une bouteille, & servez-vous d'un siphon ordinaire, ou d'un siphon dont la plus longue branche soit terminée par un tube capillaire, pour vuider cette bouteille; l'eau & le vin électrisés couleront avec plus de vîtesse, que l'eau & le vin non électrisés.

Explication. Le feu élémentaire que nous ne distinguons pas de la matiere électrique, est la cause physique de la fluidité des corps, comme nous le prouverons en son lieu; l'eau & le vin électrisés sont plus fluides, que l'eau & le vin non électrisés; donc l'eau & le vin électrisés doivent couler avec plus de vîtesse, que l'eau & le vin non électrisés.

Quinzieme Expérience. Prenez divers oignons de Jonquille, de Jacinthe & de Narcisse, posés suivant la coutume sur des caraffes pleines d'eau. Choisissez pour cette expérience des oignons dont la plupart aient déjà poussé des racines, & dont quelques-uns même aient des boutons à fleur assez avancés. Mesurez la longueur des racines, des tiges & des feuilles de ces oignons. Mettez quelques-unes de ces caraffes sur des gâteaux de résine, & électrisez-les au moyen de certains fils d'archal qui, partans du tube de fer-blanc de la machine, iront plonger dans l'eau de ces caraffes. La différence du progrès des oignons électrisés, comparé à celui d'autres oignons de même espece également avancés & traités de même, à l'électrisation près, sera très-sensible. Les oignons électrisés augmenteront plus en feuilles & en tiges; leurs feuilles s'étendront davantage, & leurs fleurs s'épanouiront plus promptement.

Explication. La matiere électrique, capable d'accélérer le cours des liquides, augmente le mouvement des sucs nourriciers que les plantes renferment, & contribue par conséquent à pousser & à introduire dans leurs extrémités la séve nécessaire à les développer, les étendre & les augmenter; donc l'Electricité a dû hâter sensiblement l'épanouissement des fleurs des oignons contenus dans les caraffes dont on a électrisé l'eau; non pas une, mais plusieurs fois pendant un tems considérable ; par exemple, 8 à 9 heures chaque jour.

C'est de M. Jallabert que nous tenons cette expérience. M. Nollet en a fait une à-peu-près semblable sur de la graine de moutarde. Une égale quantité semée dans deux vases de métal égaux, plein de la même terre, exposés au même Soleil, & dont l'un étoit électrisé 5, 6 à 7 heures par jour, avoit végété d'une maniere fort différente. La graine électrisée avoit levé plus vîte, & avoit fait constamment plus de progrès ; en sorte que le huitieme jour, elle avoit poussé des tiges de 15 à 16 lignes de hauteur, tandis que les plus longues tiges de la semence non électrisée qui avoit germé, n'excédoient pas 3 ou 4 lignes.

Je terminerai cette espece de recueil d'expériences par un fait des plus extraordinaires, qui a mérité l'attention de M. l'Abbé Nollet, & celle de l'Académie des Sciences à qui ce Physicien a cru devoir en faire part : le voici.

Le 6 Juillet 1754, au Séminaire du Bourg S. Andéol, dans un tems très-serein, le Professeur de Physique s'amusoit seul dans sa chambre au premier étage, située au couchant, à frotter dans ses mains, à 9 heures du soir, un tube électrique de 4 pieds de long sur un peu plus d'un pouce de diametre, fermé des deux bouts de bouchons de liége, éperonnés d'un fil de fer. Le hasard fit que dans le même instant un Séminariste logé au second étage, après s'être lavé les pieds dans une cuvette, en jetta l'eau sur des caisses de Basilics qu'il avoit sur sa fenêtre. Il fut fort étonné de voir une de ses caisses couverte de vers luisans, (c'est ainsi qu'il appelloit des bluettes de feu qui couvroient sa caisse.) Ce Séminariste raconta le lendemain ce qu'il avoit vu à un de ses Collégues qui savoit que le Professeur avoit alors électrisé son tube, & qu'il en avoit tiré des bluettes très-fortes & très-vives. Ce jeune homme, déjà très-au fait de l'électricité, soutint, contre l'avis de son Professeur, que les vers luisans dont on lui parloit, n'étoient que des bluettes excitées par la chute de l'eau sur une caisse électrisée par le tube qu'on frottoit alors au premier étage. Il demanda qu'on refit l'expérience ; il l'obtint, & il se chargea d'arroser les caisses, tandis que le Professeur frottefoit le tube, comme il l'avoit fait deux jours auparavant. Les bluettes parurent comme la premiere fois. On réitéra l'expérience pendant plusieurs jours, & l'on eut constamment le même phénomene. Le Professeur seul, occupé à frotter le tube, n'avoit pas encore été à même de voir les bluettes. Personne dans la maison n'avoit ni autant de force, ni la main aussi seche que lui. Il falloit cependant qu'il vît le fait, pour le croire. Il électrisa donc le tube le mieux qu'il lui fut possible ; il le remit à un de ses Eleves qui continua à le frotter, & il trouva qu'on n'avoit rien exagéré. On remarqua dans la suite les particularités suivantes. 1°. Les bluettes de la caisse n'étoient jamais plus vives, que lorsque la main du Professeur paroissoit couverte de flammes. 2°. Quoiqu'il y eût plusieurs caisses à la fenêtre, il n'y en avoit qu'une qui donnât des bluettes ; c'étoit la plus considérable ; elle avoit un pied & demi de longueur, sur un pied de largeur, & neuf à douze pouces de hauteur. 3°. Il falloit que les fenêtres des deux chambres fussent ouvertes. 4°. Il falloit que celui qui frottoit le tube, tournât le dos à la fenêtre, & qu'il dirigeât vers la muraille opposée à la fenêtre l'extrémité supérieure du tube. 5°. Lorsque l'eau qu'on jettoit sur la caisse pour l'arroser, ne paroissoit plus, la caisse ne donnoit aucune marque d'électricité. Le Lecteur peut regarder comme incontestables tous les faits que je viens de rapporter ; je les tiens de celui-là même qui soupçonna que les vers luisans dont lui parloit son Condisciple, pouvoient bien être des bluettes électriques. Il se fit Jésuite. Dans la suite il crut devoir communiquer à M. l'Abbé Nollet cette expérience ; celui-ci lui fit la réponse suivante.

(J'ai reçu, mon Révérend Pere, la lettre que vous m'avez fait l'honneur de m'écrire, & je vous remercie très-cordialement de l'observation dont vous avez bien voulu me faire part. J'en ai fait lecture dans une de nos Assemblées académiques, & la Compagnie l'a jugée comme moi, très-digne d'attention. J'ai eu plusieurs fois occasion de remarquer que la vertu électrique peut s'étendre à une distance assez considérable, sans autre conducteur que l'air, quoique ce fluide soit moins propre que toute autre matiere à cet effet. Il m'est arrivé de suspendre des enclumes & autres masses très-pesantes de fer à deux ou trois pieds de distance de mes globes; & de les faire étinceller considérablement, nonobstant cet éloignement & le soin que je prenois de ne laisser aucun corps intermédiaire qui pût transporter la matiere électrique qui émanoit du verre frotté ; mais dans votre observation, le tube électrique & la caisse électrisée sont beaucoup plus loin l'un de l'autre, & c'est un phénomene remarquable par cette différence.) M. l'Abbé Nollet fait ensuite au Pere Cauvat (c'est le Jésuite de qui je tiens cette histoire) plusieurs questions analogues au phénomene dont il s'agit. Les deux principales sont celles-ci. Je voudrois que vous pussiez vous souvenir au juste ou à-peu-près, 1°. de combien le bout du tube étoit distant de la caisse; 2°. si l'eau qu'on versoit sur la caisse, après avoir traversé la terre & le bois, ne couloit point le long du mur; car vous savez combien l'Electricité se communique aisément par les corps mouillés. Si cela étoit, le fait se réduiroit à avoir porté l'Electricité du tube jusqu'à la caisse par la contiguité des parties d'eau répandues le long de la muraille.

Le Pere Cauvat répondit à la premiere question de M. l'Abbé Nollet, que du pavé de la chambre où l'on électrisoit, au plancher supérieur il y a 12 pieds de distance; que ce plancher est carrelé; qu'il a environ quatre pouces d'épaisseur; & que du bas de ce plancher à la fenêtre où étoient les caisses, il y a deux pieds & demi de hauteur. Il ajoute qu'il ne pouvoit y avoir communication entre les deux chambres, que par un petit espace décarrelé qui se trouvoit à la chambre supérieure, & qui étoit peu éloigné de l'endroit où l'on dirigeoit le tube.

Pour satisfaire à la seconde question de M. l'Abbé Nollet, le Pere Cauvat répondit d'abord qu'on arrosoit abondamment tous les jours cette caisse; mais qu'il ne se rappelloit pas d'en avoir jamais vu couler l'eau dans le tems de l'expérience. Il ajouta que l'eau que le Séminariste répandoit tous les soirs en se lavant les pieds, rendoit humide la chambre supérieure.

M. l'Abbé Nollet apprit avec beaucoup de plaisir tout ce détail, comme il le témoigne dans une seconde lettre au même Jésuite. (J'ai reçu, mon Révérend Pere, avec bien de la reconnoissance les éclaircissemens que vous avez bien voulu me fournir touchant le phénomene électrique. J'en ai fait part à l'Académie qui en a été très-satisfaite. Il lui a paru ainsi qu'à moi, que l'Electricité extraordinairement étendue dans l'air de la chambre, s'étoit portée à la caisse des basilics, à la faveur de quelque humidité provenant des arrosemens, de quelque filet d'eau qui aura coulé le long du plancher ou des murailles; car vous savez avec quelle facilité l'eau s'électrise & transporte au loin la vertu qu'elle a contractée. J'aurai soin qu'il soit fait mention du fait dans les Mémoires de l'Académie.) Le reste de la lettre de M. l'Abbé Nollet, que le Pere Cauvat n'a pas voulu, par modestie, me permettre de transcrire, est à la louange de celui qui, de si bonne heure, a marqué un goût décidé pour la Physique.

Ainsi s'expliquent dans notre hypothese les principaux phénomenes électriques. Si quelqu'un trouve nos explications peu naturelles, il dépend de lui de se déclarer pour quelqu'autre systeme; nous allons rapporter, d'une maniere purement historique, les conjectures de tout ce qu'il y a de plus grands Physiciens en matiere de d'Electricité.

CONJECTURES

De Descartes sur l'Electricité.

Descartes distingue dans le verre deux especes de pores, les grands & les petits. Dans les grands se trouvent les globules du second Elément, ou la lumiere; dans les seconds résident plusieurs corpuscules du premier Elément. Il prétend que ces corpuscules se meuvent plus difficilement dans l'air, que dans le verre où ils ont une espece de mouvement circulaire; & que la résistance de l'air les fait revenir dans les corps d'où le frottement les a fait sortir. En un mot, suivant Descartes, la matiere électrique n'est pas distinguée de la matiere du premier Elément, & les phénomenes électriques n'ont pour causes physiques que *l'effluence & l'affluence*, non pas *simultanée*, mais *successive* de cette matiere. Mais en fait de systemes, le Lecteur ne doit porter son jugement que sur le texte même de ceux qui en sont les inventeurs. Voici la traduction littérale de ce qu'a écrit Descartes sur cette matiere dans la quatrieme partie de son livre des Principes, *art.* 185.

De tout ce que nous avons dit jusqu'à présent, il est aisé de conclure qu'on ne sauroit se dispenser de distinguer dans le verre deux especes de pores, les uns plus grands & les autres plus petits. Les premiers, à-peu-près ronds, donnent passage aux globules du second Elément; les seconds, un peu oblongs, ne laissent passer que la matiere la plus subtile & la plus déliée; mais comme cette matiere du premier Elément, assez semblable au Protée de la Fable, prend très-facilement toute sorte de figures, il est comme nécessaire qu'en traversant les pores qui lui sont pratiqués dans le verre, elle se transforme en especes de bandelettes minces, larges & oblongues. Ces bandelettes ne trouvant pas dans l'air environnant des passages disposés à les recevoir, se tiennent dans le verre, ou si elles s'en éloignent tant soit peu, ce n'est que pour exercer autour des parties dont il est composé, & à la faveur des petits pores dont il est comme criblé, le mouvement circulaire qui leur est naturel. Le premier Elément est à la vérité très-fluide de sa nature; mais cependant quelque grande que soit sa fluidité, il est composé de particules plus agitées les unes que les autres, comme nous l'avons expliqué dans la troisieme partie de cet Ouvrage, *art.* 87 & 88. Il est donc probable que ses particules les plus agitées passent continuellement du verre dans l'air, tandis que d'autres reviennent de l'air dans le verre. Mais comme celles-ci, destinées à remplacer les premieres, n'ont pas toutes un égal degré d'agitation; celles qui ont le moins de mouvement, sont chassées vers les pores du verre qui sont le moins analogues à ceux de l'air. C'est-là que se joignant les unes aux autres, elles forment des especes de bandelettes dont elles conservent dans la suite constamment la figure. Vient-on après cela à frotter le verre avec assez de force pour lui communiquer un commencement de chaleur? Ces bandelettes forcées de quitter la place, se portent vers l'air & vers les corps environnans; mais n'y trouvant pas là des pores disposés à les recevoir, elles retournent avec précipitation dans le verre, en emmenant avec elles les corps légers qu'elles rencontrent sur leurs pas.

CONJECTURES

Du P. Fabri sur l'Electricité.

L'Ambre, la Cire d'Espagne, en un mot, tous les corps Electriques, *dit le Pere Fabri*, contiennent, avec beaucoup de particules ignées, un suc gras & gluant. Frottez-vous ces sortes de corps? Vous agitez le feu dont ils sont comme pénétrés. Ce feu agité chasse, en forme de trait, des filamens de ce suc. Ces filamens n'abandonnent pas entierement le corps électrisé; leur viscosité naturelle les y tient attachés par une de leurs extrémités. Atténués & tendus, ils se rompent pour l'ordinaire vers le milieu. C'est alors qu'un de leurs segmens se replie comme nécessairement vers le corps électrisé, & emporte avec lui tous les corps légers qu'il trouve sur son chemin, tels que sont le tabac en poudre, les pailles, les petites feuilles de métal, &c. Un second filament, ou le même tendu une seconde fois, ramenera avec lui ces mêmes corps; donc tout corps électrisé doit tantôt attirer & tantôt repousser les corps légers qu'on lui présente. Ainsi pensoit sur l'Electricité, il y a plus de 100 ans, un des plus grands Physiciens du siecle passé. Voici en effet comment il parle dans le quatrieme tome de sa Physique, pages 212 & 213: *Succinum & cera Hispanica multo igne constant & pingui succo; quod vel ex filaminibus succini liquescentis constat, nempè in longum ducuntur illa filamina quorum lentor & tenacitas in dubium revocari non possunt..... partes ignis quæ succino insunt, continuò agunt in humidum illud viscosum & lentum, quod deindè caloris vi rarescit, avolatque in halitum qui etiam lentus & viscosus est; hinc in filamina ducitur quantumvis insensibilia.... porrò emittitur prædictus halitus ad instar jaculi...... quia tamen propter lentorem materiæ filum emissum poro adhæret, indè fit, præ impetûs violentiâ, ut filum quod plus æquo in longum ducitur & valdè attenuatur, vel tandem rumpatur circà medium, vel non rumpatur quidem, sed post validam tensionem ex primâ illâ emissione derivatam statim redeat etiam cum impetu..... Analogiam habes in chordâ tensâ, quæ si vel dimittatur, vel frangatur præ nimiâ tensione, segmenta reducuntur versùs alteram extremitatem cui affixa est: hinc si segmentum illud cujus extremitas poro adhæret, & non sine aliquâ vi versùs porum & succinum reducitur, incidat in minutissima corpuscula quæ facilè moveri possint, ea secum rapit, & ipsi succino affigit; quid clarius?*

CONJECTURES

De M. Dufay sur l'Electricité.

Le grand nombre de dissertations sur l'Electricité que M. Dufay a lues dans les assemblées de l'Académie des Sciences en l'année 1733, 1734 & 1737, nous prouve avec quel soin ce grand Physicien a travaillé sur cette matiere. Il étoit persuadé 1°. que tout corps électrisé, soit qu'il l'ait été par frottement, soit qu'il l'ait été par communication, est entouré d'un tourbillon qui s'étend plus ou moins loin. Lorsque je laisse tomber, *disoit-il*, une petite feuille d'or très-légere sur un tube de verre bien frotté & posé horizontalement, elle se tient dans une position verticale ou à-peu-près, mais dans le moment suivant elle s'élance en l'air d'un mouvement très-vif, & elle s'éleve à la hauteur de huit ou dix pouces, où elle se tient presque immobile. Si on éleve le tube vers la feuille de métal, elle le fuit & elle s'éleve de la même quantité; elle descend de même, si on abaisse le tube; & cela dure tant que le tube conserve sa vertu, à moins qu'on ne s'avise de toucher à la feuille suspendue en l'air; car aussitôt elle retombe sur le tube qui le moment d'après la renvoie à la même hauteur, s'il n'a encore rien perdu de sa force. Ici le tourbillon électrique se rend très-sensible, *continue M. Dufay*; le tube en avoit un qui a enveloppé la feuille & l'a attirée; mais d'une partie de la matiere de celui-là, il s'en est formé un nouveau autour de la feuille, puisqu'elle a certainement pris la vertu électrique; & ces deux tourbillons une fois formés, il est aisé de concevoir que tendant tous deux à s'étendre en sens contraire, ils se sont arc-boutés l'un contre l'autre, ayant pour point d'appui commun le tube de verre beaucoup moins mobile que la feuille d'or; & le tourbillon du tube plus puissant, comme il doit l'être, a repoussé celui de la feuille à une hauteur proportionnée à sa supériorité de force. Si l'on touche à la feuille suspendue en l'air, le doigt ou tout autre corps qui la touche, s'électrise, & lui enleve ou du moins affoiblit & dérange beaucoup son petit tourbillon.

2°. Les mêmes yeux qui apperçurent des tourbillons électriques, distinguerent deux sortes d'Electricité. L'une est celle du verre, du cristal, des pierres précieuses, &c. L'autre celle de l'ambre, du jayet, de la gomme copal, &c. La premiere s'appelle *vitrée*, la seconde *résineuse*. Si au tube de verre rendu électrique, on présente un corps qui le soit devenu par le contact ou par l'approche de l'ambre, le corps sera surement attiré par le tube ; & au contraire un corps qui aura contracté par le verre l'Electricité vitrée, sera repoussé par ce même tube. Il en sera de même si un morceau d'ambre ou de gomme copal, rendus électriques, sont les corps auxquels on présente des matieres qui auront contracté l'une ou l'autre Electricité ; les corps qui auront pris celle du verre, seront attirés ; & ceux qui auront pris celle de l'ambre, repoussés. Les Electricités de même espece, paroissent ennemies ; & celles de différente espece, amies.

3°. Tous les corps électriques par *frottement* sont ou dans la classe de l'Electricité *vitrée*, ou dans celle de l'Electricité *résineuse*. Pour juger quelle est l'espece d'Electricité d'un corps quelconque, il n'y a qu'à le rendre électrique, & lui présenter, l'un après l'autre, un morceau d'ambre & un tube de verre électrisés ; il sera certainement attiré par l'un, & repoussé par l'autre. S'il est attiré par le verre & repoussé par l'ambre, son Electricité sera résineuse ; elle sera vitrée, s'il est repoussé par le verre & attiré par l'ambre.

Conclusion. Il est donc sûr, *dit M. Dufay*, que tout corps actuellement électrique a un tourbillon, & qu'il y a deux Electricités réellement distinctes & très-différentes l'une de l'autre ; c'est par ces deux principes que l'on doit expliquer tous les phénomenes électriques.

CONJECTURES

De Privat de Molieres.

M. Privat de Molieres dont nous ferons connoître le fyfteme général de Phyfique dans l'article des *Tourbillons compofés*, a pofé, dans les 24 dernieres pages de fa quatorzieme leçon, un certain nombre de principes par le moyen defquels il prétend expliquer les phénomenes électriques. Voici les principaux.

1°. Par le frottement il fe forme autour des corps électriques une efpece d'atmofphere ou de brouillard que l'on fent fur le vifage, lorfqu'on en approche le corps, comme fi on y approchoit une toile d'araignée, laquelle paroît d'autant plus forte, qu'on en approche le corps de plus près.

2°. Il n'eft pas néceffaire de fuppofer que les particules de cette atmofphere circulent en quelque fens déterminé, autour du centre des corps électriques.

3°. Les couches concentriques dans lefquelles cette atmofphere peut être diftribuée, font d'autant plus denfes, qu'elles font plus voifines du corps électrique.

4°. Les particules de cette atmofphere font de véritables molécules d'huile qui, étant forties des pores du corps qu'on a frotté, fe font extremêment étendues dans les pores de l'air.

5°. Tant que ces molécules d'huile font contenues dans les pores du corps électrique, elles ne font que des tourbillons incomparablement plus petits que ceux dont l'huile ordinaire eft compofée, lefquels font équilibre avec un milieu élaftique de l'éther dont les tourbillons font incomparablement plus petits que ceux du premier Elément.

6°. Par le frottement ces petits tourbillons ayant acquis un nouveau mouvement dans les pores du corps électrique, ont rompu cet équilibre, & en font fortis, en s'agrandiffant de plus en plus, pour paffer dans les pores de l'air, ou plutôt dans ceux du fecond Elément dont les tourbillons de l'air font formés.

7°. A mefure que ces molécules d'huile très-fines fortiront des pores du corps électrique, c'eft une néceffité à cause que tout est plein, qu'il y en entre d'autres qui voltigent dans l'air, pour remplir la place des précédentes. D'où il suit qu'un tuyau de verre rendu électrique par le frottement, ne perdra pas pour cet effet la puissance de devenir électrique une seconde fois, en le frottant de nouveau.

8°. Lorsque les molécules d'huile viendront à se mêler avec d'autres molécules plus grossieres, telles que peuvent être celles de l'insensible transpiration qui sortent du bout du doigt qu'on approche du corps électrique ; il n'est pas surprenant que ces deux matieres extrêmement fluides, contenues dans les pores de l'air, venant à se mêler, y fermentent, & qu'en conséquence elles prennent feu vers la superficie du corps frotté, où la matiere électrique est en plus grande abondance ; ni que cette flamme se porte d'abord vers le doigt d'où sort la matiere qui produit cette fermentation ; ni que cette flamme se répande ensuite dans toute l'atmosphere électrique, consume toutes les molécules de l'huile dont elle est formée, & détruise en un instant toute cette atmosphere.

9°. Quoique les métaux n'acquierent pas la vertu électrique par le simple frottement, ce n'est pas à dire que ces corps ne contiennent dans leurs pores aucune de ces molécules d'huile très-fines ; mais c'est plutôt parce qu'elles y sont en très-grand nombre, & que la quantité du mouvement que l'on peut leur communiquer par le frottement, se distribuant par égale part à toutes ces molécules, il n'en reste pas assez à chacune pour rompre l'équilibre avec le milieu élastique qui les contient dans leur état & dans leurs bornes.

10°. Lorsque l'atmosphere d'un corps devenu électrique par frottement, se répand sur la superficie d'un corps électrique par communication, par exemple, d'un morceau d'or ; il doit arriver la même chose sur cette superficie qu'il arrive sur celle de l'esprit de vin, lorsqu'on en approche la flamme d'une bougie. Les molécules de cette huile très-fines, dont nous avons parlé, contenues dans les pores de ce métal, & qui sont les plus voisines de sa superficie, doivent aussitôt s'étendre & passer dans les pores de l'air ; communiquer leur mouvement à celles qui les suivent ; & former autour de ce corps une atmosphere semblable à celle qui est autour du tuyau de verre. Par ce moyen, ce corps qui ne pouvoit pas devenir électrique par le frottement, le devient incontinent par la communication.

CONJECTURES

De M. Nollet sur l'Electricité.

M. l'Abbé Nollet, que les Physiciens *Electrisans* doivent regarder comme leur Chef, a tiré de l'expérience les propositions suivantes; elles renferment tout son systeme sur l'Electricité.

Premiere proposition. De tous les Corps qui ont assez de consistance pour être frottés, ou dont les parties ne s'amollissent point trop par le frottement, il en est peu qui ne s'électrisent, lorsqu'on les frotte.

Seconde proposition. Les corps vivans, les métaux parfaits ou imparfaits ne deviennent point électriques par frottement.

Troisieme proposition. Tous les corps qu'on peut électriser en les frottant, ne sont pas capables d'acquérir un égal degré d'électricité par cette opération.

Quatrieme proposition. Les matieres les plus électriques après avoir été frottées, sont celles qui ont été vitrifiées, & ensuite le soufre, les gommes, certains bitumes, les résines, &c.

Cinquieme proposition. Il paroît qu'il n'y a aucune matiere en quelque état qu'elle soit (si l'on en excepte la flamme & les autres fluides qui se dissipent par un mouvement rapide, parce qu'on ne peut gueres les soumettre à ces sortes d'épreuves) il n'est, dis-je, aucune matiere qui ne reçoive l'Electricité d'un corps actuellement électrique.

Sixieme proposition. Il y a des especes à qui l'on communique l'Electricité bien plus aisément & bien plus fortement qu'à d'autres; tels sont les corps vivans, les métaux, & assez généralement toutes les matieres qu'on ne peut électriser par frottement, ou qui ne le deviennent que peu & difficilement par cette voie.

Septieme proposition. Au contraire les corps qui s'électrisent le mieux par frottement, le verre, le soufre, les gommes, les résines, la soie, &c. ne reçoivent que peu ou point d'Electricité par communication.

Huitieme proposition. Les effets paroissent être les mêmes au fond, soit que l'Electricité naisse par frottement, soit qu'elle s'acquiere par communication.

Neuvieme proposition. La voie de communication est un moyen plus efficace que le frottement, pour forcer les effets de l'Electricité.

Dixieme proposition. Un corps actuellement électrique attire & repousse toutes sortes de matieres indistinctement, pourvu qu'elles ne soient pas retenues invinciblement par trop de poids ou par quelqu'autre obstacle.

Onzieme proposition. Il y a certaines matieres sur lesquelles l'Electricité a beaucoup plus de prise que sur d'autres.

Douzieme proposition. Cette disposition plus ou moins grande à être attiré ou repoussé par un corps électrique, dépend moins de la nature des matieres, de leur couleur, &c. que d'un assemblage plus ou moins serré de leurs parties.

Treizieme proposition. L'Electricité n'est point un état permanent; elle s'affoiblit & elle cesse d'elle-même après un certain tems, suivant le degré de force qu'on lui fait prendre, & la nature des matieres dans lesquelles on la fait naître.

Quatorzieme proposition. Un corps électrisé perd communément toute sa vertu, par l'attouchement de ceux qui ne le sont pas.

Quinzieme proposition. Dans le cas d'une forte Electricité, les attouchemens ne font que diminuer la vertu du corps électrisé, & ne la lui font perdre entierement, qu'après un espace de tems qui peut être assez considérable.

Seizieme proposition. Il est de toute évidence que les attractions, répulsions & autres phénomenes électriques sont les effets d'un fluide subtil, qui se meut autour du corps que l'on a électrisé, & qui étend son action à une distance plus ou moins grande, selon le degré de force qu'on lui a fait prendre.

Dix-septieme proposition. Ce fluide subtil n'est point l'aide l'atmosphere agité par le corps électrique, mais une matiere distinguée de lui & plus subtile que lui.

Dix-huitieme proposition. La matiere électrique ne circule point autour du corps électrisé, & l'Atmosphere qu'elle forme, n'est point un tourbillon proprement dit.

Dix-neuvieme proposition. La matiere que nous nommons électrique, s'élance du corps électrisé, & se porte progressivement aux environs jusqu'à une certaine distance.

Vingtieme proposition. Tant que dure cette émanation, une pareille matiere vient de toutes parts au corps électrique, remplacer apparemment celle qui en sort.

Vingt-unieme proposition. Ces deux courans de matiere qui vont en sens contraire, exercent leur mouvement en tout sens.

Vingt-deuxieme proposition. La matiere qui va au corps électrisé, lui vient non-seulement de l'air qui l'entoure, mais aussi de tous les autres corps qui peuvent être dans son voisinage.

Vingt-troisieme proposition. Les pores par lesquels la matiere électrique s'élance du corps électrisé ne sont pas en aussi grand nombre que ceux par lesquels elle y rentre.

Vingt-quatrieme proposition. La matiere électrique sort du corps électrisé en forme de bouquets ou d'aigrettes dont les rayons divergent beaucoup entr'eux.

Vingt-cinquieme proposition. Elle s'élance de la même maniere & avec la même forme des endroits où elle demeure invisible.

Vingt-sixieme proposition. Il y a toute apparence que cette matiere invisible qui agit beaucoup au delà des aigrettes lumineuses, n'est autre chose qu'une prolongation de ces rayons enflammés, & que toute matiere électrique dont le mouvement n'est point accompagné de lumiere, ne differe de celle qui éclaire ou qui brûle que par un moindre degré d'activité.

Vingt-septieme proposition. La matiere électrique, tant celle qui émane des corps électrisés, que celle qui vient à eux des corps environnans, est assez subtile pour passer à travers les matieres les plus compactes, & elle les pénetre réellement.

Vingt-huitieme proposition. Elle ne pénetre pas tous les corps indistinctement avec la même facilité.

Vingt-neuvieme proposition. Les matieres sulfureuses, grasses ou résineuses, par exemple, les gommes, la cire, la soie même, &c. ne la reçoivent & ne la transmettent que peu ou point du tout, si elles ne sont frottées ou chauffées.

Trentieme proposition. Elle pénetre plus aisément & se meut avec plus de liberté dans les métaux, dans les corps animés, dans une corde de chanvre, dans l'eau, &c., que dans l'air même de notre Atmosphere.

Trente-unieme proposition. Beaucoup d'expériences & d'observations nous portent à croire que la matiere électrique est par-tout au-dedans comme au-dehors des corps tant solides, que liquides, & spécialement dans l'air de notre Atmosphere.

Trente-deuxieme proposition. Il y a toute apparence que la matiere qui fait l'Electricité ou qui en opere les phénomenes, est la même que celle du feu & de la lumiere.

Trente-troisieme proposition. Il est très-probable aussi que cette matiere, la même au fond que le feu élémentaire, est unie à certaines parties du corps électrisant, ou du corps électrisé, ou du milieu par lequel elle passe.

Conclusion. Tout le mécanisme de l'Electricité dépend, suivant M. Nollet, d'un feu qui sort du corps actuellement électrique & d'un feu qui vient à ce même corps. Le premier s'appelle *matiere Electrique effluente*, & le second, *matiere Electrique affluente.*

CONJECTURES

De M. Jallabert sur l'Electricité.

Il est peu de matieres de Physique plus difficile à expliquer que celle de l'Electricité, *dit M. Jallabert.* Sa nature & ses causes sont si cachées, ses effets si nombreux & si variés, qu'il n'est pas surprenant que les hypotheses les plus probables soient encore éloignées d'expliquer exactement tous les phénomenes. Je ne laisserai pas cependant de hasarder quelques idées. Je m'estimerai heureux si la théorie que je vais exposer, paroît n'être pas destituée de vraisemblance.

Je ſuppoſe d'abord un fluide très-délié, très-élaſtique; rempliſſant l'univers & les pores des corps même les plus denſes, tendant toujours à l'équilibre ou à remplacer les vuides occaſionnés. Je ſuppoſe encore que la denſité de ce fluide n'eſt pas la même dans tous les corps, qu'il eſt plus rare dans les corps denſes & plus denſe dans les corps rares, en ſorte que les interſtices que laiſſent entr'elles les particules de l'air, renferment un fluide plus denſe que ne ſont, par exemple, les pores du bois ou du métal.

Ces principes admis, on conçoit aiſément 1°. que ſi l'on frotte un tube ou un globe de verre, non-ſeulement les particules électriques qui occupent les pores de la ſurface ſeront ébranlées, mais encore que les fibres du corps frotté acquerront en vertu de leur élaſticité, un mouvement de vibration pareil à-peu-près à celui d'une corde pincée. Les fibres élaſtiques du verre ne ſauroient être ainſi agitées, qu'en même tems la matiere de l'Electricité ne ſoit chaſſée & lancée avec une certaine force hors du globe, & que le fluide électrique répandu dans l'air ne ſoit pouſſé & comprimé : & comme ce fluide apporte de la réſiſtance à ſa condenſation ; la matiere électrique, en s'éloignant par ondulation du globe, devient plus denſe & plus élaſtique juſqu'à un certain point, & il ſe forme autour du corps frotté une Atmoſphere plus ou moins étendue, dont les couches les plus denſes ſont vers la circonférence, & diminuent en denſité juſqu'au corps électriſé. Un corps léger qui ſe trouveroit au-dedans de la couche la plus élaſtique, ſeroit donc pouſſé de celle-là à la couche voiſine qui eſt plus foible ; & ainſi de couche en couche juſqu'au globe. Mais la force avec laquelle la matiere électrique eſt chaſſée hors du corps frotté, étant bientôt conſumée par la réſiſtance du fluide des environs ; ce fluide, condenſé au-delà de ſon état naturel, doit, en ſe rétabliſſant, pouſſer à ſon tour la matiere électrique ſortie du globe & l'obliger à rebrouſſer vers lui. Cette matiere, en retournant vers le globe, ne s'y met pas d'abord en équilibre ; plus elle en approche, plus elle s'y condenſe tout autour ; & le corps léger eſt repouſſé d'une couche plus élaſtique dans une autre qui l'eſt moins juſqu'à l'extérieure ou la moins denſe. Ainſi le fluide électrique est autour du corps électrisé dans de perpétuelles oscillations de dilatation & de contraction, par l'action du fluide qui s'échappe de ce corps & la réaction du fluide dont l'air abonde. C'est cette action du fluide que la force du frottement exprime des pores du globe, & cette réaction du fluide répandu dans l'air, qui produisent l'attraction & la répulsion.

2°. Le fluide électrique ne peut produire aucun effet sensible, s'il n'est ébranlé & mis en mouvement par quelque cause extérieure. La chaleur & le frottement lui donnent pour l'ordinaire cette action. Cette même chaleur cependant qui augmente le ressort des fibres de certains corps, & qui agite vivement le fluide électrique qui réside dans leurs pores & sur leur surface, produit sur d'autres corps des effets tout-à-fait opposés, quand on les frotte ou qu'on les chauffe. Cette chaleur en les dilatant & en les ramollissant, change leur contexture naturelle; elle affoiblit l'élasticité de leurs fibres & par conséquent éteint en eux cette facilité qui sert à développer l'Electricité. C'est donc par le différent tissu des corps & par les divers degrés de densité du fluide électrique qui réside dans leurs pores, qu'il faut expliquer pourquoi une médiocre chaleur ou une légere friction rendent certains corps électriques; pourquoi d'autres ne le deviennent, qu'après avoir été chauffés & frottés avec force; pourquoi d'autres, quelque vivement que vous les frottiez ou chauffiez, n'acquierent qu'une foible Electricité, ou n'en contractent aucune. Les fluides & les corps mous qui, ayant cédé à une légere impression, ne se rétablissent point ensuite, & qui par conséquent sont incapables d'un mouvement oscillatoire, ne sauroient par cela même être rendus électriques par le frottement ou par la chaleur; c'est que le fluide qui y réside étant fort rare, le frottement ne peut exprimer de leurs pores une quantité suffisante de ce fluide, pour former autour d'eux une Atmosphere sensible. Le tissu de leurs fibres, trop engrenées les unes dans les autres & trop serrées pour être ébranlées par le frottement, peut aussi être un obstacle à leur Electricité.

3°. La grande vertu électrique des corps résineux & sulfureux vient sans doute du grand nombre de particules ignées qu'ils contiennent ; puisque la matiere électrique ayant la faculté d'éclairer, souvent même d'allumer les matieres combustibles, il est probable qu'elle n'est pas distinguée de celle du feu élémentaire. Ce feu cependant dans les effets électriques est uni aux parcelles les plus subtiles des corps mixtes d'où il sort ; ce qui le rend capable d'attirer & de repousser.

4°. Le fluide qui produit l'Electricité du verre n'est pas distinct de celui qui produit l'Electricité dans les corps résineux. Il y auroit d'étranges conséquences à multiplier ainsi le nombre des fluides, à mesure qu'on croira en avoir besoin, pour expliquer quelque nouveau phénomene. La nature, *dit M. de Fontenelle*, est d'une épargne extraordinaire. Cette épargne néanmoins s'accorde avec une magnificence surprenante qui brille dans tout ce qu'elle fait. C'est que la magnificence est dans le dessein & l'épargne dans l'exécution. Je pencherois donc à croire que cette contradiction apparente entre les effets de l'Electricité des corps vitrés & ceux des corps résineux, vient de l'inégalité de force de leurs atmospheres, laquelle varie suivant la nature des corps. Approchez deux corps dont les atmospheres seront égales en force ; il est aisé de concevoir, qu'au lieu de s'approcher, ils se repousseront mutuellement. Mais si l'atmosphere de l'un est beaucoup plus foible que celle de l'autre, le mouvement de la plus foible atmosphere sera bientôt détruit ; & les deux corps s'approcheront. Cette inégalité de force entre l'atmosphere des corps vitrés & celle des corps résineux n'est rien moins qu'une supposition gratuite. Le verre & la porcelaine non-seulement sont plus élastiques que la résine & que l'ambre, mais cette élasticité augmente encore par la chaleur du frottement ; au lieu que cette même chaleur détruit l'élasticité des corps résineux. Le fluide électrique sera donc lancé avec plus de force hors des corps vitrés, que hors de l'ambre & de la résine.

5°. Le frottement de la main produit une Electricité plus forte, que celui des corps inanimés ; c'est que le corps humain renferme un principe sulfureux, inflammable & analogue à la matiere de l'Electricité. Ce fluide exprimé de la main par le frottement, s'unit avec celui qui s'échappe du globe & en augmente ainsi la quanrité. Il ne faut pas cependant que la main qui frotte, soit humide ; personne n'ignore que l'humidité affoiblit le ressort des corps. Par la même raison un tems chaud, chargé de vapeurs ; un tems de brouillard, de pluie ; la respiration des spectateurs dirigée vers le globe, affoibliront la vertu électrique ; les particules humides qui voltigent dans l'air se rassemblant & se condensant sur la surface des corps. De plus un air chargé de vapeurs humides résiste moins fortement qu'un air sec au fluide qui s'échappe du corps frotté ; il absorbe même une partie de ce fluide qui, par-là, diminue en quantité autour du corps électrisé.

6°. Le fluide électrique n'est point mu en tourbillon autour des corps électrisés. Car si les corps légers étoient agités par une pareille matiere, ils en suivroient l'impulsion & ils feroient des révolutions circulaires autour du tube ; ce qui est contraire à l'expérience. Le frottement du tube peut bien causer une émanation ou une simple atmosphere, mais non, un tourbillon proprement dit.

7°. Les métaux à qui la chaleur ou le frottement ne peuvent donner la vertu électrique, en contractent une très-forte par communication ; & au contraire les corps que le frottement rend aisément électriques, comme le verre & la résine, ne s'électrisent que très-difficilement & très-foiblement à l'approche d'un corps électrisé. Le plus ou le moins de fluide électrique qui réside dans les pores des différens corps, est la principale cause de ces variétés. Si l'on approche d'un corps électrisé un corps dense dans lequel la matiere de l'Electricité soit peu abondante, les ondulations du fluide électrique qui se portent toujours du côté où elles trouvent une moindre résistance, atteignant le corps dense, s'y étendront librement. Si au contraire on présente au corps électrisé un corps abondant en fluide électrique, le fluide agité autour du corps électrisé trouvant dans le corps qu'on en approche une grande quantité de fluide à mouvoir, & par conséquent plus de résistance, ne peut y ébranler le fluide électrique au point de l'obliger à en sortir & à former une atmosphere. C'est pourquoi le verre, la poix, la résine, le soufre, au lieu de transmettre le fluide qui cherche à s'y introduire, le rassemblent dans l'intérieur & à l'entour des corps électrisés qu'on a posé sur eux.

8°. Le globe de verre, après de longues & fréquentes opérations, a autant de vertu que s'il n'eût encore communiqué l'Electricité à aucun corps; sa matiere électrique ne s'épuise point, quoiqu'elle se propage en grande quantité dans les corps électrisables par *communication.* Il ne me paroît pas hors de vraisemblance que le fluide électrique, qui du globe s'écoule dans les corps denses, soit remplacé par celui des couches d'air voisines du globe. Ce fluide dont l'air abonde, doit se porter sur le globe & y contracter par les frémissemens des fibres élastiques du verre, un mouvement semblable à celui du fluide lancé hors du globe par les vibrations de ces fibres du verre. Le fluide que les couches d'air les plus proches fournissent au globe, sera à son tour remplacé par celui des couches plus éloignées; & c'est ainsi qu'il se fait une espece de circulation du fluide électrique, jusqu'à ce que le frottement étant cessé, tout ce fluide qui avoit été agité soit rentré dans son équilibre naturel.

9°. Le verre, la porcelaine, la résine, &c. sont des corps dans lesquels l'art a rassemblé plus de matiere électrique & ignée, qu'ils n'en devroient naturellement contenir; parce qu'ils ont une densité assez considérable; & que, suivant notre hypothese, la matiere électrique n'est jamais plus rare que dans les corps denses.

Conclusion. 1°. L'univers est rempli d'un fluide électrique. 2°. Ce fluide est très-délié & très-élastique. 3°. Il n'est pas distingué du feu élémentaire. 4°. Pour se rendre sensible, il s'unit aux particules les plus subtiles des corps mixtes d'où on le fait sortir. 5°. La chaleur & le frottement sont les causes les plus ordinaires de cette émission. 6°. Le fluide électrique est naturellement très-dense dans les corps rares & très-rare dans les corps denses; si le verre, la porcelaine, la résine, &c. sont exceptés de cette regle; c'est que l'art a rassemblé dans ces sortes de corps un grand nombre de particules ignées. 7°. Le fluide électrique ne forme pas un tourbillon, mais seulement une simple atmosphere autour des corps qui se trouvent dans l'état actuel d'Electricité. 8°. Les corps électriques *par eux-mêmes* sont des corps élastiques qui contiennent une grande quantité de fluide électrique. 9°. Les corps électriques *par communication* sont des corps dans lesquels le fluide électrique est très-rare, & dont les fibres sont trop serrées & trop engrenées, pour être ébranlées par le frottement. 10°. Un corps qu'on électrise, souffre des pertes qu'il répare par la matiere électrique qu'il reçoit des couches d'air qui l'environnent.

CONJECTURES

De M. Franklin sur l'Electricité.

M. Franklin, habitant de Philadelphie dans la Colonie Angloise de Pensylvanie en Amérique, a démontré par les expériences les plus surprenantes & les plus hardies, que bien des Physiciens avant lui avoient eu raison d'admettre une vraie analogie entre le Tonnerre & l'Electricité ; ce sera dans l'article du *Tonnerre* que nous rendrons compte de ces expériences. Nous nous contenterons maintenant de rapporter son hypothese générale sur les causes physiques des phénomenes électriques. Il l'a proposée dans les 34 premieres pages du premier tome de son Ouvrage intitulé, *Expériences & Observations sur l'Electricité, faites à Philadelphie en Amérique, traduites de l'Anglois par M. d'Alibard :* Voici le fond de cette hypothese.

1°. La matiere électrique est composée de particules extrêmement subtiles, puisqu'elle traverse les corps même les plus denses, tels que sont les métaux.

2°. La matiere électrique differe de la matiere commune, en ce que les parties de celle-ci s'attirent mutuellement, & que les parties de la premiere se repoussent mutuellement.

3°. Quoique les particules de matiere électrique se repoussent l'une l'autre, elles sont fortement attirées par toute autre matiere.

4°. Quand une quantité de matiere électrique est appliquée à une masse de matiere commune d'une grosseur & d'une longueur sensibles, qui n'a pas déjà acquis tout ce qu'elle peut en contenir ; alors la matiere électrique se répand également dans la substance de la matiere commune, qui devient comme une espece d'éponge par rapport à ce fluide.

5°. Dans la matiere commune il y a, généralement parlant, autant de matiere électrique qu'elle peut en contenir dans sa substance. Si l'on en ajoute davantage, les surplus reste sur sa surface & forme ce que nous appellons une atmosphere électrique; & l'on dit alors que le corps est électrisé.

6°. Toute sorte de matiere commune n'attire pas, ni ne retient pas la matiere électrique avec une égale force & une égale activité. Les corps originairement électriques, comme le verre, &c. l'attirent & la retiennent plus fortement, & en contiennent la plus grande quantité.

7°. Si l'on suppose une portion de matiere commune entierement dépourvue de matiere électrique, & que l'on en approche une simple particule de cette derniere, elle sera attirée, entrera dans le corps, & prendra place dans le centre ou à l'endroit dans lequel l'attraction est égale de toutes parts; s'il y entre un plus grand nombre de particules électriques, elles prendront leur place dans l'endroit où la balance est égale entre l'attraction de la matiere commune & leur propre répulsion mutuelle.

8°. La forme de l'atmosphere électrique est celle du corps qu'elle environne. Cette forme peut être rendue visible dans un air calme, en excitant une fumée de résine seche que l'on versera dans une cuillier à café sous le corps électrisé; elle sera attirée & s'étendra d'elle-même également sur tous les côtés, couvrant & cachant le corps. Elle prend cette forme, parce qu'elle est attirée de tous les côtés de la surface du corps, quoiqu'elle ne puisse pas entrer dans sa substance qui est déjà remplie; sans cette attraction, elle ne demeureroit pas autour du corps, mais elle se dissiperoit en l'air.

9°. L'atmosphere des particules électriques qui environnent une sphere électrisée, n'est pas plus disposée à l'abandonner, ni plus aisément tirée d'un côté de la sphere que de l'autre, parce qu'elle est également attirée de toutes parts. Mais ce cas n'est pas le même pour les corps d'une autre figure. Dans un cube elle est plus facilement tirée des angles que des surfaces planes, & ainsi des angles d'un corps de toute autre figure; & toujours plus facilement de l'angle le plus aigu. La raison qu'en apporte M. Franklin, c'est que les angles dans ces sortes de corps contiennent moins de matiere que les autres parties.

10°. Les corps électrisés déchargent leur atmosphere sur les corps non électrisés avec plus de facilité & à une plus grande distance de leurs angles & de leurs pointes, que de leurs côtés unis. Les pointes la déchargent aussi dans l'air, lorsque le corps a une trop grande atmosphere électrique, sans qu'il soit besoin d'approcher quelque corps non électrique, pour recevoir ce qui est chassé; car l'air, quoiqu'originairement électrique, a toujours plus ou moins d'eau ou d'autres matieres non électriques mêlées avec lui, lesquelles attirent & reçoivent ce qui est ainsi déchargé.

11°. Les pointes ont la propriété de *tirer*, aussi-bien que de *pousser* le fluide électrique à de plus grandes distances, que ne le peuvent faire les corps émoussés, c'est-à-dire, que comme la partie pointue d'un corps électrisé déchargera l'atmosphere de ce corps, ou la communiquera plus loin à un autre corps, de même la pointe d'un corps non électrisé tirera l'atmosphere electrique d'un corps électrisé de beaucoup plus loin, qu'une partie plus émoussée du même corps non électrisé ne le pourroit faire. Ainsi une épingle tenue par la tête, & présentée par la pointe à un corps électrisé, tirera son atmosphere à un pied de distance; mais si la tête étoit présentée au lieu de la pointe, le même effet n'en résulteroit pas.

12°. Ces explications du pouvoir & de l'opération des pointes, *dit M. Franklin*, lorsqu'elles se présenterent à moi pour la premiere fois, me parurent satisfaire à toutes les difficultés; cependant depuis que je les ai mises par écrit & rappellées à un examen plus sévere & plus réfléchi, j'avoue de bonne foi qu'il me reste quelque doute à cet égard; mais n'ayant rien de mieux pour le présent à offrir à leur place, je ne les rejette pas absolument: car une mauvaise solution que l'on lit, & dont on découvre les défauts, donne souvent occasion à un Lecteur ingénieux d'en trouver une plus parfaite. Le plus important pour nous n'est pas de savoir de quelle maniere la nature exécute ses loix ; il nous suffit de connoître les loix elles-mêmes. C'est un avantage réel de savoir qu'une porcelaine abandonnée en l'air, sans être soutenue, tombera & se brisera immanquablement ; mais de savoir *comment* elle tombe & *pourquoi* elle se brise, c'est une matiere de pure spéculation. Ces connoissances sont agréables à la vérité, mais sans elles nous pouvons garantir notre porcelaine. Ainsi dans le cas présent il pourroit être de quelque usage pour le genre humain de connoître le pouvoir des pointes, quoique nous ne fussions jamais en état d'en donner une explication précise. Les expériences suivantes montrent ce pouvoir. J'ai un premier conducteur fort large, composé de plusieurs feuilles minces de carton, ajusté en forme de tube, d'environ 10 pieds de longueur & d'un pied de diametre. Il est couvert de papier d'Hollande, relevé en bosse & presque tout doré. Cette large surface métallique soutient une atmosphere électrique beaucoup plus grande, que n'en soutiendroit une verge de fer cinquante fois plus pesante. Il est suspendu par des fils de soie ; & lorsqu'il est chargé, il frappe à environ 2 pouces de distance, un coup assez fort pour causer de la douleur aux articulations du doigt. Qu'un homme sur le plancher présente la pointe d'une aiguille à 12 pouces ou plus de distance ; tandis que l'aiguille est ainsi présentée, le conducteur ne sauroit être chargé, la pointe tirant le feu aussi promptement qu'il est poussé par le globe électrique : chargez-le, & présentez alors la pointe à la même distance ; il sera déchargé en un instant. Dans l'obscurité vous pourrez voir une lumiere sur la pointe, lorsqu'on fait l'expérience ; & si la personne qui tient la pointe est sur un gâteau de cire, elle sera électrisée en recevant le feu à cette distance. Essayez de tirer de l'Electricité avec un corps émoussé, tel qu'un morceau de fer arrondi & poli à l'extrémité ; il faut que vous l'approchiez à la distance de 3 pouces, avant que de pouvoir faire l'opération, & elle se fait alors avec un coup & un craquement. Comme le tube de carton pend librement sur des fils de soie ; lorsque vous en approchez le morceau de fer, il s'avance pareillement vers le morceau de fer, étant attiré pendant tout le tems qu'il est chargé. Mais si au même instant la pointe est présentée comme auparavant, il se retire, parce qu'il est déchargé par la pointe.

REMARQUE.

L'on sera surpris sans doute que dans un des plus grands articles d'un Dictionnaire dont l'essentiel du systeme Newtonien est comme le fondement & la base, nous n'ayons pas fait mention de Newton, quoique ce Physicien ait parlé de l'Electricité. Il en a parlé, je le sais, dans les questions 8e. & 22e. du livre 3e. de son Optique. Mais il s'est toujours contenté de rapporter le fait, sans entrer jamais dans les causes.

CONCLUSION.

Ce qu'a de particulier l'hypothese que nous avons exposée dans l'article *Electricité*; ce qui en fait le caractere distinctif, c'est la *simplicité*, la *solidité*, la *généralité*, & la *nouveauté*. La simplicité; elle est fondée sur ce seul principe de mécanique: *deux fluides semblables qui se touchent, se mêlent ensemble & se mettent en équilibre, l'un avec l'autre.* La solidité; ses agens sont deux courans électriques dont l'existence est constatée par les expériences les plus nombreuses, les plus sûres, les plus frappantes, & les plus faciles. La généralité; le nouvel usage que je fais de ces deux courans, me fournit, comme l'on a vu, une explication naturelle de tous les phénomenes intéressans de l'Electricité. Enfin la nouveauté; j'ai lu tout ce qui s'est fait de bon sur cette matiere depuis Descartes jusques à aujourd'hui, & je suis bien sûr qu'aucun Physicien électrisant ne m'a appris que le courant électrique qui n'enfile pas le conducteur, *électrisoit à demi* certains corps non isolés qui sont près de la Machine, & leur communiquoit une atmosphere beaucoup moins dense, que celle des corps *totalement électrisés.* Je suis encore plus sûr qu'aucun Physicien avant moi n'a pensé à faire combattre les atmospheres denses & rares, & à tirer de ce conflict, véritablement mécanique, l'explication de plusieurs phénomenes qu'il seroit difficile d'expliquer dans tout autre systeme que le mien.

Et que l'on ne dise pas que je fais usage des *effluences*

& des *affluences*. J'en fais usage, il est vrai; mais c'est dans un sens bien différent de celui de M. l'Abbé Nollet. Dans le systeme de M. l'Abbé Nollet la *matiere effluente* ne rend électriques que les corps isolés; dans mon hypothese elle rend électriques les corps isolés & les corps non isolés, ceux-ci *à demi*, & ceux-là *totalement*. Dans le systeme de M. Nollet la *matiere effluente* ne devient jamais matiere *affluente*; dans mon hypothese elle le devient quelquefois, au moins en partie, à cause de l'élasticité de l'air environnant. Dans le systeme de M. Nollet enfin la *simultanéité* des deux courans *effluent* & *affluent* est réelle & physique; dans mon hypothese elle n'est qu'apparente & sensible: il est démontré que le plein parfait n'existe pas même aux environs de la terre; & cependant ce *plein* devroit exister, pour que la *simultanéité réelle* pût avoir lieu.

Il n'est presque pas nécessaire de prouver que les caracteres distinctifs de mon hypothese n'ont rien de commun avec ce qu'ont trouvé les autres Physiciens de réputation, je veux dire, MM. Dufay, Privat de Molieres, Jallabert & Franklin.

En effet nous ne prétendons pas, avec M. Dufay, que tout corps actuellement électrique soit entouré d'un tourbillon, & qu'il y ait dans la nature deux électricités réellement distinctes, & spécifiquement différentes entr'elles, l'une *vitrée* & l'autre *résineuse*.

Bien différens de M. Privat de Molieres, nous distinguons la matiere électrique des molécules dont l'huile est composée.

Nous ne voulons pas, avec M. Jallabert, que le fluide électrique soit naturellement très-dense dans les corps rares, & naturellement très-rare dans les corps denses.

Enfin nous ne supposons pas, avec M. Franklin, que la matiere électrique soit spécifiquement distinguée du feu élémentaire; que les particules de la matiere électrique aient un double pouvoir, l'un actif de se repousser mutuellement, l'autre passif d'être fortement attirées par toute matiere non électrique, &c. &c. Lisez, pour tout ce qui pourroit manquer à cet important article, mon Ouvrage intitulé, *l'Electricité soumise à un nouvel examen*.

Pour rendre cet article encore plus intéressant, nous allons

allons mettre sous les yeux du Lecteur les guérisons surprenantes que l'on a opérées par le moyen de la Machine électrique. Nous renfermerons les mieux constatées sous le titre d'*Electricité médicale*.

ÉLECTRICITÉ MÉDICALE. M. Pivati, dans une lettre adressée à M. François Zanotti, assure qu'en enduisant la surface intérieure des verres destinés aux expériences de l'Electricité, de substances douées de qualités médicales, les parties les plus subtiles de ces substances traversent le verre avec la matiere électrique & s'insinuent ensemble dans le corps, pour y produire les effets les plus salutaires. Sans examiner ici la vérité d'un fait que M. Nollet regarde comme romanesque, je me contenterai de faire remarquer que l'Electricité est depuis quelque tems le remede à plusieurs maux très-douloureux. Constatons le fait, avant que de l'expliquer.

Premiere Expérience. Le nommé Garouste, Porteur de chaise, âgé de 70 ans, paralytique depuis 10 ans de la moitié du corps, presque privé de la vue, & d'une foiblesse de reins qui le mettoit hors d'état de se lever sans l'aide de quelqu'un, se fit électriser à Montpellier le 29, le 30 & le 31 Janvier, le 1, le 4, le 6, le 7, le 10, le 13, le 14, le 15, le 16, le 17, le 18, le 19, le 23 & le 27 Février de l'année 1749. Le 31 Janvier Garouste fut en état de lire un livre d'un très-petit caractere, & il marcha sans bâton. Le 4 Février, il marcha encore plus librement, & il coula de ses yeux beaucoup de larmes. Le 19 du même mois, sa vue se fortifia, & la douleur qu'il ressentoit auparavant dans les reins, se dissipa entierement. Enfin le 27 Février, Garouste jouit d'une santé parfaite.

Seconde Expérience. Pierre Lafoux, âgé de 15 ans, attaqué dès l'enfance d'une hémiplégie, c'est-à-dire, d'une paralysie qui lui tenoit la moitié du corps, se fit électriser à Montpellier presque tous les jours depuis le 8 Mars jusqu'au 3 Mai de l'année 1749. Le 17 Mars, son bras paralytique avoit repris des forces & de l'embonpoint. Le 18, Lafoux leva de terre une chaise. Le 20, il frappa des coups de marteau. Le 25, il étendit librement le pouce de la main malade, courbé auparavant & caché sous les autres doigts, & il porta de cette main jusqu'à sa maison un sceau plein d'eau. Le 9 Avril, le malade marcha librement. Enfin le 3 Mai, le malade se trouva parfaitement guéri.

Explication des deux Expériences précédentes. Un membre est paralytique, lorsque le fluide nerveux, si connu sous le nom d'*esprits vitaux*, ne coule pas librement dans les conduits que la nature lui a préparés. Cette interruption de cours a pour cause ordinaire quelque obstruction, c'est-à-dire, quelque humeur coagulée qui bouche l'origine de certains nerfs. Rien n'est plus propre à dissiper ces obstructions, que les épreuves électriques & surtout l'épreuve de la commotion. Pour peu qu'on réfléchisse sur cette terrible expérience, l'on sera convaincu qu'il n'est rien de plus subtil, de plus vif & de plus capable de dégager les nerfs que la matiere électrique. Mon avis ne peut pas être d'un grand poids, lorsqu'il s'agit de remede & de maladie. Je pense cependant que les vomitifs, les eaux minérales, les frictions, les sternutatoires & tous les remedes que la coutume a fait ordonner jusqu'à présent en grande cérémonie, sont plus dispendieux & moins efficaces, que nos secousses électriques. Ces deux paralytiques ne sont pas les seuls à qui notre Machine a rendu la santé sous les yeux de M. de Sauvages. Ce célebre Professeur de la ptemiere Ecole de Médecine, écrivant à M. Bruhier, Médecin à Geneve, fait mention de trois autres paralytiques à qui l'Electrisation a fait des biens infinis. Cette lettre termine l'ouvrage de M. Jallabert. Ces cures admirables avoient été précédées par celle dont nous allons rendre compte; elle doit servir d'époque dans l'histoire de l'Electricité. Le 26 Décembre 1747, le nommé Nogués, maître Serrurier, âgé de 52 ans & d'une complexion assez délicate, vint chez M. Jallabert, Professeur en Philosophie expérimentale & en Mathématique à Geneve. Nogués étoit paralytique du bras droit. Le poignet étoit fléchi vers le côté interne des deux os de l'avant-bras; il étoit pendant & sans mouvement; le pouce, le doigt index, l'auriculaire étoient comme collés les uns aux autres & fléchis vers la paume de la main. Il restoit au médius & à l'annulaire un foible mouvement. Le malade levoit & baissoit le bras, mais avec peine, & l'avant-bras ne pouvoit ni se fléchir, ni s'étendre. Il boitoit aussi du côté droit, & il ne marchoit qu'à l'aide d'une canne. Cette relation est de M. Jallabert, qui nous avons que la curiosité de vérifier certains faits, eut autant de part à ses premiers essais, que l'espérance de la guérison du malade. Il électrisa cependant Nogués avec toutes les précautions imaginables depuis le 26 Décembre 1747 jusqu'à la fin de Février 1748, presque chaque jour; l'opération duroit environ une heure & demie; il ne lui épargna pas la commotion, même avec l'eau bouillante; & le succès fut tel, qu'on vit Nogués empoigner une boule de 4 à 6 pouces de diametre, & la jeter à plusieurs pas de distance, en étendant son bras auparavant paralytique. Il éleva aussi, par le moyen d'une poulie, un poids de 18 livres. Enfin on l'a vu prendre un bâton fort gros & une barre de fer, & lever l'un & l'autre en les tenant par le bout. La machine électrique ne guérit pas seulement les paralytiques, elle est encore très-utile dans plusieurs autres maladies. Voici une énumération à laquelle tout lecteur ne manquera pas de prendre part.

Troisieme Expérience. Nogués depuis l'année 1733 où il eut son accident, jusqu'en l'année 1747 où il commença à se faire électriser, n'avoit passé aucun hiver sans avoir des engelures à sa main malade; mais depuis son électrisation il n'en a eu aucune atteinte; l'enflure même qu'il avoit à ses doigts paralytiques & qu'il regardoit comme un commencement d'engelures, se dissipa après quelques secousses souffertes & quelques étincelles tirées.

Explication. Le sang & la lymphe, épaissis & arrêtés dans ces parties éloignées du cœur & privées d'ailleurs de mouvement, *dit M. Jallabert*, ont été atténués, broyés & divisés par les frémissemens vifs & prompts, excités dans toutes les fibres musculaires & tendineuses des doigts & de la main de Nogués; ces mêmes frémissemens, en contribuant à la circulation du sang & des autres humeurs, ont fait sortir par la transpiration les parties qui obstruoient les pores de sa peau; les engelures de ce paralytique ont donc dû se dissiper.

Quatrieme Expérience. Au mois de Janvier de l'année 1747, un Dominicain attaqué d'une sciatique qui lui causoit des douleurs très-aiguës, fut électrisé 4 fois par M. Veratti, Professeur de l'Université & de l'Institut de Bologne. La quatrieme opération appaisa entierement la douleur, & le malade jouit dans la suite d'une parfaite santé.

Explication. Rien n'eſt plus propre que le feu électrique, à mettre en mouvement & à diſſiper les humeurs, de quelque nature qu'elles ſoient. La ſciatique eſt une eſpece de goutte qui vient à la jointure des cuiſſes; elle eſt cauſée par la fluxion d'une humeur âcre qui fait ſouffrir au malade les douleurs les plus aiguës; la Machine électrique doit donc être d'un grand ſecours dans ces ſortes de maladies.

Cinquieme Expérience. Guillaume Julian de Montpellier, Gipier, attaqué depuis long-tems de vertiges opiniâtres qui le faiſoient marcher d'un pas chancelant & qui lui obſcurciſſoient la vue, ſe fit électriſer à Montpellier ſous les yeux de M. de Sauvages, en l'année 1749. Après l'avoir été trois fois, Julian n'eut plus de vertiges, & il reprit ſes occupations ordinaires.

Explication. Le même feu qui diſſipe les humeurs qui cauſent la ſciatique, & les obſtructions qui rendent les membres du corps paralytiques, a dû diſſiper avec encore plus de facilité les vapeurs qui obſcurciſſoient la vue de Julian, & qui le faiſoient marcher d'un pas chancelant.

Tous ces faits nous portent à croire que l'on n'exagéra rien dans l'Univerſité de Prague en Bohême, en l'année 1751, lorſqu'on ſoutint dans une Theſe de Médecine que les Médecins ne ſauroient trop conſeiller l'électricité; qu'elle augmentoit la tranſpiration naturelle des animaux; qu'elle n'étoit pas diſtinguée du fluide nerveux; que c'étoit le meilleur des remedes que l'on pût apporter dans les cas d'hémiplégie, c'eſt-à-dire, dans les cas de paralyſie de la moitié du corps. Le répondant apporta en preuve de cette derniere aſſertion la guériſon parfaite de 4 paralytiques, opérée par l'Electricité; il y ajouta le ſoulagement d'un rhumatiſme très-douloureux, & le rétabliſſement des forces d'un goutteux privé de l'uſage de ſes membres. Les principales poſitions de cette theſe étoient les 8 ſuivantes.

1a. *Electricitas in arte medicâ eſt adhibenda.*

2a. *Electricitas auget naturalem animalium tranſpirationem.*

3a. *Hæc acceleratio tranſpirationis in hominibus fit per vaſa capillaria exhalantia, & non per glandulas ſubcutaneas.*

4a. *Fluidum nerveum fluidum Electricum dici potest.*

5a. *Nervi sensorii à motoriis non sunt distincti.*

6a. *Hemiplegiæ causa proxima est immeabilitas fluidi nervei per nervos.*

7a. *Hemiplegia præ reliquis morbis est Electrisatione curanda.*

8a. *Etiam Febris intermittens Electrisatione debellari potest.*

Remarque. Nous avons dit, au commencement de l'article *Electricité médicale*, que M. l'Abbé Nollet regardoit comme autant de fables inventées à plaisir, tout ce qu'ont écrit les Italiens sur les purgations électriques & la transmission des odeurs. Voici en effet ce qu'on lit dans son *Essai sur l'Electricité des Corps, seconde édition, pag.* 220 *& suivantes.*

L'Italie, plus heureuse que les autres pays, sembloit posséder le secret d'électriser salutairement & à coup sûr. Des remedes appropriés à chaque maladie, & renfermés dans les globes ou dans les tubes de verre, ne manquoient pas, disoit-on, de passer au-dehors, dès que le frottement avoit dilaté les pores du vaisseau ; & la vertu électrique servant de véhicule à ces exhalaisons médicales, les faisoit pénétrer profondément dans le corps du malade, & les portoit infailliblement au siége du mal : les purgations passoient de même jusques dans les entrailles, lorsqu'on se faisoit électriser en les tenant dans sa main, & par-là on s'épargnoit le dégoût qu'on a naturellement pour toutes ces potions désagréables qu'on appelle *Médecines* . . .

Un séjour de deux mois & demi que je fis dans le Piémont, me mit à portée de voir souvent M. Bianchi, célebre Médecin Anatomiste de Turin, & qu'on peut regarder comme le premier Auteur des purgations électriques. J'obtins fort aisément de sa politesse & de sa complaisance la grace que je lui demandai, de répéter avec lui-même les expériences dont il m'avoit fait part dans ses lettres & dans ses mémoires....

Mais le croira-t-on ? Ce résultat se réduit à dire que de trente personnes ou environ de différens sexes, de différens âges & de différens tempéramens, que nous avons essayé de purger électriquement en diverses fois, sous les yeux & la direction de M. Bianchi, & avec les drogues qu'il nous avoit choisies lui-même, à son grand étonnement

& au mien, personne ne le fut, si l'on en excepte un garçon de cuisine qui nous avoua depuis qu'il avoit pris des bouillons de chicorée, pour une incommodité qu'il avoit alors; & un autre jeune domestique, dont le témoignage nous devint plus que suspect par les extravagances dont il voulut l'enjoliver....

De Turin je passai à Venise avec le même desir de m'instruire au sujet de la transmission des odeurs..... On me conduisit chez M. Pivati qui en étoit prévenu, & qui avoit convoqué une nombreuse assemblée. Après quelques expériences ordinaires.... je demandai à voir transmettre les odeurs: mais quelle fut ma surprise & quels furent mes regrets, lorsque M. Pivati me déclara nettement qu'il ne l'entreprendroit pas; que cela ne lui avoit réussi qu'une fois ou deux, quoiqu'il en eût fait, ajouta-t-il, bien des tentatives depuis pour revoir le même effet; que le cylindre de verre dont il s'étoit servi pour cela, avoit péri, & qu'il n'en avoit pas même gardé les morceaux....

Lorsque je me trouvai à Bologne, je ne manquai pas de voir M. Veratti.... L'extrême politesse avec laquelle il me reçut, me donna lieu de lui exposer avec confiance les doutes que j'avois sur la transmission des odeurs....

M. Veratti me répondit qu'il avoit fait plusieurs épreuves, par le résultat desquelles il lui sembloit que l'odeur de la térébenthine & celle du benjoin s'étoient transmises du dedans au-dehors d'un vaisseau cylindrique de verre, semblable à celui qu'il me montra, & qui ce jour-là ne nous fit rien sentir, quoique nous le frottassions fortement avec la main.

Sur ce que je lui représentai que ce vaisseau n'étoit bouché que par des couvercles de bois assez minces, & qu'on pouvoit ôter au besoin pour faire entrer ou sortir les matieres odorantes, & qu'il pourroit être arrivé que ces odeurs poussées par la chaleur, eussent passé par les pores du bois; il me répondit que cela étoit possible, & que, quoique de fortes apparences l'eussent porté à croire la transmission des odeurs par les pores du verre, il avoit cependant suspendu son jugement sur cet effet... jusqu'à ce que de nouvelles épreuves, faites avec plus de précaution, eussent dissipé tous les doutes.

Je n'ai rien appris dans les autres villes d'Italie, qui

n'ait encore beaucoup augmenté mes doutes ſur les phénomenes de l'Electricité que j'avois entrepris de vérifier dans le cours de mon voyage. Le pere de la Torre, Profeſſeur de Philoſophie à Naples, M. de la Garde, Directeur de la Monnoie à Florence & fort occupé de ces ſortes de recherches, M. Guadagni, Profeſſeur de Phyſique expérimentale à Piſe, M. le Docteur Cornelio à Plaiſance, M. le Marquis Maffei à Vérone, le Pere Garo à Turin, tous avec des Machines bien montées & bien aſſorties, avec la plus grande envie de réuſſir, ont eſſayé maintes fois de tranſmettre les odeurs & l'action des drogues enfermées; (mais ſoigneuſement) dans des vaiſſeaux cylindriques ou ſphériques de verre, en les électriſant; tous ont eſſayé de purger nombre de perſonnes, & ſelon le témoignage qu'ils m'en ont rendu, jamais ils n'en ſont venus à bout, ou le peu de ſuccès qu'ils ont eu, leur a paru trop équivoque, pour en tirer des conſéquences conformes à ce que M. Pivati a cru voir dans ſes expériences.

Je ſuis donc comme certain maintenant, *continue M. l'Abbé Nollet*, de ce que je commençois à croire, lorſque je fis imprimer mes recherches ſur les cauſes particulieres des phénomenes électriques; je ſuis, dis-je, comme certain que M. Pivati a été trompé par quelque circonſtance à laquelle il n'aura pas fait attention. Ce qui me le fait croire encore plus que jamais, c'eſt qu'il m'a avoué lui-même, conformément à ce qu'il m'a écrit, que cette transfuſion des odeurs & des drogues à travers des vaiſſeaux cylindriques, ne s'eſt manifeſtée à lui qu'une fois ou deux immédiatement, je veux dire par une diminution ſenſible du volume, & par des émanations qu'on pouvoit reconnoître par l'odorat....

J'ai déjà cité plus haut pluſieurs habiles Phyſiciens d'Italie qui ont eſſayé inutilement de répéter les expériences de M. Pivati, & qui n'ont aucune confiance en ſa médecine électrique; mais voici quelque choſe de plus fort encore. Depuis un an il paroît à Veniſe même un ouvrage par lequel on voit qu'une Compagnie de Savans, Médecins & autres, ſe ſont unis pour répéter avec tout le ſoin imaginable, & en préſence de témoins, toutes les expériences qui concernent la médecine électrique, & ſpécialement celles de M. Pivati. Tout y paroît conduit avec intelligence. Il est dit même que plusieurs membres de cette compagnie étoient prévenus ou en faveur des purgations électriques ou en faveur de leurs Auteurs ; & malgré cela tous les résultats s'y trouvent opposés à ceux de MM. Pivati & Bianchi, comme deux propositions contradictoires le sont entre elles, comme le *ouï* & le *non*.

Depuis l'année 1760, l'on avoit, pour ainsi dire, abandonné l'électricité médicale. Tous les vrais Physiciens en gémissoient. Quiconque s'intéresse au bien de l'humanité, desiroit qu'un grand Médecin procurât à cette branche de la Physique expérimentale tout l'éclat dont elle est susceptible. Nos vœux ont été exaucés. M. *Mauduyt* s'est consacré, depuis l'année 1777, à l'électricité médicale, & ses glorieux travaux ont été couronnés des succès les plus sûrs & les plus brillans. Les cures qu'il a faites, sont consignées dans les Mémoires de la Société Royale de Médecine de Paris. Les récits de M. *Mauduyt* portent tous avec eux l'empreinte de la plus exacte vérité. Ses heureux succès il les rapporte sans emphase, & ses mauvais sans dépit. Il prend les précautions les plus sages & les plus prudentes, pour ne pas administrer l'électricité, comme remede, à tort & à travers. Se présente-t-il un malade ? il exige une consultation de Médecins, & il ne le soumet à l'électricité, que d'après l'avis de ses confreres. Avant de commencer le traitement, il rédige un précis historique de la maladie qu'il va entreprendre de combattre, & des remedes qu'on a fait jusqu'alors. Il décrit ensuite l'état actuel du malade; & apres avoir lu lentement aux assistans ce qu'il vient d'écrire, il les oblige à le signer.

A la suite de ce précis historique se trouve un Journal sur lequel M. *Mauduyt* écrit, jour par jour, les changemens arrivés en bien ou en mal, & les faits passés d'un jour à l'autre pendant l'absence du malade.

Chaque Journal, portant une étiquette sur laquelle est écrit le nom de celui qu'il concerne, reste, pendant tout le tems du traitement, exposé sur une table dans la piece où l'on reçoit les malades. Cette piece est constamment ouverte, pendant les heures du traitement, aux Médecins, aux Chirurgiens & aux Physiciens. Chacun d'eux peut, comme il le juge à propos, prendre les

Journaux, les lire, interroger les malades, examiner leur état devant M. *Mauduyt* ou en son absence.

En commençant la journée, M. *Mauduyt* interroge les malades, & il écrit, d'après leurs réponses, les articles qui sont consignés sur les Journaux; il prie ensuite ceux de ses confreres qui sont présens, de signer les articles qu'il vient de rédiger. Aucun article n'est regardé comme arrêté, que lorsqu'il a été lu à celui qu'il concerne. Ces Journaux, ainsi rédigés, sont déposés, après le traitement, au Secrétariat de la Société Royale de Médecine de Paris. C'est ainsi qu'on se comporte, lorsqu'on ne veut pas en imposer au public, & qu'on veut être bienfaiteur de l'humanité.

Du mois de Juillet 1777 au même mois 1779, M. *Mauduyt* a soumis à l'électricité quatre-vingt-deux malades. Paralysies, stupeurs, engourdissemens, rhumatismes ordinaires & goutteux, lait épanché, surdités, épilepsie, maladie des yeux, &c. tels sont les maux que ce grand Physicien a guéris ou soulagés par le moyen de la machine électrique.

Les paralytiques qui ont suivi le traitement électrique sont au nombre de cinquante-un. M. *Mauduyt* en forme comme trois classes. La premiere comprend ceux qui ont suivi le traitement aussi long-tems qu'il le leur a conseillé; la seconde renferme ceux qui n'ont pas suivi le traitement aussi long-tems qu'ils l'auroient dû; la troisieme est composée de ceux qui se sont retirés peu de tems après s'être présentés.

De cinquante-un paralytiques, quatorze forment la premiere classe, vingt-huit la seconde & neuf la troisieme.

De quatorze paralytiques qui ont suivi le traitement aussi long-tems qu'on le leur a conseillé, un a été parfaitement guéri; neuf ont obtenu un soulagement considérable; quatre n'en ont éprouvé aucun. Parmi les neuf qui ont été soulagés, trois avoient une profession manuelle, qu'ils ont été en état de reprendre. C'est ici le lieu de faire l'histoire de M. *Prévost* à qui le traitement électrique a procuré une parfaite guérison.

Le 20 Décembre 1777, M. *Prévost*, résidant pour l'ordinaire à Bruxelles & se trouvant pour lors à Paris, remit à M. *Mauduyt* une lettre de M. *de Lassonne* qui lui conseilloit l'usage de l'électricité. Il avoit les muscles du visage paralysés du côté gauche ; la bouche excessivement tirée & tournée à droite ; la joue gauche pendante ; la parole & la déglutition très-gênées : M. *Prévost* étoit obligé, pour articuler & se faire entendre en parlant, pour manger & pour avaler, d'élever & de soutenir sa joue par le secours de la main gauche ; il ne pouvoit ouvrir ni fermer les paupieres du côté gauche. Tel étoit, depuis un mois, l'état du malade, âgé d'environ 50 ans.

M. *Prévost* se soumit au traitement electrique le 23 Décembre 1777, le continua chez M. *Mauduyt* jusqu'au 7 Mars 1778 & dans le domicile qu'il avoit à Paris, jusqu'au 29 Avril de la même année.

Il n'y eut rien de remarquable jusqu'au 7 Janvier.

Le 8, le malade abaissa assez la paupiere supérieure pour intercepter totalement les rayons de lumiere.

Le 31 Janvier, le malade parloit & mangeoit avec un peu moins de difficulté.

Le 2 Mars, M. *Prévost* cessa de soutenir sa joue avec sa main, lorsqu'il parloit, comme il avoit été obligé de le faire jusqu'alors.

Le 8, le malade se fit électriser chez lui jusqu'au 29 Avril, jour auquel il se trouva parfaitement guéri & en état de partir pour Bruxelles ; ce qu'il fit peu de jours après.

De vingt-huit paralytiques qui n'ont pas suivi le traitement électrique aussi long-tems qu'on le leur a conseillé, & qui par conséquent forment la seconde classe, vingt-un ont éprouvé un soulagement marqué, & sept n'en ont retiré aucun avantage. Parmi ces vingt-un malades, le nommé *Michel*, domestique, âgé de cinquante-sept ans, est celui sur qui l'électricité a agi le plus efficacement. Vingt-un jours après son accident, il se trouva dans l'état suivant.

La jambe gauche étoit lourde & traînante, le genou foible, le pied sans mouvement. La main gauche étoit si foible, que *Michel* pouvoit à peine soulever un poids d'une livre ; le bras étoit très-gêné & le malade le levoit au plus au niveau de la ligne horizontale.

Michel fut électrisé du 8 Juillet 1778 au 7 Décembre de la même année. Il prit deux séances par jour pendant les trois quarts du traitement. Il vint irrégulierement le dernier mois ; & il y eut dans les autres plusieurs jours d'absence.

Dès le troisieme jour du traitement, *Michel* porta sa main à son front, & leva à cinq à six pouces de terre le même poids qu'il n'avoit pas même pu soulever le premier.

Le sixieme jour, il vint pour la premiere fois à pied, & ne se servit plus de voiture dans la suite.

Le 21 Juillet, quatorzieme jour du traitement, le malade commença à s'habiller & à se déshabiller seul.

Le 26, il porta sa main sur le sommet de sa tête.

Le premier Septembre, le mouvement des doigts du pied commença à se rétablir.

Le 21, le malade fit sans beaucoup de peine & sans fatigue une longue course à pied.

Le 3 Octobre, *Michel* se trouva en état de porter du bras paralysé une chaise, une table, différens meubles.

Le 12, il leva perpendiculairement un poids de six livres.

Le 24, il fit un lit, il balaya un appartement.

Le 26, il marcha beaucoup, il fit différentes commissions relatives à son service. Il continua d'aller de mieux en mieux pendant le mois de Novembre, & le 7 Décembre, il quitta l'électricité pour reprendre son service ; il ne lui resta que tant soit peu de gêne dans la jambe. Quelques jours après, M. *Mauduyt* présenta *Michel* à la Société de Médecine, dans une de ses assemblées, comme une preuve des bons effets du traitemet électrique dans les paralysies.

Neuf paralytiques qui se sont retirés très-peu de tems après s'être présentés, forment la troisieme classe. La tentative a été totalement inutile sur cinq de ces malades ; elle a eu des effets assez marqués sur les quatre autres, & en particulier sur une petite fille, âgée de trois ans quatre mois, hémiplégique depuis deux ans. Elle prit onze séances depuis le 3 jusqu'au 14 Février 1778. Insensible d'abord aux étincelles, dont elle s'amusoit, elle eut bientôt peine à les souffrir. Ses doigts fort roides & à demi pliés, devinrent beaucoup plus souples ; le pouce, l'index, le doigt du milieu s'étendirent même naturellement ; le poignet acquit du mouvement : l'enfant se fortifia en total & marcha moins difficilement : une maladie sérieuse dont elle guérit, l'empêcha de continuer l'électrisation qui peut-être auroit fait disparoître la paralysie.

M. *Mauduyt* a attaqué, par le moyen de l'électricité, bien d'autres maladies. Les stupeurs & les engourdissemens sont les seules qui lui aient résisté. Il n'en a pas été ainsi des douleurs rhumatismales. De huit malades qui en étoient tourmentés, deux ont été parfaitement guéris & cinq ont été soulagés. La cure de M. *Gobert*, Joailler, est celle qui ne laisse aucun doute sur l'efficacité de ce remede.

M. *Gobert*, âgé de 49 ans, & tourmenté pendant dix-sept jours par un violent rhumatisme, se rendit chez M. *Mauduyt*. Les douleurs s'étoient d'abord fait sentir dans l'omoplate ; elles s'étoient ensuite étendues dans toute la longueur du bras ; elles avoient totalement privé le malade du sommeil pendant les quatre ou cinq dernieres nuits ; elles lui avoient ôté l'usage du bras droit ; & le malade étoit obligé de se faire habiller & déshabiller.

M. *Gobert* fut électrisé, pour la premiere fois, le 25 Mars 1779, une demi-heure par bain, c'est-à-dire, il fut placé sur l'isoloir, sans recevoir aucune commotion, & sans qu'on lui tirât d'étincelles.

Dès le lendemain le bras fut moins gêné, & le 26, le malade portoit sa main sur sa tête, s'habilloit & se déshabilloit ; l'enflure à la main disparut ; les douleurs cependant continuerent, mais elles furent moins vives à la main & au poignet.

Le 30 Mars, le malade fut en état de reprendre son travail auquel il se livra en effet jusqu'au 7 Avril. Mais comme les douleurs se renouvellerent, il revint, le 8 & le 9, à l'électrisation. Ces deux séances firent diminuer les douleurs, & le malade reprit son travail. Le 27, retour des douleurs & électrisation qui les appaisa. Le 3 & le 4 Mai, même retour & même électrisation qui les fit disparoître. L'électricité est donc un excellent remede dans les rhumatismes ordinaires ; elle l'est encore dans les rhumatismes goutteux ; témoin le nommé *Bouclon*, Cordonnier.

Bouclon attaqué, depuis neuf mois d'un rhumatisme

goutteux, essaya l'électricité, le 13 Septembre 1778. Il marchoit avec lenteur, le corps un peu courbé, & la marche excitoit des douleurs dans les deux genoux; le bras gauche étoit très-gêné dans ses mouvemens; il ne s'élevoit pas au-dessus de la ligne horizontale; le coude & l'épaule du côté gauche éprouvoient des douleurs habituelles; il y avoit gonflement à l'extrémité supérieure du radius du côté droit, & le malade étoit hors d'état d'exercer sa profession. Il fut électrisé depuis le 13 Septembre 1778 jusqu'au 20 Janvier 1779, mais il ne vint que deux fois en Janvier. C'est peut-être le malade qui ait éprouvé le soulagement le plus prompt & le plus suivi. La marche devint plus facile; les douleurs & le gonflement des parties qui en étoient affectées, diminuerent par degrés; le bras gauche devint plus libre, & le 30 Octobre 1778, le malade essaya, pour la premiere fois, de travailler, & il travailla deux heures.

Le 10 Novembre, il survint au malade une douleur sous la plante du pied, qui rendit la marche plus pénible, quoiqu'il n'y eût point de gonflement. Cette douleur persévéra jusqu'au 24 du même mois, & passa quelques jours après dans les doigts du même pied. Le tout se dissipa peu-à-peu, & le 20 Janvier *Bouclon* travailla de son métier, du matin au soir, ainsi qu'il le déclara à la Société de Médecine, à laquelle M. *Mauduyt* le présenta. Il ne lui resta que de légeres douleurs, lorsqu'il faisoit quelque mouvement brusque.

M. *Mauduyt* ne paroît pas satisfait des effets de l'électricité sur les sourds. Il n'ose pas la regarder comme un remede spécifique contre cette cruelle incommodité. Cependant de dix sourds qu'il a soumis au traitement électrique, six ont été plus ou moins soulagés & un septieme l'a été beaucoup. Ce septieme est le nommé *Bourdet*.

Bourdet, garçon poêlier, âgé de 41 ans, se présenta, pour se faire électriser, le 31 Mai 1779. Il étoit sourd, depuis douze ans, de l'oreille gauche & depuis trois de la droite. Ces accidens lui étoient arrivés, le premier, à la suite de la petite vérole, le second à la suite d'une fievre maligne. Il falloit élever très-haut la voix pour qu'il entendît; il se plaignoit d'un bourdonnement continuel dans les oreilles, & il en comparoît le bruit à celui que feroit un soufflet de forge.

Du 31 Mai au 2 de Juillet, *Bourdet* prit 24 séances. Dès le neuvieme jour le bourdonnement diminua, & il fallut beaucoup moins élever la voix, pour se faire entendre. A la fin de Juin, les bourdonnemens devinrent fort rares & fort légers. Le 2 de Juillet, dernier jour du traitement, *Bourdet* entendit, à quatre pieds de distance, & il répondit à ceux qui lui parloient, sans élever la voix. Obligé de vaquer à son travail, pour subsister, il abandonna un remede qui, suivant toutes les apparences, lui eût procuré une parfaite guérison.

M. *Mauduyt* n'a pas été heureux dans le traitement des malades attaqués d'une goutte-sereine. Il n'a obtenu que des succès passagers; & celui à qui l'électricité a fait, après deux mois, assez bien distinguer les couleurs, est bientôt après retombé dans le même état où il étoit avant l'électrisation. Il ne conclut pas cependant que ce remede soit inutile dans cette maladie. Il assure que M. *de Saussure*, Professeur de Physique à Geneve, a guéri par le moyen de l'électricité une goutte-sereine dont étoit affligée une femme nommée *Noier*. Il l'électrisa pendant long-tems cinq fois par jour, une demi-heure à chaque fois, en faisant passer à chaque séance quinze à vingt commotions du globe de chaque œil à la nuque du cou. La nommée *Noier* recoúvra & conserva la vue, puisque, huit ans après, elle reconnut de loin M. *de Saussure* qui passoit par son village, & qu'elle lui fit voir un tablier qu'elle ourloit dans le moment même.

Tels sont les principaux faits qui m'ont frappé dans la lecture d'un des meilleurs Mémoires de Physique qui aient encore paru. Il contient 209 pages *in-quarto*. Il est suivi d'une carte nosologique qui met sous un même point de vue les travaux immenses de M. *Mauduyt*; & il est terminé par un extrait raisonné de ces mêmes travaux. De pareils Mémoires ne devroient pas seulement faire partie des collections académiques; il faudroit les vendre séparément, pour la commodité de ceux qui ne seroient pas en état de se procurer de pareilles collections.

Le Mémoire dont je viens de rendre compte, est

ſuivi d'un autre qui contient ce que je pourrois appeller la *manœuvre du traitement électrique.* Il ſe fait par *bain*, par *étincelles*, & par *commotions.* Tout le monde comprend ce que c'eſt qu'électriſer par étincelles & par commotions. Quelques perſonnes ignorent ce qu'on entend par électriſer par bain ; il eſt néceſſaire de le leur expliquer dans un Dictionnaire de Phyſique.

On prépare un iſoloir. Pour l'avoir excellent, on en fait les ſupports d'un bois bien ſec qu'on peint à l'huile, ou qu'on enduit en deſſous, tantôt d'un mélange de réſine, de cire, de poix à parties égales, tantôt d'un vernis à la cire d'Eſpagne.

Les pieds des ſupports ſont des colonnes de verre ; ou des bouteilles bien fortes qu'on nettoye & qu'on deſſeche en-dedans & qu'on bouche enſuite avec ſoin. On les attache aux ſupports par le moyen d'un maſtic compoſé de corps électriques par eux-mêmes.

On place ſur l'iſoloir tantôt des ſiéges & tantôt un banc, pour faire aſſeoir les malades. M. *Mauduyt* ſe ſert dans les traitemens en grand d'un banc qui ne contient ni angles, ni aſpérités & qui eſt peint comme l'iſoloir lui-même.

Les malades étant aſſis, on leur fait tenir une longue baguette de cuivre bien polie, terminée par deux boules à laquelle une autre baguette qui communique avec le conducteur de la machine, apporte l'électricité. Dans cet état les malades ſe trouvent dans une eſpece de bain électrique, puiſque l'atmoſphere électrique les environne, à-peu-près comme l'eau environne un homme qui prend un bain ordinaire.

C'eſt toujours par *bain* que commence le traitement électrique. Les huit premiers jours, la ſéance n'eſt gueres que d'un quart d'heure. Les huit jours ſuivans, elle eſt d'une heure. Après quinze jours, elle dure deux à trois heures ; & après un mois, on peut en prendre deux par jour de cette eſpece, en ayant cependant toujours égard à l'âge, aux forces, au tempérament du malade & à l'intenſité de la maladie.

L'électriſation par bain ne demande d'autre précaution, que celle d'eſſuyer à chaque fois les ſupports, de faire prendre des chauſſures bien ſeches aux malades qui viennent à pied, & de prendre garde que les pointes des épingles que portent les femmes malades, ne soient saillantes.

Après cinq à six jours, M. *Mauduyt* joint l'électrisation par *bain* à celle qui se fait par *étincelles*. Il n'en tire d'abord des membres malades que pendant cinq à six minutes, ensuite pendant dix à douze, enfin pendant vingt-cinq à trente, matin & soir. Les membres que la pudeur empêche de mettre à nu, sont couverts d'un vêtement de toile qui colle exactement sur la peau.

Pour la commotion, dont M. *Mauduyt* connoît tout le danger, il ne la donne qu'avec beaucoup de précaution, toujours avec une bouteille chargée assez légerement, & jamais plus de vingt fois de suite.

Enfin ce Physicien, ami de l'humanité, regarde l'électricité comme apéritive & stimulante. Aussi ne la conseille-t-il que dans les maladies où il faut des remedes propres à ouvrir les pores, ôter les obstructions, atténuer les fluides & donner du ton aux solides. Il la regarde comme nuisible, toutes les fois qu'il y aura trop de tension dans les solides, que les nerfs seront excessivement sensibles & irritables, & qu'il existera des mouvemens spasmodiques, quelque légeres que soient les convulsions, à moins qu'on n'emploie une douce électrisation, comme le bain électrique. C'est donc la plus grande de toutes les imprudences d'administrer l'électricité comme remede, lorsqu'on n'est que Physicien. Il faut, pour l'employer avec succès, joindre la science de la Physique à celle de la Médecine.

M. *Mauduyt*, toujours occupé du bien public, a fait paroître, sur la fin de l'année 1784, un troisieme Mémoire sur l'électricité médicale. Je le regarde comme un supplément à celui qui a pour objet le traitement électrique, & comme le résumé de celui dont l'abrégé fait le fond de cet important article. Toujours modeste & toujours impartial, il raconte avec complaisance les succès qu'ont eu dans les différens pays du monde les Physiciens & les Médecins électrisans, & surtout Messieurs *Partington*, *Watson*, *Wilkinson*, *Ferguson*, *Lovet*, *Becket*, *Zetzell* & *Cavallo*. Il fait même tant de cas de Messieurs *Wilkinson* & *Cavallo* qu'il consacre 129 pages de son Mémoire à faire le précis de l'ouvrage de celui-ci & de la dissertation de celui-là. L'on trouve enfin dans les 71 dernieres nières pages de cet ouvrage une notice des écrits faits en faveur de l'Electricité médicale. Se comporter de la sorte, c'est imposer silence à l'envie, & ne mériter que des admirateurs.

M. *Mauduyt*, toujours en garde contre le danger des commotions électriques, veut qu'on n'y ait recours que très-rarement, & lorsque l'électrisation par *bain* & par *étincelles* n'a pas produit la guérison ou le soulagement qu'on s'étoit promis. Cette défense ne regarde pas seulement les commotions totales, elle regarde encore les commotions partielles. Tout le monde sait ce qu'on entend par commotion totale. Quiconque tient le fond de la bouteille de Leyde dans une main, & tire avec l'autre une étincelle du fil d'archal, reçoit une commotion violente dans les deux bras, dans la poitrine, dans les entrailles & dans tout le corps, commotion capable de donner la mort à un homme, si la bouteille étoit trop grande ou trop chargée d'électricité. Cherchez *Bouteille électrique*.

Les commotions partielles ne sont pas à beaucoup près aussi dangereuses; elles ne sont reçues que dans la partie malade, lorsqu'elles sont données par un Physicien adroit & accoutumé à faire des expériences en ce genre. L'on se sert d'une bouteille au fond de laquelle est attachée une petite chaîne de métal. On attache l'extrémité de la chaîne en contact d'une partie quelconque du corps de la personne qui doit être électrisée. On touche ensuite avec le bouton du crochet de la bouteille un autre point quelconque du corps de la même personne; elle reçoit à l'instant la commotion; mais elle ne la ressent que dans l'endroit intercepté entre l'extrémité de la chaîne & le bouton du crochet de la bouteille. Si je veux, par exemple, que la commotion ne soit reçue que dans un bras, je mets l'extrémité de la chaîne en contact avec le haut de ce bras; j'approche le bouton du crochet de la bouteille de l'extrémité d'un des doigts de la main, & la commotion passera dans toute l'étendue du bras.

Au reste, tout ce que nous avons dit dans cet article & dans tous ceux qui regardent l'électricité, ne peut indiquer que l'électricité *positive*; car nous avons toujours pensé & nous pensons encore avec M. *Mauduyt* que l'électricité qu'on appelle *négative* n'eſt qu'une foible électricité poſitive. Cherchez *Electricité poſitive & négative.*

Ceux qui croiroient ou qui voudroient ne pas trouver dans les Mémoires de M. *Mauduyt* tout ce qui a rapport à l'électricité médicale, pourront conſulter, outre l'ouvrage de M. *Cavallo* & la diſſertation de M. *Wilkinſon* dont nous avons déjà parlé, l'ouvrage de M. *de Haen*, intitulé *Ratio medendi* ; ce qui eſt compris entre les pages 358 & 367 dans la Noſologie méthodique de M. *de Sauvages* ; la diſſertation de M. *de Laſſonne* ſur les effets de l'électricité ; les obſervations de M. *Quelmalz* ſur les vertus médicales de l'électricité ; l'ouvrage de M. *Gardane* intitulé, conjectures ſur l'électricité médicale, avec des recherches ſur la colique métallique ; l'hiſtoire de l'électricité par M. *Prieſtley* ; les ouvrages de M. l'Abbé *Sans* ſous le titre de *guériſon de la paralyſie par l'Electricité* ; les Mémoires ſur l'électricité médicale de M. *Mazars de Cazelles* ; l'électricité du corps humain dans l'état de ſanté & de maladie, par M. l'Abbé *Bertholon* ; l'ouvrage de M. *le Dru* ſur le traitement des épileptiques, &c.

ELECTRICITÉ *poſitive* & *négative.* Expreſſion qui ne ſignifie rien, ſi par-là l'on ne prétend pas déſigner deux ſortes d'électricité dont l'une eſt plus forte que l'autre. Ce fut-là d'abord la penſée du célebre *Franklin* qui le premier a introduit ces deux termes en Phyſique. Il dit enſuite que l'électricité *négative* n'étoit que la raréfaction qu'éprouve un corps dans le fluide électrique qu'il contient naturellement, & que l'électricité *poſitive* étoit au contraire la condenſation de ce même fluide dans un corps ou à ſes ſurfaces. Comme il prétend que la bouteille de Leyde ne ſe charge, que parce que l'electricité de ſa ſurface extérieure vient s'accumuler ſur la ſurface intérieure, il aſſure conſéquemment que, tout le tems que la bouteille eſt chargée, la ſurface intérieure eſt électriſée *poſitivement* & la ſurface extérieure *négativement.* Cherchez *Bouteille de Leyde.* Il veut enfin que l'électricité *poſitive* ſe manifeſte par une aigrette lumineuſe, & l'électricité *négative* par un point lumineux. Prenez, *dit-il*, l'Excitateur à deux pointes. Préſentez-en une au fil d'archal qui traverſe le bouchon de la bouteille de Leyde, & l'autre à ſa ſurface extérieure ; vous appercevrez dans l'obſcurité une aigrette lumineuſe au bout de celle-là, & un point lumineux au bout de celle-ci. Les défenſeurs des électricités *poſitive* & *négative* regardent cette expérience comme une preuve triomphante de deux eſpeces d'électricité. Pour moi, j'avoue naturellement qu'elle ne préſente pas à mon eſprit l'ombre même de preuve ſuffiſante; il eſt naturel que l'électricité la plus foible ne ſe manifeſte pas comme l'électricité la plus forte. M. *Mauduyt* dont les travaux en Phyſique tendent tous au bien de l'humanité, ne regarde l'électricité *négative* que comme une foible électricité *poſitive*. Auſſi traite-t-il d'illuſoires les moyens imaginés pour électriſer *négativement* les malades qu'on croit devoir ſoumettre à ces ſortes d'épreuves. Je penſe comme lui, & je prédis en conſéquence que la nouvelle machine, inventée à Londres par M. *Nairne*, ne ſera jamais qu'une machine de pure curioſité. Pour s'en former une idée nette, figurez-vous un cylindre de criſtal qui tourne ſur deux pivots iſolés. Placez à droite un conducteur de métal auquel eſt joint un couſſinet, qui frotte le cylindre, à meſure qu'on fait tourner celui-ci. A gauche du cylindre de criſtal, placez un conducteur de métal, pareil au premier; mais à la place du couſſinet, il eſt garni de pointes dans ſa longueur. Les deux conducteurs ſont montés ſur un pied de criſtal qui les iſole. Voulez-vous avoir l'électricité *poſitive*? Placez une chaîne qui, du conducteur qui frotte, tombe dans le réſervoir commun: le cylindre de criſtal étant mis en mouvement, puiſe l'électricité du conducteur à couſſinet, qui communique par une chaîne avec le pavé de la chambre; le conducteur à pointes ſoutire cette électricité, & vous donne des marques d'électricité *poſitive*. Voulez-vous avoir de l'électricité *négative*? Otez la chaîne du premier conducteur; attachez la au ſecond & laiſſez-la communiquer avec le réſervoir commun; le cylindre de criſtal, mis en mouvement, puiſera de même l'électricité du conducteur à couſſinet; le conducteur à pointes la ſoutirera; il la laiſſera perdre dans le réſervoir commun, & il ne donnera par conſéquent aucune marque d'électricité; mais le conducteur à couſſinet ayant perdu ſon électricité naturelle, ſi vous en approchez le doigt, vous réparerez ſes pertes en partie, & il vous donnera des marques d'électricité *négative*. Suspendez enfin au conducteur à coussinet une chaîne qui plonge dans le réservoir commun, & laissez subsister celle qui est attachée au conducteur à pointes; vous aurez beau tourner le cylindre de crystal, aucun des deux conducteurs ne vous donnera la moindre marque d'électricité.

La description de cette ingénieuse machine que je n'ai jamais vue, m'a été faite par un très-bon Physicien. Il ne voyoit pas plus que moi, qu'elle manifestât deux électricités spécifiquement différentes; & comme moi, il étoit étonné qu'on dît qu'un corps aussi électrique *par lui-même*, que l'est le cylindre de cristal, alloit chercher la matiere électrique dans un corps électrique *par communication*, tel qu'est un conducteur de métal; c'est bien-là vouloir renverser les idées les plus universellement reçues en Physique.

Il est des Physiciens qui appellent *positive* l'électricité du verre, & *négative* celle de la résine. Ils se fondent sur l'expérience si connue de deux globes, l'un de résine, l'autre de verre dont les deux électricités se détruisent, & ils expliquent ce phénomene par la réunion des deux électricités *positive* & *négative* dont l'effet, par la combinaison, doit devenir nul. Voilà ce qui s'appelle expliquer les choses par des mots, vides de sens, trop semblables aux qualités occultes de l'ancienne école. Un jeune Physicien de Marseille, appellé *Ferry*, a eu sur cette matiere les idées les plus justes & les plus neuves; les plus grands maîtres se féliciteroient d'une aussi heureuse découverte. Il a eu la complaisance de me les communiquer. Je m'intéresse trop au progrès des connoissances humaines, pour ne pas faire part au public de ce qu'il y a de plus intéressant dans les différentes lettres qu'il m'a écrites sur cette matiere.

M. *Ferry* soupçonne que les électricités *vitrée* & *résineuse* pourroient bien être composées, l'une de parties acides & l'autre de parties alkalines. Leur réunion, *dit-il*, opérera une véritable neutralisation, & l'on ne sera pas surpris de voir se détruire deux électricités dont l'une est fournie par un globe de verre & l'autre par un globe de résine. Reste à savoir laquelle est acide & laquelle est alkaline.

M. *Barbaroux*, autre jeune Physicien de Marseille, digne ami de M. *Ferry*, a tâché de résoudre ce problème, & il l'a fait de maniere à nous faire espérer que la Physique lui aura un jour de grandes obligations. Il pense que l'électricité du verre est acide, ou que du moins elle se trouve combinée avec un principe acide, avec un gaz qui pourroit bien être le même que celui que nous appellons vulgairement *air fixe*; car il ne pense pas qu'on doive regarder l'électricité comme un *acide per se*. La ténuité de ses principes, *dit-il*, leur mobilité & leur tendance singuliere à se mettre en équilibre ont empêché les Physiciens de la soumettre à l'analyse; mais des analogies sans nombre les ont déterminés à croire que le feu électrique n'étoit autre chose que le feu proprement dit, le vrai phlogistique, combiné avec quelque substance que je suppose tellement acide, qu'après avoir neutralisé l'alkali du phlogistique, elle a été encore assez forte, pour conserver un foible caractere d'acidité. M. *Barbaroux* conclut de cette idée que si l'électricité de la résine est alkaline, elle doit avoir ce principe dans un degré plus grand de force, que l'électricité du verre n'a celui de l'acide. Ce qui l'engage à regarder comme alkaline l'électricité de la résine, c'est que l'odeur qu'elle répand par ses émanations ressemble assez à celle qui s'échappe d'un flacon d'alkali volatil fluor qu'on auroit laissé débouché.

Il seroit à souhaiter que les Physiciens, amis de l'humanité, accumulassent expériences sur expériences, à l'effet de déterminer d'une maniere incontestable laquelle des deux électricités est acide & laquelle est alkaline. Si l'électricité *vitrée* est réellement acide, on ne l'administrera, comme remede, que dans les maladies où il y aura abondance d'alkalis & pénurie d'acides; & si l'électricité *résineuse* est alkaline, elle sera un excellent remede dans les maladies où il y aura abondance d'acides & pénurie d'alkalis. Cherchez *Electricité médicale*.

Lorsque ce point de Physique aura été bien discuté, l'on ne pensera plus sans doute à employer dans les traitemens électriques tantôt l'électricité *positive* & tantôt l'électricité *négative*. M. *Mauduyt* nous assure, dans le Mémoire qu'il a fait paroître sur la fin de l'année 1784, que quant à l'application de l'électricité *négative* au traitement des maladies, il ne connoît encore aucun fait qui prouve l'utilité de cette pratique. Il a tenté d'appliquer ce genre d'électricité au traitement des maladies nerveuses; il l'a administré à cinq malades ; il n'a produit aucun effet sur deux, & il a été nuisible à trois. Il avoit cependant une machine très-propre à produire ce qu'on appelle l'électricité *négative*. Les supports du plateau & des coussins, au lieu d'être en bois, consistoient en deux colonnes de verre forées, dans lesquelles étoit reçu & tournoit l'axe du plateau, & auxquelles on attachoit les coussins par une virole de cuivre que l'on assujettissoit & que l'on serroit par le moyen d'une vis. Le manche qui servoit à tourner le plateau, au lieu d'être de métal, étoit de verre, & la poignée étoit de bois, frit à l'huile de noix bouillante, & verni d'une couche de cire d'Espagne, dissoute par l'esprit de vin.

D'après les expériences tentées par le moyen de cette machine, M. *Mauduyt* conclut qu'il est démontré que le moyen imaginé pour électriser *négativement* des malades, n'est qu'illusoire, & que les sujets soumis à ce genre d'électricité, sont très-foiblement électrisés *positivement*. Nous avons donc eu raison de dire, au commencement de cet article, que les termes, *Electricité positive* & *négative*, ne signifioient rien, si par-là l'on ne prétendoit pas désigner deux sortes d'électricités dont l'une est plus forte que l'autre.

M. *Mauduyt* n'ignore pas cependant que M. l'Abbé *Sans* a annoncé l'électricité *négative* comme un remede souverain dans les maladies nerveuses, & qu'il regarde cette électricité comme le plus puissant des anti-spasmodiques. Mais ce Physicien, *ajoute-t-il*, n'a pas dit ce qu'il entend par *Electricité négative*, il n'a pas décrit l'appareil dont il se sert, ni la maniere dont il traite les malades. Ainsi ce que j'ai dit de l'électricité *négative* administrée par le moyen de la machine que j'ai décrite, n'est pas applicable aux assertions de M. l'Abbé *Sans*, que je ne prétens nullement nier ; ni à sa méthode qu'il n'a pas fait connoître, dont je n'entens, ne dois, ni ne peux parler, puisque je ne la connois pas. Je dis ce que j'ai fait, avec quel appareil, comment je l'ai fait, ce qui en a résulté, & je n'ai pas d'autre prétention.

Dans le journal de Physique du mois de Décembre

1784, M. *Achard* a fait part au public de quelques expériences qui prouvent que la nature de l'électricité *négative* n'est pas différente de celle de l'électricité *positive*.

Premiere expérience. M. *Achard* remplit trois bouteilles de Leyde jusqu'à la moitié avec de la terre de jardin humectée, & après l'avoir égalisée, il la couvrit avec de la flanelle, sur laquelle il mit de la semence de cresson : l'une de ces bouteilles ne fut pas électrisée, l'autre fut *positivement* électrisée, & la troisieme *négativement* : à toutes les heures il rendit aux bouteilles leur charge d'électricité, & il observa,

1°. Que la semence de cresson, dans les deux bouteilles de Leyde électrisées, germa plutôt que celle qui étoit dans la bouteille non-électrisée :

2°. Que l'accroissement de germe se fit dans les deux bouteilles électrisées avec la même vitesse :

3°. Que les plantes augmenterent plus en hauteur dans ces deux bouteilles, que dans la bouteille non-électrisée.

Remarque. M. *Achard* ne nous dit pas comment il s'y est pris pour électriser *négativement* l'intérieur de la bouteille de Leyde. Les Franklinistes prétendent faire cette opération, en chargeant la bouteille par ses côtés. Cherchez *Bouteille électrique.*

Seconde expérience. M. *Achard* prit trois quantités égales de graines de vers-à-soie. L'une ne fut pas électrisée ; l'autre fut *positivement*, & la troisieme *négativement* électrisée pendant trois jours presque continuellement. Il vit les vers-à-soie éclore dès le second jour, du moins en partie, tant des œufs qui avoient été électrisés *positivement*, que de ceux qui l'avoient été *négativement* ; tandis que ceux qui n'avoient pas été électrisés, & qui se trouvoient dans la même température, ne commencerent à éclore qu'entre le troisieme & le quatrieme jour.

Troisieme expérience. M. *Achard* remplit d'eau à la même hauteur trois vases cylindriques de métal qui avoient les mêmes dimensions ; l'un ne fut pas electrisé ; l'autre le fut *positivement* & le troisieme *négativement* pendant quinze heures de suite : le résultat de cette expérience fut que les deux portions d'eau électrisées perdirent chacune par l'évaporation dix grains de leur poids de plus que l'eau non-électrisée. Cherchez *Electrophore.*

ELECTROMETRE. Instrument de Physique, propre à faire connoître le degré d'électricité d'un corps. Je serois presque tenté d'appliquer à ce petit instrument ce que dit *Boileau* d'une petite piece de poésie : *un sonnet sans défaut vaut seul un long poëme.* Oui, j'aurois la plus grande idée d'un Physicien qui nous présenteroit un électrometre parfait, surtout s'il venoit à bout de le rendre *comparable.* Ne pensons pas d'abord à celui de M. l'Abbé *Nollet*; ce sont deux fils de chanvre qu'il suspend au conducteur de la machine électrique. Ces fils électrisés forment, par leur écartement, un angle plus ou moins grand, suivant que l'électricité du conducteur est plus ou moins forte. Mais comment mesurer exactement la valeur précise d'un angle formé par deux fils qui sont dans un mouvement presque continuel ! *Hoc opus, hic labor est.*

Le second électrometre peut se nommer *Electrometre à étincelles.* Les uns mesurent l'intensité de l'électricité par le tems qui s'écoule entre le commencement de l'électrisation & l'instant où l'on voit éclater l'étincelle. Les autres la mesurent par la distance à laquelle part l'étincelle, après un nombre constant & déterminé de tours que l'on fait faire au globe ou au plateau. Mais comment se servir de la premiere méthode ? N'arrive-t-il pas souvent qu'il ne s'écoule pas une *seconde de tems* entre le commencement de l'électrisation & l'apparition de l'étincelle ? La seconde méthode est trop sujette à ne donner que des *à-peu-près*, pour l'adopter purement & simplement.

Deux jeunes Physiciens de Marseille, Messieurs *Ferry* & *Barbaroux* dont j'ai fait connoître le mérite à l'article *Electricité positive & négative*, ont travaillé à la perfection de l'Electrometre. Leurs succès sont consignés dans le journal de Physique, *Avril* & *Septembre* 1784. Il paroît que M. *Ferry* mesure assez exactement l'angle formé par l'écartement des deux fils suspendus au conducteur, en approchant d'eux un plateau de verre ou de glace de douze pouces de hauteur sur dix de largeur. Sur une des surfaces de ce plateau il colla un papier huilé de huit pouces en carré. Il avoit pris auparavant la précaution de décrire sur ce papier un grand arc de cercle de 160 degrés qu'il divisa en deux parties égales par le moyen du rayon perpendiculaire à l'horizon, & qu'il gradua exactement par le moyen du rapporteur. Il fixa le plateau de verre sur une espece de pied de guéridon. Il approcha son nouvel électrometre du conducteur; il l'y fit toucher par la surface opposée au papier huilé, & il prit bien garde que le point de suspension des fils répondît directement au centre de l'arc de cercle tracé sur ce papier, La moindre négligence en ce dernier point conduiroit aux plus grandes erreurs. Enfin, pour mieux appercevoir les moindres mouvemens des fils suspendus au conducteur, à travers le papier huilé, il se servit de papier de Hollande du plus fin qu'il put trouver.

Tout étant ainsi disposé, M. *Ferry* mit en mouvement la machine électrique; les fils s'écarterent, & il annonça très-facilement de combien de degrés étoit l'angle formé par leur écartement. Telle est la correction que propose M. *Ferry*, pour rendre moins imparfait l'électrometre *à fils*. Je dis *moins imparfait*, puisqu'il sera toujours impossible d'obvier au mouvement presque continuel des fils qui forment l'angle dont on cherche géométriquement la mesure.

M. *Barbaroux* n'a pas corrigé d'une maniere moins ingénieuse l'électrometre *à étincelles*; je parle de celui qui sert à mesurer l'intensité de l'électricité par la distance à laquelle part l'étincelle, après un nombre constant & déterminé de tours que l'on fait faire au globe ou au plateau. Il se sert du principe généralement adopté que plus un corps est chargé d'électricité, plus, toutes choses égales d'ailleurs, les étincelles qu'il lance se produisent au loin. Ce principe supposé, il prend un tube de verre de 12 pouces de long & de 16 lignes de diametre. Ce tube est ouvert à ses deux extrémités & il est exactement calibré dans toute sa longueur. A l'une de ses extrémités est mastiquée une espece de piston de séringue, terminé du côté qui entre dans le tube, par une plaque de métal extrêmement polie, & de l'autre côté, par un crochet destiné à être appliqué au conducteur & à recevoir le fluide électrique. A l'autre extrémité du même tube est un autre piston, qui entre à frottement dans une petite boîte remplie de cuirs gras, & mastiquée à cette extrémité. Ce piston, terminé comme l'autre par une plaque de métal exactement polie, parcourt l'étendue du tube de verre, sur laquelle on a eu soin de tracer, avec l'angle d'une lime, une espece d'échelle, divisée en parties égales, d'une ligne chacune.

Veut-on se servir de cet électrometre ? L'on applique le crochet du piston immobile au conducteur qu'on électrise constamment de la même maniere ; l'on avance peu-à-peu le piston mobile, jusqu'à ce qu'on apperçoive une étincelle partir de l'extrémité de celui-là, venir frapper l'extrémité de celui-ci & se rendre par ce moyen dans le réservoir commun. On examine alors le nombre de divisions comprises entre les extrémités des pistons ; & le plus ou moins de divisions annonce le plus ou moins d'électricité.

Qu'on ne craigne pas au reste que le piston mobile éprouve, lorsqu'on l'enfoncera, quelque résistance de la part de l'air contenu dans le tube de verre ; M. *Barbaroux* n'a placé la boîte de cuirs gras à l'une des extrémités de son électrometre, que pour empêcher l'air extérieur de s'introduire dans la capacité du tube, & pour recevoir l'air intérieur, obligé de refluer, lorsqu'il aura été foulé par le piston ; c'est pour cela qu'il l'a terminé par une plaque de cuivre, qui n'est pas assez grande, pour frotter exactement contre les parois du tube de verre. Dans cet instrument rien n'est sujet à être dérangé par les variations continuelles de l'air extérieur ; c'est donc le meilleur des électrometres *à étincelles* que je connoisse.

ELECTROPHORE. Nouvelle machine de Physique, inventée par M. *Volta*, Professeur de Physique à Come. Ce Physicien d'un mérite distingué nous présente cette machine comme une preuve de l'existence de deux électricités spécifiquement différentes, l'une *positive* & l'autre *négative*. Comme nous croyons avoir prouvé à l'article *Electricité positive & négative*, qu'une pareille distinction ne porte sur rien, nous avouerons ingénument que nous regardons l'électrophore, quelque cas que nous fassions de son inventeur, comme un appareil assez inutile en Physique. Cette machine dont la simplicité fait presque tout le prix, est composée d'un plan circulaire de métal, de cuivre, d'étain, de fer-blanc; &c. d'un diametre plus ou moins grand, à la volonté du Physicien qui la construit; il est assez communément d'environ douze pouces. Le plan de métal est recouvert d'une couche assez épaisse de poix fondue, mêlée avec de la résine & de la cire; dans ce mélange la résine doit prédominer. On donne à cette couche le nom de *plan résineux*.

Un second plan circulaire de même métal, mais d'un diametre plus court d'environ deux pouces, forme le *chapeau* de l'électrophore; il doit dans tous ses points pouvoir être en contact immédiat avec le *plan résineux*, vers lequel on l'approche ou duquel on le retire, par le moyen de trois cordons de soie que j'appelle les *cordons de suspension du chapeau*.

Ajoutez enfin à tout ceci une peau de lapin ou de lievre, préparée par le pelletier, vous aurez les pieces essentielles de l'électrophore, tout le reste ne servira qu'à le rendre plus ou moins joli, plus ou moins commode. Les principales expériences qu'on fait avec cette machine, sont les suivantes.

Premiere Expérience. Frottez le *plan résineux* avec la peau de lievre bien seche; vous l'électriserez infailliblement. Appliquez le *chapeau* sur le *plan résineux*, de maniere que le centre de l'un réponde exactement au centre de l'autre. Par le moyen du doigt *index* que vous mettrez sous l'électrophore & du *pouce* que vous mettrez sur le chapeau, pressez celui-ci contre le *plan résineux*. Par le moyen des cordons de soie, élevez le *chapeau* à quelques pouces au-dessus de ce *plan*, & le tenant ainsi suspendu, approchez-en votre doigt; vous en tirerez une étince e électrique. Dans cette expérience que vous répéterez plusieurs fois, sans qu'il soit nécessaire de frotter de nouveau avec la peau de lievre le *plan résineux*, l'électrophore doit être placé sur un corps électrisable *par communication*.

Cette expérience n'a pas besoin d'explication. Dans cette occasion le *chapeau* est électrisé par le *plan résineux*, comme le conducteur isolé est électrisé par le globe ou le plateau de la machine électrique; est-il étonnant qu'à l'approche du doigt, il donne des marques d'électricité?

Seconde expérience. Frottez avec la peau de lievre le

plan résineux; comme dans l'expérience précédente mais avant de le couvrir de son *chapeau*, isolez l'élec trophore, c'est-à-dire, placez-le sur un corps électriqu *par lui-même*, par exemple, sur une plaque de glace o de verre, opérez ensuite pour tout le reste, comm ci-dessus. Munissez-vous de deux bouteilles de Leyd parfaitement égales. Chargez-en une par le moyen d *chapeau* suspendu & l'autre par le moyen du *plan rési neux* isolé. Tenez une bouteille dans la main droite & l'autre dans la main gauche. Approchez le fil d'archal d l'une du fil d'archal de l'autre; vous les déchargerez & vous éprouverez une commotion.

Comme l'on n'en éprouve aucune, lorsque les deu bouteilles ont été chargées au même conducteur, l'o conclut de-là que des deux bouteilles de la second expérience, l'une a reçu l'électricité *positive* & l'autr l'électricité *négative*. Mauvaise conséquence que celle-là Dans le cas dont il s'agit, l'une des deux bouteilles été plus chargée que l'autre; & voilà pourquoi il y ensuite *décharge* & *commotion*. Lorsqu'au contraire deu bouteilles égales ont été chargées au même conducteur elles l'ont été également; & voilà pourquoi, à l'appro che de leurs crochets respectifs, il n'y a ni *décharge* n *commotion*: ce qui prouve que l'*électricité négative* n'e qu'une foible *électricité positive*.

Cherchez *Analogie*, *Fusil électrique*, *étincelle électri que*, vous y trouverez des choses analogues à l'articl *Electricité*.

Elévation *du pôle sur l'horison*. Tout le mond sait que les deux extrémités de l'axe du monde formen les deux pôles, l'un boréal & l'autre méridional. Cher chez *Sphere*. Nous avons appris à l'article *Etoiles* non seulement à trouver l'étoile polaire boréale, mais en core la hauteur du pôle sur l'horison. Ce que nous vou lons démontrer ici, c'est que cette élévation est toujour égale à la latitude du lieu, c'est-à-dire, à la distance qu'i y a du *Zenith* d'un lieu quelconque à l'équateur céleste Cherchez *Latitude*. Jettez pour cela les yeux sur la figur 20 de la planche 1, dans laquelle A B représente l'axe d monde; le point B, le pôle boréal; le point A le pôl austral; D C, l'équateur céleste; D A B H, le méridie de Paris; M N, le parallele de la même Ville, c'est-à dire, le cercle parallele à l'équateur, qui passe par le Zenith de Paris; DM marquera évidemment la latitude de Paris, & HB l'élévation du pôle boréal sur l'horison de cette Ville. J'ai donc à démontrer que l'arc BH est égal à l'arc DM.

Démonstration. L'arc DB vaut 90 degrés, puisqu'il représente la distance de l'équateur au pôle du monde. L'arc MH vaut aussi 90 degrés, puisqu'il représente la distance du *Zenith* de Paris à son horizon. Donc l'arc DB est égal à l'arc MH. Otez la partie commune MB, il vous restera DM égal à BH. Mais DM marque la latitude de Paris, & BH l'élévation du pôle boréal sur l'horison de cette Ville. Donc la latitude d'une ville est toujours égale à l'élévation du pôle sur l'horizon de cette Ville. L'on a trouvé par cette méthode que la latitude de Paris est de 48 degrés, 50 minutes, 10 secondes.

Ceux qui, peu au fait de la sphere, ne comprendroient pas la bonté de cette démonstration, se rappelleront que les habitans de la Terre qui ont leur *Zenith* dans l'équateur, ont les deux pôles à leur horizon, & que plus ils s'écartent de l'équateur, plus ils voient s'élever sur l'horizon le pôle vers lequel ils s'avancent; donc la latitude est toujours égale à l'élévation du pôle.

Corollaire. Connoissant l'élévation du pôle sur l'horizon d'une Ville quelconque, rien ne sera plus facile que de connoître la grandeur du parallele sous lequel cette Ville se trouve. Si l'on me demande, par exemple, la grandeur du parallele de Paris, voici comment je procede pour le trouver. La ligne DC, *fig.* 20, *pl.* 1, représente le rayon de l'équateur terrestre; la ligne MN, le rayon du parallele de Paris; l'arc DM, la latitude de cette Ville, & l'arc MB, le complément de cette latitude. Cela supposé, voici comment je raisonne.

1°. Les rayons sont comme les circonférences des cercles auxquels ils appartiennent; donc l'on peut faire l'analogie suivante, DC, *rayon de l'équateur terrestre :* MN, *rayon du parallele de Paris : : la circonférence de l'équateur terrestre : à la circonférence du parallele de Paris.*

2°. DC est le sinus total, MN le sinus droit de l'arc MB, complément de la latitude de Paris; donc le sinus total *:* au sinus droit du complément de la latitude de Paris : : la grandeur de l'équateur terrestre : à la grandeur du parallele de Paris.

3°. Dans cette derniere proportion les trois premiers termes sont connus ; donc *par une simple regle de trois* le quatrieme le sera facilement. *Cherchez proportion géométrique.* C'est par cette méthode qu'on a trouvé que le parallele de Paris étoit de 5923 lieues. Cherchez *latitude.*

ELLIPSE. Voici ce qu'il y a à remarquer dans l'Ellipse ADHE représentée par la *fig.* 2, de la *pl.* 1. 1°. Cette Ellipse a son centre de figure au point C, milieu de la ligne AH; 2°. ses deux foyers sont aux points F & *f*; 3°. elle a pour grande axe, la ligne AH; 4°. pour petit axe la ligne DE; 5°. pour parametre du grand axe, la ligne AB, si l'on peut dire; le grand axe AH l'emporte autant sur le petit axe DE, que le petit axe DE l'emporte sur le parametre AB; 6°. les perpendiculaires Mo & B*p* se nomment des lignes ordonnées au grand axe; 7°. les lignes Ao, A*p* se nomment des lignes abscisses du grand axe; l'abscisse Ao correspond à l'ordonnée Mo, & l'abscisse A*p* correspond à l'ordonnée B*p*; 8°. deux lignes FE & *f*E, dont l'une part du foyer F & l'autre du foyer *f*, sont toujours égales, prises ensemble, au grand axe AH, pourvu qu'elles aillent aboutir au même point de la circonférence ADHE; aussi a-t-on coutume de définir l'Ellipse une courbe dans laquelle la somme de deux lignes qui partent chacune d'un des deux foyers, & qui vont aboutir à un point quelconque de la circonférence, est toujours nécessairement égale au grand axe. Cette définition qui doit paroître d'abord obscure, s'éclaircira merveilleusement, si l'on prend garde que pour décrire l'Ellipse ADHE, l'on a attaché les deux bouts du fil FE*f* à deux points F & *f*; l'on a pris ensuite un style pour tenir ce fil tendu, & l'on a conduit ce style autour de ces deux points, en sorte qu'il est revenu au point d'où il étoit d'abord parti. Veut-on savoir quelles sont les forces dont un corps est animé, lorsqu'il décrit une Ellipse? L'on n'a qu'à jeter les yeux sur l'article *du mouvement en ligne elliptique.* Les 7 remarques suivantes me paroissent encore plus importantes que tout ce que nous venons de dire.

1°. Si le Soleil est placé au foyer F & qu'une Planete

parcourê autour de lui l'Ellipſe ADHE ; cette Planete ſera aphélie, lorſqu'elle ſera au point A ; elle ſera périhélie, lorſqu'elle ſera au point H ; elle ſera dans ſa moyenne diſtance, lorqu'elle ſera à-peu-près au point *e*.

2°. Il eſt démontré dans l'article du mouvement en ligne elliptique, que lorſque la Planete eſt à-peu-près au point *e*, elle a autant de vîteſſe de projection, c'eſt-à-dire, autant de vîteſſe par la tangente, qu'elle en auroit, ſi elle ſe mouvoit dans un cercle qui eût pour rayon F*e*.

3°. Si la Planete ſe mouvoit dans un cercle qui eût pour rayon F*e*, elle auroit une vîteſſe de projection exprimée par la moitié de la ligne F*e*, comme nous l'avons expliqué en parlant du mouvement en ligne circulaire.

4°. Puiſque la ligne F*e* eſt à-peu-près égale à la moitié de l'axe AH, la moitié de F*e* ſera à-peu-près égale au quart du même axe ; donc la Planete qui décrit l'Ellipſe ADHE, a au point *e* une vîteſſe de projection abſolue exprimée par à-peu-près le quart du grand axe AH.

5°. Dans un corps qui décrit une Ellipſe, la vîteſſe de projection abſolue ne change jamais ; donc un corps qui décrit une Ellipſe, a une vîteſſe de projection ou une vîteſſe par la tangente exprimée par à-peu-près le quart du grand axe ; auſſi n'avons-nous pas manqué de le faire remarquer dans l'article du mouvement en ligne elliptique.

6°. Pour meſurer l'aire de l'Ellipſe ADHE, il faut meſurer l'aire d'un cercle dont le diametre ſeroit une ligne moyenne proportionnelle entre le grand axe AH & le petit axe DE. Suppoſons donc que AH ait 25 pieds & DE 4 : cherchez une *moyenne proportionnelle* entre 25 & 4 ; ce ſera 10, parce que 25 : 10 : : 10 : 4. Meſurez l'aire d'un cercle qui ait 10 pieds de diametre ; elle ſera d'environ 78 pieds, parce que ce cercle aura une circonférence de 31 pieds $\frac{3}{7}$, & qu'on connoît l'aire d'un cercle en multipliant la moitié de ſa circonférence par ſon rayon ; donc l'aire de l'Ellipſe ADHE contiendra environ 78 pieds carrés. Ce ſera dans l'article de la Géométrie pratique que l'on démontrera la ſureté de cette méthode.

7°. Ce premier article ſur l'Ellipſe n'eſt qu'une eſpece

d'introduction à ce que nous devons dire sur cette espece de courbe dans l'article du *Mouvement* & dans celui des *Sections coniques* ; c'est-là où nous renvoyons sans peine tout Lecteur qui veut apprendre à fond ce point de Physique ; nous avons fait notre possible pour le traiter d'une maniere intéressante.

EMBOLISMIQUE. Il y a des années lunaires de 13 mois. Le 13e. mois se nomme *Embolismique*. Voyez l'article du *Calendrier*.

EMERSION. Le tems de l'émersion d'un astre est l'instant où cet astre reparoît à nos yeux, après avoir été caché par quelque corps opaque.

EOLIPILE. C'est une machine de cuivre en forme de boule, ou, pour mieux dire, en forme de poire creuse, & terminée par un tuyau fort étroit qui lui tient lieu de queue. Lorsque l'on veut le remplir de quelque liqueur, par exemple, d'esprit de vin, voici comment il faut s'y prendre. Placez-le sur des charbons ardens, & retirez-l'en, avant qu'il soit rouge ; mettez ensuite l'extrémité de sa queue dans la liqueur que vous voulez y faire entrer, tandis que quelqu'autre jettera de l'eau froide sur le corps de l'Eolipile, & vous en remplirez sans peine au moins les deux tiers de sa capacité.

En voici la raison physique. Les corpuscules de feu qui se sont insinués dans le corps de cette boule de métal, ont dilaté l'air intérieur & l'ont même chassé en grande partie par le petit tuyau de la queue ; le peu d'air qui y est resté, a été condensé & renfermé dans un très-petit espace par l'eau froide que l'on a jeté sur le corps de la Machine ; la liqueur pressée par l'air extérieur, trouvant peu d'obstacle dans la capacité de l'Eolipile, a donc dû entrer presque sans peine par l'extrémité du petit tuyau.

Si l'on vient à remettre l'Eolipile sur le brasier ardent, lorsqu'il est rempli d'esprit de vin, la liqueur sera chassée en forme de jet ; pourquoi ? parce que l'Eolipile continuant toujours à s'échauffer, la liqueur se dilate ; dilatée, elle est forcée de sortir avec impétuosité par le petit tuyau & de s'élever quelquefois jusqu'à 25 pieds. L'on rendra même le spectacle plus agréable,

agréable, en présentant, quelques pouces au-dessus de la naissance du jet, une bougie allumée; car alors la liqueur s'enflammera & formera un jet de feu.

ÉPACTE. Le nombre de jours dont la nouvelle Lune précede le commencement de l'année, se nomme *Épacte*. Voyez l'article du *Calendrier*.

ÉPHEMERIDES. Les Astronomes appellent *Éphémérides*, des tables qui leur apprennent quel est l'état du ciel chaque jour à midi; c'est-à-dire, à quel point du ciel se trouvent les Astres chaque jour à midi.

EPICURE, *fils de Néoclès & de Cherestrate, naquit à Gargetium dans l'Attique, environ* 340 ans *avant J. C.* Pour dogmatiser avec plus d'éclat, il se fixa à Athenes à l'âge de 36 ans; il s'y fit un grand nombre de Disciples qu'il assembla dans un beau jardin, & à qui il fit pendant toute sa vie des leçons de Morale & de Physique. Il ne nous convient pas de rendre compte des premieres; nous dirons seulement, en passant, que les uns ont fait passer Epicure pour un impie & pour un débauché du premier ordre; tandis que les autres nous l'ont presque donné pour un modele. Ils ont prétendu qu'il faisoit consister le bonheur de l'homme dans le plaisir que cause la vertu. Quoi qu'il en soit de sa Morale, il est sûr que son systeme de Physique, tout mauvais qu'il est, mérite d'être connu. En voici le précis; il est tiré de la Lettre d'Epicure à Pythoclés; & cette Lettre est rapportée par Gassendi, *Tom.* 5, *pag.* 31, 32, *&c.*

1°. Le vuide & les atomes, tels que nous les avons dépeint dans l'article qui commence par le mot *Atomes*, sont comme les deux points fixes du systeme d'Epicure.

2°. Le monde contient le ciel, la terre, les étoiles, en un mot, tous les corps. Quelles en sont les limites? Voilà ce qu'on ne comprend pas. Que dans cet espace immense, il y ait des mondes à l'infini; voilà ce qu'il n'est pas difficile de comprendre.

3°. L'on comprend aussi qu'un de ces mondes a pu se former par la rencontre des atomes dont le mouvement se fait dans le vuide.

4°. Le Soleil, la Lune & tous les Astres ont été faits en même tems que la terre, la mer, & tout ce que ce monde contient.

5°. On peut expliquer en deux manieres le lever & le coucher du Soleil, de la Lune & des Astres. L'on peut dire que ces corps, composés de particules inflammables, s'allument chaque jour à l'*Orient*, & s'éteignent chaque jour à l'*Occident*. L'on peut dire encore que ces corps toujours lumineux demeurent un certain tems au dessus, & un certain tems au dessous de notre horizon.

6°. Le mouvement du Soleil & de la Lune d'un tropique à l'autre, est susceptible d'une foule d'explications. Peut-être vient-il de l'obliquité du Ciel ? Peut-être faut-il en attribuer la cause à l'action de l'air qui par sa froideur, sa densité ou quelqu'autre qualité, empêche ces Astres de passer outre ? Peut-être ces Astres ne sont-ils eux-mêmes qu'une matiere inflammable qui s'étend d'un tropique à l'autre ? Peut-être enfin cet effet vient-il d'un mouvement spiral qui leur a été primitivement imprimé, & dont les termes sont les deux tropiques.

7°. Si l'on regarde la Lune comme un corps sphérique, composé de deux hémispheres, l'un obscur & l'autre lumineux; si l'on lui donne un mouvement de rotation, l'on expliquera facilement les phases de cet Astre.

8°. Il n'est pas décidé que la lumiere de la Lune vienne du Soleil; peut-être a-t-elle sa source dans la Lune elle-même.

9°. Les taches de la Lune peuvent venir, ou de la nature même de cet Astre, ou d'un corps opaque qui couvre certaines parties de la Lune, à peu près comme le feroit un filet.

10. Les Éclipses de Soleil & de Lune ont pour cause, ou l'extinction de la lumiere de ces Astres, ou l'interposition d'un corps opaque.

11. Nous avons pendant l'Été de grands, & pendant l'Hiver de petits jours. Ce phénomene peut avoir différentes causes. L'on peut dire que le Soleil acheve, tantôt plus tard & tantôt plutôt, le cercle qu'il décrit chaque jour autour de la terre. L'on peut encore conjecturer qu'il y a dans le Ciel certains endroits où le Soleil se meut plus librement, que dans certains autres.

12. Les nuages sont ou un air condensé, ou des

atomes accrochés ensemble, ou un amas de vapeurs & d'exhalaisons élevées de dessus la terre dans l'atmosphere terrestre.

13. Les pluies ont pour causes tantôt la *condensation* d'un nuage *rare*, & tantôt la *raréfaction* d'un nuage *dense*.

14. Un nuage qui ne se brise, que par l'action des exhalaisons enflammées qu'il renferme dans son sein, donne la foudre.

15. Il faut attribuer les tremblemens de terre, ou à l'air intérieur qui s'efforce de sortir du sein du globe où il est renfermé, ou à l'air extérieur qui s'insinuant dans le sein de la terre, augmente l'action de celui qui y est comme emprisonné.

16. Les sources de certaines fontaines doivent leur perpétuité, ou à l'eau qui leur vient d'ailleurs comme insensiblement, ou à une certaine quantité d'eau ramassée dans les cavernes souterraines.

17. La grêle n'est qu'une pluie dont les gouttes ont été gêlées par quelque vent froid.

18. La neige est une eau qui a commencé à se gêler.

19. La rosée est formée ou de corpuscules aëriens accrochés les uns aux autres, ou de corpuscules aqueux élevés des endroits où regne l'humidité.

20. La réflexion que fait de la lumiere du Soleil un air humide, ou bien la nature même de la lumiere & de l'air, cause l'arc-en-Ciel. Ce météore ne nous paroît en forme d'arc, que parce que le spectateur rapporte à une égale distance de son œil les différens points du nuage sur lequel les couleurs sont peintes.

21. Les cometes doivent leur origine, ou à des exhalaisons allumées dans la région supérieure de l'atmosphere, ou à quelque changement arrivé dans la partie du Ciel qui répond à notre Zenith. Tels sont les principes qu'Epicure recommande à Pythoclés de ne jamais oublier, s'il veut s'éloigner de tout ce qu'on nomme *systeme fabuleux*. *Tu fac porrò, ô Pythocles, ut horum quæ dixi, memineris omnium; sic enim & procul à fabulis fies, & valebis simul quæ sunt hisce affinia perspicere.*

Epicure mourut à Athenes l'année 261 avant J. C. à l'âge de 72 ans. Ses Disciples conserverent pour sa mémoire un respect incompréhensible. Ils mirent son portrait partout. Ils suivirent ses principes comme des oracles. Ils solenniserent avec magnificence le jour de sa naissance; & tous les jours du mois auquel il étoit venu au monde, furent pour eux autant de jours de fête; tant il est vrai qu'il en a peu coûté à quelques-uns parmi les Anciens, pour être mis au rang des grands hommes.

ÉPICURÉISME. Systeme très-peu physique, expliqué dans l'article précédent. Ce systeme ne seroit pas parvenu jusqu'à nous, s'il n'avoit pas été mis en excellens vers par Lucrece. C'est ce poëme-là même que M. le Cardinal de Polignac a pulvérisé dans son *Anti-Lucrece*, ouvrage seul capable d'immortaliser le siecle où nous vivons, & où l'on voit toutes les richesses de la Poësie réunies aux raisons les plus solides de la Philosophie.

Ne confondons pas cependant l'Epicuréisme dont nous parlons avec celui qu'embrassa le fameux Gassendi, Prévôt de Digne & Professeur en Astronomie au Collége Royal. Ce grand Philosophe qui ne donne rien au hasard, & qui admet des atomes créés par le Tout-puissant, ne s'est pas contenté d'ôter toutes les impiétés qui infectoient l'ancien systeme d'Epicure; il l'a encore présenté avec des beautés qui le rendent plus supportable & moins contraire aux loix de la saine Physique.

ÉPICYCLE. Les Anciens prétendoient que les Planetes avoient leur mouvement périodique dans des Epicycles, c'est-à-dire, dans des cercles dont la circonférence étoit composée de petits cercles. Il y a long-tems que l'on est revenu de cette erreur. Nous en parlerons dans l'article où nous exposerons le systeme de Tycho-Brahé.

ÉPIDERME. La membrane extérieure qui couvre le corps de l'homme, a le nom d'*Epiderme*; c'est sans doute parce qu'elle se trouve sur la peau.

ÉPINE DU DOS. L'Epine du dos est composée de 24 vertebres qui sont de petits os très-faciles à se mouvoir. De ces 24 vertebres, 7 appartiennent au cou, 12 à la poitrine, & 5 aux lombes. Les Anatomistes n'ont pas manqué de nous faire remarquer qu'il sortoit de la moëlle de l'épine 30 paires de nerfs, & que cette moëlle n'étoit qu'une production de la substance du cerveau. Ils ont aussi donné des noms à la plupart des 24 vertebres qui forment l'épine. La premiere vertebre du cou se nomme l'*Atlas*, parce qu'elle soutient immédiatement la tête; la seconde, la *Tournoyante*, parce que c'est sur elle que la tête tourne comme sur un pivot; la troisieme, l'*Aissieu*, parce que les 2 premieres vertebres sont portées sur celle-là; les 4 autres n'ont point de nom.

Les 12 vertebres de la poitrine ont toutes des noms. La premiere se nomme l'*Eminente*, parce que c'est la plus élevée; la seconde, l'*Axillaire*, parce qu'elle est la plus proche de l'aisselle; les 8 autres s'appellent les *Costales*, parce qu'elles articulent les côtes; l'onzieme, la *Droite*, parce que son apophyse épineuse n'est pas couchée, comme celle des autres (on entend par *Apophyse*, toute partie légitime d'un os qui avance sur sa surface unie;) enfin la 12e. vertebre de la poitrine se nomme la *Ceignante*, parce qu'elle est placée à l'endroit où l'on porte ordinairement la ceinture.

Il n'est que la premiere & la derniere des 5 vertebres des lombes qui ayent un nom particulier. Celle-là se nomme *Rénale*, parce qu'elle est près des reins; celle-ci s'appelle *Asphalite*, parce qu'elle est comme le soutien de toute l'épine. C'est cependant l'*Os Sacrum*, que l'on doit regarder comme la vraie base, & le vrai soutien de l'épine.

ÉPIPLOON. C'est une membrane graisseuse qui nage sur les intestins.

ÉQUATEUR. C'est un grand cercle aussi éloigné du pôle arctique que du pôle antarctique, divisant la sphere en deux parties égales, l'une boréale & l'autre méridionale, & coupant le méridien à angles droits. Voyez l'article de la *Sphere*.

EQUILIBRE. Deux forces sont en équilibre, lorsque l'une ne l'emporte pas sur l'autre.

EQUILATÉRAL. Une figure est équilatérale, lorsqu'elle a tous ses côtés égaux. Un carré parfait, par exemple, est une figure équilatérale.

EQUINOXE. Nous avons *Equinoxe*, toutes les fois que le jour est égal à la nuit, c'est-à-dire, toutes les fois que le Soleil paroît 12 heures précises sur notre horizon. Ce phénomene arrive, lorsque le Soleil paroît parcourir l'Equateur dans un jour; il arrive donc deux fois chaque année, c'est-à-dire, environ le 22 Mars, tems auquel le Soleil paroît sous le premier degré du *Belier*, & environ le 22 Septembre, tems auquel le Soleil paroît sous le premier degré de la *Balance*.

ERE Chrétienne. Cherchez *Année de la naissance de J. C.*

ESPACE. Voyez *Lieu*.

ESPRITS VITAUX. Dans le cerveau se trouvent deux substances; l'une molle & spongieuse s'appelle *substance cendrée*; l'autre beaucoup plus dure & tirant sur le blanc, se nomme *substance calleuse*. L'une & l'autre sont séparées en différentes couches & percées d'une infinité de trous qui deviennent toujours plus petits, à mesure qu'ils approchent plus du centre ovale dont nous avons parlé en son lieu. Une grande partie du sang qui sort du cœur, est portée par les arteres jusques dans la substance, soit cendrée, soit calleuse, du cerveau. Là les particules les plus subtiles sont séparées des plus grossieres; celles-ci se rendent dans les veines, & celles-là dans les nerfs au milieu desquels se trouve un canal disposé à les recevoir. C'est ce fluide infiniment subtil qui forme les esprits vitaux, sans le secours desquels le corps n'est capable d'aucune fonction & l'ame d'aucune sensation.

Nous avons fait remarquer dans l'article de *l'Electricité Médicale*, que l'on soutenoit actuellement dans les Ecoles de Médecine que les esprits vitaux n'étoient pas distingués de la matiere électrique. M. de Sauvages passe pour l'inventeur de cette ingénieuse assertion; elle est naturelle & conforme à l'expérience. En effet si la matiere électrique introduite dans les nerfs est un remede contre les paralysies les plus invétérées, comme nous le prouve l'exemple de Nogués que nous avons rapporté en son lieu, peut-on douter que le fluide nerveux ou les esprits vitaux ne soient cette matiere-là même qui cause les phénomenes électriques.

ESSENCE. Les Chimistes donnent le nom d'*Essence* à ce qu'il y a de plus dur & de plus subtil dans un corps. C'est par le moyen du feu qu'ils séparent les esſences, ou les parties les plus déliées d'avec les parties les plus groſſieres.

ESSIEU. Axe & Eſſieu ſignifient à-peu-près la même choſe. Dire, *par exemple*, qu'une roue tourne ſur ſon axe, c'eſt dire qu'elle tourne ſur ſon eſſieu.

ESTOMAC. L'eſtomac, que les Anatomiſtes comparent à une *cornemuſe*, eſt une eſpece de poche qui ſe trouve ſous le diaphragme entre le foie & la rate. L'on y remarque deux ouvertures, l'une ſupérieure à gauche & l'autre inférieure à droite. Par la premiere, que l'on nomme *la fin de l'Eſophage*, il reçoit les alimens dont nous nous nourriſſons; par la ſeconde, que l'on appelle le *pylore*, ces mêmes alimens ſe rendent dans les inteſtins. L'on diſtingue dans l'eſtomac trois membranes, l'extérieure dont les fibres très-fermes & très-tendineuſes vont d'un orifice à l'autre: la moyenne ou la charnue, dans laquelle on voit des fibres droites, des fibres obliques & des fibres tranſverſes; les premieres, *dit M. Dionis*, vont en droite ligne depuis l'orifice ſupérieur juſqu'à l'inférieur; les ſecondes deſcendent obliquement des côtés du ventricule vers le fond en ſa ſuperficie convexe; les troiſiemes en embraſſent tout le corps de haut en bas; enfin la troiſieme membrane de l'eſtomac eſt la membrane inférieure ſur laquelle ſont parſemées une infinité de petites glandes d'où s'exprime un ſuc très-acide que l'on regarde comme un des principaux agens de la digeſtion; elle eſt connue ſous le nom de membrane veloutée.

ÉTAIN. L'étain eſt un des ſix métaux primitifs. Les Chimiſtes nous aſſurent que ſes parties élémentaires ſont le ſoufre, la terre & le ſel, & ils ajoutent qu'il a des pores beaucoup plus grands que ceux de l'argent. C'eſt en Angleterre & en Allemagne que ſe trouvent les meilleures mines d'étain.

ÉTÉ. L'Été eſt une des quatre ſaiſons de l'année; il commence le jour même que le Soleil paroît ſous le premier degré du *Cancer*, environ le 21 de Juin, & il dure tout le tems que le Soleil paroît ſous les ſignes du *Cancer*, du *Lion* & de la *Vierge*, c'eſt-à-dire, trois mois.

ÉTHER. Les Cartéſiens donnent ce nom à la matiere de leur premier élément; ils la nomment indifféremment *matiere éthérée*, ou *matiere ſubtile.* Les Newtoniens appellent *Ether* une matiere beaucoup plus déliée que l'air que nous reſpirons. Voyez l'article qui commence par les mots *matiere ſubtile Newtonienne.*

ÉTINCELLE ÉLECTRIQUE. Bluette qui éclate, lorſqu'un homme non iſolé approche le bout du doigt, ou un morceau de métal, d'un corps quelconque fortement électriſé. Voyez l'explication de ce phénomene à l'article *Electricité*; elle eſt fondée ſur le mélange & le choc de deux atmoſpheres électriques, l'une denſe & l'autre rare; celle-là entoure le corps fortement électriſé, celle-ci entoure le doigt de l'homme non iſolé.

Cette explication n'a pas été du goût de M. l'Abbé Nollet. Voici comment il me parle dans ſa 19e. lettre. (Quand l'atmoſphere de l'homme non iſolé exiſteroit réellement, comme vous le prétendez, le ſimple mélange, ou plutôt l'union de deux portions d'une matiere homogene ne nous offre point, ce me ſemble, une cauſe ſuffiſante d'inflammation; plus les fluides ſont miſcibles par analogie, moins ils montrent d'irritation & de fracas en s'uniſſant; le choc eſt une raiſon plus plauſible à alléguer, quand il s'agit de matiere électrique; mais il eſt fâcheux que vos principes vous conduiſent à dire que *l'inflammation n'a plus lieu, quand les deux atmoſpheres ſont fortes*; car alors le choc doit être plus violent, & par conſéquent plus propre à produire ſon effet.)

La quatrieme lettre de mon *Electricité ſoumiſe à un nouvel examen*, contient la réponſe à cette objection. La voici.

Vous le ſavez, Monſieur; lorſqu'on approche le bout du doigt, ou un morceau de métal, d'un corps quelconque fortement électriſé, on apperçoit une ou pluſieurs étincelles très-brillantes qui éclatent avec bruit; & ſi ce ſont deux corps animés que l'on applique à cette épreuve, l'effet dont il s'agit, eſt toujours accompagné d'une piqûre qui ſe fait ſentir de part & d'autre, & ſouvent même d'une commotion très-ſenſible. Voilà ce que le vulgaire regarde comme la plus commune, comme la moins remarquable des expériences de l'électricité; & voilà celle qu'un Phyſicien attentif doit regarder comme le fait le plus intéreſſant : il renferme en petit, & ſi je puis ainſi parler, en germe les phénomenes électriques les plus frappans & les plus terribles. Aussi doit-on adopter avec empressement & sans crainte la théorie qui fournira la meilleure explication de l'étincelle électrique. Voici celle qui suit naturellement de l'hypothese que j'ai exposée à l'article *Electricité*.

Un homme non isolé approche-t-il le bout du doigt d'un corps quelconque fortement électrisé, *par exemple*, du conducteur de la machine ? Alors l'atmosphere dense de celui-ci, par la loi de l'équilibre entre deux liquides homogenes, se porte vers l'atmosphere rare de celui-là, à-peu-près comme l'air extérieur se porte vers l'air contenu dans une chambre dans laquelle on vient d'allumer du feu. Ces deux atmospheres, composées de particules inflammables, se choquent avec force, & par là même s'enflamment nécessairement.

Si c'est au contraire un homme isolé sur le gâteau de résine à la maniere ordinaire, c'est-à-dire, un homme communiquant par une chaîne de fer avec le tube de la machine ; si c'est, dis-je, un tel homme qui approche son doigt du conducteur, il n'est pas à craindre qu'il en excite des bluettes. Eh comment pourroit-il en exciter ? Ne sont-ils pas entourés l'un & l'autre d'atmospheres d'une égale densité ? Vous êtes trop au fait des loix de l'équilibre, pour ne pas voir que ces deux atmospheres se mêleront paisiblement, & sans qu'il y ait entre leurs molécules aucun choc capable de donner une bluette électrique. Est-ce que l'air extérieur entre dans votre chambre, lorsque sa densité n'est pas plus grande que celle de l'air intérieur ? Ne me dites donc pas qu'il est fâcheux que mes principes me conduisent à convenir que l'inflammation n'a plus lieu, quand les deux atmospheres sont fortes, c'est-à-dire, sont précisément aussi denses l'une que l'autre ; je renoncerois à mes principes, s'ils me conduisoient à un tout autre résultat.

Pour vous, Monsieur, vous croyez devoir expliquer ainsi l'expérience de l'étincelle. (Quand on présente un corps non isolé, surtout si c'est un animal ou du métal, à un autre corps fortement électrisé, les rayons effluens de celui-ci, naturellement divergens, & par conséquent raréfiés, acquierent une plus grande force pour deux raisons ; 1°. parce qu'ils coulent avec plus de vitesse ; 2°. parce que leur divergence diminue, &

qu'ils se condensent : deux circonstances qu'il est aisé d'observer, si l'on présente le doigt aux aigrettes lumineuses, & qui s'expliquent aisément, quand on sait d'ailleurs que la matiere électrique trouve moins de difficulté à pénétrer dans les corps les plus denses, que dans l'air même de l'atmosphere. Ce n'est donc plus seulement une matiere effluente & rare qui heurte une autre matiere venant de l'air avec peu de vîtesse; c'est un fluide condensé & accéléré qui en rencontre un autre (celui qui vient du doigt) presque aussi animé que lui & par les mêmes raisons; ainsi le choc doit être plus violent, l'inflammation plus vive, le bruit plus éclatant. *Essai sur l'Electricité*, *pag.* 182. *sixieme Tome des leçons de Physique de M. l'Abbé Nollet*, *pag.* 458.)

Voilà, Monsieur, de beaux & grands Principes. Il est fâcheux qu'ils vous conduisent à dire qu'un homme, isolé sur le gâteau de résine à la maniere ordinaire, doit tirer une très-forte étincelle, lorsqu'il approche le bout du doigt du conducteur électrisé. En effet pourquoi dans votre systeme l'homme, aussi électrisé que le *conducteur*, approcheroit-il impunément son doigt de la machine? N'y a-t-il pas un choc très-violent entre les rayons qui sortent de son doigt & ceux qui viennent du conducteur? Ces rayons ne sont-ils pas assez près de leur source, pour avoir une divergence presqu'insensible? Il devroit donc dans cette occasion éclater une étincelle terrible, une inflammation beaucoup plus vive que celle qui éclate dans le cas de l'homme non isolé. Vous savez cependant qu'il ne paroît pas alors vestige de bluette. La grande différence qui se trouve donc entre vos Principes & les miens, c'est que vos Principes vous conduisent à dire que l'homme isolé devroit tirer une étincelle du conducteur électrisé, & qu'il suit des miens que l'homme isolé n'en devroit tirer aucune; c'est-à-dire, que l'expérience détruit vos principes, tandis qu'elle confirme la vérité des miens. Vous me feriez plaisir de répondre à cette difficulté. C'est celle-là même qui me fait regarder votre systeme comme insuffisant, & qui m'a engagé à former celui que j'ai exposé dans l'article *Electricité*.

Le reste de ma quatrieme lettre à M. l'Abbé Nollet n'a qu'un rapport indirect avec la maniere dont s'excite l'étincelle électrique ; aussi ne le rapporterons-nous pas ici. Au reste, je n'ai pas été le seul à proposer à ce Physicien une semblable difficulté. Voici comment lui parle M. Villette, Opticien du Prince de Liége. (Deux personnes isolées & électrisées à la maniere ordinaire, ne peuvent pas s'exciter des étincelles l'une à l'autre : c'en est de même, si elles communiquent toutes deux à la fois avec le coussin isolé ou avec le conducteur ; il faut essentiellement, pour qu'elles puissent se faire étinceler, que l'une communique avec le coussin, l'autre avec le conducteur. D'où vient cela ? demande M. Villette.) Vous supposez, *lui répond M. l'Abbé Nollet*, que deux personnes isolées & électrisées à la maniere ordinaire, ne peuvent point s'exciter des étincelles l'une à l'autre. J'avoue que c'est le cas ordinaire ; & je conviens que si l'on veut les faire étinceler plus surement & d'une maniere plus sensible, la regle est que l'une des deux ne soit point isolée ; ou si elle l'est, qu'elle communique avec le coussin, tandis que l'autre fait partie du conducteur. Mais cette regle pourtant n'est pas si générale, qu'elle n'ait ses exceptions. J'ai remarqué plus d'une fois qu'une personne isolée faisoit étinceler avec son doigt une chaîne de fer, qui étoit employée comme conducteur, & qui l'embrassoit comme une ceinture : de plus, j'ai fait voir à des témoins dignes de foi, que deux personnes électrisées par le même globe, faisoient naître des étincelles, en se présentant le doigt l'une à l'autre ; & c'en est assez, ce me semble, pour montrer que ces feux peuvent résulter de l'action combinée de deux Electricités. *Tome* 3. *des lettres de M. l'Abbé Nollet*, *pag.* 254.

Je ne sais ce que pensa M. Villette, en recevant la lettre de M. l'Abbé Nollet ; mais je sais bien que, si j'avois été dans ce cas, j'aurois eu plus d'une question ultérieure à lui faire. Et d'abord, *lui aurois-je dit*, il suffit que pour l'ordinaire deux hommes également électrisés, ne puissent pas se tirer des bluettes l'un de l'autre, pour que vous soyez obligé de trouver dans vos principes l'explication de ce fait. D'ailleurs est-il bien vrai que l'expérience dont il s'agit, souffre des exceptions ? Je ne le crois pas. Lorsque vous avez vu une personne isolée faire étinceler avec son doigt une chaîne de fer, qui étoit employée comme conducteur, & qui l'embrassoit comme une ceinture; je suis assuré que le doigt & la chaîne n'avoient pas un égal degré d'électricité. Peut-être l'homme entouré de la chaîne, étoit-il vêtu d'une étoffe de soie, ou de quelqu'autre étoffe qui s'opposoit à la communication de l'Electricité; ce qui a rendu évidemment le doigt moins électrique que la chaîne! De même vos deux personnes électrisées par le même globe, ne se tiroient des bluettes l'une de l'autre, que parce qu'ils n'avoient pas acquis le même degré d'Electricité. Rappellez-vous, Monsieur, que dans le *Tom.* 2 de vos lettres, *pag.* 267, vous avez raconté en ces termes cette derniere expérience: le globe isolé, *avez-vous dit*, fut frotté par deux personnes isolées, qui appliquerent chacune une de leurs mains à deux endroits diamétralement opposés de sa surface: ces deux personnes devinrent foiblement électriques, assez cependant pour tirer de petites étincelles l'une de l'autre. Vous êtes trop éclairé, pour ne pas voir que ce dernier phénomene est tout différent de celui que vous proposa M. Villette. Non, Monsieur, l'expérience dont il vous parla, ne souffre aucune exception; deux hommes également électrisés ne se feront jamais étinceler l'un l'autre; & cette regle générale qui détruit la plupart des principes sur lesquels votre théorie est fondée, confirme la vérité de ceux sur lesquels la mienne est établie. Cherchez *Electricité*.

ÉTOILES. Les étoiles sont des corps célestes, fixes, lumineux, innombrables & éloignés de la Terre d'une distance presque infinie. Et d'abord les étoiles sont des corps célestes fixes, puisque leur mouvement diurne d'Orient en Occident, & leur mouvement périodique d'Occident en Orient ne sont pas réels & physiques, mais seulement apparens & optiques; comme nous l'avons expliqué, lorsque nous avons proposé l'hypothese de Copernic. Le mouvement des étoiles en *aberration* n'est pas plus réel que leur mouvement diurne & périodique, comme nous le prouverons à la fin de cet article; donc les étoiles sont des corps célestes fixes. Cela n'empêche pas cependant qu'elles ne puissent avoir un mouvement de rotation sur leur centre, ainsi que le prétendent la plupart des Astronomes modernes, & surtout M. Cassini dont les ouvrages immortels nous ont fourni la plupart des choses que nous avons fait entrer dans cet article.

2°. Les étoiles sont des corps célestes lumineux ; c'est-à-dire, qui ont en eux-mêmes la source de leur lumiere. En effet elles n'ont pas une lumiere empruntée, comme les planetes & les cometes ; mais une lumiere propre qui se manifeste par les étincellemens les plus vifs & les plus sensibles. La plus brillante des étoiles fixes est sans contredit *Syrius* à qui M. Cassini donne un diametre de trente-trois millions de lieues. On peut placer après *Syrius*, la *Chevre*, la *Lyre*, *Rigel*, *Arcturus*, *Antarés* ou le cœur du *Scorpion*, l'épaule occidentale d'*Orion*, *Aldebaran*, ou l'œil du *Taureau*, le petit *Chien*, l'épi de la *Vierge*, & le cœur du *Lion*.

3°. Les étoiles sont des corps célestes innombrables. Jean Bayer a rangé les étoiles les plus remarquables sous 60 constellations, dont 12 se trouvent autour de l'écliptique, 21 dans la partie septentrionale, & 27 dans la partie méridionale du Ciel. Une constellation contient un certain nombre d'étoiles ; les 12 constellations du Zodiaque, par exemple, que l'on nomme le *Belier*, le *Taureau*, les *Gémeaux*, l'*Ecrevisse*, le *Lion*, la *Vierge*, la *Balance*, le *Scorpion*, le *Sagittaire*, le *Capricorne*, le *Verseau* & les *Poissons*, contiennent 455 étoiles.

Les 21 Constellations de l'hémisphere septentrional, sont la petite *Ourse*, la grande *Ourse*, le *Dragon*, *Céphée*, le *Bouvier*, la *Couronne Boréale*, *Hercule*, la *Lyre*, le *Cygne*, *Cassiopée*, *Persée*, le *Cocher*, *Ophiucus* ou le *Serpentaire*, le *Serpent*, la *Fleche*, l'*Aigle*, le *Dauphin*, le petit *Cheval Pégase*, *Andromede* & le *Triangle*. Ces 21 constellations contiennent 700 étoiles.

Les 27 constellations qui sont dans la partie méridionale du Ciel sont, la *Baleine*, *Orion*, le fleuve *Eridan*, le *Lievre*, le grand *Chien*, le petit *Chien*, le *Navire*, l'*Hydre*, la *Coupe*, le *Corbeau*, le *Centaure*, le *Loup*, l'*Autel*, la *Couronne Méridionale*, le *Poisson Austral*, le *Paon*, le *Toucan*, la *Grue*, le *Phénix*, la *Dorade*, le *Poisson Volant*, l'*Hydre*, le *Caméléon*, l'*Abeille*, l'*Oiseau Indien*, le *Triangle* & l'*Indien*. Toutes ces constellations ne comprennent que 561 étoiles. Bayer n'a arrangé que les 12 dernieres qui ſe trouvent près du pôle méridional ; Ptolomée avoit arrangé depuis long-tems les 48 autres dans le même ordre où nous les voyons maintenant. Mais ce ne ſont-là que les étoiles principales ; celles de la *voie lactée* & une infinité d'autres qui n'appartiennent à aucune conſtellation, ſont en bien plus grand nombre ; aucun Aſtronome n'en pourra jamais donner le catalogue exact ; auſſi ſont-ils obligés d'avouer que les étoiles ſont innombrables.

4°. Les étoiles ſont des corps céleſtes éloignés de la terre d'une diſtance preſque infinie. La preuve n'eſt pas difficile à apporter ; elle eſt même des plus convaincantes. Nous ſommes en certain tems de l'année tantôt plus près & tantôt plus loin des mêmes étoiles, d'environ 66 millions de lieues, comme nous l'avons expliqué dans l'article de *Copernic*, & cependant la grandeur apparente de ces aſtres eſt toujours la même ; la terre eſt donc éloignée d'eux d'une diſtance preſque infinie, puiſque 66 millions de lieues ne ſont rien, comparés à la diſtance réelle qui ſe trouve entre la terre & les étoiles.

5°. Les étoiles ont leur latitude & leur déclinaiſon, leur longitude & leur aſcenſion droite, leur amplitude orientale & leur amplitude occidentale. Ceux qui ne ſont pas au fait de l'Aſtronomie, feront bien de lire auparavant avec attention l'article de ce Dictionnaire qui commence par le mot *Sphere*.

6°. La latitude d'une étoile eſt marquée par la diſtance où elle ſe trouve de l'écliptique, & ſa déclinaiſon par la diſtance où elle ſe trouve de l'équateur : l'une & l'autre ſont ſeptentrionales ou méridionales, ſuivant que l'étoile ſe trouve dans la partie ſeptentrionale ou méridionale de la ſphere.

Il ſuit de-là qu'une étoile qui ſe trouve dans l'écliptique n'a point de latitude, & qu'une étoile qui ſe trouve dans l'Equateur n'a point de déclinaiſon.

Il ſuit encore que les degrés de latitude d'une étoile ſe comptent ſur un cercle qui paſſe par les pôles de l'écliptique & par l'étoile dont on cherche la latitude. Une étoile, par exemple, placée préciſément à un des pôles de l'écliptique, auroit 90 degrés de latitude, c'eſt-à-dire, la plus grande latitude poſſible ; pourquoi ? Parce que l'arc du cercle de latitude intercepté entre l'écliptique & l'étoile dont nous parlons, feroit précifément un quart de cercle.

Il fuit enfin que les degrés de déclinaifon d'une étoile fe comptent fur un cercle qui paffe par les pôles de l'équateur, c'eft-à-dire, par les pôles du Monde & par l'étoile dont on cherche la déclinaifon. Une étoile, par exemple, placée précifément à un des pôles du Monde, auroit 90 degrés de déclinaifon, c'eft-à-dire, la plus grande déclinaifon poffible, parce qu'elle feroit éloignée de l'équateur précifément d'un quart de cercle. Si l'on avoit quelque peine à fe former une idée des cercles de latitude & de déclinaifon, l'on n'auroit qu'à jeter un coup d'œil fur quelque globe célefte; tous les cercles qui paffent par les deux pôles du Monde, font des cercles de déclinaifon; & tous les cercles qui paffent par les deux pôles de l'écliptique qui ne font éloignés des pôles du Monde que de 23 degrés & 30 minutes, font des cercles de latitude.

7°. Dès qu'on connoît le cercle de latitude d'une étoile, on connoît bientôt fa longitude. En effet tous les cercles de latitude coupent l'écliptique dans quelque point; l'arc de l'écliptique intercepté entre le premier degré du *Belier* & le cercle de latitude d'une étoile quelconque, marque la longitude de cette étoile. Suppofons, par exemple, que l'étoile A ait un cercle de latitude qui coupe l'écliptique au premier degré du *Taureau*, l'étoile A aura 30 degrés de longitude, parce que l'arc de l'écliptique compris entre le premier degré du *Belier* & le cercle de latitude de l'étoile A eft précifément de 30 degrés.

Il fuit de-là que les étoiles qui fe trouvent au premier degré du figne du *Belier* n'ont point de longitude. Il fuit encore qu'une étoile placée précifément à un des pôles de l'écliptique, n'auroit point de longitude; pourquoi? Parce que fon cercle de latitude pourroit couper l'écliptique au premier degré du figne du *Belier*. Il fuit enfin que toutes les étoiles dont le cercle de latitude paffe par le degré du figne du *Belier*, n'ont point de longitude.

8°. Dès qu'on connoît le cercle de déclinaifon d'une

étoile, rien n'est plus facile que de connoître son ascension droite; car tous les cercles de déclinaison coupent l'équateur en quelque point, l'arc de l'équateur intercepté entre le cercle de déclinaison d'une étoile quelconque & le point où l'équateur concourt avec l'écliptique, qui est le premier degré du signe du *Belier*, marque l'ascension droite de cette étoile. Supposons, par exemple, que le cercle de déclinaison de l'étoile B coupe l'équateur vis-à-vis le premier degré du signe du *Cancer*, l'étoile B aura 90 degrés d'ascension droite, parce que l'arc de l'équateur compris entre le cercle de déclinaison de l'étoile B & le point où l'équateur concourt avec l'écliptique, sera précisément un quart de cercle.

Il suit de-là que les étoiles qui se trouvent au premier degré du signe du *Belier*, n'ont point d'ascension droite. Il suit encore qu'une étoile placée précisément à un des pôles du monde, n'auroit point d'ascension droite, parce que son cercle de déclinaison pourroit passer par le point où l'équateur concourt avec l'écliptique. Il suit enfin que toutes les étoiles dont le cercle de déclinaison passe par le point où l'équateur concourt avec l'éclitique, n'ont point d'ascension droite.

9°. L'équateur coupe l'horizon en deux points, comme nous l'avons fait appercevoir en parlant de la *Sphere*, l'un oriental & l'autre occidental; ce sont ces deux points que les Astronomes appellent le point du *vrai orient* & le point du *vrai occident*. Tous les astres qui ne se levent pas & qui ne se couchent pas à ces deux points, ont une *amplitude* orientale & occidentale. Lorsque le Soleil, par exemple, se leve & qu'il se couche dans l'équateur, il n'a aucune amplitude orientale & occidentale; mais lorsqu'il se leve & qu'il se couche dans quelque cercle parallele à l'équateur, il a d'autant plus d'amplitude orientale & occidentale, que ce cercle est plus éloigné de l'équateur.

Il suit de-là que les degrés d'amplitude orientale & occidentale se mesurent sur le cercle de la sphere qui se nomme l'*horizon*. C'est ici que les problemes suivans doivent trouver place.

Probleme premier. Trouver l'étoile polaire boréale.

Explication. L'étoile polaire boréale est une étoile de la la seconde grandeur, éloignée du pôle Septentrional de 2 degrés seulement. Elle est située à l'extrémité de la queue de la constellation appellée *la petite Ourse*.

Résolution. 1°. Jettez les yeux sur la belle constellation de la *grande Ourse* ou du *grand Chariot*; c'est celle qui contient 7 étoiles principales & fort claires, dont 4 disposées en carré, forment comme le corps, & 3 comme la queue de cette constellation.

2°. Imaginez une ligne menée par les 2 étoiles qui sont le plus éloignées de la queue de la *grande Ourse*; cette ligne ira raser l'étoile polaire boréale.

Probleme second. Trouver la hauteur du pôle sur l'horizon.

Résolution. 1°. Observez pendant une nuit d'hiver quelqu'une de ces étoiles qui sont assez près du pôle, pour passer, pendant la nuit, 2 fois par le méridien.

2°. Prenez, avec le quart de cercle, la hauteur méridienne de cette étoile, lorsqu'elle passe directement au-dessus du pôle. Supposons qu'elle soit de 55 degrés.

3°. Prenez encore sa hauteur méridienne, lorsqu'elle passe directement au-dessous du pôle. Supposons-la de 43 degrés.

4°. Otez 43 de 55, le restant sera 12.

5°. Ajoutez la moitié de ce restant à la petite hauteur méridienne de l'étoile en question, c'est-à-dire, ajoutez 6 à 43; la somme 49 vous donnera la hauteur du pôle.

Démonstration. L'étoile observée décrit chaque jour un cercle autour du pôle, comme centre; donc la quantité dont elle est dans sa plus grande hauteur plus élevée au-dessus de l'horizon que le pôle, est égale à la quantité dont elle est dans sa plus petite hauteur moins élevée au-dessus de l'horizon que le même pôle; donc, pour avoir l'élévation du pôle, il faut ajouter à la petite hauteur méridienne de l'étoile observée la moitié de la différence entre la plus grande & la plus petite hauteur méridienne de cette même étoile.

Probleme troisieme. Connoissant l'ascension droite d'une étoile, & l'heure du passage d'*Aries* par le méridien, trouver l'heure du passage de cette étoile par le même méridien.

Explication. L'on demande à quelle heure passera par

le méridien *Aldebaran*. L'on suppose que son ascension droite est de 65 degrés, & qu'*Aries* doit passer par le méridien à 10 heures du matin.

Résolution. 1°. Réduisez en tems l'ascension droite d'*Aldebaran*; vous la trouverez de 4 heures 20 minutes, parce qu'un degré géométrique équivaut à 4 minutes de tems.

2°. Ajoutez à l'heure du passage d'*Aries* par le méridien, l'ascension droite d'*Aldebaran*; la somme sera 14 heures 20 minutes.

3°. Otez 12 heures de cette somme; le restant, 2 heures 20 minutes, vous indiquera que, ce jour-là, *Aldebaran* a passé par votre méridien à 2 heures 20 minutes du matin.

4°. Si le passage d'*Aries* par le méridien que nous avons supposé arriver à 10 heures du matin, étoit arrivé à 10 heures du soir, tout le reste demeurant le même, vous vous seriez servi de l'heure où *Aries* passa par le méridien la veille du jour proposé, & vous auriez fait les autres opérations comme ci-dessus.

5°. Si la somme des heures que donne l'ascension droite d'une étoile, & le passage d'*Aries* par le méridien, n'excede pas 12 heures, elle marquera l'heure cherchée pour le jour proposé, c'est-à-dire, l'heure où cette étoile passera ce jour-là par le méridien.

6°. Si la somme excede 24 heures, ôtez 23 heures 56 minutes 4 secondes; le reste sera l'heure du passage de l'étoile par le méridien au jour proposé, qui arrivera le matin ou le soir, selon que le passage d'*Aries* sera marqué, *matin* ou *soir*. C'est dans la *connoissance des tems* que vous trouverez ce passage marqué, pour chaque jour de l'année, avec la derniere exactitude; vous y trouverez aussi l'ascension droite des principales étoiles. C'est dans cet Almanach astronomique que nous avons pris la solution de ce Probleme.

Probleme quatrieme. Trouver par les étoiles fixes quelle heure il est pendant la nuit.

Résolution. Observez quelque étoile qui passe alors par votre méridien, & cherchez, par le Probleme précédent, à quelle heure elle a dû y passer.

Telles sont les notions générales qu'il n'est permis à aucun Physicien d'ignorer; aussi n'est-ce pas pour les Savans que nous écrivons dans cet article. Il n'en est pas ainsi de ce qui nous reste à dire sur le mouvement en *aberration* des étoiles fixes ; les seules personnes initiées dans les secrets de la Physique & de l'Astronomie ne l'ignorent pas ; peut-être ne nous sauront-elles pas mauvais gré de le leur rappeller en peu de mots.

Aberration des Etoiles fixes.

L'Aberration des étoiles fixes est une des découvertes des plus curieuses & des plus intéressantes de l'Astronomie moderne. Nous la devons à MM. Bradley & Molineux. Comme c'est ici sans contredit un des points des plus difficiles à expliquer, ceux qui n'ont aucune teinture d'Astronomie, feront bien de ne pas en entreprendre la lecture, sans avoir auparavant jetté un coup d'œil sur les articles de ce Dictionnaire qui commencent par ces mots, *Ellipse*, *Sinus*, *Copernic.*

1°. Les Coperniciens assurent que la terre parcourt, en une année, autour du Soleil, une orbite elliptique réellement, mais sensiblement circulaire, qui se trouve parfaitement dans le plan de l'écliptique ; ils assurent encore que le diametre de cette orbite est d'environ 66 millions de lieues, & que par conséquent sa circonférence est d'environ 198 millions de lieues ; ils assurent enfin que la distance qu'il y a entre la terre & les étoiles fixes est, pour ainsi dire, infinie, comparée à celle qui se trouve entre la terre & le Soleil.

2°. La vîtesse de la terre dans son orbite est prodigieuse ; elle parcourt 376 lieues chaque minute. Cette vîtesse cependant est très-petite, comparée à celle de la lumiere qui parcourt chaque minute environ quatre millions de lieues. Voyez-en la démonstration dans l'article de la *Lumiere.*

3°. La vîtesse de la lumiere n'est donc que dix mille fois plus grande, & non pas infiniment plus grande que celle de la terre, ainsi que l'ont prétendu quelques Physiciens. Ces principes supposés, voici comment les Coperniciens expliquent l'aberration des étoiles fixes.

Si la terre, disent-ils, étoit immobile au centre du monde, ou si la lumiere avoit une vîtesse infiniment plus grande que celle de la terre dans son orbite, les étoiles nous paroîtroient fixes, & elles n'auroient aucune aberration; mais il n'en est pas ainsi: la lumiere n'a qu'une vîtesse dix mille fois plus grande que celle de la terre, & suivant les regles de l'Optique, nous devons toujours rapporter l'objet à l'extrémité du rayon droit qui fait impression sur nos yeux; donc je ne dois pas aujourd'hui rapporter l'étoile S au même point où je la rapportois hier, parce qu'à cause du mouvement annuel de la terre, le rayon de lumiere que je reçois aujourd'hui de l'étoile S, n'aboutit pas, lorsqu'il est prolongé en ligne droite, au même point du Ciel où aboutissoit celui que j'en reçus hier. Ce que je dis de ces deux jours consécutifs, je puis le dire de tous les jours de l'année; donc, par une illusion optique, je rapporte chaque jour de l'année les étoiles à des points du Ciel auxquels elles ne sont pas réellement. Toutes ces différentes illusions optiques forment, au bout de l'année, une très-petite courbe elliptique que chaque étoile paroît avoir parcourue, & qui a pour centre le point réel où se trouve l'étoile. Voilà ce qu'on nomme *aberration des fixes*.

M. Clairaut dans les Mémoires qu'il lut à l'Académie des Sciences le 11 Décembre 1737, rend sensible l'aberration des étoiles fixes par la comparaison suivante. Supposons, *dit-il*, qu'une infinité de corps, par exemple, les globules, G, G, G, *fig.* 3, *pl.* 1, d'une pluie très-rapide tombent tous parallelement les uns aux autres, suivant la direction G A sur la surface DB, & qu'on veuille diriger des tuyaux de telle maniere qu'ils soient traversés dans toute leur longueur par les corps tombans, sans que leurs parois en soient touchées; il est évident que si les tubes sont en repos, il faut qu'ils soient tous paralleles à G A; mais si les tubes sont emportés parallelement à eux-mêmes de D en B, leurs parois seront touchées. Pour qu'elles ne le soient pas, il faut redresser le tube au point C, de telle sorte que les lignes G A, G C, forment un angle A G C. Appliquez cette comparaison d'abord aux rayons de lumiere que chaque étoile envoie sur la terre paralleles les uns aux autres, à cause de la distance prodigieuse où elle se trouve, ensuite à l'œil de l'Observateur qui se meut parallelement à lui-même avec notre globe de D en B; vous verrez que le rayon de l'étoile qu'il aura reçu au point A, formera un angle avec celui qu'il recevra au point C; donc, à cause du mouvement annuel de la terre, l'Observateur doit rapporter chaque jour l'étoile à un point différent du Ciel; donc il doit y avoir *aberration*, &c.

De-là les Astronomes concluent 1°. Que la longitude, la latitude, l'ascension droite & la déclinaison apparentes des étoiles sont différentes de celles qu'elles ont réellement.

2°. Que le grand axe de l'Ellipse des plus grandes aberrations soutend dans le Ciel un arc d'environ 40 secondes.

3°. Que l'aberration des étoiles qui sont placées dans l'écliptique, ne forme pas une courbe, parce que l'illusion optique ne me fait jamais transporter ces étoiles hors de l'écliptique; mais ils ajoutent qu'elle forme une ligne droite, parce que l'illusion optique me les fait transporter tantôt plus près, tantôt plus loin du premier degré du signe du *Belier*, qu'elles ne le sont réellement; donc les étoiles placées dans l'écliptique ont une aberration en longitude, & non pas en latitude.

4°. Que puisqu'une étoile placée au pôle de l'écliptique paroît décrire un cercle autour de ce pôle, cette étoile qui n'avoit point de longitude réelle en acquiert une apparente; donc au pôle de l'écliptique l'aberration en longitude est la plus grande qu'elle puisse être; il en seroit de même de l'aberration en ascension droite pour une étoile placée à un des pôles du monde.

5°. Que l'aberration en longitude va toujours en diminuant du pôle de l'écliptique à l'écliptique, & par conséquent qu'elle est moindre pour les étoiles qui sont plus près de l'écliptique. Il en est de même de l'aberration en latitude; elle va en diminuant du pôle de l'écliptique à l'écliptique, puisqu'une étoile placée dans l'écliptique n'a point d'aberration en latitude, & qu'une étoile placée au pôle de l'écliptique a la plus grande aberration en latitude, qu'elle puisse avoir. Il en est encore de même de l'aberration en déclinaison, elle va en diminuant des pôles du monde à l'Equateur.

6°. Que puisque l'aberration en latitude s'anéantit quelquefois & que l'aberration en longitude ne s'anéantit jamais, l'aberration en longitude doit toujours être plus grande que l'aberration en latitude; donc l'aberration en longitude doit former le grand axe & l'aberration en latitude doit former le petit axe de l'ellipſe d'aberration. Ce grand axe eſt toujours parallele à l'écliptique & le petit lui eſt toujours perpendiculaire.

7°. Que le grand axe des ellipſes d'aberration l'emporte autant ſur le petit axe, que le ſinus total, c'eſt-à-dire, le rayon l'emporte ſur le ſinus de latitude de l'étoile dont on parle; ou pour m'exprimer dans les termes de l'art, le grand axe eſt au petit axe, comme le ſinus total eſt au ſinus de la latitude de l'étoile.

M. Clairaut a donné dans le Mémoire que nous avons déjà cité, la démonſtration géométrique de cette proportion. L'on a donc raiſon d'avancer que le mouvement en *aberration* fait décrire un cercle, & non pas une ellipſe à une étoile placée préciſément à un des pôles de l'écliptique. En effet cette étoile a, dans cette poſition, 90 degrés de latitude; donc le ſinus de ſa latitude eſt le rayon; donc le ſinus de ſa latitude eſt égal au ſinus total; donc le ſinus total ne l'emporte pas ſur le ſinus de la latitude de cette étoile; donc les deux axes de la courbe que cette étoile paroît décrire, ſont égaux; donc elle paroît décrire un cercle.

M. de la Lande a marqué dans la *connoiſſance des tems*, l'aberration en aſcenſion droite & en déclinaiſon de pluſieurs étoiles très-remarquables.

ÉTOILES TOMBÉES. Le peuple a donné ce nom à une eſpece de feu qui, pendant les nuits d'été, paroît tomber du haut du Ciel. Ce n'eſt-là qu'une légere exhalaiſon enflammée, à quelques pas de la terre, par le ſouffle du moindre vent. Si la partie ſupérieure de l'exhalaiſon s'allume plutôt que la partie inférieure, c'eſt que celle-là eſt compoſée de particules plus ſubtiles que celle-ci. Si la flamme ſe communique de la partie ſupérieure à la partie inférieure, c'eſt que les parties intermédiaires ſont inflammables. Si l'on voit en même tems une longue traînée de flamme, c'eſt que l'impreſſion qu'a fait dans l'œil la partie ſupérieure de l'exhalaiſon perſévere encore, lorſque l'éclat de la partie inférieure enflammée vient frapper notre rétine. La longue traînée de flamme dont on parle, n'eſt pas plus réelle que le cercle de feu que nous appercevons, lorſque nous voyons un enfant faire circuler un tiſon ardent.

ÉTRIER. C'est un des 4 osselets qui se trouve dans la caisse du tambour. Nous en ferons la description dans l'article de l'*Oreille*.

ÉTUVE. C'est, à parler en général, une espece de chambre chaude & bien fermée. Nous avons prouvé dans le premier tome de cet Ouvrage, combien les étuves nouvellement construites à Marseille, contribuent à la conservation du blé.

ÉVAPORATION. Action par laquelle les molécules les plus subtiles quittent les corps dont ils font partie. Voyez l'article des *Fermentations*.

EUCLIDE, l'un des plus grands Mathématiciens de l'antiquité, enseignoit à Alexandrie sa patrie, environ l'an 300 avant Jesus-Christ. C'est par ses élémens qu'il faut commencer, lorsqu'on veut faire quelque progrès dans la Géométrie & dans la Physique. Notre article *Géométrie* en est tiré ; il nous eût été impossible de puiser dans une meilleure source. C'est, dit Wolf, un trait bien marqué de la divine Providence sur les hommes, que cet Ouvrage admirable soit parvenu jusqu'à nous. *Opus hoc illustre inter ea eminet, quæ ex antiquitate ad nos pervenerunt, ita ut divinæ Providentiæ tribuendum sit, quòd injuriâ temporum non interciderit.* (Tom. 5. pag. 25.)

L'on ne doit pas confondre Euclide le Mathématicien, avec Euclide le *Sophiste* ou le *Disputeur*, l'un des Philosophes de l'antiquité dont Diogene Laerce nous a laissé la vie. Celui-ci n'est guere recommandable que par son attachement à Socrate. Plus d'une fois il s'exposa à la mort, pour se procurer le plaisir d'entendre les leçons de ce grand Philosophe. Tout le tems que dura la guerre entre Athenes, patrie de Socrate, & Mégare, patrie d'Euclide, il fut défendu aux Mégariens, sous peine de la vie, d'entrer dans Athenes. Euclide, pour éluder cet édit, y entroit tous les matins sous l'habit de femme, & se retiroit tous les soirs chez lui, long-tems après le coucher du Soleil. Il ne croyoit pas qu'on pût acheter trop cher l'avantage d'étudier sous un Philosophe du mérite & de la réputation de Socrate.

EUDIOMETRE. Instrument de Physique qui sert à déterminer le plus ou moins de salubrité de l'air, eu égard à la respiration. Depuis que le Docteur *Priestley* a découvert que l'air nitreux dont nous avons parlé à l'article *Airs factices*, est absorbé, en plus ou moins grande quantité, par les différens airs, suivant qu'ils sont plus ou moins respirables, & qu'il n'est pas absorbé par les airs méphitiques, il est assez facile de se procurer d'assez bons eudiometres. Nous savons, par exemple, qu'une mesure d'air nitreux suffit pour saturer une égale mesure d'air commun de la meilleure qualité, & qu'il faut trois ou quatre mesures d'air nitreux, pour en saturer une d'air déphlogistiqué, lorsque celui-ci est très-pur ; nous concluons avec raison que l'air déphlogistiqué est trois à quatre fois plus respirable, que le meilleur de tous les airs communs. De même comme l'*air fixe* n'absorbe pas l'air nitreux, & que par conséquent il ne sauroit s'en saturer, nous concluons que l'air fixe n'est pas un air propre à être respiré. Il en est de même des autres *airs factices* dans lesquels meurent les animaux qu'on y plonge. C'est sur ces principes qu'est fondée la construction de l'instrument que nous allons décrire ; il est connu sous le nom d'*Eudiometre à air nitreux*. Nous supposons que ceux qui s'en servent, ont un appareil monté, propre à produire les *airs factices*. S'ils n'en ont point, cet instrument leur sera inutile ; & s'ils n'ont jamais vu cette espece d'appareil, notre description leur sera très-peu intelligible.

1°. Ayez un tube cylindrique de verre, ouvert en bas & hermétiquement fermé par le haut. Sa longueur peut être de quinze à dix-huit pouces, & son diametre interne d'environ un demi-pouce.

2°. Frottez, avec de l'éméril fin, l'intérieur du tube, pour dépolir tant soit peu la surface, sans obscurcir visiblement le verre ; & si l'opération vous paroît trop longue & trop difficile, frottez les parois internes du tube avec de la lessive de savon, afin que l'eau en découle très-également, lorsque vous y ferez monter de l'air.

3°. Graduez votre tube, c'est-à-dire, divisez-le en différentes parties. Ces sortes de divisions se font à la volonté du Physicien qui construit un eudiometre. Je voudrois cependant que chaque partie fût de la longueur de trois pouces, & qu'elle fût sous-divisée en cent parties égales. Mais comme il est très-difficile de graduer le verre, sans le détériorer, vous appliquerez extérieutement à votre tube une échelle de cuivre qui présentera les divisions & sous-divisions dont nous venons de parler.

4°. Vous aurez une mesure de verre qui contiendra exactement autant d'air qu'il en faut pour remplir une dés divisions du tube de trois pouces de longueur. Cela fait, vous aurez un tube eudiométrique, par le moyen duquel vous connoîtrez assez exactement le plus ou moins de salubrité de l'air propre à la respiration. Lorsque vous voudrez faire cette épreuve, voici comment vous vous y prendrez.

1°. Vous remplirez d'eau votre mesure de verre & vous vous transporterez dans l'endroit dont vous voulez examiner l'air. Vous verserez rapidement l'eau que contient votre mesure ; elle se remplira nécessairement d'air. Vous la boucherez exactement, afin que dans le transport, l'air qu'elle contient, ne se mêle pas avec un autre.

2°. Vous remplirez d'eau votre tube eudiométrique ; vous le placerez perpendiculairement sur la planche du baquet de l'appareil à *airs factices*, faisant en sorte que l'ouverture de votre tube réponde exactement à l'orifice de l'entonnoir excavé sous la planche. Il n'est pas à craindre que l'eau contenue dans le tube, s'écoule ; le baquet est rempli d'eau, jusqu'à un à deux pouces au-dessus de la planche.

3°. Vous présenterez sous l'entonnoir la mesure de verre remplie d'air ; cet air s'élevera nécessairement dans le tube eudiométrique ; il en occupera trois pouces de longueur dans sa partie supérieure, & il chassera dans le baquet un pareil volume d'eau, contenu auparavant dans le tube.

4°. Vous remplirez votre mesure de verre d'air nitreux ; vous la présenterez sous le même entonnoir ; il s'élevera dans le tube eudiométrique ; & s'il est entierement absorbé par l'air atmosphérique que vous voulez éprouver, de maniere qu'après quelque tems, le tube se trouve rempli d'eau, à trois pouces de longueur près qui sont remplis d'air, vous conclurez que l'air atmosphérique dont vous voulez connoître la salubrité, est, de tous les airs communs, le plus propre à être respiré.

Que si, dans votre tube eudiométrique, il y a, après cette opération, plus de trois pouces de longueur remplis d'air ; celui que vous voulez éprouver, sera d'autant moins respirable, que la partie de votre tube remplie d'air excédera la quantité de trois pouces en longueur. Gardez-vous bien de respirer cet air, s'il n'avoit absorbé que les deux tiers de l'air nitreux que vous avez fait entrer dans le tube eudiométrique ; à plus forte raison, s'il n'en avoit absorbé que la moitié.

5°. Si, au lieu d'introduire dans le tube eudiométrique une mesure d'air atmosphérique, vous en eussiez introduit une d'air fixe, & qu'ensuite vous eussiez introduit dans le même tube une mesure d'air nitreux ; il n'y auroit point eu d'absorption, & vous auriez vu six pouces en longueur de votre tube remplis d'air ; aussi auriez-vous conclu que l'air fixe n'est nullement respirable, & qu'il n'est pas étonnant que les animaux y meurent, lorsqu'on les y plonge.

6°. Si vous voulez connoître la bonté de l'air déphlogistiqué, voici comment vous procéderez. Vous prendrez une mesure de cet air que vous introduirez dans le tube eudiométrique. Vous prendrez ensuite quatre mesures d'air nitreux que vous introduirez successivement dans le même tube, en le secouant doucement, pour favoriser & pour accélérer l'absorption. Si les quatre mesures d'air nitreux sont entierement absorbées par une mesure d'air déphlogistiqué, celui-ci sera le meilleur possible ; & il sera plus ou moins pur, suivant qu'il absorbera une plus ou moins grande quantité d'air nitreux. Tel est l'eudiometre à *air nitreux*, & telle est la maniere la plus simple de s'en servir.

Que cependant la découverte de cet instrument ne nous fasse pas chanter victoire ; il s'en faut bien qu'il soit sans défaut. Le Docteur *Priestley*, qui ne sauroit être suspect en pareille matiere, a publié dans son quatrieme volume, l'insuffisance de l'air nitreux pour juger de la pureté de l'air atmosphérique que nous respirons. J'ai trouvé, *dit-il*, qu'il se fait une différence considérable dans les dimensions ou le volume du mélange d'airs, par une circonstance dans la maniere de les mêler, circonstance que je ne soupçonnois pas. Je suis le maître, *ajoute-t-il*, d'occasionner une différence de 500 parties d'une mesure ; en faisant monter l'air dans le tube avec vîtesse ou lenteur. Plus il monte lentement, moins il y a d'espace occupé par le mélange. M. *Priestley* s'est assuré que cet effet ne vient point de ce que le mélange est fait depuis plus ou moins de tems, & il avertit qu'il n'a pas encore pu en trouver la cause.

Ceux qui n'ont point d'appareil à *airs factices* & par conséquent d'eudiometre à *air nitreux*, pourront se servir avec quelque avantage de la bougie ou de la chandelle allumées, comme d'une espece d'eudiometre, surtout s'ils ont la vue assez bonne pour appercevoir les moindres variations de la lumiere. Nous savons que la bougie & la chandelle allumées donnent un éclat étonnant, lorsqu'on les plonge dans un excellent air déphlogistiqué. Nous savons encore que leur lumiere est plus ou moins brillante, lorsqu'on les plonge dans un air atmosphérique plus ou moins salubre. Nous savons enfin qu'elles s'éteignent plus ou moins vîte, lorsqu'on les plonge dans un air plus ou moins méphitique, si l'on en excepte l'air inflammable qui s'allume à l'approche de la bougie ou de la chandelle. Ces expériences supposées, voici comment vous opérerez.

Voulez-vous connoître le plus ou moins de bonté de deux différens airs déphlogistiqués ? Remplissez-en deux vases ; plongez-y la bougie allumée, celui dans lequel la lumiere brillera le plus, sera sans contredit le meilleur. Vous ferez la même opération sur deux différens airs atmosphériques ; & vous tirerez la même conséquence.

Voulez-vous connoître le plus ou le moins de méphitisme de deux airs non inflammables ; remplissez-en deux vases ; plongez-y la bougie allumée ; celui dans lequel elle s'éteindra le plus promptement & le plus parfaitement, sera évidemment le plus méphitique.

Si les expériences de M. le Comte *de Morozzo* sur l'air déphlogistiqué sont exactement vraies, ce nouvel eudiometre ne pourra pas servir à découvrir si cet air est imprégné de particules méphitiques. Cherchez *Airs factices*.

ÉVIDENT. On ne doit nommer *évident* en Physique, que ce qui est prouvé par une regle de Mécanique, ou par un grand nombre d'expériences bien constatées.

EULER, (Léonard) Professeur de Mathématiques, Membre de l'Académie Impériale de Pétersbourg, ancien Directeur de l'Académie Royale de Berlin, Associé de la Société Royale de Londres, & Membre correspondant de l'Académie Royale des Sciences de Paris, naquit à Bâle, le 15 Avril 1707, de parens très-estimés. Son génie le porta à l'étude des Mathématiques, & il s'y livra avec une ardeur & un succès qui étonnerent son maître, le célebre *Jean Bernoulli*, pour lors Professeur à l'Université de Bâle; aussi lui fixa-t-il un jour dans la semaine pour résoudre les difficultés qu'il avoit trouvées, en lisant les ouvrages des Mathématiciens les plus profonds. Il n'étoit âgé que de seize ans, & il avoit en Mathématique & en Physique des connoissances qui auroient fait honneur aux plus grands Maîtres. Ce fut à cet âge qu'il prit le degré de Maître-ez-arts; il prononça à cette occasion un discours latin sur la Philosophie de *Newton* & le systeme de *Descartes* qui fut fort applaudi & qui méritoit de l'être. On fut étonné avec raison qu'un jeune homme fût en état de comparer deux systemes, dont l'un surtout (celui de *Newton*) est à peine à la portée des Savans ordinaires. Ses violens & pénibles efforts mirent souvent sa vie en danger, lui causerent les maladies les plus graves, & le priverent de l'usage de son œil droit, à l'âge de vingt-huit ans.

Dès sa plus tendre jeunesse *Euler* s'étoit lié de l'amitié la plus étroite avec *Nicolas* & *Daniel Bernoulli*, les deux dignes fils de son illustre Maître. Ceux-ci, appellés à Pétersbourg, pour être comme les fondateurs d'une Académie célebre dont le projet avoit été formé par *Pierre le Grand*, y attirerent bientôt leur ami, & ils lui procurerent la place de Professeur adjoint, à l'Université de cette ville. Il n'étoit âgé que de vingt ans; & déjà il avoit porté le calcul intégral à un nouveau degré de perfection, il avoit inventé le calcul des sinus, il avoit réduit les opérations analytiques à une plus grande simplicité, & il avoit enrichi la collection académique de Pétersboug de plusieurs Mémoires qui répandirent de nouvelles lumieres sur les parties les plus intéressantes de la Physique & des Mathématiques. Celui qui traite de la nature & de la propagation du son, a été regardé avec raison comme un chef-d'œuvre, ainsi que ceux qui ont pour objet la Physiologie, science qu'il possédoit à fond, & à laquelle il avoit adapté avec succès ses connoissances dans les Mathématiques. En 1730, c'est-à-dire, à l'âge de 23 ans & quelque tems après son arrivée à Pétersbourg, il fut élevé à la place de Professeur de Philosophie naturelle, & en 1733 à celle de Professeur de Mathématiques. En 1738, l'Académie Royale des Sciences de Paris couronna son Mémoire sur la nature & les propriétés du feu, & en 1740 sa dissertation sur le flux & le reflux de la mer; le prix fut partagé entre *Euler*, *Maclaurin* & *Daniel Bernoulli*; l'Académie frappée de la justesse de ses opérations analytiques & géométriques, ne prononça pas sur le systeme qu'il avoit embrassé; nous le regardons comme faux; nous l'avons rapporté, dans le *corps de l'ouvrage*, à la fin de l'article *Flux* & *Reflux* de la mer.

En 1741, le Roi de Prusse, juste appréciateur du mérite, l'attira à Berlin, pour augmenter le lustre de l'Académie dont il étoit le fondateur. Qu'on lise les Mémoires de cette illustre Société, l'on verra de combien de précieuses découvertes en Physique & en Mathématiques, il les a enrichis jusques en l'année 1766, tems où il obtint du Roi, après de grandes instances, la permission de retourner à Pétersbourg où il vouloit passer le reste de sa vie. A peine y fut-il arrivé, qu'il fut attaqué d'une violente maladie qui se termina par la perte totale de la vue. L'Impératrice *Catherine II*, lui donna en cette occasion les marques les moins équivoques de son estime, & de la protection qu'elle accorde aux Savans, à ceux surtout qu'on peut regarder comme malheureux.

L'on s'imagine sans doute que, dans une aussi triste situation, *Euler* va mettre fin à ses études; l'on se trompe. *Euler* aveugle dicta à son secrétaire qui n'avoit aucune connoissance dans les Mathématiques, ses *Elémens d'algebre* & trois mémoires sur les inégalités des mouvemens des planetes qui lui mériterent les couronnes Académiques & une place de Membre étranger à l'Académie Royale des Sciences de Paris. En 1770 & 1772 cette savante Compagnie proposa pour sujet de prix une théorie plus parfaite de la Lune. *Euler* fut un des compétiteurs & il obtint les deux prix proposés. Il revit ensuite sa nouvelle théorie, avec l'aide de son fils & de MM. *Krafft* & *Lexell*; il poursuivit ses recherches, & il construisit ses fameuses Tables par le moyen desquelles on détermine la place de la Lune, dans quelque point de son orbite qu'elle se trouve; ce sont sans contredit les plus exactes qui aient encore paru.

L'on nous a assuré que, lorsqu'il eut connoissance de la découverte de Mrs. *Montgolfier*, il s'appliqua sérieusement à la solution du probleme qui a pour objet la *navigation aérienne*; il n'a cependant rien fait paroître sur cette matiere; peut-être le range-t-il, comme nous, dans la classe des problemes possibles en eux-mêmes, & impossibles par rapport à nous. Cherchez *Navigation aérienne*. Quelque tems avant sa mort, il fit remettre à l'Académie de Pétersbourg près de trois cens Mémoires. Ceux qui étoient d'une date ancienne, ont paru, en 1783, sous le titre d'*Ouvrages analytiques*. Un accident d'apoplexie termina la vie de ce Savant du premier ordre, à l'âge de 76 ans. Cette mort arriva à Pétersbourg au mois de Septembre 1783.

EURIPE. C'est un bras de la Méditerranée entre l'Achïae & le Negrepont. Il est si étroit, que les habitans le traversent par un Pont-Levis & sur un Pont de Pierre de cinq arcades. Il y a des endroits où il est beaucoup plus large. Ce bras de mer, quoique situé dans la Méditerranée, & quoique fort éloigné du détroit de Gibraltar, est non-seulement sujet à une espece de flux pendant lequel l'eau s'éleve d'un pied; mais il est certains jours dans le mois où l'on y observe 14 flux & 14 reflux; ces jours sont le 9, le 10, le 11, le 12, le 13, le 21, le 22, le 23, le 24 & le 26 de la lune. Nous expliquerons ce phénomene dans l'article *flux & reflux de la mer*. C'est dans l'Euripe que quelques-uns ont prétendu qu'Aristote s'étoit précipité, confus de n'avoir pas pu trouver la cause physique d'un flux & d'un reflux si irrégulier; c'est-là une vraie fable.

EXAÉDRE. On donne ce nom à un cube régulier,

parce qu'il est terminé par 6 côtés égaux. Nous démontrerons dans l'article de la géométrie pratique, que l'on trouve la quantité de matiere que contient un cube, en cherchant le produit que donnent ses trois dimensions, longueur, largeur & profondeur.

EXAGONE. On appelle ainsi toute figure composée de 6 côtés égaux. Nous apprendrons dans le livre quatrieme de l'article *Geométrie*, à inscrire dans un cercle un Exagone de cette espece. Nous démontrerons en même tems que chaque côté d'un Exagone équilatéral est égal au rayon du cercle dans lequel il est inscrit.

EXALTATION. C'est l'élévation des parties alkalines au-dessus de la surface du liquide qui fermente. Voyez ce phénomene rapproché de ses principes dans l'article des *Fermentations*.

EXANTHLATION. C'est l'action par laquelle on fait sortir l'air ou l'eau d'un vaisseau par le moyen d'une pompe aspirante.

EXCENTRICITÉ. C'est la distance du centre au foyer d'une ellipse.

EXCENTRIQUE. On donne cette épithete à des cercles qui n'ont pas le même centre.

EXHALAISON. Des particules terrestres élevées dans l'atmosphere principalement par l'action du soleil, forment les exhalaisons.

Je dis *principalement par l'action du Soleil*, parce qu'il y a apparence que les feux souterrains sont en partie cause de cette élévation. Ce qui compose le fond de ces exhalaisons, ce sont des particules salines, nitreuses, sulfureuses, bitumineuses, &c. qui montent par les pores de l'air, comme par autant de tubes capillaires. Ces particules sont autant de corps électrisables par *frottement*. Voyez cette matiere rapprochée de ses principes dans les articles qui commencent par les mots *Brouillard*, *Météores* & *Tonnerre*.

EXPANSIF. On donne cette épithete à tout mouvement qui tend à faire occuper à un corps plus d'espace qu'il n'en occupe ordinairement. La chaleur est la cause ordinaire du mouvement expansif.

EXPANSION. C'est l'action par laquelle un corps qui se dilate, augmente en volume, sans augmenter en quantité de matiere. *Expansion* & *Dilatation* signifient donc la même chose.

EXPÉRIENCE. C'est l'épreuve réitérée de quelque effet. Les Physiciens ne sauroient trop procéder par voie d'expérience ; c'est-là le seul moyen de ne pas faire un roman en Physique.

EXPÉRIMENTAL. On nomme expérimental tout ce qui est fondé sur l'expérience. La Physique expérimentale de M. Poliniere, celle de M. Désaguliers, mais surtout celle de M. l'Abbé Nollet, sont des ouvrages qu'on ne sauroit trop consulter.

EXPIRATION. C'est un mouvement par lequel la poitrine se rétrécit, & rend l'air qu'elle avoit reçu dans le tems de l'*inspiration*. Voyez cette matiere traitée physiquement dans l'article de la *Poitrine*.

EXPOSANT. On donne ce nom à un chiffre mis au dessus d'une lettre. Ainsi 2 est l'exposant de la grandeur algébrique a^2 ; 3 est l'*exposant* de la grandeur a^3, 1 est l'*exposant* des termes au-dessus desquels on n'en marque aucun ; $a = a^1$. Consultez l'article de l'*Arithmétique algébrique*.

EXTENSION. C'est le volume d'un corps. Toute matiere a une extension en longueur, en largeur & en profondeur.

EXTRACTION. Ce terme appartient à la *Chimie* & à l'*Arithmétique*. Lorsqu'il appartient à la Chimie, il signifie la séparation que l'on fait des parties les plus subtiles d'un corps d'avec ses parties les plus grossieres. Lorsqu'on le prend pour un terme d'Arithmétique, il désigne des regles par lesquelles on peut trouver les racines carrées, cubiques, &c. d'une quantité donnée ; elles sont de la derniere infaillibilité. Par le moyen de ces regles vous trouverez que 10 est la racine carrée de 100 ; que 100 est la racine cubique de 1, 000, 000 ; mais ne répétons pas ce que nous avons dit sur cette matiere dans l'article de l'*Arithmétique*. Nous croyons avoir donné cet article avec la plus grande exactitude. Tout ce que nous ajouterons à celui-ci, ce sera la méthode d'extraire la racine quatrieme d'un carré-carré quelconque. Elle se trouve dans la résolution du Probleme suivant.

PROBLEME.

PROBLEME.

Extraire la racine quatrieme d'un carré-carré quelconque, *par exemple*, du nombre 234256?

Résolution. Vous la trouverez dans les deux opérations suivantes.

Tableau de la premiere Opération.

23, 42, 56	$= aa + 2ab + bb$
16	$= aa$. Donc $a = 4$. *racine* Iere.
742	$= 2ab + bb$
8	$= 2a$. Donc $b = 8$. *racine* 2e.
64	$= 2ab$
64	$= bb$
704	$= 2ab + bb$
Reste 38	
3856	$= 2ab + bb$
96	$= 2a$. Donc $b = 4$. *racine* 3e.
384	$= 2ab$
16	$= bb$
3856	$= 2ab + bb$

Racine carrée a & $b = 484$.

Tableau de la seconde Opération.

$$
\begin{array}{rl}
4,84 & = aa + 2ab + bb \\
4 & = aa.\ \text{Donc}\ a = 2.\ \textit{racine}\ \text{Iere.} \\
\hline
84 & = 2ab + bb \\
4 & = 2a.\ \text{Donc}\ b = 2.\ \textit{racine}\ \text{2e.} \\
\hline
8 & = 2ab \\
4 & = bb \\
\hline
84 & = 2ab + bb \\
\hline
\end{array}
$$

Racine carrée a & $b = 22$.

Il n'est pas nécessaire d'avertir que dans la *premiere Opération*, nous avons considéré 234256, non pas comme un carré-carré, mais comme un carré parfait, dont nous avons tiré la racine exacte 484; & dans la *seconde Opération*, nous avons considéré 484 comme un carré parfait dont nous avons tiré la racine exacte 22. Or il est évident que 22 est la racine quatrieme du carré-carré proposé. En effet $22 \times 22 = 484$, & $484 \times 484 = 234256$; donc 22 est la racine quatrieme du carré-carré proposé; car un carré se multipliant lui-même, produit son carré-carré.

L'on auroit pu extraire par une seule opération la racine quatrieme du nombre proposé; on n'auroit eu pour cela qu'à l'égaler à la quatrieme puissance de $a + b$, en la maniere suivante.

$$
\begin{array}{rl}
23,4256 & = a^4 + 4a^3b + 6a^2b^2 + 4ab^3 + b^4 \\
16 & = a^4.\ \text{Donc}\ a = 2.\ \textit{racine}\ \text{Iere.} \\
\hline
74256 & = 4a^3b + 6a^2b^2 + 4ab^3 + b^4 \\
32 & = 4a^3.\ \text{Donc}\ b = 2.\ \textit{racine}\ \text{2e.} \\
\hline
64 & = 4a^3b \\
96 & = 6a^2b^2 \\
64 & = 4ab^3 \\
16 & = b^4 \\
\hline
74256 & = 4a^3b + 6a^2b^2 + 4ab^3 + b^4 \\
\hline
\end{array}
$$

Racine 4e. a & $b = 22$.

Explication des Opérations précédentes.

1°. Puisqu'il s'agit de racine quatrieme, on a partagé 234256 en tranches, de 4 en 4 chiffres, en allant de droite à gauche, c'est-à-dire, en commençant par les unités.

2°. On a supposé 234256 égal à la quatrieme puissance de $a + b$.

3°. L'on a fait $16 = a^4$ & $a = 2$, parce que 16 est le plus grand carré-carré renfermé dans 23. L'on a fait la soustraction à l'ordinaire ; l'on a eu pour reste 7, & la premiere opération a été faite.

4°. Pour faire la seconde opération, l'on a descendu à côté du reste 7, les chiffres de la seconde tranche, & l'on a eu $74256 = 4a^3 b + 6a^2 b^2 + 4ab^3 + b^4$.

5°. Dans ce quadrinome algébrique dont on connoît la valeur de a, l'on a cherché à connoître la valeur de b. Pour en venir à bout, l'on a divisé 74256 par $4a^3 = 32$; le premier quotient 2 a donné la valeur de b, & le second chiffre de la racine 4e. de 234256.

6°. L'on prouvera la bonté de cette méthode, en faisant $a^4 = 16$, $4a^3 b = 64$, $6a^2 b^2 = 96$, $4ab^3 = 64$, $b^4 = 16$. Cela fait, on arrangera ces 5 valeurs comme ci-après ; on en fera l'addition ; & comme leur somme vaudra précisément le carré-carré proposé, l'on conclura que 234256 est un carré-carré parfait, & que 22 en est la racine quatrieme exacte.

$$
\begin{array}{l}
16 = a^4 \\
\quad 64 = 4a^3 b \\
\qquad 96 = 6a^2 b^2 \\
\qquad\quad 64 = 4a b^3 \\
\qquad\qquad 16 = b^4 \\
\hline
\text{Som. } 234256 = a^4 + 4a^3 b + 6a^2 b^2 + 4ab^3 + b^4.
\end{array}
$$

F

FABRI (Honoré) *naquit en l'année* 1607 *à Virieux ; petite Ville du Diocese de Bellay, d'une famille très-distinguée dans le Pays.* Il entra au Noviciat des Jésuites à Avignon le 28 Octobre de l'année 1626. Les succès qu'il eut dans l'étude des Belles-Lettres, lui servirent à présenter les matieres les plus abstraites de la Philosophie, des Mathématiques & de la Théologie, avec toute la clarté & toute l'élégance que l'on ne trouve que dans les meilleurs Auteurs latins. Il comprit, comme Descartes, dont il étoit contemporain, qu'une Physique sans Géométrie étoit un corps sans ame ; aussi la plupart de ses ouvrages sont-ils Physico-Mathématiques. Le plus estimé de tous, c'est une Philosophie en 7 volumes *in*-4°, dont 6 appartiennent à la Physique. C'est dans son traité de l'homme, *page* 204, qu'il prouve avoir enseigné la circulation du sang, avant que le livre de Guillaume Harvey eût pu tomber entre ses mains. La preuve qu'il en apporte, paroît d'autant plus convaincante, qu'elle est présentée avec plus de modestie & de simplicité. *Guillelmus Harveus libellum de præfatâ circuitione scripsit, variisque rationibus illam demonstravit. Plurimi in ejus sententiam iverunt, ut Cartesius, Pecquetus, &c. Ego verissimam esse semper putavi, eamque, antequàm libellus Harvei prodiret, publicè docui jam ab anno* 1638, *qui certè longo post tempore in meas manus venit, quod ad ostentationem non dico, sed ut ille nonnulla ex iis quæ priùs edideram, in suis exercitationibus aliquot post annis publicavit, licèt fortè nunquàm mea viderit ; nihil enim vetat quin duobus eadem cogitatio incidat: ità mihi nonnulla in mentem venerunt, & in publicis scholis docueram, quæ deindè tum apud illum auctorem, tum apud alios typis mandata inveni. Hinc fortè multis abhinc annis vir in omni litteraturæ genere versatissimus, Sanrigaudus noster me amicè monebat ut quàm primùm meas nugas in lucem edi curarem, ne aliqui, quod fieri solet, eas sibi arrogarent. Sed ut nugas semper esse putavi, ità eas tanti non feci, ut tam diligenti curâ & custodiâ dignas esse putârim. Itaquè quòd eas excogitârim, cùm pro nugis habeam, pa-*

rum æstimo ; quòd aliqui nonnullas ediderint, sive à me acceperint, sive, quod piè credo, ipsi etiam easdem excogitârint, parùm curo. Pro meis tamen agnosco & agnoscam deinceps ; licèt enim liberi deformes sint, adhùc tamen parentibus placent. Hæc breviter moneo ne quis fortè me plagii & furti accuset, dùm aliqua, pauca licèt, in meis numero, quæ sibi alii jam vindicârunt. Je laisse à décider au Lecteur si le P. Fabri n'a pas autant de droit qu'Harvey d'être regardé comme l'inventeur de la circulation du sang. Il n'aspire pas cependant à cette gloire; il avoue même que les Anciens l'ont non-seulement connue, mais encore supposée comme un fait incontestable. *Nullum sanè dubium est quin antiquorum Philosophorum & Medicorum doctissimi præfatam sanguinis circuitionem agnoverint, & supposuerint nempè quin totus sanguis ex venis in arterias per cordis ventriculos traducatur, & quin, arteriâ sectâ, totus sanguis effluat, nemo est qui unquàm dubitaverit; quòd etiam, sectâ venâ, totus sanguis erumpat, omnes hactenùs supposuere. Et si hoc Seneca ignorasset, hoc genus mortis nunquàm elegisset. Igitur supposuerunt quoquè illos meatus quibus ex arteriis in venas sanguis traduci posset. Paulò autem obscurius hac de re locuti sunt.* Il en est des ouvrages du P. Fabri, comme de ceux de Descartes ; je ne conseillerois pas à un Commençant de les lire ; mais un Physicien y trouvera un fonds de richesses inépuisable. Ce grand homme mourut à Rome le 9 Mars 1688, à l'âge de 81 ans.

FACULTÉ DE SENTIR. C'est la premiere faculté que nous appercevons dans l'homme vivant, puisque c'est elle qui produit le sentiment. Quelque inexplicable que cette faculté paroisse au premier coup-d'œil, nous pouvons cependant nous en faire une idée assez précise, si nous avons soin de ne pas confondre ce que les Physiciens nomment *sensation occasionnelle* avec ce que les Métaphysiciens appellent *sensation formelle.* Les êtres organisés sont capables de celle-là, parce qu'elle est purement matérielle ; l'ame produit celle-ci, parce qu'elle est aussi spirituelle, que ses idées, ses jugemens & ses raisonnemens. La sensation est donc une connoissance de l'ame, occasionnée par la présence d'un objet matériel qui agit sur des organes dont les ébranlemens se transmettent au cerveau. Nous sentons à l'aide des nerfs répandus dans notre corps, qui n'est, pour ainsi dire, qu'un grand nerf, ou qui ressemble à un grand arbre, dont les rameaux éprouvent l'action des racines, communiquée par le tronc. Dans l'homme les nerfs viennent se réunir, ou, pour mieux dire, partent presque tous du cerveau. Ce viscere est le vrai siége de l'ame ; celle-ci, de même que l'araignée que nous voyons suspendue au centre de sa toile, est promptement avertie de tous les changemens marqués qui surviennent à son corps, jusqu'aux extrémités duquel s'étendent des filets ou rameaux de nerfs, tous plus déliés les uns que les autres. L'expérience nous démontre que l'homme cesse de sentir dans les parties de son corps dont la communication avec le cerveau se trouve interceptée ; il sent imparfaitement, ou il ne sent point du tout, dès que cet organe lui-même est dérangé, ou trop vivement affecté.

La conformation, l'arrangement, le tissu, la délicatesse des organes tant extérieurs qu'intérieurs qui composent le corps de l'homme, rendent ses parties très-mobiles, & font que cette machine est susceptible d'être remuée avec une très-grande promptitude. Dans un corps qui n'est qu'un amas de fibres & de nerfs, réunis dans un centre commun, toujours prêts à jouer, contigus les uns aux autres : dans un *tout* composé de fluides & de solides dont les parties sont, pour ainsi dire, en équilibre, dont les molécules les plus petites se touchent, se communiquent réciproquement & de proche en proche les impressions, les oscillations, les secousses qui sont données ; dans un tel composé, dis-je, il n'est point surprenant que le moindre mouvement se propage avec célérité, & que les ébranlemens excités dans les parties les plus éloignées se fassent très-promptement sentir dans le cerveau que son tissu délicat rend susceptible d'être très-aisément modifié lui-même. L'air, le feu & l'eau, ces agens si mobiles, circulent continuellement dans les fibres & les nerfs qu'ils pénetrent, & contribuent sans doute à la promptitude incroyable avec laquelle les mouvemens se communiquent des parties extérieures aux parties les plus intérieures du corps.

Malgré la grande mobilité dont son organisation rend notre corps susceptible ; quoique des causes tant intérieures qu'extérieures agissent continuellement sur lui ;

nous ne sentons pas toujours d'une maniere distincte ses impressions qui se font sur nos organes; nous ne les sentons que lorsqu'elles ont produit un changement, ou quelque secousse dans notre cerveau. C'est ainsi que, quoique l'air nous environne de toutes parts, nous ne sentons son action, que lorsqu'il est modifié de façon à frapper avec assez de force nos organes & notre peau, pour que notre cerveau soit remué, & que l'ame qui lui est physiquement unie, soit avertie de sa présence. C'est ainsi que dans un sommeil profond & tranquille, qui n'est troublé par aucun rêve, l'homme cesse de sentir. Enfin c'est ainsi que, malgré les mouvemens continuels qui se font dans le corps humain, l'homme paroît ne rien sentir, lorsque tous ces mouvemens se font dans un ordre convenable; il ne s'apperçoit pas de l'état de santé, mais il s'apperçoit de l'état de maladie, parce que dans l'un son cerveau n'est point trop vivement remué, au lieu que dans l'autre ses nerfs éprouvent des contractions, des secousses, des mouvemens violens & désordonnés qui l'avertissent que quelque cause agit fortement sur eux & d'une façon peu analogue à leur nature habituelle; voilà ce qui constitue la façon d'être que nous nommons *douleur*.

D'un autre côté il arrive quelquefois que des objets extérieurs produisent des changemens très-considérables dans notre corps, sans que nous nous en appercevions au moment où ils se font. Souvent, dans la chaleur d'un combat, un soldat ne s'apperçoit pas d'une blessure dangereuse, parce qu'alors les mouvemens impétueux, multipliés & rapides dont son cerveau est assailli, l'empêchent de distinguer les changemens particuliers qui se font dans une partie de son corps. Enfin lorsqu'un grand nombre de causes agissent à la fois & trop vivement sur l'homme, il succombe, il tombe en défaillance, il perd la connoissance, il est privé du sentiment. Le sentiment n'a donc lieu, que lorsque l'ame peut distinguer les impressions faites sur les organes de ses sens.

Ce seroit ici le lieu de parler des *sens externes* & *internes*, puisque ce sont les organes de notre corps par l'intermede desquels le cerveau est remué, & l'ame est avertie de l'impression des objets sensibles. Nous n'en parlerons pas cependant; nous l'avons fait dans toutes les éditions de ce Dictionnaire. Auſſi renvoyons-nous le lecteur aux articles *Tact*, *Goût*, *Langue*, *Saveur*, *Odorat*, *Odeur*, *Ouïe*, *Oreille*, *Son*, *Œil*, *Optique*, *Couleurs*, *Mémoire*, *Imagination*, *Centre ovale*.

Remarque. Ceux qui ont lu le *Syſteme de la Nature*, s'appercevront ſans peine que, pour donner plus de poids à notre critique, nous nous faiſons un devoir de penſer comme l'Auteur de cet ouvrage, de le copier même de tems en tems, lorſqu'il dit des choſes conformes aux loix de la Phyſique, à la Raiſon & à la Religion. Par malheur nous n'avons pas ſouvent occaſion de lui rendre cette juſtice. Auſſi ne réfuterons-nous pas pied à pied les différens articles qui forment les chapitres huit, neuf & dix de ſa premiere partie. Qu'a pu dire en effet de raiſonnable un Auteur qui refuſe à l'ame le pouvoir de tirer la moindre idée d'elle-même ; qui prive l'homme de toutes les facultés intellectuelles ; qui lui accorde à peine la faculté de ſentir, & qui ne diſtinguant pas l'ame d'avec le cerveau, prétend expliquer les ſenſations par des images matérielles & par un ſimple ébranlement de nerfs ? Il eſt cependant un article que je me ferai un devoir de rapporter mot par mot, ne fût-ce que pour fermer la bouche à ceux qui ne ſe formeroient pas du ſyſteme que je combats, l'idée que s'en forment tous les Phyſiciens. Voici comment l'Auteur de ce ſyſteme a oſé s'expliquer à la page 104 de ſa premiere partie.

» La ſenſibilité du cerveau & de toutes ſes parties eſt » un fait. Si l'on nous demande d'où vient cette pro» priété ; nous dirons qu'elle eſt le réſultat d'un arran» gement, d'une combinaiſon propre à l'animal, en » ſorte qu'une matiere brute & inſenſible ceſſe d'être » brute, pour devenir ſenſible, en *s'animaliſant*, c'eſt» à-dire, en ſe combinant & s'identifiant avec l'animal. » C'eſt ainſi que le lait, le pain & le vin ſe changent » en la ſubſtance de l'homme qui eſt un être ſenſible. » Quelques Philoſophes penſent que la ſenſibilité eſt » une qualité univerſelle de la matiere ; dans ce cas il » ſeroit inutile de chercher d'où lui vient cette pro» priété que nous connoiſſons par ſes effets. Si l'on » admet cette hypotheſe, de même qu'on diſtingue » dans la nature deux ſortes de mouvemens, l'un connu » ſous le nom de *force vive* & l'autre ſous le nom de

» *force morte*; l'on distinguera deux sortes de sensibilité, l'une active ou vive, l'autre inerte ou morte; » & alors animaliser une substance, ce ne sera que détruire les obstacles qui l'empêchent d'être active & » sensible. En un mot la sensibilité est ou une qualité » qui se communique comme le mouvement & qui s'acquiert par la combinaison, ou cette sensibilité est une » qualité inhérente à toute matiere; & dans l'un & l'autre cas un être inétendu, tel que l'on suppose l'ame » humaine, ne peut en être le sujet. »

Analysons tous ces prétendus raisonnemens. Qu'est-ce que *s'animaliser?* c'est acquérir la faculté de sentir. Dire donc qu'une matiere brute & insensible devient sensible en *s'animalisant*, c'est dire qu'une matiere insensible devient sensible en acquérant la faculté de sentir. Quel pitoyable raisonnement! On ajoute que le lait, le pain & le vin se changent en la substance de l'homme qui est un être sensible. Que pretend-on dire par-là? prétend-on avancer que les alimens se changent en la substance du corps de l'homme! Qui en a jamais douté? Que si l'on veut dire que les alimens se changent en la substance de l'ame de l'homme; c'est-là une assertion impie dont nous avons démontré la fausseté dans les sept dernieres éditions de ce Dictionnaire.

On insinue enfin que la sensibilité pourroit bien être une qualité universelle de la matiere, & par conséquent une qualité essentielle à tous les corps, à la pierre la plus dure, comme à l'homme le plus délicat. On nous dit froidement que la chose pourroit bien être ainsi, parce que quelques Philosophes l'ont ainsi pensé. Belle preuve que celle-là. Que diroit-on de moi, si j'écrivois sérieusement que la mer pourroit bien être un grand animal dont l'*expiration* causât le flux & l'*inspiration* le reflux? L'Auteur cependant que je réfute, ne pourroit pas le trouver mauvais; il sait bien que ce systeme, tout ridicule qu'il est, a été soutenu par une secte entiere de Philosophes.

FAIM. Sentiment de l'Ame excité par l'action du suc gastrique, dont nous avons parlé en son lieu.

FAYE (Jean-Elie Lériget de la) *Capitaine aux Gardes & Membre de l'Académie Royale des Sciences de Paris, naquit à Vienne en Dauphiné, le* 15 *Avril* 1671.

Nous lui devons l'invention d'une machine très-propre à élever les eaux; on en trouvera la description dans les Mémoires de l'Académie, année 1717, depuis la page 67 jusqu'à la page 72. M. de Fontenelle nous apprend que, lorsque le Czar honora l'Académie de sa présence, elle se para de tout ce qu'elle avoit de plus propre à frapper les yeux de ce Prince, & que la machine dont nous venons de parler, en fit partie. Nous devons encore à M. de la Faye une explication très-physique des pierres de Florence, où l'on voit des plantes, des arbres, des châteaux, des clochers, quelquefois des figures géométriques. Il remarque d'abord que ce ne peuvent pas être de véritables plantes qui ayent laissé leur empreinte dans les pierres de Florence; car ces représentations les pénetrent dans toute leur épaisseur, ce que de véritables plantes n'auroient pas fait. D'ailleurs des châteaux, des clochers, des figures géométriques n'ont pas laissé là leur empreinte. Il dit ensuite qu'étant en Lorraine, il observa que les pierres à rasoir tirées d'une carriere de ce Pays-là, ne sont parfaites que lorsque dans leur formation aucune matiere étrangere n'est venue se mêler avec la matiere liquide de ces pierres; que lorsque ce mélange s'est fait, ce que l'on reconnoît par des veines noires dont elles sont traversées, alors les pierres de Lorraine sont moins propres au rasoir. M. de la Faye applique ces conjectures aux pierres de Florence. Il prétend que tout ce qu'on y voit, sont des veines très-fines & très-finement ramifiées d'une matiere étrangere qui s'est insinuée dans la substance de la pierre dans le tems de sa formation. Les représentations les plus ordinaires doivent être des plantes, parce qu'il est fort naturel que la matiere de la pierre se divise & se subdivise en un grand nombre de petits courans qui auront l'air de rameaux. M. de la Faye mourut à Paris le 20 Avril 1718, à l'âge de 47 ans. Il avoit dans son cabinet de Physique une pierre-d'aimant de 2000 livres.

FER. Il est probable que le fer est un métal composé de vitriol, de soufre & de terre. Il est encore probable que le fer entre dans la composition de la plupart des corps. Nous devons cette découverte à M. Homberg, qui parle ainsi, dans un recueil d'observations inférées dans les Mémoires de l'Académie des Sciences, *année* 1706, *page* 158 : Brûlez en cendres quelle forte d'herbes ou de bois que voùs voudrez : prenez les précautions nécessaires, pour qu'il ne s'y puisse mêler quelque matiere ferrugineufe ; puis fouillez dans ces cendres avec une lame de couteau bien nette & qui ait été aimantée sur un Aimant vigoureux ; vous trouverez au bout de votre couteau une barbe d'une poudre noirâtre, comme si vous l'aviez trempé dans la limaille de fer. Ramassez cette poudre : faites-la fondre en l'exposant au foyer du verre ardent ; il vous en viendra une grenaille de fer, qui jettera des étincelles sur le charbon, comme fait un morceau de fer qu'on rougit fortement à la forge.

FERMENTATION. L'on a coutume de définir la fermentation un mouvement intérieur des parties insensibles, accompagné de dilatation, & occasionné par l'introduction des acides dans leurs alkalis. L'on a raison ; l'on sait en effet que deux corps ne fermentent jamais ensemble, que lorsque les molécules de l'un sont des acides, c'est-à-dire, des particules roides, longues, pointues & tranchantes, & les molécules de l'autre sont des alkalis, c'est-à-dire, des corpuscules poreux & spongieux, faits en forme de gaîne ou de fourreau. Mais l'on demande quelle est la cause physique qui pousse les uns dans les autres ? Il me paroît que M. l'Abbé Nollet l'a trouvée, lorsqu'il a avancé qu'il pourroit bien se faire que les acides fussent portés dans leurs alkalis par la même force qui fait entrer les fluides dans les tubes capillaires, & qui les y soutient au dessus du niveau, en les faisant manquer à presque toutes les loix de l'Hydrostatique. Voici comment il parle dans le Tome 4e. de ses Leçons Physiques, pag. 260 : (Ne pourroit-on pas dire que le dissolvant est porté dans les molécules poreuses du corps dissoluble par cette même puissance qui fait entrer les liqueurs dans tout ce qui est spongieux ou percé d'une infinité de petis canaux capillaires ? On sait que certaines conditions rendent cet effet plus prompt & plus complet, & qu'en général ces canaux se remplissent avec d'autant plus d'activité, qu'ils sont plus étroits. Les pores des parties alkalines ou dissolubles ne seroient-ils pas à l'égard du dissolvant en telle proportion, que cette imbibition s'y fit avec encore plus de violence, que nous n'en remarquons, lorsqu'il s'agit des tuyaux capillaires d'une grandeur sensible ; & la rapidité de ces mouvemens multipliés à l'infini dans un corps extrêmement poreux, ne pourroit-elle pas aller jusqu'à faire rompre les parois & occasionner une dissolution totale?)

Ce n'est pas ici le lieu de parler du mécanisme particulier qui regne dans les tubes capillaires, nous le ferons en son tems; il nous suffit de supposer que l'introduction des acides dans leurs alkalis est causée par une force existante dans la nature ; & c'est à cette introduction que nous devons tous les phénomenes des fermentations, c'est-à-dire, les dissolutions, l'ébullition, la chaleur, l'effervescence, l'inflammation, les précipitations, les exaltations, les évaporations, les coagulations & les cristallisations. En effet il est impossible 1°. que les acides entrent avec impétuosité dans leurs alkalis sans en briser les parties, & sans causer des *dissolutions*. 2°. Les acides ne peuvent pas briser les alkalis en des millions de pieces, sans bouleverser la matiere qui les environne, la soulever & nous présenter le phénomene que l'on nomme *ébullition*. 3°. Les alkalis ont dû, en se brisant en des millions de pieces, recevoir ce mouvement en tout sens, qui ne produit d'abord que la chaleur, mais dont l'augmentation cause bientôt l'*effervescence* & enfin l'*inflammation*. 4°. Les parties des alkalis ainsi brisés sont tantôt plus, & tantôt moins pesantes que le fluide dans lequel elles nagent ; plus pesantes, elles vont au fond, & en tombant elles nous fournissent le phénomene que l'on nomme *précipitation* ; moins pesantes, elles montent vers la partie supérieure du liquide, pour y causer tantôt des *exaltations* & tantôt des *évaporations*. 5°. Quelquefois les acides introduits dans leurs alkalis ne les brisent pas, mais ils forment avec eux des molécules trop pesantes pour conserver ce mouvement en tout sens qui forme la liquidité ; & l'on voit alors des *coagulations*. 6°. Quelquefois les alkalis coagulés forment des especes de cristaux, & c'est le phénomene que les Chimistes appellent *cristallisation*.

Concluons de-là qu'il n'est dans la nature aucune véritable fermentation que l'on puiſſe appeller *froide*; celles que l'on a coutume de nommer ainſi, ſe font avec une chaleur réelle, mais inſenſible par rapport à nous, c'eſt-à-dire, avec une chaleur moins grande que celle qui regne dans notre corps. Ces principes ſuppoſés, il n'eſt rien de plus facile que d'expliquer les expériences ſuivantes.

Premiere Expérience. Verſez de l'eſprit de nitre ſur du mercure, ou bien ſur de l'étain, il ſe fera une effervefcence, & une ébullition chaude.

Explication. Les acides de l'eſprit de nitre entrent avec impétuoſité dans les alkalis du mercure ou de l'étain, & ils leur communiquent ce mouvement en tout ſens qui ne peut pas produire une chaleur conſidérable, ſans produire l'effervefcence & l'ébullition.

Seconde Expérience. Verſez de l'eau forte rouge ſur de l'huile de buis, vous verrez une épaiſſe fumée ſortir de ce mélange.

Explication. Les acides de l'eau forte ne peuvent pas entrer dans les alkalis de l'huile de buis, & les briſer, ſans en détacher beaucoup de particules d'air & beaucoup de particules d'eau qui y étoient renfermées, & dont l'union forme la fumée épaiſſe dont on vient de parler.

Troiſieme Expérience. Mêlez de l'huile de tartre avec de l'eſprit de nitre où l'on auroit diſſous de la limaille de fer, la fermentation ira juſqu'à prendre feu.

Explication. La fermentation prend feu, toutes les fois que les acides communiquent aux alkalis un mouvement en tout ſens plus grand que celui qui produit la ſimple chaleur. La choſe doit arriver ainſi dans l'expérience préſente, parce que l'eſprit de nitre rencontre dans la limaille de fer une infinité d'obſtacles qu'il faut vaincre.

Quatrieme Expérience. Verſez une demi-once d'eau forte ſur une demi-once d'huile de gayac; vous verrez un corps ſpongieux d'un demi-pied de hauteur, s'élever & ſortir de ce mélange au milieu d'une flamme.

Explication. Cette expérience nous préſente deux phénomenes à expliquer. 1°. Les particules ignées que contient l'eau forte, doivent enflammer facilement un corps auſſi inflammable que l'huile de gayac. 2°. Dans le mélange qui se fait de l'eau-forte avec l'huile de gayac, il doit sortir une infinité de particules d'air qui, avant que de s'élever à un demi-pied, s'enveloppent d'une surface très-mince de cette matiere dont l'huile de gayac est composée, & nous présentent ce corps spongieux que nous voyons s'élever au milieu de la flamme.

Cinquieme Expérience. Mêlez de l'esprit de vitriol avec de l'huile de tartre; ces deux liquides formeront un mélange coagulé.

Explication. Les acides de l'esprit de vitriol entrent dans les alkalis de l'huile de tartre, sans les briser; ils forment ensemble des molécules trop pesantes pour recevoir ce mouvement en tout sens qui rend les corps fluides, & dont nous parlerons dans l'article de la *fluidité*; ce mélange doit donc nous présenter une coagulation. Voulez-vous le rendre liquide? Versez par-dessus un peu d'esprit de nitre, afin de séparer les *acides de l'esprit de vitriol* d'avec les *alkalis de l'huile de tartre.*

Premiere Question. Comment dans la fermentation le moût se change-t-il en vin?

Résolution. M. Lemery qui a fait avec tout le soin possible l'analyse du moût, nous assure qu'il contient une eau insipide en grande quantité, une huile puante, quelques esprits foibles qui ne sont que du sel essentiel résous, & une masse terrestre dont on peut retirer par la lessive quelques sels fixes. Dans la fermentation, *dit ce savant Chimiste*, il y a une espece de combat entre les parties salines & les parties huileuses; celles-là pénetrent, divisent, & subtilisent celles-ci. Dans ce combat, toujours accompagné d'ébullition, il se fait une séparation des parties les plus grossieres d'avec les parties les plus déliées du moût. Les premieres s'attachent aux côtés, ou se précipitent au fond du tonneau pour y former le *tartre* & la *lie*; les secondes forment ce qu'on appelle le corps du vin, qui n'est par conséquent qu'un moût délivré par la fermentation de ce qu'il avoit de plus grossier & de plus terrestre.

Seconde Question. Par quelle espéce de fermentation le vin se change-t-il en vinaigre?

Résolution. Lorsque la chaleur occasionne dans le vin une seconde fermentation; alors ce qu'il a de tartre se dissout, & ce mélange lui donne de l'aigreur. On demande à cette occasion si le vin n'aigrit, que lorsqu'il se fait quelque dissipation des esprits les plus subtils qu'il contenoit. M. Lemery regardoit cette condition comme absolument nécessaire. Mais l'expérience suivante prouve évidemment qu'il s'est trompé; elle est de Beccher. Ce Physicien remplit de très-bon vin une bouteille de verre, dont il boucha le col hermétiquement. Il la tint long-tems en digestion; & il en retira un vinaigre des plus forts, & qui fut de très-bonne garde.

Corollaire premier. Beccher conclut de cette expérience que la production du vinaigre n'est due qu'à un nouvel arrangement qu'ont pris entr'eux les principes du vin, à la faveur d'un mouvement de fermentation excitée par un certain degré de chaleur, qui ayant agité la partie acide du vin, a affoibli l'union qu'elle avoit avec les autres principes dont elle étoit enveloppée, & qui l'empêchoient de se faire sentir avec toute sa force.

Corollaire second. Pour faire aigrir le vin plus promptement, il faut mettre le baril dans un lieu chaud. On peut encore y mêler de tems en tems de la lie, que la chaleur dissoudra avec facilité.

Corollaire troisieme. Pour faire aigrir le vin, il n'est pas absolument nécessaire de déboucher le tonneau qui le contient, comme le pensoit M. Lemery.

Corollaire quatrieme. Le vin clair, mis en bouteille, se change plus difficilement en vinaigre, que le vin gros, parce qu'il contient peu de tartre.

Corollaire cinquieme. L'on doit trouver, & l'on trouve en effet dans le vinaigre les mêmes principes que dans le vin, savoir, du phlegme, de l'acide, de l'huile & un esprit ardent.

Troisieme Question. Est-ce la fermentation que l'on doit regarder comme la cause du gonflement de la pâte?

Résolution. Elle n'en est que la cause indirecte. La pâte contient beaucoup d'air que bien des causes raréfient. Ces causes sont la chaleur de l'eau avec laquelle on pétrit, celle qui regne dans l'endroit où l'on fait cette opération, & celle qui accompagne la fermentation de la pâte. L'air raréfié par cette triple chaleur occupe un plus grand volume, souleve, & fait gonfler la pâte. C'est donc le ressort de l'air, que l'on doit regarder comme la cause immédiate du gonflement de la pâte.

Quatrieme Question. Quels sont les acides qui causent la fermentation de la pâte ?

Résolution. Ce sont les sels naturels que la trituration a développés, & a fait sortir de l'espece de prison où ils étoient renfermés. Le levain contient beaucoup d'acides, puisque la pâte en est aigre. Ces acides sont autant de particules salines dont les alkalis ont été brisés par une longue fermentation. Aussi rien n'est plus propre que le levain à hâter la fermentation de la pâte.

Nous ne sommes pas, je le sais, du sentiment de Newton sur la cause physique des fermentations chimiques. Ce Physicien qui n'admet que trop souvent des loix générales de *répulsion*, parle ainsi dans la 31e. Question du troisieme Livre de son Optique. *Quandoquidem Metalla in acidis dissoluta, parvam solummodò acidi portionem ad se trahunt : liquet vim eorum attrahentem, nonnisi ad parva circum intervalla pertingere. Et sicuti in Algebrâ, ubi quantitates affirmativæ evanescunt & desinunt, ibi negativæ incipiunt ;ità in Mechanicis, ubi attractio desinit, ibi vis repellens succedere debet.* Dès que Newton n'aura que de pareilles preuves à nous apporter, nous nous ferons un devoir de ne pas suivre son sentiment.

FERRUGINEUX. On donne cette épithete à tout mixte dans lequel se trouvent des particules de fer.

FEU. Pour nous former une idée naturelle du feu, divisons-le en élémentaire & en mixte, ou usuel. Le feu élémentaire, que je ne distingue pas de la matiere électrique, est un fluide composé de particules infiniment déliées, dont le mouvement est d'une rapidité incompréhensible. Le feu mixte, ou usuel n'est autre chose que le feu élémentaire qui, pour se rendre sensible, se joint à une infinité de corpuscules que les Physiciens appellent inflammables, tels que sont les corpuscules de soufre, de bitume, d'huile, &c. ; leur communique son mouvement violent, & devient capable d'opérer sur les corps sensibles les effets les plus surprenans. Mais quelle est la cause qui produit & qui conserve dans le feu élémentaire ce mouvement dont ses particules sont agitées ? Grande question qu'on doit regarder comme l'écueil de la Physique, ou du moins comme

comme le problème le plus difficile que l'on puisse proposer à un Physicien. Jugeons-en par le détail suivant. Le feu, répandu par-tout avec plus ou moins d'abondance, est évidemment formé par une matiere très-déliée, agitée d'un violent mouvement *en tout sens*; l'on en trouve la preuve sensible dans la flamme occupée à consumer quelque corps que ce soit. Le mouvement *en tout sens* du feu est évidemment causé par un nombre innombrable de mouvemens *en tourbillon*, dont chacun se fait autour d'un centre particulier; l'on en sera convaincu en jettant un simple coup d'œil sur l'eau bouillante. Le mouvement de *tourbillon* que l'on est obligé de reconnoître dans le feu, ne peut pas être l'effet d'un mouvement général, tel que Descartes l'admettoit dans la matiere de son premier élément; ce n'est là qu'un roman ingénieux, proposé par l'Auteur qui étoit le plus capable d'en imposer à son Lecteur. Comment donc expliquer d'une maniere physique un mouvement *en tout sens*, c'est-à-dire, un mouvement qui paroît diamétralement opposé à toutes les loix de la Mécanique? Comment reconnoître un mouvement de *tourbillon* dans une matiere répandue par-tout, & ne pas admettre dans la nature ce mouvement général dont Descartes a fait le fondement de son systeme de Physique? Par quelles loix en un mot expliquer les *petits tourbillons* dont la matiere ignée paroît être composée; si les *grands tourbillons cartésiens* qui paroissent en être comme l'ame, sont contraires aux loix de la Mécanique? la chose est en effet difficile, mais elle n'est pas impossible; & voici comment je forme mes tourbillons ignées.

D'abord je me rappelle que la Lune tourbillonne autour de la terre en vertu de deux mouvemens, l'un centripete causé par l'attraction de la terre, l'autre de projection immédiatement imprimé par la cause premiere. Cherchez *Attraction* & *Lune*. Voilà ce qui se passe en grand & d'une maniere visible dans le Ciel; & voici ce qui se passe en petit & d'une maniere invisible sur la terre.

Imaginez-vous un globule infiniment petit du *premier ordre*, autour duquel se trouvent des globules infiniment petits du *second ordre*; chacun de ceux-ci sera sensiblement attiré par celui-là, puisque les infiniment petits du *premier ordre* sont infiniment plus grands que les infiniment petits du *second ordre*. Imaginez-vous ensuite que la cause premiere a imprimé à chacun des globules placés à la circonférence une force de projection proportionnelle à leur force centripete ; ces globules animés en même tems par ces deux forces, feront obligés de tourbillonner autour du globule infiniment petit du *premier ordre*. Mettez ensemble plusieurs de ces *tourbillons* ; vous aurez un fluide agité *en tout sens*, des mouvemens duquel il vous sera facile de rendre raison d'une maniere très-mécanique. Voulez-vous des *tourbillons ignées* encore plus petits que ceux dont on vient de faire la description ? Placez au centre tantôt un globule infiniment petit du *second ordre* entouré de globules infiniment petits du *troisieme ordre*, tantôt un globule infiniment petit du *troisieme ordre* entouré de globules infiniment petits du *quatrieme ordre*, &c. ; vous aurez le feu le plus subtil que vous puissiez imaginer. Voilà en deux mots quelle je crois être la nature du feu. *Voyez cette matiere rapprochée de ses principes dans notre Traité de paix entre Descartes & Newton, tome 3, pag.* 86 *& suivantes.* Ce qui me fait soupçonner que je ne me suis pas écarté de la vérité, c'est la facilité avec laquelle on rend raison dans cette hypothese des phénomenes que nous présente le feu. Arrêtons-nous aux deux principaux qui sont d'échauffer & d'éclairer.

Et d'abord le feu ne peut pas communiquer à notre sang & à nos humeurs un mouvement *en tout sens*, sans nous causer une sensation à laquelle nous avons donné le nom de chaleur. Entre-t-il en grande quantité dans un corps liquide ? Il cause des effervescences & des bouillonnemens. Il occasionne l'inflammation, s'il vient à diviser les parties d'un corps qui contienne dans son sein plusieurs tourbillons ignées dans une espece de contrainte & de captivité. Quel ravage en effet ne doit-il pas causer, lorsque les tourbillous qu'il a délivrés, se joignent à lui pour agir contre le corps dont l'intérieur ne leur a que trop long-tems servi de prison ?

Le feu n'a pas seulement la propriété d'échauffer, il a encore celle d'éclairer. Son mouvement *en tourbillon* n'est pas absolument opposé au mouvement droit que tout Physicien doit reconnoître dans la lumiere. Nous voyons tous les jours la même boule se mouvoir en même tems & d'un mouvement de rotation sur son centre, & d'un mouvement direct en ligne droite; pourquoi le globule central d'un tourbillon ignée ne pourroit-il pas venir à nos yeux en ligne droite, tandis que les globules placés à la circonférence tourbillonneront autour de lui? Donc dans notre hypothese le feu ne doit pas seulement échauffer, il doit encore éclairer; donc notre hypothese doit être regardée comme très-conforme aux loix de la saine Physique.

M. Dodart, dans le tome X des Mémoires de l'Académie des Sciences, se met la tête à la torture pour expliquer comment un nommé Richarson a pu, sans s'incommoder, avaler un mélange enflammé de poix noire, de poix résine & de soufre. Il examine encore avec soin comment ce mangeur de feu pouvoit faire cuire de la viande sur un charbon qu'il tenoit sur sa langue. Il rapporte à cette occasion l'exemple d'une Dame d'Orléans qui faisoit dégoutter sur sa langue de la cire d'Espagne allumée, sans qu'il y parût aucune impression sensible; celui d'un Religieux Turc qui faisoit tourner & retourner plusieurs fois dans sa bouche une bille de fer rouge; celui des Forgerons qui travaillent dans les fourneaux où on fond la mine de fer, à qui on voit prendre avec la main nue du métal fondu, &c. M. Dodart auroit dû mettre tous ces gens-là au nombre des Charlatans; il est sûr qu'ils avoient soin de frotter auparavant de certaines drogues les parties du corps sur lesquelles ils appliquoient les matieres, dont nous venons de faire l'énumération.

FEUX SOUTERRAINS. Feux situés dans le sein de la terre, toujours enflammés ou toujours prêts à s'enflammer. Un Physicien méthodique doit en prouver l'existence, en examiner la formation, en détailler les effets. Voilà ce que nous allons faire dans cet article.

Qu'il y ait des feux souterrains, c'est un fait qu'on n'a jamais révoqué en doute. Ce ne sont pas seulement le Mont-Etna, le Mont-Vésuve, tant de monts ignivomes, tant de volcans éteints dans les différens pays du monde qui en constatent l'existence; c'est sur-tout la chaleur qu'on éprouve dans l'intérieur de la terre, chaleur quelquefois si grande, lorsque les mines sont profondes; que pour empêcher la mort des malfaiteurs qu'on y fait travailler, on leur procure des rafraîchissans & un nouvel air, tantôt par des puits de respiration, tantôt par des chutes d'eau aussi abondantes, que réitérées. Ces faits sont trop avérés, pour apporter en preuve le témoignage de l'ingénieux *Boile*, consigné dans son bel ouvrage sur la température des régions souterraines; & celui du grand *Boerhaave* dans son savant Traité de Chimie. Il y a donc des feux souterrains dans différentes contrées de la terre. Je dis plus; il y en a dans tous les pays du monde; & si ces feux ne sont pas toujours enflammés, ils y sont cependant toujours disposés; ce sont des matieres qui fermentent; leur fermentation produit une chaleur quelquefois insupportable; & cette chaleur est la cause naturelle d'une foule de phénomenes intéressans dont je ne manquerai pas de faire l'énumération à la fin de cet article. C'est ici un point de Physique de la plus grande importance; les preuves n'en sont pas d'abord aisées à saisir; elles n'en sont pas cependant moins démonstratives pour tout homme qui, au lieu de les lire, prendra la peine de les méditer. Il s'agit donc d'établir que, dans tous les pays du monde, il y a, plus ou moins abondamment, des feux souterrains enflammés ou prêts à s'enflammer. Posons, pour établir cette vérité, des principes dont il sera bien difficile, pour ne pas dire impossible, de révoquer en doute l'évidence.

1°. Il y a une différence énorme entre la chaleur purement solaire au cœur de l'été & la chaleur purement solaire au cœur de l'hiver. M. *de Mairan* a trouvé qu'à Paris la chaleur purement solaire au cœur de l'été, est à la chaleur purement solaire au cœur de l'hiver, à-peu-près comme 66 est à 1. Cette analogie est fondée sur l'obliquité des rayons du soleil sur l'horizon pendant l'hiver & le peu de tems que cet astre y demeure pendant cette saison.

Dans un pays quelconque, *dit-il*, en conséquence de cette obliquité, il tombe moins de rayons solaires pendant l'hiver, que pendant l'été. Il en est des rayons solaires reçus sur l'horizon, comme de la pluie qu'on voudroit recevoir dans un vaisseau ; plus on inclineroit l'ouverture du vaisseau, moins il recevroit de gouttes de pluie.

En conséquence de la même obliquité, le choc des rayons solaires qui viennent frapper la terre est plus foible pendant l'hiver, que pendant l'été. Pourquoi ? parce que ces rayons ne frappant la terre, que par leur mouvement perpendiculaire, ils n'emploient dans leur choc que la plus petite partie de leur force ; plus un mouvement est oblique & moins il contient de mouvement perpendiculaire. Cherchez dans le corps de l'ouvrage *Mouvement composé en ligne droite.*

En conséquence de cette même obliquité, il y a pendant l'hiver un plus grand nombre de rayons solaires interceptés ou affoiblis par l'atmosphere qu'ils ont à traverser. Pourquoi ? parce que plus obliquement l'atmosphere est traversée, plus long est le chemin que les rayons solaires ont à faire, avant que d'arriver sur la terre. Plus ils ont de chemin à faire, plus grand est le nombre de particules aériennes qui les repoussent, les dispersent ou affoiblissent leur mouvement. Il en est de chaque rayon solaire traversant l'atmosphere, pour arriver sur la terre, comme d'une balle de mousquet tirée contre la surface de l'eau d'un bassin, laquelle aura d'autant plus de chemin à faire dans l'eau, & frappera le fond du bassin avec d'autant moins de force, qu'elle y aura été tirée plus obliquement. L'obliquité des rayons solaires entre donc trois fois dans la cause de la moindre chaleur qu'on éprouve pendant l'hiver, savoir, par le moindre nombre de rayons qui tombent sur la surface d'un pays, en conséquence de cette obliquité ; par le moins de force qu'ont ces rayons, en venant frapper le terrain, en conséquence de la même obliquité, & enfin par un plus grand nombre de rayons interceptés ou affoiblis, en conséquence de leur obliquité par rapport à l'atmosphere qu'ils ont à traverser.

2°. A cette premiere cause se joint une seconde, encore plus puissante, le peu de tems que le soleil demeure sur l'horizon pendant l'hiver. En France nous n'avons qu'environ huit heures le soleil sur l'horizon au solstice d'hiver, & nous l'avons environ seize heures au solstice d'été.

M. *de Mairan* a soumis les différens effets de ces deux causes au calcul le plus simple & le plus exact ; & il résulte de ses opérations que la chaleur purement solaire au cœur de l'été à Paris : à la chaleur purement solaire au cœur de l'hiver : : 66 : 1. Consultez son savant ouvrage intitulé, *Nouvelles Recherches sur la cause générale du chaud en été & du froid en hiver, en tant qu'elle se lie à la chaleur interne & permanente de la terre.*

3°. Il n'en est pas de la chaleur absolue, comme de la chaleur purement solaire ; celle-là augmente bien moins que celle-ci. Il est peu de pays, il n'en est peut-être aucun où à midi la chaleur de l'été soit double de la chaleur de l'hiver. Il résulte des expériences thermométriques faites en 1702 par M. *Amontons* que le chaud qu'il fait à Paris aux rayons du soleil à midi au solstice d'été, ne differe du froid qu'il y fait, quand l'eau se glace, que comme 60 differe de 51 & demi. Quelle étrange disproportion entre ces deux augmentations ! Quelle peut en être la cause physique ? il n'en est point d'autre que le fond permanent de chaleur inhérent à la terre, fond absolument indépendant de l'action du soleil. Supposons, *dit M.* de Mairan *dans l'ouvrage que nous venons de citer*, que dans le climat de Paris ce fond permanent de chaleur soit représenté par 393 ; la chaleur absolue au solstice d'hiver sera 394, & la chaleur absolue au solstice d'été sera 459. Or 459 : 394 : : 60 : 51 & demi, ou à-peu-près. Donc quoique la chaleur purement solaire en été soit à Paris 66 fois plus grande, qu'en hiver, cependant la chaleur absolue suit la proportion que nous avons indiquée.

Mais quelle est la cause de ce fond permanent de chaleur inhérent à la terre & absolument indépendant de l'action du soleil ? je n'en vois point de plus puissante & de plus naturelle que les feux souterrains répandus dans tous les pays du monde, toujours enflammés ou toujours prêts à s'enflammer. Y a-t-il un feu central ou comme central, dont les émanations, du centre à la circonférence, soient continuelles ou comme continuelles ? M. *de Mairan* le prétendoit ; il croyoit même que sans ces émanations continuelles ou comme continuelles la tige des plantes ne feroit pas constamment perpendiculaire à l'horizon. Mais la chose n'est pas démontrée ; le sentiment pour ou contre est même sujet à de grandes difficultés ; & voilà pourquoi l'on doit s'en tenir aux feux souterrains, enflammés ou prêts à s'enflammer dont il faut examiner la formation physique.

Un des plus grands Philosophes naturalistes que la France ait produit, a été beaucoup plus loin que *Descartes* qui n'a donné son systeme, que comme une hypothese idéale, momentanée & totalement éloignée de la vérité. *Ipsamque tantùm pro hypothesi, non pro rei veritate haberi velim. Art. XIX, part. 3 du livre des Principes.*

M. *de Buffon* au contraire assure en propres termes, dans son ouvrage des Epoques de la Nature, que la terre dans son origine a été réellement un soleil dont les différentes couches se sont graduellement refroidies, & il prétend que la chaleur qui lui est propre, ne peut venir que de ce que les couches intérieures n'ont pas encore acquis un degré suffisant de refroidissement. Suivant lui, le tems de l'incandescence pour le globe de la Terre, a duré 2936 ans ; celui de sa chaleur au point de ne pouvoir le toucher, a duré 34270 ans ; il a fallu 12794 ans, pour que la mer baissât jusqu'au niveau où nous la voyons aujourd'hui ; pendant 10000 ans les feux souterrains ravagerent la terre & la rendirent inhabitable ; & ce ne fut qu'après soixante mille ans qu'elle fut en état de recevoir ses premiers habitans. Quelle fable ! je le demande à tout Physicien impartial ; n'est-ce pas là le roman de *Descartes* rajeuni & embelli par M. *de Buffon* ? Ne falloit-il pas une imagination aussi brillante que la sienne & un style aussi séduisant, pour donner quelque crédit à une pareille théorie ? Cherchez *Age du monde*.

Nous n'aurons pas recours à de semblables fictions pour expliquer d'une maniere physique la formation des feux souterrains. Nous connoissons les effets de la fermentation du fer & du soufre ; c'est-là presque l'unique cause que nous croyons devoir employer. M. *Lemeri* fit un mélange de parties égales de limaille de fer & de soufre pulvérisé ; il réduisit le mélange en pâte avec de l'eau ; il en mit cinquante livres dans un pot qu'il enfonça dans la terre à un pied de profondeur. Huit à neuf heures après, la terre se gonfla, s'échauffa, se crevassa ; & il en sortit non-seulement des vapeurs sulfureuses & chaudes, mais encore des flammes qui élargirent les ouvertures. On a analysé avec soin les laves que vomit le Mont-Vésuve, & on en a retiré du sel commun, du sel ammoniac, du nitre & surtout du fer & du soufre; donc les feux souterrains ont pour cause physique la fermentation du fer, du soufre, &c.; & s'ils ne sont pas toujours enflammés, ils concourent cependant toujours à produire ce fond permanent de chaleur, absolument nécessaire au globe que nous habitons.

Que s'il falloit une cause subsidiaire, peut-être aussi puissante que la premiere, nous la trouverions dans l'air inflammable, très-abondant dans le sein de la terre, puisqu'il est très-commun dans tous les lieux souterrains. Très-souvent il paroît s'enflammer comme de lui-même, & l'explosion qui suit cette inflammation, differe très-peu de celle de la poudre à canon. Je ne doute pas que, dans les pays où la fermentation du fer, du soufre, &c. ne seroit pas assez forte, pour procurer à la terre la chaleur qui lui est nécessaire, l'air inflammable ne suppléât à la foiblesse de cette premiere cause.

Les feux souterrains, j'en conviens, ont quelquefois de terribles effets; ils sont la cause des secousses épouvantables dont la terre n'est que trop souvent agitée; témoins, de nos jours, le renversement de Lisbonne, celui de Messine & celui de la Calabre ultérieure. Cherchez *Tremblemens de terre*. Ce sont-là de vrais maux, je l'avoue; mais ce sont-là des maux purement locaux, des maux absolument nécessaires, des maux enfin dont la cause produit le plus grand bien. Eteignez les feux dans le sein de la terre, vous n'aurez plus dès-lors ce fond permanent de chaleur, absolument indépendant de l'action du soleil, fond permanent qui fait notre richesse. A l'instant la nature tombera dans un engourdissement, aussi funeste que le néant. Aucun métal, aucun fossile, aucune pierre ne se formeront dans le sein de la terre. La tige des plantes sera brûlée par les rayons du soleil & leurs racines périront par un froid excessif. Les hommes eux-mêmes ne seront pas épargnés; comment pourront-ils vivre dans deux saisons dont l'une sera 66 fois plus chaude que l'autre? Les eaux de la mer dans les pays les plus chauds, à 30 toises de profondeur, seront aussi glacées que les mers du Groenland & de la nouvelle Zemble à leur superficie. Dès-lors plus de gros poissons qui puissent y vivre; plus de navigation; plus de commerce entre les deux continens, &c. Il faut donc des feux souterrains dans tous les pays du monde; & ces feux, nuisibles à quelques particuliers, sont un des plus grands bienfaits de l'Auteur de la nature.

FEUX CHIMIQUES. Les différens feux dont on se sert en chimie, sont les feux de sable, de cendre, de limaille de fer, de lampe, de fusion, de réverbere, de suppression, & le feu nu. Voici l'explication qu'en donne M. Lemery dans son cours de chimie.

1°. On fait échauffer un vaisseau au feu de sable, lorsqu'on le met sur le feu, après l'avoir entouré de sable, dessous & aux côtés. Si on l'entouroit de cendres, ou de limailles de fer, il s'échaufferoit au feu de cendres ou de limailles de fer.

2°. Faire échauffer un vaisseau au feu de lampe, c'est le faire échauffer par la chaleur toujours égale d'une lampe allumée. L'huile dont on se sert dans ces occasions, est très-pure. Voici comment on s'y prend, pour la purifier. On mêle sur 6 livres d'huile une livre de vitriol desséché en blancheur & pulvérisé; on fait bouillir le mélange à petit feu, afin que le vitriol absorbe l'humidité aqueuse de l'huile; l'huile que donne ce mélange est une huile très-pure.

3°. Le feu de fusion, ou de roue, se fait, lorsqu'on environne de charbons allumés un creuset, ou un autre vaisseau qui contient la matiere qu'on a dessein de mettre en fusion.

4°. Le feu de réverbere se fait dans un fourneau couvert d'un dôme, afin que la chaleur ou la flamme qui cherche toujours à sortir par le haut, réverbere sur le vaisseau qu'on a placé à nu sur les deux barres de fer.

5°. Le feu de suppression a lieu, lorsqu'on met le feu sur la matiere que l'on veut distiller.

6°. On fait distiller une matiere à feu nu, lorsque le vaisseau qui la contient, est posé immédiatement sur le feu. Deux ou trois charbons allumés donnent un feu du premier degré; 4 ou 5 en donnent un du second; un grand feu de charbon est un feu du troisieme degré; pour avoir un feu du quatrieme degré, il faut joindre le charbon au bois.

FEUX FOLLETS. Ce sont des exhalaisons légeres

que le souffle du moindre vent est capable d'enflammer ; & qui se jouent sur la surface de la terre. Elles paroissent surtout dans les cimetieres, au bord des marais & dans tous les endroits abondans en soufre & en bitume. Avancez-vous vers eux ? Ils sont emportés par l'air que vous poussez en avant ; vous retirez-vous ? Ils suivent la direction de l'air qui occupe successivement les différentes places que vous quittez. Aussi a-t-on coutume de dire que les Feux Follets fuyent ceux qui les poursuivent, & poursuivent ceux qui les fuyent.

FEU SAINT-ELME. C'est une exhalaison visqueuse, allumée par le choc & l'agitation des parties sulfureuses & bitumineuses que contiennent les eaux de la Mer.

FIBRE. Les fibres sont des filamens déliés, fermes & longs, dont le milieu est charnu, comme parlent les Anatomistes. Chaque muscle est composé de fibres que l'on appelle motrices. Winslow a observé que les fibres motrices étoient rangées pour la plupart par faisceaux, à côté & le long les unes des autres, entre des cloisons membraneuses & cellulaires, ou adipeuses, comme dans des gaînes particulieres. Il ajoute que ces fibres sont attachées les unes aux autres & aux cloisons, par une quantité de petits filamens très-déliés. Il assure enfin qu'elles sont parsemées d'extrémités capillaires d'arteres, de veines & de nerfs.

FIGURE. On donne ce nom en Géométrie à tout espace fermé de tout côté. Le triangle, le carré, le cercle, &c. sont des figures géométriques ; l'angle n'est pas, à proprement parler, une figure.

FIZES (Antoine) a été un des plus célebres Professeurs en Médecine de l'Université de Montpellier. Il étoit consulté de toutes parts comme un oracle. Il devoit la haute réputation dont il jouissoit, à l'Ouvrage qu'il donna au Public en l'année 1742. Il est en un volume *in-4°.* ; & il l'a intitulé *Opera Medica.* Quiconque lira ses dissertations sur la *cataracte*, les *parties solides du corps humain*, la *rate*, le *foie*, & la *génération*, ne pourra s'empêcher de penser qu'il auroit pu l'intituler, *Opera Physico-Medica.* La derniere de ces dissertations me paroît beaucoup mieux travaillée & beaucoup plus intéressante que toutes les autres. L'Auteur y embrasse le systeme des *œufs* ; & c'est en preuve de ce systeme qu'il apporte le fait d'une femme qui accoucha d'une fille, laquelle, huit jours après sa naissance, mit au monde une fille vivante. Il parle des *monstres* & des *envies* des femmes enceintes dans son neuvieme chapitre; & il adopte dans l'explication de ces phénomenes toutes les idées de Malebranche. Vouloir raconter ce qu'il y a de plus curieux dans ce chapitre, ce seroit vouloir répéter ce que nous avons dit dans notre article *Imagination*. M. Fizes a donné au Public d'autres ouvrages dont notre profession nous dispense de rendre compte; ils appartiennent purement à la Médecine. Il regne dans tous ses livres une méthode véritablement géométrique; aussi avoit-il occupé pendant long-tems avec distinction à Montpellier la chaire de Professeur en Mathématique. Il mourut dans cette ville chargé d'années & de richesses au mois d'Août de l'année 1765.

FLAMME. C'est un feu très-délié, dont les particules séparées les unes des autres, & agitées du mouvement le plus violent en tout sens, s'élancent librement de toute part. Rien n'est plus intéressant que les questions suivantes.

Premiere Question. D'où viennent les différentes couleurs de la flamme?

Résolution. Newton prétend dans la dixieme question du livre troisieme de son Optique, que les différentes couleurs de la flamme viennent de la nature différente de la fumée, c'est-à-dire, des particules qui sont les alimens de la flamme, & qui absorbent tel ou tel rayon, & non pas tel ou tel autre. *Pro hujus quidem fumi naturâ, flamma ipsa colores insuper varios trahit, ut flamma sulfuris, cæruleum; cupri, viridem; sebi, flavum; & camphoræ, album.* Ce qu'il y a de sûr, c'est que la flamme paroît blanche, lorsque les sept rayons de lumiere dont elle est composée, sont réunis ensemble.

Seconde Question. Pourquoi la flamme se termine-t-elle en Pyramide?

Résolution. La flamme prend cette figure, pour fendre l'air & s'élever plus facilement en haut.

Troisieme Question. Pourquoi la flamme ne peut-elle pas se conserver dans le récipient de la Machine pneumatique, exactement purgé d'air?

Résolution. La flamme ne peut pas subsister, si les parties qui en sont les alimens, se dissipent; or ces parties, agitées d'un mouvement en tout sens des plus terribles, se dissipent dans le récipient du vuide, puisqu'elles ne sont plus retenues par l'air grossier environnant; donc la flamme ne doit pas subsister dans le récipient purgé d'air.

Quatrieme Question. Pourquoi la flamme de l'esprit de vin coule-t-elle sur le papier, sans le brûler?

Résolution. Les particules de la flamme de l'esprit de vin, sont si déliées, leurs forces sont si peu réunies, à cause de leur séparation & de leur mouvement en tout sens; qu'elles ne peuvent pas diviser les parties dont le papier ordinaire est composé. Par la même raison l'on sent à peine la chaleur de la flamme d'une bougie, lorsqu'on en approche le doigt.

FLAMSTEED, (Jean) *que Newton regardoit comme un des plus grands Astronomes de son siecle, naquit à Derby en Angleterre le* 19 *Août* 1646. En 1670 il fut reçu Membre de la Société Royale de Londres. La même année il fut nommé Astronome du Roi d'Angleterre, & quelques mois après Directeur de l'Observatoire de Greenvich. Nous devons aux Observations qu'il y fit jusqu'à sa mort, son grand catalogue qui donne le lieu de 3000 étoiles. Ce fut encore de-là qu'il découvrit, & ce futlà qu'il calcula les lieux de la fameuse Comete de 1680. Flamsteed mourut à Greenvich le 18 Janvier 1720, à l'âge de 75 ans.

FLEUR. C'est le plus bel ornement de la Plante. Toute fleur a son pistile, ses étamines & ses feuilles. Le pistile qui s'éleve du centre de la fleur, est une espece de tuyau creux qui renferme la graine. Autour du pistile sont rangés des filets assez déliés, terminés par des extrémités faites en forme de capsules; les filets sont les étamines, & les capsules les sommets. Ce sont ces capsules qui contiennent la poussiere qui féconde la graine. Autour des étamines se trouvent les feuilles qui défendent des injures de l'air les parties essentielles de la fleur. Voyez cette matiere rapprochée de ses principes, & traitée fort au long dans l'article de la *Botanique*.

FLEXIBLE. Un corps est flexible, lorsqu'on peut lui faire changer de figure. Il est probable que les parties aqueuses qu'il contient, sont la cause physique de cette qualité ; puifque les corps acquierent de la flexibilité, lorfqu'on les fait tremper dans l'eau. En parlant de l'*Elafticité*, nous n'avons pas manqué de faire remarquer que la flexibilité étoit une qualité abfolument néceffaire aux corps élaftiques.

FLUIDITÉ. La fluidité & la dureté font deux états oppofés ; ainfi puifque les Phyficiens affurent qu'un corps eft dur, lorfque fes molécules fenfibles ne fe féparent pas facilement les unes des autres, il eft naturel qu'ils ajoutent qu'un corps n'eft fluide, que lorfque fes molécules fenfibles fe féparent facilement les unes des autres. Les particules dont les corps fluides font compofés, font très-déliées & affez communément rondes ; déliées, elles font propres à tous les mouvemens qu'on veut leur communiquer, parce qu'elles ont très-peu de force d'inertie ; à-peu-près rondes, elles n'ont pas les unes avec les autres une cohéfion fenfible, parce qu'elles ne fe touchent pas par beaucoup d'endroits. Mais ce ne font-là que des conditions ; pour trouver la caufe phyfique de la fluidité, il faut avoir recours à la matiere ignée qui pénetre ces fortes de corps, & qui communique à leurs parties infenfibles un mouvement en tout fens ; auffi l'eau fe change-t-elle en glace, lorfque le feu qu'elle renferme dans fon fein vient à s'évaporer. Nous ne parlerons pas ici de la réfiftance que les fluides oppofent aux folides qui les traverfent ; nous avons traité ce point de Phyfique affez au long dans l'article qui commence par ce mot *milieu*.

Il eft naturel de demander ici fi le feu que nous regardons comme la caufe phyfique de la fluidité des corps, eft diftingué de la matiere électrique. Nous conjecturons que non ; & notre conjecture eft fondée fur l'expérience fuivante. On prend deux vafes remplis de la même eau ; on électrife l'un, & l'on n'électrife pas l'autre. On prend enfuite, pour vuider ces deux vafes, 2 fiphons égaux, dont la plus longue branche foit terminée en tube capillaire ; l'eau électrifée coulera avec plus de viteffe, que l'eau non électrifée ; donc le feu électrique augmente la fluidité des corps ; donc il eft naturel de conjecturer qu'il n'eft pas fpécifiquement différent du feu qui a caufé les premiers degrés de fluidité.

M. l'Abbé Nollet, je le fais, regardoit cette expérience comme peu décisive. Il m'objectoit que l'augmentation de fluidité suivant toujours l'augmentation sensible de chaleur, & l'électrisation n'ayant jamais échauffé sensiblement, ni solide, ni liquide inanimé, l'on étoit en droit de conclure que l'eau électrisée n'étoit pas plus fluide, que la même eau non électrisée. Il appuyoit son objection sur l'expérience qui nous a appris que le mercure d'un thermometre fortement électrisé ne montoit pas d'un centieme de degré.

Mais que répondriez-vous à un Physicien, *lui disois-je*, qui, après avoir avoué que l'augmentation de chaleur est le moyen le plus ordinaire dont on se sert pour augmenter la fluidité des corps, ajouteroit qu'il doit y avoir dans la nature plusieurs autres causes capables de produire le même effet ? Nous sera-t-il permis de conclure que la biere ne peut point causer d'ivresse, parce que le vin est la liqueur dont se servent ordinairement ceux qui s'enivrent ?

D'ailleurs est-il bien décidé, *lui faisois-je remarquer*, que l'augmentation de fluidité soit en raison directe de l'augmentation de chaleur, dans une eau qui se trouve dans son état naturel ? Newton ne le pensoit pas ainsi. Il assure en termes formels (quest. 28 d'Optique) que la chaleur n'augmente que la fluidité des liqueurs dont les parties ont beaucoup de ténacité & beaucoup de viscosité, tels que sont l'huile, le miel, &c. Il croit même que l'eau chaude n'est gueres plus fluide que l'eau froide, puisque l'une & l'autre opposent le même degré de résistance aux corps solides qui les traversent.

Nous pensons donc, avec le commun des Physiciens, que le propre de la chaleur est plutôt de raréfier l'eau & les autres liqueurs dont les parties ont peu de cohérence entr'elles, que d'en augmenter la fluidité. Si cela n'étoit pas ainsi, on se verroit forcé de dire que l'eau bouillante est incomparablement plus fluide que l'eau froide; ce qui est contraire à toute sorte d'expériences. Nous convenons donc qu'en électrisant fortement & long-tems de suite l'esprit de vin & le mercure du thermometre, on ne le fera pas monter d'un centieme de degré; & nous concluons de-là, non pas que le feu électrique ne contribue pas à la fluidité des corps, mais qu'il ne contribue pas à leur raréfaction.

Le Lecteur ne sera pas fâché que nous lui mettions sous les yeux ce que nous écrivit M. l'Abbé Nollet sur la fluidité des corps & la réponse que nous lui fimes à cette occasion. Ces deux pieces sont consignées, d'une part, dans la dix-neuvieme lettre de cet Auteur, & de l'autre dans notre Electricité soumise à un nouvel examen. Il sera par-là même plus en état de donner gain de cause à celui qui le mérite.

Je pense comme vous, *me dit M. l'Abbé Nollet*, que le feu élémentaire répandu dans toute la nature, est la principale cause & la plus générale de la fluidité : je conjecture encore avec presque tous les Physiciens, que ce fluide subtil qui fait naître la chaleur & l'inflammation, produit aussi les phénomenes de l'Electricité; mais je sais pareillement que pour ces divers effets, il faut qu'il soit différemment modifié. Quand il met un corps en fusion, quand il en augmente la fluidité, c'est en le rendant sensiblement plus chaud; ce qu'il ne fait pas ordinairement en produisant les phénomenes électriques. L'esprit de vin, ou le mercure du thermometre le plus sensible, ne monte pas d'un centieme de degré, quoiqu'on l'électrise fortement & long-tems de suite : vous n'échaufferez jamais ni solide, ni liquide inanimé par la seule électricité.

Comment voulez-vous donc que je croie avec vous qu'un écoulement électrisé, d'intermittent qu'il est, devient continu & s'accélere *par une augmentation de fluidité*, qu'aucune bonne raison ne m'autorise à supposer, & que l'expérience même semble démentir.

Mais quand on voudroit admettre cette cause, quiconque aura vu le fait, quiconque l'aura examiné, ne pourra se résoudre à penser que la divergence des jets, toutes les directions qu'on peut leur faire prendre indifféremment, soient les effets d'une plus grande mobilité de parties qui commence & finit dans un instant, comme l'électrisation. Car c'est un fait constant que l'écoulement s'accélere à l'instant même qu'on électrise l'eau, & qu'il recommence à se faire goutte à goutte, dès qu'on cesse de l'électriser. On trouvera la vraie cause de cet effet, si l'on fait attention aux effluences qui débouchent par l'extrémité du tuyau capillaire, qui s'y manifestent par un souffle, ou par une aigrette, & qui augmentent indubitablement la vîtesse de l'écoulement, en leur communiquant une partie de la leur. *Extrait de la dix-neuvieme lettre de M. l'Abbé Nollet.* Voici ma réponse à cette partie de cette lettre.

Je suis charmé, Monsieur, de vous avoir donné occasion de vous expliquer nettement sur les causes physiques de la fluidité. Après avoir lu tout ce que renferment vos leçons de Physique expérimentale, j'avois eu quelque peine à déterminer quel est en ce point le systeme que vous adoptiez. On s'imagine d'abord, que marchant sur les traces de Gassendi, vous faites consister la fluidité dans la mobilité dont les liquides sont composés. Point du tout; quelques pages après, cette grande aptitude au mouvement ne devient qu'une pure condition, & vous nous donnez l'air subtil comme la cause physique & immédiate de ce grand phénomene. Depuis lors sans doute vous avez fait de nouvelles réflexions; & dans la lettre que vous m'avez fait l'honneur de m'écrire, vous me marquez expressément que *vous pensez comme moi, que le feu élémentaire répandu dans toute la nature*, & par conséquent le feu électrique, *est la principale cause & la plus générale de la fluidité.* Cet aveu intéressant, vous le faites à l'occasion de l'expérience qui nous apprend que l'eau électrisée coule avec beaucoup plus de vîtesse, que la même eau non électrisée. Vous ne goûtez pas à la vérité l'explication que j'ai donnée de cette expérience curieuse. J'espere cependant vous ramener à ma maniere de penser; & c'est pour en venir plus surement à bout, que je me détermine à vous présenter en *grand* & sous toutes ses faces, mon systeme sur les causes physiques de la fluidité des corps.

1°. On doit regarder les fluides comme des amas de petits corps solides, assez mobiles les uns à l'égard des autres, pour se séparer au moindre choc.

2°. Les particules dont les corps fluides sont composés, sont très-déliées & assez communément rondes: déliées, elles sont très-propres à tous les mouvemens qu'on veut leur communiquer, parce qu'elles ont très-peu de force d'inertie: à-peu-près rondes, elles n'ont pas les unes avec les autres une cohésion sensible, parce qu'elles ne se touchent pas par beaucoup d'endroits.

3°. Les parties insensibles de tous les fluides, de ceux-

là

là même qui paroissent être dans le repos le plus parfait, sont toujours agitées d'un mouvement *en tout sens*. C'est pour cela sans doute que les fluides ont la vertu de dissoudre les corps les plus durs.

4°. Le feu élémentaire dont il n'est pas impossible d'expliquer le mouvement *en tout sens* (cherchez *Feu*) produit évidemment cette espece d'agitation intestine qui regne dans les fluides. L'on doit donc assigner ce feu pour la cause physique & immédiate de la fluidité. Les preuves de cette assertion se présentent comme d'elles-mêmes. Veut-on ôter à l'eau sa fluidité ? L'on en fait sortir une partie du feu qu'elle renferme dans son sein; & par cette opération on la voit comme métamorphosée en un corps très-dur & très-solide. Vient-on à bout d'introduire dans la glace une certaine quantité de feu ? On voit tout de suite reprendre aux parties dont elle est composée, une fluidité qui leur est comme naturelle. Ce n'est pas seulement la glace, ce sont les corps les plus durs, les métaux même, qui se changent en corps fluides, lorsqu'on les soumet à l'action du feu. Pourroit-on après des expériences si frappantes, ne pas regarder cet élément comme la véritable & l'unique cause de la fluidité ?

5°. La matiere électrique est un véritable feu ; il est impossible de ne pas en convenir, lorsqu'on la voit enflammer l'esprit de vin, rallumer une chandelle, &c. il seroit inutile, Monsieur, de vous prouver plus au long une pareille proposition ; il n'est personne qui soit aussi persuadé que vous, que le feu, la lumiere & l'électricité dépendent du même principe, & ne sont que trois modifications différentes du même être : c'est même à cette occasion que vous nous invitez à admirer la sage économie qu'on voit régner dans l'Univers, où les causes physiques sont employées avec épargne, & les effets multipliés avec magnificence.

6°. Le feu élémentaire se joint-il à des particules inflammables, telles que sont les parties huileuses, sulfureuses, bitumineuses, &c. ? Il prend le nom de *feu mixte* ou *usuel* ; on le nomme *feu électrique*, lorsque, pour se rendre visible, il se joint à certaines parties du corps électrisé ou du milieu par lequel il a passé. Tout cela supposé, voici le raisonnement que je fais ; il me paroît une véritable démonstration.

Premiere Assertion. Le feu élémentaire est le même que le feu électrique ; mais le feu élémentaire produit la fluidité ; donc le feu électrique la produit aussi.

Seconde Assertion. Plus un corps fluide acquiert de feu électrique, plus sa fluidité augmente. Si cela n'étoit pas ainsi, les causes nécessaires n'auroient pas toujours leur effet.

Troisieme Assertion. Plus un corps acquiert de fluidité, & plus grande est la vîtesse avec laquelle il coule ; puisque les écoulemens sont les effets nécessaires de la fluidité.

Quatrieme Assertion. L'eau électrisée contient plus de feu, que la même eau non électrisée, ou du moins (ce qui dans le fond reviendroit au même par rapport à l'effet dont il s'agit) le feu que contient l'eau électrisée est en plus grand mouvement que celui qui se trouve dans la même eau non électrisée ; donc l'eau électrisée doit couler plus vîte que la même eau non électrisée. Aussi lorsqu'on demande pourquoi par un siphon dont la plus longue branche est terminée en tuyau capillaire, l'eau électrisée coule incomparablement plus vîte que la même eau non électrisée, est-il naturel de répondre qu'il faut attribuer cet effet à l'augmentation de fluidité que l'électrisation a procurée à l'eau. Voilà ce que j'ai fait à l'article *Electricité*, & voilà précisément l'explication que vous rejettez dans votre dix-neuvieme lettre. Examinons les raisons qui vous ont engagé à prendre ce parti.

Et d'abord vous paroissez convaincu que l'augmentation de fluidité suit toujours l'augmentation sensible de chaleur ; & comme l'électrisation n'a jamais échauffé sensiblement ni solide, ni liquide inanimé, vous vous croyez en droit de conclure que l'eau électrisée n'est pas plus fluide que la même eau non électrisée. Vous appuyez votre sentiment sur l'expérience qui vous a appris que le mercure d'un thermometre fortement électrisé ne montoit pas d'un centieme de degré.

Mais, Monsieur, que répondriez-vous à un Physicien qui, après avoir avoué que l'augmentation de chaleur est le moyen le plus ordinaire dont on se sert pour augmenter la fluidité des corps, ajouteroit qu'il doit y avoir dans la nature plusieurs autres causes capables de produire le même effet ? Vous sera-t-il permis de conclure que la biere ne peut point causer d'ivresse, parce que le vin est la liqueur dont se servent ordinairement ceux qui s'enivrent ?

D'ailleurs est-il bien décidé que l'augmentation de fluidité soit en raison directe de l'augmentation de chaleur, dans une eau qui se trouve dans son état naturel ? Newton, le grand Newton ne le pensoit pas ainsi. Il assure en termes exprès (*Optique*, *livre* 3, *question* 28,) que la chaleur n'augmente que la fluidité des liqueurs qui ont beaucoup de ténacité & beaucoup de viscosité, tels que sont l'huile, le miel, &c. il croit même que l'eau chaude n'est gueres plus fluide, que l'eau froide ; puisque l'une & l'autre opposent le même degré de résistance aux corps solides qui les traversent. Je pense donc, avec le commun des Physiciens, que le propre de la chaleur est plutôt de raréfier l'eau & les autres liqueurs dont les parties ont peu de cohérence entre elles, que d'en augmenter la fluidité. Si cela n'étoit pas ainsi, on se verroit forcé de dire que l'eau bouillante est incomparablement plus fluide que l'eau froide ; ce qui est contraire à toutes sortes d'expériences. Je conviens donc qu'en électrisant fortement & long-tems de suite l'esprit de vin ou le mercure de votre thermometre, vous ne le ferez pas monter d'un centieme de degré ; & je conclus de-là, non pas que le feu électrique ne contribue pas à la fluidité des corps, mais qu'il ne contribue pas à leur raréfaction.

Vous ajoutez ensuite que, puisque l'écoulement de l'eau par un tuyau capillaire, s'accélere à l'instant même qu'on l'électrise, & qu'il recommence à se faire goutte-à-goutte & avec lenteur, dès qu'on cesse de l'électriser ; vous ne pouvez pas vous résoudre à attribuer à une augmentation de fluidité l'impétuosité de ce mouvement.

Mais ne vous est-il pas démontré que l'électricité doit avoir presqu'à l'instant son effet à des distances très-considérables ? Pourquoi donc paroissez-vous étonné de l'instantanéité de son action ? Pourquoi encore ne voulez-vous pas que le mouvement accéléré cesse, lorsqu'on fait cesser l'électrisation de l'eau ? N'est-il pas naturel que l'effet disparoisse avec la cause qui le produit nécessairement ; & ne voyons-nous pas tous les jours que le *conducteur* perd son électricité, à l'instant qu'on cesse de frotter le globe de la machine électrique ?

Vous attribuez enfin l'effet dont il s'agit, aux effluences qui débouchent par l'extrémité du tuyau capillaire, qui s'y manifestent par un souffle ou par une aigrette, & qui augmentent indubitablement la vîtesse de l'écoulement, en leur communiquant une partie de la leur.

Mais ces nouvelles effluences n'ont-elles pas pour cause une nouvelle matiere ignée qui se rend dans l'eau qu'on électrise ; & cette nouvelle matiere ignée peut-elle être introduite dans l'eau, sans en augmenter la fluidité & sans accélérer ses écoulemens ? Il ne paroît donc pas qu'il soit possible de bien expliquer l'expérience dont il est ici question, si l'on ne regarde pas l'eau électrisée comme beaucoup plus fluide que la même eau non électrisée. J'ai l'honneur d'être, &c.

J'ai dit au commencement de cette réponse, que j'avois donné occasion à M. l'Abbé Nollet de s'expliquer nettement sur les causes physiques de la fluidité, & qu'auparavant on avoit quelque peine à déterminer quel étoit en ce point le systeme qu'il adoptoit. J'en ai les preuves en main ; les voici.

Je croirois volontiers, *dit M. l'Abbé Nollet, au tome deux de ses leçons de Physique expérimentale, page* 449, que les liqueurs n'ont point en elles-mêmes un mouvement particulier qui les rende telles ; mais qu'elles sont dans cet état seulement, parce que leurs parties sont extrêmement mobiles entre elles. L'objet de cet article est donc de faire connoître, autant que nous le pourrons, ce qui peut entretenir cette mobilité respective ; & comme être dur est l'état opposé à celui de liqueur, les causes de l'un doivent nous indiquer celles de l'autre.

On lit ensuite *au même tome, pag.* 465 : plus il y a d'air subtil dans l'intérieur d'un corps, moins ce corps est dur ; parce qu'alors les parties solides qui le composent, se touchent par moins de surface, & que la pression du dehors est plus soutenue par celle que le fluide transmet au dedans. Quand la cire, par exemple, s'amollit sensiblement, c'est que l'air subtil dont elle est pénétrée ; dilaté par la chaleur, dilate de même les espaces qu'il occupe ; & comme ces espaces ne peuvent s'augmenter que par l'écartement des parties solides qui les entourent ; le contact de celles-ci devient plus rare, leur jonction moins exacte, leur cohérence moins forte.

On lit enfin *à la page* 471 : les deux états opposés, je veux dire la solidité & la fluidité, dépendent donc de la même cause ; c'est l'air subtil qui fixe les parties d'une matiere, lorsquè sa pression extérieure excede la réaction qu'il fait en dedans ; & c'est ce même fluide qui rend & entretient les parties mobiles, en s'introduisant entre elles en suffisante quantité.

En voilà assez pour mettre le Lecteur en état de juger qui de nous deux a raison de M. l'Abbé Nollet ou de Moi.

Le sentiment que nous venons de proposer, n'est distingué de celui des Cartésiens, qu'en ce que ceux-ci assignent leur matiere subtile pour la cause physique de la fluidité. Voici comment parle un des plus grands Amateurs de la Physique de Descartes ; c'est le P. Regnault pour lors Jésuite. Je vois deux causes de la liquidité des corps, une intérieure, l'autre extérieure. Je trouve la premiere dans la figure cylindrique, sphérique & polie des particules des corps liquides ; la seconde dans le rapide mouvement de la *matiere subtile*, qui rencontrant en son chemin des particules d'une petitesse & d'une figure si susceptible de mouvement, leur en communique incessamment.

Comme cette question est aussi problématique, que celles de la dureté & de l'élasticité, nous allons rapporter d'une maniere historique les sentimens de quelques autres Physiciens ; on verra s'ils sont plus conformes que le nôtre aux loix de la saine Physique.

PENSÉES

De Gassendi sur la cause physique de la fluidité des Corps.

Gassendi prétend qu'un corps n'est fluide, que parce que les particules dont il est composé, sont très-petites, & qu'elles peuvent se mouvoir indépendamment les unes des autres. Voyez comment il parle au chapitre sixieme du livre sixieme de la section premiere de sa Physique.

PENSÉES

Des Newtoniens sur la cause physique de la fluidité des Corps.

La plupart des Newtoniens prétendent que l'attraction réciproque des particules de matiere est très-grande, lorsqu'elles se touchent ; mais qu'elle se convertit en force répulsive, lorsqu'elles sont à la moindre distance les unes des autres. Ils ajoutent qu'un corps est solide, lorsque la force attractive des particules dont il est composé, l'emporte sur leur force répulsive ; & qu'il est fluide, lorsque la force répulsive de ses molécules l'emporte sur leur force attractive. Newton n'a pas parlé si net ; mais il n'a que trop donné occasion à ses sectateurs de proposer cet inintelligible systeme. Voici ce qu'il avance dans différens endroits de la question 31 du 3e. livre de son Optique. *Guttæ corporis cujusque fluidi, ut figuram globosam induere conentur, facit mutua partium suarum attractio.....*

Sicut in Algebrâ, ubi quantitates affirmativæ evanescunt & desinunt, ibi negativæ incipiunt ; ita in Mecanicis, ubi attractio desinit, ibi vis repellens succedere debet.....

Atque hæc quidem omnia si ità sint, jam natura universa valdè erit simplex & consimilis suî : perficiens nimirùm magnos omnes corporum cœlestium motus attractione gravitatis quæ est mutua inter corpora illa omnia ; & minores ferè omnes particularum suarum motus ; aliâ aliquâ vi attrahente & repellente, quæ est inter particulas illas mutua.

FLUX ET REFLUX DE LA MER. Dans l'espace de vingt quatre heures & quarante-huit minutes, les eaux de l'Océan s'élevent deux fois & s'abaissent deux fois d'une maniere très-sensible. C'est cette élévation & cet abaissement réciproque que l'on a coutume de nommer *flux* & *reflux* de la Mer ; le premier phénomene a le nom de *flux*, & le second celui de *reflux*. L'on prétend qu'Aristote confus de ne pouvoir pas découvrir la cause physique d'un mouvement si extraordinaire, se précipita dans ce bras de la Méditerranée situé entre l'Achaïe & l'Isle de Négrepont, que l'on nomme l'*Euripe*. Newton n'a pas eu la même tentation à combattre ; il a trouvé dans ses principes l'explication la plus naturelle d'un phénomene que bien des gens regardent encore aujourd'hui comme inexplicable. Pour mieux entrer dans l'idée de ce grand homme, l'on fera bien de jeter un coup d'œil non-seulement sur les articles de ce Dictionnaire, qui commencent par *Attraction*, *Sphere*, *Lune*, *Copernic*, mais encore sur quelques cartes où soient marquées les côtes de la Méditerranée, & les principales côtes de l'Océan. Ces connoissances me paroissent nécessaires pour entrer sans peine dans le systeme de Newton ; le voici en peu de mots. Ce Philosophe, après avoir supposé avec Copernic que la terre se meut d'Occident en Orient dans l'espace de 24 heures sur son axe, & dans l'espace d'une année dans l'écliptique ; après avoir encore supposé que la Lune se meut périodiquement chaque mois dans un orbite qui ne s'écarte pas beaucoup du plan de l'écliptique ; ce Philosophe, dis-je, attribue à l'attraction que le Soleil & la Lune exercent sur les eaux de l'Océan tous les phénomenes du *flux* & du *reflux*. Il avoue d'abord que ces eaux sont beaucoup plus attirées par la terre que par le Soleil & par la Lune ; mais il ajoute que, puisqu'il regne parmi tous les corps de l'univers une attraction mutuelle en raison directe des masses & en raison inverse des carrés des distances, l'action de ces deux astres ne doit pas être comptée pour rien ; elle doit être même d'autant plus sensible, que ces deux astres sont moins éloignés de nous & plus perpendiculaires sur l'Océan. C'est cependant la Lune que Newton regarde en tout ceci comme le principal agent ; & lorsque les eaux montent de 12 pieds au milieu de l'Océan, il a calculé que le Soleil ne les élevoit qu'à deux pieds & un quart, tandis que la Lune les élevoit à neuf pieds & trois quarts. Cherchez *Force perturbatrice*. Voilà quelle est la pensée de Newton sur la cause du flux & du reflux de la Mer. Ce qui nous engage à adopter les principes de ce grand homme, c'est la facilité avec laquelle il explique les phénomenes innombrables que nous présente ce point de Physique, & la solidité avec laquelle il répond aux difficultés que lui font les Cartésiens. Commençons par l'explication des phénomenes, que nous diviserons en phénomenes de chaque jour, phénomenes de chaque mois, & phénomenes de chaque année.

PHÉNOMENES

De chaque Jour.

Premier Phénomene. Dans chaque hémisphere les eaux de l'Océan s'élevent & s'abaissent deux fois chaque jour.

Explication. La Lune & le Soleil ne peuvent pas élever les eaux d'un hémisphere terrestre, sans élever en même tems les eaux de l'hémisphere opposé. En voici la preuve. Pour la rendre plus simple, nous ne parlerons que de l'action de la Lune; l'on appliquera sans peine tout ce que nous aurons dit, à l'action du Soleil.

1°. Supposons la Lune au point L, *fig.* 4. *pl.* 1, le centre de la terre au point T, & les eaux CFO*f* entourant la terre. Dans cette supposition, les eaux C seront en *conjonction*, les eaux O en *opposition*, & les eaux F & *f* en *quadrature* avec la Lune L.

2°. La Lune attire plus les eaux C que le centre de la terre T, & elle attire plus le centre de la terre T que les eaux O, parce que l'attraction suit la raison inverse des carrés des distances.

3°. La Lune attire perpendiculairement les eaux C, le centre T & les eaux O; elle attire obliquement les eaux F & *f*.

4°. L'action perpendiculaire de la Lune L sur les eaux C, est une action simple; son unique effet est d'élever ces eaux sous cet Astre, de faire en sorte qu'elles pressent moins la terre, & par conséquent de les rendre plus légeres.

5°. L'action perpendiculaire de la Lune sur le centre T, est encore une action simple; son unique effet est de tirer à elle ce centre, de faire en sorte que les parties solides de la terre soient moins collées contre les eaux O, & par consequent de rendre ces eaux plus légeres.

6°. L'action oblique de la Lune L sur les eaux F & *f*, n'est pas une action simple; elle doit se décomposer en deux actions, l'une perpendiculaire suivant les lignes AF, B*f*, par laquelle les eaux F & *f* sont autant attirées vers la Lune que le centre T, & l'autre horizontale ſuivant les lignes FT & fT, par laquelle ces mêmes eaux ſont preſſées vers le point T, c'eſt-à-dire, vers le centre de la Terre. Ces eaux ainſi preſſées iront vers le point C & vers le point O, parce qu'à cauſe de l'action de la Lune, dont nous venons de parler *num.* 4 & 5, elles y trouveront moins de réſiſtance que par-tout ailleurs ; donc lorſque les eaux ſont élevées au point C, elles le ſont au point O ; donc les eaux d'un hémiſphere ne peuvent pas être élevées, ſans que celles de l'hémiſphere oppoſé le ſoient auſſi ; donc les eaux de l'Océan doivent être élevées au deſſus de leur niveau, lorſqu'elles ſont non ſeulement en conjonction, mais encore en oppoſition avec la Lune. Cela ſuppoſé, voici comment raiſonnent les Newtoniens.

La terre a un mouvement ſur ſon axe qui s'acheve dans l'eſpace de 24 heures ; donc les eaux C ſe trouveront chaque jour une fois en conjonction & une fois en oppoſition avec la Lune ; donc elles ſeront élevées deux fois chaque jour. Il en ſera de même des eaux O.

A cauſe du mouvement journalier de la terre, les eaux C & O ſeront chaque jour deux fois en quadrature avec la Lune ; donc elles s'abaiſſeront chacune deux fois chaque jour ; donc dans chaque hémiſphere les eaux de l'Océan doivent s'élever & s'abaiſſer deux fois chaque jour ; donc les eaux de la Mer que l'on ſuppoſe entourer la terre, doivent être à-peu-près repréſentées dans la figure 5e. par CFOf.

Ceux qui veulent, pour ainſi dire, faire toucher au doigt ce mécaniſme, font remarquer que comme il eſt impoſſible d'applatir une ſphere dans deux points de l'horizon oppoſés l'un à l'autre, ſans faire élever le méridien dans deux points directement oppoſés entr'eux ; de même il eſt impoſſible que la Lune preſſe vers le centre de la terre les eaux de l'Océan avec leſquelles elle eſt en quadrature, ſans élever en même tems celles avec leſquelles elle eſt en conjonction & en oppoſition.

Corollaire premier. Les rivieres & les fontaines qui ſe trouvent ſous la zone torride, ne doivent pas avoir leur flux & leur reflux, parce qu'il impoſſible qu'en même tems une partie de leurs eaux, ſoit en conjonction &

en opposition ; & l'autre partie en quadrature avec la Lune.

Corollaire second. Quoique la terre attire plus fortement que la Lune, les eaux de l'Océan, cependant l'action de la Lune ne doit pas être nulle, non-seulement parce que la masse de cet Astre n'est pas infiniment plus petite que celle de la terre ; mais encore parce qu'une partie des eaux de l'Océan est en conjonction & en opposition, tandis que l'autre partie est en quadrature avec la Lune.

Second Phénomene. Nous n'avons deux flux & deux reflux, que dans l'espace de 24 heures & 48 minutes ; il paroît cependant que nous devrions avoir deux flux & deux reflux dans l'espace de 24 heures précises, puisque la terre n'emploie que ce tems à tourner sur son axe.

Explication. Cela seroit vrai, si la Lune n'avoit aucun mouvement périodique ; mais il n'en est pas ainsi. La Lune, à cause de son mouvement autour de la terre, paroît chaque jour à notre méridien 48 minutes plus tard que le jour précédent ; donc nous ne devons avoir deux flux & deux reflux que dans l'espace de 24 heures & 48 minutes ; aussi l'expérience journaliere nous apprend-elle que l'intervalle qu'il y a entre un flux & un autre, est de 12 heures 24 minutes.

Troisieme Phénomene. Le flux dépend du passage de la Lune par le méridien, & non pas par tout autre cercle de la Sphere.

Explication. L'on doit d'abord en appercevoir la raison. L'attraction la plus forte se fait par une ligne perpendiculaire au corps attirant & au corps attiré ; lorsque la Lune est au méridien, elle est perpendiculaire aux eaux de l'Océan ; c'est alors qu'elle doit attirer ces eaux avec le plus de force, & c'est alors par conséquent que doit se faire le flux.

Quatrieme Phénomene. Le flux & le reflux ne sont plus sensibles, après le 65e. degré de latitude.

Explication. Le Soleil & la Lune se meuvent toujours entre les deux tropiques ; leur action ne doit donc se faire sentir directement, que sur les eaux de l'Océan qui se trouvent entre ces deux cercles ; partout ailleurs le flux & le reflux ne doivent arriver que par communication ; & cette communication doit être insensible pour les eaux qui sont fort éloignées des tropiques, telles que sont celles qui ont plus de 65 degrés de latitude.

Concluez 1°. que le siége du vrai flux & du vrai reflux se trouve entre les tropiques, c'est-à-dire, dans cette partie de l'Océan qui correspond à la zone torride.

2°. Que nous n'avons en France dans nos ports de l'Océan, que le flux & le reflux par communication, c'est-à-dire, l'effet du vrai flux & du vrai reflux.

3°. Que le vrai *flux* doit produire sur nos côtes le phénomene que nous nommons *reflux*, puisque pendant le tems du vrai flux les eaux s'élevent sous la Lune, & que par conséquent elles s'écartent de nos côtes.

Par la même raison le vrai *reflux* doit produire sur nos côtes le phénomene que nous nommons *flux*.

4°. Que quoique le Soleil soit beaucoup plus gros que la Lune, celle-ci cependant doit être regardée comme la cause principale du flux & du reflux, parce qu'elle n'est pas à cent mille lieues de la terre, tandis que le Soleil en est à environ 33 millions de lieues.

PHÉNOMENES

de chaque Mois.

Premier Phénomene. Les plus grands flux & les plus grands reflux sont ceux qui arrivent, lorsque la Lune est dans les syzygies, c'est-à-dire, lorsque la Lune est nouvelle ou pleine.

Explication. Le Soleil & la Lune se trouvent alors dans la même ligne ; leurs forces doivent donc conspirer à élever les eaux de l'Océan ; & le flux doit être produit par la somme des forces attractives de ces deux Astres. Par une raison contraire, les flux qui arrivent lorsque la Lune est dans ses quadratures, c'est-à-dire, dans ses quartiers, doivent être les moindres de tous, parce que la Lune se trouvant au méridien, lorsque le Soleil est à l'horizon, le flux ne doit être produit que par la différence qu'il y a entre les forces attractives de ces deux Astres. Ainsi si le flux des syzygies est de 12 pieds, le flux des quadratures ne sera que d'environ 8 pieds.

Second Phénomene. Depuis les ſyzygies juſqu'aux quadratures le flux du matin eſt plus grand que celui du ſoir.

Explication. Cela n'arrive que parce que les flux vont toujours en diminuant depuis les ſyzygies juſqu'aux quadratures. Par une raiſon contraire, depuis les quadratures juſqu'aux ſyzygies, le flux du ſoir doit être plus grand que celui du matin.

Troiſieme Phénomene. Le flux eſt plus grand, lorſque la Lune eſt périgée, que lorſqu'elle eſt apogée.

Explication. C'eſt parce que la Lune périgée eſt plus près de la terre que la Lune apogée, & que l'attraction ſe fait en raiſon inverſe des carrés des diſtances.

Quatrieme Phénomene. Le flux eſt plus grand, lorſque la Lune ſe trouve dans l'équateur.

Explication. C'eſt ſans doute parce que les eaux qui ſont ſous l'équateur, ſont moins peſantes, comme nous l'avons démontré dans l'article de la *Gravité des corps*, & par conſéquent plus faciles à être élevées que les autres. Par une raiſon contraire, le flux eſt moindre, lorſque la Lune eſt dans les tropiques, parce que les eaux qu'elle a à élever, ſont plus peſantes.

PHÉNOMENES

de chaque Année.

Les trois premiers phénomenes de chaque année ſont ceux-ci. 1°. Le flux eſt plus grand, lorſque le Soleil eſt périgée, que lorſqu'il eſt apogée. 2°. Le flux eſt conſidérable, lorſque dans le tems de l'équinoxe, la Lune ſe trouve dans quelqu'une de ſes ſyzygies. 3°. Le flux eſt moins conſidérable, lorſque dans le tems de l'équinoxe, la Lune ſe trouve dans quelqu'une de ſes quadratures. L'explication de ces trois phénomenes eſt parfaitement ſemblable à celle que nous avons donnée plus haut. Que l'on ſe ſouvienne ſeulement que la Lune eſt dans un des tropiques, lorſque, dans le tems de l'équinoxe, elle eſt en quadrature avec le Soleil. Les autres phénomenes de chaque année demandent une explication plus étendue.

Premier Phénomene. Lorsqu'il y a en même tems équinoxe & nouvelle ou pleine Lune, le flux du matin est égal à celui du soir.

Explication. C'est parce que ce jour-là le Soleil & la Lune ne quittent pas l'équateur.

Second Phénomene. Dans les nouvelles & pleines Lunes d'Eté, les flux du matin sont moindres que ceux du soir.

Explication. En voici la raison physique. La terre pendant l'Eté est plus éloignée du Soleil que pendant l'Hiver. Depuis la fin du mois de Juin, elle s'approche toujours plus & du Soleil & de l'Equateur ; donc le flux doit toujours augmenter, & par conséquent le flux du matin doit être moindre que celui du soir. C'est surtout dans les nouvelles & pleines Lunes que l'on s'en apperçoit, parce que ces jours-là le flux est plus considérable. Par une raison contraire, depuis la fin du mois de Décembre le flux du matin doit être dans le tems des syzygies plus grand que celui du soir ; les observations astronomiques nous apprennent, que le Soleil n'est jamais plus près de nous, que vers la fin de Décembre.

Il suit évidemment de cette explication ; 1°. qu'en supposant toutes les autres choses égales, le flux pendant l'Hiver doit être un peu plus grand que pendant l'Eté.

Il suit 2°. que le flux doit être un peu plus grand quelque tems avant, que quelque tems après l'équinoxe du Printems; depuis la fin du mois de Décembre nous nous éloignons toujours plus du Soleil. Par une raison contraire, le flux doit être un peu plus grand quelque tems après, que quelque tems avant l'équinoxe d'Automne.

La facilité avec laquelle nous venons d'expliquer les principaux phénomenes que nous présentent le flux & le reflux de la Mer, nous prouve déjà d'une maniere bien sensible la parfaite conformité qui se trouve entre le systeme de Newton & les loix les plus constantes de la nature ; s'il restoit encore quelque doute là-dessus, il seroit bientôt dissipé par la solidité avec laquelle les Newtoniens répondent aux difficultés que les Cartésiens ont coutume de leur proposer.

Leur oppose-t-on 1°. que la Méditerranée devroit avoir son flux & son reflux comme l'Océan ?

Ils répondent que, suivant les regles de la bonne Physique, la Méditerranée ne doit avoir ni le vrai flux, ni le flux par communication; elle ne doit pas avoir le vrai flux, puisqu'elle n'est pas sous la zone torride; elle ne doit pas avoir le flux par communication, puisqu'elle ne communique avec l'Océan que par le petit détroit de Gibraltar.

Les Marins remarquent cependant que les grands flux se font quelquefois un peu sentir 1°. sur les côtes de l'Andalousie, parce qu'elles ne sont qu'à deux pas du détroit; 2°. dans le Golfe de Venise, parce que, dans le tems des grands flux, les eaux de l'Océan sont portées par le détroit de Gibraltar jusques sur les côtes du Péloponese; des côtes du Péloponese elles sont réfléchies sur les côtes d'Italie, & des côtes d'Italie dans le Golfe de Venise : ce phénomene doit être sensible dans ce golfe qui n'a que très-peu de largeur & beaucoup de longueur. Enfin dans ce bras de la Méditerranée que l'on nomme l'*Euripe*, l'on observe quelquefois 14 flux & 14 reflux dans l'espace de 24 heures. Les Marins attribuent ces flux & ces reflux irréguliers aux vents innombrables qui regnent sur cette Mer, aux eaux qui y entrent par des canaux souterrains avec une impétuosité incompréhensible, & aux courans qui y sont très-fréquens.

Si la Mer Méditerranée n'est pas sujette aux flux & aux reflux ordinaires, la Mer de Danemarck que l'on nomme la *Mer Baltique*, & la grande Mer d'Asie que l'on nomme la *Mer Caspienne*, doivent y être encore moins sujettes; celle-là ne communique avec l'Océan que par le petit détroit de *Sund*, & celle-ci n'a avec lui aucune communication sensible.

Enfin l'Océan Septentrional, qui se trouve à plus de 65 degrés de latitude & dont les Mers de la Norvege & du Groenland sont partie, est exempt du flux & du reflux, parce qu'il est trop éloigné de la zone torride, siége unique du vrai flux & du vrai reflux. Un simple coup d'œil jeté sur quelque carte hydrographique, convaincra le Lecteur de la solidité des réponses des Newtoniens.

Leur oppose-t-on 2°. que les eaux ne parviennent à leur plus grande hauteur qu'environ trois heures après le passage de la Lune par le Méridien, ce qui paroît renverser l'explication qu'ils ont donnée du troisieme Phénomene diurne ?

Ils vous feront remarquer que cela n'arrive que lorsqu'il s'agit du flux & du reflux par communication, & non pas lorsqu'il s'agit du vrai flux & du vrai reflux, dont il est question dans l'explication du troisieme Phénomene diurne. Or il n'est pas étonnant que la communication du vrai flux & du vrai reflux ne se fasse que par une action successive ; n'éprouvons-nous pas nous-mêmes que la chaleur au cœur de l'Eté est plus grande à trois heures qu'à midi, quoiqu'à trois heures le Soleil soit moins perpendiculaire qu'à midi ?

L'on expliquera par les mêmes principes pourquoi le flux arrive plus tard à *Dunkerque* qu'à *St. Malo.* Tout le monde sait que *Dunkerque* dont la latitude est de 51 degrés 2 minutes 4 secondes, est plus éloignée de l'endroit où arrivent le vrai flux & le vrai reflux, que *St. Malo* dont la latitude n'est que de 48 degrés 38 minutes & 59 secondes.

Nous ne dissimulerons pas ici que Newton parle du vrai flux & du vrai reflux, lorsqu'il paroît surpris que la plus grande élévation des eaux n'arrive qu'environ trois heures après que les Astres qui l'ont causée, ont passé par le Méridien.

Madame du Chastelet attribue ce dérangement à l'inertie de l'eau. Cette inertie, *dit-elle*, fait que l'eau ne reçoit pas tout d'un coup le mouvement que les Astres lui communiquent, lorsqu'ils sont au Méridien ; donc les eaux ne doivent parvenir à leur plus grande élévation, qu'environ trois heures après le passage des Astres par le Méridien.

Elle explique par le même principe pourquoi les plus grandes & les plus petites marées n'arrivent que quelque tems après les syzygies & les quadratures. Cette seconde objection ne présente donc aucune difficulté réelle, soit qu'il s'agisse du vrai flux, soit qu'il s'agisse du flux par communication.

Leur oppose-t-on 3°. que puisque dans l'endroit du vrai flux & du vrai reflux le Soleil & la Lune n'élevent les eaux de l'Océan qu'à 12 pieds, ces mêmes eaux ne devroient pas pendant le flux s'élever à *Brest* à 60 pieds, à *St. Malo* à 80 pieds, & à *Bristol* à plus de 100 pieds ?

M. Euler qui répond très-solidement à cette difficulté; remarque que si les 12 pieds que le Soleil & la Lune élevent sous la zone torride, parvenoient jusqu'à nos côtes dans le tems du vrai reflux, toutes nos villes maritimes en seroient submergées. A *Brest*, à *St. Malo*, & à *Bristol*, l'Océan est très-resserré, il faut donc que les eaux gagnent en hauteur ce qu'elles perdent en largeur & en étendue.

Leur oppose-t-on 4°. que si la Lune élevoit les eaux de la Mer, elle devroit élever les pailles, le sable, les pierres qui se trouvent sur la surface de la terre, puisque ces différens corps ont beaucoup moins de substance que les eaux de l'Océan?

Un peu d'attention, *répondent les Newtoniens*, à la différence qu'il y a entre un *tout* solide & un *tout* liquide, empêchera toujours de proposer une pareille objection comme insoluble. Les eaux de la Mer, quoiqu'élevées à 12 pieds, continuent à faire partie de la terre; ce qui n'arriveroit pas à une pierre détachée de la surface de notre globe & suspendue en l'air par l'action de la Lune. Si une pierre ainsi suspendue ne fait plus partie de la terre, elle doit être presque infiniment plus attirée par la terre que par la Lune, puisqu'elle n'est qu'à environ 1500 lieues du centre de la terre, & qu'elle est à environ cent mille lieues du centre de la Lune, cinquante fois moins grosse que la terre; si cette pierre ainsi suspendue est presque infiniment plus attirée par la terre que par la Lune, je ne puis jamais me représenter la Lune comme détachant une pierre de la terre & la tenant suspendue en l'air.

Concluons de-là qu'il n'y a pas attraction mutuelle sensible entre la Lune & un corps placé sur la surface de la terre, mais entre la Lune & la terre.

Quelques Newtoniens ont cherché dans les loix de l'Hydrostatique une réponse à cette difficulté; ils prétendent que l'Océan qui se trouve sous la zone torride, n'est pas élevé par l'action immédiate de la Lune sur ses eaux, mais par l'action immédiate de la Lune sur l'atmosphere terrestre qui correspond à ces mêmes eaux. Voici comment ils expliquent leur pensée. La Lune, disent-ils, agit sur l'atmosphere terrestre, avant que d'agir sur les eaux de la Mer. Cet Astre est telle-

ment

ment placé, que son action doit se faire beaucoup plus sentir sur la partie de l'atmosphere terrestre qui correspond à la zone torride, que sur la partie de l'atmosphere qui correspond aux zones tempérées ; si la Lune attire beaucoup plus la partie de l'atmosphere qui correspond à la zone torride, que la partie qui correspond aux zones tempérées, celle-là doit être plus légere que celle-ci ; un pareil phénomene ne peut pas arriver, sans que les eaux de l'Océan qui se trouvent sous les zones tempérées, soient plus pressées vers le centre de la terre, que les eaux qui se trouvent sous la zone torride ; les eaux de l'Océan qui se trouvent sous les zones tempérées, ne peuvent pas être plus pressées vers le centre de la terre que les eaux qui se trouvent sous la zone torride, sans que celles-ci s'élevent plus que celles-là, puisque ce n'est que par un semblable mécanisme que nous voyons tous les jours les eaux ordinaires s'élever dans les pompes aspirantes à la hauteur de 32 pieds ; donc la Lune doit plus élever les eaux de la Mer dans la zone torride, que dans les zones tempérées.

Il n'en est pas ainsi des corps solides, *continuent les mêmes Newtoniens*. L'on auroit beau diminuer la gravité de la colonne d'air ; l'on auroit beau même ôter la colonne d'air qui pressoit le milieu d'un monceau de sable, sans rien changer à celles qui pressent ses extrémités ; l'on ne verroit jamais ce milieu s'élever en bosse : donc l'on a eu tort de conclure que les pailles, le sable & les pierres qui se trouvent sur la surface de la terre, devroient être élevées par l'action de la Lune, parce que cet Astre éleve les eaux de l'Océan à la hauteur de 12 pieds. Telles sont les deux réponses que les Newtoniens apportent à la prétendue démonstration de quelques Cartésiens contre l'attraction ; il me paroît que la premiere est assez solide, pour faire regarder la seconde comme presque inutile ; aussi n'y faisons-nous pas grand fond.

Leur oppose-t-on 5°. que si la Lune dérangeoit ainsi les eaux des Mers qui se trouvent entre les tropiques, elle devroit causer les mêmes agitations & le même changement de figure dans la partie de l'atmosphere terrestre qui correspond à ces eaux, puisqu'elle est aussi bien en conjonction, en opposition & en quadrature avec l'air de l'atmosphere, qu'elle l'est avec les eaux de l'Océan ? L'on ajoute même que ces agitations causées par l'action de la Lune sur une partie de l'atmosphere terrestre, devroient produire des variations dans la hauteur du Barometre ; ce qui cependant n'arrive pas.

Nous avouons, *disent les Newtoniens*, que l'action de la Lune doit causer dans l'atmosphere terrestre un vrai flux & un vrai reflux ; mais nous n'avouerons jamais que ce flux & ce reflux doivent produire des variations dans la hauteur du Barometre. Pour le prouver, nous ne dirons pas avec quelques Physiciens que le Mercure est onze à douze mille fois plus pesant que l'air que nous respirons ; ce seroit-là une mauvaise raison, puisque, quelle que soit la gravité du mercure, on le suppose en équilibre avec l'air. Nous nous contenterons de faire remarquer que l'air en *flux* est en équilibre avec l'air en *reflux* ; donc le flux & le reflux de l'air ne doivent produire aucune variation dans la hauteur du Barometre. Que la colonne d'air en *flux* soit en équilibre avec la colonne d'air en *reflux*, cela est évident à quiconque est au fait de la question, puisque la colonne d'air en *reflux* l'emporte autant en gravité sur la colonne d'air en *flux*, que celle-ci l'emporte en hauteur sur celle-là.

Leur oppose-t-on 6°. que l'action du Soleil sur la terre étant plus grande que celle de la Lune, puisque la terre tourne autour du Soleil, & non pas autour de la Lune ; il paroît que le Soleil devroit avoir plus de part aux marées que la Lune ? Il n'en est pas cependant ainsi dans le systeme de l'attraction ; car, de l'aveu même de Newton, lorsque les eaux montent de 12 pieds au milieu de l'Océan, le Soleil ne les éleve qu'à deux pieds & un quart, & la Lune à 9 pieds & trois quarts.

Voilà une grande difficulté, j'en conviens, mais c'est dans la solution des grandes difficultés que paroît la bonté d'un systeme ; la réponse que nous fournissent les principes de Newton est des plus triomphantes. La Lune L, *disent les Newtoniens*, attire plus les eaux C, *fig.* 4, *pl.* 1, que le centre de la terre T, & elle attire plus le centre de la terre T que les eaux O, parce qu'elle est plus près d'environ 1500 lieues des eaux C que du centre T, & qu'elle est plus loin d'environ 1500 lieues des eaux O que du centre T. Or la Lune n'étant éloignée de la terre que d'environ 90000 lieues; & l'attraction agissant en raison inverse des carrés des distances, l'on ne doit pas regarder comme nulle une distance de 1500 lieues. Le Soleil au contraire est éloigné de nous d'environ trente millions de lieues ; donc cet Astre est sensiblement aussi éloigné des eaux C que du centre T, & il est sensiblement aussi éloigné du centre T que des eaux O, parce que 1500 lieues ne sont presque rien comparées à trente millions de lieues; donc quelque grande que soit l'action absolue du Soleil sur la terre, cet Astre doit avoir moins de part aux marées que la Lune; aussi n'éleve-t-il les eaux de l'Océan à 2 pieds & un quart que parce qu'il a presque infiniment plus de masse que la Lune. Que l'on n'oublie donc jamais que le phénomene dont il s'agit, ne dépend pas d'une attraction absolue, mais d'une attraction purement relative; & l'objection tombera d'elle-même. C'est-là la réflexion que doivent faire continuellement ceux qui auroient eu quelque peine à comprendre cet article. Voilà ce que pensent les Newtoniens sur le phénomene du flux & du reflux. Voyons maintenant ce que disent les autres Physiciens sur cette matiere. Nous commencerons par rapporter le sentiment de Descartes. Il faut avouer que si les tourbillons existoient, & si les eaux, au lieu de s'élever, s'abaissoient sous la Lune; Descartes seroit véritablement triomphant. Mais par malheur, le premier article est contraire aux loix de la Méchanique, & le second à l'expérience.

SENTIMENT

De Descartes sur les causes physiques du Flux & Reflux de la Mer.

Avant que de rapporter l'explication que donne Descartes du flux & du reflux de la Mer, mettons au fait le Lecteur de ce qu'il a voulu exprimer par la figure 6 de la planche 1. Dans cette figure l'Ellipse ABCD représente le tourbillon de la terre; il a son centre au point M. L'ellipse 5, 6, 7, 8, représente la derniere couche de l'atmosphere. La circonférence 1, 2, 3, 4, désigne la surface des eaux de la Mer que l'on suppose, pour plus grande clarté, couvrir tout notre globe. La partie EFGH est comme l'image de la solidité de la terre qui a son centre au point T. L'espace compris entre ABCD & 5, 6, 7, 8, est supposé rempli de matiere subtile. L'espace renfermé entre 5, 6, 7, 8 & 1, 2, 3, 4, est supposé rempli d'air. L'espace qui se trouve entre 1, 2, 3, 4 & EFGH est supposé rempli d'eau. Enfin ce qui reste, forme comme le corps de la terre. Descartes, après avoir ainsi tracé sa figure, raisonne de la sorte.

Si la Lune L n'étoit pas au point B, le centre T de la terre E F G H concourroit avec le centre M du tourbillon A B C D. Mais la Lune étant au point B, les loix de l'équilibre qui doit régner dans ce tourbillon, font que le centre T s'approche du point D. Depuis ce nouvel arrangement, voici ce qui arrive. 1°. La matiere subtile est plus comprimée entre le point B & le point 6, qu'entre le point C & le point 7, parce que dans ce dernier espace, il n'y a que de la matiere subtile, & que dans le premier il y a, outre la matiere subtile, un corps solide très-considérable; donc l'air qui se trouve entre le point 6 & le point 2, de même que l'eau placée entre le point 2 & le point F seront plus comprimés que l'air placé entre le point 7 & le point 3, & l'eau placée entre le point 3 & le point G; donc les eaux de la Mer doivent être moins élevées au point 2 qu'au point 3.

2°. Puisque l'espace compris entre le point D & le point 8 est moins considérable que l'espace compris entre le point 5 & le point A, les eaux de la Mer seront moins élevées au point 4, qu'au point 1; donc une partie des eaux de la Mer doit toujours être en flux & l'autre partie en reflux.

3°. La terre a un mouvement sur son axe qu'elle achève dans l'espace de 24 heures; donc les eaux de la Mer qui à midi correspondent au point B, correspondront à 6 heures du soir au point C. Il en sera de même des eaux qui à midi correspondoient au point D, & qui à 6 heures du soir correspondront au point A; donc les eaux placées aux points 2 & 4 ne pourront pas être à midi en *reflux*, sans être en *flux* à 6 heures du soir; donc dans le systeme de Descartes rien n'est plus facile à expliquer que le flux & le reflux des eaux de la Mer. Voyez ce que dit Descartes sur ce grand phénomene dans la partie 4 de ses principes, *pages* 158, 159, & 160, *articles* XLIX & L.

Descartes descend ensuite aux phénomenes du flux & du reflux. Si les marées, *dit-il*, sont plus grandes dans les syzygies, que dans les quadratures, c'est que dans les syzygies la Lune se trouve dans le petit axe, & que dans les quadratures elle se trouve dans le grand axe de l'ellipse qu'elle parcourt autour de la terre.

Descartes remarque enfin que puisque la Lune ne s'écarte gueres du plan de l'écliptique, & que la terre a son mouvement diurne sur le plan de l'équateur, les plus grandes marées doivent arriver vers le commencement du Printems & de l'Automne. La raison qu'il en apporte, c'est que ces deux plans se coupent dans le tems des équinoxes, & qu'ils sont fort écartés l'un de l'autre dans le tems des solstices.

Descartes remarque enfin que les Lacs, les Etangs, &c. ne sont pas sujets aux marées, parce que la quantité d'eau qu'ils contiennent, n'est pas assez considérable, pour que la Lune agisse plutôt sur une partie que sur une autre.

Remarque.

M. le Monnier assure dans son Cours de Philosophie, *tom.* 5, qu'il va donner un systeme sur la cause physique du flux & du reflux, distingué de celui de Descartes. Nous allons le rapporter. Le Lecteur jugera si ce Philosophe a eu droit de parler ainsi.

M. le Monnier donne d'abord six notions qu'il a cru devoir appeller des *principes*. Le voici.

1°. Le tourbillon terrestre a une figure ellipsoïdale.

2°. Dans les syzygies le Soleil & la Lune ont leur centre dans le petit axe de ce tourbillon.

3°. La matiere du tourbillon terrestre est plus comprimée vers le petit axe, que vers le grand axe.

4°. La Lune est entourée d'une atmosphere.

5°. L'on ne peut pas supposer la Lune dans le tourbillon terrestre, sans supposer en même tems que la matiere dont il est composé, est plus comprimée que si la Lune n'existant pas, ce tourbillon ne contenoit qu'un fluide homogene.

6°. Un fluide poussé en avant par une cause quelconque, arrive plus tard à un terme éloigné, qu'à un terme qui ne l'est pas. Ces principes posés, M. le Monnier assure que l'on doit regarder la pression que la Lune exerce sur la matiere du Tourbillon terrestre comme la cause physique du flux & du reflux de la Mer. Voyez comment il parle *page* 100, *tome* 5.

SENTIMENT

De M. Euler sur les causes physiques du flux & du reflux de la Mer.

L'Académie Royale des Sciences de Paris proposa pour le sujet du prix de l'année 1740 *les causes physiques du flux & du reflux de la Mer.* M. Euler adopta le systeme suivant dans la piece que l'Académie couronna.

1°. Il y a autour du Soleil & de la Lune un tourbillon de matiere subtile dont les forces centrifuges sont en raison inverse des carrés des distances au centre; & ce sont ces deux tourbillons, que l'on doit regarder comme la cause immédiate du flux & du reflux de la Mer.

2°. La vîtesse de la matiere subtile dont chaque tourbillon est composé, est en raison inverse des racines carrées des distances au centre.

3°. Tout corps solide est poussé vers le centre du tourbillon où il se trouve, en raison inverse des carrés des distances à ce centre.

4°. La force absolue avec laquelle un corps quelconque est poussé vers le centre de son tourbillon, dépend de la vîtesse de la matiere subtile. *Causam fluxûs ac refluxûs Maris proximam in binis vorticibus materiæ cujusdam subtilis collocamus, quorum alter circà Solem, alter verò circà Lunam ita circumagatur, ut in utroque vires centrifugæ decrescant in duplicatâ ratione distantiarum à centro vorticis : quæ lex vis centrifugæ obtinebitur, si materiæ subtilis vorticem constituentis celeritas statuatur tenere rationem reciprocam subduplicatam distantiarum à centro vorticis. Quæcumque igitur corpora in istius modi vortice posita ad ejus centrum pellentur vi acceleratrice, quæ, pariter ac vis centrifuga ; quadratis distantiarum reciprocè est proportionalis. Vis absoluta autem quâ corpus quodpiam in datâ distantiâ à centro vorticis collocatum eò urgetur , pendet à celeritate materiæ subtilis absolutâ.* Ce sont-là les propres termes de M. Euler , vers la fin du chapitre premier , de sa dissertation couronnée.

Nous voulions d'abord rapporter plusieurs autres sentimens sur la cause physique du flux & du reflux de la Mer. Mais la réflexion de M. Daniel Bernoully nous en a empêché. Il parle ainsi au commencement de la piece qui fut couronnée en 1740 , avec celle de M. Euler. (Dans le grand nombre de systemes sur le flux & le reflux de la Mer , qui sont parvenus à notre connoissance depuis l'antiquité la plus reculée , il n'y a plus que ceux des tourbillons & de l'attraction ou gravitation mutuelle des corps célestes & de la terre qui partagent encore les Philosophes de notre tems. L'un & l'autre de ces systemes ont eu les plus grands hommes pour défenseurs & ont entraîné des nations entieres dans leur parti. Il semble donc que tout le mérite qui nous reste à espérer sur cette grande question , est de bien opter entre ces deux systemes & de bien manier celui qu'on aura choisi pour expliquer tous les phénomenes qu'on a observé jusqu'ici sur le flux & le reflux de la Mer , pour en tirer de nouvelles propriétés , & pour donner des uns & des autres les calculs & les mesures.)

FONTAINES. Il y a deux fameux sentimens sur l'origine des fontaines , celui des Cartésiens & celui des Anticartésiens. Les premiers prétendent que l'eau de la Mer se rend par des conduits souterrains dans des réservoirs pratiqués dans l'intérieur de la terre & surtout dans l'intérieur des montagnes , & que ce sont ces réservoirs que l'on doit regarder comme la source de toutes les fontaines que nous voyons sur la surface de notre globe. Ce sentiment est évidemment contraire à l'expérience ; nous voyons tarir , ou du moins diminuer considérablement la plupart des fontaines , après une longue interruption de pluies : donc ce n'est pas de la Mer seule qu'elles tirent leur origine.

Les Anticartésiens au contraire prétendent qu'il n'y a point de communication souterraine entre la Mer & les cavernes creusées par le Tout-Puissant dans l'intérieur des Montagnes ; mais ils ajoutent que les eaux qui proviennent des rosées, des neiges & des pluies, trouvent diverses ouvertures pour s'insinuer dans le corps des montagnes & des collines ; s'arrêtent sur des lits, tantôt de pierre, tantôt de glaise, & forment en s'échappant de côté par la premiere ouverture qui se présente, une fontaine passagere ou perpétuelle, selon l'étendue & la profondeur du bassin qui les rassemble. C'est-là le sentiment de l'élégant Auteur du spectacle de la Nature. Le fait le plus frappant qu'il apporte en preuve, est un calcul tiré des Ouvrages de M. Mariotte. Ce grand Physicien prétend qu'en mettant les choses sur le plus bas pied, les terres qui fournissent l'eau de la Seine à Paris, reçoivent chaque année de la pluie sept cent quatorze milliards, cent cinquante millions de pieds cubes d'eau ; tandis qu'en mettant les choses sur le plus haut pied, il ne passe chaque année sous les arches du Pont-Royal que deux cent vingt milliards, deux cent quarante millions de pieds cubes d'eau de Seine. Mais il me paroît que si M. Mariotte avoit bien calculé la quantité d'eau nécessaire à l'entretien des arbres, des plantes & des habitans de la terre, soit raisonnables soit irraisonnables ; s'il avoit surtout examiné la quantité d'eau que le Soleil éleve en vapeurs, il n'auroit pas trouvé l'eau de pluie aussi suffisante qu'il le soutient pour entretenir les fontaines & les rivieres. L'expérience nous apprend que, si l'on expose pendant une année au grand air un vase dans lequel on ait eu soin d'entretenir une certaine quantité d'eau, le Soleil en aura plus élevé en vapeurs, que la pluie ne lui en aura fourni. D'ailleurs quand même la Seine trouveroit dans l'eau de pluie qui tombe aux environs de Paris, une provision suffisante pour son entretien, en pourroit-on dire autant de toutes les rivieres du Monde par rapport à l'eau de pluie qui tombe sur le reste de la surface de la terre ? Bien des Physiciens pourroient révoquer en doute la bonté de cette conséquence. Enfin nous sommes sûrs qu'il y a des fontaines qui viennent immédiatement de la Mer ; puisqu'elles ont leur flux & leur reflux comme l'Océan ; telles sont non-seulement les fontaines que l'on voit près de Cadix, de Bordeaux, mais encore une infinité d'autres que l'on trouve dans différens pays du Monde, dont il n'est pas nécessaire de faire ici l'énumération. Toutes ces réflexions nous engagent à adopter en partie le sentiment des Cartésiens, & en partie celui des Anticartésiens. Aussi assurons-nous, sans craindre de nous tromper, qu'il y a des fontaines qui viennent uniquement de la Mer, d'autres qui viennent uniquement des pluies & des neiges, d'autres enfin qui viennent en partie de la Mer, & en partie des pluies & des neiges. La facilité avec laquelle nous répondons aux différentes questions que l'on a coutume de faire sur cette matiere, nous est un sûr garant de la bonté de l'hypothese que nous embrassons.

Premiere Question. Pourquoi bien des fontaines ont-elles un *flux* & un *reflux* ?

Résolution. Il y a des fontaines qui ont leur *flux* & leur *reflux* en même tems que la Mer. Il y en a d'autres qui sont en *flux*, quand la Mer est en *reflux*, & qui sont en *reflux*, quand la Mer est en *flux*. Les unes & les autres communiquent évidemment avec la Mer. Mais les premieres ne sont pas éloignées, & les secondes le sont beaucoup de cet élément. Il faut environ six heures, pour que l'eau que la Mer en *flux* envoie à ces dernieres, arrive jusqu'à leur source ; donc elles doivent être en *flux*, lorsque la Mer est en *reflux*. Quelques heures après, l'eau qu'elles ont reçue revient dans la Mer par les loix de l'Hydrostatique : lorsqu'elle y arrive, la Mer commence à être en *flux* ; donc les fontaines dont nous parlons, doivent être en *reflux*, lorsque la Mer est en *flux*.

Le Pere Regnault rapporte un fait qui paroît détruire l'explication que nous venons de donner. Il raconte qu'entre Brest & Landerneau, dans la Cour de l'Hôtellerie du Passage de Plougastel, il y a un puits dont l'eau descend, tandis que la Mer qui est fort proche, monte ; & monte au contraire, tandis que la Mer descend. Mais il nous apprend aussi que cette contradiction n'est qu'apparente. Le fond de ce puits, *dit-il*, est toujours plus élevé que la basse Mer. Il n'est même de niveau avec elle, que lorsque les eaux, dans le tems du flux, sont montées à une certaine hauteur. La Mer a donc beau monter ; l'eau de ce puits doit, suivant les loix de l'Hydrostatique, s'écouler par des canaux souterrains, jusqu'à ce que la Mer en montant ait atteint le niveau du puits. L'aelle atteint une fois ? Alors le puits monte avec elle. Quand la Mer, après la haute marée, descend vers le niveau du puits, l'eau de la Mer qui s'est filtrée dans les terres, tombe toute peu-à-peu dans le puits. De-là le puits monte encore tandis que la Mer descend. Voilà en deux mots l'explication d'un fait qu'on ne regardera pas comme un prodige, lorsque l'on saura les loix de l'Hydrostatique.

Seconde Question. Pourquoi bien des fontaines tarissent-elles dans les tems de sécheresse ?

Résolution. Ces sortes de fontaines ne doivent leur origine qu'aux neiges & aux pluies. Celles qui, dans les tems des plus grandes sécheresses, diminuent considérablement, sans cependant tarir jamais, pourroient bien venir en partie des eaux de la Mer, & en partie des eaux de la pluie.

Troisieme Question. Comment la Mer peut-elle fournir de l'eau douce à certaines fontaines ?

Résolution. Il est vraisemblable que la sécrétion du sel d'avec l'eau se fait, ou dans le sable, ou dans une espece de croute visqueuse qui tapisse l'intérieur du lit de la Mer. Ce qu'il y a de sûr, c'est que l'on trouve, à de très-petites distances de la Mer, des fontaines & des puits d'eau douce. Le puits d'eau douce, par exemple, que l'on voit sur le rivage de Calais, ne peut venir que de l'Océan ; puisqu'il augmente pendant le tems du flux, & qu'il diminue pendant le tems du reflux.

Quatrieme Question. Comment la Mer peut-elle fournir de l'eau à des fontaines dont la source est beaucoup plus élevée que le lit de la Mer ?

Résolution. Pour répondre à cette difficulté d'une maniere satisfaisante, il faut assurer que ces fontaines communiquent avec la Mer par des conduits capillaires. Nous avons expliqué en son lieu pourquoi dans ces sortes de tubes, les liquides s'élevoient nécessairement au-dessus de leur niveau.

Si ces fontaines, placées quelquefois sur les hautes montagnes, n'ont évidemment aucune communication avec la Mer, l'on peut dire avec M. Lemery que les feux souterrains échauffent les eaux qui se rencontrent ordinairement en grande quantité dans le fond de ces montagnes. Ces eaux étant échauffées, il s'en éleve des vapeurs qui se répandent par toute la montagne en pénétrant les terres. La plus grande partie de ces vapeurs se condense en chemin, & forme des fontaines aux pieds de la montagne. Mais la partie la plus échauffée de ces vapeurs monte jusqu'au sommet. C'est là qu'elle rencontre une espece de chapiteau qui la reçoit, & qui par sa fraîcheur la réduit en gouttes. Ces gouttes rassemblées donnent des filets d'eau; & ces filets d'eau forment un petit ruisseau, qui trouvant une petite ouverture à la montagne prend par-là son cours, & donne une fontaine. Il peut cependant se faire absolument que cette fontaine vienne de la Mer, puisqu'il est probable que la plupart des eaux souterraines tirent de-là leur origine.

Telles sont les questions les plus intéressantes que l'on a coutume de faire, lorsque l'on parle de l'origine des fontaines. Les expériences suivantes nous serviront à en expliquer quelques autres qui, pour être moins nécessaires, n'en sont pas moins agréables.

Premiere expérience. Jettez différens corps, par exemple, certains bois dans une fontaine que l'on trouve près de Clermont en Auvergne; ces différens corps seront changés en pierre.

Explication. Les eaux de la fontaine que l'on trouve près de Clermont en Auvergne sont chargées de grains de sables & de petites pierres insensibles. Ces grains de sables & ces petites pierres entrent dans les pores de certains corps que l'on jette dans cette fontaine, les rendent plus massifs & plus durs, &, s'il m'est permis de parler ainsi, les changent en pierre. Voilà ce qu'on nomme en Physique *Fontaines pétrifiantes.*

L'on trouve aussi en Pologne plusieurs fontaines qui, dans 5 à 6 heures, changent en cuivre des lames de fer. Il est probable que les eaux de ces fontaines traversent des mines de cuivre, & que les particules dont elles se chargent, entrent dans les pores du fer, pour le changer en cuivre.

Ces deux faits nous servent à expliquer pourquoi, si l'on enfonce un bâton dans un étang d'Irlande, & qu'on l'en retire seulement après quelques mois, la partie enfoncée jusques dans la boue sera changée en fer, & celle que l'eau seule environnera, en pierre.

Deuxieme Expérience. Buvez en assez grande quantité

de l'eau d'une fontaine que l'on trouve en Paphlagonie; vous vous trouverez aussi ivre, que si vous aviez bu du vin en pareille quantité.

Explication. Le vin n'enivre, que parce qu'il cause des obstructions dans le cerveau. L'eau de la fontaine dont on vient de parler, se trouve chargée de corpuscules propres à causer de pareilles obstructions; elle doit donc enivrer ceux qui en boivent.

Troisieme Expérience. Buvez de l'eau d'une fontaine que l'on trouve à Senlisses, village proche de Chevreuse; les dents vous tomberont sans fluxion & sans douleur.

Explication. Les eaux de la fontaine de Senlisses ont passé par des endroits remplis de nitre; elles se sont chargées en passant, de corpuscules de nitre très-aigus & très-propres à séparer les racines des dents; n'est-il pas naturel que ces eaux s'insinuant comme insensiblement dans les gencives, fassent tomber les dents sans fluxion & sans douleur? Peut-être est-ce par un semblable stratageme que certains Charlatans font tomber une dent gâtée, en y jettant par-dessus quelques gouttes d'une liqueur à laquelle ils ne manquent jamais de donner quelque nom extraordinaire, & qu'ils ont soin de faire payer très-cher.

Parmi les fontaines singulieres, je n'en connois point d'aussi remarquable, que celle qui prend sa source auprès d'un ancien château, appellé *Avaurd*, & situé sur les confins de S. Veterin, petite ville dans la province d'Anjou. Les témoins oculaires assurent que l'eau de cette fontaine ne gele jamais. Ils ajoutent que les œufs des oies & des canards qui vont s'y baigner, ou ne sont pas féconds, ou donnent des oisons & de petits canards d'une forme constamment bizarre & monstrueuse. Les uns éclosent ayant le bec de travers, les autres naissent avec des ailes renversées; ceux-ci ont le col disloqué, ceux-là ont les cuisses retournées, ou même les pattes placées sur le dos; tous enfin ont un ou plusieurs membres défectueux. Ils racontent enfin qu'on défricha, il y a quelques années, des terrains arrosés par les eaux de cette fontaine, & que les hommes employés à ce travail devinrent chauves, les ongles de leurs pieds & de leurs mains tomberent presqu'aussitôt; les mulets & les bœufs qui labourerent cette terre, perdirent de même la corne de leurs pieds ; le pain fait avec la farine du froment qu'on recueillit sur les terres qui bordent le cours de cette fontaine, altéroit insensiblement les facultés de ceux qui en mangeoient & affoiblissoit visiblement leurs forces naturelles. Les grenouilles qui vivent dans cette fontaine & le long du ruisseau, ne croassent jamais dans aucune saison ; elles ont néanmoins la même organisation & la même forme extérieure des autres grenouilles aquatiques. Tous ces faits sont tirés, presque mot par mot, des Mémoires de Physique, rédigés par M. Rozier, année 1778, mois d'Août, *pag.* 126. Tâchons d'expliquer tous ces phénomenes d'une maniere raisonnable ; & pour le faire plus solidement, commençons par poser quelques principes.

1°. Le nitre n'est jamais pur dans les terres nitreuses ; il est toujours mêlé avec le sel marin & le sel ammoniac ; & une partie de l'art du salpétrier consiste à séparer du nitre ces sels qui lui sont étrangers.

2°. Le nitre n'est un remede que lorsqu'il est bien préparé, & pris en petite dose, c'est-à-dire, depuis un jusqu'à cinq grains : pris en grande quantité, il est trop purgatif & trop diurétique ; il irrite les glandes qui se trouvent dans les intestins. Lors même qu'il est préparé & pris en petite dose, il est ennemi de la poitrine, & par conséquent nuisible dans la phthisie & les toux seches.

3°. Le nitre se tire facilement des pierres calcaires & des démolitions des vieux bâtimens.

4°. L'eau de la fontaine *d'Avaurd* doit être une eau imprégnée de corpuscules de nitre ; & ma conjecture est fondée sur quelques ruines de l'ancien château par où l'eau doit passer, avant que de se rendre dans son bassin extérieur. Ces principes une fois supposés, tâchons d'expliquer d'une maniere raisonnable les phénomenes que nous présente cette fontaine.

Premier Phénomene. La fontaine *d'Avaurd* ne gele jamais.

Explication. Je n'en suis pas étonné ; elle est imprégnée de nitre & par conséquent de sel marin & de sel ammoniac. C'est un fait constant que le sel ammoniac, le sel marin & le nitre, mêlés avec l'eau, la refroidissent prodigieusement, & l'empêchent néanmoins de se geler. La raison physique se présente d'elle-même. Ces sels empêchent la réunion des particules d'eau, les unes avec les autres, ils empêchent par conséquent la congélation ; il ne faut même que pulvériser ces sels, & en saupoudrer un morceau de glace, pour en occasionner assez promptement la fonte. Cherchez *glace*.

Second phénomene. Les œufs des oies & des canards qui vont se baigner dans cette fontaine, ou ne sont pas féconds, ou donnent des oisons & de petits canards d'une forme constamment bizarre.

Explication. Il en est du germe, comme de la graine ; celle-ci contient la plante, celui-là le corps de l'animal en petit & comme en miniature. Dans le germe sont réellement distingués & physiquement séparés, je ne dis pas seulement le cœur, la tête & toutes les parties essentielles du corps, mais encore ses parties accidentelles, comme le bec, les pieds, les pattes, les ailes, &c. Supposons donc que l'eau, imprégnée de nitre, attaque le cœur ou la tête de l'animal, le germe sera vicié dans ses parties essentielles & l'œuf ne sera pas fécond. Supposons au contraire qu'elle n'attaque qu'une partie accidentelle, l'animal naîtra avec une forme constamment bizarre ; dans ceux-ci le bec sera de travers, ceux-là naîtront avec des ailes renversées, les uns auront le col disloqué, les autres les cuisses retournées ou même les pattes placées sur le dos ; tous enfin auront un ou plusieurs membres défectueux.

Troisieme phénomene. Les hommes employés au défrichement des terrains que cette fontaine arrose, devinrent chauves ; ils perdirent les ongles des pieds & des mains ; & les mulets, les bœufs qui labourerent cette terre, perdirent de même la corne de leurs pieds.

Explication. Revenons à la fontaine de Senlisses ; c'est ici le même phénomene. Si les corpuscules aigus de nitre que ses eaux contiennent, s'insinuent, comme autant de petits coins, dans les gencives, séparent les racines des dents & les font tomber sans fluxion & sans douleur, ne doit-on pas supposer que les eaux de la fontaine *d'Avaurd* contiennent des corpuscules aussi dangereux qui ont attaqué les racines des cheveux, celles des ongles des pieds & des mains des hommes employés au défrichement, & celles de la corne des pieds des mulets & des bœufs qui ont labouré le terrain défriché. Ces racines une fois attaquées, les hommes ont dû devenir chauves, les ongles de leurs pieds & de leurs mains ont dû tomber, & le même accident a dû arriver à la corne des pieds des mulets & des bœufs.

Quatrieme Phénomene. Le pain fait avec la farine du froment qu'on recueillit sur les terres qui bordent cette fontaine, altéra insensiblement les facultés de ceux qui en mangerent, & affoiblit visiblement leurs forces naturelles.

Explication. Le nitre n'est un remede, que lorsqu'il est bien préparé & pris en petite dose. Pris en grande quantité, il est trop purgatif, trop diurétique, & il irrite les glandes qui se trouvent dans les intestins. La farine que donna ce froment, contenoit du nitre non préparé, & elle contenoit ce nitre en grande quantité; elle a donc dû altérer insensiblement les facultés de ceux qui en ont mangé, & affoiblir visiblement leurs forces naturelles.

Cinquieme Phénomene. Les grenouilles qui vivent dans cette fontaine & le long du ruisseau, ne croassent jamais dans aucune saison; elles ont néanmoins la même organisation & la même forme extérieure des autres grenouilles aquatiques.

Explication. Le nitre, lors même qu'il est préparé & pris en petite dose, est ennemi de la poitrine. Quel ravage ne doit pas faire dans la trachée-artere des grenouilles un nitre abondant & non préparé? Ne doit-il pas l'affecter sensiblement? Et des grenouilles dont la trachée-artere est sensiblement affectée, peuvent-elles croasser dans quelque saison de l'année que ce soit?

Quatrieme Expérience. Mettez la main dans ces fontaines qui ont donné leur nom aux villes d'Aix en Savoie, d'Aix en Provence, &c.; vous sentirez une chaleur très-sensible.

Explication. Les Physiciens ne sont pas d'accord entr'eux sur l'origine des eaux chaudes. Les uns assurent que les eaux sont échauffées par les feux souterrains, & la preuve qu'ils en apportent ne me paroît pas mauvaise. Dans tous les endroits où il y a des volcans, *disent-ils*, l'on trouve des fontaines chaudes; donc les eaux ne sont échauffées que par les feux souterrains. Telle est, suivant eux, l'origine non-seulement des eaux d'Aix en Provence, mais encore des eaux d'Aix en Savoie, de Balaruc en Languedoc, &c.

D'autres Physiciens pensent que les eaux chaudes que l'on nomme communément *eaux minérales*, doivent leur chaleur aux différens minéraux dont elles sont chargées. Voici à-peu-près comment ils expliquent leur sentiment. Les eaux souterraines, en passant par différentes mines, se chargent de différentes particules salines, ferrugineuses, vitrioliques, &c. ces particules jointes ensemble fermentent, & leur fermentation produit la chaleur que l'on apperçoit dans les eaux minérales. Ne voyons-nous pas, *ajoutent-ils*, que si l'on jette dans l'eau de la fleur de soufre avec la limaille d'acier, l'eau sera tellement échauffée que l'on en verra sortir des vapeurs & des fumées chaudes ? Pourquoi le mélange d'une infinité de particules minérales ne pourroit-il pas échauffer les eaux souterraines ?

Il me semble que nous pourrions faire pour l'origine des eaux chaudes ce que nous avons fait pour l'origine des fontaines. Les deux sentimens que nous venons de rapporter, n'ont rien de contraire aux loix de la saine Physique; ils sont confirmés l'un & l'autre par les expériences les plus sensibles; nous ferons donc bien de les joindre ensemble, & d'assurer que certaines eaux doivent leur chaleur aux feux souterrains : d'autres à la fermentation de différentes particules minérales dont elles se sont chargées en passant par différentes mines; d'autres enfin doivent leur chaleur en partie aux feux souterrains, & en partie à la fermentation de différentes particules minérales & de différens sels dont elles sont comme imprégnées.

Cinquieme Expérience. Si l'on met la main dans une fontaine que l'on trouve à la Chine, l'eau paroîtra froide au-dessus & très-chaude au fond.

Explication. Il est probable que les eaux de la fontaine dont on parle, doivent leur chaleur à la fermentation de différentes particules minérales dont elles sont chargées. Les particules minérales qui se trouvent vers la surface de l'eau, se dissipent dans l'air aisément; celles au contraire qui sont au fond, ne sauroient se dissiper, parce qu'elles sont retenues par les couches supérieures de l'eau; cette fontaine doit donc avoir ses eaux froides au dessus & chaudes au fond.

Sixieme Expérience. Si l'on met la main dans une fontaine

taine qui se trouve dans la Cyrénaïque, l'on en trouvera l'eau froide le jour, & chaude la nuit.

Explication. La chaleur du jour dilate l'air qui entoure la fontaine dont nous parlons, & le froid de la nuit le condense. Les particules minérales qui se trouvent dans l'eau de cette fontaine, se dissipent aisément à travers un air dilaté, ce qu'elles ne sauroient faire à travers un air condensé; de pareilles eaux doivent donc être froides le jour & chaudes la nuit, puisque leur chaleur vient de la fermentation des particules minérales qu'elles renferment, & leur froid de la dissipation de ces mêmes particules.

Septieme Expérience. Approchez un flambeau allumé d'une fontaine que l'on trouve dans le Palatinat de Cracovie, vous verrez une flamme légere se répandre sur l'eau, comme sur l'esprit de vin.

Explication. Il y a apparence que les eaux de cette fontaine, en passant par des mines de soufre & de bitume, se sont chargées de particules inflammables, auxquelles vous mettez le feu, lorsque vous en approchez avec un flambeau allumé. Ce qui nous donne lieu de faire une pareille conjecture, c'est que si l'on transporte les eaux de cette fontaine, elles ne prennent pas feu: preuve évidente que les particules inflammables se sont dissipées dans l'agitation du transport. C'est des entretiens physiques du Pere Regnault, *Tom.* 2, que nous avons tiré non-seulement l'explication de ce phénomene, mais encore celle de plusieurs autres dont nous avons rendu raison dans cet article.

Huitieme Expérience. Examinez pendant plusieurs heures ces fontaines que l'on nomme *intermittentes*, vous les trouverez couler à différentes reprises.

Explication. Les fontaines intermittentes doivent communément leur origine aux neiges. Les rayons du Soleil interrompus par des pointes de rocher, donnent-ils à diverses reprises sur un monceau de neige? ils produisent nécessairement des écoulemens intermittens, ou des fontaines intermittentes.

L'on peut encore dire, avec le P. Regnault, qu'il ne faut pour ces sortes de phénomenes, qu'un tuyau naturel & recourbé en forme de siphon, dont la plus courte branche se trouve dans un réservoir souterrain, & la plus longue hors du réservoir. Il est impossible que l'eau monte jusqu'à la courbure du siphon naturel ; sans qu'elle descende par la plus longue branche ; & s'il en coule plus qu'il n'en vient à chaque instant, le réservoir se vuidera, jusqu'à ce que la plus petite branche ne soit plus dans l'eau. Alors l'écoulement cessera. Le réservoir se remplira peu-à-peu ; & lorsque l'eau regagnera la courbure du siphon, l'écoulement recommencera, & causera une fontaine intermittente naturelle.

Ce que nous appellons en Physique *Fontaine de commandement*, est une fontaine intermittente artificielle. L'eau coule par les petits tuyaux toutes les fois que l'air extérieur s'introduit dans l'intérieur de la fontaine ; & l'écoulement cesse, lorsque l'air extérieur ne peut plus y pénétrer.

Neuvieme Expérience. Vers le lever du Soleil, couchez-vous de votre long, le menton sur la terre, & regardez ou la surface, ou un peu au-dessus de la surface de la campagne ; vous verrez en certains endroits une vapeur humide qui s'élevera en ondoyant.

Explication. L'expérience nous apprend que c'est aux sources d'eau qu'on trouve dans ces endroits-là que l'on doit attribuer ce phénomene. Ainsi cherchez-vous quelque source pour votre campagne ? Faites exactement tout ce qui est marqué dans la préparation de cette neuvieme expérience ; & ordonnez ensuite que l'on creuse dans l'endroit d'où vous aurez vu s'élever une vapeur humide ; soyez sûr que les travailleurs ne tarderont pas à vous avertir qu'ils ont trouvé de l'eau. Il y a encore d'autres moyens de connoître quels sont les endroits où l'on peut trouver de l'eau en creusant. 1°. Les joncs, les roseaux, les aulnes, les saules ne viennent bien que dans les endroits où il y a de l'eau. 2°. Des nuées de petites mouches ne volent gueres contre terre après le Soleil levé, que dans les endroits où, en creusant, l'on peut trouver des sources d'eau.

FONTAINE DE COMPRESSION. La fontaine de compression est une fontaine artificielle de cuivre, ou de fer blanc dont une moitié est remplie d'eau, & l'autre moitié contient un air extraordinairement comprimé. Lorsque l'on ouvre le robinet de cette Fontaine, l'on voit l'eau en sortir avec impétuosité & s'élever jusqu'à une hauteur prodigieuse ; pourquoi ? Parce que l'air comprimé presse la surface de l'eau avec toute la force que lui donne son ressort, & l'oblige à s'échapper en forme de jet par le tuyau qui se trouve au milieu de la fontaine, & qui descend presque jusqu'au fond.

FONTAINE DE HÉRON. La fontaine artificielle dont nous allons expliquer le mécanisme, a été inventée par un célebre Physicien nommé *Héron*. Elle est composée de deux bassins qui sont exactement fermés & qui communiquent ensemble par un tuyau de 3 à 4 pieds de hauteur. L'on remplit d'abord presqu'entierement de vin le bassin supérieur de la fontaine; l'on met ensuite de l'eau dans le bassin inférieur; cette eau chasse l'air de ce dernier bassin & l'oblige à monter par le canal de communication dans le bassin supérieur. Ce nouvel air gravite sur la surface du vin & le fait sortir en forme de jet; voilà sans doute pourquoi les Physiciens charlatans définissent la fontaine de *Héron*, une fontaine qui donne du vin, lorsqu'on lui donne de l'eau.

FONTENELLE. *En 1675 naquit à Rouen d'un Avocat au Parlement & d'une sœur des Corneilles, Bernard le Bovier de Fontenelle.* Ce grand homme qu'on regarde avec raison comme le plus bel esprit du siecle de Louis XIV, avoit un génie universel; un esprit clair dans les questions même les plus subtiles & les plus métaphysiques; une imagination enjouée; un style toujours élégant, quelquefois précieux; un caractere aimable; des mœurs décentes & un commerce très-agréable. Toutes ces qualités paroissent non-seulement dans ses ouvrages de Littérature, mais encore dans ses écrits Physico Mathématiques, sans en excepter le traité de l'*infini* que l'Académie des Sciences fit imprimer en un volume *in*-4°., pour servir de suite au Mémoire de 1725. Cet honneur étoit bien dû à celui qui, pendant 40 ans, a exercé avec tout l'éclat possible l'emploi de Secrétaire perpétuel de cette Académie, & qui pendant tout ce tems-là a mis à la portée de tout le monde ce qu'il y a de plus abstrait & de plus savant dans les Mémoires de cette célebre compagnie. Son espece de Roman sur la *pluralité des Mondes*, sera toujours regardé par les vrais connoisseurs comme un ouvrage aussi profond & aussi savant, qu'il est agréable & ingénieux. Dans le premier entretien qu'il a avec la Marquise de G***, il réfute les systemes de Ptolomée

& de Tycho-Brahé, & il prouve la solidité de celui de Copernic. Il auroit dû faire remarquer que ce systeme, aussi ancien que Pythagore, n'a pas eu pour inventeur un Physicien Allemand. Le second entretien est destiné à expliquer les différens mouvemens de la Lune, ses taches, la maniere dont elle s'éclipse & la maniere dont elle cause les éclipses de Soleil. Voici comment il prouve que cette planete est habitée : *Supposons*, dit-il, *qu'il n'y ait jamais eu de commerce entre Paris & Saint Denis, & qu'un bourgeois de Paris qui ne sera jamais sorti de sa Ville, soit sur les tours de Notre-Dame, & voie Saint Denis de loin ; on lui demandera s'il croit que Saint Denis soit habité comme Paris. Il répondra hardiment que non ; car, dira-t-il, je vois bien les habitans de Paris ; mais ceux de Saint Denis, je ne les vois point ; on n'en a jamais entendu parler. Il y aura quelqu'un qui lui représentera, qu'à la vérité quand on est sur les tours de Notre-Dame, on ne voit pas les habitans de Saint Denis ; mais que l'éloignement en est cause ; que tout ce qu'on peut voir de Saint Denis, ressemble fort à Paris, que Saint Denis a des clochers, des maisons, des murailles, & qu'il pourroit bien encore ressembler à Paris en ce qui est d'être habité. Tout cela ne gagnera rien sur mon bourgeois ; il s'obstinera toujours à soutenir que Saint Denis n'est point habité, puisqu'il n'y voit personne. Notre Saint Denis c'est la Lune, & chacun de nous est ce bourgeois de Paris, qui n'est jamais sorti de sa Ville.* C'est sur ce raisonnement que notre Auteur se fonde, lorsqu'il veut nous persuader que la Lune est habitée. Il me semble que c'est-là prouver une proposition, à-peu-près comme un homme qui n'a pas envie d'être cru. Dans le troisieme entretien Fontenelle prouve que la Lune n'est entourée d'aucune atmosphere, & que par conséquent si ses habitans ne sont jamais réjouis par la vue de l'Aurore & de l'arc-en-ciel, ils ne sont aussi jamais épouvantés par le bruit de la foudre & du tonnerre. Il établit cette vérité d'une maniere très-solide. Ce qu'il dit à la fin de cet entretien sur les habitans des planetes, est toujours dans le style de Roman. Le quatrieme entretien est plus physique. Il parle du Soleil & de chaque planete en particulier. Il dit sur les 4 Satellites de Jupiter, & les 5 Satellites de Saturne les choses du monde les plus raisonnables. L'anneau de cette derniere planete y est assez bien expliqué. Il n'est pas même jusqu'aux tourbillons de Descartes auxquels il ne donne un air de vraisemblance. Les étoiles & les cometes sont la matiere du cinquieme entretien. Il explique les mouvemens de ces derniers Astres en habile Cartésien, c'est-à-dire, d'une maniere très-spirituelle & très peu mécanique. Ce n'est pas là le seul Ouvrage où Fontenelle affiche le Cartésianisme. Il fit imprimer quelques années avant sa mort sa *théorie des tourbillons.* Il joue dans cette Brochure le rôle d'un grand Avocat qui entreprend la défense d'une cause que tous ses confreres regardent comme perdue, ou celui d'un habile Médecin qui tente de rendre la santé à un malade désespéré de tout le monde. A peine cette théorie parut-elle, que le P. Beraud, ancien Professeur de Mathématique au Collége de Lyon, la réfuta, en donnant à son Auteur tous les éloges qu'il méritoit. Cette réfutation dont il avoit fait la lecture dans une Assemblée de la Société Royale de Lyon, parvint, encore manuscrite, jusqu'à M. de Fontenelle. Il la lut avec plaisir, & la fit imprimer lui-même dans le Mercure de France. *Si ma théorie est bonne*, dit-il, avec générosité, *quelqu'un répondra à cette réfutation; & cette guerre littéraire fera paroître la vérité dans tout son jour: si ma théorie ne vaut rien, cette réfutation la fera tomber; & il est nécessaire qu'un Ouvrage qui pourroit induire les Commencans en erreur, soit décrié de bonne heure.* Ainsi parlent les vrais Savans. Celui-ci mourut à Paris le 9 Janvier 1757, âgé de près de 100 ans, dans le sein de la Religion Catholique qu'il avoit professée toute sa vie. Nos Déistes, je le sais, disent tout haut qu'il pensoit comme eux en fait de Religion. Nous voudrions de tout notre cœur avoir de quoi leur fermer la bouche. Ce qu'il y a de vrai, c'est qu'il n'y a rien dans ses Ouvrages qui nous autorise à former un pareil soupçon sur sa Religion. Il est encore sûr qu'à l'âge de 32 ans, il étoit fort éloigné de la maniere de penser des impies de nos jours; témoin son discours sur la *Patience* que l'Académie Françoise couronna en 1689, où dès l'exorde il parle de la sorte: *Il parut donc enfin parmi les hommes, ce Messie si ardemment desiré d'un seul peuple & si nécessaire à tous. Alors les idées & du vrai & du bien nous furent révélées sans obscurité & sans nuages; alors disparurent tous ces fantômes de vertus qu'avoit enfantés l'imagination des Philosophes; alors des remedes tout divins furent appliqués avec efficacité à tous les maux qui nous sont naturels*, &c. Le reste du discours est dans ce même goût; je le demande, est-ce là le langage d'un Déiste ? Heureux ! s'il a conservé de si beaux sentimens jusqu'à la fin de sa longue carriere.

FORCE. Les Physiciens entendent par la force d'un corps le produit qui provient de la masse multipliant la vîtesse. Le corps A a-t-il 10 livres de masse, ou de quantité de matiere avec 10 degrés de vîtesse, & le corps B n'a-t-il que 5 livres de masse avec 5 degrés de vîtesse ? Celui-ci n'aura que 25 degrés de force, tandis que celui-là en aura 100. Les principales forces que l'on considere en Physique sont les forces centrifuge, centripete, d'inertie, la force motrice, la force perturbatrice, la force de projection, & les forces vives & mortes. Nous allons en parler dans les articles suivans.

FORCE CENTRIFUGE. Tout corps qui décrit une ligne courbe, par exemple, un cercle, fait à chaque instant un effort réel pour s'éloigner du centre de son mouvement & pour s'échapper par la tangente; c'est cet effort que l'on nomme *force centrifuge*. Ce ne sont pas seulement les loix les plus constantes du mouvement qui déposent en faveur de l'existence de cette force, comme il est prouvé dans l'article du *mouvement en ligne courbe*, ce sont encore les expériences les plus communes & les plus faciles à faire. En effet, fait-on tourner une pierre dans une fronde ? Sa force centrifuge est cause que la corde de la fronde demeure tendue. Fait-on circuler un gobelet plein d'eau ? La force centrifuge du fluide lui fait faire effort contre le fond du vase, & l'empêche de se répandre. En déterminant, dans l'article suivant, la valeur de la force centripete d'un corps qui décrit une circonférence circulaire, nous déterminerons en même tems la valeur de sa force centrifuge; nous avons démontré en parlant du cercle la parfaite égalité qu'il y a entre ces deux forces.

FORCE CENTRIPETE. L'on entend par la force centripete, ou, par la force de gravité des corps, cette force qui pousse les corps vers un centre commun, par exemple, vers le centre de la terre, & dont la direction est une ligne qui va aboutir à ce centre. Tout corps qui décrit un cercle, est animé d'une force centripete combinée avec une force de projection, comme il est démontré dans les articles du *mouvement courbe en général* & du *mouvement circulaire en particulier*. L'on demande maintenant quelle est la valeur de la force centripete d'un corps qui décrit un cercle. Les Newtoniens démontrent qu'elle est égale au carré de la vîtesse de ce corps divisé par le diametre du cercle qu'il décrit. Supposons, disent-ils, que le corps B avec 10 degrés de vîtesse parcoure le cercle O, *fig.* 7, *pl.* 1, dont le diametre BC a 20 pieds; sa force centripete sera égale au carré de 10 divisé par 20, c'est-à-dire, à 100 divisé par 20, ou bien, pour m'exprimer plus clairement, la force centripete du corps B dans tous les points du cercle O sera de 5 degrés.

Pour démontrer cette proposition que l'on doit regarder comme une proposition fondamentale, les Newtoniens supposent que l'arc BH est un arc infiniment petit, & qu'il est parcouru dans un tems infiniment petit par le corps B; cela supposé, voici comment ils procedent.

1°. Puisque l'arc BH est infiniment petit, l'angle C du triangle BHC est infiniment petit, & par conséquent il peut être compté pour rien, sans aucune erreur sensible.

2°. L'arc infiniment petit BH doit être regardé comme une ligne droite.

3°. Nous avons démontré dans l'article qui commence par le mot *Géométrie*, que les trois angles du triangle BHC valent 180 degrés, & que l'angle B en vaut lui seul 90; donc l'angle H en vaudra sensiblement 90, & par conséquent le triangle BHC sera sensiblement rectangle en H.

4°. Il est encore démontré que la ligne HF tirée perpendiculairement de l'angle droit H sur le diametre BC, forme un petit triangle BHF qui a tous ses angles égaux à ceux du grand triangle BHC, ou pour parler plus clairement, il est démontré que le triangle BHF & le triangle BHC sont équiangles.

5°. Il est enfin démontré que, puisque le grand triangle BHC & le petit triangle BHF sont équiangles, ces deux triangles ont leurs côtés correspondans proportionnels ou en raison directe, c'est-à-dire, il est démontré que l'on dira ; le plus grand côté BC du grand triangle BHC, est à son plus petit côté BH, comme le plus grand côté BH du petit triangle BHF, est à son plus petit côté BF. Ces trois démonstrations supposées, voici comment raisonnent les Newtoniens.

Puisque dans la proportion que nous venons d'énoncer, BC se trouve le premier terme, BH le second & le troisieme, & BF le quatrieme, il est évident que l'on aura la juste valeur de BF en multipliant BH par BH, c'est-à-dire, en prenant le carré de BH, & en divisant ce carré par BC, comme nous l'avons expliqué en parlant de la raison directe ; donc BF est égal au carré de BH, divisé par BC : mais BH marque la vîtesse & BF la force centripete du corps B, puisque BH marque l'espace parcouru par le corps B, & BF l'espace que parcourroit ce même corps en s'approchant du centre O, s'il n'avoit que sa force centripete ; donc la force centripete d'un corps qui décrit un cercle, est égale au carré de la vîtesse divisé par le diametre du cercle parcouru.

La force centripete suit encore la raison inverse des carrés des distances au centre des forces, comme nous l'avons expliqué & démontré dans l'article de la *Lune*, sans avoir aucun recours à la Géométrie & à l'Algebre.

Remarque.

La connoissance de la force centripete d'un corps, est absolument nécessaire en Physique. Elle sert d'abord à déterminer la vîtesse de circulation d'un corps. Elle sert encore à déterminer la vîtesse qu'acquerroit ce corps en tombant librement en vertu de sa pesanteur, & parcourant d'un mouvement uniformément accéléré la moitié du rayon du cercle qu'il décrit. Aussi dans l'article de *l'Arithmétique algébrique appliquée à l'analyse, tome 1*, avons-nous résolu les deux problemes suivans.

Connoissant la force centripete d'un corps, & le diametre du cercle qu'il décrit, déterminer sa vîtesse de circulation.

Connoissant la force centripete d'un corps, & le diametre du cercle qu'il décrit, déterminer la vîtesse qu'acquerroit ce corps en tombant librement en vertu de sa pesanteur, & parcourant d'un mouvement uniformément accéléré la moitié du rayon du cercle qu'il décrit.

Les solutions de ces deux problemes comparées ensemble nous ont conduit à une vérité de la derniere importance en Physique, savoir que la vîtesse de circulation d'un corps est égale à la vîtesse qu'acquerroit ce même corps, en tombant librement en vertu de sa pesanteur & parcourant d'un mouvement uniformément accéléré la moitié du rayon du cercle qu'il décrit.

Enfin la force centripete a d'autres qualités dont on trouvera le détail dans l'article de la *Gravité*.

FORCE D'INERTIE. Tout corps considéré précisément comme corps, est essentiellement indifférent au repos ou au mouvement. L'effet nécessaire de cette indifférence est de faire persévérer le corps dans l'état où il se trouve. En effet, si un corps en repos exigeoit le mouvement, ou si un corps en mouvement exigeoit le repos, il ne seroit plus indifférent au repos ou au mouvement. Les Physiciens ont donc raison d'avancer qu'il y a dans la nature une vraie force qui exige que les corps conservent l'état où ils se trouvent; c'est cette force qu'ils nomment *Force d'Inertie*. Ils assurent qu'elle est toujours proportionnelle à la masse ou à la quantité de matiere; ils ont raison, & l'expérience journaliere nous apprend que la résistance qu'oppose au mouvement un corps de 20 livres, est double de celle qu'oppose un corps de 10 livres, lorsque ces deux corps sont en repos: il en est de même de la résistance qu'ils opposent au repos, lorsqu'ils sont en mouvement.

Ici se présente une difficulté sur la mesure de la force d'inertie, qu'il est absolument nécessaire de résoudre. Je suppose, *dit-on*, 2 balances dans le vuide. Je mets dans chacun des bassins de la premiere un corps de 1 livre, & dans chacun des bassins de la seconde un corps de 100 livres. Un seul degré de vîtesse fera mouvoir horizontalement le bassin chargé du poids de 1 livre, & le bassin chargé du poids de 100 livres; donc un poids de 100 livres en repos ne résiste pas plus au mouvement qu'un poids de 1 livre en repos; donc la force d'inertie n'est pas proportionnelle à la masse ou à la quantité de matiere. Voilà la difficulté, & voici la réponse.

J'avoue qu'un seul degré de vîtesse fera mouvoir horizontalement dans le vuide un poids de 1 livre dont la gravité, à cause de l'équilibre, est regardée comme o, & un poids de 100 livres dont la gravité est aussi o. Mais j'ajoute que, dans un tems donné, le poids de 1 livre parcourra un espace 100 fois plus grand, que le poids de 100 livres; parce que la vîtesse dont nous parlons, se partagera dans le corps de 1 livre à un nombre de parties 100 fois moins grand, que dans le corps de 100 livres. Il faudroit, pour faire parcourir à ces deux corps le même espace horizontal dans un tems donné, communiquer 100 degrés de vîtesse au corps de 100 livres, & 1 degré de vîtesse au corps de 1 livre; donc le corps de 100 livres en repos résiste 100 fois plus que le corps de 1 livre en repos, à parcourir un tel espace dans un tems donné; donc la force d'inertie est proportionnelle à la masse ou à la quantité de matiere. Je suppose que ceux qui lisent cette solution, se sont formés une idée de la vîtesse & de la maniere dont elle se communique.

FORCE MOTRICE. Tout ce qui imprime du mouvement à un corps s'appelle en Physique *force motrice*. C'est dans cette question que l'on a coutume de demander si les causes secondes produisent physiquement, ou déterminent seulement la cause premiere à produire physiquement le mouvement. Comme nous n'aimons pas à traiter les questions insolubles & inutiles, nous passerons celle-ci sous silence. Nous nous contenterons d'avertir que nous regardons dans tout le cours de cet Ouvrage, comme *force motrice* d'un corps tout ce qui est cause que ce corps passe de l'état de repos à celui de mouvement, soit qu'il soit *cause efficiente*, soit qu'il soit *cause purement occasionnelle* de la production du mouvement.

FORCE PERTURBATRICE. On donne ce nom à toute force qui empêche qu'un astre ne décrive autour d'un autre une orbite réguliere. Si la Lune, par exemple, étoit le seul astre qui roulât sur nos têtes, elle décriroit, d'Occident en Orient, dans l'espace de 27 jours, 7 heures & 43 minutes, une ellipse immobile & réguliere, au foyer de laquelle se trouveroit le globe que nous habitons. Mais si dans le tems que la Lune est attirée par la Terre, elle est encore attirée par le Soleil, alors cet astre sera dérangé dans son cours périodique, & il sera sujet à des variations, qu'on n'avoit jamais bien expliquées avant Newton, parce qu'on n'avoit jamais fait attention à ce que le Physicien Anglois appelle *force perturbatrice*. Les principales irrégularités que cause cette force dans le mouvement de la Lune, sont le mouvement de son apogée, celui de ses nœuds & la figure irréguliere de son orbite. Nous les expliquerons à l'article *Lune*. Nous démontrerons dans cet article 1°. que l'attraction du Soleil sur la Lune en quadrature augmente la pesanteur de ce satellite à l'égard de la Terre d'une 178e. partie de sa pesanteur naturelle vers notre globe : 2°. que l'attraction du Soleil sur la Lune dans les syzygies diminue la pesanteur de ce Satellite à l'égard de la Terre d'une 89e. partie de sa pesanteur naturelle vers notre globe.

FORCE PROJECTILE. Le corps B, *fig.* 7, *pl.* 1, parcourt l'arc BH en vertu de deux forces, dont l'une variable en raison inverse des carrés des distances, est représentée par BF, comme nous venons de le remarquer dans l'article de la *force centripete* ; & l'autre constante & uniforme est représentée par la ligne BG ; c'est cette force que l'on nomme *projectile* ou de *projection*.

Nous avons démontré, dans l'article de l'*Arithmétique algébrique appliquée à l'analyse*, *tome* 1, que la vîtesse de projection d'un corps qui décrit un cercle, est sensiblement égale à la vîtesse qu'acquerroit ce même corps, en tombant librement en vertu de sa pesanteur, & parcourant d'un mouvement uniformément accéléré la moitié du rayon du cercle qu'il décrit. Pour faire décrire, par exemple, un cercle autour du centre de la terre à un boulet de canon éloigné de 500 lieues de la surface de notre globe, il faudroit lui communiquer une vîtesse de projection égale à celle qu'il acquerroit, en tombant librement en vertu de sa pesanteur, & parcourant d'un mouvement uniformément accéléré la moitié du rayon du cercle qu'il décrit, c'est-à-dire, en parcourant d'un mouvement uniformément accéléré l'espace d'environ 1000 lieues. Les principes que nous poserons dans l'article de la *Statique*, apprendront à résoudre ce probleme.

Nous avons encore remarqué dans l'article de l'*Arithmétique algébrique appliquée à l'analyse*, que la vîtesse de projection d'un corps qui décrit une Ellipse *ADHE*, *fig.* 2, *pl.* 1, est égale à la vîtesse qu'il acquerroit en tombant librement en vertu de sa pesanteur, & parcourant d'un mouvement uniformément accéléré le quart du grand axe AH. Ces notions nous seront absolument nécessaires dans l'article du mouvement en ligne courbe.

FORCE VIVE ET MORTE. Ce sont-là deux épithetes que quelques Physiciens modernes, à la tête desquels on doit mettre M. Leibnitz, donnent à la force des corps. De tout tems on avoit multiplié la masse d'un corps par sa vîtesse pour avoir sa quantité de force. Demandoit-on autrefois à un Physicien la différence qu'il falloit mettre entre la force du corps A & celle du corps B, dans l'hypothese que le premier eût avec une masse de 2 livres 10 degrés de vîtesse, & le second 5 degrés de vîtesse avec une masse de 8 livres? Pour la trouver, il multiplioit chaque masse par sa vîtesse, & il concluoit que la force du corps A : à la force du corps B :: 20 : 40, c'est-à-dire, il concluoit que le corps A n'avoit que la moitié de la force du corps B. Cette maniere de mesurer la force d'un corps qui a paru très-mécanique aux Archimedes, aux Descartes, aux Newtons, &c. ne paroît pas physique aux Leibnitiens. Suivant ceux-ci il faut distinguer deux sortes de force, le *forces mortes* & les *forces vives*. Nous supposons que ceux qui voudront comprendre leurs raisons, liront auparavant l'article entier de la *Statique*. Voici à-peu-près comment ils procedent.

La *forte morte* n'est qu'une tendance au mouvement, un simple effort qui subsiste dans un corps, malgré l'obstacle étranger qui l'empêche à tout moment de produire un mouvement local. Telle est la force d'un corps pesant suspendu par un fil, ou soutenu par une table horizontale; il ne descend pas, je le sais, mais il descendroit effectivement si le fil ou la table ne lui opposoit pas un obstacle invincible. Suivant les Leibnitiens, cette espece de force a pour mesure de sa quantité la masse multipliée par l'effort actuel que fait ce corps pour descendre, c'est-à-dire, par sa vîtesse dispositive.

La *force vive* est celle qui réside dans un corps, lorsqu'il est dans un mouvement actuel. Telle est la force d'un corps qui tombe par sa pesanteur, lorsqu'il a déjà acquis quelques degrés de vîtesse ; telle est la force d'un ressort qui se débande lui-même ; telle est enfin la force d'un boulet de canon chassé par l'action de la poudre. Les Leibnitiens assurent que cette force est toujours proportionnelle à la masse multipliée par le carré de sa vîtesse. Le corps A, *par exemple*, descend-il pendant 1 *instant*, & le corps B pendant 2 *instans* ; le premier n'aura acquis qu'un degré de vîtesse, tandis que le second en aura acquis deux, suivant tous les principes de la *Statique*. Les défenseurs des *forces vives* prétendent qu'en supposant ces deux corps égaux en masse, la *force* du corps A : à la *force* du corps B :: le carré de la vîtesse du corps A représenté par le nombre 1 : au carré de la vîtesse du corps B représenté par le nombre 4, c'est-à-dire, ils prétendent que la *force* du corps A n'est que le quart de celle du corps B. Ils regardent les expériences suivantes comme une vraie démonstration de la bonté de leur sentiment.

Premiere Expérience. Prenez deux balles de plomb A & B d'une masse & d'une figure parfaitement égales. Laissez tomber la balle A pendant une *seconde*, & la balle B pendant deux *secondes* de tems. La premiere ne parcourra que 15 pieds, & la seconde en parcourra 60 ; donc l'espace parcouru par la balle A : à l'espace parcouru par la Balle B :: 1 : 4 ; donc, *disent les Leibnitiens*, la *force* de la balle A : à la *force* de la balle B :: 1 : 4 ; donc la *force* de la balle A : à la *force* de la balle B :: le carré de la vîtesse de la balle A : au carré de la vîtesse de la balle B ; car la premiere a 1 degré, & la seconde 2 degrés de vîtesse ; donc les *forces vives* sont proportionnelles, non pas aux simples vîtesses, mais aux carrés des vîtesses.

Seconde Expérience. Prenez deux balles de plomb A & B égales en masse & en figure. Repoussez en haut la balle A en lui donnant autant de vîtesse, qu'elle en auroit acquis, en tombant librement sur la terre pendant une *seconde*. Faites la même opération sur la balle B, avec cette différence que vous lui communiquerez autant de vîtesse, qu'elle en auroit acquis, en tombant librement sur la terre pendant deux *secondes* de tems; la premiere remontera à la hauteur de 15, & la seconde à la hauteur de 60 pieds, & l'une & l'autre remonteront dans un tems égal à celui qu'elles auroient employé à descendre; donc la balle A parcourt quatre fois moins d'espace que la balle; B donc la *force* de la balle A n'est que le quart de la *force* de la balle B : mais la balle A a reçu une vîtesse qui est la moitié de celle qu'on á communiquée à la balle B; donc la *force* de la balle A : à la *force* de la balle B : : le carré de la vîtesse de celle-là : au carré de la vîtesse de celle-ci; donc les *forces vives* sont proportionnelles, non pas aux simples vîtesses, mais aux carrés des vîtesses.

Troisieme Expérience. Prenez deux boules de plomb M & N égales en masse & en figure. Faites-les tomber sur une terre molle, la premiere de la hauteur de 15, & la seconde de la hauteur de 60 pieds; le creux que fera dans la terre la boule M ne fera que le quart du creux que fera la boule N; mais celle-ci n'a, *par les principes de la Statique*, que 2 degrés de vîtesse, tandis que celle-là en a 1.; donc la *force* de la boule M : à la *force* de la boule N : : le carré de la vîtesse de la premiere : au carré de la vîtesse de la seconde; donc les *forces vives* sont proportionnelles aux carrés des vîtesses.

Quatrieme Expérience. Prenez deux boules de plomb R & S, dont la premiere ait 4 livres, & la seconde 1 livre de masse. Faites-les tomber sur une terre molle, la boule R de la hauteur de 15 pieds, & la boule S de la hauteur de 60 pieds; elles feront dans la terre des creux parfaitement égaux entr'eux; donc ces deux boules ont égale *force*. Mais en multipliant leur masse par leur vîtesse, elles n'auroient pas égale *force*, puisque la boule R a 4 livres de masse & 1 degré de vîtesse, & la boule S a 1 livre de masse & 2 degrés de vîtesse; donc il faut multiplier leur masse par le carré de leur vîtesse, c'est-à-dire; donc il faut multiplier 4 livres de masse par un degré de vîtesse, & 1 livre de masse par 4 degrés de vîtesse; donc les *forces vives* suivent la proportion, non pas des simples vîtesses, mais des carrés de vîtesses.

Cinquieme Expérience. Ayez une table de marbre; enduite d'une légere couche de suif ou de cire. Ayez deux boules d'ivoire F & H égales en masse & en figure. Faites-les tomber sur cette table de marbre, la boule F de la hauteur de 15, & la boule H de la hauteur de 60 pieds ; l'impression que sera sur cette table la boule F ne sera que le quart de celle que fera la boule H. Mais si les *forces* étoient comme les simples vîtesses, l'impression de la boule F devroit être la moitié de l'impression de la boule H, puisque celle-ci n'a qu'une vîtesse double de la vîtesse de celle-là ; donc les *forces vives* sont proportionnelles, non pas aux simples vîtesses, mais aux carrés des vîtesses.

Sixieme Expérience. Ayez deux boules d'ivoire G & O, dont la premiere ait 4 livres & la seconde 1 livre de masse. Faites-les tomber sur la table de marbre dont nous venons de parler, la premiere de la hauteur de 15 & la seconde de la hauteur de 60 pieds. L'impression qu'elles feront sur la table sera la même ; donc leur *force* sera la même ; mais leur *force* ne peut pas être la même, si l'on multiplie leur masse par leur vîtesse, puisque la boule G a 4 de masse & 1 de vîtesse, & la boule O 1 de masse & 2 de vîtesse ; donc l'on doit multiplier leur masse par le carré de leur vîtesse, si l'on veut trouver une égalité de *force* dans ces deux boules ; donc les *forces vives* sont proportionnelles aux carrés des vîtesses.

Ces expériences supposées, voici comment raisonnent les Leibnitiens. Toute force est proportionnelle à son effet ; mais l'effet des forces vives est proportionnel au carré de la vîtesse ; donc les *forces vives* sont proportionnelles aux carrés des vîtesses.

Je n'ai jamais été le défenseur des *forces vives* ; j'avois cependant quelque peine à ne pas admettre un raisonnement qui paroît être la conséquence immédiate de six expériences que j'ai eu cent fois occasion de faire. Incertain sur le parti que je prendrois, fatigué par les raisons *pour* & *contre* que me donnoient d'un côté *Stubner* & de l'autre *Mac-laurin*, j'étois presque déterminé à ne pas traiter ce point de Physique, lorsqu'on me communiqua la savante & la solide Dissertation de M. de Mairan sur *l'estimation & la mesure des forces motrices des corps*. Je la lus avec le même plaisir que m'avoient causé ses Ouvrages sur *l'Aurore boréale & sur la glace*. Mes doutes furent bientôt dissipés. Aussi, guidé par ce grand maître, crois-je pouvoir avancer les trois propositions suivantes.

Premiere proposition. *Le raisonnement que tirent les Leibnitiens des six expériences précédentes est un vrai paralogisme.*

Démonstration. Pierre & Paul sont en marche avec les mêmes obstacles; Pierre fait une lieue dans une heure & Paul quatre lieues dans deux heures. Il est évident que l'effet que produit la force du premier n'est que le quart de l'effet que produit la force du second. Je serois cependant un vrai paralogisme, si je concluois de-là, que la force du premier n'est que le quart de la force du second; pourquoi? Parce que Paul ne peut pas avoir une force quadruple de celle de Pierre, qu'autant qu'il parcourra quatre lieues dans une, & non pas dans deux heures. D'où viendroit donc le défaut de mon raisonnement? Ce seroit sans doute de ce que dans une occasion où il s'agit d'un espace parcouru, je ne ferois pas attention au tems que l'on a mis à le parcourir.

Telle est la conduite des Leibnitiens dans la *premiere Expérience*, dont les cinq suivantes ne sont qu'une répétition; la balle B, je le sais, parcourt 60 pieds, tandis que la balle A n'en parcourt que 15; mais la balle B emploie 2 *secondes* de tems à les parcourir, tandis que la balle A n'en emploie qu'une; donc les *forces* de ces deux balles ne sont pas en raison des espaces parcourus, considérés absolument, mais en raison des espaces parcourus divisés par le tems employé à les parcourir; donc la *force* de la balle A : à la *force* de la balle B :: $\frac{1}{1}$: $\frac{4}{2}$; mais $\frac{1}{1}$: $\frac{4}{2}$ :: 1 : 2; donc la *force* de la balle A : à la *force* de la balle B :: 1 : 2; donc la *force* de la balle A est la moitié, & non pas simplement le quart de la *force* de la balle B; donc les *forces vives* sont, comme les *forces mortes*, proportionnelles, non pas aux carrés des vîtesses, mais aux simples vîtesses; donc le raisonnement que tirent les Leibnitiens des expériences précédentes est un vrai paralogisme.

Seconde Proposition. L'expérience prouve que les *forces vives* ne sont pas proportionnelles aux carrés des vîtesses.

Démonstration. Je suppose que la boule A & la boule B,

B, *fig.* 8, *pl.* 1, ſont parfaitement élaſtiques; je ſuppoſe encore que la premiere a 3 livres de maſſe avec 1 degré de vîteſſe, & la ſeconde 1 livre de maſſe avec 3 degrés de vîteſſe; je ſuppoſe enfin que ces deux boules ſe choquent au point C par des mouvemens contraires; l'expérience m'apprend qu'il en réſulte un retour en arriere après le choc avec les mêmes vîteſſes qu'avant le choc; donc les boules A & B avoient avant le choc des forces égales; mais elles n'auroient pas eu, avant le choc, des forces égales, ſi les *forces vives* euſſent été proportionnelles aux carrés des vîteſſes; en voici la preuve. La boule A à laquelle j'ai donné 3 livres de maſſe & 1 degré de vîteſſe, n'auroit eu que 3 degrés de force; la boule B qui joint 3 degrés de vîteſſe à une maſſe d'une livre, auroit eu 9 degrés de force; donc les boules A & B n'auroient pas eu, avant le choc, des forces égales, ſi les *forces vives* euſſent été proportionnelles aux carrés des vîteſſes. Mais, de l'aveu de tous les Mécaniciens, les boules A & B ont, avant le choc, des forces égales; donc les *forces vives* ſont proportionnelles, non pas aux carrés des vîteſſes, mais aux ſimples vîteſſes, lorſque les maſſes ſont égales: & elles ſont proportionnelles aux produits des maſſes par les ſimples vîteſſes, lorſque les maſſes ſont inégales.

Troiſieme Propoſition. La force ſe trouvant toujours en raiſon de la ſimple vîteſſe, doit avoir des effets proportionnels au carré de la vîteſſe.

Démonſtration. Je ſuppoſe la boule A & la boule B, égales en maſſe & en volume. Je ſuppoſe encore que l'on veuille faire traverſer en différens tems à ces deux boules un baſſin quelconque rempli d'eau, & qu'on imprime pour cela à la premiere 1 degré & à la ſeconde 2 degrés de vîteſſe; la réſiſtance qu'éprouvera, dans un tems donné, par exemple, dans une minute, la boule A de la part de cette eau ſera 4 fois moindre que celle qu'éprouvera dans le même tems la boule B. En effet puiſque la boule A a 1 degré & la boule B 2 degrés de vîteſſe, celle-ci, dans un tems donné, parcourra 2 pieds, tandis que celle-là n'en parcourra qu'un; donc, dans un tems donné, la boule B déplacera 2 pieds d'eau, tandis que la boule A n'en déplacera qu'un; donc en conſidérant les choſes ſous ce premier point de vue, la boule B éprouvera une résistance double de celle qu'éprouvera la boule A.

Ce n'est pas tout. La boule B a un vîtesse double de celle de la boule A ; donc la boule B poussera chaque molécule d'eau avec une force double de celle de la boule A ; donc la réaction des molécules d'eau contre la boule B sera double de la réaction des molécules d'eau contre la boule A ; donc en considérant les choses sous ce second point de vue, la premiere de ces deux boules éprouvera dans un tems donné une résistance double de celle qu'éprouvera la seconde ; donc la résistance totale qu'éprouvera dans un tems donné la boule B sera quadruple de la résistance totale qu'éprouvera la boule A ; mais la vîtesse de celle-là n'est que double de la vîtesse de celle-ci ; donc la force se trouvant toujours en raison de la simple vîtesse, doit avoir des effets proportionnels au carré de la vîtesse ; donc au lieu de conclure qu'une force est quadruple, parce que les espaces parcourus, les déplacemens de matiere, & tous les autres effets semblables qu'elle produit le sont, il faudra conclure au contraire de ce que ces effets sont quadruples, ou en général comme le carré de la vîtesse, qu'elle n'est que double, ou en général comme la simple vîtesse.

L'on doit prendre garde que nous parlons ici de la résistance que nous avons appellée *résistance de la seconde espece* dans l'article qui commence par le mot *Milieu.*

Tels sont les principaux argumens qu'apporte contre les forces vives M. de Mairan dans une dissertation à laquelle nous renvoyons tout Lecteur qui aime les pieces achevées. Cet abrégé suffira pour nous faire conclure que la *force motrice* des corps n'est jamais en elle-même, ni dans ses effets, que proportionnelle à la simple vîtesse, c'est-à-dire, aux espaces parcourus divisés par le tems employé à les parcourir. La distinction que l'on a voulu mettre entre les *forces vives* & les *forces mortes* n'a donc servi qu'à jeter de l'obscurité & du doute sur une matiere d'elle-même très-claire & tout-à-fait incontestable.

FORME. L'on entend par *forme* des corps ce qui distingue un corps d'avec un autre. Il n'y a que deux sentimens en Physique sur cette matiere, celui des Péripatéticiens & celui des Cartésiens. Les premiers prétendent qu'il y a dans chaque corps, outre la matiere tellement arrangée, un être ſubſtantiel, une forme ſubſtantielle qui détermine la matiere à être plutôt or, qu'argent, &c. Les ſeconds aſſurent que la forme d'un corps lui vient de l'arrangement & de la configuration de ſes parties ſenſibles & inſenſibles. Nous avons vu dans la vie de Deſcartes le bruit que fit dans les écoles cette queſtion philoſophique.

FOSSILES. Tout ce que l'on tire du ſein de la terre, peut s'appeller *foſſile*. Les métaux, les minéraux, les pierres ordinaires, l'aimant, les pierres précieuſes, &c. ſont autant d'eſpeces de foſſiles. Nous en avons parlé fort au long dans leurs articles relatifs.

FOIE. Les anciens regardoient la ſubſtance du foie comme une effuſion de ſang caillé qui rempliſſoit les eſpaces qui ſont entre les vaiſſeaux de ce viſcere. Ils ſe ſont trompés. Le foie eſt un compoſé de différentes glandes propres à ſéparer d'avec le ſang une liqueur acide & jaunâtre que l'on nomme *bile*; auſſi eſt-il toujours joint à une petite veſſie remplie d'une bile très-amere que l'on appelle *fiel*. Il eſt placé à droite dans cette partie du bas ventre, à laquelle les Anatomiſtes ont donné le nom d'*Hypocondre*. Dionis aſſure cependant que l'on le trouve quelquefois à gauche; mais ce cas eſt bien rare. Le foie eſt attaché au diaphragme dont il modere les mouvemens par ſa peſanteur. Les vaiſſeaux les plus conſidérables qu'il reçoive, ſont la *veine cave* & la *veine porte*. On y remarque outre cela des arteres, des nerfs, des conduits biliaires & des conduits lymphatiques.

FOYER. C'eſt l'endroit où ſe réuniſſent les rayons de lumiere. Ce ne ſont pas ſeulement les verres convexes, ce ſont encore les miroirs concaves qui ont un *foyer*. Nous avons démontré dans l'article de la *Dioptrique*, 1°. que le foyer d'un verre plan convexe ſe trouve à-peu-près à l'extrémité du diametre de ſa convexité; 2°. Que tout verre convexo-convexe compoſé de deux égales convexités, réunit la lumiere du Soleil à-peu-près à l'extrémité du rayon de ſa convexité; 3°. Que tout verre convexo-convexe compoſé de deux convexités inégales, a ſon foyer diſtant à proportion de la différence des demi-diametres des convexités; 4°. Que toute ſphere solide de verre a son foyer à-peu-près à la distance du quart de son diametre, &c.

Pour ce qui regarde le foyer d'un miroir concave ; nous avons démontré, qu'il se trouve un peu plus bas que le quart du diametre de la concavité d'un miroir. Cette démonstration est un endroit très-intéressant dans l'article de la *Catoptrique*.

FRACTION. On appelle *fraction* deux chiffres l'un sur l'autre séparés par une ligne ; ces deux chiffres signifient une ou plusieurs parties de l'unité. Ainsi $\frac{1}{4}$ signifie un quart. Le chiffre supérieur se nomme *numérateur*, & l'inférieur *dénominateur*. Comme les fractions se rencontrent, pour ainsi dire, à chaque pas dans tous les livres de Physique, le lecteur sera bien-aise d'en trouver ici les regles ; nous supposons qu'il n'ignore pas celles de l'Arithmétique ordinaire.

Premiere Regle. Réduire les fractions à une même dénomination.

Exemple.

A	B
$\frac{2}{3}$	$\frac{3}{4}$
C	D
$\frac{8}{12}$	$\frac{9}{12}$

Explication. Pour réduire la fraction A & la fraction B à une même dénomination, sans changer leur valeur, il faut multiplier les deux termes de la fraction A par le dénominateur de la fraction B, & l'on aura la fraction C ; il faut aussi multiplier les deux termes de la fraction B par le dénominateur de la fraction A, & l'on aura la fraction D ; or la fraction C & la fraction D ont toutes les deux 12 pour dénominateur, & représentent la même valeur que la fraction A & la fraction B ; donc la fraction A & la fraction B ont été réduites à une même dénomination.

Remarquez que si l'on vouloit réduire à une même dénomination un nombre entier & une fraction, par exemple, 3 & $\frac{2}{5}$ il faudroit commencer par réduire 3 en fraction en mettant 1 par-dessous, & il faudroit ensuite opérer selon la méthode précédente. Ainsi $\frac{3}{1}$ & $\frac{2}{5}$ réduits à un même dénominateur, vous donneront $\frac{15}{5}$ & $\frac{2}{5}$.

Seconde Regle. Additionner des fractions.

Exemple.

A	B
$\frac{2}{3}$	$\frac{3}{5}$
C	D
$\frac{10}{15}$	$\frac{9}{15}$

E

$$\frac{19}{15}$$

Explication. Pour additionner les fractions A & B, il faut d'abord les réduire à un même dénominateur, & l'on aura les fractions C & D; il faut ensuite additionner les deux numérateurs des fractions C & D, sans changer leurs dénominateurs, & l'on aura la fraction E qui représentera la somme totale des fractions A & B additionnées ensemble.

Troisieme Regle. Soustraire une fraction d'une autre.

Exemple.

A	B
$\frac{3}{4}$	$\frac{2}{3}$

C	D
$\frac{9}{12}$	$\frac{8}{12}$

E
$\frac{1}{12}$

Explication. Pour soustraire la fraction B de la fraction A, réduisez d'abord ces deux fractions à un même dénominateur, & vous aurez les fractions C & D; ôtez ensuite le numérateur de la fraction D, du numérateur de la fraction C, & le restant vous donnera ce que vous cherchez, c'est-à-dire, la fraction E.

Quatrieme Regle. Multiplier une fraction par une autre.

Exemple.

A	B
$\frac{2}{3}$	$\frac{1}{2}$

C
$\frac{2}{6}$

Explication. Pour avoir la fraction C, c'est-à dire, pour avoir le produit de la fraction A par la fraction B, l'on a multiplié les numérateurs l'un par l'autre & les dénominateurs l'un par l'autre, & l'on a eu $\frac{2}{6}$, c'est-à-dire, $\frac{1}{3}$.

L'on sera d'abord surpris que le produit $\frac{1}{3}$ soit plus petit que le multiplicande $\frac{2}{3}$; mais la surprise cessera si l'on se rappelle que, dans toute multiplication, le produit est toujours égal à la somme du multiplicande pris autant de fois qu'il y a d'unités dans le multiplicateur. Or dans le multiplicateur B l'unité ne s'y trouve qu'une demi-fois; donc le produit C ne doit être que la moitié du multiplicande A, c'est-à-dire, ne doit être que $\frac{2}{6}$ ou $\frac{1}{3}$.

Mais, *dira-t-on*, deux tiers de sol valent 8 deniers, & la moitié d'un sol vaut 6 deniers. Si je multiplie 8 deniers par 6 deniers, j'aurai pour produit 48 deniers; pourquoi donc, en multipliant $\frac{2}{3}$ de sol par $\frac{1}{2}$ de sol, n'ai-je que $\frac{1}{3}$ de sol, ou 4 deniers?

Cette difficulté tout-à-fait propre à embarrasser un Commençant, n'est dans le fond qu'une vétille. Je n'ai, il est vrai, dans le cas proposé, que le tiers d'un sol pour produit; mais c'est le tiers d'un sol carré, s'il m'est permis de parler de la sorte, parce que par la multiplication toutes les mesures sont élevées au carré; or le tiers d'un sol carré vaut 48 deniers, puisqu'un sol carré en vaut 144; donc dans le cas présent j'ai pour produit 48 deniers.

Cinquieme Regle. **Diviser une fraction par une autre.**

Exemple.

A	B
$\frac{3}{4}$	$\frac{1}{2}$

C

$\frac{6}{4}$

Explication. Voulez-vous diviſer la fraction A par la fraction B ? multipliez d'abord le numérateur 3 de la fraction A par le dénominateur 2 de la fraction B ; multipliez enſuite par le numérateur 1 de la fraction B, le dénominateur 4 de la fraction A, & ces différentes multiplications vous donneront la fraction C qui eſt le quotient de la fraction A diviſée par la fraction B.

Le quotient C paroîtra d'abord exorbitant. Mais que l'on ſe rappelle que la diviſion eſt une opération dans laquelle l'unité eſt au quotient, comme le diviſeur eſt au dividende; donc l'opération précédente n'eſt bonne, que parce que je puis dire, 1 eſt à la fraction C, comme la fraction B eſt à la fraction A; donc C doit valoir $\frac{6}{4}$ ou 1 $\frac{1}{2}$; donc le quotient C n'eſt pas un quotient exorbitant ; car 1 eſt autant inférieur à $\frac{6}{4}$, que $\frac{1}{2}$ l'eſt à $\frac{3}{4}$.

Sixieme Regle. Réduire une fraction à de moindres termes.

Exemple.

A	B
$\frac{15}{25}$	$\frac{3}{5}$

Explication. Pour réduire la fraction A à de moindres termes, diviſez par un même nombre, par exemple, par le nombre 5, ſon numérateur & ſon dénominateur, & de cette diviſion il naîtra néceſſairement la fraction B, laquelle quoiqu'exprimée en de moindres termes, vous repréſentera cependant la même ſomme.

Corollaire. Il ſuit de-là, qu'une fraction dont le numérateur & le dénominateur ne peuvent pas être diviſés par le même nombre, ne ſauroit être réduite à de moindres termes.

FRACTION DÉCIMALE.

Les fractions décimales ſont des fractions qui ont pour dénominateurs les quantités 10, 100, 1000, 10000, &c. Voici ce qu'un Phyſicien ne ſauroit ignorer ſur cet article. 1°. On n'écrit jamais le dénominateur de ces ſortes de fractions ; on ſait qu'il contient toujours autant de zéro, qu'il y a de chiffres dans le numérateur de la fraction ; on ſait encore que ces zéro ſont toujours précédés de l'unité ; on ſait enfin que les premiers chiffres ſéparés des autres par une virgule ſont des nombres entiers qui n'appartiennent pas à la fraction décimale. Ainſi 3, 42 ſignifie 3, $\frac{42}{100}$; 25, 243, ſignifie 25, $\frac{243}{1000}$; 0,0042 ſignifie 0, $\frac{0042}{10000}$ ou bien, $\frac{42}{10000}$.

De tout cela concluez 1°. que lorſque la quantité commence par o, & que ce o eſt ſéparé du reſte par une virgule, comme vous venez de le voir dans le dernier des trois exemples précédens, la fraction décimale n'a aucun nombre entier.

2°. Que lorſque la fraction n'a qu'un chiffre, ſon dénominateur eſt 10 ; lorſqu'elle en a 2, il eſt 100 ; lorſqu'elle en a 3, il eſt 1000 ; lorſqu'elle en a 4, il eſt 10000, &c.

3°. Que les fractions dont il eſt parlé dans la table qui ſe trouve à la fin de l'article ſur la *denſité des corps* ſont des fractions décimales qui ont 1000 pour dénominateur.

4°. Que puiſque l'on n'écrit jamais le dénominateur des fractions décimales, l'on doit opérer ſur ces ſortes de fractions comme ſur les nombres entiers. Ces opérations ſe réduiſent à 7 principales.

Premiere Regle. Additionner des fractions décimales.

Exemple.

A.	2,	34
B.	1,	306
C.	3,	4654
D.	7,	1114

Explication. Pour additionner les 3 fractions A, B, C, dont la premiere a 100 pour dénominateur, la ſeconde 1000, & la troiſieme 10000 ; il faut les ranger l'une ſous l'autre, comme nous avons fait dans l'exemple précédent, & il faut opérer ſur ces trois fractions comme ſur trois nombres entiers : leur ſomme totale ſera repréſentée par la fraction D.

Seconde Regle. Soustraire une fraction décimale d'une autre.

Exemple.

A.	4,	522
B.	2,	94
C.	1,	582

Explication. Pour soustraire la fraction B dont le nombre entier est 2 & dont le dénominateur est 100, de la fraction A qui a 4 pour nombre entier & 1000 pour dénominateur, il faut mettre la fraction B sous la fraction A, comme nous avons fait dans l'exemple précédent, & il faut opérer sur ces deux fractions comme sur deux nombres entiers : le restant sera représenté par la fraction C.

Troisieme Regle. Multiplier une fraction décimale par une autre.

Exemple.

Multiplicande	A.	2,	32
Multiplicateur	B.	5,	42
		4	64
		92	8
		11	60
Produit	C.	12,	5744

Explication. Pour multiplier la fraction A dont le nombre entier est 2 & le dénominateur 100, par la fraction B qui a 5 pour nombre entier & 100 pour dénominateur, il faut 1°, considérer ces fractions comme deux nombres entiers, sans prendre même garde aux virgules qui séparent les premiers chiffres d'avec les autres. Il faut 2°. mettre le multiplicateur B sous le multiplicande A, & opérer comme dans la multiplication ordinaire; il faut 3°. dans le produit C séparer par une virgule autant de chiffres sur la droite, qu'il y a de décimales tant dans le multiplicande A, que dans le multiplicateur B. L'on a observé toutes ces regles dans l'exemple précédent ; aussi a-t-on mis une virgule entre le chiffre 2 & le chiffre 5 du produit C.

Quatrième Regle. Diviser une fraction décimale par une autre.

Exemple.

Dividende	A.	8, 5 2 6 4
Diviseur	B.	3, 4 2
		6, 8 4
Quotient		1, 6 8 6
2, 49		3,4 2
		1, 3 6 8
		3,1 8 4
		3,4 2
		3,0 7 8
		1 0 6

Explication. Pour diviser la fraction A dont le nombre entier est 8 & le dénominateur 10000, par la fraction B dont le nombre est 3, & le dénominateur 100, il faut opérer sur ces deux fractions comme sur deux nombres entiers, sans jamais prendre garde aux virgules qui séparent les premiers chiffres d'avec les autres, & vous trouverez pour quotient 2, 49, c'est-à-dire, 2 $\frac{49}{100}$.

Remarquez que lorsque le quotient est trouvé, il en faut séparer par une virgule autant de chiffres sur la droite, qu'il y a plus de décimales dans le dividende A que dans le diviseur B; c'est ce qu'on a observé dans l'exemple précédent, puisqu'on a mis une virgule entre le chiffre 4 & le chiffre 2 du quotient.

Remarquez encore que l'on peut sans conséquence négliger ce qu'il y a eu de reste après la derniere opération; cela prouve seulement qu'il est impossible de diviser exactement 8, 5264 par 3, 42.

Cinquieme Regle. Réduire une fraction non décimale en décimale.

Exemple.

A B	A D
2 4	2 40
5 10	5 100

Explication. Pour réduire la fraction A en décimale; sans changer sa valeur, par exemple, pour réduire la fraction A en une fraction qui ait 10 pour dénominateur, j'ajoute un 0 au numérateur 2, ce qui me donne 20; je divise 20 par l'ancien dénominateur 5, & le quotient 4 me donnera le numérateur de la fraction décimale B que je cherche. En effet $\frac{2}{5}$ & $\frac{4}{10}$ représentent la même quantité sous différens termes.

Si j'avois voulu réduire la même fraction A à une fraction qui eût eu 100 pour dénominateur; j'aurois ajouté deux 0 au numérateur 2: j'aurois fait sur le numérateur 200 les mêmes opérations que je viens de faire sur le numérateur 20, & j'aurois trouvé la fraction D qui représente la même somme que la fraction A.

Sixieme Regle. Extraire la racine carrée d'un nombre composé d'entiers & de décimales.

Exemple.	*Racine carrée.*
7, 84	2, 8.

Explication. La racine carrée de 7, 84 est 2, 8. En effet multipliez 2, 8 par 2, 8, vous aurez pour produit 7, 84. Pour tirer cette racine, l'on a considéré 7, 84 comme un nombre entier, & l'on a opéré sur ce nombre mixte suivant les regles détaillées dans l'article qui commence par le mot *Arithmétique.* Il faut remarquer cependant que la racine carrée n'a jamais que la moitié des décimales données. Il faut encore remarquer que si le nombre dont il faut extraire la racine carrée, n'a pas un nombre pair de décimales, il faut le rendre pair, en y ajoutant un zero. Ainsi au lieu de tirer la racine carrée de 2, 452, vous la tirerez de 2, 4520; de même au lieu de tirer la racine carrée de 2, 4, vous la tirerez de 2, 40. Au reste, 2, 4 $=$ 2, 40 & 2, 452 $=$ 2, 4520.

Septieme Regle. Extraire la racine cubique d'un nombre A composé d'entiers & de décimales.

Exemple.	*Racine cubique.*
A. 13, 824	B. 2, 4

Explication. Le nombre B est évidemment la racine

cubique du nombre A, qu'on a extraite suivant les regles de l'article qui commence par le mot *Arithmétique.* Il faut cependant remarquer que la racine cubique n'a jamais que le tiers des décimales données. Il faut encore remarquer que si le nombre dont il faut extraire la racine cubique, n'a pas précisément 3, ou 6, ou 9, ou 12 décimales, &c. il faut le compléter par un nombre convenable de zéro. Ainsi au lieu de tirer la racine cubique de 9, 45, vous la tirerez de 9, 450; de même au lieu de tirer la racine cubique de 4, 5292, vous la tirerez de 4, 529200, parce que 9, 45 = 9, 450 & 4, 5292 = 4, 529200.

Fraction sexagésimale.

On donne ce nom à toute fraction qui a 60 pour dénominateur. Les *minutes* sont des fractions sexagésimales des *heures* & des *degrés*; les *secondes* sont des fractions sexagésimales des *minutes*, &c; parce que chaque heure & chaque degré se divisent en 60 parties qu'on appelle *minutes*, & chaque *minute* en 60 parties qu'on appelle *secondes*.

Fraction algébrique.

Deux lettres séparées l'une de l'autre par une ligne horizontale, forment une fraction algébrique. La lettre supérieure s'appelle *numérateur*, & l'inférieure *dénominateur.* On opere sur les fractions algébriques, comme sur les fractions ordinaires. Opérons, *par exemple*, sur les fractions $\frac{a}{b}$ $\frac{c}{d}$.

1°.

$$\frac{ad}{bd} \quad \frac{bc}{bd}$$

2°.

$$\frac{ad+bc}{bd}$$

3°.

$$\frac{ad - bc}{bd}$$

4°.

$$\frac{ac}{bd}$$

5°.

$$\frac{ad}{bc}$$

Explication des exemples précédens. Pour peu qu'on se rappelle les regles de l'*Arithmétique algébrique*, & celles des *fractions ordinaires*, on s'appercevra que les deux fractions $\frac{a}{b} \Big| \frac{c}{d}$, ont été réduites à une même dénomination *num.* 1°.; ont été additionnées *num.* 2°.; ont été soustraites *num.* 3°.; ont été multipliées *num.* 4°.; & ont été divisées *num.* 5°.

Fraction de Fraction.

L'on donne ce nom à une ou à plusieurs parties d'une fraction.

Exemple.

$$\overset{A}{\frac{1}{2} \Big| \frac{2}{3}} \Big| \overset{B}{\frac{2}{6}}$$

Ainsi la fraction A, c'est-à-dire, la moitié de deux

troisiemes, est une fraction de fraction. Pour réduire ces sortes de fractions à une seule fraction, sans changer leur valeur, l'on n'a qu'à multiplier le numérateur de l'une par le numérateur de l'autre, & le dénominateur de l'une par le dénominateur de l'autre, & le produit vous donne une fraction qui représente la même somme que la fraction de fraction. C'est-là ce qu'on a fait dans l'exemple supérieur, l'on a multiplié 1 par 2 pour avoir un nouveau numérateur; & 2 par 3 pour avoir un nouveau dénominateur; & le produit a donné la fraction B qui sous différens termes représente la même somme que la fraction A.

FRAGILE. Les corps sont fragiles, lorsqu'ils ne sont durs, que parce que leurs parties comprimées par un fluide extérieur, se touchent en quelques endroits, sans être comme engrenées les unes dans les autres. C'est pour cela même que les corps fragibles sont aussi corps friables.

FROID. Les Physiciens ont coutume de diviser le froid en absolu & en relatif. Le froid absolu est une privation totale de chaleur; ainsi un corps ne contient-il aucune particule de feu, seule cause de la chaleur, ou ne contient-il ces sortes de particules que dans un repos parfait? Il sera absolument froid. Le froid relatif n'est qu'une diminution sensible de chaleur, & par conséquent un corps doit nous paroître plus froid qu'auparavant, lorsqu'il perd une certaine quantité de particules ignées, ou bien, lorsque ces sortes de particules perdent quelque chose de leur mouvement. M. de Mairan dans son excellente dissertation sur la glace, a ramassé les causes principales du froid relatif. Elles sont au nombre de six. Le Soleil, dit-il, est la principale cause de la chaleur; aussi la distance où l'on est de cet Astre a-t-elle toujours été regardée comme la premiere cause du froid; c'est pour cela sans doute que le froid doit être plus vif dans les trois planetes supérieures, Mars, Jupiter & Saturne, que dans les deux planetes inférieures, Vénus & Mercure. Le froid relatif vient en second lieu de la situation oblique d'un pays par rapport au Soleil. S'il fait plus froid dans la zone tempérée, que dans la zone torride, c'est sans doute parce que celle-là reçoit les rayons du Soleil moins perpendiculairement que celle-ci; il en est de même de la zone glaciale par rapport à la zone tempérée.

L'atmoſphere qui entoure la terre, & dont nous avons parlé en ſon lieu, eſt la troiſieme cauſe du froid que nous reſſentons. Pourquoi ? Parce que non-ſeulement elle empêche beaucoup de rayons ſolaires de parvenir juſqu'à nous, mais encore parce qu'elle cauſe dans ceux qui y parviennent, une réfraction qui diminue conſidérablement leur mouvement. Certains corpuſcules qui ſe mêlent à l'air que nous reſpirons, & qui retardent le mouvement de la matiere ignée, tels que ſont les corpuſcules de ſel, de nitre, &c. ſont regardés avec raiſon par les Phyſiciens comme la quatrieme cauſe du froid rigoureux que l'on éprouve en certains pays. Rome & Pekin, par exemple, ſont à-peu-près au même degré de latitude; il fait cependant très-chaud dans la premiere de ces deux villes, & très-froid dans la ſeconde. Pourquoi ? Parce que le nitre eſt très-abondant à Pekin & très-rare à Rome: il en eſt de même de la Normandie & de l'Ukraine; il fait beaucoup moins froid dans la premiere de ces deux Provinces, que dans la ſeconde, quoique leur ſituation par rapport au Soleil ſoit à-peu-près la même. Certains vents & ſurtout le vent du nord qui nous apporte des corpuſcules de ſel & de nitre, ſont la cinquieme cauſe du froid que nous avons en certains tems de l'année. Enfin M. de Mairan apporte pour ſixieme cauſe du froid relatif la ſuppreſſion totale, ou en partie, des exhalaiſons chaudes que le feu central doit envoyer néceſſairement dans l'atmoſphere terreſtre. L'exiſtence d'un feu que le Créateur a allumé dans les entrailles de la terre, eſt conſtatée aſſez clairement, non-ſeulement par les flammes que vomiſſent le Mont Etna & le Mont Veſuve, mais encore par les ſecouſſes terribles dont la terre n'eſt que trop ſouvent agitée.

Les Mémoires de l'Académie des Sciences de l'année 1709 nous fourniſſent les deux particularités ſuivantes; c'eſt par-là que nous terminerons cet article. Le froid rigoureux du fameux hiver de 1709, eut pour cauſe à Paris pendant pluſieurs jours un vrai vent du midi. Mais M. de la Hire fit remarquer que les montagnes d'Auvergne, qui ſont au midi de Paris, étoient alors couvertes de neige.

Pendant le même hiver la Seine ne ſe gêla pas entierement à Paris, & le milieu de ſon cours fut toujours libre; tandis

tandis que dans des hivers beaucoup moins froids l'on y a vu la Seine si bien prise, que des charrettes y pouvoient passer. M. Homberg expliqua ainsi cette espece de merveille. Les grosses rivieres, *dit-il*, ne se gelent point d'elles-mêmes, si ce n'est vers les bords, parce que leur courant est toujours très-considérable vers le milieu. Mais qu'arrive-t-il pour l'ordinaire ? On casse la glace des bords pour différentes raisons : de petites rivieres dont on a cassé la glace, envoient un grand nombre de glaçons dans les grosses : ces glaçons, après avoir suivi quelque tems le cours de l'eau, sont arrêtés ou par un pont ou par un coude de la grande riviere ; ils se colent les uns contre les autres par le froid ; & ils forment ensuite une espece de croute qui couvre toute la surface des eaux. Il n'en arriva pas ainsi en l'annee 1709, *continue M. Homberg* ; comme le froid fut très-subit & très-âpre dès son premier commencement, les petites rivieres qui se jettent dans la Seine au-dessus de Paris, se gelerent tout-à-coup & entierement, de sorte que leurs glaçons qui se seroient pris sur la superficie de la Seine, ne purent y être portés, du moins en assez grande quantité ; donc pendant le grand hiver la Seine ne dut pas se geler entierement à Paris.

Nous pourrions faire sur le froid des milliers des questions ; mais comme leur solution dépend évidemment des principes que nous venons d'établir, nous nous croyons en droit de les supprimer. Il n'en est pas ainsi du Probleme suivant ; on ne peut gueres se dispenser de le résoudre dans un Dictionnaire de Physique.

PROBLEME.

Pourquoi éprouve-t-on constamment un froid violent sur le sommet des montagnes situées dans les pays les plus chauds, après avoir essuyé une chaleur insupportable dans les vallons situés au pied de ces montagnes ?

Pour rendre raison du phénomene proposé, je n'aurai aucune supposition à faire, aucun systeme à imaginer, aucune formule à débrouiller. Suivre la nature pas à pas, réfléchir sans préoccupation sur la marche toujours uniforme qu'elle tient ; ce sera là le vrai moyen de lui arracher son secret ; ce sera là nous mettre à même d'expliquer facilement & d'une maniere satisfaisante pourquoi à la chaleur insupportable qu'on vient d'éprouver dans un vallon, succede nécessairement le froid violent qu'on ressent sur le sommet de la montagne au pied de laquelle ce vallon est situé.

Et d'abord fixons l'état de la question ; rappellons-nous que tout est relatif sur la terre, & qu'un froid absolu seroit presque aussi chimérique qu'une chaleur absolue. En effet l'un supposeroit dans les corps une privation totale de particules ignées, ou un repos parfait dans ces particules, naturellement agitées du mouvement le plus incompréhensible : fait physiquement impossible ; l'autre supposeroit les particules ignées dans un mouvement infiniment intense, infiniment violent, en prenant le mot *infiniment* dans le sens le plus propre & le moins métaphorique : fait métaphysiquement impossible. C'est donc d'une chaleur & d'un froid purement relatifs qu'il sera question dans la solution de ce petit probleme. Examinons d'abord si nous pouvons tirer quelques lumieres des causes générales de la chaleur & du froid ; & supposé que ces causes générales soient inutiles ou insuffisantes, étudions la nature, sondons-en les secrets, & tâchons de découvrir les causes particulieres qui concourent en totalité ou en partie à la production de ce phénomene intéressant.

La premiere, la grande cause de la chaleur & du froid, c'est sans doute la distance où se trouve du Soleil le corps plus ou moins échauffé. En effet la raison que suit la chaleur dans sa diminution est précisément la raison inverse des carrés des distances, cherchez *chaleur*. Comment donc pourroit-il se faire qu'un corps plus éloigné du Soleil ne fût pas moins échauffé que celui qui en est moins éloigné ? N'est-ce pas pour sentir plus ou moins de chaleur qu'on s'approche ou qu'on s'écarte du feu ?

Cette premiere cause me devient non - seulement inutile, mais encore préjudiciable. Le sommet des hautes montagnes dont nous parlons, est évidemment plus près du Soleil, que n'en est la surface des vallons situés aux pieds de ces montagnes ; & quoique dans un éloignement d'environ trente millions de lieues, cette différence soit comptée avec raison pour rien, ou comme pour rien, il s'ensuit du moins qu'il devroit y avoir une égalité sensible entre la chaleur qu'on éprouve au centre des vallons, & celle qu'on devroit éprouver sur le sommet des plus hautes montagnes.

La seconde cause de la chaleur & du froid est encore plus puissante que la premiere, c'est la situation plus ou moins oblique d'un pays par rapport au Soleil. S'il fait plus chaud dans la zone torride, que dans la zone tempérée, c'est que celle-là reçoit les rayons solaires beaucoup plus perpendiculairement que celle-ci.

Cette cause, toute puissante qu'elle est, me devient absolument inutile dans l'explication du phénomene proposé. La montagne & le vallon étant par supposition, sous le même degré de latitude, l'une & l'autre reçoivent nécessairement les rayons solaires avec le même degré d'obliquité.

Des corpuscules de sel & de nitre qui retardent le mouvement de la matiere ignée & qui se mêlent avec l'air que nous respirons, causent des froids insupportables dans certains pays où naturellement la chaleur devroit être considérable. La situation de Rome & de Pekin n'est-elle pas à-peu-près la même par rapport au Soleil ? Pourquoi donc fait-il si chaud à Rome & si froid à Pekin ? C'est qu'à Pekin le nitre est abondant, & qu'il est rare à Rome.

Il paroît d'abord que cette cause peut entrer dans l'explication du phénomene proposé. Elle pourroit y entrer en effet, si la question eût été proposée d'une maniere moins générale; si l'on parloit, par exemple, du degré de froid qui regne sur le sommet de telle & telle montagne, & du degré de chaleur qu'on éprouve dans tel & tel vallon. Mais dans la solution d'un probleme général l'on ne peut avoir aucun égard à ce qu'on nomme *causes purement locales*.

Il en est précisément de même de certains vents, froids pour tels pays & chauds pour tels autres. Le vent du nord, par exemple, n'est froid que pour la partie boréale du monde ; & pour la partie méridionale il a les mêmes effets, qu'a parmi nous le vent du midi. D'ailleurs les vents ne sont pas constans. Tantôt ils sont déchaînés, tantôt ils soufflent médiocrement, & tantôt l'atmosphere jouit d'un repos, sinon réel, du moins sensible. Ils ne peuvent donc servir, comme la cause précédente, qu'à expliquer le degré de froid & de chaleur qui regne en tel & tel tems sur le sommet de telle & telle montagne & sur la surface de tel & tel vallon. Mais nous demandons les causes physiques d'un froid permanent & d'une chaleur permanente ; celle qu'on tire des vents nous est donc inutile ou du moins insuffisante.

Il est des Physiciens, & M. de Mairan a été à leur tête, qui nous parlent beaucoup de la suppression totale ou partielle des exhalaisons chaudes que le feu central doit envoyer nécessairement sur la surface & dans l'atmosphere de la terre. Cette suppression leur sert même à expliquer fort heureusement bien des phénomenes qui ont un rapport immédiat avec l'état de l'atmosphere pendant l'hiver & pendant l'été ; & voilà pourquoi ils la rangent avec empressement parmi les causes générales de la chaleur & du froid.

J'admets sans peine avec eux un feu central ; j'admets encore différens feux intérieurs constamment allumés dans différens endroits du sein de la terre ; j'en trouve les preuves dans les flammes affreuses que vomissent le Mont Etna & le Mont Vésuve & dans les secousses terribles dont la terre n'est que trop souvent agitée. Je conviens avec eux que ces feux intérieurs envoient de tems en tems des exhalaisons chaudes. Mais je le demande ; quel rapport peuvent avoir ces feux intérieurs avec le phénomene proposé ? Un très-singulier, c'est que ces feux se trouvant communément dans le sein des montagnes élevées, on devroit éprouver plus de chaleur sur leur sommet, que sur la surface des vallons situés à leur pied.

Renonçons donc aux causes générales de la chaleur & du froid pour expliquer d'une maniere conforme aux loix de la Physique pourquoi l'on éprouve constamment un froid violent sur le sommet des montagnes situées dans les pays les plus chauds, après avoir éprouvé une chaleur insupportable dans les vallons qui se trouvent au pied de ces montagnes. Faisons taire pour quelques momens tout esprit de systeme, & cherchons dans les principes avoués de tous les Physiciens les causes particulieres d'un phénomene si surprenant.

J'en trouve d'abord deux qu'on doit faire entrer nécessairement dans la classe des causes purement physiques; l'une est tirée de la figure des lieux, & l'autre de l'air environnant.

Tout le monde le sait, & le fait est démontré à l'article *catoptrique :* tout miroir convexe rend divergens, & tout miroir concave rend convergens les rayons solaires. La chaleur est donc nécessairement diminuée par le premier, & nécessairement augmentée par le second. Ne soyons donc pas étonnés que la lumiere du soleil, réfléchie par les planetes, soit si affoiblie, & ne nous cause aucune sensation de chaleur; M. Bouguer prétend que la lumiere de la pleine Lune, à sa distance moyenne de la terre, est trois cent mille fois plus rare que celle du Soleil. Soyons encore moins étonnés des prodiges de chaleur qu'a produit à son foyer le fameux miroir, inventé par Kircher, *fig.* 1. *pl.* 1, & exécuté en grand par M. de Buffon; il avoit la forme concave, & il étoit composé de 168 glaces étamées, de 6 sur 8 pouces chacune, & éloignées les unes des autres de 4 lignes seulement. Ces faits supposés, voici comment je raisonne : toute montagne a la forme d'un miroir convexe, & tout vallon celle d'un miroir concave; l'on doit donc éprouver un grand froid sur le sommet des plus hautes montagnes situées dans les pays les plus chauds, après avoir éprouvé une chaleur insupportable dans les vallons situés à leur pied : premiere cause physique du phénomene proposé. La seconde me paroît encore plus puissante que la premiere; la voici en peu de mots.

L'air qu'on respire sur le sommet des hautes montagnes est un air très-rare, & celui qu'on respire dans les vallons situés à leur pied, est un air beaucoup plus dense. Que s'ensuit-il de là? Il s'ensuit évidemment que les rayons solaires, envoyés sur la terre, se dissipent très-facilement à travers l'air qu'on respire sur le sommet des hautes montagnes, & que dans les vallons ils sont répercutés sur la terre par les couches de l'air environnant, pour y entretenir un feu permanent. Cette cause, fût-elle seule, fait évanouir tout le merveilleux du phénomene proposé.

Ici l'expérience vient à l'appui de nos bonnes raisons. Nous éprouvons tous les jours qu'un réchaud de charbons à demi allumés s'éteint au Soleil & s'embrase à l'ombre. La cause physique de cet effet se présente d'elle-même : dans le premier cas les particules ignées s'échappent à travers l'air raréfié par la chaleur du Soleil, & dans le second cas elles sont renvoyées vers les charbons à demi allumés par l'air condensé que nous respirons à l'ombre.

Si pendant l'hiver le bois brûle beaucoup mieux que pendant l'été, c'est que pendant l'hiver le foyer est environné d'un air assez dense, & pendant l'été d'un air assez rare.

A ces deux causes purement physiques, j'en joins une physico-morale sur laquelle je fais beaucoup de fond, c'est le passage immédiat d'un lieu à un autre. L'endroit d'où l'on vient, est-il plus froid, que l'endroit où l'on va ? Ce dernier nous paroît chaud ; aussi éprouvons-nous une chaleur bénigne, lorsque pendant l'hiver nous entrons dans une cave dont l'entrée est exposée à toutes les rigueurs de la saison.

L'endroit au contraire d'où l'on vient est-il beaucoup plus chaud que l'endroit où l'on va ? Nous y éprouvons un froid insupportable ; l'eau tiede, toute tiede qu'elle est, paroîtroit glacée à un homme qui sortiroit de l'eau bouillante. Aussi suis-je persuadé que le froid n'est pas aussi intense qu'il le paroît sur les montagnes dont nous parlons ; il paroîtroit sans doute moins violent, si la chaleur qu'on a éprouvée dans les vallons, n'eût pas été aussi insupportable.

Voilà en deux mots mes conjectures sur les causes du phénomene proposé ; je les soumets volontiers au jugement des Physiciens, & je serai enchanté, qu'après les avoir attaquées, ils en proposent de plus raisonnables & de plus vraies. Je leur adresse de bon cœur à la fin de cet article les paroles d'un des plus grands Poëtes de l'antiquité :

Vive, vale, si quid novisti rectius istis,
Candidus imperti ; si non, his utere mecum.

FROTTEMENT. Le frottement, ou la résistance que trouve un corps qui se meut sur la surface d'un autre, est un des principaux obstacles à la conservation du mouvement primitivement imprimé. Je n'en suis pas surpris : la surface des corps, même les plus polis, n'est réellement qu'un assemblage de petites éminences & de petites cavités. Lorsque deux surfaces de cette espece se touchent, alors les éminences de l'une entrent dans les cavités de l'autre, comme il arrive à-peu-près à une pelote de velours que l'on pose sur un tapis de même étoffe. M. l'Abbé Nollet de qui nous avons pris cette comparaison, & qui nous a été d'un grand secours dans la composition de cet article, distingue deux especes de frottement. Le frottement de la premiere espece consiste à appliquer successivement les mêmes parties d'une surface à différentes parties de l'autre, comme quand on fait glisser un livre sur une table. Le frottement de la seconde espece a lieu, lorsque l'on fait toucher successivement différentes parties d'une surface à différentes parties d'une autre, comme lorsqu'on fait rouler une boule sur un billard. Tous les Physiciens conviennent que plus les surfaces qui glissent les unes sur les autres ont d'inégalités, plus aussi la résistance occasionnée par les frottemens, de quelque espece qu'ils soient, est considérable ; mais cette question de Physique contient bien d'autres points qu'il n'est pas aussi facile de décider ; voici ce que l'on peut regarder comme sûr depuis les expériences de M. Nollet.

1°. Le frottement de la premiere espece cause beaucoup plus de résistance, que celui de la seconde ; c'est pour cela sans doute que lorsqu'on craint qu'une charrette ne se précipite en descendant trop vîte, on en enraye les roues, c'est-à-dire, on les empêche de tourner sur leur axe. Tout le monde voit qu'une roue enrayée exerce sur le pavé un frottement de la premiere espece, & qu'une roue tournant sur son essieu, en exerce un de la seconde.

2°. Le frottement augmente par l'augmentation des surfaces, toutes choses égales d'ailleurs. Pourquoi ? Parce que l'inégalité des surfaces étant la cause premiere des frottemens, l'on ne peut pas augmenter l'étendue qui frotte, sans faire croître le nombre de ces inégalités. Muschembroek raconte qu'il fit mouvoir sur le sapin deux planches du même bois dont l'une avoit environ trois pouces de largeur sur 13 de longueur, & l'autre un pouce de largeur avec la même longueur, & il nous assure que la premiere éprouva un frottement de 22, & la ſeconde de 17 dragmes. Ces deux planches n'étoient chargées chacune que d'un poids de 10 onces. *Tom.* 1. *pag.* 176 *& ſuivantes.* Voilà pourquoi une eau emmenée par un tuyau cylindrique dont le diametre eſt de deux pouces, éprouve moins de frottement, que ſi elle étoit emmenée par un tuyau cylindrique dont le diametre ne fût que d'un pouce. En effet le premier tuyau, avec une circonférence ſeulement double, contient 4 fois plus d'eau, que le ſecond; donc l'eau emmenée par le premier tuyau doit éprouver moins de frottement, que ſi elle eût été emmenée par le ſecond.

3°. La preſſion fait croître la réſiſtance du frottement, de quelque eſpece qu'il ſoit. Pourquoi? parce que lorſque la preſſion augmente, les parties qui s'engagent mutuellement, s'engagent bien plus avant, & réſiſtent davantage au mouvement qui tend à les ſéparer. Le même Muſchembroek raconte, à l'endroit déjà cité, qu'il reprit la moins large des deux planches dont nous avons parlé, & qu'il la chargea ſucceſſivement d'un poids de 3 & de 6 livres. Chargée d'un poids de 3 livres, elle n'éprouva qu'un frottement de 8 onces & 6 dragmes; mais elle éprouva un frottement à-peu-près double, lorſqu'elle fut chargée d'un poids de 6 livres. C'eſt pour cela ſans doute que les machines qui font leur effet en petit, ne le font pas toujours, lorſqu'on vient à les exécuter en grand. Tout le monde voit que dans les modeles, le frottement occaſionné par la preſſion eſt, pour ainſi dire, inſenſible, & que dans la machine exécutée en grand, il eſt pour l'ordinaire très-conſidérable.

4°. A proportioons égales, la réſiſtance des frottemens augmente plus conſidérablement par les preſſions, que par les ſurfaces: M. Nollet a éprouvé qu'en doublant les ſurfaces, la réſiſtance des frottemens n'augmente que d'environ un quart, & qu'en doublant les preſſions, elle augmente de près de la moitié.

5°. Les ſurfaces des corps hétérogenes, ſont, toutes choſes d'ailleurs égales, ſujettes à un moindre frottement réciproque que celles des corps homogenes. Ainſi le cuivre & l'acier s'uſent moins que le cuivre qui gliſſe ſur le cuivre, ou l'acier ſur l'acier. Pourquoi? Parce que des corps faits d'une même matiere, ayant des éminences & des cavités tout-à-fait ſemblables, il eſt très-facile que celles-là ne soient pas faites pour s'engrener avec aisance dans celles-ci ; ce qui n'arrive guere à deux corps faits de différente matiere. Muschembroek fit mouvoir un essieu d'acier dans différens bassinets d'acier, de cuivre rouge & de plomb. Cet essieu passoit par un disque de 4 pouces de diametre. Il éprouva que, lorsque le disque étoit chargé de 3 livres, les frottemens de l'essieu contre les différens bassinets étoient de 21, 15 & 10 dragmes. L'on peut tirer de ces 5 regles un grand nombre de conséquences pratiques ; nous allons rapporter les principales.

Premiere Conséquence. Lorsque l'on veut diminuer la résistance des frottemens, on doit enduire les surfaces de quelque matiere grasse ; par ce moyen on remplit les inégalités les plus grossieres, & on rend les surfaces plus propres à glisser l'une sur l'autre ; aussi graisse-t-on les moyeux des roues ; met-on de l'huile aux charnieres, &c.

Deuxieme Conséquence. Les habits & les meubles, à cause des frottemens auxquels ils sont exposés, ne peuvent durer qu'un certain tems.

Troisieme Conséquence. Les rasoirs, les couteaux, les haches, &c. perdent bientôt par les frottemens le fil de leur tranchant.

Quatrieme Conséquence. Les matieres les plus dures sont figurées au gré de l'ouvrier par les frottemens de la lime.

Cinquieme Conséquence. Les jets d'eau, à cause des frottemens, ne s'élevent jamais à la hauteur à laquelle ils devroient monter, eu égard à leur quantité du mouvement.

Sixieme Conséquence. Les voitures à 4 roues, comme les chariots & les carrosses, éprouvent moins de frottement que les voitures à 2 roues, comme les charrettes & les chaises. La raison en est évidente. Dans les voitures à 4 roues les essieux sont beaucoup moins matériels, que dans les voitures à 2 roues. D'ailleurs le poids dans celles-ci ne portant que sur deux parties, & dans celles-là sur quatre ; la pression qui se fait sur les parties de l'essieu doit être beaucoup plus grande dans les charrettes ; que dans les carrosses.

Septieme Conséquence. Les voitures à 4 roues égales

éprouvent moins de frottement ; que les voitures à 4 roues inégales, parce que, dans un tems donné, les petites roues tournent plus souvent sur leur axe que les grandes.

Pour donner à cet important article toute l'étendue dont il est susceptible, il faudroit considérer les frottemens dans les machines, & en calculer les effets ; il faudroit encore donner des regles pour le calcul de la résistance des cordes. Nous renvoyons le premier de ces calculs à l'article de la *Mécanique*. Pour le second, nous l'entreprendrons, lorsque nous aurons fait remarquer que les cordes que les ouvriers sont obligés d'employer, ont une pesanteur toujours réelle, quelquefois énorme, témoins les cables des barques & des vaisseaux ; qu'elles ont dans les machines ordinaires un diametre de plusieurs lignes, & de plusieurs pouces dans les grandes machines ; qu'elles ont enfin, soit à raison de la matiere dont elles sont composées, soit à raison des poids qu'elles soutiennent, une roideur qui n'approche que trop souvent de l'inflexibilité. Les cordes opposent donc dans la pratique trois especes de résistances, l'une vient de leur pesanteur, l'autre de leur diametre, & la troisieme de leur roideur. Les regles suivantes sont autant de moyens infaillibles de les évaluer avec la derniere exactitude.

Regle I. La résistance des cordes est en raison directe de leur pesanteur. L'on en voit la raison ; tout poids réel appliqué à une machine, oppose une résistance d'autant plus grande, qu'il est lui-même plus grand ; mais la pesanteur des cordes est un poids réel appliqué à une machine ; donc elle oppose une résistance d'autant plus grande, qu'elle est elle-même plus considérable ; donc la résistance des cordes est d'abord en raison directe de leur pesanteur.

Ajoutez à cela qu'une corde plus pesante cause une plus grande pression, & qu'une plus grande pression occasionne un plus grand frottement, & concluez de-là que dans la pratique les cordes légeres sont préférables aux cordes pesantes, lorsque celles-là sont capables de soutenir le poids que l'on veut transporter d'un lieu à un autre.

Regle II. La résistance des cordes est en raison directe de leurs diametres. En voici la raison physique. Dans la plupart des machines les cordes s'entortillent autour d'un cylindre dans l'axe duquel se trouve le point d'appui ; tel est, par exemple, le *Tour.* Ces cordes ainsi entortillées ne font plus qu'un *tout* avec le cylindre, dont elles augmentent très-sensiblement le rayon. Cela supposé, voici comment je raisonne. Plus le diametre d'une corde est considérable, plus elle augmente le rayon du cylindre autour duquel on est obligé de la rouler. Plus le rayon du cylindre est augmenté, plus le poids attaché à la corde se trouve éloigné du point d'appui. Plus le poids est éloigné du point d'appui, plus il acquiert de vîtesse. Plus il acquiert de vîtesse, plus il a de force. Plus il a de force, plus il est difficile de le remuer. Donc plus le diametre d'une corde est considérable, plus elle oppose de résistance ; donc la résistance des cordes est en raison directe de leurs diametres. Aussi l'expérience nous apprend-elle que, tout le reste étant égal, une corde de 2 lignes de diametre oppose une résistance précisément double de celle qu'oppose une corde de 1 ligne de diametre.

Regle III. La résistance d'une corde est en raison directe de sa roideur. Je viens de faire remarquer, que dans la plupart des machines les cordes s'entortilloient autour de quelque cylindre. Or plus une corde est roide, plus l'entortillement dont je viens de parler, est difficile. Donc plus une corde est roide, plus grande est la résistance qu'elle oppose. Donc la résistance d'une corde est en raison directe de sa roideur. Aussi a-t-on coutume de mouiller les cordes, lorsqu'on s'apperçoit qu'elles n'ont pas assez de flexibilité.

Regle IV. La roideur des cordes, toutes choses égales d'ailleurs, est en raison directe des poids qu'elles soutiennent. Supposons deux cordes d'un égal diametre, faites de la même matiere. Supposons encore que la premiere soutienne un poids de 4, & la seconde un poids de 2 livres ; je dis que la roideur de la premiere : à la roideur de la seconde :: 4 : 2. Je le démontre.

La roideur des cordes dépend de leur tension ; mais la tension est toujours en raison directe des poids soutenus ; donc la roideur des cordes est toujours en raison directe des poids qu'elles tiennent suspendus. M. Amontons, Membre de l'Académie Royale des Sciences de Paris, a éprouvé (*Mémoires de cette Académie, ann.* 1699, *pag.* 218) que 45 onces ayant surmonté la résistance occasionnée par la roideur de deux cordes de 3 lignes chacune de diametre, chargées d'un poids de 20 livres, & tournées autour d'un cylindre de 6 lignes de diametre, il lui avoit fallu 90 onces pour surmonter cette même résistance, lorsque les deux cordes étoient chargées d'un poids de 40 livres. Or 20 livres : 40 livres :: 45 onces : 90 onces. Donc la roideur des cordes, toutes choses égales d'ailleurs, est en raison directe des poids qu'elles soutiennent.

Corollaire. La résistance des cordes, totalement prise, est en raison composée directe de leur pesanteur, de leur diametre & de leur roideur. C'est-à-dire, que si, *par exemple*, la pesanteur, le diametre & la roideur de la corde A est double de la pesanteur, du diametre & de la roideur de la corde B, la résistance de la corde A : à la résistance de la corde B :: $2 \times 2 \times 2 = 8 : 1 \times 1 \times 1 = 1$. Terminons cet article par le catalogue des plus grands poids que puissent soutenir les cordes de chanvre de différent diametre; il a été construit par M. Amontons.

Diametres.	Poids.	Diametres.	Poids.
1 ligne. . .	100 livres	12 lignes. .	20000 livres
2.	400	15	30000
3.	900	18	40000
4.	2000	21	50000
5.	3000	23	60000
6.	4000	25	70000
7.	5000	27	80000
8.	6000	29	90000
9.	8000	30	100000
10.	10000		

FRUIT. C'est la partie de la plante destinée à contenir & à conserver la graine. La pulpe, c'est-à-dire, la chair du fruit est formée par ce qu'il y a de plus délicat & de plus délié dans les sucs nourriciers : aussi doit-elle servir de premiere nourriture au germe développé dans le sein de la terre.

FUMÉE. C'eſt un composé d'air, d'eau & d'huiles raréfiées qu'il eſt très-facile de convertir en flamme. Il ne faut pour cela qu'une bougie allumée miſe à côté d'une bougie nouvellement éteinte. L'action de la fumée ſur les lames de tole qu'elle rencontre ſur ſon paſſage & qu'elle trouvé penchées du même ſens, eſt ſemblable à celle de l'air ſur les voiles des moulins à vent. Auſſi peut-on dire que le mouvement de certains tournebroches dépend autant de l'impulſion de la fumée, que le mouvement de certains moulins dépend de l'impulſion du vent. On nomme les premiers *tournebroches à fumée*, & les ſeconds *moulins à vent.*

L'on demande quelquefois ſi la fumée que l'on voit s'élever dans les airs, a de la peſanteur ; autant vaudroit-il demander ſi les vaiſſeaux de guerre que l'on voit ſurnager, ſont des corps peſans ou légers. La fumée tend, comme tous les corps, vers le centre de la terre ; ſi elle s'éleve dans les airs, c'eſt qu'elle eſt plus légere que le fluide dans lequel elle ſe trouve.

FUSIL-A-VENT. Quiconque a vu des fuſils-à-vent, a dû s'appercevoir qu'un air extraordinairement comprimé par le moyen d'une pompe ſoulante logée dans la croſſe, y tient lieu de poudre & chaſſe une balle qui va porter la mort à 70 pas. Qu'on liſe ce que nous avons dit ſur l'air, & l'on trouvera la raiſon phyſique de ce phénomene.

FUSIL ÉLECTRIQUE. Mettez au fond d'une bouteille de verre, appellée communément *taupete*, une once de limaille de fer, d'où vous aurez ſéparé toute partie hétérogene : jettez un peu d'eau ſur cette limaille : verſez ſur ce mélange une quantité proportionnée d'excellente huile de vitriol ; le tout fermentera violemment & il en ſortira une vapeur aſſez épaiſſe dont nous avons parlé très au long à l'article *Air inflammable.* Introduiſez une partie de cette vapeur dans une bouteille d'étain, dont nous ferons bientôt la deſcription ; elle ſera ſuffiſamment chargée, lorſqu'elle contiendra deux tiers d'air inflammable & un tiers d'air atmoſphérique. Bouchez fortement cette bouteille avec un bouchon de liege. Mettez en mouvement la machine électrique ; & lorſque vous en tirerez des bluettes, au moins médiocres, préſentez au conducteur de la machine le fil d'archal dont eſt garni le fond de la bouteille d'étain ; le bouchon partira avec un bruit semblable à celui d'un pistolet bien chargé ; & si le bouchon étoit garni d'une balle, il tueroit un homme, placé à 30 ou 40 pas. C'est-là ce que j'appelle *Fusil électrique.*

L'explication de ce terrible phénomene se présente comme d'elle-même à quiconque connoît le ressort de l'air atmosphérique & la nature de l'air inflammable. La bluette électrique enflamme la vapeur extraite de la limaille de fer par le moyen de l'huile de vitriol. Cette vapeur enflammée dilate l'air atmosphérique contenu dans la capacité de la bouteille d'étain. Cet air dilaté tend à occuper un plus grand espace, & fait partir par-là même le bouchon de liege avec le bruit le plus effrayant.

Le corps de la bouteille d'étain dont nous venons de parler, est de forme sphérique. Le diametre de celle dont je me sers, est de deux pouces & demi. La longueur de son col est d'un pouce & un quart, & l'ouverture de son goulot de trois quarts de pouce. Le fond de cette bouteille est percé par un fil d'archal jaune qu'on recourbe, & qu'on fait monter en dedans jusqu'au centre ; il est aussi recourbé en dehors en forme de petit anneau. Ce fil d'archal ne communique pas avec l'étain ; on l'isole par le moyen d'un verre de barometre. Le tout est mastiqué de maniere que l'air ne puisse pas sortir par le fond de la bouteille ; la cire d'Espagne peut servir de mastic.

Remarque. Lorsqu'on veut faire cette expérience avec un air de mystere, voici comment il faut s'y prendre. Remplissez d'air inflammable une bouteille de verre dont le goulot soit semblable à celui de la bouteille d'étain, & servez-vous, pour la remplir, de la méthode indiquée à l'article, *airs factices*. Remplissez de millets les deux tiers de la capacité de la bouteille d'étain. Présentez le goulot de celle-ci au goulot de la bouteille de verre ; le millet tombera, & l'air inflammable montera nécessairement, pour occuper l'espace qu'occupoit auparavant le millet. Bouchez la bouteille d'étain, & opérez pour tout le reste, comme nous avons dit ci-dessus.

G

GALIEN (Claude) *que la Faculté met à côté d'Hippocrate, naquit à Pergame environ l'an* 131 *de J. C.* L'Empereur Marc-Aurele l'appella à Rome d'où il fut obligé de sortir après la mort de ce Prince; les guérisons surprenantes qu'il y opéroit, le firent accuser de magie. L'on assure que Galien a composé 200 volumes dont la plupart furent brûlés lors de l'embrasement du Temple de la Paix. Ceux qui nous restent, ont été rassemblés en 8 volumes *in-folio.* Notre professiou nous dispense de prononcer sur le mérite de ces ouvrages. Il me paroît cependant que tous les traités qu'on a publié depuis Galien sur le corps humain, peuvent être regardés comme une espece d'abrégé de ce qu'il a dit sur cette matiere, surtout dans son bel ouvrage intitulé *de usu partium corporis humani.* Il me paroît encore que la circulation du sang ne lui a pas été tout-à-fait inconnue. Peut-être me trompé-je; mais je demande aux maîtres de l'art ce que veut dire Galien, lorsqu'il assure dans son traité sur les arteres & sur les veines, *page* 198, que la veine cave est comme le tronc d'où partent les veines, & que celles-ci portent le sang dans toutes les parties du corps humain. *Ab eâ etiam aliæ propagantur, quæ in omnes corporis partes sanguinem rivant.* Je demande encore pourquoi, s'il n'a point eu d'idée de la circulation du sang, il fait un livre entier pour prouver que le sang se trouve aussi bien dans les arteres que dans les veines. Je demande enfin (c'est ici le texte qui m'a le plus frappé) pourquoi *dans le livre 4e. de usu partium corporis humani*, page 507, il prononce que la veine cave fait par rapport au sang ce que les aqueducs ordinaires font par rapport à l'eau. *Diceres sanè ceu aquæ ductum quemdam plenum sanguine, ipsam esse, rivosque quàm plurimos à se manantes habere parvos & magnos in omnes particulas animalis distributos.* Mais je le répete; qu'elle que soit l'attention que nous ayons apportée à la lecture de Galien, quelque plaisir que nous ayons eu en méditant sur les ouvrages de ce grand homme, nous ne devons nous permettre que des conjectures ; nous laissons aux Médecins la décision d'un procès dont les Anglois ne doivent pas être les juges ; ils sont trop intéressés à nous faire regarder Harvée comme l'inventeur de la circulation du sang. Galien mourut, à ce que l'on croit, à Pergame dans un âge fort avancé. Il assure lui-même qu'il avoit le tempérament très-foible & très-délicat ; aussi ne parvint-il à une extrême vieillesse, que parce que la frugalité fut comme la base de son régime de vie. L'on dit qu'il ne sortit jamais de table sans avoir un reste d'appétit.

GALILÉE, *Premier Philosophe & premier Mathématicien du grand Duc de Toscane Cosme II, naquit à Florence en l'année* 1564. C'est-là un de ces noms, qu'on ne prononce en Physique qu'avec le plus grand respect & la plus vive reconnoissance. Le monde savant n'oubliera jamais les précieuses découvertes dont il lui est redevable. Si nous savons maintenant que l'accélération de vîtesse dans la chute des corps graves se fait suivant la proportion arithmétique des nombres impairs 1, 3, 5, 7, &c. ; si nous avons des lunettes & des pendules d'observation ; si nous connoissons les 4 Satellites qui tournent autour de Jupiter, nous le devons à l'immortel Galilée. Ce savant dans son livre intitulé *Dialogus de Systemate Mundi*, terrasse *Ptolomée* & *Tychon*, pour faire triompher *Copernic*. Tout le monde sait les affaires fâcheuses que lui attira cette querelle philosophique. Nous ne pouvons nous empêcher de faire remarquer que Galilée parla trop hardiment dans un tems où l'on croyoit trouver dans la Sainte Ecriture des preuves évidentes de l'immobilité de la terre au centre du monde, & de la mobilité du Soleil dans le Zodiaque. Il auroit dû se contenter de dire que les systemes de Ptolomée & de Tychon sont faux, & que, dans l'hypothese de la terre mobile dans l'écliptique, l'on explique sans peine & d'une maniere très-naturelle tous les phénomenes physiques & astronomiques que nous présente le Ciel. Ce sentiment modéré est conforme au décret de la sacrée Congrégation tenue à Rome en 1620. Ce décret porte qu'il sera permis en Physique de supposer le mouvement de la terre, & de le défendre comme une hypothese. Galilée mourut à Florence en 1642, à l'âge de 78 ans. Son assiduité à observer les astres lui fit perdre la vue 3 ans avant sa mort.

GASSENDI,

GASSENDI, (Pierre) *l'un des plus grands Philosophes que la France ait produit, naquit à Chanterſier, Bourg de Provence dans le Dioceſe de Digne*, le 22 *Janvier* 1592. C'eſt-là un de ces hommes dont le mérite eſt toujours ſupérieur à toute eſpece d'éloge, quelque exagéré qu'il paroiſſe; auſſi nous contenterons-nous, avant que d'expoſer ſon ſyſteme général de Phyſique, de raconter d'une maniere purement chronologique les principaux traits de ſa vie; leur nombre & leur ſingularité formeront un tableau plus frappant & plus intéreſſant, que toutes les réflexions que nous pourrions faire. Dès l'âge de 4 ans le plus grand plaiſir qu'eut Gaſſendi, fut celui qu'il goûtoit, lorſqu'il pouvoit pendant la nuit, obſerver les aſtres qui roulent ſur nos têtes. Il étoit alors comme ravi en extaſe. Cette paſſion naiſſante jetta plus d'une fois ſes parens dans l'inquiétude la plus cruelle. Ils craignoient que cet enfant ne s'adonnât dans la ſuite à l'infame ſcience de l'aſtrologie judiciaire qui n'étoit alors que trop à la mode. A l'âge de 16 ans Gaſſendi fut nommé Profeſſeur de Rhétorique à Digne; & à l'âge de 19 ans Profeſſeur de Philoſophie à Aix. Il ne quitta cette chaire, que pour ſe préparer à la prêtriſe qu'il reçut avec toute la piété poſſible. A peine fut-il initié au ſacerdoce, qu'il fut pourvu d'un canonicat, & quelque tems après de la prévôté de l'Égliſe Cathédrale de Digne. Dès qu'il fut paiſible poſſeſſeur de ce bénéfice, il s'adonna plus que jamais à l'étude de la Philoſophie. Nous devons à ſon loiſir & à ſon amour pour cette ſcience un très-grand nombre d'excellens ouvrages dont il ſeroit trop long de faire ici le détail. Les principaux ſont une Phyſique complete, une très-bonne Aſtronomie, un grand nombre de lettres ſur des ſujets ou phyſiques ou phyſico-mathématiques de la derniere importance; les Vies d'Épicure, de Tycho-Brahé, de Copernic, &c. On n'exige pas de nous que nous donnions ici l'analyſe de tous ces chefs-d'œuvre; mais ce qu'on exige, c'eſt que nous faſſions connoître le ſyſteme général de Phyſique que Gaſſendi crut devoir embraſſer. Le voici. 1°. Il ſuppoſe que le Tout-Puiſſant a créé, au commencement des tems, un nombre preſque infini d'atomes de différente groſſeur & de différente figure. 2°. Il prétend que ces atomes, inaltérables dans leur groſſeur & dans leur figure, font abſolument indiviſibles. 3°. Il veut que le Créateur leur ait communiqué toute ſorte de mouvemens, & ſurtout la force de s'accrocher & de ſe ſéparer, ſuivant le beſoin de l'univers. 4°. Il ſoutient que ces atomes ſe meuvent dans le vuide qu'il regarde comme une pure condition, & non pas comme une cauſe & un principe. 5°. Il donne ces atomes comme la matiere de toutes les ſubſtances corporelles dont ce monde eſt compoſé. Tel eſt le fond du ſyſteme de Gaſſendi. Si ce rare génie eût vécu de nos jours, il ne ſe ſeroit pas amuſé à rechercher des cauſes à la connoiſſance deſquelles l'eſprit humain ne pourra jamais parvenir. Toute explication phyſique qui n'a pas pour baſe une expérience conſtatée, ou une loi de mécanique avouée de tout le monde, eſt au moins arbitraire, pour ne pas dire romaneſque. Gaſſendi 10 ans avant ſa mort, fut nommé Profeſſeur de Mathématique au Collége Royal: ce fut le Cardinal de Richelieu, Archevêque de Lyon, qui lui procura cette chaire: pouvoit-il la faire remplir par un plus grand ſujet? Il l'occupa juſqu'à ſa mort arrivée à Paris le 24 Octobre 1655; il ne couroit alors que ſa 64e. année.

GASTALDY (Jean-Baptiſte) *Conſeiller Médecin ordinaire du Roi, Docteur agrégé & Doyen de la Faculté de Médecine d'Avignon, Médecin ordinaire des Vice-Légats, Archevêques & Hôpitaux de la même ville, naquit à Siſteron en l'année* 1674. Il occupa pendant plus de 40 ans avec diſtinction la premiere chaire de Médecine de l'Univerſité d'Avignon. Ce fut en qualité de Profeſſeur qu'en l'année 1713 il donna au Public un Ouvrage Phyſico-Anatomique dont on ne ſauroit trop conſeiller la lecture aux jeunes Etudians en Médecine. Il a pour titre: *Inſtitutiones Medicinæ Phyſico-Anatomicæ, juxtà Neotericorum mentem & nuperrima clariſſimorum Phyſicorum ac Medicorum experimenta, &c.* Dès l'entrée l'Auteur ſe déclare partiſan zélé de Deſcartes dont il rend les penſées en très-beau & très-bon latin. L'on trouve dans cet ouvrage, outre beaucoup d'ordre & beaucoup de clarté, des choſes très-phyſiques ſur les *élémens*, les *temperamens*, le *chyle*, le *ſang*, les *eſprits vitaux*, *la fermentation*, &c. M. Caſtaldy mourut à Avignon en l'année 1747, à l'âge de 73 ans, extrêmement regretté d'un public dont il avoit, & dont il méritoit toute la confiance. Son fils

& son petit-fils ; tous les deux Docteurs aggrégés à la Faculté de Médecine de l'Université d'Avignon, sont une preuve bien sensible de ce qu'on dit quelquefois, qu'il est des familles où la science de la Médecine est comme héréditaire.

GAUTRUCHE, (Pierre) *se distingua dans la Compagnie de Jesus par un goût décidé pour les hautes Sciences.* Il fit imprimer en l'année 1661 un Cours Physico-Mathématique dont nous ne saurions nous dispenser de rendre compte. L'on y trouve de très-bons traités élémentaires d'*Arithmétique*, de *Géométrie spéculative & pratique*, de *Sphere*, d'*Astronomie*, de *Gnomonique*, de *Chronologie*, de *Géographie* & d'*Optique*. Ces connoissances qui dans ce tems-ci ne suffiroient pas à un Mathématicien médiocre, supposoient alors un grand homme. La partie mathématique est sans contredit ce qu'il y a de meilleur dans l'ouvrage du Pere Gautruche. Sa Physique générale n'est qu'un ramas d'assertions péripatéticiennes sur la *matiere premiere*, les *formes substantielles*, l'*infini*. Sa Physique particuliere contient des choses plus intéressantes. Mais l'on s'apperçoit toujours du penchant de l'Auteur pour le Péripatétisme. C'est un penchant bien pardonnable dans un siecle où l'on regardoit Aristote comme infaillible, & Descartes comme un hérétique. On ne peut pas refuser au P. Gautruche la gloire d'avoir écrit avec beaucoup d'élégance, beaucoup de méthode, beaucoup de clarté & beaucoup de précision.

GAZ. Cherchez *airs factices* ; c'est-là leur nom générique.

GEOFFROI, (Etienne François) *naquit à Paris le 13 Février 1672.* Après avoir fait ses Cours de Physique, de Botanique, de Chimie & d'Anatomie, de maniere à se faire admirer de MM. Cassini, Duverney & Homberg, il voyagea dans le dessein de voir les Savans de l'Europe. La maniere dont il se montra à Londres, lui mérita une place dans la Société Royale de cette ville ; il n'avoit alors que 25 ans. Il revint à Paris quelques mois après ; & il fut reçu Membre de l'Académie Royale des Sciences. Il n'avoit encore aucun état : il se détermina pour celui de la Médecine, & il prit le bonnet de Docteur en l'année 1704. En 1709 le Roi le nomma Professeur de Médecine au Collége Royal, & en 1712

Professeur en Chimie au Jardin Royal. Si M. Geoffroi éprouva qu'il est difficile de succéder à d'aussi grands hommes que MM. de Tournefort & Fagon, le public éprouva à son tour qu'il ne fait pas toujours, à la mort des plus grands hommes, des pertes irréparables. Ce qu'il dicta à ses Auditeurs, a été recueilli avec soin, & donné au public en 7 volumes *in-12*, sous le titre de *matiere médicale*. Le tome premier est un traité de *minéralogie*. Les 6 autres sont sur les *végétaux*. Il comptoit donner une Botanique complete par ordre alphabétique. Il en étoit arrivé à la *Mélisse*, lorsque la mort l'enleva le 6 Janvier 1731, à l'âge de 59 ans. On convient que tout ce qu'il a fait, est marqué au coin de l'immortalité. Aussi n'est-ce que 20 ans après sa mort qu'on a trouvé un continuateur à sa Botanique; tant on regardoit comme dangereux de se mettre en parallele avec M. Geoffroi.

GÉOMÉTRIE. Nous prenons ici la *Géométrie*, non pas précisément pour une science qui apprend à mesurer la terre, mais pour une science qui démontre les propriétés de l'étendue; & c'est dans ce sens qu'on doit la regarder comme absolument nécessaire à un Physicien. Il n'est rien de comparable à la Géométrie d'*Euclide*; ce sera surtout dans les ouvrages de cet Auteur, que nous puiserons tout ce que nous avons à dire dans ce long & important article.

Des vérités fondamentales de la Géométrie.

Les vérités fondamentales de la Géométrie sont des *définitions*, des *axiomes* & des *suppositions*.

Définitions.

Définition premiere. On nomme *solide* toute grandeur dont on considere les 3 dimensions, je veux dire, la longueur, la largeur & la profondeur, ou l'épaisseur. Demande-t-on, par exemple, quel est le poids d'un corps? Ce corps est alors considéré comme un *solide*; parce que plus il sera long, large & profond, ou épais, plus son poids sera considérable.

Définition seconde. La *surface* est une grandeur dont on ne considere que la longueur & la largeur. Arpentet-on une terre ? On la prend pour une surface ; parce que plus elle aura de longueur & de largeur, plus grand sera le nombre d'arpens qu'elle contiendra. Il n'est pas nécessaire de faire remarquer que sa profondeur ne peut augmenter ni diminuer en aucune maniere son étendue.

Définition troisieme. La *ligne* est une grandeur dont on ne considere que la longueur. Demande-t-on combien une tour est éloignée d'une autre ? L'espace qui les sépare, se prend alors pour une ligne, parce que plus il sera long, plus les tours seront éloignées.

Définition quatrieme. Le *point* est ce dont on ne considere ni la longueur, ni la largeur, ni la profondeur. Les deux tours dont nous venons de parler, par exemple, sont regardées comme deux points, parce qu'il n'est pas nécessaire de connoître leur longueur, leur largeur & leur épaisseur, pour se former une idée nette de leur éloignement. Les points terminent la ligne qui n'est qu'une suite de points. Les lignes terminent la surface qui n'est qu'une suite de lignes, & les surfaces terminent le solide qui n'est qu'un tas de surfaces mises les unes sur les autres.

Définition cinquieme. La *ligne droite* est celle qui va directement & par le plus court chemin d'un point à un autre : la *ligne courbe* est celle qui ne va pas directement d'un point à un autre. La ligne BC, *fig.* 9, *pl.* 1, est droite, & la ligne BHC est courbe.

Définition sixieme. On nomme *angle*, l'ouverture de deux lignes qui se touchent en un point, & qui ne forment pas une même ligne. Les deux lignes ED & FD, *fig.* 10, *pl.* 1, qui se rencontrent au point D, forment l'angle EDF.

Remarquez que, lorsqu'on désigne un angle par 3 lettres, celle du milieu marque le sommet de cet angle.

Définition septieme. Le *cercle* est une figure dont toutes les extrémités sont éloignées d'un de ses points que l'on nomme le *centre*. La figure 12 de la planche 1, par exemple, représente un vrai cercle. La *circonférence* de ce cercle est la ligne courbe ABCD qui l'entoure ; son *centre* est le point E ; ses *rayons* EA, EB, EC & ED, sont des lignes droites égales entr'elles qui sont tirées du centre à la circonférence ; ses *diametres* AEB & CED sont des lignes droites égales entr'elles, qui passent par le centre & qui vont aboutir à deux points directement opposés de la circonférence ; un *arc* est une partie de la circonférence, comme CA, ou AD ; un *secteur* est une figure mixte composée de deux rayons & de l'arc compris entre ces deux rayons, comme AED, ou DEB ; la *tangente* est une ligne qui étant prolongée même des deux côtés, touche le cercle sans le couper ; la *sécante* au contraire coupe la circonférence.

Définition huitieme. On nomme *segment* d'un cercle une partie de la circonférence terminée par une ligne droite, & cette ligne droite s'appelle *corde*. L'arc BHC, *fig.* 12, *pl.* 1, est un vrai segment dont la ligne BC est la corde.

Définition neuvieme. Un angle est dans un segment, lorsque la corde de ce segment lui sert de base. L'angle BEC, *fig.* 12, *pl.* 1, est dans le segment BHC.

Définition dixieme. Deux cercles égaux sont ceux qui ont ou leurs rayons, ou leurs diametres égaux.

Définition onzieme. Les arcs sont les mesures des angles. Pour mesurer, par exemple, l'angle AED, *fig.* 12, *pl.* 1, prenez le sommet E de cet angle pour centre d'un cercle que vous décrirez *à volonté*, & dont vous diviserez la circonférence en 360 parties égales que vous appellerez *degrés* ; comptez ensuite combien de ces parties égales contient l'arc AD ; & s'il en contient 40 ou 50, vous conclurez que l'angle AED est de 40 ou de 50 degrés.

Définition douzieme. L'*angle droit* a 90 degrés, & par conséquent il est mesuré par le quart de la circonférence du cercle ; l'*angle obtus* mesuré par un arc plus grand que le quart de la circonférence, a plus de 90 degrés ; & l'*angle aigu* mesuré par un arc moindre que le quart de la circonférence, a moins de 90 degrés. L'angle ACS, *fig.* 17, *pl.* 1, est droit ; l'angle MCA est aigu, & l'angle MCS est obtus.

Définition treizieme. Une ligne est *perpendiculaire* sur une autre, lorsqu'elle ne penche pas plus d'un côté que de l'autre ; ou, pour parler géométriquement, deux lignes sont perpendiculaires l'une sur l'autre, lorsqu'elles forment un angle droit. La ligne AC, *fig.* 17, *pl.* 1, est perpendiculaire sur la ligne CS.

Définition quatorzieme. Deux lignes sont *paralleles*, lorsq que toutes les lignes perpendiculaires que l'on peut tirer entre deux, sont égales entre elles. Sur ce principe les deux lignes AB & CD, *fig.* 13, *pl.* 1, sont paralleles.

Définition quinzieme. Un *triangle rectiligne* est une figure terminée de 3 lignes droites. Les fig. 9, 10, 11 de la planche 1, vous donnent 6 triangles rectilignes ; si les 3 lignes sont égales, le triangle est *équilatéral* ; s'il y en a deux d'égales, il est *isocele* ; si elles sont toutes inégales, il est *scalene*.

Le triangle se divise aussi en *rectangle*, *obtusangle* & *acutangle*. Le premier a un angle *droit*, le second un angle *obtus*, & le troisieme tous ses angles *aigus*.

Remarquez que lorsqu'on compare un triangle avec un autre, les côtés correspondans, par exemple, les deux bases, s'appellent *côtés homologues*.

Définition seizieme. Un *véritable quadrilatere* est une figure composée de 4 angles & de 4 côtés paralleles de deux en deux. Les figures 15 & 16 de la planche 1 vous fournissent plusieurs quadrilateres de ce genre. Les Géometres en comptent 4 especes, le *carré*, le *carré long*, le *rhombe* & le *rhomboïde*. Le *carré* a tous ses côtés égaux & tous ses angles droits. Le *carré long* a tous ses angles droits, mais il n'a que ses côtés opposés égaux. Le *rhombe* a ses côtés égaux, mais il n'a pas ses angles droits. Le *rhomboïde* n'a pas ses angles droits, & il n'a que ses côtés opposés égaux.

Remarquez que tout véritable quadrilatere a le nom de *parallélogramme*.

Définition dix-septieme. Une *diagonale* est une ligne droite tirée d'un angle d'un véritable quadrilatere à l'angle qui lui est directement opposé. Telle est la ligne BD, *fig.* 15, *pl.* 1.

Définition dix-huitieme. On donne le nom de *proposition* à toute vérité qui a besoin d'être démontrée. Il en est de différente espece. Les vérités purement spéculatives s'appellent *théoremes* ; les *problemes* nous apprennent à faire quelque opération ; un *lemme* est une vérité prise seulement pour en démontrer une autre ; un *corollaire* est comme le fruit qu'on doit recueillir d'une proposition démontrée.

Définition dix-neuvieme. Les axiomes sont des vérités connues de tout le monde.

Axiomes principaux.

1°. Le tout eſt plus grand qu'aucune de ſes parties.

2°. Deux grandeurs égales à une troiſieme, ſont égales entr'elles.

3°. Si on augmente ou ſi on diminue également deux choſes égales ; elles reſteront égales ; mais ſi on les augmente ou ſi on les diminue inégalement, elles deviendront inégales.

4°. Les quantités doubles, triples, quadruples, &c. de quantités égales, ſont égales entr'elles.

5°. Les quantités qui ſont les moitiés, les tiers, les quarts de quantités égales, ſont égales entr'elles.

6°. Deux lignes, deux figures, &c. ſont égales, lorſqu'étant miſes l'une ſur l'autre, elles conviennent parfaitement, c'eſt-à-dire, lorſque celle qui eſt par-deſſus couvre exactement celle qui eſt par-deſſous.

7°. Deux lignes droites ne ſauroient renfermer un eſpace.

Suppoſitions.

1°. D'un point quelconque à un point quelconque on peut tirer une ligne droite.

2°. D'un centre quelconque à un intervalle quelconque on peut décrire un cercle.

3°. Il n'eſt point de ligne droite ſur laquelle on ne puiſſe tirer une ligne perpendiculaire.

4°. Il n'eſt point de ligne droite à laquelle on ne puiſſe tirer une ligne parallele.

5°. Toute ligne, tout angle, tout arc, &c. peuvent ſe diviſer en deux parties égales.

PROPOSITIONS

Du premier Livre d'Euclide néceſſaires à un Phyſicien.

Sept propoſitions & quelques corollaires renfermeront tout ce qu'il y a de néceſſaire en Phyſique dans les 48 propoſitions du premier livre d'Euclide.

Propoſition premiere. Deux triangles ſont égaux, quand ayant chacun deux côtés homologues égaux, l'angle compris par ces côtés eſt égal dans chacun.

Explication. L'on me donne le triangle BAC & le triangle DEF, *fig.* 9, *pl.* 1, & l'on m'avertit que le côté AB est égal au côté ED, le côté AC au côté EF, & l'angle A égal à l'angle E que l'on suppose n'avoir pas encore été partagé par la ligne EM ; je dis que ces deux triangles sont parfaitement égaux entr'eux.

Démonstration. Appliquez le côté EF sur le côté AC, non-seulement il le couvrira, mais encore à cause de l'égalité qui se trouve entre l'angle A & l'angle E, le côté ED tombera sur le côté AB. Cela supposé, voici comment on doit raisonner : si les deux côtés EF & ED du triangle DEF couvrent exactement l'un le côté AC, & l'autre le côté AB du triangle BAC, la base FD tombera sur la base CB ; pourquoi ? Parce que deux lignes droites ne pouvant pas renfermer un espace, par l'*axiome* 7, la base FD ne peut tomber ni en dessous de la base CB, *par exemple*, au point K, ni en dessus de la même base, *par exemple*, au point H ; donc tout le triangle FED couvrira tout le triangle BAC ; donc par l'*axiome* 6, le triangle FED sera égal au triangle BAC ; donc, &c. Tirez maintenant du sommet E au point M, milieu de la base FD, la ligne EM dont on démontrera ci-après la perpendicularité.

Corollaire premier. Dans tout triangle isocele, les angles sur la base sont égaux. En effet, du sommet du triangle isocele DEF, *fig.* 9, *pl.* 1, tirez la ligne perpendiculaire EM qui partage la base FD en 2 parties égales au point M ; il est évident, *par la proposition premiere*, que le triangle FEM est égal au triangle DEM, puisque ces deux triangles ont deux côtés homologues égaux, & que l'angle compris par ces côtés est droit dans chacun ; donc l'angle F du triangle FEM est égal à l'angle D du triangle DEM ; mais l'angle F & l'angle D sont deux angles sur la base FD du triangle isocele DEF ; donc dans tout triangle isocele les angles sur la base sont égaux.

Corollaire second. Tout triangle dont les angles sur la base sont égaux, est isocele. En effet le triangle FEM, *par la proposition premiere*, est égal au triangle DEM ; donc le côté FE est égal au côté DE ; mais le côté FE & le côté DE sont deux côtés sur la base du triangle

DEF; donc le triangle DEF a ses deux côtés sur la base égaux ; donc il est isocele.

Proposition seconde. Deux triangles qui ont tous leurs côtés homologues égaux, sont égaux entr'eux.

Explication. Si le triangle ABC & EDF, *fig.* 10, *pl.* 1, sont tels que le côté AB soit égal au côté DE, le côté BC au côté DF; & le côté AC au côté EF; je dis que l'angle B sera égal à l'angle D, l'angle A à l'angle E, & l'angle C à l'angle F. Pour le démontrer, du point A, comme centre, avec le rayon AB ou ED, décrivez l'arc de cercle BG, & du point C, comme centre, avec le rayon CB ou FD, décrivez l'arc de cercle BK qui coupera nécessairement le premier au point B.

Démonstration. Transportez le côté EF du triangle EDF sur le côté AC du triangle ABC, de telle façon que le point F tombe sur le point C, & le point E sur le point A; il arrivera nécessairement que le point D du triangle EDF tombera sur le point B du triangle ABC. En effet le point B du triangle ABC aboutira évidemment au point d'intersection des deux arcs BG & BK, puisque le premier de ces arcs a été décrit avec le rayon AB, & le second avec le rayon CB; mais le point D du triangle EDF doit aboutir aussi au point d'intersection des deux arcs BG & BK; car ces deux arcs ont été décrits, l'un avec le rayon ED, & l'autre avec le rayon FD; donc le point D du triangle EDF tombera sur le point B du triangle ABC; donc le triangle EDF couvrira le triangle ABC; donc, par l'*axiome* 6, ces deux triangles seront égaux; donc deux triangles qui ont tous leurs côtés homologues égaux, sont égaux entr'eux.

Proposition troisieme. Si deux triangles ont un côté égal, & les deux angles qui sont aux extrémités de ce côté égaux entr'eux, ces deux triangles seront égaux en tout sens.

Explication. Supposons que dans les deux triangles ABC & DEF, *fig.* 11, *pl.* 1, le côté AC soit égal au côté DF, l'angle A à l'angle D, & l'angle C à l'angle F; je dis que ces deux triangles seront égaux en tout sens. Pour le démontrer, prolongez le côté DE jusqu'au point H, & tirez les lignes FG, FH.

Démonstration. 1°. Le côté AB dans le cas présent est nécessairement égal au côté DE, puisqu'il ne peut être ni moindre, ni plus grand que ce côté ; en voici la preuve sensible. Avance-t-on que le côté AB est moindre que le côté DE ? Alors on pourra supposer le côté AB égal à une partie du côté DE, par exemple, à la partie DG ; mais une pareille supposition est impossible, parce que, *par la premiere proposition*, le triangle ABC & le triangle DGF seroient égaux entr'eux ; donc l'angle DFG seroit égal à l'angle ACB ; mais celui-ci est déjà supposé égal à l'angle DFE ; donc l'angle DFG seroit égal à l'angle DFE ; donc le *tout* seroit égal à quelqu'une de ses *parties* ; donc le côté AB ne peut pas être moindre que le côté DE.

L'on prouvera avec la même facilité que dans l'hypothese présente le côté AB ne peut pas être plus grand que le côté DE ; pourquoi ? Parce qu'alors l'on pourroit supposer le côté AB égal au côté DE prolongé jusqu'au point H ; donc, *par la proposition premiere*, le triangle ABC seroit égal au triangle DHF ; donc l'angle DFH seroit égal à l'angle ACB ; mais celui-ci est déjà supposé égal à l'angle DFE ; donc l'angle DFH seroit égal à l'angle DFE ; donc le *tout* seroit égal à quelqu'une de ses *parties* ; donc dans le cas présent le côté AB ne peut être ni moindre, ni plus grand que le côté DE ; donc il lui est égal.

2°. Le triangle ABC & le triangle DEF ont l'angle A égal à l'angle D, le côté AB égal au côté DE, & le côté AC égal au côté DF ; donc *par la premiere proposition*, ces deux triangles sont égaux entr'eux ; donc si deux triangles ont un côté égal, & les deux angles qui sont aux extrémités de ce côté égaux entr'eux, ces deux triangles seront égaux en tout sens.

Corollaire premier. Si l'on avoit supposé le côté AC égal au côté DF, le côté BC au côté FE, & l'angle ACB plus grand que l'angle DFE, l'on auroit eu le côté AB plus grand que le côté DE. En voici la démonstration.

1°. Le côté DE, dans l'hypothese que nous venons de faire, ne peut pas être égal au côté AB, parce qu'alors les triangles ABC & DEF dont les côtés homologues seroient égaux, auroient *par la proposition se-*

conde, l'angle DFE égal à l'angle ACB, ce qui est contre la supposition présente.

2°. Le côté DE ne peut pas être plus grand que le côté AB, parce qu'alors en faisant une partie quelconque DG égale au côté AB, & en tirant le côté FG égal au côté BC, l'on auroit *par la proposition seconde*, l'angle DFG égal à l'angle ACB; ce qui est impossible, puisque l'angle ACB a été supposé plus grand que l'angle DFE.

Corollaire second. Si deux triangles ont deux côtés homologues égaux, mais si l'angle formé par les deux côtés du premier est plus grand que l'angle formé par les deux côtés du second, le troisieme côté du premier sera plus grand que le troisieme côté du second.

Corollaire troisieme. Si deux triangles ont deux côtés homologues égaux, mais si le troisieme côté du premier est plus grand que le troisieme côté du second, l'angle opposé au troisieme côté du premier sera plus grand, que l'angle opposé au troisieme côté du second.

Corollaire quatrieme. Si dans un triangle un côté est plus grand qu'un autre, l'angle opposé au plus grand côté sera plus grand que l'angle opposé au côté qui est moindre.

Corollaire cinquieme. Si dans un triangle un angle est plus grand qu'un autre, le côté opposé au plus grand angle sera plus grand que le côté opposé à l'angle qui est moindre.

Corollaire sixieme. Tout triangle qui a ses trois côtés égaux, a aussi ses trois angles égaux.

Corollaire septieme. Dans le triangle DEF, *fig.* 10, *pl.* 1, le côté DF pris solitairement est plus petit que les côtés DE & EF pris ensemble. En effet, DF étant une ligne droite, il doit y avoir moins de chemin pour aller directement du point F au point D, que pour aller du point F au même point D en passant par le point E. Ce que nous avons dit du triangle DEF, nous pouvons le dire de tout triangle rectiligne; donc dans tout triangle rectiligne deux côtés pris ensemble sont toujours plus grands que le troisieme.

Proposition quatrieme. Deux lignes droites qui se coupent, forment 4 angles dont chacun est égal à celui qui lui est opposé au sommet.

Explication. L'on me donne les deux lignes AB & CD, *fig.* 12, *pl.* 1, qui se coupent au point E, & qui forment les angles 1, 2, 3 & 4 : je dis que l'angle 1 est égal à l'angle 4, & l'angle 2 à l'angle 3. Pour le démontrer, du point E comme centre, je décris le cercle ABCD.

Démonstration. Les deux angles 1 & 3 valent 180 dégrés, puisqu'ils sont mesurés par le demi-cercle ACB : de même les deux angles 3 & 4 qui sont mesurés par le demi-cercle CBD, valent 180 degrés ; donc la somme des deux angles 1 & 3 est égale à la somme des deux angles 3 & 4. Cela supposé, voici comment je raisonne : de la somme des deux angles 1 & 3 ôtez l'angle 3, & de la somme des deux angles 3 & 4 ôtez le même angle 3, les deux restans de ces deux sommes seront égaux *par l'axiome* 3 ; mais les deux restans sont précisément les deux angles 1 & 4 opposés au sommet E ; donc les angles opposés au sommet sont égaux.

L'on prouvera de la même maniere que les angles 2 & 3 sont égaux entr'eux.

Corollaire premier. Une ligne droite tombant sur une autre, forme ou 2 angles droits, ou 2 angles qui équivalent à 2 droits, parce qu'ils sont mesurés par la demi-circonférence.

Corollaire second. La ligne EF, *fig.* 13, *pl.* 1, qui coupe les deux paralleles AB & CD, fait les angles 2 & 3 égaux ; pourquoi ? Parce que les deux lignes AB & CD étant paralleles, la ligne EF doit être autant inclinée sur l'une que sur l'autre. Les Géometres appellent les angles 2 & 3 des angles *alternativement opposés.*

Corollaire troisieme. La ligne EF fait encore les angles 2 & 5 égaux. En effet l'angle 2 est égal à l'angle 3 par le *corollaire précédent* ; l'angle 5 est égal à l'angle 3 *par la proposition quatrieme* ; donc *par l'axiome second*, l'angle 2 est égal à l'angle 5. On appelle ces deux angles, des angles *alternes externes.*

Corollaire quatrieme. Enfin la ligne EF fait les angles 3 & 1 égaux. En effet l'angle 3 est égal à l'angle 5 *par la proposition quatrieme* ; l'angle 1 par la même raison est égal à l'angle 2 qui lui-même vient d'être démontré égal à l'angle 5 ; donc *par l'axiome second* l'angle 3 eſt égal à l'angle 1. On nomme ces deux angles *alternes internes.*

Corollaire cinquieme. Une ligne droite qui coupe deux paralleles fait avec elle des angles alternativement opposés égaux, des angles alternes externes égaux, & des angles alternes internes égaux.

Corollaire ſixieme. Si une ligne droite coupe tellement deux autres lignes, que tous les angles que nous venons de nommer ſoient égaux entr'eux, ces deux lignes ſeront paralleles ; pourquoi ? Parce que cela n'arrive, que lorſque ces deux lignes ſont précisément poſées de la même maniere à l'égard de la troiſieme.

Propoſition cinquieme. Si l'on prolonge quelque côté que ce ſoit d'un triangle, l'angle extérieur ſera égal aux deux intérieurs oppoſés.

Explication. Si dans le triangle BAC, *fig.* 14, *pl.* 1 ; l'on prolonge le côté BC, juſqu'au point F, l'angle extérieur ACF ſera lui ſeul égal aux deux angles intérieurs B & A qui lui ſont oppoſés. Pour le démontrer, tirez la ligne DE parallele au côté AB ; elle partagera l'angle extérieur ACF en deux angles que je nomme l'angle 1 & l'angle 2.

Démonſtration. 1°. Les lignes paralleles AB & DE ſont coupées par la ligne AC ; donc l'angle 1 eſt égal à l'angle A, *par le Corollaire quatrieme de la propoſition quatrieme.*

2°. *Par le même Corollaire* l'angle 3 eſt égal à l'angle B.

3°. L'angle 3 & l'angle 2 ſont oppoſés au ſommet ; donc *par la propoſition quatrieme*, l'angle 3 eſt égal à l'angle 2. Mais l'angle 3 vient d'être démontré égal à l'angle B ; donc, *par l'axiome ſecond*, l'angle 2 eſt égal l'angle B.

4°. L'angle extérieur ACF n'eſt qu'un compoſé des deux angles 1 & 2 ; donc ſi ces deux angles ſont égaux l'un à l'angle A, l'autre à l'angle B, l'angle extérieur ACF ſera lui ſeul égal aux deux intérieurs oppoſés A & B.

Corollaire premier. Les 3 angles du triangle BAC ſont égaux aux deux angles ACB & ACF ; mais ces deux derniers équivalent à deux angles droits *par le Corollaire premier de la propoſition quatrieme ;* donc les 3 angles du triangle BAC, & par conſéquent les 3 angles de tout triangle rectiligne équivalent à deux angles droits.

Corollaire second. Lorſque dans un triangle il y a un angle ou obtus ou droit, les deux autres ſont aigus.

Corollaire troiſieme. Puiſque les triangles équilatéraux ont leurs angles égaux, il s'enſuit évidemment que chaque angle d'un triangle équilatéral vaut 60 degrés.

Corollaire quatrieme. Deux triangles ne peuvent pas avoir deux angles égaux, ſans être équiangles, c'eſt-à-dire, ſans avoir tous leurs angles égaux.

Propoſition ſixieme. Deux quadrilateres réguliers qui ſont ſur la même baſe, & qui ſont renfermés entre les mêmes paralleles, ont leurs deux ſurfaces égales.

Explication. Les deux quadrilateres réguliers ABCD & CDEF, *fig.* 15, *pl.* 1, qui ſont ſur la baſe CD, & qui ſont renfermés entre les mêmes paralleles, ont leurs deux ſurfaces égales. Nous avertiſſons ici que nous donnons ce nom, non-ſeulement au carré parfait, qui ſeul le mérite à la rigueur, mais encore à tout parallélogramme.

Démonſtration. 1°. Le côté AB eſt égal au côté CD *par la définition ſeizieme*; par la même raiſon le côté EF eſt égal au côté CD; donc par l'*axiome ſecond* le côté AB eſt égal au côté EF.

2°. Ajoutez le côté BE au côté AB; ajoutez le même côté BE au côté EF, vous aurez *par l'axiome troiſieme*, la ſomme ABE égale à la ſomme BEF.

3°. Le triangle DAE & le triangle CBF ont leurs côtés homologues égaux. En effet, le côté AE vient d'être démontré égal au côté BF, le côté AD eſt égal au côté BC, & le côté DE eſt égal au côté CF *par la définition ſeizieme*; donc *par la propoſition ſeconde*, le triangle DAE eſt égal au triangle CBF.

4°. Du triangle DAE ôtez le petit triangle BGE, & du triangle CBF ôtez le même triangle BGE, il reſtera *par l'axiome troiſieme*, le trapeze ABDG égal au trapeze GCEF.

5°. Au trapeze ABDG ajoutez le triangle DGC, & au trapeze GCEF ajoutez le même triangle DGC, vous aurez *par l'axiome troiſieme*, le quadrilatere ABCD égal au quadrilatere DCEF; donc deux quadrilateres réguliers qui ſont ſur la même baſe, & qui ſont renfermés entre les mêmes paralleles, ont leurs deux ſurfaces égales.

Corollaire premier. Deux quadrilateres réguliers qui sont sur deux bases & qui sont renfermés entre les mêmes paralleles, ont leurs surfaces égales ; pourquoi ? Parce qu'il n'y a point de différence entre prendre deux fois la même base, & prendre deux bases égales.

Corollaire second. La moitié du quadrilatere ABCD est égale à la moitié du quadrilatere DCEF *par l'axiome cinquieme.*

Corollaire troisieme. Les surfaces des deux triangles qui ont la même base & qui sont renfermés entre les mêmes paralleles, sont égales entr'elles ; pourquoi ? Parce que ces deux triangles sont chacun la moitié de deux quadrilateres égaux.

Corollaire quatrieme. Si un parallélogramme & un triangle ont une même base & sont renfermés entre les mêmes paralleles, la surface du parallélogramme sera double de la surface du triangle.

Proposition septieme. Dans un triangle rectangle le carré fait sous l'hypothénuse, c'est-à-dire, sous le côté opposé à l'angle droit, est égal à la somme des carrés fait sur les deux autres côtés de ce triangle.

Explication. Je suppose que le triangle ABC, *fig.* 16, *pl.* 1, est rectangle en B, c'est-à-dire, je suppose que l'angle B du triangle ABC est droit ; je dis que le carré ACDE fait sous le côté AC, est égal au carré ABFG fait sur le côté AB, & au carré CBHI fait sur le côté CB. Pour le démontrer, du point B je tire la ligne BL parallele au côté AE ; du même point B je tire la ligne BE, & du point F la ligne FC.

Démonstration. 1°. Les deux triangles FAC & BAE ont le côté AC égal au côté AE, puisque ce sont deux côtés du même carré ACDE ; ils ont encore le côté AF égal au côté AB, puisque le quadrilatere ABFG, est supposé un carré parfait ; ils ont enfin l'angle FAC composé de l'angle droit FAB & de l'angle aigu BAC, égal à l'angle BAE composé de l'angle droit CAE & du même angle aigu BAC ; donc, *par la proposition premiere*, le triangle FAC est égal au triangle BAE.

2°. Le carré ABFG est fait sur le côté AF, & il se trouve renfermé entre les deux paralleles AF & GBC ; de même le triangle FAC est fait sur le côté AF ; & il se se trouve renfermé entre les paralleles AF & GBC ; donc, *par le Corollaire quatrieme de la proposition sixieme*, le carré ABFG est double du triangle FAC.

3°. Par la même raison le carré long AEKL est double du triangle BAE, puisque l'un & l'autre sont faits sur le côté AE, & sont renfermés entre les paralleles AE & BL ; donc, *par l'axiome quatrieme*, le carré long AEKL est égal au carré ABFG.

4°. L'on démontrera de la même maniere que le carré long CKDL est égal au carré BCHI ; donc tout le carré ACDE est égal aux deux carrés ABFG & BCHI. Telles sont les propositions du premier livre d'Euclide qu'il n'est pas permis à un Physicien d'ignorer. Il n'en est pas ainsi de celles que contient le second livre du même Auteur ; il n'en est aucune dont on ne puisse se passer en Physique : aussi n'en ferons-nous pas ici l'abrégé.

PROPOSITIONS

Du troisieme Livre d'Euclide nécessaires à un Physicien.

Le troisieme Livre d'Euclide a pour objet le cercle. Il contient, comme presque tous les autres, des théoremes & des problemes ; ceux-ci sont au nombre de 6, & ceux-là au nombre de 31. Nous renfermerons dans trois propositions & dans quelques Corollaires tout ce qu'il y a dans ce Livre de nécessaire en Physique.

Proposition premiere. Trouver le centre d'un cercle.

Explication. L'on me demande le centre du cercle AEBF, *fig.* 17, *pl.* 1 ; pour le trouver 1°. Je prends *à volonté* deux points de la circonférence de ce cercle, & par ces deux points je tire la corde EF. 2°. Je divise cette corde en 2 parties égales au point K. 3°. Je tire par le point K la ligne perpendiculaire AB que je divise en 2 parties égales au point C ; je dis que le point C est le centre que l'on demande.

Démonstration. Si le centre du cercle AEBF se trouve dans la ligne AB, il est évident qu'il sera au point C *par la définition même du rayon* ; mais il ne peut pas être hors de la ligne AB. En effet supposons-le au point D, & tirons les lignes DF, DK & DE, qu'arrivera-t-il ? Les triangles EDK & FDK auront 1°. le côté EK égal au côté KF, puiſque la corde EF a été diviſée en 2 parties égales au point K ; ils auront 2°. le côté DE égal au côté DF, puiſque ce ſeront deux rayons du cercle AEBF ; ils auront 3°. le côté DK commun ; donc ces deux triangles auront leurs côtés homologues égaux ; donc *par la propoſition ſeconde du premier livre* ils ſeront égaux en tout ſens ; donc l'angle EKD ſera égal à l'angle DKF ; donc la ligne DK ſera perpendiculaire ſur la ligne EF *par la définition treizieme* ; donc l'angle DKF ſera droit ; mais cela eſt impoſſible, puiſque la ligne AB étant ſuppoſée perpendiculaire ſur la ligne EF, l'angle CKF eſt droit ; donc le centre du cercle AEBF ne peut pas ſe trouver au point D, ni en tout autre point hors de la ligne AB ; donc il doit ſe trouver au point C.

Si l'on vous demandoit le centre de l'arc ABC, *fig.* 18, *pl.* 1, vous le trouveriez en employant la méthode ſuivante. 1°. Diviſez l'arc ABC en 2 parties égales au point B. 2°. Diviſez AB en 2 parties égales au point F. 3°. Par le point F tirez la ligne FK dont tous les points ſoient auſſi éloignés du point A que du point B. 4°. Diviſez BC en 2 parties égales au point G. 5°. Par le point G tirez la ligne GH dont tous les points ſoient à égale diſtance de B & de C. 6°. Du point E où FK & GH ſe coupent, à la diſtance EA, décrivez le cercle ABCHK dont l'arc ABC fera partie ; vous trouverez par la méthode précédente que le point E eſt le centre de ce cercle.

Corollaire premier. Toute ligne qui coupe perpendiculairement en 2 parties égales la corde d'un arc, & qui va aboutir à 2 points oppoſés de la circonférence d'un cercle, eſt un diametre.

Corollaire ſecond. Si un diametre coupe en deux parties égales une corde, il la coupera perpendiculairement ; & s'il la coupe perpendiculairement, il la coupera en deux parties égales.

Propoſition ſeconde. Toute ligne perpendiculaire à l'extrémité d'un diametre, tombe hors du cercle & le touche en un ſeul point.

Explication. Suppoſons que la ligne AN, *fig.* 17, *pl.* 1, ſoit tirée perpendiculairement à l'extrémité du diametre AB, je dis qu'elle n'aura que le point A de commun avec la circonférence du cercle C, & que tous ses autres points se trouveront hors de cette circonférence. Pour le démontrer, tirons la ligne CM.

Démonstration. Si dans un cercle régulier le point M de la tangente AN touchoit la circonférence du cercle C, le côté CM opposé à l'angle droit A seroit égal au côté CA opposé à l'angle aigu M; mais cela est impossible, *par le Corollaire cinquieme de la proposition troisieme du Livre premier*; donc le côté CM est plus grand que le côté CA; donc si le cercle C est régulier, le point M doit se trouver hors de la circonférence.

Ce que l'on a dit du point M, on le dira d'un point quelconque de la tangente AN qui ne sera pas le point A; donc toute ligne perpendiculaire à l'extrémité d'un diametre & par conséquent toute tangente tombe hors du cercle, & le touche en un point seulement.

Corollaire premier. Si la tangente AN touche la circonférence du cercle C au point A, la ligne CA tirée du centre C au point du contact A, lui sera perpendiculaire; pourquoi? Parce qu'on ne peut pas supposer que toute autre ligne tirée du point C, par exemple, la ligne CM, lui soit perpendiculaire.

Corollaire second. Tout rayon est perpendiculaire à sa tangente, & voilà pourquoi les Géometres assurent que tout rayon est perpendiculaire à sa circonférence.

Proposition troisieme. Dans un cercle l'angle au centre est double de l'angle à la circonférence, lorsque ces deux angles insistent sur le même arc.

Explication. L'angle BEC dont le sommet est au centre, & l'angle BAC dont le sommet est à la circonférence du cercle ABCD, *fig.* 19, *pl.* 1, insistent tous les deux sur le même arc BC; je dis que pour cette raison-là même l'angle BEC est double de l'angle BAC. Pour le démontrer je tire la ligne AED.

Démonstration. 1°. Les deux angles sur la base BA du triangle isocele BEA sont égaux entre eux, *par le Corollaire premier de la proposition premiere du Livre premier.*

2°. L'angle extérieur BED est égal aux deux angles intérieurs placés sur la base BA du triangle BEA *par la proposition cinquieme du Livre premier*; donc l'angle extérieur BED est double de l'angle intérieur BAE, l'un des deux angles placés sur la base BA.

3°. Par la même raison l'angle extérieur DEC est

double de l'angle intérieur CAE ; donc tout l'angle BEC eſt double de tout l'angle BAC ; donc l'angle au centre eſt double de l'angle à la circonférence, lorſque ces deux angles inſiſtent ſur le même arc.

Corollaire premier. Puiſque l'angle BEC eſt meſuré par tout l'arc BC, l'angle BAC doit être meſuré par la moitié de l'arc BC ; donc l'angle à la *circonférence* eſt meſuré par la moitié de l'arc ſur lequel il inſiſte.

Corollaire ſecond. Si un angle à la *circonférence* inſiſte ſur le demi cercle, il eſt droit ; s'il inſiſte ſur un arc plus grand que le demi-cercle, il eſt obtus ; ſi enfin il inſiſte ſur un arc moindre que le demi-cercle, il eſt aigu. La raiſon en eſt évidente ; un angle à la *circonférence* eſt meſuré par la moitié de l'arc ſur lequel il inſiſte.

Corollaire troiſieme. Les angles à la *circonférence* qui inſiſtent ſur un même arc de cercle, ſont égaux entr'eux.

Corollaire quatrieme. Dans tout quadrilatere inſcrit dans un cercle les angles oppoſés équivalent à deux angles droits, puiſqu'ils ſont meſurés par la moitié de toute la circonférence du cercle dans lequel ce quadrilatere eſt inſcrit.

Corollaire cinquieme. L'angle NAB, *fig.* 17, *pl.* 1, formé par la tangente NA & par le diametre AB que l'on peut regarder comme la corde du demi-cercle AEB, eſt meſuré par la moitié de ce demi-cercle, puiſque c'eſt un angle droit *par le corollaire premier de la propoſition ſeconde de ce troiſieme Livre* : il en ſeroit de même de toute autre corde & de toute autre tangente ; donc l'angle formé par une tangente & par une corde quelconque eſt meſuré par moitié de l'arc que la corde ſoutend.

Comme les autres Livres d'Euclide ont un rapport plus direct avec la Géométrie pratique, qu'avec la Géométrie ſpéculative ; nous en ferons entrer l'abrégé dans l'article ſuivant.

GÉOMÉTRIE pratique. *Introduction.* C'eſt la mere des Sciences & des Arts. Elle a été inventée en Egypte où elle ne ſervit d'abord qu'à fixer les limites des champs & des campagnes que les inondations du Nil avoient ſouvent confondues. L'uſage qu'en font aujourd'hui les Mathématiciens, eſt beaucoup plus étendu. Ils s'en ſervent pour meſurer toute ſorte de lignes, acceſſibles & inacceſſibles, droites & courbes ; toute ſorte de ſurfaces planes & courbes, régulieres & irrégulieres ; toute sorte de solides, qu'elle qu'en soit la longueur, la largeur & l'épaisseur. Pour nous, renfermés dans les bornes de la Physique, nous ne proposerons que les problemes dont aucun Physicien ne doit ignorer la solution. Les premiers regarderont les lignes ; les seconds, les surfaces ; les troisiemes, les solides. Avant que d'entrer en matiere, nous reprendrons l'article précédent, c'est-à-dire, nous donnerons l'abrégé du quatrieme, cinquieme, sixieme, onzieme & douzieme livres d'Euclide. Nous avons fait remarquer, à la fin de cet article, que ces cinq livres avoient un rapport plus direct avec la Géométrie pratique, qu'avec la Géométrie spéculative.

PROPOSITIONS

Du quatrieme livre d'Euclide nécessaires à un Physicien.

Le quatrieme livre d'Euclide est une véritable introduction à la Géométrie pratique. Nous donnerons dans cet abrégé non-seulement la solution des principaux problemes que cet Auteur y propose, mais encore la solution de quelques problemes que nous aurions pu faire entrer dans les deux livres précédens.

Premiere Définition. Une figure est inscrite dans un cercle, lorsque tous ses angles sont placés à la circonférence de ce cercle. Le triangle ABC, *fig.* 8, *pl.* 2, est inscrit dans le cercle D ; le carré ABCD, *fig.* 9, *pl.* 2, dans le cercle E, &c.

Seconde Définition. Une figure est circonscrite à un cercle, lorsque tous ses côtés deviennent autant de tangentes de ce cercle. Le triangle ABC, *fig.* 7, *pl.* 2, est circonscrit au cercle D ; le carré ABCD, *fig.* 10, *pl.* 2, au cercle I, &c.

Probleme premier. Diviser une ligne droite en parties égales.

Construction. Pour diviser la ligne AB, *fig.* 1, *pl.* 2, en 2 parties égales, du point A comme centre, à un intervalle quelconque, décrivez l'arc supérieur CE & l'arc inférieur FH ; de même du point B comme centre décrivez avec la même ouverture du compas les arcs DE & GH ; tirez la ligne EMH ; je dis qu'elle coupera au point M la ligne AB en 2 parties égales. Pour le démontrer je tire les lignes AE & BE, AH & BH.

Démonstration. Les 2 triangles EAH, EBH ont tous leurs côtés égaux, puisque les côtés AE & BE, AH & BH sont des rayons de cercles égaux, & que le côté EH est commun; donc, *par la proposition seconde du livre premier*, ces deux triangles sont égaux ; donc le point A & le point B sont à égale distance du point M ; donc la ligne AB a été divisée en 2 parties égales au point M.

Si vous aviez décrit ces arcs de cercle du point A comme centre à l'intervalle AB, & du point B comme centre à l'intervalle BA, vous auriez fait sur la ligne AB deux triangles équilatéraux.

Corollaire premier. Pour tirer une perpendiculaire sur la ligne AB, je divise AB en 2 parties égales au point M, *par la méthode précédente*; je dis que la ligne EM est la perpendiculaire que je demande. En effet les 2 triangles AME, BME ont tous leurs côtés égaux; donc ils sont égaux; donc la ligne EM tombe sur la ligne AB en faisant 2 angles égaux; donc la ligne EM est perpendiculaire sur la ligne AB, *par la définition treizieme du livre premier*.

Corollaire second. Pour tirer du point F une perpendiculaire sur la ligne AB, *fig*. 2, *pl*. 2, voici la méthode dont vous vous servirez. 1°. Du point F comme centre, vous décrirez un arc quelconque qui coupera la ligne AB en 2 points C & D. 2°. Des points C & D comme centre, en ouvrant le compas à volonté, vous décrirez les arcs GH, GK. 3°. Par le point G & par le point F vous tirerez la ligne GE qui, *par le probleme premier*, divisera la ligne CD en deux parties égales, & qui, *par le corollaire premier*, sera perpendiculaire sur la ligne CD & par conséquent sur la ligne AB.

Corollaire troisieme. Pour élever du point C une perpendiculaire sur AB, *fig*. 3, *pl*. 2; 1°. du point C comme centre vous décrirez l'arc DME, 2°. Des points D & E vous décrirez les arcs FH & FG. 3°. Par le point F vous tirerez la ligne FC qui coupera la ligne DE perpendiculairement & en 2 parties égales.

Corollaire quatrieme. En méditant sur ce que nous venons de dire, il sera très-aisé de diviser en deux parties égales l'arc ACB, *fig*. 4, *pl*. 2. Il sera aussi aisé de prouver que la ligne EM, dont nous parlions au commencement du livre Ier., eſt perpendiculaire ſur FD.

Probleme ſecond. Diviſer un angle en deux parties égales.

Conſtruction. L'on me donne à diviſer en 2 parties égales l'angle ABC, *fig.* 5, *pl.* 2. Pour en venir à bout, 1°. du point B comme centre, je décris le cercle BDER; 2°. des points D & E où ce cercle coupe les lignes BA, BC, je décris les arcs FM, FN, en conſervant la même ouverture de compas; 3°. par le point B ſommet de l'angle ABC, je tire la ligne BF, je dis que cette ligne diviſera l'angle donné en deux parties égales. Pour le démontrer, je tire les lignes DE, EF.

Démonſtration. Les triangles BDF & BEF ont tous leurs côtés égaux, puiſque les côtés BD & BE ſont les rayons du même cercle BDER, les côtés DF & EF ſont les rayons de deux cercles égaux dont les arcs FM & FN ſont partie, & le côté BF eſt un côté commun; donc, *par la propoſition ſeconde du livre premier*, le triangle BDF eſt égal au triangle BEF; donc l'angle DBF eſt égal à l'angle EBF; donc l'angle ABC a été diviſé en deux parties égales.

Probleme troiſieme. Par un point donné tirer une parallele à une ligne donnée.

Conſtruction. Pour tirer par le point C une parallele à la ligne AB, *fig.* 6, *pl.* 2; 1°. du point C comme centre décrivez un arc quelconque BD; 2°. du point B comme centre, avec la même ouverture du compas, décrivez l'arc CA; 3°. prenez ſur l'arc BD une partie égale à l'arc CA; 4°. par le point C & par le point D tirez la ligne CD; je dis que cette ligne ſera parallele à AB. Pour le démontrer, je tire CB.

Démonſtration. Les angles ABC & BCD ſont égaux, puiſqu'ils ſont meſurés par deux arcs égaux; donc la ligne CB qui joint les 2 lignes AB & CD fait avec elles des angles alternes égaux; donc, *par le Corollaire ſixieme de la propoſition quatrieme du livre premier*, les deux lignes AB & CD ſont paralleles.

Probleme quatrieme. Inſcrire un cercle dans un triangle.

Conſtruction. Pour inſcrire le cercle D dans le triangle ABC, *fig.* 7, *pl.* 2; 1°. diviſez les angles B & C en 2 parties égales, *par le probleme ſecond*; 2°. du point D où concourent les 2 lignes qui ont divisé les angles B & C, tirez une perpendiculaire sur chacun des côtés du triangle ABC, *par le Corollaire second du Probleme premier*; 3°. du point D comme centre à l'intervalle DG, décrivez un cercle; je dis qu'il sera inscrit dans le triangle ABC.

Démonstration. Les triangles rectangles DGB & DFB ont tous leurs angles égaux & un côté commun; donc ils sont égaux entr'eux, *par la proposition troisieme du livre premier*; il en est de même des triangles rectangles DFC & DEC; donc les trois lignes DG, DF & DE sont égales; donc le cercle D qui touche le côté AB au point G, touche CB en F, & CA en E; donc le triangle ABC est circonscrit au cercle D, *par la définition seconde de ce livre quatrieme*; donc le cercle D est inscrit dans le triangle ABC.

Corollaire. Pour circonscrire le cercle D au triangle BAC, *fig.* 8, *pl.* 2; 1°. je divise les deux côtés AB & BC en deux parties égales *par le Probleme premier.* 2°. J'éleve deux perpendiculaires, l'une au point E, l'autre au point F, *par le Corollaire troisieme du Probleme premier.* 3°. Des angles B, A, C, au point D où les deux perpendiculaires DE, DF concourent, je tire les trois lignes DB, DA, DC qui seront égales entr'elles, parce que, *par la proposition premiere du livre premier*, le triangle rectangle DEA est égal au triangle rectangle DEB, & le triangle rectangle DFB est égal au triangle rectangle DFC; donc les trois angles du triangle BAC sont placés à la circonférence du cercle D décrit du point D, comme centre, à l'intervalle DB ou DA ou DC; donc le triangle BAC est inscrit dans le cercle D *par la définition premiere de ce livre*; donc le cercle D est circonscrit à ce triangle.

Probleme cinquieme. Inscrire un carré dans un cercle.

Construction. 1°. Je tire les deux diametres AC, BD, *fig.* 9, *pl.* 2, de telle sorte qu'ils se coupent à angles droits; 2°. je tire les 4 lignes AB, BC, CD & DA, je dis qu'elles forment un carré parfait.

Démonstration. 1°. Les quatre triangles rectangles AEB, CEB, CED & DEA ont deux côtés égaux, & l'angle compris entre ces deux côtés, droit dans chacun; puisque ces quatre lignes AE, CE, BE & DE sont quatre rayons du cercle E, & que les angles en E sont droits; donc *par la proposition premiere du livre premier*, ces quatre triangles sont égaux; donc leurs quatre bases AB, CB, CD & DA sont égales; donc la figure ABCD a quatre côtés égaux.

2°. Les deux triangles rectangles AEB & CEB sont isoceles; donc chacun des angles sur les bases AB & CB vaut 45 degrés *par le Corollaire premier de la proposition premiere*; donc tout l'angle ABC dont la moitié appartient au triangle AEB & l'autre moitié au triangle CEB, est droit. L'on prouvera de même que les angles C, D & A sont chacun des angles droits; donc le quadrilatere ABCD est une figure de 4 côtés égaux & de 4 angles droits; donc, *par la définition seizieme du livre premier*, c'est un carré parfait. Mais ce carré parfait est inscrit dans le cercle E, *par la définition premiere de ce livre*; donc le probleme proposé a été résolu.

Corollaire. Si vous voulez inscrire le cercle I, *fig.* 10, *pl.* 2, dans le carré ABCD. 1°. Divisez chacun de ses côtés en 2 parties égales, *par le Probleme premier*; 2°. par les points de division E, H, G, F tirez les lignes EG, HF qui se couperont perpendiculairement au point I: 3°. du point I comme centre à l'intervalle IH, ou IG, ou IF ou IE décrivez un cercle; il touchera nécessairement chacun des côtés du carré ABCD; donc il sera inscrit dans ce carré.

Probleme sixieme. Inscrire dans un cercle un pentagone équilatéral, c'est-à-dire, une figure composée de 5 côtés égaux.

Construction. 1°. Inscrivez dans le cercle P, *fig.* 11, *pl.* 2, le triangle ABC dont chacun des angles B & C soit double de l'angle A, *par le Corollaire du Probleme quatrieme.* 2°. Tirez les lignes BG & CH qui divisent les angles B & C en 2 parties égales; 3°. Tirez les lignes BH, HA, AG, GC; je dis que ces 4 lignes jointes à la ligne BC formeront un pentagone équilatéral.

Démonstration. Les 5 angles BAC, ABG, ACH, GBC & HCB sont égaux par construction; donc les 5 arcs sur lesquels ils sont appuyés, de même que les cordes de ces arcs, le sont aussi; donc le pentagone que l'on a inscrit dans le cercle P est équilatéral.

Corollaire. L'on circonscrira au cercle P le pentagone

MNEDR, si par les points A, G, C, B, H l'on tire les 5 tangentes MN, NE, ED, DR, RM.

Probleme septieme. Inscrire dans un cercle un exagone équilatéral, c'est-à-dire, une figure composée de 6 côtés égaux.

Construction. 1°. Tirez dans le cercle A le diametre BC, *fig.* 12, *pl.* 2. 2°. Du point C comme centre, avec le rayon CA, décrivez l'arc DAE qui sera partie d'un cercle égal au cercle A. 3°. Par le point D & par le point A tirez le diametre DF. 4°. Par le point E & par le point A tirez le diametre EG. 5°. Joignons ces différens diametres par les lignes GB, BF, FE, EC, CD & DG; je dis qu'elles formeront un exagone équilatéral.

Démonstration. Les 2 triangles DAC, CAE ont tous leurs côtés égaux, puisque ces côtés sont rayons ou du même cercle, ou de deux cercles égaux; donc ces 2 triangles sont égaux, *par la proposition seconde du livre premier*; donc la base DC est égale à la base CE. L'on trouvera, en méditant un peu sur cette figure, que les 4 autres côtés sont égaux entr'eux & aux côtés DC & CE; donc le probleme proposé a été résolu.

Corollaire. Chaque côté d'un exagone est égal au rayon du cercle dans lequel il est inscrit.

PROPOSITIONS

Du cinquieme livre d'Euclide nécessaires à un Physicien.

Les proportions sont absolument nécessaires en Physique; aussi conseillons-nous aux amateurs de cette science de s'attacher à l'étude du cinquieme livre d'Euclide; nous allons en donner l'abrégé avec le plus de soin qu'il nous sera possible.

DÉFINITIONS.

Définition premiere. Un *tout* a ses parties *aliquotes* & ses parties *aliquantes*. Les parties *aliquotes* sont celles qui *étant* répétées un certain nombre de fois mesurent exactement le *tout*. Ainsi 3 est une partie *aliquote* de 12. Les parties *aliquantes* sont celles qui étant répétées un certain nombre de fois ne peuvent jamais mesurer exactement le *tout*. 5, par exemple, est une partie aliquante de 12.

Définition seconde. La *raison* d'une grandeur à une autre, c'est le rapport qu'il y a entre deux grandeurs de même espece. Il y a une vraie *raison* entre 12 & 6, parce qu'il y a un vrai rapport de 12 à 6. La premiere grandeur dont une *raison* est composée, se nomme *antécédent*, & la seconde se nomme *conséquent.*

Définition troisieme. La *raison* est *multiple*, lorsque *l'antécédent* contient plusieurs fois son *conséquent*; elle est *sous-multiple*, lorsque *l'antécédent* est contenu plusieurs fois dans son *conséquent.* La *raison* de 12 à 2 est *multiple*, & la raison de 2 à 12 est *sous-multiple.*

Remarquez que lorsque l'*antécédent* contient 2, 3 ou 4 fois son *conséquent*, la *raison* est *double*, *triple ou quadruple*; mais qu'elle est *sous-double*, *sous-triple*, *ou sous-quadruple*, lorsque l'*antécédent* est contenu 2, 3 ou 4 fois dans son *conséquent.*

Remarquez encore que le chiffre qui marque combien de fois un *antécédent* contient son conséquent, ou, est contenu dans son *conséquent*, se nomme *exposant* de la *raison.* Le chiffre 2, par exemple, est l'*exposant* de la *raison* double, & la fraction $\frac{1}{2}$ celui de la raison *sous-double.*

Définition quatrieme. Deux *raisons* sont égales entr'elles, lorsque l'*antécédent* de la premiere contient autant de fois son *conséquent*, que l'*antécédent* de la seconde contient le sien; ou bien lorsque l'*antécédent* de la premiere est autant de fois contenu dans son *conséquent*, que l'*antécédent* de la seconde est contenu dans le sien. Ainsi la *raison* de 4 à 2 est égale à la raison de 20 à 10, & la *raison* de 8 à 16 est égale à la *raison* de 50 à 100.

Définition cinquieme. L'on nomme *proportion Géométrique* le rapport qu'il y a entre deux raisons égales. Il y a *proportion Géométrique* entre ces 4 grandeurs 4, 2, 12 6, parce que 4 est à 2, comme 12 est à 6, ou pour marquer les choses à la façon des Géometres 4 : 2 :: 12 : 6.

Remarquez que ces 4 grandeurs sont appellées *proportionnelles.*

Remarquez encore que la premiere & la derniere de ces 4 grandeurs se nomment les deux *extrêmes*, & la seconde avec la troisieme se nomment les deux *moyennes.*

Remarquez enfin que dans toute *proportion Géométrique*

les deux antécédens ont le nom de *grandeurs homologues* ; il en est de même des deux *conséquens*. 4 & 12 dans la proportion supérieure sont deux *grandeurs homologues* ; 2 & 6 le sont aussi.

Définition sixieme. 3 Grandeurs sont en *proportion continue*, lorsque la premiere est à la seconde, comme la seconde est à la troisieme. 3, 6 & 12, par exemple, *sont en proportion continue*, parce que l'on peut dire 3 : 6 :: 6 : 12. La grandeur 6 qui est en même tems *conséquent* de la premiere *raison* & *antécédent* de la seconde, se nomme *moyenne proportionnelle*.

Définition septieme. 4 Quantités sont en *raison directe*, lorsque le premier & le troisieme termes d'une *proportion Géométrique* appartiennent à une *grandeur*, & le second avec le quatrieme termes de la même *proportion* appartiennent à une autre *grandeur*. Supposons, par exemple, que *Pierre* fasse 4 lieues, & *Paul* 2 lieues en 2 heures ; il est évident que la vîtesse de *Pierre* : à la vîtesse de *Paul* :: 4 lieues : à 2 lieues : il est encore évident que le premier & le troisieme *termes* de cette *proportion* appartiennent à *Pierre*, & que le second avec le quatrieme termes appartiennent à *Paul* : aussi assure-t-on en Physique que deux corps qui parcourent différens espaces dans un même tems ont leur vîtesse en *raison directe* des espaces parcourus. Si *Pierre* avoit fait 4 lieues en 2 heures, & *Paul* 1 lieue en 1 heure, l'on auroit eu la proportion suivante ; 4 lieues : à 1 lieue : : le carré de 2 heures représenté par le chiffre 4 : au carré de 1 heure représenté par le chiffre 1 ; aussi auroit-on dit dans cette occasion que les espaces parcourus étoient en *raison directe* des carrés des tems employés à les parcourir, ou que les espaces parcourus étoient en *raison directe doublée* des tems employés à les parcourir.

Par la même raison si *Pierre* avoit fait 27 lieues en 3 heures, & *Paul* 1 lieue en 1 heure, les espaces parcourus auroient été en *raison directe* des cubes des tems, ou en *raison directe triplée* des tems employés à les parcourir ; parce que le cube de 3 est 27, & le cube de 1 est 1.

Définition huitieme. 4 Quantités sont en *raison inverse* ou *réciproque*, lorsque le premier & le quatrieme termes d'une *proportion Géométrique* appartiennent à une *grandeur*, & le second avec le troisieme termes de la même *propor-*

tion appartiennent à une autre *grandeur.* 12 lieues, par exemple, sont-elles parcourues en 3 heures par *Pierre* & en 6 heures par *Paul?* L'on aura la proportion suivante; la vîtesse de *Pierre* : à la vîtesse de *Paul* :: 6 heures : à 3 heures. Tout le monde voit que le premier & le quatrieme termes de cette *proportion* appartiennent à *Pierre*, & que le second avec le troisieme termes de la même *proportion* appartiennent à *Paul*; aussi avance-t-on comme un principe en Physique, que deux corps qui parcourent le même espace en différens tems ont leur vîtesse en *raison inverse* des tems employés à les parcourir.

Si Pierre avoit parcouru 4 lieues en 1 heure, & *Paul* 1 lieue en 2 heures, l'on auroit dit; l'espace parcouru par *Pierre* : à l'espace parcouru par *Paul* : : le carré de 2 heures représenté par le chiffre 4 : au carré de 1 heure représenté par le chiffre 1; aussi auroit-on assuré dans cette occasion que les espaces parcourus étoient en *raison inverse* ou *réciproque* des carrés des tems employés à les parcourir.

Par la même raison si *Pierre* avoit parcouru 27 lieues en 1 heure, & *Paul*, 1 lieue en 3 heures, les espaces parcourus auroient été en *raison inverse* des cubes des tems employés à les parcourir.

Définition neuvieme. Il n'y a jamais *raison composée* sans multiplication; deux corps, par exemple, inégaux en *densité* & en *volume* ont leur *poids* en *raison composée* des *densités* & des *volumes*, pourquoi? Parce qu'on ne connoît leur *poids* respectif qu'en multipliant leur *densité* par leur *volume*. En effet si l'on veut comparer le *poids* d'une masse d'or dont le *volume* est 2 & la *densité* 19, avec le *poids* d'une masse d'eau dont le *volume* est 6 & la *densité* 1, l'on doit dire; le *poids* de l'or : au *poids* de l'eau : : 38 : 6.

Axiome premier. Deux *raisons* égales à une troisieme sont égales entr'elles : en effet :

6 : 3 :: 24 : 12
8 : 4 :: 24 : 12.

donc

6 : 3 :: 8 : 4.

Par le même principe, si de plusieurs *raisons* la premiere est égale à la seconde, la seconde est égale à la troisieme, &c. la premiere sera nécessairement égale à la troisieme.

Exemple.

4 : 2 :: 16 : 8.
16 : 8 :: 20 : 10.

donc

4 : 2 :: 20 : 10.

Ordinairement les deux premieres *proportions* se marquent en cette maniere.

4 : 2 :: 16 : 8 :: 20 : 10.

Axiome second. Deux grandeurs égales ont un même rapport, ou une même *raison* à une troisieme grandeur. Si la grandeur *A* & la grandeur *B*, par exemple, sont égales ; le rapport de la grandeur *A* à la grandeur *C* sera le même que celui de la grandeur *B* à la grandeur *C*.

Par une conséquence évidente deux grandeurs sont égales entr'elles, lorsqu'elles ont un même rapport à une troisieme.

Axiome troisieme. Deux *touts* sont comme leurs moitiés, leurs tiers, &c.

16 : 12 :: 8 : 6.

de même

16 : 12 :: 4 : 3.

Axiome quatrieme. Lorsque l'on multiplie 2 grandeurs par une troisieme, les deux *produits* sont entr'eux comme les deux *multiplicandes*. Multipliez par 3 les 2 quantités 4 & 8, vous aurez d'un côté 12 & de l'autre 24. Or 12 : 24 :: 4 : 8 ; donc les deux *produits* sont comme les deux *multiplicandes*.

Axiome cinquieme. Si l'on divise 2 grandeurs par une troisieme, les *quotiens* sont entr'eux comme les *dividendes*. Divisez par 5 les deux quantités 30 & 60, vous aurez pour *quotiens* d'un côté 6 & de l'autre 12 ; or 6 : 12 :: 30 : 60 ; donc les deux *quotiens* sont comme les deux *dividendes*.

Propoſition Fondamentale.

Dans toute proportion Géométrique le *produit* des *extrêmes* eſt égal au *produit* des *moyennes*.

S'il ne s'agiſſoit ici que de 4 quantités numériques, il ne ſeroit pas néceſſaire de démontrer cette propoſition; elle ſeroit démontrée par l'expérience que chacun en pourroit faire. Mais comme l'on n'opere pas toujours ſur des nombres, nous ne ſaurions nous diſpenſer d'en venir à une démonſtration univerſelle. Je dis que ſi *A : B :: C : D*, le *produit* de la grandeur *A* multipliant la grandeur *D*, c'eſt-à-dire, *A D* ſera égal au *produit* de la grandeur *B* multipliant la grandeur *C*, c'eſt-à-dire, au *produit B C*. Tout le monde ſait qu'on multiplie une lettre par l'autre en mettant une lettre à côté de l'autre.

Démonſtration. Puiſque *A : B :: C : D*, ſuppoſons 1°. que je multiplie la *grandeur A* par le *conſéquent D*, & la grandeur *B* par le même conſéquent *D*, le *produit* ſera d'un côté *A D* & de l'autre *B D*, & j'aurai par l'*axiome quatrieme* la proportiou *A : B :: A D : B D*.

Suppoſons 2°. que je multiplie la *grandeur C* par le *conſéquent B* & la *grandeur D* par le même conſéquent *B*, j'aurai par l'*axiome quatrieme* la proportion Géométrique *C : D :: B C : B D*.

3°. Puiſque par ſuppoſition *A : B :: C : D*, j'ai les trois proportions Géométriques ſuivantes.

1e. Proport. A : B :: C : D.
2e. Proport. A : B :: A D : B D.
3e. Proport. C : D :: B D : B D.

Donc par l'Axiome premier.
A D : B C : C : D.

Mais par la proportion 3e.
C : D :: B C : B D.

Donc par l'Axiome premier.
A D : B D :: B C : B D.

Donc *par l'axiome ſecond* les deux quantités AD & BC

font égales entr'elles, puisqu'elles ont un même rapport à la quantité BD.

Ceux à qui cette démonstration paroîtroit un peu trop compliquée, aimeront peut-être mieux la suivante ; elle est fondée sur des vérités trop évidentes, pour avoir besoin de preuve.

1°. Le quotient d'une raison Géométrique directe résulte de la division de son conséquent par son antécédent. Le quotient de 4 à 2 est donc $\frac{1}{2}$, & le quotient de 2 à 4 est 2. Je nomme l'antécédent *a*, le conséquent *c*, & le quotient *q*; j'aurai $\frac{c}{a} = q$.

2°. $\frac{c}{a} = q$; donc $c = aq$; donc le conséquent d'une raison géométrique est égal à son antécédent multiplié par le quotient de la raison ; donc il y a raison entre *a* & *aq*, de même qu'entre *b* & *bq*, en supposant que *a* soit l'antécédent d'une raison, & *b* l'antécédent de l'autre.

3°. Dans la proportion géométrique $a : aq :: b : bq$; multipliez d'un côté les extrêmes, & de l'autre côté les moyennes, vous aurez $abq = abq$; donc dans toute proportion géométrique le produit des extrêmes est égal au produit des moyennes.

PROPOSITION INVERSE.

4 Grandeurs sont en proportion géométrique, lorsque le *produit* des *extrêmes* est égal au *produit* des *moyennes*.

Explication. L'on me donne les 4 grandeurs A, B, C, D, & l'on suppose que le *produit* A D est égal *au produit* B C, je dis que A : B :: C : D.

Démonstration. 1°. Si je multiplie les grandeurs A & B par la grandeur D, j'aurai par l'*axiome quatrieme* la proportion A : B :: AD : BD.

2°. Si je multiplie les deux grandeurs C & D par la grandeur B, j'aurai *par le même axiome* la proportion C : D :: BC : BD.

3°. L'on suppose que le *produit* A D est égal au *produit* B C ; donc il sera indifférent de mettre B C pour A D ; donc l'on a les 2 proportions suivantes.

1e. Proport. A : B :: BC : BD.
2e. Proport. C : D :: BC : BD.

Donc par l'axiome premier.
A : B :: C : D.

COROLLAIRES.

COROLLAIRES.

Corollaire premier. Si 4 quantités ſont *proportionnelles* ; l'antécédent de la premiere *raiſon* : à l'*antecédent* de la ſeconde : : le conſéquent de la premiere *raiſon* : au *conſéquent* de la ſeconde ; c'eſt-là ce qu'on nomme argumenter *alternando.*

Exemple.

12 : 6 : : 8 : 4.

donc

12 : 8 : : 6 : 4.

Corollaire ſecond. Si 4 quantités ſont *proportionnelles* ; le *conſéquent* de la premiere *raiſon* : à ſon *antécédent* : : le *conſéquent* de la ſeconde *raiſon* : à ſon *antécédent* ; c'eſt-là argumenter *convertendo.*

Exemple.

12 : 6 : : 8 : 4.

donc

6 : 12 : : 4 : 8.

Corollaire troiſieme. Si 4 quantités ſont *proportionnelles* ; l'*antécédent* & le *conſéquent* de la premiere *raiſon* joints enſemble : à leur *conſéquent* : : l'*antécédent* & le *conſéquent* de la ſeconde *raiſon* joints enſemble : à leur *conſéquent.* C'eſt-là argumenter *componendo.*

Exemple.

12 : 6 : : 8 : 4.

donc

18 : 6 : : 12 : 4.

Corollaire quatrieme. Si 4 quantités ſont *proportionnelles* ; dans la premiere *raiſon* l'excès de l'*antécédent* ſur le *conſéquent* : au *conſéquent* : : dans la ſeconde *raiſon* l'excès de l'*antécédent* sur le *conséquent* : au *conséquent*. C'est-là argumenter *dividendo*.

Exemple.

12 : 3 :: 8 : 2.

donc

9 : 3 :: 6 : 2.

Corollaire cinquieme. Dans une *proportion d'égalité ordonnée*, le premier & le dernier *termes* du premier rang sont *proportionnels* au premier & au dernier *termes* du second rang.

Exemple.

L'on vous donne	
1°. les 3 quantités	12, 6, 3.
L'on vous donne	
2°. les 3 quantités	8, 4, 2.
L'on voit 3°. que	12 : 6 :: 8 : 4.
L'on voit 4°. que	6 : 3 :: 4 : 2.

donc

12 : 3 :: 8 : 2.

Corollaire sixieme. Dans une *proportion d'égalité troublée*, le premier & le dernier *termes* du premier rang sont proportionnels au premier & au dernier *termes* du second rang.

Exemple.

L'on vous donne	
1°. les 3 quantités	12, 6, 2.
L'on vous donne	
2°. les 3 quantités	24, 8, 4.
L'on voit 3°. que	12 : 6 :: 8 : 4.
L'on voit 4°. que	6 : 2 :: 24 : 8.

donc

12 : 2 :: 24 : 4.

La vérité de ces six corollaires est fondée sur ce principe, 4 *grandeurs sont en proportion géométrique*, *lorsque le produit des extrêmes est égal au produit des moyennes*.

Remarque.

Ne confondons pas *proportion géométrique* avec *proportion arithmétique* : 4 grandeurs sont en *proportion arithmétique*, lorsque la quantité par laquelle la premiere differe de la seconde, est égale à la quantité par laquelle la troisieme differe de la quatrieme. Ainsi les 4 grandeurs 1. 2. 3. 4. sont en proportion arithmétique ; & l'on peut dire 1. 2 : 3. 4, c'est-à-dire, 1 est à 2, comme 3 est à 4, parce que de même que le nombre 1 marque la différence qu'il y a entre la grandeur 1 & la grandeur 2 ; de même aussi le nombre 1 marque la différence qu'il y a entre la grandeur 3 & la grandeur 4.

Concluez de-là que dans une proportion arithmétique la somme des *extrêmes* est égale à la somme des *moyennes*, c'est-à-dire, concluez de-là que si vous ajoutez d'un côté le premier terme de la proportion arithmétique au quatrieme, & de l'autre le second terme au troisieme, vous aurez deux sommes égales. En effet servez-vous de l'exemple précédent & ajoutez d'un côté 1 à 4, & de l'autre 2 à 3, vous aurez deux sommes chacune de 5.

Concluez encore que l'on se sert de la multiplication pour la proportion géométrique, & de l'addition pour la proportion arithmétique.

PROPOSITIONS

Du sixieme, onzieme & douzieme livres d'Euclide nécessaires à un Physicien.

Il ne s'agit ici que d'appliquer les regles des proportions à quelques figures dont l'usage est très-fréquent en Physique.

LEMME.

On connoît l'aire d'un *rectangle* en multipliant sa hauteur par sa base.

Explication. 1°. Toute figure composée de 4 côtés & de 4 angles droits est un *rectangle.*

2°. L'espace renfermé entre les 4 côtés d'un rectangle prend le nom d'*aire.*

3°. Je suppose que le *rectangle* HMBN, *fig.* 13, *pl.*

2, a sa hauteur HM de 5 pieds & sa base MN de 3, je dis que son *aire* sera de 15 pieds.

Démonstration. Représentez-vous la ligne HM se promenant sur la ligne MN parallelement à elle-même; l'on concevra que l'*aire* du rectangle HMBN est entierement formée, lorsque la ligne HM, partie du point M, sera arrivée au point N. Cela supposé, voici comment je raisonne; pour exprimer le chemin qu'a fait la ligne HM, il faut prendre autant de fois le nombre de pieds qu'elle contient, qu'il y a d'unités dans la ligne MN, c'est-à-dire, il faut multiplier la hauteur HM par la base MN; mais le chemin qu'a fait la ligne HM n'est autre chose que l'aire du rectangle HMBN; donc pour exprimer l'aire de ce rectangle il faut multiplier la hauteur HM par la base MN.

Proposition premiere. Les rectangles qui ont même hauteur sont en raison directe de leurs bases.

Explication. Les deux quadrilateres AKLE & CKDL, *fig.* 13, *pl.* 2, qui ont même hauteur, sont de vrais rectangles, puisqu'ils ont leurs 4 angles droits. Je dis donc que le rectangle AKLE : au rectangle CKDL :: la base EL : à la base DL. Pour le démontrer, je fais la base EL de 5 pieds, la hauteur EA de 3, la base DL de 1 pied & la hauteur LK de 3.

Démonstration. 1°. L'aire du rectangle AKLE contient 15 pieds, & l'aire du rectangle CKDL en contient seulement 3, puisqu'on connoît l'aire d'un rectangle en multipliant sa hauteur par sa base; donc le rectangle AKLE : au rectangle CKDL :: 15 pieds : à 3 pieds.

2°. 15 pieds : à 3 pieds :: 5 pieds : à 1 pied; donc par l'*axiome premier du cinquieme Livre*, le rectangle AKLE : au rectangle CKDL :: 5 pieds : à 1 pied.

3°. La base EL du *rectangle* ALKE est de 5 pieds; & la base DL du rectangle CKDL de 1 pied; donc le rectangle AKLE : au rectangle CKDL :: la base EL : à la base DL.

4°. Le rectangle AKLE qui a pour base EL, & le rectangle CKDL qui a pour base DL, ont la même hauteur; donc deux rectangles qui ont même hauteur sont en raison directe de leurs bases.

Corollaire premier. Les rectangles sont en raison composée de leur base & de leur hauteur, puisqu'on connoît l'espace que renferment les 4 côtés d'un rectangle en multipliant sa base par sa hauteur.

Corollaire second. Ce que nous avons dit des rectangles doit s'appliquer à toute sorte de quadrilateres réguliers, puisqu'un quadrilatere régulier est égal à un rectangle qui a même base & même hauteur que lui, *par la proposition sixieme du Livre premier.*

Corollaire troisieme. Puisqu'un triangle est la moitié d'un quadrilatere régulier, pourvu que le triangle & le quadrilatere aient même base & même hauteur, *par le corollaire quatrieme de la proposition sixieme du Livre premier*; il s'ensuit évidemment que deux triangles qui ont même hauteur sont entr'eux comme leurs bases; il s'ensuit encore que deux triangles qui ont même base sont entr'eux comme leurs hauteurs. La raison en est évidente; deux *touts* sont entr'eux comme leurs deux moitiés; donc si deux quadrilateres qui ont même hauteur sont entr'eux comme leurs bases, deux triangles qui ont même hauteur seront nécessairement en raison directe de leurs bases.

Corollaire quatrieme. Deux rectangles sont égaux, lorsqu'ils ont leurs bases en raison inverse de leurs hauteurs. L'on me donne le rectangle HBMN, *fig.* 13, *pl.* 2, de 5 pieds de hauteur & 3 pieds de base, & le rectangle KALE de 3 pieds de hauteur & de 5 pieds de base; il est évident que ces deux rectangles ont leurs bases en raison inverse de leurs hauteurs; puisqu'on peut dire, la base du rectangle HBMN qui a 3 pieds de longueur : à la base du rectangle KALE qui en a 5 pieds : : la hauteur du rectancte KALE qui est de 3 pieds : à la hauteur du rectangle HBMN qui est de 5 pieds; je dis que ces 2 rectangles sont égaux. En effet, *par le lemme supérieur*, ces deux rectangles ont chacun 15 pieds d'aire; donc ils sont égaux.

Corollaire cinquieme. Deux triangles sont égaux, lorsqu'ils ont leurs bases en raison inverse de leurs hauteurs; pourquoi? Parce que les triangles sont les moitiés des rectangles, & que 2 *touts* sont entr'eux comme leurs moitiés.

Tout le monde sait que la hauteur d'un triangle est représentée par la perpendiculaire abaissée de son sommet sur sa base prolongée, s'il est nécessaire. AD, par exemple, représente la hauteur du triangle BAC, *fig.*

14, *pl.* 2; parce que c'eſt une ligne perpendiculaire abaiſſée du ſommet A ſur la baſe prolongée BC.

Propoſition ſeconde. Si dans un triangle l'on tire une ligne parallele à l'un des côtés, elle coupera les deux autres côtés proportionnellement.

Explication. Si dans le triangle DAE, *fig.* 15, *pl.* 2, l'on tire BC parallele à DE, je dis que les côtés AD & AE ſeront coupés proportionnellement, c'eſt-à-dire, je dis que l'on aura la proportion ſuivante AB : BD :: AC : CE. Pour le démontrer, je tire les lignes EB & DC.

Démonſtration. 1°. Les deux triangles BCD & EBC qui ont la même baſe BC & qui ſont renfermés entre les mêmes paralleles BC & DE, ſont égaux entr'eux, *par le corollaire troiſieme de la propoſition ſixieme du Livre premier.*

2°. Les 2 triangles EBC & BCD ont un même rapport au triangle ACB, par l'*axiome ſecond du Livre cinquieme*, & l'on peut dire, le triangle EBC : au triangle ACB :: le triangle BCD : au même triangle ACB.

3°. Si je prends AB pour la baſe du triangle ACB & BD pour la baſe du triangle BCD, j'aurai *par le Corollaire troiſieme de la propoſition précédente* cette proportion; le triangle ACB : au triangle BCD :: la baſe AB : à la baſe BD, puiſque ces deux triangles qui vont aboutir au point C, ont évidemment même hauteur.

4°. L'on démontrera de la même maniere que le triangle ABC : au triangle CBE :: la baſe AC : à la baſe CE.

5°. L'on a donc la proportion continue ſuivante; AB : BD :: ABC : BCD :: ABC : CBE :: AC : CE; donc *par l'axiome premier du Livre cinquieme*, AB : BD :: AC : CE; donc ſi dans un triangle l'on tire une ligne parallele à un des côtés, elle coupera les deux autres côtés proportionnellement.

Propoſition troiſieme. Les triangles ſemblables ou équiangles ont en proportion les côtés qui ſont autour des angles égaux.

Explication. L'on me donne les deux triangles BCA & EFD, *fig.* 16, *pl.* 2, & l'on m'aſſure que l'angle C eſt égal à l'angle F, l'angle A à l'angle D, & l'angle B à l'angle E. Je dis que ces deux triangles auront en proportion les côtés qui ſont autour des angles égaux, c'eſt-à-dire; je dis que BC : AC :: EF : DF; ce que nous dirons des côtés qui ſont autour des angles égaux C & F, pourra s'appliquer aux côtés qui ſont autour des angles égaux B & E, A & D.

Démonſtration. Puiſque les deux triangles BCA & EFD ſont ſuppoſés équiangles, tranſportez le triangle EFD ſur le triangle BCA; le triangle EFD occupera l'eſpace qu'occupe le triangle HCI, & par conſéquent tout ce que l'on dira du triangle HCI devra s'appliquer au triangle EFD.

2°. Les angles HIC & BAC ſont ſuppoſés égaux; donc, *par le corollaire ſixieme de la propoſition quatrieme du Livre premier*, les deux lignes AB & IH ſont paralleles.

3°. *Par la propoſition ſeconde de ce ſixieme Livre*, l'on a la proportion ſuivante; BH : HC :: AI : IC; donc, *componendo*, l'on dira, BC : HC :: AC : IC; mais HC eſt égal à EF & IC à DF; donc BC : EF :: AC : DF; donc, *alternando*, BC : AC :: EF : DF; donc les triangles ſemblables ou équiangles ont en proportion les côtés qui ſe trouvent autour des angles égaux.

Corollaire premier. Toute ligne parallele à l'un des côtés d'un triangle, partage le triangle de telle ſorte, que le petit eſt ſemblable au grand, c'eſt-à-dire, équiangle avec le grand. Car qu'on ſuppoſe HI parallele à AB, l'angle H ſera égal à l'angle B, l'angle I à l'angle A, & l'angle C ſera commun au grand triangle BCA & au petit triangle HCI; donc ces deux triangles ſeront équiangles; donc toute ligne parallele à l'un des côtés d'un triangle, partage le triangle de telle ſorte, que le petit eſt ſemblable au grand.

Corollaire ſecond. Deux lignes qui ſe coupent dans un cercle, ſe coupent en proportion réciproque, c'eſt-à-dire, puiſque les deux lignes AB & CD ſe coupent au point E dans le cercle ACBD, *fig.* 18, *pl.* 2, je dis que l'on aura la proportion ſuivante, AE : EC :: ED : EB. En voici la preuve.

1°. Les deux triangles AEC & BED ſont équiangles; puiſque les angles en E oppoſés au ſommet ſont égaux, *par la propoſition quatrieme du Livre premier*; que les angles ACE & DBE qui insistent sur l'arc AD, & les angles CAE & BDE qui insistent sur l'arc BC sont égaux entr'eux, *par le Corollaire troisieme de la proposition troisieme du troisieme Livre.*

2°. *Par la proposition supérieure*, l'on a la proportion suivante, AE : EC :: ED : EB ; donc les deux lignes AB & CD se coupent en proportion réciproque, puisque le premier & le dernier termes de cette proportion appartiennent à la ligne AB, & le second avec le troisieme terme à la ligne CD ; donc deux lignes qui se coupent dans un cercle se coupent en proportion réciproque ou en raison inverse.

Corollaire troisieme. Lorsque deux lignes se coupent dans un cercle, le rectangle sur les segmens de l'une est égal au rectangle sur les segmens de l'autre, c'est-à-dire, le rectangle fait sur les segmens AE & BE est égal au rectangle fait sur les segmens EC & ED. En effet l'on a par le Corollaire précédent la proportion suivante, AE : EC :: ED : EB ; donc, *par la proposition fondamentale du Livre cinquieme*, AE multipliant EB est égal à EC multipliant ED ; mais AE multipliant EB donne pour produit le rectangle fait sur les segmens AE & EB, & EC multipliant ED donne pour produit le rectangle fait sur les segmens EC & ED ; donc le rectangle fait sur les segmens AE & EB est égal au rectangle fait sur les segmens EC & ED ; donc lorsque deux lignes se coupent dans un cercle, le rectangle sur les segmens de l'une est égal au rectangle sur les segmens de l'autre.

Corollaire quatrieme. Si d'un point hors d'un cercle l'on tire deux lignes dont l'une soit tangente & l'autre sécante, le carré de la tangente sera égal à un rectangle fait sur toute la sécante & sur le segment extérieur. Si du point A, par exemple, qui se trouve hors du cercle BDEFC, *fig.* 17. *pl.* 2, l'on tire la tangente AB & la sécante ACD, le carré formé sur la tangente AB sera égal à un rectangle, qui auroit pour base la sécante AD & pour hauteur le segment AC. En voici la preuve.

1°. Les deux triangles ABD & ABC ont l'angle A qui leur est commun, & les angles ABC & ADB égaux, puisque le premier est mesuré par la moitié de l'arc BC; *par le Corollaire cinquieme de la proposition troisieme du Livre troisieme*, & que le second a précisément la même mesure, *par le Corollaire premier de la même proposition;* donc ces deux triangles sont équiangles.

2°. Puisque les deux triangles ABD & ABC sont équiangles, l'on aura, *par la proposition précédente*, la proportion suivante, AD : AB :: AB : AC; donc, *par la proposition fondamentale du Livre cinquieme*, AD multipliant AC est égal à AB multipliant AB; mais AB multipliant AB donne le carré formé sur la tangente AB, & AD multipliant AC donne un rectangle qui a pour base la sécante AD & pour hauteur le segment AC; donc le carré de la tangente est égal à un rectangle fait sur toute la sécante & sur le segment extérieur.

Proposition quatrieme. Deux triangles qui ont un angle égal & les côtés autour de cet angle proportionnels, sont semblables.

Explication. Si les deux triangles *BCA* & *DFE*, *fig.* 16, *pl.* 2, ont les angles C & F égaux, & que BC : AC :: FE : DF, je dis que ces deux triangles seront semblables ou équiangles. Pour le démontrer, faites sur la base EF le triangle FEG semblable au triangle BCA.

Démonstration. 1°. Puisque les triangles BCA & FEG sont supposés semblables, l'on aura, *par la proposition précédente*, la proportion suivante, BC : AC :: FE : GE; mais l'on a déjà *par supposition*, BC : AC :: FE : DF; donc l'on aura, *par l'Axiome premier du Livre cinquieme*, FE : GE :: FE : DF; donc, *alternando*, FE : FE :: GE : DF; mais le côté FE est égal au côté FE; donc le côté GE est égal au côté DF.

2°. Les deux triangles DFE & FEG ont le côté FE commun, le côté GE égal au côté DF & l'angle DFE égal à l'angle FEG; donc, *par la proposition premiere du Livre premier*, ces deux triangles sont égaux entr'eux.

3°. Le triangle BCA est semblable au triangle FEG; donc il est semblable au triangle DFE qui vient d'être démontré égal au triangle FEG; donc deux triangles qui ont un angle égal, & les côtés autour de cet angle proportionnels, sont semblables ou équiangles.

Proposition cinquieme. Dans tout triangle rectangle la perpendiculaire tirée de l'angle droit sur le côté opposé, partage le grand triangle en deux petits triangles qui lui sont semblables, & qui sont semblables entr'eux.

Explication. Dans le triangle ABC rectangle en B, *fig.* 16, *pl.* 2, la perpendiculaire BK partage le grand triangle ABC en deux petits triangles BKC & BKA semblables au grand, & par conséquent semblables entr'eux.

Démonstration. 1°. Le grand triangle ABC & le petit triangle BKC ont chacun un angle droit, l'un en B, & l'autre en K, & l'angle C leur est commun; donc ils sont équiangles & par conséquent semblables.

2°. Le grand triangle ABC & le petit triangle BKA ont chacun un angle droit, l'un en B, & l'autre en K, & l'angle A leur est commun; donc ils sont équiangles & par conséquent semblables.

3°. Les deux petits triangles BKC & BKA sont chacun semblables au grand triangle ABC; donc ils sont semblables entr'eux; donc la perpendiculaire BK partage le grand triangle ABC en deux petits triangles qui lui sont semblables, & qui par conséquent sont semblables entr'eux.

Corollaire premier. La perpendiculaire BK est moyenne proportionnelle entre les segmens qu'elle fait sur la base AC. En effet les deux triangles BKC & BKA sont semblables; donc, *par la proposition troisieme* de ce livre, l'on peut dire, CK : BK : : BK : KA.

Corollaire second. La fameuse proposition septieme du Livre premier devient un Corollaire de la proposition précédente, & elle se démontre plus facilement encore par le moyen des proportions, que par le moyen des lignes. L'on ne sera pas fâché de trouver ici cette seconde démonstration.

1°. Les deux triangles BKC & ABC sont équiangles; donc, *par la proposition troisieme de ce Livre*, CK : BC : : BC : AC; donc, *par la proposition fondamentale du Livre cinquieme*, CK multipliant AC, est égal à BC multipliant BC, c'est-à-dire, au carré de BC.

2°. Les deux triangles *BKA* & *ABC* sont équiangles; donc l'on pourra dire, *AK* : *AB* : : *AB* : *AC*; donc *AK* multipliant *AC* est égal à *AB* multipliant *AB*, c'est-à-dire, au carré de *AB*.

3°. Les deux rectangles faits, l'un sur *CK* & sur *AC*, l'autre sur *AK* & sur *AC*, forment précisément le carré de *AC*; relisez la proposition 7 de notre Ier. livre de Géométrie; donc dans un triangle rectangle *ABC* le carré fait sur la base *AC* est égal aux deux carrés faits, l'un sur *BC* & l'autre sur *AB*.

Proposition sixieme. Les triangles qui ont un angle égal & dont les côtés autour de cet angle sont en proportion réciproque, sont égaux entr'eux.

Explication. L'on me donne les deux triangles *ABC* & *DBE*, *fig.* 19, *pl.* 2, dont les angles en *B* opposés au sommet sont égaux, & l'on suppose que *CB* : *BD* :: *BE* : *AB*; je dis que ces deux triangles seront égaux. Pour le démontrer, je tire la ligne *AD*.

Démonstration. 1°. Les deux triangles *ABC* & *ABD* ont même hauteur, puisqu'ils vont aboutir tous les deux au point *A*; donc, *par le Corollaire troisieme de la premiere proposition de ce Livre*, l'on a la proportion suivante; le triangle *ABC* : au triangle *ABD* :: la base *CB* : à la base *BD*.

2°. Par la même raison les deux triangles *DBE* & *ABD* qui vont tous les deux aboutir au point *D*, donnent la proportion suivante; le triangle *DBE* : au triangle *ABD* :: la base *BE* : à la base *AB*.

3°. L'on a donc ces deux proportions.

ABC : *ABD* :: *CB* : *BD*.
DBE : *ABD* :: *BE* : *AB*.

4°. L'on a par supposition, *CB* : *BD* :: *BE* : *AB*; donc au lieu d'employer la raison de *BE* à *AB*, je pourrai employer celle de *CB* à *BD*; donc je pourrai dire:

ABC : *ABD* :: *CB* : *BD*.
DBE : *ABD* :: *CB* : *BD*.

5°. *Par l'axiome premier du livre cinquieme*, l'on pourra dire; *ABC* : *ABD* :: *DBE* : *ABD*; donc *alternando*, *ABC* : *DBE* :: *ABD* : *ABD*; mais le triangle *ABD* est égal au triangle *ABD*; donc le triangle *ABC* est égal au triangle *DBE*; mais ces deux derniers triangles ont un angle égal & les côtés autour de cet angle en proportion réciproque ; donc les triangles qui ont un angle égal & dont les côtés autour de cet angle sont en proportion réciproque, sont égaux entr'eux.

Proposition septieme. Les triangles semblables sont en raison doublée de leurs côtés homologues, c'est-à-dire, sont comme les carrés de leurs côtés homologues.

Explication. Si les deux triangles *ABD* & *FEC*, *fig.* 20, *pl.* 2, sont semblables, l'on aura la proportion suivante ; le triangle *ABD* : au triangle FEC : : le carré de *BD* : au carré de *EC.* Pour le démontrer, je tire la ligne *AC*, de façon que *BD* : *EC* : : *EC* : *B C.*

Démonstration. 1°. Les triangles *ABD* & *FEC* sont semblables ; donc, *par la proposition troisieme de ce livre*, l'on dira, *AB* : *BD* : : *FE* : *EC* ; donc, *alternando*, *AB* : *FE* : : *BD* : *EC* ; mais, *par construction*, *BD* : *EC* : : *EC* : *BC* ; donc, *par l'axiome premier du livre cinquieme AB* : *FE* : : *EC* : *BC* ; donc, *par la précédente*, les deux triangles *ABC* & *FEC* sont égaux, puisqu'ils ont les angles *B* & *E* égaux, & les côtés autour de ces angles en proportion réciproque ; donc tout ce qu'on dira du triangle *ABC* pourra s'appliquer au triangle *FEC.*

2°. Lorsque 3 grandeurs sont en proportion géométrique, la premiere : à la troisieme : : le carré de la premiere : au carré de la seconde. Puisque, par exemple, 4 : 2 : : 2 : 1 ; l'on pourra dire, 4 : 1 : : le carré de 4, c'est-à-dire, 16 : au carré de 2, c'est-à-dire, 4. Cela supposé, voici comment je raisonne ; *par construction BD* : *EC* : : *EC* : *BC* ; donc *BD* : *BC* : : le carré de *BD* : au carré de *EC.*

3°. Les deux triangles *ABC* & *ABD* ont même hauteur ; donc, *par le Corollaire troisieme de la proposition premiere de ce livre*, le triangle *ABD* : au triangle *ABC* : : *BD* : *BC* ; mais *BD* : *BC* : : le carré de *BD* : au carré de *EC* ; donc, *par l'axiome premier du livre cinquieme*, le triangle *ABD* : au triangle *ABC* : : le carré de *BD* : au carré de *EC.*

4°. Le triangle *ABC* a déjà été démontré égal au triangle *FEC* ; donc le triangle *ABD* : au triangle

FEC :: le carré de *BD* : au carré de *EC*; donc les triangles semblables sont en raison doublée de leurs côtés homologues.

Corollaire premier. Si 4 lignes sont en proportion, les poligones semblables que l'on construira sur ces lignes, seront aussi en proportion. Pourquoi ? Parce que ces poligones seront, *par la précédente*, comme les carrés de ces lignes ; mais les carrés de 4 lignes proportionnelles sont en proportion ; donc les poligones semblables que l'on construira sur 4 lignes proportionnelles seront en proportion. Ainsi, *fig.* 1, *pl.* 3, si *AB* : *CD* :: *GH* : *KI*; l'on pourra dire, le poligone E : au poligone F :: le poligone I : au poligone M.

Si quelqu'un doutoit que les carrés de 4 lignes proportionnelles, demeurassent en proportion, voici comment il pourroit s'en convaincre. Supposons 4 lignes dont la premiere soit de 2 pieds, la seconde de 4, la troisieme de 5, & la quatrieme de 10 ; ces 4 lignes seront évidemment proportionnelles ; je dis que leurs carrés seront en proportion. En effet 4 : 16 :: 25 : 100; mais 4 est le carré de la premiere ligne, 16 celui de la seconde, 25 celui de la troisieme, & 100 celui de la quatrieme ; donc 4 lignes proportionnelles ont leurs carrés en proportion.

Corollaire second. Deux poligones semblables inscrits dans deux cercles, sont entr'eux comme les carrés de diametres des cercles dans lesquels ils sont inscrits. Si, par exemple, le poligone ABCDE, *fig.* 2, *pl.* 3, est semblable au poligone FGHKI, le premier : au second :: le carré du diametre AM : au carré du diametre FN. En voici la preuve.

1°. Puisque les deux poligones dont nous parlons sont semblables, l'arc AB sera semblable à l'arc FG, c'est-à-dire, contiendra autant de degrés que l'arc FG; donc l'angle AMB sera égal à l'angle FNG, *par le Corollaire troisieme de la proposition troisieme du troisieme livre.*

2°. L'angle ABM qui insiste sur le demi-cercle AEM est égal à l'angle FGN qui insiste sur le demi-cercle FIN, *par le Corollaire second de la même proposition* ; donc le triangle ABM est semblable au triangle FGN, *par le Corollaire quatrieme de la proposition cinquieme du livre premier.*

3°. Les deux triangles semblables ABM, & FGN donnent, *par la proposition troisieme de ce livre*, la proportion suivante, AB : FG :: AM : FN; donc ces 4 lignes sont proportionnelles; donc, *par le Corollaire précédent*, le poligone sur AB : à un poligone semblable fait sur FG :: le poligone sur AM : à un poligone semblable fait sur FN. Mais les deux poligones ABCDE, FGHKI sont deux poligones semblables faits sur AB, l'autre sur FG; de même le carré de AM & le carré de FN sont deux poligones semblables faits l'un sur AM & l'autre sur FN; donc le poligone ABCDE : au poligone FGHKI :: le carré du diametre AM : au carré du diametre FN.

Corollaire troisieme. Deux cercles sont deux poligones semblables d'une infinité de côtés; donc ils sont entr'eux comme les carrés de leurs diametres; donc, si de deux cercles, l'un a un diametre de deux pieds, & l'autre un diametre de 1 pied, l'aire du premier : à l'aire du second :: 4 : 1.

Corollaire quatrieme. L'on doit appliquer aux solides ce que nous avons dit des figures planes, avec cette différence qu'au lieu de parler de carré, l'on parlera de cube. Pourquoi? Parce qu'un *solide* est le produit de ses trois côtés multipliés les uns par les autres, ou, ce qui revient au même, parce qu'un *solide* est le produit d'une base qui est un plan, par une hauteur. Ainsi puisque deux poligones semblables sont entr'eux comme les carrés de leurs côtés homologues, deux solides semblables seront entr'eux comme les cubes de leurs côtés homologues; mais deux spheres sont deux solides semblables; donc deux spheres sont entr'elles comme les cubes de leurs diametres. Ainsi si, de deux spheres, l'une a 1 pied, & l'autre 2 pieds de diametre, la premiere : à la seconde :: 1 : 8.

Il n'est pas nécessaire de prouver que deux solides sont semblables, lorsqu'ils sont équiangles, & lorsqu'ils ont en proportion les côtés qui sont autour des angles égaux.

Nous terminerons cette introduction à la Géométrie pratique par l'énumération des différentes mesures qui sont en usage parmi les différentes nations de l'univers.

1°. Le *point* eſt la plus petite meſure que nous connoiſſions ; c'eſt la 12e. partie de la largeur d'un grain d'orge.

2°. La *ligne* eſt la longueur de 12 points.

3°. Le *pouce* eſt la longueur de 12 lignes.

4°. Le *pied* eſt la longueur de 12 *pouces*, ou, comme diſent quelques-uns, de 12 onces. Cette définition ne convient qu'au pied ordinaire ou courant, car le pied ſuperficiel ou carré contient 144 pouces, & le pied cube 1728. Le pied ordinaire eſt meſuré ſelon la longueur ; le pied carré eſt meſuré en longueur & en largeur ; le cube en longueur, largeur & profondeur. Lorſqu'on n'ajoute aucune épithete à *pied*, l'on parle du pied courant.

5°. Le *pas géométrique* contient 5 *pieds*, & le pas commun environ 3.

6°. La *toiſe ordinaire* a 6 *pieds* ; la toiſe carrée 36, & la toiſe cube 216.

7°. Un *mille* de France contient 5250 pieds.

d'Italie	5000
d'Angleterre	5450
d'Ecoſſe	6000
de Suede	30000
de Moſcovie	3750
de Lithuanie	18500
de Pologne	19850
d'Allemagne	
le petit	20000
le moyen	22500
le grand	25000
d'Eſpagne	7090
de Bourgogne	6000
de Flandres	6666
de Hollande	8000
de Perſe	18750
d'Egypte	25000

PREMIERE PARTIE.

Des Lignes.

Cette premiere partie de la Géométrie Pratique, que l'on appelle communément *longimétrie*, contiendra non-ſeulement des problemes curieux, tels que ſont ceux qui apprennent à mesurer des distances inaccessibles, mais encore des problemes dont l'usage est très - commun en Physique, tels que ceux qui apprennent à trouver des quatriemes, des troisiemes, des moyennes proportionnelles.

Probleme premier. A trois lignes données, trouver une quatrieme proportionnelle.

Explication. L'on demande une quatrieme proportionnelle aux trois lignes données BC, AC, DE, *fig.* 3, *pl.* 3, c'est-à-dire, on demande une quatrieme ligne qui soit telle, que l'on puisse avoir la proportion suivante; BC : AC :: DE : à la quatrieme ligne qu'on cherche.

Construction. Placez ces trois lignes, comme vous voyez qu'elles le sont dans la figure troisieme, je dis que AE est la ligne que l'on cherche.

Démonstration. *Par la proposition troisieme de notre sixieme livre de Géométrie*, BC : AC :: DE : AE; donc AE est la ligne que l'on cherche.

Probleme second. A deux lignes données, trouver une troisieme proportionnelle.

Explication. L'on demande une troisieme proportionnelle aux deux lignes AB & BC, *fig.* 4, *pl.* 3, c'est-à-dire, on demande une troisieme ligne qui soit telle, que l'on puisse dire, AB : BC :: BC : à la ligne que l'on cherche.

Construction. Prenez sur le côté AF la partie AE égale à la ligne BC, je dis que EF sera la ligne que l'on cherche, pourvu que EB & FC soient paralleles.

Démonstration. *Par la proposition seconde de notre sixieme livre de Géométrie*, AB : BC :: AE : EF; mais AE est égal à BC; donc AB : BC :: BC : EF; donc EF donne la solution du probleme.

Probleme troisieme. A deux lignes données, trouver une moyenne proportionnelle.

Explication. L'on demande une moyenne proportionnelle aux 2 lignes AB, BD, *fig.* 5, *pl.* 3, c'est-à-dire, l'on demande une ligne qui soit telle, que l'on puisse dire AB : à la ligne que l'on cherche :: cette ligne : BD.

Construction. Joignez les deux lignes AB, BD. Partagez ce *tout* en deux parties égales au point C. De ce point comme centre, avec le rayon CA, décrivez le demi-

cercle

cercle AED. Du point B où se joignent les deux lignes AB, BD., élevez la perpendiculaire BE. Enfin tirez les lignes AE & ED; je dis que BE est la moyenne proportionnelle qu'on demande.

Démonstration. 1°. Les triangles AED & ABE sont équiangles, puisqu'ils ont un angle commun, & qu'ils ont chacun un angle droit. L'angle commun est l'angle A; & les 2 angles droits sont les angles ABE & AED.

2°. L'on démontrera de la même maniere que les triangles AED & EBD sont équiangles; donc les triangles ABE & EBD le sont aussi, puisque chacun d'eux est équiangle au triangle AED; donc, *par la proposition troisieme de notre sixieme livre de Géométrie*, l'on a la proportion suivante, AB : BE :: BE : BD; donc BE est moyenne proportionnelle entre AB & BD.

Problême quatrieme. Diviser une ligne en moyenne & extrême raison.

Explication. On me donne la ligne AB, *fig.* 6, *pl.* 3, à diviser en moyenne & extrême raison, c'est-à-dire, on me donne la ligne AB à diviser en deux parties, telles que toute la ligne AB : à la plus grande partie :: la plus grande partie : à la plus petite.

Construction. 1°. Prenez une seconde ligne AC égale à la ligne AB. 2°. Joignez ces deux lignes de telle sorte, qu'elles forment un angle de 36 degrés, ce que vous ferez facilement par le moyen du rapporteur. 3°. Tirez la ligne CB pour avoir un triangle isocele BAC, dont l'angle A étant de 36 degrés, les angles B & C seront nécessairement de 72 degrés chacun. 4°. Tirez sur la ligne AB la ligne CD égale à la ligne CB; je dis que la ligne AB est divisée au point D en moyenne & extrême raison, c'est-à-dire, je dis que AB : AD :: AD : BD.

Démonstration. 1°. Le triangle BCD est isocele *par construction*, & l'angle B est de 72 degrés; donc l'angle D est aussi de 72 degrés, *par le Corollaire premier de la proposition premiere de notre premier livre de Géométrie*, & l'angle C de 36, *par le Corollaire premier de la proposition cinquieme du même Livre.*

2°. L'angle *C* du triangle *ADC* est de 36 degrés. En effet l'angle *ACB* du triangle *BAC* est de 72 degrés, *par construction*, & l'angle *C* du triangle *BCD* de 36 *num.* 1.; donc l'angle *C* du triangle *ADC* est aussi de

36 degrés ; donc le triangle *ADC* est isocele *par le Corollaire second de la proposition premiere de notre premier livre de Géométrie* ; donc le côté *DC* est égal au côté *AD*.

3°. Le triangle *BAC* & le triangle *BCD* sont équiangles, puisqu'ils ont l'angle *B* commun, & qu'ils ont chacun un angle de 36 degrés ; donc *par la proposition troisieme de notre sixieme livre de Géométrie*, j'ai la proportion suivante *AB* : *BC* :: *CD* : *DB*.

4°. *BC* est égal à *CD par construction*, & *CD* a été démontré égal à *AD*, *num.* 2°. ; donc dans la proportion supérieure, au lieu de prendre *BC*, je puis prendre *AD*, & au lieu de prendre *CD*, je puis encore prendre *AD* ; donc *AB* : *AD* :: *AD* : *DB* ; donc la ligne *AB* a été divisée au point *D* en moyenne & extrême raison.

Probleme cinquieme. Mesurer une distance qui n'est accessible que par ses deux extrémités.

Construction. L'on me donne à mesurer la distance AB, *fig.* 7, *pl.* 3, terminée par les deux arbres A & B, & rendue inaccessible partout ailleurs que par ses deux extrémités, à cause du rocher DEFG, ou de quelqu'autre empêchement semblable. Pour en venir à bout, 1°. je choisis dans la campagne un point C d'où je puisse voir les deux arbres A & B, & d'où je puisse aller directement à chacun d'eux. 2°. Je pose mon graphometre à ce point. 3°. Je dirige une des regles de cet instrument vers l'arbre A & l'autre vers l'arbre B, afin de prendre la valeur de l'angle ACB. 4°. Je mesure les deux côtés CA & CB. 5°. Je me retire dans un lieu commode, & j'y forme sur le terrain un triangle acb, *fig.* 8, dont l'angle c soit égal à l'angle C du triangle ACB, & dont les côtés ca & cb soient égaux aux côtés CA & CB du même triangle. 6°. Je mesure le côté ab, je dis qu'il sera égal à la distance AB.

Démonstration. Par la proposition premiere de notre premier livre de Géométrie, les deux triangles ACB & acb sont égaux entr'eux ; donc le côté ab est égal au côté AB.

Remarque. Si la distance AB étoit considérable, il seroit très-incommode & très-difficile de faire sur quelque terrain que ce fût un triangle *acb* égal au triangle ACB. Il faudroit alors faire une échelle dans le goût de celles que l'on trouve sur quelque carte géographique que ce soit, & rapporter le triangle ACB sur le papier. Si, par exemple, l'échelle AB, *fig.* 9, *pl.* 2, suppose pour 10 toises, & que les côtés AC & CB du triangle ACB soient l'un de 20 & l'autre de 30 toises, je ferai sur le papier un triangle acb dont ac aura deux fois & cb 3 fois la longueur de mon échelle. Je formerai avec ces côtés un angle acb égal à l'angle ACB. Je tirerai ab que je mesurerai avec mon échelle; & s'il la contient 4 ou 5 fois, je conclurai que la distance AB est de 40 ou 50 toises.

Probleme sixieme. Mesurer une distance qui n'est accessible que par une de ses extrémités.

Construction. Pour mesurer la distance AB, *fig.* 9; *pl.* 3, qui n'est accessible que par son extrémité A, voici comment je m'y prends. 1°. Je plante un piquet D à un point quelconque C d'où je puisse voir les points A & B, & d'où je puisse aller directement au point A. 2°. Je tire la ligne CA. 3°. Je pose mon graphometre au point A, & je dirige l'une des regles de cet instrument vers le point B & l'autre vers le point C, afin de prendre l'angle CAB. 4°. Je mesure la ligne CA. 5°. Je plante un piquet E au point A. 6°. Je porte mon graphometre au point C, & dirigeant l'une de ses regles vers le point A, & l'autre vers le point B, je prends l'angle ACB. 7°. Je me mets dans un lieu commode, & je tire sur le terrain une ligne *ac* égale à la ligne AC du triangle ACB. 8°. Je tire une ligne indéfinie *abd* formant avec la ligne *ac* un angle *cab* égal à l'angle CAB. 9°. Je tire une seconde indéfinie *cb* qui coupe *abd* au point *b*, & qui forme avec *ac* un angle *acb* égal à l'angle ACB; je dis que la ligne *ab* du triangle *acb* sera égale à la ligne AB du triangle ACB.

Démonstration. Par la proposition troisieme de notre premier livre de Géométrie, les deux triangles ACB & *acb* sont égaux; donc le côté AB est égal au côté *ab*; donc en mesurant *ab* j'aurai la longueur de AB.

S'il falloit faire sur le terrain un triangle trop considérable, vous vous serviriez, comme dans le probleme précédent, de l'échelle AB, *fig.* 9, *pl.* 3, & vous transporteriez le triangle ACB sur le papier. Tous les étuis de Mathématiques contiennent un instrument de corne appellé *rapporteur*, parce qu'il sert à rapporter sur le

S ij

papier les angles que l'on a pris sur le terrain avec le graphometre.

Probleme septieme. Mesurer une distance entierement inaccessible.

Construction. Pour mesurer la distance AB, *fig.* 10, *pl.* 3, qu'un empêchement quelconque MN rend entierement inaccessible, servez-vous de la méthode suivante. 1°. Choisissez dans la campagne deux points C & H qui soient tels, que vous puissiez aller directement de l'un à l'autre & voir de chacun les extrémités A & B de la distance proposée. 2°. Plantez un piquet E au point H, & placez un graphometre au point C. 3°. Avec cet instrument prenez les angles ACH & BCH. Mesurez la distance CH. 4°. Transportez le piquet E du point H au point C, & le graphometre du point C au point H. 5°. Prenez les angles BHC & AHC. 6°. Tirez sur un terrain libre la ligne ch égale à la ligne CH. 7°. Par le moyen d'un piquet & d'un graphometre, prenez les angles ach & bch égaux aux angles ACH & BCH, & les angles bhc & ahc égaux aux angles BHC & AHC. 8°. Par le point *a* où concourent les deux lignes ca, & ha, & par le point *b* où concourent les lignes hb & cb, tirez la ligne ab qui sera égale à la distance AB.

Démonstration. Le quadrilatere abch est égal au quadrilatere ABCH, *par construction*; donc, en mesurant ab, j'aurai la mesure de la distance AB.

Si le quadrilatere abch occupoit un trop grand espace, vous vous serviriez, comme dans le probleme cinquieme, de l'échelle AB qui vous donneroit un quadrilatere PQRS, *fig.* 11, *pl.* 3, proportionnel au quadrilatere ABCD, *fig.* 10, *pl.* 3.

Probleme huitieme. Mesurer une distance que la largeur d'une riviere rend inaccessible.

Construction. 1°. Faites sur une planche un triangle équilatéral ABC, *fig.* 12, *pl.* 3. 2°. Posez horizontalement ce triangle & faites en sorte que son côté AC soit parallele au lit de la riviere MN op. 3°. Placez votre œil au point A. Regardez par le côté AB un objet quelconque D qui se trouve en de-là de la riviere précisément au bord de l'eau, de telle sorte que la ligne BD soit la continuation du côté AB. 4°. Regardez par le côté

AC un point quelconque F éloigné de 5 à 6 toises du point A. 5°. Plantez 2 piquets, l'un au point A & l'autre au point F. 6°. Transportez le triangle ABC de l'autre côté. Cherchez, pour poser ce triangle, un point quelconque c qui soit tel que si votre œil y est placé, & que vous regardiez par *ca*, le piquet F vous empêche de voir le piquet A, & que regardant par *bc*, vous apperceviez le point D en de-là de la riviere MN op. Cela fait, je dis que vous mesurerez facilement la largeur de cette riviere. Par le point D tirez la perpendiculaire imaginaire DG qui partagera Ac en 2 parties égales.

Démonstration. 1°. Le grand triangle ADc est équilatéral, puisqu'il est semblable au petit triangle ABC à cause du parallélisme des côtés BC & Dc. L'on aura donc, *par la proposition troisieme de notre livre sixieme de Géométrie*, les proportions suivantes.

DA : Ac :: BA : AC.
DA : Dc :: BA : BC.

Mais, *par supposition*, les côtés BA, AC, BC sont égaux entr'eux; donc les côtés DA, Ac & Dc le sont aussi; donc le triangle ADc est équilatéral.

2°. Le carré de la ligne Ac est égal au carré de la ligne DA, puisque ces deux lignes sont 2 côtés d'un triangle équilatéral.

3°. Le carré de la ligne Ac est quadruple du carré de sa moitié AG. En effet supposons que Ac ait 10 toises de longueur, son carré sera 100, & le carré de sa moitié sera 25. Or 100 est quadruple de 25; donc le carré de la ligne Ac est quadruple du carré de sa moitié AG.

4°. *Par la proposition septieme de notre premier livre de Géométrie*, le carré de DA est égal au carré de AG & au carré de DG; donc *num.* 2°. le carré de Ac est égal au carré de AG & au carré de DG. Mais *num.* 3°. le carré de Ac est quadruple du carré de AG; donc le carré de DG est triple du carré de AG.

5°. Je mesure Ac; je prends le carré de sa moitié; je triple ce carré; je tire la racine carrée de cette somme, & cette racine carrée me donnera DG.

6°. Je mesure HG; j'ôte sa longueur trouvée de la

valeur de la ligne DG & le restant me donnera DH ; largeur de la riviere MNop. Les méthodes des 4 problemes précédens se trouvent dans les élémens de M. Audierne.

Probleme neuvieme. Mesurer la hauteur d'un objet quelconque, par exemple, d'une tour.

Construction. Pour mesurer la hauteur de la tour AB, *fig.* 13, *pl.* 3. 1°. Je place horizontalement un miroir plan au point C. 2°. Je me retire jusqu'à ce que je voie le point A peint dans le miroir. 3°. Je mesure la ligne DE, distance perpendiculaire de mon œil à mes pieds. 4°. Je mesure EC, distance de mes pieds au centre du miroir C. 5°. Je mesure CB, distance du centre du miroir C à la tour AB. 6°. Je fais la proportion suivante, EC : DE :: CB : AB. 7°. Je multiplie DE par CB ; je divise le produit par EC ; le quotient me donnera la hauteur de la tour AB.

Démonstration. Les deux triangles rectangles DEC & ABC sont équiangles, puisque l'angle de réflexion DCE est égal à l'angle d'incidence ACB ; donc, *par la proposition troisieme de notre sixieme livre de Géométrie*, EC : DE :: CB : AB. Mais les trois premiers termes de cette proportion sont connus ; donc le quatrieme qui représente la hauteur de la tour AB, l'est aussi.

Corollaire premier. L'on peut, au lieu de miroir, se servir d'un vase plein d'eau que l'on placera au point C.

Corollaire second. Plantez un bâton DF parallelement à la position de la tour CB, *fig.* 14, *pl.* 3. Mesurez la longueur de l'ombre EF, la hauteur du bâton DF, & la longueur de l'ombre AB. Faites ensuite la proportion suivante ; EF, longueur de l'ombre du bâton : DF, hauteur du même bâton :: AB, longueur de l'ombre de la tour : CB, hauteur de la même tour. La bonté de cette méthode est fondée sur le parallélisme des rayons du Soleil & sur le parallélisme du bâton DF & de la tour CB qui sont cause que le triangle DEF est semblable au triangle ABC.

Corollaire troisieme. Plantez un bâton EF, *fig.* 15, *pl.* 3, parallelement à la tour BC. Retirez-vous en arriere, jusqu'à ce que vous voyez l'extrémité B de la tour par l'extrémité E du bâton. Mesurez AM, ME, AD ; & à cause des triangles semblables AME & ADB, dites AM :

ME :: AD : DB. Multipliez ME par AD ; divisez le produit par AM ; le quotient vous donnera la valeur BD. Mesurez DC ; sa valeur ajoutée à DB, vous donnera une somme qui sera la hauteur de la tour BC.

SECONDE PARTIE.

Des Surfaces.

La seconde partie de la Géométrie Pratique, connue sous le nom de *Planimétrie*, contient tous les principes de l'arpentage. Nous y apprendrons à mesurer les aires d'un *Parallélogramme*, d'un *triangle*, d'un *polygone*, d'un *trapeze*, d'un *cercle*, d'un *secteur*, d'une *ellipse*, d'un *cylindre*, d'un *cône*, d'une *sphere* & d'un *sphéroïde*.

Probleme premier. Mesurer l'aire d'un rectangle.

Explication. L'on demande combien de pieds carrés contient l'aire du rectangle ABCD, *fig.* 10, *pl.* 2, dont la base CD est de 20, & la hauteur CA de 10 pieds courans.

Résolution. Le rectangle ABCD a une aire de 200 pieds carrés.

Démonstration. Par le lemme de la proposition premiere de notre sixieme livre de Géométrie, l'on connoît l'aire d'un rectangle en multipliant sa base par sa hauteur ; donc l'aire du rectangle ABCD est de 200 pieds carrés, parce que 10 × 20 = 200.

Corollaire premier. Si le Parallélogramme n'est pas rectangle, c'est-à-dire, s'il n'a point d'angle droit, comme EFGH, *fig.* 16, *pl.* 3 ; voici comment vous procéderez pour trouver la valeur de son aire.

1°. Vous prolongerez à volonté sa base FH.

2°. Du point G vous abaisserez sur cette base prolongée la perpendiculaire GK qui représentera la hauteur de ce Parallélogramme.

3°. Vous multiplierez la base FH par la hauteur GK ; le produit vous donnera l'aire du Parallélogramme FEGH. Si GK est de 15 & FH de 30 pieds, l'aire du Parallélogramme FEGH sera de 450 pieds carrés, parce que 15 × 30 = 450.

Il n'est pas nécessaire de faire remarquer ici que le signe × signifie *multipliant*, & le Signe = signifie *égal* ; nous avons donné ces notions dans l'article qui commence par les mots *Arithmétique Algébrique.*

Corollaire second. Pour trouver l'aire de quelque Parallélogramme que ce soit, il faut multiplier sa base par sa hauteur.

Corollaire troisieme. Si le Parallélogramme dont on cherche l'aire, est un carré parfait, il faut multiplier sa base par elle-même; parce que dans un carré parfait la base est égale à la hauteur.

Probleme second. Mesurer l'aire d'un triangle.

Explication. L'on me donne à mesurer l'aire du triangle BCA, *fig.* 14, *pl.* 2, dont la base BC a 4 pieds, & la hauteur AD 10 pieds.

Résolution. L'aire du triangle BAC est de 20 pieds carrés.

Démonstration. On connoît l'aire d'un triangle en multipliant sa base par la moitié de sa hauteur, ou sa hauteur par la moitié de sa base, puisque, *par le Corollaire troisieme de la proposition sixieme de notre premier Livre de Géométrie*, un triangle est précisément la moitié d'un quadrilatere régulier; donc l'aire du triangle BAC est de 20 pieds carrés. En effet multipliez 4 par 5, ou 10 par 2; vous aurez 20 pour produit.

Probleme troisieme. Mesurer l'aire d'un Poligone régulier.

Explication. L'on me donne à mesurer l'aire de l'Exagone BCDEFG, *fig.* 12, *pl.* 2, dont chaque côté a 10 pieds de longueur; & dont la hauteur, représentée par la perpendiculaire *Ao*, tirée du centre *A* sur le côté FE, est de 8 pieds.

Résolution. L'aire de l'Exagone BCDEFG est de 240 pieds carrés.

Démonstration. L'on peut former dans l'aire de l'Exagone BCDEFG 6 triangles, dont l'aire de chacun sera de 40 pieds carrés; puisqu'il ne s'en trouvera aucun qui n'ait, comme le triangle FAE, 10 pieds de base & 8 pieds de hauteur; donc l'aire de cet Exagone sera de 240 pieds carrés; car $6 \times 40 = 240$.

Corollaire. Pour trouver l'aire d'un Polygone régulier, il faut multiplier la somme de ses côtés par la moitié de la perpendiculaire tirée du centre du Polygone sur un côté quelconque.

Probleme quatrieme. Mesurer un Polygone irrégulier.

Explication. On me donne à mesurer le trapeze ABCD, *fig.* 17, *pl.* 3, dont le côté AB a 6 pieds de longueur, le côté CD 12, & la perpendiculaire GH qui représente sa hauteur, 10.

Résolution. L'aire du trapeze ABCD est de 90 pieds. Pour le démontrer, je partage 1°. CD & AB en deux parties égales, l'un au point H & l'autre au point G. 2°. Je tire la perpendiculaire GH. 3°. Je partage les 2 côtés AC & BD en deux parties égales, l'un au point S & l'autre au point R. 4°. Par les points S & R je tire les 2 lignes EM, FN paralleles à la perpendiculaire GH; je prolonge le côté AB jusqu'en E & jusqu'en F. Cela fait, voici comment je démontre que l'aire du trapeze ABCD est de 90 pieds-carrés.

Démonstration. 1°. Les 2 triangles ASE & CSM qui ont chacun un angle droit, le premier en E & le second en M; qui ont les angles en S égaux, puisqu'ils sont opposés au sommet, & qui ont *par supposition* les côtés AS & CS égaux, sont égaux entr'eux, *par la proposition 3e. de notre premier Livre de Géométrie.* Il en est de même de 2 triangles BRF & DRN; donc l'aire du rectangle EFMN est égale à l'aire du polygone irrégulier ABCD.

2°. Pour avoir l'aire du rectangle EFMN, je multiplie la base MN par sa hauteur GH, *par le probleme premier;* ou, ce qui revient au même, je joins la moitié de MN à la moitié de EF, & je multiplie cette somme par la hauteur GH; donc, pour avoir l'aire du trapeze ABCD égale à l'aire du rectangle FEMN, je dois joindre la moitié de AB à la moitié de CD, & multiplier cette somme par la hauteur GH. Mais en opérant de la sorte, je trouve au trapeze ABCD 90 pieds carrés d'aire; puisque la moitié de AB & la moitié de CD donnent pour somme 9, & que 9 multipliant la hauteur GH de 10 pieds donne pour produit 90; donc le trapeze ABCD a 90 pieds carrés d'aire.

Corollaire. Rien n'est plus facile que de trouver l'aire d'un trapeze dont 2 côtés sont paralleles. 1°. Partagez ces 2 côtés en 2 parties égales. 2°. Joignez la moitié du plus grand à la moitié du plus petit. 3°. Tirez une perpendiculaire qui aboutira aux 2 points qui ont partagé les 2 côtés paralleles. 4°. Mesurez cette perpendiculaire. 5°.

Multipliez par la valeur de la perpendiculaire la somme formée par les 2 moitiés des 2 côtés paralleles; le produit représentera l'aire de votre trapeze.

Ce Corollaire est très-essentiel. Les arpenteurs divisent le terrain en trapezes, dont 2 côtés sont paralleles. Si le trapeze n'avoit aucun côté parallele, comme ABCD, *fig.* 18, *pl.* 3, on le diviseroit en 2 triangles ABC, ADC. Les aires de ces triangles se trouveront *par le probleme second.*

Probleme cinquieme. Mesurer l'aire d'un cercle.

Explication. L'on me donne à mesurer l'aire du cercle ADBC, *fig.* 9, *pl.* 2, dont le diametre BD est de 20, & la circonférence CADB d'environ 60 pieds.

Résolution. L'aire du cercle ADBC est de 300 pieds carrés.

Démonstration. Le cercle est regardé comme un polygone régulier; donc, pour mesurer exactement son aire, je dois multiplier la somme de ses côtés, c'est-à-dire, sa circonférence par le quart de son diametre, c'est-à-dire, par la moitié de sa hauteur, *par le probleme troisieme;* donc pour avoir l'aire du cercle ADBC, je dois multiplier 60 par 5. Mais $5 \times 60 = 300$; donc l'aire du cercle ADBC est de 300 pieds carrés.

Corollaire premier. Le diametre d'un cercle : à sa circonférence :: 1 : 3; ou, pour parler plus exactement :: 7 : 22.

Corollaire second. Pour connoître la circonférence d'un cercle dont on connoît déjà le diametre, l'on dit; 7 : 22 :: le diametre connu : à la circonférence que l'on cherche.

Corrollaire troisieme. La hauteur d'un cercle est représentée par son rayon, puisque tout rayon est perpendiculaire à sa circonférence, *par le corollaire second de la proposition seconde de notre troisieme Livre de Géométrie.* Cherchez *Quadrature*; vous trouverez dans cet article ce probleme résolu avec toute l'exactitude géométrique.

Probleme sixieme. Trouver l'aire d'un secteur.

Explication. On demande l'aire du secteur IMGN, *fig.* 10, *pl.* 2, renfermée entre les 2 lignes droites IN, IM, & l'arc de cercle MGN de 60 degrés.

Résolution. L'aire du secteur IMGN est de 50 pieds carrés. Pour le démontrer, 1°. Je cherche le centre du cercle dont l'arc MGN fait partie ; *par la méthode que nous avons donnée dans la premiere proposition du 3e. Livre de notre Géométrie.* 2°. Je tire le diametre EG que je mesure, & que je trouve de 20 pieds ; 3°. Je triple la valeur de ce diametre pour avoir la valeur de toute la circonférence EHGF. 4°. Pour trouver en pieds la valeur de l'arc MGN de 60 degrés, je fais la proportion suivante, 360 degrés : à 60 pieds : : 60 degrés : à 10 pieds.

Démonstration. On connoît l'aire du secteur IMGN en multipliant l'arc MGN par la moitié de sa hauteur IG ; donc je connois l'aire de ce secteur en multipliant 10 par 5. Mais $5 \times 10 = 50$; donc l'aire du secteur IMGN est de 50 pieds carrés.

Corollaire premier. Pour trouver l'aire d'un secteur quelconque, cherchez d'abord sa valeur en pieds, pouces, toises, &c. Multipliez ensuite cette valeur par la moitié de la hauteur du secteur ; le produit vous donnera l'aire que vous demandez.

Corollaire second. Pour trouver l'aire du segment MGN comprise par la corde MN & par l'arc MGN, cherchez d'abord l'aire du triangle MIN, *par le probleme second.* Otez ensuite cette aire de celle du secteur IMGN. Le restant sera l'aire du segment MGN.

Probleme septieme. Trouver l'aire d'une ellipse.

Explication. On me demande l'aire de l'ellipse ADFE, *fig.* 19, *pl.* 3, dont le grand axe AP est de 40 & le petit axe DE de 10 pieds.

Résolution. L'aire de l'ellipse ADPE est de 300 pieds carrés. Pour le démontrer 1°. je cherche, *par le probleme troisieme de la premiere partie de la Géométrie pratique*, une moyenne proportionnelle entre le grand axe AP & le petit axe DE, que je trouve de 20 pieds. 2°. Je décris un cercle qui ait pour diametre la moyenne proportionnelle trouvée. 3°. Je mesure l'aire de ce cercle, que je trouve, *par le probleme cinquieme*, de 300 pieds carrés ; je dis que l'ellipse ADPE a la même aire que le cercle dont nous venons de parler.

Pour procéder avec méthode dans une démonstration qui d'elle-même est très-compliquée ; du point C comme centre à l'intervalle CP ou CA, je décris le demi-cercle CPMA ; du même point C à l'intervalle CD, je décris le demi-cercle CDTE ; je tire HR parallele à CT ; je tire encore NS parallele à CM ; je tire enfin la ligne CVN, dont CV est égal à CD, parce que ce sont deux rayons du même demi-cercle CDTE, & dont CN par une raison semblable est égal à CM.

Démonstration. Le triangle CNS est coupé parallelement à sa base CS par la ligne RV ; donc *par la proposition seconde de notre sixieme Livre de Géométrie*, j'ai la proportion suivante, NV : VC : : NR : RS ; donc *componendo* NC : VC : : NS : RS. Mais NC = CM, & CV = CD ; donc CM : CD : : NS : RS ; donc la demi-circonférence ADP de l'éllipse ADPE coupe en même raison au point R & au point D les lignes paralleles NS & MC ; donc elle couperoit de même toutes les autres paralleles que l'on pourroit tirer à MC. Mais toutes ces paralleles donneroient l'aire du demi-cercle AMP, & de la demi-ellipse ADP ; donc l'aire du demi-cercle AMP : à l'aire de la demi-ellipse ADP : : MC : DC. Mais MC = AC ; donc l'aire du demi-cercle AMP : à l'aire de la demi-ellipse ADP : : la moitié du grand axe AP : à la moitié du petit axe DE ; donc l'aire du cercle qui auroit pour diametre le grand axe AP : à l'aire de l'ellipse ADPE : : le grand axe AP, au petit axe DE.

2°. Lorsque 3 grandeurs sont en proportion continue, la premiere : à la troisieme : : le carré de la premiere : au carré de la seconde. Si $a : b :: b : c$; donc $a : c :: aa : bb$. En effet si $a : b :: b : c$; donc $ac = bb$. Mais si $ac = bb$, l'on pourra dire $a : c :: aa : bb$. En voici la preuve ; $a : c :: aa : bb$, si $abb = aac$. Mais si $ac = bb$, par la même $abb = aac$, par l'*axiome quatrieme du Livre cinquieme de notre Géométrie* ; donc si $ac = bb$, l'on dira $a : c :: aa : bb$; donc lorsque 3 grandeurs sont en proportion continue, la premiere : à la troisieme : : le carré de la premiere : au carré de la seconde.

On prouve la même vérité, en se servant de quantités numériques. L'on me donne les 3 nombres suivans en proportion continue, 8, 4, 2, je dis que puisque $8 : 4 :: 4 : 2$, l'on pourra dire $8 : 2 :: 8 \times 8 : 4 \times 4$. En effet $8 : 2 :: 64 : 16$, puisque $8 \times 16 = 2 \times 64$. Mais $8 \times 8 = 64$, & $4 \times 4 = 16$; donc $8 : 2 :: 8 \times 8 :$

4 X 4; donc lorsque 3 grandeurs sont en proportion continue, la premiere : à la troisieme :: le carré de la premiere : au carré de la seconde.

3°. Supposons que AO représente la moyenne proportionnelle que nous avons cherchée entre le grand axe AP & le petit axe DE, j'aurai la proportion suivante, AP : AO :: AO : DE; donc AP : DE :: le carré de AP : au carré de AO, *num.* 2.

4°. L'aire du cercle qui a pour diametre le grand axe AP : à l'aire de l'ellipse ADPE :: AP : DE, *num.* 1. Mais AP : DE :: le carré de AP : au carré de AO, *num.* 3; donc l'aire du cercle qui a pour diametre le grand axe AP : à l'aire de l'ellipse ADPE :: le carré de AP : au carré de AO.

5°. Le carré de AP : au carré de AO :: l'aire du cercle qui a pour diametre AP : à l'aire du cercle qui a pour diametre AO, *par le corollaire troisieme de la proposition septieme de notre sixieme Livre de Géométrie*; donc l'aire du cercle qui a pour diametre le grand axe AP : à l'aire de l'ellipse ADPE :: l'aire du cercle qui a pour diametre AP : à l'aire du cercle qui a pour diametre AO; donc l'ellipse ADPE, & le cercle qui a pour diametre AO sont deux grandeurs qui ont même raison à une troisieme, c'est-à-dire, au cercle qui a pour diametre le grand axe AP; donc l'ellipse ADPE est égale au cercle qui a pour diametre AO, *par l'axiome second de notre cinquieme Livre de Géométrie*; donc l'aire de l'ellipse ADPE est égale à l'aire d'un cercle dont le diametre est moyen proportionnel entre le grand axe AP & le petit axe DE.

Ceux qui sont au fait de l'Algebre, consulteront l'article *Quadrature*. Ils y trouveront la démonstration de cette même vérité donnée beaucoup plus clairement & beaucoup plus briévement.

Corollaire. Pour mesurer l'aire d'une ellipse, il faut 1°. chercher une moyenne proportionnelle entre son grand & son petit axe. Il faut 2°. décrire un cercle qui ait pour diametre cette moyenne proportionnelle. Il faut 3°. mesurer l'aire de ce cercle. Ce sera l'aire de l'ellipse qu'on donne à mesurer.

Probleme huitieme. Mesurer la surface d'un cylindre.

Explication. L'on me donne à mesurer la surface du cylindre ABCD, *fig.* 20, *pl.* 3, dont la circonférence du cercle qui lui sert de base est de 60, & la hauteur de 10 pieds.

Résolution. La surface du cylindre ABCD est de 600 pieds carrés.

Démonstration. La surface du cylindre ABCD n'est qu'un assemblage de circonférences de cercle, égales entr'elles, & mises les unes sur les autres; donc l'on aura cette surface, si l'on multiplie la circonférence du cercle qui sert de base à ce cylindre par la hauteur de ce cylindre; donc la surface du cylindre ABCD est de 600 pieds carrés; car 10 × 60 = 600.

Corollaire. On mesure la surface d'un cylindre, en multipliant la circonférence du cercle qui lui sert de base par la hauteur de ce même cylindre.

Probleme neuvieme. Mesurer la surface d'un cône.

Explication. L'on me donne à mesurer la surface du cône ABC, *fig.* 21, *pl.* 3, dont le côté AC est de 10 pieds, & la circonférence du cercle qui lui sert de base, de 20 pieds.

Résolution. La surface du cône ABC est de 100 pieds carrés.

Démonstration. La surface du cône ABC n'est qu'un assemblage de triangles dont toutes les bases sont renfermées dans la circonférence BDCE, & dont la commune hauteur est exprimée par le côté AC; donc l'on aura le contenu de cette surface, si l'on multiplie la base BDCE par la moitié du côté AC, *par le Probleme second*; donc elle contient 100 pieds carrés; car 5 × 20 = 100.

Corollaire premier. L'on a la surface d'un cône en multipliant par la moitié de la hauteur des triangles la circonférence du cercle qui lui sert de base.

Corollaire second. Si le cône est tronqué, comme RTCB, *fig.* 21, *pl.* 3, vous ajouterez la circonférence BDEC à la circonférence RMTN; vous multiplierez cette somme par la moitié du côté CT; le produit vous donnera sa surface.

Probleme dixieme. Mesurer la surface d'une sphere.

Explication. L'on demande la surface d'une sphere dont un grand cercle, l'équateur, *par exemple*, a 30 pieds de circonférence, & dont le diametre a environ 10 pieds.

Résolution. La surface de cette sphere sera d'environ 300 pieds carrés.

Démonstration. On peut se représenter la surface d'une sphere, comme un assemblage de cercles égaux qui ont tous pour centre celui de la sphere; donc la surface d'une sphere quelconque est égale à celle d'un cylindre qui auroit pour base un de ces cercles, & pour hauteur le diametre de la sphere; donc pour avoir la surface de la sphere dont il s'agit, il faut multiplier la circonférence de son équateur par son diametre; *par le Probleme huitieme*; donc la surface de cette sphere est d'environ 300 pieds carrés, parce que 10 × 30 = 300.

Corollaire premier. L'on a la surface d'une sphere en multipliant la circonférence d'un de ses grands cercles par le diametre de cette sphere.

Corollaire second. L'on a la surface d'un sphéroïde lorsqu'on a trouvé celle d'une sphere dont le diametre est moyen proportionnel entre le grand & le petit axe du sphéroïde donné.

TROISIEME PARTIE.

Des Solides.

Cette derniere partie de la Géométrie pratique est connue sous le nom de *Stéréométrie.* Elle considere les trois dimensions des corps, leur longueur, leur largeur, & leur profondeur, ou leur épaisseur. Nous nous contenterons d'y donner des méthodes infaillibles pour connoître la quantité de matiere que contiennent un *cube*, un *cylindre*, un *prisme*, un *cône*, une *pyramide*, une *sphere*, un *secteur*, un *sphéroïde.* Ces méthodes seront les solutions mêmes des problemes suivans. Ce sont-là des choses qu'il n'est pas permis à un Physicien d'ignorer.

Probleme premier. Mesurer un corps de figure cubique.

Explication. On demande la quantité de matiere que contient un corps de figure cubique, par exemple, un dé de 2 pouces de longueur, de 2 pouces de hauteur, & de 2 pouces d'épaisseur.

Résolution. Ce dé contiendra 8 pouces cubes de matiere.

Démonstration. L'on doit considérer dans un corps sa longueur, sa largeur, & sa profondeur; donc, pour avoir la quantité de matiere qu'il contient, il faut d'abord multiplier ſa longueur par ſa largeur, & multiplier enſuite ce produit par ſon épaiſſeur ; donc le corps dont il s'agit, contient 8 pouces cubes de matiere ; car $2 \times 2 = 4$, & $2 \times 4 = 8$.

Corollaire. L'on trouve la matiere d'un cube, en cherchant le produit que donnent ſes trois dimenſions, c'eſt-à-dire, ſa longueur, ſa largeur, & ſon épaiſſeur.

Probleme ſecond. Meſurer la quantité de matiere que contient un cylindre.

Explication. L'on demande la quantité de matiere que contient le cylindre ABCD, *fig.* 20, *pl.* 3, dont l'aire du cercle qui lui ſert de baſe, eſt de 300 pieds carrés, & ſa hauteur de 10 pieds courans.

Réſolution. Le cylindre ABCD contient 3000 pieds cubes de matiere.

Démonſtration. Le cylindre ABCD n'eſt qu'un aſſemblage de couches circulaires, égales entr'elles, & poſées les unes ſur les autres ; donc l'on aura la quantité de matiere qu'il contient, ſi l'on trouve exactement le nombre de ces couches. Mais on le trouvera, ſi l'on multiplie la couche qui ſert de baſe à ce cylindre par ſa hauteur, & cette opération lui donne 3000 pieds cubes de matiere, parce que $10 \times 300 = 3000$; donc le cylindre ABCD contient 3000 pieds cubes de matiere.

Corollaire premier. L'on trouve la quantité de matiere que contient un cylindre quelconque, en multipliant l'aire de ſa baſe par ſa hauteur.

Corollaire ſecond. Il en eſt de même d'un priſme, parce que c'eſt une eſpece de cylindre, dont la baſe eſt pour l'ordinaire triangulaire.

Corollaire troiſieme. Pour meſurer le cylindre tronqué ABCE, *fig.* 20, *pl.* 2, il faut meſurer le cylindre ABMN, dont la baſe eſt ſuppoſée partager en 2 parties égales la ligne CE au point H. Ce cylindre contient évidemment autant de matiere, que le cylindre tronqué ABCE, puiſqu'il eſt très-facile de démontrer que la partie MCH eſt égale à la partie HEN.

Probleme troiſieme. Meſurer la quantité de matiere que contient un cône.

Explication. L'on me donne le cône ABC, *fig.* 21, *pl.* 3, dont la baſe circulaire BDEC eſt ſuppoſée avoir 30 pieds carrés d'aire, & la hauteur 30 pieds courans.

Réſolution.

Résolution. Le cône ABC a 300 pieds cubes de matiere.

Démonstration. Pour trouver la quantité de matiere que contient le cône ABC, il faut multiplier sa base par le tiers de sa hauteur, parce que ce cône formé par un assemblage de couches circulaires qui sont paralleles entr'elles, & qui vont toujours en diminuant depuis la base BDEC jusqu'au sommet A, n'est que le tiers d'un cylindre qui auroit même base & même hauteur que lui. Mais en faisant cette opération je trouve que le cône ABC ne contient que 300 pieds cubes de matiere, parce que $10 \times 30 = 300$; donc le probleme proposé a été bien résolu.

Si quelqu'un doutoit qu'un cône fût précisément le tiers d'un cylindre qui auroit même base & même hauteur que lui, il se rappelleroit les principes suivans, & son doute seroit bientôt dissipé.

1°. Un cône est composé d'une infinité de couches circulaires qui croissent uniformément d'un $\frac{1}{\infty}$ depuis le sommet jusqu'à la base, ou, ce qui revient au même, qui sont comme la suite des nombres naturels 1, 2, 3, 4, 5....... ∞.

2°. Ces surfaces circulaires sont entr'elles comme les carrés de leurs diametres, *par le corollaire 3e. de la proposition 7e. de notre dernier Livre de Géométrie*; donc si l'on fait $= 1$ la premiere surface circulaire du cône, la seconde sera $= 4$, la troisieme $= 9$, & la derniere qui est la base, sera $= \infty^2$.

3°. Le nombre de ces surfaces sera $= \infty$.

4°. $\infty \times \infty^2 = \infty^3$.

5°. La somme de ces surfaces sera égale au tiers du produit du dernier carré multiplié par ∞ leur nombre; donc la somme de ces surfaces sera $= \frac{1}{3} \infty \times \infty^2 = \frac{1}{3} \infty^3$. Consultez l'article *sommation des suites*.

6°. Le dernier carré en question représente la base du cône, & le nombre de ces carrés en représente la hauteur; donc l'on a la solidité d'un cône en multipliant sa base par le tiers de sa hauteur.

7°. Nous avons démontré dans le probleme précédent que l'on a la solidité d'un cylindre en multipliant sa base par sa hauteur; donc un cône est précisément le tiers d'un cylindre qui auroit même base & même hauteur que lui.

Corollaire premier. L'on trouve la quantité de matiere que contient un cône, en multipliant ſa baſe par le tiers de ſa hauteur.

Corollaire ſecond. Il en eſt de même d'une pyramide, parce que c'eſt une eſpece de cône qui a pour baſe un polygone quelconque, & pour ſommet un point placé hors de ce polygone, & correſpondant au milieu de la baſe.

Corollaire troiſieme. Pour meſurer le cône tronqué RT BC, *fig.* 21, *pl.* 3, il faut meſurer le cône parfait BAC. Il faut enſuite meſurer le petit cône ART. Il faut ôter le petit cône ART du grand cône ABC; le reſtant vous donnera la matiere que contient le cône tronqué RTBC.

Pour trouver la hauteur du petit cône ART, faites la proportion ſuivante; le diametre CB : au diametre RT :: la hauteur du cône ABC : à la hauteur du cône ART.

Corollaire quatrieme. On emploie la même méthode pour meſurer une pyramide tronquée.

Probleme quatrieme. Meſurer une ſphere.

Explication. On demande combien de pieds cubes de matiere contient une ſphere qui auroit 30 pieds de diametre.

Réſolution. Cette ſphere auroit 13500 pieds cubes de matiere.

Démonſtration. 1°. La ſphere dont il s'agit, a *par le probleme dixieme de la ſeconde partie*, 2700 pieds carrés de ſurface.

2°. Toute ſphere doit être conſidérée comme un aſſemblage de cônes, dont chacun a ſa baſe à la ſurface, ſon ſommet au centre, & ſa hauteur exprimée par le rayon de la ſphere; donc, pour avoir la quantité de matiere que contient une ſphere, il faut multiplier ſa ſurface par le tiers de ſon rayon, *par le probleme troiſieme de cette troiſieme partie*; donc la ſphere dont il s'agit a 13500 pieds cubes de matiere, parce que 5 × 2700 = 13500.

Corollaire premier. On meſure une ſphere, en multipliant ſa ſurface par le tiers de ſon rayon.

Corollaire ſecond. On meſure un ſecteur, en multipliant ſa ſurface par le tiers du rayon de la ſphere à laquelle il appartient.

Corollaire troiſieme. On meſure un ſphéroïde, en meſurant une ſphere dont le diametre ſeroit moyen proportionnel entre le grand & le petit axe du ſphéroïde.

GLACE. M. de Mairan dans son excellent traité sur la glace, suppose comme autant de principes les vérités suivantes. Il faudroit n'avoir pas présentes à l'esprit les causes physiques de la fluidité, de la chaleur & du froid, pour être tenté de les révoquer en doute.

Premiere Vérité. L'eau qui se change en glace ne perd sa fluidité, que parce que ses molécules insensibles perdent leur mouvement en tout sens.

Seconde Vérité. Les molécules aqueuses ne perdent leur mouvement en tout sens, que lorsqu'il y a évaporation d'une grande partie de particules ignées renfermées auparavant dans le sein de l'eau, & diminution de mouvement dans celles qui restent.

Troisieme Vérité. L'atmosphere qui nous environne, contient moins de particules ignées dans un tems froid, que dans un tems chaud.

Quatrieme Vérité. Les particules ignées qui se trouvent dans l'atmosphere, lorsque le tems est froid, ne sont pas en si grand mouvement, que lorsque le tems est chaud.

Cinquieme Vérité. L'atmosphere contient plus de particules salines & nitreuses dans un tems froid, que dans un tems chaud.

Sixieme Vérité. L'eau après sa congélation, contient plus de particules de sel & de nitre, qu'avant sa congélation.

Septieme Vérité. Les particules ignées qui se trouvent dans l'eau tendent toujours à se mettre en équilibre avec les particules ignées qui se trouvent dans l'atmosphere. Ces vérités une fois supposées, demande-t-on à M. de Mairan par quel mécanisme l'eau dans un tems froid se change en glace? Trois causes principales concourent à cet effet, répond ce savant Physicien. 1°. Dans un tems froid il sort du sein de l'eau une grande quantité de particules ignées; sans cela l'équilibre dont nous avons parlé en proposant la septieme vérité, ne pourroit pas subsister. Les particules ignées qui demeurent dans le sein de l'eau, perdent beaucoup de leur mouvement; cette perte est sans doute occasionnée par les particules salines & nitreuses que différens vents font entrer en ligne droite dans une eau prête à se gêler. 3°. Ces mêmes particules salines & nitreuses entrent, comme autant de coins, dans les pores des molécules aqueuses; les bouchent exactement; empêchent les particules ignées de s'y insinuer, & de communiquer aux parties insensibles de l'eau leur mouvement en tout sens; l'eau doit donc perdre sa fluidité & se changer en glace. Les expériences suivantes vont confirmer la bonté de ce systeme.

Premiere Expérience. Prenez une certaine quantité d'eau, & exposez-la à l'air dans un tems froid; cette eau se gelera & occupera un plus grand espace qu'auparavant.

Explication. Cette augmentation de volume vient sans doute, non seulement du grand nombre de particules nitreuses & salines que l'eau reçoit quelque tems avant sa congélation, mais elle vient surtout de la dilatation de l'air intérieur. En effet l'air renfermé dans la glace ne communiquant plus avec l'air extérieur, & n'étant plus par conséquent en équilibre avec lui, a commencé à se dilater; dilaté, il a soulevé les molécules de l'eau dans le tems qu'elle étoit sur le point de se geler; ces molécules soulevées ont occupé un plus grand espace, & ont communiqué à la masse entiere une augmentation de volume.

Seconde Expérience. Prenez une bouteille de verre; remplissez-la à moitié d'eau; bouchez-la exactement & presque hermétiquement, & exposez-la à l'air dans le tems même que le thermometre se trouve bien au-dessous du point de la congélation. Si vous ne remuez pas la bouteille, l'eau acquerra plusieurs degrés de froid au-delà de celui de la congélation ordinaire, sans cependant se geler; mais si vous agitez l'eau contenue dans la bouteille, sur le champ l'eau sera parsemée de glaçons.

Explication. Cette expérience que nous devons à M. Fahréneith, Membre de la Société Royale de Londres, nous prouve évidemment que les molécules sensibles de l'eau ne sauroient s'accrocher les unes avec les autres, lorsqu'elles ne sont pas un peu agitées.

Troisieme Expérience. Prenez deux morceaux de glace égaux entr'eux; mettez le morceau A dans la machine du vuide, & laissez le morceau B exposé en plein air; si celui-ci demeure 6 minutes 24 secondes à se dégeler dans l'air libre, celui-là n'emploira que 4 minutes à se fondre dans la machine vuide.

Explication. Ce qui fond la glace, c'est la matiere ignée contenue dans l'atmosphere; plus cette matiere ignée a de force, & plus facilement aussi la glace est fondue. Il est probable qu'il y a plus de matiere ignée dans le récipient de la Machine pneumatique, après qu'on en a pompé l'air, qu'il n'y en avoit, avant qu'on le pompât; la raison en est sensible; la place qu'occupoit l'air qu'on a pompé, est occupée en partie par des particules ignées qui entrent dans le récipient par les pores du verre. Il est encore probable que l'air par ses spirales & ses rameaux, affoiblit considérablement le mouvement de la matiere ignée; donc la matiere ignée a plus de force dans le récipient, qu'hors du récipient; donc la glace doit plutôt se fondre dans le récipient de la machine du vuide, que lorsqu'elle est exposée en plein air.

Quatrieme Expérience. Prenez deux morceaux de glace égaux entr'eux; posez le morceau A sur une assiette d'argent, & le morceau B sur une assiette de bois; quoique l'argent soit plus froid que le bois, cependant le morceau A sera plutôt fondu que le morceau B.

Explication. L'argent est plus froid que le bois, j'en conviens; & voilà pourquoi il paroît d'abord que le morceau de glace B placé sur une assiette de bois devroit plutôt se fondre, que le morceau de glace A placé sur une assiette d'argent. Mais l'argent est plus lisse que le bois; ce qui ne peut manquer de produire une application plus prompte, un contact plus parfait de la glace qu'on met dessus: & comme la glace ne se fond, que parce qu'elle touche un corps moins froid qu'elle, il n'est pas étonnant qu'elle se fonde plutôt sur l'argent que sur le bois. M. Haguenot a fait cette expérience devant la Société Royale de Montpellier, & il a trouvé qu'un morceau de glace se fondoit plutôt sur l'argent, que sur la paume de la main.

Cinquieme Expérience. Prenez 4 morceaux de même glace égaux entr'eux; saupoudrez le morceau de glace A de sel marin bien sec & bien pulvérisé, en sorte que cette poudre fasse tout autour une espece de croute; saupoudrez le morceau de glace B de sel ammoniac; le morceau de glace C de salpêtre; & laissez le morceau de glace E sans y rien mettre. Si ces morceaux de glace sont portés dans un endroit où il regne une chaleur naturelle ou artificielle, égale à celle qui regne dans les caves de l'Observatoire de Paris, le morceau de glace A sera fondu dans moins d'une heure, le morceau de glace B ſ à 6 minutes après, le morceau de glace C ſera près de 2 heures à ſe fondre, & le morceau de glace pure durera près de 5 heures & demie.

Explication. Les pointes des corpuſcules ſalins ſont comme autant de coins qui écartent çà & là les particules intégrantes de l'eau glacée; donc les ſels doivent précipiter la fonte de la glace; & ils doivent la précipiter d'autant plus, qu'ils ont des corpuſcules plus acides. Concluons de-là que le ſel marin a des corpuſcules plus tranchans & plus aigus que le ſel ammoniac, & le ſel ammoniac des corpuſcules plus aigus que le ſalpêtre.

Sixieme Expérience. Mettez de l'eau dans une bouteille dont le verre ſoit aſſez mince; plongez cette bouteille dans un vaſe d'une capacité convenable, & entourez-la d'un mélange de glace & de ſel pilés; vous verrez cette eau ſe glacer bientôt.

Explication. Le mélange de glace & de ſel pilés eſt plus froid que la glace ſimple, puiſque le thermometre à eſprit de vin deſcend plus bas, lorſqu'il eſt plongé dans ce mélange, qu'il ne deſcend, lorſqu'il eſt plongé dans la glace pilée. Cela ſuppoſé, voici comme raiſonne M. de Mairan qui nous a fourni tout ce que nous avons dit dans cet article. Quelque froid que ſoit le mélange de glace & de ſel, il n'eſt pas cependant abſolument deſtitué de matiere ignée; ce mélange ſert d'atmoſphere à l'eau que l'on veut faire glacer: la matiere ignée contenue dans cette eau doit donc, pour garder les regles de l'équilibre, ſortir en grande partie par les pores du verre, entrer dans le mélange de glace & de ſel, & procurer par ſon abſence la congélation de l'eau renfermée dans la bouteille.

Il ſuit de-là que ſi vous mettez un mélange de glace & de ſel dans un verre, & ſi vous plongez le verre dans l'eau, une partie de l'eau du vaiſſeau ſe glacera autour du verre.

Il ſuit enſuite qu'en jettant du ſel ammoniac pulvériſé dans l'eau, on peut avoir une eau plus froide que la glace.

Il ſuit enfin que ſi l'on plonge une bouteille d'eau pure moins froide que la glace dans ce mélange d'eau & de ſel ammoniac, elle s'y gelera; & c'eſt ainſi en effet, que l'on peut parvenir à faire, au milieu de l'été, de la glace sans glace.

Septieme Expérience. Donnez à un morceau de glace la forme d'un verre lenticulaire & présentez-le au Soleil ; il rassemblera à son foyer les rayons de cet astre presque en aussi grande quantité, & il aura presque autant de force que les meilleures loupes de verre. Avec ces sortes de loupes M. de Mairan alluma de la poudre à canon au Soleil du mois de Janvier.

Explication. Que l'on se rappelle ce que nous avons dit dans l'article de la *Dioptrique* sur les verres lenticulaires, & l'on verra que ce n'est pas la qualité de la matiere qui augmente ou qui diminue la force des rayons solaires qu'elle laisse passer à travers, mais seulement sa forme extérieure, plus ou moins propre à rassembler ces rayons. C'est ainsi que les plantes sont quelquefois brûlées par l'eau même, lorsqu'après la gelée ou un brouillard épais, le Soleil vient à donner obliquement sur les gouttes sphériques dont elles demeurent couvertes : car ce sont autant de verres lenticulaires dont le foyer n'étant qu'à une très-petite distance de leur surface, ne peut manquer de porter en plusieurs endroits assez précisément sur la plante pour l'y brûler.

Huitieme Expérience. Exposez à l'air une certaine quantité d'eau, & un morceau de glace de même poids. Pesez après un certain tems ces deux corps ; l'eau aura beaucoup plus perdu de son poids, que la glace.

Explication. Lorsque l'eau est dans l'état de liquidité, il regne dans son intérieur un mouvement en tout sens, causé par les particules ignées qu'elle contient. Ce mouvement, ou n'existe pas, ou est presque insensible dans l'intérieur de la glace; donc l'eau exposée à l'air doit beaucoup plus perdre de son poids, que la glace.

Neuvieme Expérience. Faites dégeler deux morceaux de glace égaux, en les exposant l'un à un air plus chaud, l'autre à un air moins chaud ; le premier perdra par voie d'évaporation plus de son poids, que le second n'en perdra par la même voie.

Explication. Tout corps qui de solide devient fluide, perd par voie d'évaporation une certaine quantité de matiere ; parce qu'il reçoit dans son intérieur un certain nombre de particules ignées qui communiquent à ses parties insensibles un mouvement en tout sens. Ce qui peut rendre cette évaporation moins considérable, c'est la densité de l'air qui entoure ce corps. Plus l'air est chaud, moins il est dense; donc le corps qu'on fait dégeler, en l'exposant à un air plus chaud, doit plus perdre de son poids, que celui qui se dégele exposé à un air moins chaud.

M. Baron nous raconte dans les Mémoires de l'Académie des Sciences, *année* 1753, *page* 255, qu'il exposa en 1753, le 8 Janvier au matin, sur la tablette de la cheminée d'une chambre où il y avoit bon feu, une tasse qui contenoit une masse de glace pesant uue livre moins un gros, en laquelle s'étoit changée de l'eau qui s'y étoit gelée en entier pendant la nuit précédente. Le soir du même jour ce massif de glace, qui étoit entierement dégelé, avoit perdu 5 gros & demi de son poids. M. Baron remit dans le même vaisseau 13 onces d'eau bouillante qui se trouverent converties le lendemain, par l'effet de la gelée, en une masse de glace pesant 12 onces 6 gros. Cette eau congelée, qui demeura toute la journée du 9 dans la même chambre que la précédente, mais fort éloignée du feu, n'avoit perdu le soir qu'un *gros* de son poids.

Dixieme Expérience. Exposez à l'air deux morceaux de glace égaux, l'un dans un tems où le vent souffle, l'autre dans un tems où il ne regne aucun vent. Celui-ci ne perdra rien de son poids; celui-là en perdra d'autant plus que le vent sera plus fort. L'on suppose que l'on tente cette expérience dans un tems où l'air n'est pas capable de dégeler ces morceaux de glace.

Explication. Le morceau de glace exposé à un air tranquille, mais incapable de le dégeler, n'a aucun principe d'évaporation interne ou externe. Il n'en a point d'interne, puisque ce morceau de glace ne contient pas beaucoup de particules ignées en mouvement; il n'en a point d'externe, puisqu'on suppose un air tranquille très-froid; donc il ne doit rien perdre de son poids. Il n'en est pas ainsi de l'autre morceau de glace; le vent qui souffle doit en détacher continuellement des particules, dont l'absence cause une diminution de poids très-considérable.

Cette derniere expérience induisit en erreur M. Gauteron, Secrétaire de la Société Royale de Montpellier. Il s'imagina que l'évaporation de la glace étoit d'autant plus grande, que le froid étoit plus vif & plus piquant. M. Baron dans le Mémoire que nous venons de citer, remarque qu'il répugne que, lorsque l'air est assez froid pour qu'il gele, cet air puisse fondre la glace, & rendre liquide les particules qu'il en détache, & qui, par leur dissipation, causent la diminution du poids qu'on appelle vulgairement l'*évaporation de la glace*. N'est-il pas inconcevable, *dit-il*, que la même cause puisse produire tout à la fois deux effets aussi contradictoirement opposés l'un à l'autre, que le sont la congélation de l'eau, & l'évaporation de cette même eau devenue glace ? Ne semble-t-il pas au contraire que plus l'eau perd de sa liquidité & plus elle doit perdre en même-tems de la disposition qu'elle avoit à se dissiper en l'air ? N'est-il pas naturel de penser que lorsque l'eau est une fois changée en glace, elle doit dès le même instant cesser entiérement de s'évaporer, puisque la cohérence de ses parties est alors si grande, que, de contiguës qu'elles étoient, elles ne forment plus qu'une masse continue & immobile ? Toutes ces bonnes raisons physiques ont engagé M. Baron à conclure que, ce qu'on appelle *évaporation de la glace* est l'effet immédiat d'un air agité qui enleve un certain nombre de particules insensibles chaque fois qu'il passe & qu'il repasse sur la glace, à peu-près comme une lime emporte les parties les plus superficielles d'un corps contre la surface duquel elle frotte.

GLANDE. Les glandes sont des corps globuleux couverts d'une forte membrane, & destinés vraisemblablement à purifier le sang de toutes les humeurs qui pourroient lui être nuisibles. Warthon qui s'est fait un nom parmi les Anatomistes, ne craint pas de mettre à cet usage cette fameuse glande située entre le troisieme & le quatrieme verticule du cerveau, que Descartes appelle *glande pinéale*, parce qu'elle est faite à-peu-près comme une pomme de pin, & qu'il regarde comme le trône d'où l'ame préside à toutes les opérations du corps. Cet ingénieux systeme fut abandonné par les Physiciens, dès qu'il fut constaté que l'on pouvoit vivre avec la glande pinéale pétrifiée. Sylvius la trouva telle dans le corps d'un homme qui venoit d'expirer, & qui avoit joui quelque tems auparavant de la santé la plus parfaite.

GLOBE. *Voyez* Sphere.

GLOBE AÉROSTATIQUE. Cherchez *Aérostat.*

GLOBULE. Les Physiciens appellent *globule* tout petit corps rond.

GLOTTE. La glotte est une fente ovale, capable de contraction & de dilatation. Elle se trouve vers la racine de la langue au commencement de la *trachée-artere.*

GNOMONIQUE. Cherchez *Cadran.*

GOSIER. Le gosier ou l'œsophage est un canal qui se trouve vers la racine de la langue & qui descend jusques dans l'estomac. Son commencement se nomme *pharinx.* C'est par ce canal que passent tous les alimens que nous prenons.

GOUDIN, (Antoine) *de l'Ordre de St. Dominique*, Docteur en Théologie, occupa avec distinction la Chaire de Philosophie que M. de Marinis, Archevêque d'Avignon, avoit fondée dans l'Université de cette Ville pour les Religieux de l'Ordre de St. Dominique, dont il étoit lui-même un Membre. Ce qu'il dicta dans l'obscurité d'une Classe, fut trouvé digne d'être présenté au Public, & fut imprimé en effet en 1674 avec ce titre. *Philosophia juxtà inconcussa, tutissimaque Divi Thomæ Dogmata, præcipuè in stabiliendis veteris Philosophiæ Principiis adversus Modernorum impugnationes & inventa.* Ce préambule nous prouve que l'Auteur de cet Ouvrage étoit, comme la plupart des Professeurs de son tems, déchaîné contre la Physique Cartésienne. On ne dira pas qu'il blasphéma ce qu'il ignoroit. Le Pere Goudin avoit bien lu les Ouvrages de Descartes, comme le prouve l'abrégé qu'il en donne depuis la *page* 20 jusqu'à la *page* 54, *du tome* 2. Après avoir, ainsi qu'il le dit lui-même, tourné en ridicule les opinions des Modernes, il nous annonce qu'il va nous mettre sous les yeux un systeme de Philosophie conforme à la vérité. *Explosis aliorum opinionibus circà rerum Principia, operæ pretium est ut nunc aliquid verius hâc de re proferamus.* Ce systeme est renfermé dans les propositions suivantes.

Principia generationis entium naturalium sunt materia, forma & privatio.

Datur Materia prima, seu primum uniuscujusque rei subjectum, ex quo inexistente fiunt omnes substantiæ naturales.

Materia prima realiter distinguitur à formâ substantiali.

Materia prima est pura potentia.

Materia prima nullam de se habet existentiam.

Videtur fieri non posse, etiam de potentiâ Dei absolutâ; ut materia existat sine formâ.

Materia ex se non est perfectè & completè una, sed solùm imperfectè & in potentiâ.

Materia corporum sublunarium est ejusdem rationis : Materia verò corporum Cœlestium videtur esse diversæ rationis à materiâ sublunarium.

Necesse est dari in rerum naturâ formas substantiales, ex quibus materia constituatur substantia corporea.

Forma substantialis rectè definitur actus primus materiæ.

Formæ corruptibiles fiunt per eductionem de potentiâ materiæ.

In productione compositi creati forma non fuit educta de potentiâ materiæ, sed simul cum materiâ ex nihilo creata.

Materia & Forma uniuntur præcisè & immediatè per proprias entitates, in quantum forma est ex se actus materiæ, & materia vicissim est subjectum formæ.

Le P. Goudin dans la seconde & la troisieme dispute de sa Physique générale, paroît aussi Péripatéticien, que dans la premiere. Il ne change pas de systeme dans sa Physique particuliere. Il y soutient que les *Cieux sont solides ;* que des *intelligences célestes reglent le cours des Astres ;* que le *systeme de Ptolomée est le plus probable, pourvu qu'on fasse changer de place à Vénus & à Mercure*, &c. &c. En voilà assez pour faire connoître à nos Lecteurs l'ouvrage du Pere Goudin, & pour leur démontrer que ce Professeur a très-bien rempli son projet, qui étoit de donner une Physique Péripatéticienne. Nous devons ajouter, à la louange de cet Auteur, qu'il y a dans sa Physique particuliere des choses intéressantes sur le corps humain & sur les Plantes, & que son Latin est meilleur que celui que l'on trouve dans les cahiers ordinaires de Philosophie.

GOUT. Le goût est un des 5 sens externes. Il a pour objet les saveurs, & pour principal organe la langue, comme vous le trouverez expliqué en cherchant les mots, *Saveur* & *Langue*.

GRAIN. Le grain eſt la *ſeptante-deuxieme* partie d'un poids qu'on nomme *gros*.

GRAINS. On diviſe aſſez communément les grains en *gros* & en *menus*. Les premiers ſe ſement en automne & les ſeconds au mois de Mars. Comme cet article eſt conſacré à l'examen de la mouture œconomique, nous ne parlerons que des grains qu'on a coutume de réduire en farine; ce ſont le froment, le ſeigle & le méteil.

Le froment eſt celui de tous les grains qui donne la farine la plus blanche & le meilleur pain. Il réuſſit à merveille dans les terres fortes & un peu humides; dans celles qui ſont graſſes, noires & pâteuſes; dans les bois & les prés nouvellement défrichés; dans les ſols où il y a eu de vieux bâtimens. Ces obſervations ſont preſqu'auſſi anciennes que le monde; elles étoient connues de Virgile qui parle ainſi au ſecond livre de ſes Géorgiques.

Nigra ferè & preſſo pinguis ſub vomere terra,
Et cui putre ſolum (namque hoc imitamur arando)
Optima frumentis: non ullo ex æquore cernes
Plura domum tardis decedere plauſtra juvencis:
Aut undè iratus ſylvam devexit arator,
Et nemora evertit multos ignava per annos,
Antiquaſque domos avium cum ſtirpibus imis
Eruit: illæ altum nidis petiere relictis.
At rudis enituit impulſo vomere campus.

Comme le froment ne réuſſit pas dans les terres légeres, le même Auteur nous apprend à connoître ſi une terre eſt forte ou légere. Choiſiſſez, *dit-il*, *dans votre champ* un endroit où vous ferez creuſer une foſſe. Comblez-la enſuite avec la terre qui en aura été tirée, & faites-la fouler aux pieds pour l'applanir & l'égaler à la ſuperficie du champ. Si la terre s'enfonce, de maniere que la foſſe n'en puiſſe pas être comblée; votre terre ſera légere. Si au contraire la terre ne peut rentrer entierement dans la foſſe d'où elle eſt ſortie, ce ſera une terre forte & propre à porter du froment.

Nunc quo quamquè modo poſſis cognoſcere, dicam,
Rara ſit, an ſuprà morem ſi denſa, requiras,
(Altera frumentis quoniam favet, altera Baccho,
Denſa magis Cereri, rariſſima quæque Lyæo.)

Antè locum capies oculis, altèque jubebis
In solido puteum demitti, omnemque repones
Rursùs humum, & pedibus summas æquabis arenas.
Si deerunt, rarum, pecorique & vitibus almis
Aptius uber erit: sin in sua posse negabunt
Ire loca, & scrobibus superabit terra repletis,
Spissus ager: glebas cunctantes, crassaque terga
Expecta, & validis terram proscinde juvencis.

Lorsque la terre aura été préparée par les différens *labours* en usage dans le pays, le cultivateur choisira avec soin, je dirois presque, avec scrupule, le froment qu'il veut lui confier. Ce froment doit être pur, sec, beau, pesant, mur & surtout sonnant; ce qu'on connoît, lorsqu'il est ferme sous la dent. Voulez-vous être assuré d'avoir une semence de la premiere espece? Faites l'expérience suivante: Laissez tremper pendant cinq à six heures votre froment dans l'eau froide; remuez-le de tems en tems avec une pelle; ôtez avec une écumoire tous les grains qui surnageront, & n'employez pour semence que ceux qui seront restés au fond de la cuve; vous serez assuré d'avoir un excellent blé de semence, dont vous ne vous servirez cependant, qu'après l'avoir fait sécher au Soleil. Il est des cultivateurs qui jettent quelques pierres de chaux vive dans l'eau où l'on doit faire tremper la semence. En Angleterre on reçoit dans des vaisseaux l'eau roussâtre qui coule des tas de fumier exposés à l'air & à la pluie; on mêle même avec cette eau de l'urine humaine qu'on a fait évaporer sur le feu; & c'est dans ce mélange qu'on fait tremper pendant quatre jours & quatre nuits le froment qu'on veut semer. Les Anglois prétendent qu'ils ont des récoltes abondantes, lorsqu'ils prennent cette précaution.

Il est assez indifférent de semer le blé de l'année ou celui de l'année précédente. En 1710 on ne sema que du blé de deux ans, & l'on eut une très-bonne récolte. Ce qui fait accorder la préférence au blé nouveau sur le vieux, c'est que celui-ci donne plus de farine que celui-là. Mais ce qui n'est pas indifférent, c'est de ne semer jamais, ou du moins de ne semer que rarement dans une terre le blé qu'elle a produit. Il faut même que la semence soit tirée d'un terroir éloigné de quatre à cinq lieues de celui où l'on doit l'employer. Les bons cultivateurs jettent sur une terre forte un blé provenu d'une terre maigre, afin qu'il trouve dans le nouveau fond plus de substance qu'il n'en avoit dans l'ancien. D'ailleurs les terres maigres ne donnant pas des récoltes abondantes; le blé qu'elles produisent, est pour l'ordinaire d'une qualité supérieure. Ils rejettent surtout le blé d'une terre qu'on auroit eu l'imprudence de fumer avec les excrémens humains. Ce blé a toujours une mauvaise odeur. Je ne m'étendrai pas ici sur cette matiere. Je renvoie le Lecteur à une excellente dissertation où l'on prouve que les excrémens humains, employés comme engrais, communiquent infailliblement par leurs parties fétides, sulfureuses & putrides, un goût désagréable & une qualité pernicieuse aux différentes denrées & productions de la terre, malgré leur décomposition & la nouvelle forme qu'ils prennent par la végétation. L'Auteur de ce petit ouvrage que tout cultivateur doit se procurer, est M. Aulas, ancien Conseiller à la Cour des Monnoies de Lyon, de la Société Royale d'Agriculture de la même ville, & de la Société des arts de Geneve.

C'est au commencement de l'automne qu'on a coutume de semer le froment; dans les pays froids cependant on peut le faire dès la fin d'Août; & dans les fonds & les vallées où les terres sont grasses, profondes & à l'abri, on peut attendre le commencement du mois de Novembre pour faire cette opération. En général la bonne saison pour semer, commence vers le milieu du mois de Septembre & finit vers le milieu du mois d'Octobre. On suppose que le tems n'a pas été sec; car ce n'est jamais qu'après la pluie, qu'il faut penser à semer le froment.

C'est sur la fin d'Avril & au commencement de Mai que l'on sarcle le froment, c'est-à-dire, qu'on en arrache les mauvaises herbes. On ne doit faire cette opération, qu'après une petite pluie, parce qu'alors leurs racines quittent facilement la terre; ce qui n'arriveroit pas, si elle étoit trop seche.

La moisson se fait plutôt ou plus tard suivant le climat, le tempérament de la terre, la chaleur ou l'humidité de l'année, la qualité du grain, &c. Dans les Provinces méridionales de la France, on moissonne le froment dans le mois de Juillet. L'Auteur de la nouvelle maison rustique remarque qu'il est tems de moissonner le froment, quand le grain en est également blond & jaune. Il ne veut pas qu'on attende qu'il soit devenu tout-à-fait roux & endurci, parce qu'en le laissant trop sécher sur pied, il s'en perd une bonne partie, & que ce qui reste, ne grossit plus à l'aire, comme il fait, lorsqu'on l'a cueilli, avant qu'il soit séché sur pied.

Le même Auteur ajoute que la pointe du jour est le meilleur tems pour moissonner, parce que la fraîcheur de la nuit & la rosée, dont les épis sont alors imbibés, les conservent, enflent le grain, & empêchent qu'il ne s'égrene autant qu'il feroit, s'il étoit bien sec, & s'il faisoit bien chaud, quand on l'abat.

Ce seroit ici le lieu d'indiquer les moyens de conserver le froment & de le garantir des insectes; mais comme nous avons déjà traité cette matiere à l'article *Blé*, nous y renvoyons le Lecteur. Nous ajouterons seulement que les greniers doivent être construits au plus haut de la maison; que leur plancher doit être carrelé; qu'ils ne doivent jamais être placés au-dessus des celliers, ni des écuries; que le blé qu'on y enferme, doit être à un pied de distance des murailles; que les tas que l'on forme, ne doivent avoir que deux pieds ou deux pieds & demi de haut. Il y a des cultivateurs qui arrosent de vinaigre & de fiel de bœuf la place destinée à recevoir le froment. Ils font plus; les uns frottent les murs du grenier avec de la lie d'huile; les autres les enduisent de mortier fait avec de l'eau, dans laquelle on a fait tremper des racines & des feuilles de concombre sauvage; quelques-uns emploient pour enduit la chaux détrempée dans l'urine de brebis; tous ces moyens sont très-propres à faire périr les insectes qui pourroient y éclore ou s'y glisser; ils pourront servir à la conservation des grains dont nous avons encore à parler. En général l'on ne sauroit prendre trop de précautions pour prévenir cette foule d'accidens qui détériorent la plus précieuse de toutes les denrées.

Le seigle est une espece de blé dont la tige est plus haute que celle du froment; elle monte jusqu'à cinq à six pieds. Le grain de seigle est plus long que le grain de froment, mais il est maigre, ridé & petit. Le pain qu'on en fait, est pesant & noirâtre; mais il est rafraîchissant. Le seigle vient très-bien dans les terres seches & légeres;

On le seme avant le froment, & c'est toujours dans un tems sec qu'il faut faire cette opération. Le seigle dont il faut se servir, doit être d'un gris tirant sur le noir; il ne doit s'y mêler, comme dans toutes les autres semences, aucun grain hétérogene.

L'on a coutume de jeter un seigle sur une terre qui vient de donner une récolte abondante de froment, & l'on assure que cette nouvelle semence la rafraîchira. L'on a raison de parler de la sorte. Mais je voudrois bien qu'on apportât la raison physique qui justifie cette espece de proverbe. Voici celle qui se présente à mon esprit. Les sucs terrestres qui donnent l'accroissement au seigle, ne sont pas précisément ceux qui donnent l'accroissement au froment. L'année d'auparavant la terre a fourni beaucoup de ceux-ci & très-peu de ceux-là; elle sera donc très-propre l'année d'après à faire germer un beau seigle. Voilà pourquoi dans les bonnes terres une récolte abondante de froment est assez souvent suivie d'une récolte encore plus abondante de seigle.

Le seigle est un excellent remede dans différentes maladies. Nous lisons dans le Dictionnaire du cultivateur que la farine de seigle, mise en cataplasme, dissipe les tumeurs douloureuses de éréspeles & de la goutte. La décoction du son de seigle arrête le cours de ventre. On applique du pain de seigle dans les douleurs de tête & les foiblesses d'estomac. Ce pain, mâché avec du beurre, fait mûrir les tumeurs sur lesquelles on applique ce mélange. Nous ajouterons ici que ceux qui ont contracté l'habitude de prendre du café, doivent, lorsque cette boisson les échauffe, prendre moitié café & moitié seigle. Il ne faut faire ce mélange, qu'après avoir rôti séparément l'un & l'autre.

Le méteil est un blé mêlé de froment & de seigle, à-peu-près à parties égales; il n'en sera que meilleur, lorsqu'il contiendra plus de froment que de seigle. On le seme dans les terres médiocres, c'est-à-dire, dans les terres qui ne sont ni trop substantielles, ni trop maigres. Cette opération se fait, dès qu'on a semé le seigle, pourvu que le tems ne soit ni trop humide, ni trop sec.

Il est tems d'en venir aux différentes manieres de réduire en farine le froment, le méteil & le seigle; & c'est pour donner à cet important article toute l'étendue qu'il qu'il mérite, qu'avant de parler de *mouture*, nous allons faire connoître ce que c'est qu'une *meule*, un *moulin à eau*, & un *moulin à vent*.

Des Meules.

Une meule est une grosse pierre ronde & plate qui sert à broyer les grains dans les moulins, & à faire de la farine. Nous ferons bientôt remarquer qu'il faut nécessairement dans tout moulin à eau & à vent deux meules placées horizontalement, l'une *gissante* ou immobile, l'autre *courante* ou mobile.

La circonférence de la meule s'appelle *bord*: la distance du *bord* de la meule à six pouces s'appelle *feuillure*: de-là à un pied de distance, c'est *l'entrepied*: depuis l'entrepied jusqu'au centre, c'est le *cœur*. Le *cœur* sert à concasser le grain, *l'entrepied* à le raffiner, & la *feuillure* à séparer la farine d'avec le son. Que la meule soit gissante ou courante, elle a son *bord*, sa *feuillure*, son *entrepied* & son *cœur*.

Une bonne meule gissante est d'un grain blanc, bleu foncé. Elle peut avoir jusqu'à sept pieds de diametre sur dix-huit pouces d'épaisseur; elle doit être tant soit peu convexe; sa plus grande convexité est au *cœur*, & là elle n'est que de 3 à 4 lignes; elle va toujours en diminuant jusqu'à *l'entrepied*, à l'extrémité duquel elle est tellement réduite à rien, que la *feuillure* & le *bord* n'en conservent aucun vestige.

La meule courante doit être plus dure & de meilleure qualité que la meule gissante. Sa bonté se manifeste par des tâches bleues & blanches & un peu transparentes. Son diametre doit être géométriquement égal à celui de la meule gissante; mais lorsque celle-ci a dix-huit pouces d'épaisseur, celle-là n'en doit avoir que quinze. La concavité de la meule courante doit être exactement proportionnelle à la convexité de la meule gissante.

Les meules gissante & courante ne doivent pas avoir des trous trop grands & trop profonds, capables de receler beaucoup de grains sans le moudre. On obvie à cet inconvénient en bouchant ces trous avec un mélange de chaux vive & de sable fin ou de farine de seigle.

L'on pratique sur les meules des moulins économiques des rayons qui partent du *bord* & vont aboutir au centre.

La distance de ces rayons prise sur le *bord* de la meule, est de deux pouces & demi; leur largeur, de douze à quatorze lignes; & leur profondeur, de 3 à 4 lignes. Ces dimensions ne regardent que les meules destinées à moudre du froment. Celles qu'on destine à moudre plusieurs sortes de grains, tels que les seigles, les orges, &c. peuvent avoir des rayons plus près les uns des autres, moins larges, & leur profondeur peut aller jusqu'à huit lignes.

L'on s'imagine assez communément que la force centrifuge emportant le blé du centre au *cœur*, du *cœur* à *l'entrepied*, de *l'entrepied* à la *feuillure*, & de la *feuillure* au *bord*, il est nécessairement écrasé, lorsqu'il est parvenu à un endroit où l'intervalle des deux meules est moindre que son épaisseur, & par-là même réduit en farine. C'est donc le mouvement circulaire de la meule courante qu'on regarde comme l'unique cause de cette réduction. L'on se trompe; & c'est ici le lieu d'attaquer un préjugé directement opposé à l'expérience & aux loix les plus inviolables de la saine Physique. Pour en venir facilement à bout, que l'on se rappelle que l'arbre de fer dont le pivot pose sur le palier, porte & soutient la meule courante dans une position horizontale. Cela supposé, voici comment je raisonne: les grains, avant d'être écrasés, s'introduisent, comme autant de petits coins, entre les deux meules, & contraignent la meule courante à se soulever tant soit peu. Alors le palier, déchargé d'une partie de son poids, se remet dans son état naturel. Mais bientôt après le grain est écrasé; le palier fléchit de nouveau, & la meule courante qui, par l'introduction des grains, avoit reçu un mouvement de bas en haut, en reçoit un de haut en bas. C'est donc le mouvement circulaire & le mouvement de bas en haut & de haut en bas communiqué continuellement à la meule courante qui concourent à réduire le grain en farine.

Ici l'expérience vient très-à-propos à notre secours. M. Bélidor raconte (*Architecture hidraulique*, *tome* 1, *page* 280) qu'ayant fait étançonner le palier d'un de ses moulins, la farine devint si grossiere, qu'à peine le son en étoit détaché.

Un moulin ne fait de la bonne farine, de la farine excellente, que lorsque la meule courante fait à-peu-près 60 tours par minute. En fait-elle plus, la farine est échauffée. En fait-elle moins ? le blé n'est pas assez écrasé. Ce sont là des faits dont j'ai encore pour garant M. Bélidor dans l'ouvrage que nous venons de citer, *même tome*, *page* 281.

Les meules ordinaires ont depuis 5 jusqu'à 7 pieds de diametre sur 12, 15, 18 pouces d'épaisseur. Leur poids varie donc suivant le diametre, l'épaisseur & la dureté de la pierre. Pour trouver le poids absolu d'une meule quelconque, voici comment il faut s'y prendre.

1°. Mesurez l'aire d'une des deux surfaces de la meule donnée ; vous la trouverez, en multipliant sa circonférence par le quart de son diametre.

2°. Multipliez cette aire par l'épaisseur de la meule ; ce produit vous en donnera la solidité, & par conséquent le nombre de pieds cubes qu'elle contient.

3°. Pesez un pied cube d'une pierre tirée de la meuliere d'où l'on a tiré la meule dont vous cherchez la solidité.

4°. Multipliez le produit qu'on a trouvé *num.* 2 par le poids de ce pied cube de pierre ; cette derniere opération vous donnera évidemment le poids absolu de la meule en question. *Exemple.* L'on vous demande le poids absolu d'une meule de 6 pieds de diametre sur 15 pouces d'épaisseur, & l'on vous avertit que chaque pied cube pese 110 livres.

Avant que de résoudre le probleme, rappellez-vous que la meule donnée a 72 pouces de diametre, & par conséquent 226 pouces de circonférence ; rappellez-vous encore qu'un pied cube contient 1728 pouces. Multipliez donc 226 par 18 ; le produit 4068 vous donnera l'aire d'une des deux surfaces de votre meule. Multipliez ensuite 4068 par 15, le produit 61020, vous en donnera la solidité. Divisez ce produit par 1728, & le quotient vous apprendra que votre meule contient à très-peu-près 35 pieds cubes & un quart. Mais chaque pied cube est supposé peser 110 livres ; donc la meule donnée pese 3877 livres & demi.

Démonstration. 1°. On trouve l'aire d'un cercle, en multipliant sa circonférence par le quart de son diametre ; *cherchez Géométrie pratique, probleme* 5 *de la seconde partie.* Le diametre du cercle donné, est de 72 pouces ; donc sa circonférence en contiendra 226, parce que le diametre d'un cercle : à sa circonférence : : 7 : 22, à-peu-près. Le quart de 72 est 18. Donc, pour avoir l'aire de la meule donnée, il faut multiplier 226 par 18. Mais cette opération produit 4068 pouces; donc l'aire d'une des deux surfaces de la meule donnée sera de 4068 pouces carrés.

2°. La meule donnée est un véritable cylindre de 15 pouces de hauteur. Pour trouver la solidité d'un cylindre, ou, ce qui revient au même, pour trouver la quantité de matiere que contient un cylindre, il faut multiplier l'aire de sa base par sa hauteur; *cherchez Géométrie pratique, probleme 2 de la troisieme partie*; donc pour avoir la solidité de la meule donnée, il faut multiplier 4068 par 15. Mais cette opération produit 61020 pouces; donc la meule donnée contient 61020 pouces cubes.

3°. Le pied cube contient 1728 pouces cubes, puisque c'est le cube de 12 pouces, & que 12 × 12 × 12 = 1728; donc, pour avoir le nombre de pieds cubes que contient la meule donnée, il faut diviser 61020 par 1728. Mais cette opération donne à-très-peu-près 35 pieds cubes & un quart; donc la meule en question contient à-très-peu-près 35 pieds cubes & un quart.

4°. Par supposition chaque pied cube de la meule donnée pese 110 livres. Multipliez donc 110 par 35, vous aurez pour produit 3850. Ajoutez à ce produit le quart de 110 livres, & vous conclurez que la meule donnée pese 3877 $\frac{1}{2}$.

Corollaire 1. Comme les meules des moulins ordinaires ont depuis 5 jusqu'à 7 pieds de diametre sur 12, 15, 18 pouces d'épaisseur, l'on trouvera facilement le poids absolu d'une meule de 5 pieds de diametre sur 12 pouces d'épaisseur. Qu'on se rappelle seulement qu'une pareille meule a 60 pouces de diametre & 188 pouces de circonférence.

Corollaire 2. L'on trouvera aussi facilement le poids absolu d'une meule de 7 pieds de diametre sur 18 pouces d'épaisseur, puisqu'une pareille meule a 84 pouces de diametre sur 264 pouces de circonférence. Il n'est pas nécessaire d'avertir ici le Lecteur que la solution de tous les problemes de cette espece dépend d'une *donnée* qui détermine le poids absolu d'un pied cube d'une pierre tirée de la meuliere d'où l'on a tiré la meule dont on cherche la solidité.

Corollaire 3. Etant donnés le diametre & l'épaisseur d'une meule quelconque, l'on en trouvera facilement la solidité, par les principes que nous venons de poser, pourvu qu'on connoisse le poids absolu d'un pied cube d'une pierre tirée de la meuliere d'où l'on a tiré la meule. Il seroit inutile d'entrer ici dans un plus grand détail. Nous conseillons aux jeunes Physiciens de se proposer & de résoudre quelques problemes analogues à cette matiere ; ce sera là le moyen de s'inculquer des vérités pratiques qu'ils ne doivent jamais oublier.

Des Moulins à grain.

Les moulins à grain sont mis en mouvement les uns par l'eau, les autres par le vent. Ceux-là s'appellent moulins à eau, & ceux-ci moulins à vent. Nous allons faire la description des uns & des autres, & en examiner le mécanisme avec toute l'attention dont nous serons capables. Nous supposons le Lecteur au fait de l'article Mécanique.

Des moulins à eau.

Le moulin à eau est une machine que l'impulsion de l'eau met en mouvement, & qui sert à réduire les grains en farine. Comme il n'est personne qui ne l'ait eue cent fois sous les yeux, il nous paroît inutile d'en tracer ici la figure. Les meilleurs moulins à eau sont ceux de *pied ferme*, c'est-à-dire, ceux dont la cage est établie bien solidement sur le bord de quelque riviere. Leurs meules peuvent moudre très-également, parce qu'ils ne sont pas continuellement agités, comme les moulins sur bateaux, par le mouvement tantôt plus, tantôt moins impétueux de l'eau.

Les parties principales des moulins à eau sont une roue à *aubes* ou à *pots*, un arbre tournant, un rouet muni d'un certain nombre de dents, une lanterne à fuseaux, un palier sur lequel cette lanterne est appuyée, un arbre de fer & deux meules.

La roue, placée verticalement, a pour centre l'axe de l'arbre tournant, lequel par conséquent doit être posé horizontalement. La plupart des roues de ce grand nombre de moulins que j'ai visités, ont entre 5 & 6 pieds de rayon, & elles sont garnies de 20 à 24 aubes d'environ 14 pouces de hauteur sur 12 de largeur. L'eau de la riviere entrant dans l'intérieur du moulin par une ouverture qu'on appelle *coursier*, tombe de la hauteur d'environ 6 pans sur une de ces aubes, & met par-là-même en mouvement la roue & l'arbre tournant. Le coursier se ferme au besoin par une vanne dont la base & les côtés entrent dans de profondes rainures.

Le rouet est posé verticalement comme la roue à laquelle il est parallele, & il a, comme celle-ci, pour centre l'axe de l'arbre tournant. Ceux que j'ai mesurés, ont entre 3 à 4 pieds de rayon, & leur circonférence est garnie de 30 à 36 dents. Ces dents engrenent une lanterne de 6 fuseaux, & cette lanterne est posée verticalement sur un palier, c'est-à-dire, sur une piece de bois d'environ 6 pouces de largeur sur 5 d'épaisseur, & d'environ 9 pieds de longueur entre ses deux appuis. Le palier se hausse ou se baisse à volonté ; & cette mobilité sert à élever ou à baisser la meule supérieure.

L'arbre de fer passe par le milieu de la lanterne. Son extrémité inférieure s'appelle *pivot*, & son extrémité supérieure *papillon*. Le pivot pose sur le palier, & le papillon entre dans le trou de *l'annille*. On donne ce nom au fer qui porte la meule courante. Ce fer a pour l'ordinaire la figure d'un X. Il a environ 3 pouces d'épaisseur sur environ 6 pouces de largeur, & chaque bras de l'annille doit avoir environ 15 pouces de longueur. Le trou de l'annille s'appelle *œil*, & cet œil doit être exactement au milieu de l'annille & au milieu du trou circulaire de la meule courante.

Les deux meules sont la partie principale des moulins à grain : l'une est immobile & s'appelle *gissante*, l'autre est mobile & se nomme *courante* ; elles sont l'une & l'autre placées horizontalement. Cherchez *Meule*, vous trouverez dans cet article tout ce qu'on doit savoir sur cette matiere.

Au-dessus de la meule courante est placée la *trémie* ou coffre dans lequel on verse le grain. De la trémie le grain se rend entre les deux meules par un canal incliné. Ce canal s'appelle *auget* ; & cet auget reçoit du *battant* un mouvement de trépidation ; ces notions une fois supposées, rien n'est plus facile que d'expliquer le mécanisme des moulins à eau. Donnons pour cela 30 dents au rouet & six fuseaux à la lanterne.

L'eau tombant d'environ 6 pans de hauteur sur les aubes de la roue, lui procure nécessairement un mouvement très-rapide; elle procure le même mouvement à l'arbre tournant & au rouet. Celui-ci ne peut pas tourner, sans que les dents dont sa circonférence est garnie, engrenent les fuseaux de la lanterne. Qu'on se rappelle que nous avons donné 30 dents au rouet & six fuseaux à la lanterne, & l'on conclura que la lanterne, l'arbre de fer & la meule courante feront 5 tours, lorsque le rouet n'en fera qu'un. Quel mouvement ne recevra pas la meule courante, & avec quelle facilité ne réduira-t-elle pas en farine les grains qui de la trémie se feront rendus par l'auget entre les deux meules? Tel est en deux mots le mécanisme d'une machine qu'on doit nécessairement faire entrer dans la classe des leviers de la premiere espece, puisque son point d'appui ou l'axe de l'arbre tournant se trouve entre l'eau qui sert de puissance & l'arbre de fer qui porte le poids.

Les moulins à eau que nous appellons moulins *à tine*, nous présentent à-peu-près le même mécanisme; ce sont les plus simples & les moins dispendieux de tous les moulins; le Lecteur ne sera pas fâché d'en trouver ici l'exacte description. Un moulin à *tine* ne contient qu'un palier, une roue de bois, un cylindre de fer & deux meules dont l'une gissante & l'autre courante. Représentez-vous donc un tonneau vide, de 45 pouces de diametre & de 7 pieds de hauteur; c'est-là la figure du corps du moulin construit en bonne maçonnerie. Au fond de ce tonneau placez une roue horizontale de 44 pouces de diametre. Appliquez à cette roue 8 aubes faites en forme de cueilleres, dont chacune ait sa fuite pour laisser échapper l'eau qu'elle a reçue. Faites en sorte que chaque cueillere soit inclinée à l'axe de la roue d'environ 54 degrés. Au centre de la roue élevez un cylindre de fer dont l'extrémité supérieure porte la meule courante; il est évident que l'eau ne peut pas tomber avec impétuosité dans une de ces cueilleres, sans faire tourner la roue & sans communiquer à la meule courante un mouvement très-rapide.

Remarquez que dans les moulins à *tine* l'effieu de la roue horizontale eft terminé par un pivot tournant fur une crapaudine fixée fur le palier ou l'*arbre-maître.* Le palier repofe par une de fes extrémités fur un feuil où il eft encaftré de quelques pouces ; fon autre extrémité eft mobile ; & c'eft cette mobilité qui dans le befoin fert à élever ou à baiffer la meule fupérieure ou courante.

Remarquez encore que le pivot doit être d'acier ; mais que la crapaudine fur laquelle il tourne, ne doit pas être du même métal. L'expérience nous apprend que les furfaces des corps hétérogenes font fujettes à un moindre frottement que celles des corps homogenes ; elle nous apprend encore que l'acier tournant fur l'acier éprouve un frottement double de celui qu'éprouve l'acier tournant fur le plomb. Cherchez *Frottement* ; vous trouverez dans cet article la caufe phyfique de ce phénomene.

Remarquez enfin que le grand avantage des moulins à *tine*, c'eft qu'ils tournent à toute eau. L'eau eft-elle baffe ? La roue n'en reçoit que la quantité abfolument néceffaire, pour être mife en mouvement. L'eau eft-elle haute ? La tine fe remplit d'eau, & cet accident n'arrête pas le mouvement de la roue. La folution des queftions fuivantes jettera un grand jour fur cet article & fur tous les autres articles néceffairement liés avec celui-ci.

Premiere Queftion. Quelle différence y a-t-il entre la mouture *en groffe* & la mouture économique ?

Réponfe. La mouture *en groffe* confifte à faire moudre une feule fois le grain, & à le faire moudre fans bluteau; c'eft-à-dire, qu'avec cette efpece de mouture la farine à la fortie des meules, tombe pêle-mêle avec le fon dans la huche. On renferme enfuite ce mélange dans des facs, & on laiffe aux particuliers le foin de le tamifer & bluter. Il n'en eft pas ainfi de la mouture économique dont l'objet eft de faire la plus belle farine & d'en tirer la plus grande quantité poffible. Dans cette efpece de mouture, on tire d'abord par un premier bluteau toute la belle farine ; & au moyen d'une feconde bluterie, on fépare le germe & toutes les parties du grain qui n'ont été que concaffées dans le premier moulage. Ces parties concaffées & non moulues s'appellent *gruaux.* Ce font ces gruaux qu'on fait remoudre à plufieurs reprifes & dont on retire une farine très-belle & très-favoureufe, comme nous le verrons dans la fuite de cet article.

Seconde Question. Quelles sont les différentes opérations de la mouture économique ?

Réponse. Elles sont au nombre de 4. La premiere opération consiste à cribler & à nettoyer le blé qu'on veut faire moudre, avec une exactitude scrupuleuse. Il faut en séparer non-seulement la poussiere, les pailles, les pierres, les petites mottes & tous les grains étrangers, mais encore les grains de blé légers rongés par les insectes. Cette premiere opération peut se faire dans les maisons particulieres, sans ajouter un étage aux moulins ordinaires.

La seconde opération consiste à moudre le blé, sans échauffer la farine, & à le moudre par le moyen de meules piquées en rayons réguliers, comme il est expliqué à l'article *Meule*.

La troisieme opération consiste à tamiser la farine & à en séparer les *gruaux* en même-tems que le blé se moud. Cette opération se fait par le moyen de différens bluteaux dont le mouvement répond à celui des meules. Ces bluteaux sont placés dans la huche, & les machines qu'ils mettent en mouvement sont nettement expliquées & exactement gravées dans le Manuel du Meunier rédigé par M. Béguillet sur les Mémoires du sieur César Buquet. Le bluteau supérieur doit tamiser précisément autant de farine que les meules en font; elle est d'une grande finesse, & elle va à-peu-près à la moitié du produit de la farine totale que donne la mouture économique. Le reste du grain concassé sort par le bout inférieur du premier bluteau & se rend par un conduit dans un second bluteau plus gros & plus lâche que le précédent. De ce bluteau sortent trois sortes de matieres de farine imparfaite que l'on appelle *gruaux*. A la tête du bluteau se trouvent les *gruaux blancs ;* au milieu les *gruaux gris* & à l'extrémité les *recoupes*.

La quatrieme opération consiste à remoudre les *gruaux* & les *recoupes*. On rengrene donc d'abord les *gruaux blancs*, & on en retire par le moyen du premier bluteau une farine excellente, parce que, par cette opération, le germe du blé est concassé par les meules & que le germe contient ce qu'il y a de plus savoureux & de plus substantiel dans le grain. Le reste des *gruaux blancs* que le premier bluteau n'a pas laissé passer, se mêle avec les *gruaux gris*, & se remoud encore deux fois; l'on en retire par le moyen du premier bluteau une bonne farine, mais inférieure à celle dont nous venons de parler. Enfin on rengrene les *recoupes*, & l'on en retire une farine bise, à-peu-près semblable à la derniere farine des *gruaux gris*. On ne rengrene qu'une seule fois les *recoupes*.

Troisieme Question. Quelle différence y a-t-il entre les effets de la mouture économique & les effets de la mouture *en grosse*?

Réponse. La différence est des plus sensibles, & les expériences que je pourrois apporter en preuve, sont sans nombre. Je me contente de rapporter celles qu'on fit à Montdidier en Picardie en 1768 sur un quintal de blé & sur un quintal de seigle. Le quintal de blé rendit par la mouture *en grosse* quatre-vingt-trois livres quatorze onces de tout pain, & il en rendit par la mouture économique cent cinq livres dix onces. Le quintal de seigle n'en rendit par la mouture *en grosse* que soixante & dix livres, & il rendit quatre-vingt-seize livres par la mouture *économique*. On a toujours remarqué que le pain que donne la mouture *économique* est plus blanc & de meilleur goût, que celui que donne la mouture *en grosse*. Aussi l'Hôpital général de Paris épargne-t-il, depuis qu'il a adopté la mouture *économique*, près de cinq mille fétiers par année; ce qui fait un gain de plus de cent mille livres.

Quatrieme Question. Quelle différence y a-t-il entre nos moulins ordinaires & les moulins économiques?

Réponse. Rayonnez les meules *gissante* & *courante* suivant la méthode expliquée à l'article *Meule*. Ajoutez à la huche les bluteaux dont il est parlé dans la question seconde de cet article. Faites exactement les quatre opérations indiquées dans cette même question; & vous transformerez un moulin ordinaire en un moulin économique.

Cinquieme Question. Quelle est la hauteur de la chute nécessaire à un pied cube d'eau, pour mettre un moulin en mouvement?

Réponse. Ce pied cube d'eau doit tomber de la hauteur de 3 pieds 6 pouces, 3 points. Avant que d'en apporter la démonstration, je fais la préparation suivante. Je donne à la roue du moulin que je veux mettre en mouvement,

6 pieds de rayon, & je la suppose garnie de 20 aubes égales d'un pied carré de surface. Je donne au rouet 3 pieds de rayon, & je suppose sa circonférence garnie de 36 dents; ces dents engreneront une lanterne de 6 fuseaux. Je donne à la meule courante un poids d'environ 4000 livres; & je dis qu'un pied cube d'eau tombant de la hauteur de 3 pieds, 6 pouces & 3 points, communiquera à ce moulin un mouvement propre à faire de la bonne farine.

Démonstration. 1°. Un pied cube d'eau qui parcourt un pied par seconde & qui choque une surface d'un pied carré, choque cette surface avec une force d'une livre & trois onces.

2°. Un pied cube d'eau qui tombe de la hauteur de 2 lignes, 5 points, acquiert une vîtesse capable de lui faire parcourir un pied par seconde.

3°. Pour faire tourner un moulin à blé ordinaire, tel que celui dont on vient de donner les dimensions, il faut nécessairement qu'un pied cube d'eau choque une aube d'un pied carré avec une force de 200 livres.

Ces trois expériences que personne n'a encore révoqué en doute, une fois admises, voici comment je raisonne: si un choc d'une livre 3 onces suppose dans un pied cube d'eau une chute de 2 lignes 5 points; quelle chute supposera un choc de 200 livres? Vous trouverez par la regle de trois la plus simple que la chute sera de la hauteur de 2 pieds, 9 pouces, 11 lignes, 4 points: donc un pied cube d'eau tombant d'une pareille hauteur commencera à mettre la roue en mouvement. Mais cette roue reçoit un mouvement circulaire; & ce mouvement élidera nécessairement une partie de la vîtesse de l'eau; il faut donc pour l'entiere solution du probleme proposé faire encore quelques opérations; elles sont fondées pour la plupart sur des expériences incontestables.

Un choc de 200 livres, dit M. Bélidor, fait faire 10 tours par minute à la roue qui le reçoit. La roue du moulin dont je parle, a 12 pieds de diametre; elle a donc environ 38 pieds de circonférence; elle parcourt donc 380 pieds par minute, & par conséquent 6 pieds 4 pouces par seconde. Cherchons la hauteur de la chute qui donneroit à un pied cube d'eau une vîtesse de 6 pieds 4 pouces par ſeconde ; ajoutons cette nouvelle hauteur à la hauteur déjà trouvée, & le probleme ſera réſolu.

Pour trouver cette nouvelle hauteur, je poſe deux principes. Une chute de 29 points donne à un pied cube d'eau une vîteſſe d'un pied par ſeconde. *Premier principe fondé ſur l'expérience.*

Les carrés des vîteſſes ſont précisément comme les chutes. *Second principe dont on trouvera la démonſtration à l'article ſtatique.*

Diſons donc, 144 *carrés de* 12 *pouces* : 5776 carrés de 76 pouces : : 29 points : 1163 points *à-peu-près* qui valent 8 pouces 11 points.

Ajoutons ces 8 pouces, 11 points aux 2 pieds, 9 pouces, 11 lignes, 4 points déjà trouvés ; & concluons hardiment qu'un pied cube d'eau qui tombe de la hauteur de 3 pieds, 6 pouces, 3 points, mettra en mouvement une roue de 6 pieds de rayon, garnie d'aubes égales d'un pied carré de ſurface, & lui fera faire 10 tours par minute.

Si la roue du moulin dont nous parlons, fait 10 tours par minute, le rouet en fera 10 & la lanterne 60, puiſque nous avons donné 36 dents au rouet & 6 fuſeaux à la lanterne. Mais la meule courante fait autant de tours que la lanterne ; donc le moulin en queſtion fera de la bonne farine, de la farine excellente, comme nous l'avons prouvé à l'article *meule* avec lequel celui-ci a une relation eſſentielle.

La queſtion ſuivante n'a qu'un rapport indirect avec les moulins à eau. Cependant comme on la réſout par les mêmes principes, c'eſt ici qu'elle doit trouver ſa place.

Sixieme Queſtion. Quelle eſt la hauteur de la chute néceſſaire à un pied cube d'eau, pour mettre en mouvement une roue donnée ?

Préparation. La roue donnée a 18 pieds de diametre. Elle eſt compoſée de deux circonférences égales & concentriques. Ces circonférences ſont ſéparées & liées par un nombre ſuffiſant d'aubes égales d'un pied carré de ſurface. Elles ſont garnies extérieurement de part & d'autre d'un nombre de caiſſes moyennes égal à celui des aubes, leſquelles ne pourront ſe plonger dans l'eau, ſans s'en remplir. Elles contiennent quinze livres d'eau chacune. L'on demande quelle eſt la hauteur de la chute néceſſaire à un pied cube d'eau, pour mettre cette roue en mouvement ?

Principes. 1°. Un pied cube d'eau qui parcourt un pied par seconde & qui choque une surface d'un pied carré, choque cette surface avec une force d'une livre & 3 onces.

2°. Un pied cube d'eau qui tombe de la hauteur de 2 lignes 5 points, acquiert une vîtesse capable de lui faire parcourir un pied par seconde.

3°. Pour faire tourner un moulin à blé ordinaire, il faut nécessairement qu'un pied cube d'eau choque une aube d'un pied carré avec une force de 200 livres.

4°. La grandeur de la roue donnée, le poids dont elle est chargée & surtout la position de ce poids, que je regarde comme peu avantageuse, me font soupçonner que la roue en question oppose au mouvement environ la moitié de la résistance qu'opposent nos moulins ordinaires ; il faudra donc qu'un pied cube d'eau choque les aubes de cette roue avec une force de 100 livres. Cela supposé, voici comment j'opere.

Résolution. Si un choc d'une livre 3 onces suppose dans un pied cube d'eau une chute de 2 lignes 5 points ; quelle chute supposera un choc de 100 livres ? Vous trouverez par la regle la plus simple que la chute sera de 1 pied, 4 pouces, 11 lignes, 6 points ; donc un pied cube d'eau, tombant d'une pareille hauteur, commencera à mettre la roue en mouvement. Mais cette roue reçoit un mouvement circulaire ; & ce mouvement élidera nécessairement une partie de la vîtesse de l'eau ; il faut donc, pour la parfaite solution de la question proposée, faire encore quelques opérations. Les voici.

Un choc de 100 livres fait faire 10 tours par minute à la roue qui le reçoit. La roue en question a 18 pieds de diametre ; elle a donc environ 57 pieds de circonférence ; elle parcourt donc 570 pieds par minute, & par conséquent environ 9 pieds par seconde. Cherchons la hauteur de la chute qui donneroit à un pied cube d'eau une vîtesse de 9 pieds par seconde. Ajoutons cette nouvelle hauteur à la hauteur déjà trouvée, & le probleme sera résolu.

Pour trouver cette nouvelle hauteur, je pose deux principes. Une chute de 29 points donne à un pied cube d'eau une vîteſſe d'un pied par ſeconde. *Premier principe.*

Les carrés des vîteſſes ſont précisément comme les chutes. *Second principe.* Diſons donc 1 pied : 81 pieds :: 29 points : 2349 points qui valent 1 pied, 4 pouces, 3 lignes, 9 points. Ajoutons cette nouvelle hauteur à la hauteur déjà trouvée, c'eſt-à-dire, à 1 pied, 4 pouces, 11 lignes, 6 points, & concluons qu'un pied cube d'eau qui tombe de la hauteur de 2 pieds, 9 pouces, 3 lignes, 3 points, fera mouvoir facilement la roue donnée.

Remarque. 1°. On peut mettre autour des deux circonférences de la roue donnée, 36 caiſſes, 18 de chaque côté.

2°. Les aubes doivent avoir un peu plus d'un pied carré de ſurface. Je leur donnerois volontiers 14 pouces de longueur ſur 14 pouces de largeur. Par ce moyen la colonne d'eau gagnera en baſe ce qu'elle aura perdu en hauteur, ſi elle ne s'éleve pas d'un pied au-deſſus de l'aube frappée.

3°. Quoique la chute ne doive être que de 2 pieds, 9 pouces, 3 lignes, 3 points, je la ferois cependant de 3 pieds, ſi la choſe eſt poſſible.

Des Moulins à vent.

Un moulin à vent eſt une machine qui fait les mêmes effets que les moulins à eau dont nous venons de parler, lorſque le vent a 24 fois plus de vîteſſe que l'eau. Ce n'eſt que dans la ſuite de cet article que l'on comprendra la juſteſſe de cette définition. Cette machine, connue de tems immémorial en Aſie, & en uſage en Europe depuis la fin du douzieme ſiecle, eſt trop commune, pour qu'il ſoit néceſſaire d'en mettre la figure ſous les yeux du Lecteur. Tout le monde ſait que les pieces principales du moulin à vent ſont l'axe, les ailes, une roue dentée qu'engrene un pignon ou une lanterne, & deux meules dont la ſupérieure eſt mobile, & l'inférieure immobile.

L'axe, c'eſt la poutre poſée horizontalement dans la partie ſupérieure du bâtiment qu'elle traverſe, & qu'elle diviſe préciſément en deux parties égales ; cette poutre eſt mobile, parce que, pour que le moulin ait ſon effet, elle doit toujours être dans la direction du vent.

Les quatre ailes extérieures au moulin & attachées obliquement à l'une des extrémités de l'axe, forment avec lui un angle de 55 degrés, ou, pour parler plus exactement, de 54 degrés 44 minutes ; nous en donnerons bientôt la démonstration. Chaque aile a 30 pieds de longueur sur 6 de largeur ; & comme il y a 5 pieds de distance de l'extrémité inférieure des toiles au centre de l'axe, il y a par conséquent 20 pieds de distance du centre de gravité de chaque aile au centre de l'axe : vérité qui ne doit jamais échapper à quiconque étudie le mécanisme des moulins à vent.

La roue se trouve dans la partie intérieure & supérieure du moulin. Elle est attachée perpendiculairement à l'axe qu'elle a pour centre & autour duquel elle tourne. On lui donne communément 4 pieds de rayon & 40 dents.

La lanterne qui regle tous les mouvemens de la meule supérieure, fait la fonction de poids. Elle a huit fuseaux, c'est-à-dire, que conjointement avec la meule supérieure, elle fait 5 tours, tandis que la roue dentée & les ailes n'en font qu'un ; ce qui range d'abord les moulins à vent dans la classe des leviers de la premiere espece dont le point fixe est dans l'axe de la poutre ; les 4 puissances sont appliquées au centre de gravité de chaque aile, & le poids à la circonférence de la roue dentée ; chaque puissance est donc dans cette machine 5 fois plus éloignée du point fixe du levier, que le poids. Cherchez *Mécanique*, pour commencer à vous former une idée de la beauté & de la simplicité de cette machine. La solution des problemes suivans achevera de mettre cette vérité dans tout son jour.

Probleme premier. Trouver quelle doit être la vîtesse de l'air pour faire le même effet que l'eau.

Résolution. L'air doit avoir 24 fois plus de vîtesse que l'eau.

Préparation. L'on me donne un pied cube d'air & un pied cube d'eau, agissant l'un & l'autre sur 2 surfaces égales & directement opposées, & l'on demande de combien plus grande doit être la vîtesse du pied cube d'air, pour avoir le même effet que le pied cube d'eau. Pour le trouver, je me rappelle que la densité de l'eau : à la densité de l'air :: 640 : 1. Je nomme donc la masse de l'eau

$M = 640$; la masse de l'air $m = 1$. Je suppose que l'eau a un degré de vîtesse, & je nomme cette vîtesse u; je nomme enfin x la vîtesse de l'air que je cherche, & je dis que je dois trouver $x = 24$.

Démonstration. 1°. L'impression de deux fluides sur des surfaces égales & directement opposées est comme les carrés de leurs vîtesses, parce que dans un tems égal le fluide qui va plus vîte, frappe non-seulement plus fort, mais qu'il y a plus de parties qui frappent les surfaces opposées.

2°. Pour que l'impression d'un pied cube d'eau soit égale à l'impression d'un pied cube d'air, il faudra faire la proportion suivante; la masse de l'air : à la masse de l'eau :: le carré de la vîtesse de l'eau : au carré de la vîtesse de l'air, ou, $m : M :: uu : xx$; donc $mxx = Muu$; donc $xx = \frac{Muu}{m}$; donc $xx = 640$; donc $x = \sqrt{640}$; donc $x = 25\frac{1}{2}$. Dans la pratique cependant les frottemens réduisent la vîtesse à 1 pour l'eau, & à 24 pour l'air; & cette derniere assertion est fondée sur l'expérience qui nous a appris que, à ajutage égal, un jet artificiel d'air a autant de force qu'un jet artificiel d'eau, lorsque l'air a 24 fois plus de vîtesse que l'eau.

Corollaire premier. Si les vîtesses de deux vents sont comme 1 à 24, leurs impressions sur des surfaces égales & directement opposées seront comme 1 à 576, puisque le carré de $1 = 1$, & le carré de $24 = 576$.

Corollaire second. Un pied cube d'air qui parcourra 24 pieds par seconde, choquera une surface d'un pied carré avec une force de 19 onces, puisque l'expérience nous apprend que c'est-là l'effet d'un pied cube d'eau qui parcourt un pied par seconde & qui choque une surface d'un pied carré.

Corollaire troisième. Pour trouver le choc d'un pied cube d'air qui parcourroit 15 pieds par seconde & qui choqueroit une surface d'un pied carré, vous direz; 576, carré de 24 : 19 onces :: 225, carré de 15 : $x =$ 7 onces & 3 gros.

Multipliez ensuite 7 onces 3 gros par la surface choquée, & vous aurez le choc de ce dernier vent sur une surface de 10, 20, 30 pieds carrés.

Corollaire

Corollaire quatrieme. Connoiſſant le choc d'un vent quelconque contre une ſurface d'un pied carré, vous connoîtrez ſa vîteſſe par la regle ſuivante; 19 onces : 576 :: le choc connu : xx. Connoiſſant xx, vous aurez facilement x.

Probleme ſecond. Trouver l'angle que doivent faire avec l'axe les ailes d'un moulin à vent.

Réſolution. Cet angle doit être de 54 degrés 44 minutes.

Préparation. Tout le monde voit que ſi les ailes d'un moulin à vent étoient perpendiculaires à l'axe, le vent, au lieu de les faire tourner, tendroit à renverſer le moulin. Il faut donc que leur poſition ſoit oblique, & il s'agit de chercher le *maximum* de l'angle qu'elles doivent faire avec l'axe. Pour le trouver, je prends l'axe PS, *fig.* 24, *pl.* 2, ſur lequel j'attache obliquement la ſurface rectangulaire ABCD, contre laquelle le vent agit ſuivant les paralleles OA, PS, QB. Je ſuppoſe cette ſurface poſée dans la ſituation la plus favorable à tourner autour de l'axe PS par l'action du vent, & dans cette ſuppoſition je calcule la valeur de l'angle AGP.

Pour rendre mon calcul plus clair, je prends la ligne horizontale KG pour exprimer la force totale du vent; & comme KG eſt oblique à la baſe AB de la ſurface rectangulaire ABCD, je tire KH perpendiculaire à cette même baſe, & alors KH exprimera l'action du vent ſur cette ſurface. Je décompoſe enſuite le mouvement de la diagonale KH en deux autres, l'un horizontal KM, auquel je n'ai aucun égard, parce qu'il ne ſauroit ſervir à faire tourner la ſurface ABCD, & l'autre perpendiculaire HM qui ſeul concourt à cet effet. Enfin je nomme AG a, KG b, RG x, ce qui, à cauſe du triangle rectangle ARG, me donnera AR $= \sqrt{aa - xx}$. Cela fait, j'en viens à la démonſtration de la réſolution du probleme 2.

Démonſtration. 1°. A cauſe de l'angle commun G, les deux triangles rectangles ARG & KHG ſont évidemment équiangles; donc l'on aura la proportion ſuivante; AG : AR :: KG : KH, ou, $a : \sqrt{aa - xx} :: b :$ KH; donc KH $= \sqrt{\frac{b}{a}} \sqrt{aa - xx}$.

2°. A cause de l'angle commun G, les deux triangles rectangles ARG, HMG sont évidemment équiangles; donc le triangle rectangle ARG sera semblable au triangle rectangle KMH, parce que celui-ci est évidemment semblable au triangle rectangle HMG; donc l'on aura la proportion suivante; AG : RG :: KH : HM, ou $a : x :: \frac{b}{a} \sqrt{aa - xx} :$ HM; donc HM $= \frac{bx}{aa} \sqrt{aa - xx}$; donc l'action du vent qui fait tourner la surface rectangulaire ABCD a pour valeur la quantité $\frac{bx}{aa} \sqrt{aa - xx}$.

3°. Puisque AR $= \sqrt{aa - xx}$, l'on aura AI $= 2 \sqrt{aa - xx}$. Or AI exprime la largeur de la colonne d'air qui vient choquer la surface rectangulaire ABCD. Cette largeur doit entrer dans le *maximum* que l'on cherche, parce qu'elle sera plus ou moins grande, suivant l'ouverture de l'angle ABQ ou AGP. Cherchons donc ce *maximum* en multipliant HM, *action du vent*, par AI, *largeur de la colonne d'air*, c'est-à-dire, en multipliant $\frac{bx}{aa} \sqrt{aa - xx}$ par $2 \sqrt{aa - xx}$; l'on aura ...... $\frac{2aabx - 2bxxx}{aa}$, parce que $\sqrt{aa - xx} \times 2 \ldots \sqrt{aa - xx} = 2aa - 2xx$.

4°. Le *maximum* $\frac{2aabx - 2bxxx}{aa}$ une fois trouvé, j'en prends la différentielle $\frac{2aabdx - 6bxxdx}{aa}$; & comme dans le point où la quantité est devenue la plus grande, son accroissement est devenu nul, je fais la différentielle trouvée $= 0$, ce qui me donne le calcul suivant:

$$\frac{2aabdx - 6bxxdx}{aa} = 0$$

$$\frac{2aabdx}{aa} = \frac{6bxxdx}{aa}$$

$$aa = 3xx$$

$$\frac{aa}{3} = xx$$

$$\sqrt{\frac{aa}{3}} = x$$

5°. Dans le triangle rectangle ARG, le côté RG $=$ x devient donc une quantité connue, & par-là même le côté AR du même triangle sera connu. En effet AR $=$ $\sqrt{aa - xx}$. Mais $xx = \frac{1}{3} aa$; donc $\sqrt{aa - xx} =$ $\sqrt{aa - \frac{1}{3} aa} = \sqrt{\frac{2}{3} aa}$.

6°. Dans le triangle rectangle ARG, je connois les trois côtés, je connoîtrai donc l'angle G par l'analogie suivante; le logarithme du côté AG est au logarithme du sinus total, comme le logarithme du côté AR est au logarithme du sinus de l'angle G. Cherchez *Trigonométrie*.

7°. Supposons AG $= 9$, l'on aura AR $= \sqrt{\frac{2}{3} AG^2}$ $= \sqrt{54}$; l'on dira donc, le logarithme de 9 est au logarithme du sinus total, comme le logarithme de $\sqrt{54}$: au logarithme du sinus de l'angle G, que l'on trouvera de 54 degrés 44 minutes, & non pas de 54 degrés 54 minutes, comme l'assure Bélidor, *Tom.* 2, *pag.* 38. Cherchez *logarithme* & rappellez-vous que le logarithme de $\sqrt{54}$ est la moitié du logarithme de 54.

Probleme troisieme. Connoissant l'angle que font avec l'axe les ailes d'un moulin à vent, connoître la force relative du vent sur les ailes.

Résolution. En supposant l'angle des ailes avec l'axe de 54 degrés 44 minutes, la force relative du vent sur les ailes ne sera qu'environ les $\frac{2}{5}$ de la force absolue du même vent.

Préparation. Pour connoître la force relative du vent sur les ailes, vous multiplierez HM par AR, en vous rappellant que HM $= \frac{bx}{aa} \sqrt{aa - xx}$; AR $= \ldots$ $\sqrt{aa - xx}$; $x = \sqrt{\frac{aa}{3}}$, & $xx = \frac{1}{3} aa$.

Démonstration. 1°. $xx = \frac{1}{3} aa$; donc $\sqrt{aa - xx}$ $= \sqrt{aa - \frac{1}{3} aa} = \sqrt{\frac{2aa}{3}}$.

2°. $\sqrt{aa - xx} \times \sqrt{aa - xx} = aa - xx = aa - \frac{1}{3}aa = \frac{2aa}{3}$.

3°. HM $= \frac{bx}{aa}\sqrt{aa - xx} = \frac{b}{aa}\sqrt{\frac{aa}{3}} \times \sqrt{\frac{2aa}{3}}$.

4°. AR $= \sqrt{aa - xx} = \sqrt{\frac{2aa}{3}}$; donc HM $\times$ AR $= \frac{b}{aa}\sqrt{\frac{aa}{3}} \times \sqrt{\frac{2aa}{3}} \times \sqrt{\frac{2aa}{3}}$. Mais $\sqrt{\frac{2aa}{3}} \times \sqrt{\frac{2aa}{3}} = \frac{2aa}{3}$; donc HM $\times$ AR $= \frac{b}{aa}\sqrt{\frac{aa}{3}} \times \frac{2aa}{3} = \frac{2aab}{3aa}\sqrt{\frac{aa}{3}} = \frac{2b}{3}\sqrt{\frac{aa}{3}} = \sqrt{\frac{4aabb}{27}} = \sqrt{\frac{4}{27}} \times ab = \frac{2}{5}ab$ ou à-peu-près ; donc HM $\times$ AR $= \frac{2}{5}ab$; donc en supposant l'angle des ailes avec l'axe de 54 degrés 44 minutes, la force relative du vent sur les ailes ne sera qu'environ les $\frac{2}{5}$ de la force absolue ab.

Remarque. Ici se présente une difficulté qu'il est nécessaire de faire évanouir. Dans le probleme 2, pour trouver le *maximum* de l'angle AGP, nous avons multiplié HM par AI, lequel AI représente la largeur de la colonne d'air qui agit sur la surface rectangulaire ABCD; pourquoi, pour trouver dans le probleme 3, la force relative du vent sur cette même surface, n'avons-nous multiplié HM que par AR $= \frac{1}{2}$ AI ? La difficulté est réelle; en voici la réponse.

Nous avons eu droit dans le probleme 2, de prendre toute la largeur de la colonne d'air, parce que chercher le *maximum* de l'angle AGP, c'étoit chercher le *maximum* de l'angle ABQ qui embrasse toute la largeur de la colonne. Mais dans le probleme 3, nous prenons pour force absolue du vent la quantité ab, = AG $\times$ KG, & non AB $\times$ KG; donc pour trouver la force relative de ce même vent, nous n'avons dû prendre que la moitié de la largeur de la colonne d'air, parce qu'il n'y a que cette moitié qui réponde à AG.

Corollaire général. Il y a trois défauts visibles dans les moulins à vent dont nous venons de faire la description. 1°. La nécessité de mettre l'axe dans la direction du vent, oblige les meuniers à le faire changer de place toutes les fois que le vent change de direction. 2°. Quand même en construisant le moulin, les ouvriers placeroient exactement les ailes sur l'axe à l'angle de 54 degrés 44 minutes, les coups de vent peuvent très-facilement faire varier cet angle. 3°. Les ailes ne reçoivent que les $\frac{2}{5}$ de la force absolue du vent.

Nous ne parlerons pas ici de la maniere de changer les moulins à vent ordinaires en moulins économiques ; elle est la même que celle que nous avons indiquée pour les moulins à eau.

De la mouture des grains.

En parlant des moulins à eau, nous avons fait connoître la différence qu'il y a entre la mouture *en grosse* & la mouture *économique*. Nous avons expliqué les différentes opérations de cette derniere espece de mouture. Nous avons comparé les effets de la mouture *économique* avec les effets de la mouture *en grosse*. Nous avons enfin appris à changer un moulin *ordinaire* en un moulin *économique*. Ce changement est-il absolument nécessaire ? C'est-là ce que nous allons examiner dans les réponses aux questions suivantes.

Premiere Question. Seroit-il avantageux à l'Etat, considéré en général, que tous les moulins à grains fussent transformés en moulins économiques ?

Réponse. Toutes les branches de commerce sont cheres à l'Etat, considéré en général, parce que toutes, en raison de leur utilité, contribuent à sa grandeur & à sa gloire. Ce seroit donc une mauvaise politique de travailler à en étendre une, en occasionnant nécessairement l'anéantissement d'une autre. Or voilà ce qui arriveroit, si l'on transformoit tous les moulins à grains en moulins économiques. Que deviendroit, je le demande, la fabrique d'amidon ? Cet objet, souvent de luxe, quelquefois de nécessité, suppose ce qu'on nomme *reprin*, ou du moins le son imprégné de farine ; la mouture économique ne donne aucun *reprin*, & le son qu'on en retire est totalement séparé de la farine, c'est le *caput mortuum* des chimistes ; cette mouture anéantiroit donc une branche de commerce très-considérable ; elle n'est donc pas avantageuse à l'Etat, considéré en général.

Je préviens d'avance toutes les difficultés qu'on pourroit faire. Les blés échauffés, *dira-t-on d'abord*, les blés gâtés sont mis en farine, & de cette farine l'on en retire un excellent amidon. Je conviens sans peine du fait. Mais à un commerce permanent il faut une matiere permanente, une matiere qui ne puisse pas manquer. Aurons-nous jamais assez de blés échauffés, assez de blés gâtés pour fabriquer tout l'amidon nécessaire à un grand Royaume ? Et que deviendra cette fabrique, lorsque nous aurons eu le bonheur de conserver nos grains dans une parfaite intégrité ?

L'on peut faire de l'amidon, *me dira-t-on encore*, avec une racine tubereuse, charnue, de la grosseur du doigt, blanche, âcre au goût, remplie d'un suc laiteux & un peu fibrée ; on la nomme racine de *larum* ou pied de veau. Je ne l'ignore pas. Je sais même que cette racine coupée menue, macérée pendant trois semaines dans une eau, renouvellée tous les jours, ensuite pilée & séchée, tient en certains pays lieu de savon. Je sais encore qu'en tems de famine on peut en faire du pain ; est-il étonnant qu'on puisse en faire de l'amidon ? Mais cet amidon est d'une qualité bien inférieure à celui qu'on tire du *reprin* ou du son imprégné de farine. D'ailleurs on ne peut monter une fabrique d'amidon tiré de la racine de *larum*, qu'autant qu'on semera cette plante, comme on seme les grains ordinaires, puisque six livres de racines d'*arum* ne donnent qu'une livre d'amidon ; on sera donc privé du produit des terres qui auroient porté des grains, & l'on n'aura pas l'abondance que l'on se promettoit par le changement des moulins ordinaires en moulins économiques.

Fera-t-on encore remarquer qu'on tire un assez bon amidon d'une espece de truffes qu'on appelle *pommes de terre* ? Je conviens du fait. Mais pourquoi faire renchérir une denrée qui dans certains pays est la nourriture ordinaire du pauvre peuple ; une denrée d'où l'on peut retirer une farine très-blanche, laquelle, mêlée avec celle de froment, fait d'assez bon pain ?

Enfin, (& voici une raison à laquelle je prie le Lecteur de faire attention) si les hommes sont chers à l'Etat, les animaux domestiques lui sont-ils indifférens ? Or combien d'animaux qu'on nourrit avec le son imprégné de farine ? Combien d'animaux pour qui ce même son est quelquefois un remede & souvent une nourriture excellente ? La mouture économique donne du son, il est vrai ; mais c'est un son qui ne peut être d'aucun usage. Il n'est pas donc avantageux à l'Etat, considéré en général, je dirois presque, il lui seroit préjudiciable de renoncer à la mouture *en grosse*, pour adopter purement & simplement la mouture économique.

Seconde Question. Seroit-il avantageux aux particuliers d'un Etat quelconque que tous les moulins à grains fussent transformés en moulins économiques?

Réponse. Il est sûr que par la mouture économique, l'on retire d'un quintal de blé à-peu-près un cinquieme de plus de pain, avantage qui, au premier coup d'œil, paroît inestimable. Mais il en coûtera d'abord aux particuliers au moins neuf livres de blé de plus par quintal. En effet pour moudre *en grosse*, le meunier prend quatre livres & demi de blé par quintal; il en prendra donc au moins trois fois plus, pour moudre économiquement, puisque les cinq opérations de la mouture économique demandent au moins trois fois plus de tems, & usent au moins trois fois plus le moulin, que l'opération unique de la mouture *en grosse.* Ce n'est pas tout: d'un quintal de blé le particulier retire, par la mouture *en grosse*, pour quinze à dix-huit sols de son; & par la mouture économique il retire un son qui n'est d'aucun usage. Ajoutez maintenant à la perte du son celle que fait le particulier de neuf livres de blé par quintal, & vous conclurez qu'il paie assez cherement son cinquieme de plus de pain. L'unique avantage qu'il retire de la mouture économique, c'est de recevoir chez lui sa farine tamisée & blutée. Aussi conclus-je que le particulier pourroit voir avec quelque plaisir le changement des moulins ordinaires en moulins économiques.

J'excepte de cette regle générale, & j'en excepte avec raison les habitans des Villes qui n'ont pas assez d'eau, pour avoir des moulins pérennes; ils devroient s'opposer avec force à un pareil changement; pourquoi? Parce que pour la mouture économique il faut au moins trois fois plus d'eau, que pour la mouture *en grosse.* Prenons pour exemple les habitans de la Ville de Nimes. La fameuse fontaine de cette ancienne Ville ne donne pas assez d'eau pour faire tourner les moulins à grains un tiers de l'année, & par conséquent pour réduire en farine, par la mouture *en grosse*, tous les grains qui sont nécessaires à ses habitans. Les boulangers sont souvent obligés d'avoir recours aux moulins situés sur le Gardon. Ces transports sont très-dispendieux; & ils seroient trois fois plus fréquens ; si l'on n'avoit à Nîmes que des moulins économiques ; pourquoi donc abandonneroit-on dans cette Ville la mouture *en grosse* ?

Il n'en est pas ainsi des grandes maisons de Charité qui ont entre cinq & dix mille ames à nourrir, & qui ont des moulins dont elles sont les propriétaires. La perte que fait chaque particulier de neuf livres de blé par quintal, sera pour elles un gain assuré, & la perte qu'elles feront de leur son, ne portera qu'un bien léger préjudice à nos fabriques d'amidon & à l'entretien des animaux domestiques. Tout les engage donc à renoncer à la mouture *en grosse*, pour adopter purement & simplement la mouture économique.

Cette mouture sera encore très-avantageuse à cette partie du corps des meuniers dont les moulins seroient pérennes, si le blé ne manquoit jamais. Un travail au moins triple les occupera toute l'année, & le gain qu'ils en retireront, répondra toujours à la durée du travail.

Voilà quelques réflexions que je soumets avec empressement à la critique de tout Lecteur éclairé. Je souhaite même, pour le bien de l'humanité, qu'elle soit infiniment sévere.

GRAINE. La graine d'un arbre est une semence que l'arbre produit pour la conservation de son espece. On ne doute pas en Physique que chaque graine, quelque petite qu'elle soit, ne contienne son arbre, quelque grand qu'il puisse être ; c'est - là même une des meilleures preuves que l'on puisse apporter pour montrer qu'il est impossible de concevoir jusqu'à quel point la matiere est divisible.

GRANGE, (de la) *a été un des premiers qui ait écrit en François en faveur du Péripatétisme contre la Physique Moderne.* En l'année 1682, il donna au Public 2 volumes *in*-12 qui ont pour titre : *les Principes de la Philosophie contre les nouveaux Philosophes, Descartes, Rohault, Regius, Gassendi, le Pere Magnan, &c.* Si l'Auteur se fût contenté d'attaquer ces grands Hommes ; s'il l'eût fait surtout avec cette modération que leur mérite sembloit exiger, son ouvrage n'auroit pas été absolument méprisable ; il reprend de tems en tems des choses très-répréhensibles ; mais par malheur le Pere de la Grange a voulu faire triompher la Physique péripatéticienne ; & voilà ce qui rend son Livre pitoyable. Le Général de l'Oratoire ne permettroit pas à un de ses inférieurs dans un siecle aussi éclairé que le nôtre, de mettre au jour un pareil ouvrage. Entrons en matiere, & suivons pas à pas notre Critique. Nous passerons sous silence tout ce qui aura rapport à la Métaphysique, comme les *accidens*, *l'essence du mouvement*, &c.

Le premier point de Physique que le P. de la Grange attaque, c'est l'explication que les Physiciens modernes donnent de la pesanteur des corps. Il oppose le systeme suivant à ceux de Descartes & de Gassendi. Voici comment il parle dans le Chapitre XV du Tom. I, pag. 209. (Nous avons montré dans les deux derniers Chapitres que toutes les opinions qui sont contraires à la nôtre, son aussi contraires & opposées à la vérité; c'est pourquoi nous pouvons conclure que les *Cartistes* & les *Gassendistes* sont obligés d'entrer dans nos sentimens, & de dire avec nous que la pesanteur est une qualité dont la nature est de pousser le sujet dans lequel elle se trouve, vers le centre de la Terre... Toute la difficulté qu'il y a, c'est d'expliquer pourquoi cette qualité pousse toujours son sujet vers le centre de la Terre, & ce qui peut la déterminer à cela plutôt qu'à le pousser vers le Ciel.... Il faut nécessairement dire qu'il y a dans le centre de la Terre, ou dans la Terre même une vertu particuliere, laquelle se communique aux corps pesans par le moyen de l'air, & les détermine à peser plutôt vers la Terre que vers le Ciel.) Le P. de la Grange donne à la Terre une *vertu attractive*; mais que l'on ne s'y trompe pas; l'attraction dont il parle, n'a rien de commun avec celle des vrais Newtoniens. Ceux-ci ou se taisent sur la cause physique de l'*attraction*, ou lui donnent pour cause une loi générale de la nature; celui-là assure, *pag.* 213, que *la vertu attractive de la Terre n'est autre chose que sa pesanteur, & que la pesanteur est une vertu sympathique qui pousse le sujet, dans lequel elle se trouve, vers le corps qui possede la même qualité; pourvu néanmoins qu'il y ait communication de l'un à l'autre.* Il ajoute dans le Chapitre suivant qu'il y a dans la nature des corps *absolument légers, qui ont inclination à s'éloigner de la Terre, comme les corps pesans ont inclination à s'en approcher; que le feu & l'air échauffé sont dans cette classe; qu'il y a en eux une force*

& un poids qui les poussent vers le Ciel : que la légereté dans eux est une qualité antipathique dont l'effet formel est de pousser son sujet à l'opposite de ce qui lui est contraire, &c.

Le P. de la Grange rejette les explications de Descartes & de Gassendi sur l'Aimant, comme contraires aux Loix de la saine Physique. Celle qu'il leur substitue est selon lui la seule vraisemblable. Il prétend, dans le *Chapitre dix-septieme, que la vertu de cette pierre, par laquelle elle attire le fer, n'est autre chose qu'une vertu sympathique qui pousse le sujet dans lequel elle se trouve, vers son semblable dans la même qualité ; & que comme la moitié de la Terre pese contre l'autre moitié, la vertu magnétique de deux Aimants les pousse aussi l'un contre l'autre, & fait en sorte qu'on a de la peine à les séparer.*

Il ne veut pas que nos Modernes ayent été plus Physiciens dans les causes qu'ils apportent du *ressort*, de la *dureté*, de la *sécheresse*, de la *chaleur*, &c. Pour mériter ce titre, il faut dire avec lui que la *pesanteur de l'air est la seule chose qui oblige les corps de se redresser après qu'on les a courbés, & qu'un corps a la vertu du ressort, quand ses parties sont tellement unies ensemble, qu'elles peuvent se séparer sans changer de situation. Chap. 26, pag.* 474. Il faut ajouter que *la dureté est une forme accidentelle, une perfection qui unit les parties, les attache fortement les unes contre les autres, & les empêche de se séparer facilement. Chap.* 32, pag. 490. Il faut assurer que la *sécheresse & l'humidité sont des accidens & des formes accidentelles, & qu'il n'est pas possible de faire consister leur essence ni dans le mouvement, ni dans la figure ou la situation des parties, &c. Chap. 33, pag.* 443. Il faut dire que la chaleur est une *forme accidentelle dont l'effet formel est de rendre son sujet semblable au feu, en ce que cet Elément a de plus propre. Chap. 37, pag.* 478.

Le Pere de la Grange fait l'honneur à Descartes de penser comme lui sur la nature du son. (Nous ne disputons pas avec les *Cartistes, dit-il, Chap. 41, pag.* 517, touchant la nature du son ; c'est la premiere fois qu'ils ont trouvé la vérité, ou plutôt qu'ils l'ont enseignée... J'avoue donc avec eux que le son n'est autre chose qu'un certain mouvement des corps qui sont frappés, & que ce mouvement est un véritable trémoussement, ou agitation réciproque par laquelle le corps qui fait du bruit sort &

rentre plusieurs fois dans la situation qu'il avoit avant qu'il fût poussé.) Il abandonne bientôt les modernes pour assurer, dans le dernier Chapitre du Tome premier, que la *lumiere est une forme accidentelle dont l'effet formel est de rendre le corps visible*, & pour nous dire une foule de choses inintelligibles sur les especes qu'il appelle *intentionnelles*, *impresses*, &c.

Le Tome second de la Physique du P. de la Grange est dans le même goût que le premier ; ce sont toujours des systemes risibles qu'on oppose aux idées ingénieuses de Gassendi, de Descartes, de Rohault, &c. Nous nous contenterons de rapporter ici ce que notre Critique avance sur l'origine des Fontaines, *Chap.* 25 ; sur le flux & le reflux de la Mer, *Chap.* 28, & sur le systeme du Ciel, *Chap.* 44. Nous aurons soin de mettre en *italique* toutes ses paroles ; ce qu'il dit sur ces trois points de Physique est si extraordinaire, qu'on pourroit nous accuser d'avoir voulu par quelque commentaire divertir le Lecteur aux dépens de ce Philosophe.

Le Pere de la Grange, après avoir supposé que l'air se change en eau, lorsqu'il passe d'une chaleur médiocre à un froid subit, parle de la sorte : *il arrive le même changement dans les concavités souterraines & dans les fentes qui se trouvent ordinairement entre les rochers ; parce que l'air de ces lieux est chaud & les rochers froids... Voilà la véritable origine des Fontaines ; & s'il arrive que quelques Fontaines se tarissent en Eté, & que la plupart rendent plus d'eau quand le tems est humide ; ce n'est pas que l'eau de pluie leur manque plus en Eté qu'en un autre tems ; mais celà vient de la disposition de l'air & de la situation des rochers dont le froid convertit l'air en eau ; car il n'y a pas de doute que l'air est plus disposé à se convertir en eau, quand il pleut beaucoup & quand il dégele, que dans un autre tems : & pour ce qui est de la situation des rochers, s'ils ne sont pas éloignés de l'embouchure de la Fontaine, & s'ils ne sont pas beaucoup couverts de terre, il est assuré que la chaleur d'un trop long Eté parviendra jusqu'à eux, & les rendra moins disposés à produire de l'eau.*

Le même Homme qui a osé apporter une pareille métamorphose pour la cause physique de l'origine des fontaines, a raisonné ainsi sur le flux & le reflux de la Mer : *c'est la Lune qui raréfie les Mers ; mais comment le fait-elle?*

c'est la difficulté... Pour moi ma pensée est que la Lune rend l'air un peu humide, ou que du moins elle en diminue la sécheresse; & pour lors l'air pénetre plus facilement les eaux, parce qu'il ne leur est plus si opposé. Voici comment j'explique la raréfaction des eaux de la Mer, que je crois être la véritable cause du flux; comme le reflux vient de la condensation des mêmes eaux.

Enfin, pour achever de peindre le Pere de la Grange, nous allons rapporter le systeme céleste qu'il a osé proposer dans l'intention de faire abandonner l'admirable hypothese de Copernic. *Je suppose*, dit-il, *que la matiere céleste qui est depuis la convexité de la sphere de l'air jusques aux étoiles, est une matiere solide qui touche le Ciel des mêmes étoiles; mais qui en est néanmoins séparée. Le Ciel des étoiles tourne tous les jours à l'entour de la terre, & emporte avec soi toute la matiere céleste qui lui est inférieure, parce qu'il la touche de tous côtés; c'est pourquoi toutes les Planetes qui se trouvent dans cette matiere céleste, tournent pareillement tous les jours à l'entour de la terre. Mais cette matiere céleste tourne moins vîte que le firmament, parce qu'elle en est séparée.... Je considere le Soleil comme immobile dans cette matiere céleste, & je suppose que cette matiere va moins vîte que le firmament tous les jours de près de 1 degré; le Soleil tous les jours paroîtra reculer d'un pareil espace. Je suppose encore que les deux Planetes de Mercure & de Vénus tournent à l'entour du Soleil dans deux canaux circulaires dont le centre est le Soleil: mais pour ce qui est des trois Planetes Mars, Jupiter & Saturne, je les fais tourner dans trois différens Canaux circulaires concentriques entr'eux, mais excentriques à l'égard de la terre & du Soleil, en sorte que leur centre se trouve dans la ligne qui va du centre de la terre au Soleil*, &c. je ne doute pas que le P. de la Grange ne se soit compris lui-même; mais j'avoue que je ne comprends pas ce qu'il veut dire. Telle est la Philosophie dont il voudroit que tous les esprits fussent ornés. *Cependant*, dit-il, *elle se voit combattue par de nouveaux Philosophes qui opposant leurs nuages à ses rayons, & leurs fausses suppositions à ses vérités, lui font une guerre cruelle; tâchent d'obscurcir sa gloire, & s'efforcent de lui faire perdre l'autorité qu'elle s'est acquise jusqu'à présent dans l'esprit de tous les hommes.*

GRAVITATION. Action par laquelle un corps tend

vers un autre. *Gravitation* & *attraction passive ; gravitation mutuelle* & *attraction mutuelle* signifient donc la même chose. Sans prétendre répéter ici ce que nous avons déjà démontré aux articles *Attraction* & *centre de gravitation*, nous nous bornerons à mettre sous les yeux du Lecteur les conséquences qu'on peut tirer de la formule générale $p = \frac{m}{dd}$. Dans cette formule p marque l'action par laquelle un corps tend vers un autre ; cette action est d'autant plus grande, que le corps attirant est plus gros ; & elle est d'autant moindre, que le carré de la distance entre le corps attiré & le corps attirant est plus considérable ; elle est donc proportionnelle à la masse du corps attirant, divisée par le carré de la distance qu'il y a entre le centre du corps attiré & le centre du corps attirant. Mais dans la formule $p = \frac{m}{dd}$, m suppose pour la masse du corps attirant, & dd pour le carré de la distance qu'il y a entre le centre du corps attiré & le centre du corps attirant ; donc $p = \frac{m}{dd}$.

Premiere conséquence. Deux corps placés sur la surface de deux spheres homogenes de différente grosseur, graviteront vers leur centre en raison directe des rayons de ces spheres. Je suppose que la sphere A ait mille fois plus de matiere, que la sphere B. Je suppose encore que les corps égaux C & D soient placés, le premier sur la surface de la sphere A, & le second sur la surface de la sphere B. Je suppose enfin, ce qui est absolument nécessaire, que le rayon de la sphere A soit dix fois plus grand, que le rayon de la sphere B ; je dis que le corps C tendra dix fois plus vers le centre de la sphere A, que le Corps D vers le centre de la sphere B.

Démonstration. 1°. Je nomme P la gravitation du corps C, R sa distance au centre de la sphere A, RR le carré de cette distance, M la masse de la sphere A.

2°. Je nomme p la gravitation du corps D, r sa distance au centre de la sphere B, rr le carré de cette distance, m la masse de la sphere B.

3°. Par la formule générale, j'ai évidemment $P = \frac{M}{RR}$, & $p = \frac{m}{rr}$. Mais les spheres sont comme les cubes de leurs rayons ; donc $M = R^3$ & $m = r^3$.

4°. Subſtituons dans la formule générale les nouvelles valeurs de M & m, nous aurons $P = \frac{R^3}{R^2}$ & $p = \frac{r^3}{r^2}$.

5°. Otons dans ces équations les quantités qui ſe détruiſent, nous aurons P = R & $p = r$; donc P : p :: R : r; donc la gravitation du corps C : à la gravitation du corps *D* :: le rayon de la ſphere A : au rayon de la ſphere B.

Seconde conſéquence. Deux corps égaux qui ſe trouvent dans l'intérieur d'une ſphere homogene, à différentes diſtances du centre, ſont attirés vers ce centre en raiſon directe de leur éloignement ; le corps M, par exemple, éloigné d'une lieue du centre de la ſphere, ſera une fois moins attiré que le corps N qui en eſt éloigné de deux ; pourquoi ? Parce que les attractions particulieres de toutes les parties qui ſont moins enfoncées qu'eux, étant comptées pour rien, les deux corps M & N ſe trouvent comme ſur la ſurface de deux ſpheres homogenes de différente groſſeur ; ils doivent donc peſer ſur le centre en raiſon directe des rayons de ces deux ſpheres, c'eſt-à-dire, en raiſon directe de leurs diſtances.

Mais pourquoi, *me dira-t-on ſans doute*, ſi je place dans l'intérieur d'une ſphere de trois lieues de rayon le corps P à deux lieues du centre, les attractions de toutes les particules qui ſont moins enfoncées que ce corps feront-elles comptées pour rien ? J'ai vu des perſonnes qui ne pouvoient pas comprendre ce mécaniſme ; je ne vois pas cependant qu'il ſoit bien inintelligible. Plaçons le corps P dans la partie ſupérieure de la ſphere A, *fig.* 12, *pl.* 1 ; ce corps ſera autant attiré vers la partie BF, que vers la partie BG ; ce feront donc là deux attractions dont l'effet ſera zéro ; il en ſera de même non-ſeulement des attractions FE & GD, mais encore des attractions CE & DC ; donc l'on a raiſon de compter pour rien, par rapport au corps P, toutes les attractions particulieres des particules de la ſphere qui ſont plus éloignées que lui, du centre A. Si quelqu'un ſouhaitoit une démonſtration rigoureuſe de cette vérité, il pourroit lire la propoſition 73 du Livre 1 des Principes Mathématiques de la Philoſophie de Newton, & le Tome 2 de notre Traité de paix entre Deſcartes & Newton, *pag.* 163, *& ſuivantes.*

Troisieme conséquence. Un corps placé au centre d'une sphere homogene, seroit destitué de toute la pesanteur que la sphere peut lui communiquer. Pourquoi ? Parce que les attractions des parties placées à l'Orient seroient détruites par les attractions des parties placées à l'Occident, & les attractions des parties placées au midi seroient détruites par les attractions des parties placées au nord.

Quatrieme conséquence. Tout corps attiré par une sphere homogene, doit tendre à son centre. Pourquoi ? Parce que ce corps, essentiellement passif, est en même tems attiré par chaque particule dont la sphere est composée. Comment obéira-t-il à toutes ces différentes directions ? Ce ne sera sans doute qu'en tendant vers un point commun, qui ne peut être que le centre de la sphere. Cherchez *centre de gravitation* ; vous trouverez dans cet article les autres conséquences qu'on peut tirer de la formule $p = \frac{m}{dd}$.

GRAVITÉ. Pour nous rendre intelligibles dans une matiere aussi difficile que celle-ci, nous nous bornerons dans cet article aux seuls corps sublunaires ; ce que nous dirons de ceux-ci par rapport à la terre, l'on pourra le dire facilement des cometes & des planetes par rapport au Soleil ; tout le monde avoue que la même cause qui fait retomber sur la terre une pierre jettée en l'air, précipiteroit les Planetes & les Cometes dans le sein du Soleil, si elles étoient abandonnées à elles-mêmes. C'est-là une vérité que nous avons déjà avancée en parlant de l'*attraction* ; nous supposons que le Lecteur l'a présente à l'esprit, de même que toutes les regles que nous avons données dans cet article.

Etre *grave*, c'est tendre vers un centre ; aussi les Physiciens regardent-ils comme parfaitement synonymes les termes de *gravité* & de *force centripete.* Mais quelle est la cause de la gravité des corps ? C'est l'*attraction* considérée comme l'effet immédiat d'une loi générale que le Créateur a établie au commencement du monde ; & la facilité avec laquelle nous expliquons tous les phénomenes que nous présente ce point de Physique, & qu'aucun Physicien avant Newton n'avoit expliqué d'une maniere probable, nous est un sûr garant de la bonté & de la beauté du systeme du savant Anglois.

Premiere question. Pourquoi une pierre jettée en l'air retombe-t-elle sur la terre?

Résolution. La terre a beauconp plus de masse que cette pierre; elle doit donc beaucoup plus attirer cette pierre, qu'elle n'en est attirée, & par conséquent la pierre doit retomber sur la terre.

Seconde question. Pourquoi une pierre jettée en l'air retombe-t-elle sur la terre par une ligne perpendiculaire?

Résolution. Les corps sublunaires sont attirés au centre de la terre. Ils tombent donc sur la terre par une ligne qui passeroit par son centre; mais une telle ligne, de l'aveu de tous les Géometres, est perpendiculaire à la surface de la terre; donc une pierre jettée en l'air doit retomber sur la terre par une ligne perpendiculaire.

Troisieme question. Pourquoi les corps sublunaires sont-ils attirés au centre, & non pas à la surface de la terre?

Résolution. Toutes les parties dont le globe terrestre est composé, attirent une pierre qui tombe; cette pierre ne peut pas aller trouver en même-tems chaque partie de la terre prise en particulier, puisque ces parties différentes sont séparées les unes des autres; que fera-t-elle donc pour s'accommoder à tant de directions différentes? elle tendra vers un point commun, c'est-à-dire, vers le centre de la terre. Il en arrive de même à un corps que l'on pousse en même-tems horizontalement & perpendiculairement; il ne suit ni la direction perpendiculaire, ni la direction horizontale, mais il prend une direction commune à toutes les deux, je veux dire, la direction par la diagonale, comme nous l'avons démontré dans l'article du *mouvement en ligne diagonale.*

Quatrieme question. Pourquoi la gravité des corps est-elle en raison inverse des carrés des distances au centre de la terre, c'est-à-dire, pourquoi un corps éloigné du centre de la terre de deux rayons terrestres, ou de trois mille lieues, tomberoit-il quatre fois moins vîte, que s'il n'en étoit éloigné que d'un rayon terrestre, ou de quinze cent lieues?

Résolution. Puisque la gravité est l'effet nécessaire de l'attraction, elle doit suivre les mêmes loix que l'attraction; mais l'attraction suit la raison inverse des carrés des distances, comme nous l'avons prouvé en son lieu; donc

donc la gravité doit ſuivre la raiſon inverſe des carrés des diſtances.

Cinquieme queſtion. Pourquoi les corps ſublunaires ſont-ils moins graves ſous l'équateur, que ſous les pôles ?

Réſolution. Deux cauſes concourent à cet effet. 1°. La terre eſt un ſphéroïde élevé vers ſon équateur & applati vers ſes pôles, comme nous l'avons démontré dans l'article de la *Terre* ; donc le corps ſublunaires placés ſous l'équateur ſont plus éloignés du centre de la terre, que lorſqu'ils ſont placés ſous les pôles ; donc ils doivent être moins attirés ſous l'équateur, que ſous les pôles ; donc ils doivent être moins graves ſous l'équateur, que ſous les pôles. 2°. La terre a de 24 en 24 heures un mouvement de rotation ſur ſon axe, comme nous l'avons expliqué en propoſant l'hypotheſe de *Copernic* ; tous les corps qui ſe trouvent dans l'atmoſphere terreſtre participent à ce mouvement ; les corps qui ſont placés ſous l'équateur parcourent tous les jours l'équateur terreſtre ; & les corps qui ſont placés près des pôles ne parcourent tous les jours qu'un cercle encore plus petit qu'un des cercles polaires ; donc les corps qui ſont placés ſous l'équateur ont plus de vîteſſe de rotation & par conſéquent plus de force centrifuge, que les corps qui ſont placés ſous les pôles ; donc les corps qui ſont placés ſous l'équateur ont moins de force centripete & par conſéquent moins de gravité que les corps qui ſont placés ſous les pôles ; puiſque la force centrifuge & la force centripete ſont deux forces directement oppoſées. Ceux à qui cette derniere explication paroîtroit un peu obſcure, n'auront qu'à jetter les yeux ſur les articles des *forces centripete & centrifuge*, & ils y trouveront toutes les lumieres néceſſaires pour l'intelligence de cet article.

C'eſt ici le lieu de parler de la découverte que fit M. Richer, lorſqu'il fut en 1672 à l'Iſle de Cayenne ſituée à-peu-près à 5 degrés de latitude. Il obſerva que ſon pendule à *ſecondes* décrivoit à la Cayenne ſon arc plus lentement qu'à Paris, & par conſéquent retardoit aſſez conſidérablement. Tout le jeu du pendule vient de ſa gravité, comme nous l'avons expliqué dans l'article du *centre de gravité* ; donc le même pendule étant moins grave à la Cayenne qu'à Paris, devoit tomber plus lentement à la Cayenne qu'à Paris ; donc il devoit retarder dans cette Isle. Ce fut pour obvier à cet inconvénient que M. Richer raccourcit son pendule d'environ une ligne & un quart, afin qu'ayant un plus petit arc à décrire, il le parcourût aussi vîte, que celui qu'il décrivoit à Paris.

Sixieme question. Pourquoi dans le vide deux corps de différente masse, également éloignés de la terre, tomberoient-ils avec une égale vitesse ; & pourquoi dans un milieu résistant, tel que l'air que nous respirons, ce phénomene n'a-t-il pas lieu ?

Résolution. Deux corps de différente masse, également éloignés de la terre, reçoivent une égale vîtesse, comme nous l'avons prouvé dans l'article de l'*Attraction* ; dans le vide rien ne leur ôte cette vîtesse communiquée ; donc dans le vide deux corps de différente masse, également éloignés de la terre, doivent tomber avec une égale vîtesse sur la surface de ce globe.

Il n'en est pas ainsi dans un milieu résistant. Un pied cubique de fer, *par exemple*, doit tomber dans l'air beaucoup plus vîte, qu'un pied cubique de liege. En effet le premier a beaucoup plus de force, que le second ; donc le premier doit vaincre plus facilement que le second les obstacles que l'air oppose à la descente des corps ; donc le premier doit tomber plus vîte que le second.

Qu'un pied cubique de fer ait, à égale distance de la terre, beaucoup plus de force, qu'un pied cubique de liege ; personne, je crois, ne le révoque en doute. Ces deux corps reçoivent une égale vîtesse : le pied cubique de fer a beaucoup plus de masse, que le pied cubique de liege ; donc le pied cubique de fer a beaucoup plus de force que le pied cubique de liege : la force a pour mesure le produit de la masse par la vîtesse.

Sixieme question. Peut-on regarder la gravité des corps comme une force constante & uniforme, c'est-à-dire, comme une force qui, dans un tems égal communique une égale vîtesse au corps qui tombe ?

Résolution. On le peut dans la pratique, parce que de quelque distance que les corps tombent sur la surface de la terre, ils sont, à prendre les choses sensiblement, à égale distance du centre de ce globe. Mais dans la théorie on ne le peut pas ; parce qu'on ne peut pas considérer deux corps comme recevant une égale vîtesse, si l'on suppose l'un à 1000, & l'autre à 2000 lieues de la terre.

Huitieme question. Puisque la gravité des corps n'est pas en elle-même une force constante & uniforme, comment peut-on démontrer dans la *Statique* que la chute des corps graves se fasse suivant la proportion arithmétique des nombres impairs 1, 3, 5?

Résolution. Cette démonstration n'est vraie dans la *Statique*, que lorsqu'il s'agit de la chute des corps graves sur la surface de la terre; parce que dans la pratique leur gravité peut être regardée comme une force constante & uniforme. *Question septieme.*

Remarque.

Si l'explication que nous venons de donner des principaux phénomenes de la gravité, ne paroissoit pas physique; l'on pourroit embrasser quelqu'un des sentimens que nous allons rapporter. L'on ne sera pas tenté de choisir celui des Péripatéticiens; ils prétendent que la pesanteur est une qualité intrinseque & essentielle, dont la nature est de pousser le sujet dans lequel elle se trouve, vers le centre de la terre. Quelques Péripatéticiens assurent que la pesanteur n'est pas identifiée avec la matiere, mais seulement avec la forme substantielle des corps pesans. Voici quelques autres sentimens beaucoup plus raisonnables.

SENTIMENT

De Gassendi sur la cause physique de la Gravité des Corps.

Gassendi a recours à ses Atomes ordinaires pour expliquel la cause physique de la gravité des corps sublunaires. Il avoit déjà dit, en parlant de l'aimant, qu'il sort de cette pierre des Atomes faits en forme de hameçons qui accrochent le fer, & qui l'emmenent comme enchaîné vers l'aimant. Il veut à présent que la terre soit un grand aimant, & que tous les corps sublunaires soient par rapport à elle comme autant de masses de fer qui soient attirées en vertu des Atomes crochus que notre globe leur envoie. Voyez comment il parle dans le chapitre *De motu & mutatione rerum*, *page* 347.

SENTIMENT

De Descartes sur la cause physique de la Gravité des Corps.

Descartes dont nous avons fait connoître le systeme physique, aux articles *Cartésianisme*, *Descartes* & *Daniel*, regarde le tourbillon de la terre comme la cause physique de la gravité des corps sublunaires. Il soutient qu'une pierre que l'on pose au milieu de l'air, a moins de force centrifuge qu'un pareil volume de matiere éthérée qui circule autour du centre de la terre. Il conclud de-là que cette pierre doit, à cause de cette moindre force, non-seulement tomber sur la surface, mais encore tendre au centre de notre globe. Voyez comment il s'explique dans le livre des Principes, part. 4, art. 23. Les Cartésiens ont conservé le fond de ce systeme, mais ils y ont fait des changemens sans nombre. En voici bien des preuves.

SENTIMENT

De Privat de Moliere sur la cause physique de la Gravité des Corps.

Pour bien comprendre ce systeme, lisez auparavant l'article du *tome* 5, qui commence par ces mots *tourbillons composés*. Supposons, *dit Privat de Moliere dans la proposition* 12 *de sa leçon quatrieme*, que l'on place un mobile dur dans un tourbillon simple formé de petits globules durs, à quelle distance on voudra du centre, & que le mobile y circule avec la même vîtesse que les parties du tourbillon dont il occupe la place, y auroient circulé ; je dis que le mobile ayant par-là autant de force à s'éloigner du centre, que le volume des parties du tourbillon dont il occupe la place en auroient eu, & par conséquent autant de tendance à s'approcher de la superficie, que les parties du tourbillon qui l'environnent ; le mobile demeurera à la distance du centre où on l'aura posé, & continuera d'y circuler sans s'approcher ni s'éloigner du centre ; par la raison qu'il sera en équilibre avec les globules qui l'environnent, & qui tendent avec autant de force que lui à s'approcher de la même superficie; comme une boule de cire qui pese autant qu'un pareil volume d'eau, étant mise entre deux eaux, y demeure, & ne tend ni à prendre le dessous ni à prendre le dessus d'un pareil volume d'eau qui l'avoisine, malgré la pesanteur qui lui est commune avec les particules de l'eau.

Mais si par quelque raison que ce puisse être, il pouvoit arriver que le mobile, sans cesser de circuler aussi vîte que le fluide, tendît moins à s'éloigner du centre du tourbillon, qu'un pareil volume du fluide; alors il est bien visible que, par cette seule raison, le mobile seroit poussé au centre, comme une boule de bois qui tend moins à s'approcher du fond du vaisseau plein d'eau, qu'un pareil volume d'eau, est contrainte de s'éloigner par un mouvement accéléré du fond du vaisseau vers où elle tend naturellement, avec une vîtesse d'autant plus grande que l'excès de la force avec laquelle les parties du fluide tendent à s'approcher du fond du vaisseau, est plus grand que n'est celle du mobile; & sans qu'il soit néçessaire pour cet effet que l'eau s'étende au-delà de ses bornes.

Or si, sans rien changer à la vîtesse des globules du tourbillon, ni à celle du mobile, on suppose seulement que tous les globules du grand tourbillon soient de petits tourbillons; alors je dis que la matiere éthérée aura plus de force à s'éloigner du centre que le mobile; & que malgré la tendance que le mobile aura pour s'éloigner du centre du grand tourbillon, il sera contraint de s'en approcher.

Car la tendance que le mobile aura à s'éloigner du centre du grand tourbillon, ne procédant uniquement que de sa circulation autour de ce centre; cette tendance, dis-je, sera égale à celle qu'il avoit dans le tourbillon simple, & qu'avoient les globules durs de ce tourbillon, avant que d'être transformés en petits tourbillons.

Mais dès que ces globules auront été transformés en petits tourbillons; alors les forces centrales de ces petits tourbillons, à l'égard du centre du grand, dépendront de deux genres de mouvement circulaire; l'un autour du centre commun, l'autre autour de leurs centres particuliers; comme il est expliqué dans l'article du Tome quatrieme qui commence par les mots *tourbillons composés*.

D'où il suit que la force centrale de tous les points du tourbillon *composé* aura augmenté, sans que celle du mobile soit devenue plus grande, qu'elle n'étoit dans le tourbillon *simple*.

Il est donc enfin évident que les parties de la matiere éthérée ayant plus de force à s'éloigner du centre commun du tourbillon, que n'en ont les parties du mobile, & tendant par conséquent à gagner le dessus du globe; ce soit une nécessité, tout étant plein, que le mobile s'approche du centre commun du tourbillon, avec une vîtesse accélérée d'autant plus grande que l'excès de la force avec laquelle les parties du fluide tendent à s'éloigner du même centre, est plus grand que n'est celle du mobile. Ainsi pour qu'un mobile placé dans un grand tourbillon à quelque distance de son centre, pese ou tende à s'approcher du centre; il ne suffit pas que les parties dont le tourbillon est composé, soient très-petites; il faut encore que ces parties soient de petits tourbillons.

M. Privat de Moliere, après avoir expliqué dans la *prop.* 13 de sa 4e. *leçon*, comment la force avec laquelle un mobile dur, compris dans un tourbillon *composé*, tendra à s'approcher du centre de ce tourbillon, sera en raison inverse du carré de la distance du mobile au centre du tourbillon, raisonne de la sorte : supposons que le centre de la terre soit le centre d'un grand tourbillon homogene composé de petits tourbillons, dont la superficie s'étende beaucoup au-delà de l'orbe de la Lune. Il est évident que, si on éleve une pierre au-dessus de la superficie de la terre; cette pierre dont les parties sont supposées en repos les unes auprès des autres, pesera ou descendra perpendiculairement à notre égard, du lieu où on l'aura posée, sur la surface de la terre, avec un mouvement accéléré.

Car quoique la pierre circule aussi vîte autour du centre de la terre que le volume du tourbillon dont elle occupe la place; la force par laquelle elle tend à s'éloigner du centre de la terre, n'est néanmoins que la moitié de celle par laquelle le volume du tourbillon tend à s'en éloigner. La pierre s'approchera donc du centre de la terre par un mouvement accéléré, & pourra bien parcourir 15 pieds en une seconde de tems.

Mais si on élevoit la pierre à une distance double de celle où elle est du centre de la terre; alors sa pesanteur ou sa tendance à descendre seroit 4 fois moindre, & elle emploiroit 2 secondes de tems à parcourir 15 pieds. Si on l'élevoit à une distance triple, sa pesanteur seroit 9 fois moindre; & elle emploiroit 3 secondes à parcourir le même espace. De sorte que si on élevoit la pierre jusqu'à l'orbe de la Lune qui est distant du centre de la terre de 60 demi-diametres; la pesanteur de la pierre seroit trois mille six cent fois moindre; & elle emploiroit 60 secondes, ou une minute de tems à parcourir 15 pieds.

Nous avons donc enfin, *conclut M. Privat de Moliere*, dans le tourbillon composé de petits tourbillons une cause mécanique de la pesanteur, ou de la force centripete, telle que M. Newton la demande, qui croît & décroît en raison inverse du carré de la distance au centre. Elle provient, non pas immédiatement de la force centrale centrifuge que la matiere du tourbillon acquiert en circulant autour du centre commun & que le mobile a; mais de celle qui naît de l'effort continuel que les petits tourbillons, dont le grand tourbillon est composé, font pour s'écarter les uns des autres, effort que les particules du mobile n'ont pas, parce qu'elles ne sont pas en petits tourbillons; lequel effort est dirigé du centre vers la superficie par la premiere force centrale dont nous venons de parler.

Et cette cause est d'autant plus mécanique, qu'on ne fait ici consister la différence d'un corps pesant & d'un corps qui ne pese pas, qu'en ce que les parties du corps qui pese ne sont pas en petits tourbillons, tandis que celles du fluide qui rend le corps pesant, sont en petits tourbillons : qu'en ce que les parties des corps pesans sont en repos les unes à l'égard des autres, & que celles du corps qui ne pese point, sont en mouvement; deux propriétés que généralement tous les Philosophes ont toujours attribuées à la matiere.

SENTIMENT

De M. de Fontenelle sur la cause physique de la Gravité des Corps.

C'est dans l'ouvrage intitulé, *Théorie des tourbillons Cartésiens*, que M. de Fontenelle assigne la cause de la gravité des corps. Il prétend l'avoir trouvée, dans un *tourbillon simple*, *sphérique*, dont la matiere se meut périodiquement, non pas dans des cercles paralleles à l'équateur, qui aillent toujours en diminuant jusqu'aux pôles ; mais dans de grands cercles qui ont tous pour centre le centre du monde. Il assure même que ces cercles paralleles à l'équateur, n'ont jamais existé que dans l'imagination de certains Philosophes. Il est sûr, *dit-il*, que nos 6 planetes se meuvent dans de grands cercles qui se coupent tous, & ont tous pour centre le Soleil. Or comment concevra-t-on que ces 6 grands cercles puissent avoir une circulation différente de celle de tous ces paralleles à l'équateur dont on formoit le tourbillon ? Ceux-ci sont un nombre infini, & les autres ne sont que 6, qui devroient à la fin, ou plutôt très-vîte, se conformer aux plus forts, & en suivre le mouvement. Encore s'il n'y en avoit qu'un ou deux, ou même que tous les 6 fussent fort proches les uns des autres, on pourroit croire, quoiqu'avec peu d'apparence, qu'ils se défendroient contre l'impression générale du tourbillon, en formant une zone fort étroite, qui auroit d'ailleurs quelque disposition particuliere qu'on tâcheroit d'imaginer. Mais tout au contraire les 6 grands cercles sont répandus dans toute l'étendue du tourbillon, puisque le premier est celui de Mercure, & le dernier celui de Saturne. On peut donc croire qu'ils rendent un témoignage incontestable de la maniere dont se peut faire une circulation de tourbillon, & que nous n'avons aucun autre témoignage, non pas même le plus foible, en faveur de la circulation par des cercles paralleles à l'équateur.

M. de Fontenelle, après avoir ainsi fait circuler sa matiere éthérée, se représente, dans la *section cinquieme* de sa *théorie*, un corps parfaitement solide & sans aucun mouvement, posé dans le tourbillon partout ailleurs qu'au centre ; qu'arrivera-t-il ? Il eſt certain, *dit-il*, que dans la couche qui le contient, il occupe la place d'un volume égal de matiere fluide qui auroit circulé avec tout le reſte, & contribué à l'effort centrifuge de toute la couche ; & que pour lui il n'y contribue rien. La couche qui le porte eſt donc affoiblie à cet égard, & n'eſt plus en équilibre avec les autres. Les couches ſupérieures à celle-là n'y gagnent rien ; elles n'en ont pas plus de facilité à monter ; mais les inférieures en ont davantage, puiſque la couche chargée leur réſiſte moins qu'elle ne faiſoit. Elles vont donc monter. Elles ne le peuvent ſi le globe ſolide ne deſcend, puiſque tout eſt plein ; & il deſcendra, puiſqu'il n'a aucune réſiſtance à oppoſer. Pendant le ſéjour qu'il a fait dans ſa couche, il eſt impoſſible qu'il n'y ait pris une quantité proportionnée de la direction d'Occident en Orient, qui eſt celle de cette couche, comme de tout le tourbillon ; mais parce qu'il ne deſcend qu'en vertu de la force expanſive du tourbillon dont la direction eſt du centre à la circonférence, il ne deſcendra que ſelon une ligne qui ſera partie d'un rayon du tourbillon. Il eſt clair que ce ſera la même choſe dans la ſeconde couche, & dans les ſuivantes.

Le globe n'a pu deſcendre, ſans faire monter en ſa place à chaque inſtant des volumes égaux de matiere fluide. La direction de leur mouvement pour monter, étoit du centre à la circonférence ; donc la deſcente du globe, qui ne peut être que la même direction renverſée, eſt de la circonférence au centre.

Le globe n'a reçu aucune impulſion ; il n'eſt deſcendu qu'à cauſe du plein, & par la néceſſité de céder ſa place à un fluide qui montoit : mais en deſcendant il a acquis de la viteſſe, & une viteſſe qui lui eſt propre.

Cette viteſſe ne vient que de la force centrifuge, ou expanſive des couches du tourbillon, qui étant toutes égales à cet égard, ne peuvent donner chacune qu'un degré égal de viteſſe ; ainſi la viteſſe du globe tombant ſera une viteſſe accélérée, toujours compoſée de degrés égaux.

Le globe tombant de plus haut n'en aura pas une plus grande viteſſe initiale, puiſque la couche d'où il tombera n'en aura pas une plus grande force centrifuge.

Par rapport à cette viteſſe, il n'importe non plus

quelle soit la grandeur du globe ; car il ne reçoit aucun choc qui eût fait varier la vitesse, selon la masse choquée.

On voit assez que tout ce qui vient d'être dit n'est que le systeme de Galilée sur la pesanteur, qui se déduit très-simplement de nos principes. Rien n'est plus ordinaire aux hommes que de concevoir les corps naturellement pesans ; mais dès que l'on pensera un peu, on verra que rien n'est plus inconcevable.

La vitesse initiale d'un corps quelconque tombant d'une hauteur quelconque, est la vraie mesure de la force générale centrifuge, ou expansive du tourbillon, ou en un mot de la pesanteur qui y regne. On sait par expérience que dans le tourbillon solaire cette vitesse est de 13 pieds, 8 lignes, & un peu plus en une seconde. Il est visible que le nombre qui eût toujours exprimé une pesanteur, pouvoit être plus grand ou plus petit à l'infini, & qu'il n'a été fixé tel qu'il est, que par une volonté souveraine qui a eu égard aux rapports que notre tourbillon devoit avoir au reste de l'univers ; rapports qui nous sont inconnus.

Si le globe tombant tomboit jusqu'au centre du tourbillon ; en vertu de sa vîtesse acquise, il iroit au-delà, & il remonteroit : mais les couches inférieures le repousseroient, comme auroient fait les supérieures & cela selon une direction toute contraire à celle de sa premiere vîtesse acquise ; de sorte qu'il s'arrêteroit enfin au centre où il seroit absolument sans pesanteur : tant la pesanteur est une qualité peu inhérente, & peu essentielle au corps.

M. de Fontenelle, pour expliquer la gravité des corps sublunaires place dans le tourbillon solaire un moindre tourbillon qui a la terre pour centre. Les corps solides dans son systeme sont poussés par la force expansive de ce tourbillon vers le centre de notre globe, comme le mobile dont nous parlions, est poussé vers le centre du Soleil par la force expansive du tourbillon solaire. Il n'est pas à craindre, *dit-il*, que le petit tourbillon, arrêté dans le grand, se confonde avec lui. On peut imaginer que les deux fluides sont analogues à l'eau & à l'huile, & *immiscibles* comme ces deux liqueurs. Il est certain que la matiere éthérée du grand tourbillon est toute de la même nature : il feroit fort possible que celle du petit fût toute entiere aussi d'une autre nature qui la rendroit *immiscible* avec celle du grand : il semble même qu'il peut y avoir une infinité de fluides qui, pris deux à deux, soient *immiscibles*, & cela encore à différens degrés.

SENTIMENT

Du Pere Regnault sur la cause physique de la Gravité des Corps.

Le Pere Regnault a trop affiché le Cartésianisme dans ses entretiens physiques, pour ne pas apporter la matiere subtile pour la cause de la gravité. Comme cependant son systeme n'est semblable à aucun de ceux que nous venons de rapporter, nous allons le mettre sous les yeux de nos Lecteurs. Le P. Regnault avoue d'abord, dans le *Tome* 1 de sa Physique, que la cause de la gravité est extérieure aux corps pesans ; puisque les corps n'étant d'eux-mêmes, chacun en particulier, qu'une portion d'étendue indifférente pour le mouvement ou le repos, ils n'ont nulle efficace, nulle qualité secrete qui leur fasse préférer le mouvement au repos. Il continue ensuite de la sorte : ce qui pousse immédiatement les corps sensibles vers le centre de la terre, est un corps insensible. C'est un corps, puisqu'il pousse, choque, touche les corps pesans. Ce corps est insensible ; les sens ne l'apperçoivent point. Ce corps insensible est l'air ou la matiere subtile : ce n'est point l'air ; nous voyons descendre les corps poussés par une force imperceptible, sans qu'on puisse soupçonner l'air de les pousser. Renversez dans du vif-argent un tuyau de verre de 36 pouces, plein lui-même de vif-argent : vous voyez le vif-argent descendre au moins de 8 pouces ; & point d'air supérieur qui puisse le pousser en bas ; l'air ne pénetre point un tuyau de verre. Donc la matiere subtile est la cause extérieure & immédiate de la pesanteur des corps.

Le P. Regnault regarde ce raisonnement comme une démonstration physique. Il avoue ensuite que la matiere subtile inférieure qui touche, pousse, précipite immédiatement les corps pesans, ne peut leur donner une direction vers le centre de la terre, sans en avoir une pareille. Mais d'où l'a-t-elle ? Elle l'a probablement, *dit-il*, de deux tourbillons de matiere subtile supérieure. Dans l'un de ces deux tourbillons, la matiere subtile tourne autour de l'axe de la terre ; dans le second, elle va d'un pôle vers l'autre pôle.

Le premier tourbillon n'est point imaginaire suivant le Pere Regnault ; voici comment il le prouve. La Lune tourne autour de l'axe terrestre, toujours environnée de matiere subtile. La matiere où nage la Lune, tourne avec elle ; donc le premier tourbillon est réel.

Le second tourbillon n'est pas, selon lui, plus imaginaire que le premier. L'aiguille aimantée a deux extrémités, deux pôles qui semblent toujours chercher avec quelque inquiétude les pôles de la terre. L'aiguille n'a point d'elle-même cette direction, n'étant qu'une portion de matiere fort indifférente d'elle-même pour toutes les directions imaginables. Il faut par conséquent qu'elle la reçoive immédiatement d'une matiere agitée, qui ait une direction constante d'un pôle à l'autre. Cette matiere agitée d'un pôle à l'autre, c'est l'air ou une matiere plus déliée, une matiere subtile, puisque c'est un corps imperceptible. Ce n'est point l'air ; l'air n'a point de direction constante ; il se porte indifféremment au gré des vents ; c'est donc une matiere plus déliée, une matiere subtile qui circule d'un pôle à l'autre. Et voilà le second tourbillon de matiere subtile, aussi réel que le premier.

Mais comment ces deux tourbillons s'y prennent-ils pour donner à la matiere subtile qui nous environne immédiatement, la direction qu'elle nous donne vers le centre de la terre. 1°. Le tourbillon qui tourne autour de l'axe de la terre, *répond le Pere Regnault*, donne à la matiere subtile un peu plus grossiere, une direction perpendiculaire à l'axe terrestre ; car lorsque plusieurs corps inégaux tournent tous à la fois autour d'un centre commun, ceux qui ont plus de force centrifuge, ou qui sont les plus propres au mouvement, l'emportent sur les plus foibles, & les précipitent vers le centre de leur mouvement. 2°. Le tourbillon qui passe par les pôles, & porte la matiere magnétique d'un pôle à l'autre, donne à la matiere subtile un peu plus grossiere une direction parallele, ou à-peu-près, à l'axe de la terre,

La matiere inférieure & plus groffiere, ayant une direction perpendiculaire & une direction parallele ou horizontale, prend une direction moyenne, décrit une diagonale qui la dirige vers le centre de la terre, & pouffe vers ce centre commun tout ce qu'elle rencontre en fon chemin; de forte que les corps groffiers qu'une fympathie fecrete portoit autrefois vers le centre de la terre, pour s'y repofer tranquillement, n'y vont ou n'y tendent plus, que parce qu'ils y font forcés par l'efficace de la matiere la plus déliée.

SENTIMENT

De Varignon fur la caufe phyfique de la Gravité des Corps.

Le fentiment de M. de Varignon fur la caufe phyfique de la gravité des corps, eft expofé dans le *tome* 2 des Mémoires de l'Académie Royale des Sciences de Paris, depuis la *page* 75 jufqu'à la *page* 84. En voici le fond. Imaginons un morceau de bois de figure cubique, tel qu'un dé à jouer, d'un pouce de longueur fur chacun de fes côtés; qu'il foit environné d'un air partout uniforme, & dont les parties foient dans un mouvement égal en tout fens & vers tous les côtés poffibles. Que ce cube foit à un pouce près de la terre, & que l'on imagine pour un moment, & pour faire entendre feulement la penfée fur laquelle eft fondé ce fyfteme, à une fort grande diftance de la terre, par exemple, à 10 lieues une voûte folide & impénétrable; alors il eft évident que les parties d'air qui environnent ce corps étant en mouvement en tout fens, le corps fera frappé inceffamment par chacune de fes 6 faces. Mais de fes 6 faces, il y en a 4 qui font également frappées, & par d'égales quantités de matiere. La face tournée vers l'orient étant égale à celle qui eft tournée vers l'occident, elles reçoivent chacune une égale impulfion, puifqu'il n'y a pas plus de matiere du côté de l'orient que du côté de l'occident, & que cette matiere exerce fon action fur des faces égales: il en eft de même des deux faces dont l'une eft expofée au midi & l'autre au nord. Ce corps ne doit donc pas plus être pouffé du côté de l'orient, que du côté de l'occident ; pas plus du côté du Nord ; que du côté du Midi ; & à ne considérer que ces impulsions, il resteroit en équilibre au lieu même où il seroit placé. Mais il n'en est pas de même des deux dernieres faces, dont l'une regarde la terre, & l'autre est tournée vers le Ciel. On y apperçoit d'abord un principe d'inégalité : il n'y a qu'un pouce de distance, & par conséquent qu'un pouce d'air entre ce corps & la surface de la terre ; la face de ce corps qui regarde la terre ne peut donc recevoir d'impulsion que de la quantité d'air qui remplit ce pouce de distance. Mais la face opposée à celle-ci, & qui regarde le Ciel, est pressée & reçoit l'impulsion de tout l'air qui est entre le corps & la voûte sphérique que nous avons supposée. Si cette voûte est à 10 lieues de la terre, il y a 10 lieues moins 2 pouces d'air qui agissent sur ce corps. Il doit donc être beaucoup plus pressé par ce côté-là que par l'autre qui regarde la terre ; il doit donc être porté vers la terre, & tomber.

Ce corps doit non-seulement descendre vers la terre ; il doit encore y descendre par une ligne perpendiculaire, ou qui prolongée iroit au centre ; la raison en est qu'il n'y a que vers ce côté que la matiere supérieure trouve moins d'effort, qu'elle n'en produit.

A l'orient & à l'occident, au nord & au midi les impulsions contraires sont balancées, & pour que le corps allât de l'un à l'autre de ses côtés, il faudroit ou que l'impulsion de ce côté-là devînt plus foible, ou que celle du côté opposé devînt plus forte ; ce qui ne peut pas se faire, puisqu'il y a de part & d'autre une quantité égale de matiere, & une même distance ; le corps ira donc vers la terre par une ligne qui tendra au centre.

Si nous supposons maintenant que ce corps soit posé à 100, à 10000 pieds de la terre, toujours dans l'hypothese de la voûte sphérique impénétrable placée à 10 lieues de la terre ; nous y appercevrons encore le même principe d'inégalité. Si, par exemple, il est placé à 10000 pieds de la terre qui valent environ deux tiers de lieues, ce corps éprouvera en dessous l'effort d'une colonne d'air qui aura pour base la face de ce cube que nous avons supposée d'un pouce, & pour hauteur deux tiers de lieues environ. Et la face supérieure éprouvera la force d'une autre colonne d'air de même base que la premiere, & de 9 lieues & un tiers de hauteur; le corps descendra donc encore vers la terre.

Tout au contraire si l'on place ce corps à un pouce près, à 10000 pieds près de la voûte sphérique; il est certain que ce corps descendra vers la voûte sphérique, & qu'il montera à notre égard; nous appellerons donc ce corps, tantôt pesant, lorsqu'il sera plus près de notre terre, & tantôt léger, lorsqu'il sera plus près de la voûte.

Mais si nous supposons ce corps posé précisément à l'égale distance, & de la surface de la terre & de la voûte sphérique; alors que doit-il arriver? Nous ne voyons dans ce cas aucun principe d'inégalité, & pas de raison pour que le corps soit plutôt porté vers la terre que vers la voûte; il demeurera donc en cet état. C'est-là que la Lune, Satellite de la terre, les Lunes de Jupiter & celles de Saturne sont retenues, & où n'ayant pas assez de force pour diviser le fluide qui les environne, elles ne peuvent ni descendre vers leur planete principale, ni s'en écarter.

Otons maintenant cette voûte que nous avions supposée à 10 lieues de la terre, & imaginez-la à 10 millions, à 100 millions de lieues, enfin jusqu'à l'extrémité de notre tourbillon; rien ne nous empêche de penser qu'un mouvement qui se fait ici, soit causé par un mouvement qui se fait dans un lieu si éloigné, après ce que nous expérimentons du mouvement de la lumiere.

Au lieu de la voûte solide & impénétrable que nous avons supposée; il suffit d'imaginer une cause quelconque qui termine notre air & qui en arrête l'effort; elle se trouve dans les tourbillons qui enveloppent le nôtre, & dont le mouvement est extrêmement rapide autour de leur centre; ce qui empêche absolument la matiere du nôtre d'entrer dans ceux-là, & par-là fait le même effet que feroit une voûte impénétrable.

Voilà le systeme qu'admet Varignon pour expliquer la pesanteur considérée en général. A l'égard du plus ou moins de pesanteur des corps de différente nature, il la conçoit ainsi: il imagine un second cube de même bois & de même grosseur que le premier, mais percé d'un grand nombre de petits trous qui le traversent également en tout sens, & tels que l'air ou la matiere subtile puisse passer librement au travers. Si l'on suspend ces 2 cubes aux extrémités des bras égaux d'une balance, le premier que nous avons supposé, l'emportera assurément sur le second ; la raison en est que le second étant percé & criblé, il y aura une grande quantité de filets de matiere ou d'air qui passeront librement au travers, & ne feront par conséquent aucune impression sur lui ; & ce corps deviendra encore moins pesant, si l'on augmente ou la grandeur ou la quantité de ces trous. Les corps peseront donc d'autant moins sous des volumes égaux, qu'ils contiendront moins de matiere propre ; qu'ils auront plus & de plus grands pores. Ainsi l'or sera plus pesant que l'argent ; plus que le cuivre, &c.

M. le Cardinal de Polignac ne paroît pas dans son *Anti-Lucrece* fort éloigné du sentiment de Varignon. Voici comment son incomparable traducteur le fait parler dans le livre quatrieme. (Nous entrons dans le sanctuaire de la nature ; notre œil sonde des profondeurs peut-être impénétrables. Cette tendance au centre, commune à tous les corps, est un phénomene dont la cause se dérobe à nos recherches. Essayons de la démêler.

Concevez d'abord que cet océan de matiere subtile qui circule autour de la terre, se divise en une infinité de pyramides, dont les bases se terminent à la circonférence ; & les sommets se réunissent au centre du tourbillon. Elles sont dans un équilibre parfait, parce que la quantité de matiere étant égale dans toutes, toutes ont une force égale. Si l'une d'entr'elles devient plus foible, les autres prennent aussitôt le dessus & l'abaissent, jusqu'à ce que l'égalité des forces ait rétabli l'équilibre. Or dès qu'un corps grave entre dans une de ces pyramides ; autant il a de masse, autant il lui fait perdre de sa force centrifuge. L'arrangement & la forme des particules dont ce corps est composé, l'empêchent de fuir le centre avec la même rapidité que la matiere céleste. Ainsi la pyramide où cette masse grossiere est placée, s'abaisse : les pyramides voisines refluent sur elle & la poussent en bas, parce qu'elles ont plus de force centrifuge. Celle-ci, contrainte de s'abattre, presse vivement le corps,

corps ; en précipite la chute par des coups redoublés, & le pousse vers son sommet, dont la pointe touche le centre de la terre.

Si la partie du fluide éthéré qui tourbillonne, n'éprouvoit pas une égale pression dans tous ses points, elle s'écouleroit par l'endroit où cette pression seroit moindre ; & porteroit notre globe dans un des tourbillons voisins. Mais comme elle est également pressée de toute part, elle prend la forme d'une sphere, ou du moins une forme approchante. Or toutes les fois qu'un volume sphérique est ainsi comprimé dans les points de sa circonférence, l'impression de la force qui agit de tous côtés sur ce sphéroïde, se porte toute entiere au centre par tous les rayons. La chute d'un corps grave est donc nécessairement dirigée vers le centre de la Terre, qui est celui de la pression. C'est vers ce point que la pyramide dans laquelle il trouve, poussée par les autres, le chasse & le précipite à son tour.

Ainsi lorsqu'une pierre fend d'un vol rapide les flots de l'air, le fluide éthéré fait effort contre elle de toute sa hauteur. Il répond par un coup si rude au coup qu'elle lui porte, qu'il la rejette vers la terre. Votre bras, en lançant cette masse, l'avoit forcée de s'élever : elle retombe, non par une pesanteur ou par un mouvement qui soit propre à sa nature, non par un amour chimérique d'un centre ; mais parce qu'elle obéit à l'impression de la matiere qui la repousse avec force.

Pour avoir une juste idée de la pesanteur, jettez les yeux sur l'eau : ce fluide vous en offre une image sensible. Il fait effort contre le fond du vase qui le contient, & se divise en colonnes égales qui se soutiennent toutes dans un parfait équilibre : ce qui rend sa surface parfaitement unie. Faites enfoncer du liége dans l'eau ; jettez-y du bois : le bois remonte à peine en nageant avec effort, le liége se releve sur le champ. C'est que l'eau est poussée vers le fond avec plus de force, que l'un ou l'autre de ces corps. Dès qu'ils y sont plongés, l'équilibre cesse, & la colonne dans laquelle ils se trouvent, perd de sa force, autant que la pesanteur du volume d'eau déplacé surpasse celle ou du liége ou du bois. Les colonnes voisines l'emportent par conséquent sur elles, la forcent de céder & la soulevent : celle-ci monte en poussant ces corps qui l'affoiblissent, & les rejette enfin dans l'air.

Ce que je viens de dire peut s'appliquer au Tourbillon qui environne la terre. Tout s'y passe de même : il ne s'agit que d'en regarder la circonférence comme le fond, & d'y substituér des pyramides aux colonnes. Vous verrez les corps, par la même raison qu'ils s'élevent dans l'eau, tomber dans l'éther ; & le même ébranlement les pousser dans l'un de ces fluides vers le Ciel, dans l'autre les précipiter vers la Terre.

Je n'y vois qu'une différence, c'est que quelques corps se plongent dans l'eau sans retour, & restent attachés au fond, parce qu'ils pesent plus qu'un pareil volume de ce liquide : au lieu que la matiere subtile ayant plus de force centrifuge que tous les corps terrestres, aucun ne peut, par quelque effort que ce soit, s'élever à la circonférence du Tourbillon. Chassés vers la surface de la Terre, ils retombent tous, & leur vîtesse croît à mesure qu'ils en approchent. Car la matiere céleste presse vivement leur chute. Ses coups se succedent avec rapidité : elle les chasse en fuyant, & les poursuit sans relâche.

Qu'un corps soit suspendu ; il gravite plus ou moins, selon qu'il renferme plus ou moins de particules éthérées. Cette différence de pesanteur dans les corps terrestres n'est donc pas l'effet de petits vides semés entre leurs parties, & dont le nombre plus ou moins grand, rende ces corps plus ou moins rares. Elle vient de la proportion qui s'y trouve entre la matiere propre & la matiere céleste : tout ce qu'ils ont de l'une, les pousse vers le centre de la Terre ; tout ce qu'ils contiennent de l'autre, les fait tendre vers le Ciel. Aussi voyons-nous les feuilles, la paille & les plumes voltiger long-tems avant leur chute. A peine ces corps sont-ils repoussés avec assez de force, pour être en état de fendre l'air au-dessus duquel il nagent.

Mais les corps denses n'ont que des pores très-étroits. Ils renferment peu de cavités intérieures, & par conséquent ils donnent à l'éther plus de prise sur eux. L'éther contraint de lutter contre leur résistance, recueille, pour en triompher, toutes ses forces, les presse avec vigueur, & les terrasse enfin par la continuité de son impulsion.

De-là vient qu'une masse d'or est plus pesante qu'une pareille masse de fer ; que le fer pese plus que la pierre ; la pierre plus que les os ; les os plus que la plupart des liqueurs ; & qu'enfin les différentes liqueurs different entre elles pour le poids.

L'action de la matiere subtile sur les corps est donc la véritable cause de leur pesanteur. Cette matiere, par une continuelle pression, retient toutes les parties de la Terre accumulées autour de leur centre, & par la supériorité de sa force centrifuge pousse vers ce centre tous les corps. Elle applique l'atmosphere contre la superficie de notre globe, & le fait tourner sur lui-même, suspendu dans ce fluide. En comprimant l'air, elle lui donne assez de poids pour contenir dans leur lit les eaux de l'Océan, malgré la courbure de cet immense Bassin. De-là vient que toutes les parties du globe tendent à se réunir en un seul point, & que, si quelqu'une s'écarte, elle est repoussée sur le champ avec plus ou moins de force selon sa densité. Deux corps voisins dont chacun éprouve une pression différente, se balancent réciproquement, & l'un monte pendant que l'autre s'abaisse ; non que le premier soit léger par soi-même, ou que le second ait une pesanteur qui lui soit propre, mais parce que la force qui les presse vers le centre est inégale. Ces deux corps sont comme les deux branches d'une balance, qui se soutiennent à la même hauteur, tant qu'on n'ajoute rien au poids de l'une ou de l'autre. Si vous surchargez le bassin de la droite, il descend aussitôt, & tirant la chaîne qui le retient, il fait monter à proportion l'autre bassin : ces deux mouvemens contraires ont la même cause. Quelle que soit la pesanteur d'un corps, il devient léger dans le voisinage d'un autre plus pesant. (Le poids plus fort détruit le moindre.) C'est-là la traduction fidelle des beaux Vers de M. le Cardinal de Polignac. Nous ne les rapporterons pas ; l'*Anti-Lucrece* est entre les mains de tout le monde. D'ailleurs M. de Bougainville a prouvé qu'il n'étoit pas impossible de donner une traduction d'un Poëme Latin qui valût au moins l'original.

SENTIMENT

D'Huygens sur la cause physique de la Gravité des Corps.

Le fameux Huygens dont nous avons donné l'abrégé de la vie en son lieu, en conservant le fond du systeme de Descartes sur la pesanteur, a expliqué ce phénomene d'une maniere très-séduisante. Voici comment on le fait parler dans le Tome premier des Mémoires de l'Académie Royale des Sciences de Paris, *pag.* 97.

Les corps qui ont un mouvement circulaire, tendent à s'éloigner du centre de leur mouvement; & cela avec d'autant plus de force, que leur mouvement est plus rapide. Ainsi quand on fait tourner une fronde où est une pierre, on sent que la pierre tire d'autant plus la main, que l'on fait tourner la fronde avec plus de vîtesse. Il est même démontré qu'un corps qui tourne horizontalement au bout d'une corde attachée à un centre, la tirera avec autant de force que si elle le soutenoit suspendu en l'air, pourvu que ce corps fasse un tour de son mouvement horizontal, dans le même tems que la corde, si elle étoit suspendue, feroit deux vibrations.

La matiere fluide qui tourne autour de la terre, & avec elle, doit donc tendre toujours à s'éloigner du centre de son mouvement; & comme tout est plein, elle y doit repousser les corps qui se trouveroient mêlés avec elle, s'ils sont moins propres qu'elle, à suivre ce mouvement.

Une pierre jettée dans l'air est moins propre que la matiere fluide à tourner autour de la terre; parce que cette pierre, fût-elle même réduite à un atome de poussiere, est encore extrêmement grosse à l'égard de la matiere subtile; & par conséquent elle en reçoit en ses diverses parties des impressions contraires qui se détruisent. Les unes la portent à tourner d'Orient en Occident; les autres à tourner d'Occident en Orient, &c. & par conséquent elle demeure sans mouvement circulaire, & ne peut plus qu'aller vers le centre.

Car la matiere subtile ne tourne pas toute du même sens que la terre; elle a trop de mouvement pour ne suivre qu'une seule détermination toujours uniforme; il faut qu'elle emploie cette force à décrire autour de la terre une infinité de cercles ou de surfaces sphériques, toutes différemment entrelacées les unes dans les autres, dont la plus grande partie ont pour centre celui de la terre.

Et de-là vient que les corps sont poussés vers le centre de la terre. Si la matiere subtile ne tournoit que dans le sens du mouvement journalier de l'équateur, elle ne pousseroit les corps que vers le centre du cercle parallele à l'équateur, dans lequel ils se trouveroient, & l'on verroit toutes les chutes perpendiculaires à l'axe du monde, & non pas à l'horizon ; ce qui est contre l'expérience.

Il est vrai que la matiere subtile doit avoir dans ce systeme un mouvement prodigieux : mais quelque rapide qu'il puisse être, il ne doit point effrayer notre imagination ; puisque la vîtesse du mouvement n'a point de limites.

A l'extrême vîtesse de la matiere subtile, il faut joindre une subtilité proportionnée. Par-là elle pénetre tout ; par-là aucun corps interposé ne l'empêche d'agir, non plus que le verre n'empêche l'aimant d'attirer le fer ; par-là toutes les parties intérieures du corps pesant contribuent à sa pesanteur, puisqu'elles éprouvent l'action de cette matiere, aussi-bien que les extérieures ; & quoiqu'en passant si facilement partout, on pût croire qu'elle n'agit sur rien, il en va comme d'une riviere qui rencontre des roseaux dans son cours. Il est certain qu'une infinité de parties d'eau choquent les roseaux, & s'y réfléchissent, quoique la riviere ne se détourne pas.

Ce n'est pas-là la seule expérience que Huygens rapporte pour rendre son systeme plausible. Que l'on fasse, *dit-il*, tourner de l'eau dans un vaisseau qui ait le fond plat, après y avoir mis de petites parcelles de quelque matiere un peu plus pesante que l'eau ; l'on verra qu'au commencement ces petits corps flottans dans l'eau, à cause de son agitation, suivront son mouvement circulaire, & ne s'approcheront point du centre du vaisseau. Mais sitôt qu'ils commenceront à toucher au fond, & que leur mouvement circulaire sera par-là interrompu ou diminué, ils iront vers le centre par des lignes spirales, & s'y amasseront. Mais que l'on mette dans ce vaisseau un corps qui ne puisse du tout suivre le mouvement circulaire de l'eau, parce qu'il sera arrêté entre deux filets : alors si après avoir fait tourner le vaisseau quelque tems, on l'arrête subitement, l'eau conservera encore son mouvement circulaire, & ce corps ira au centre, non par une ligne spirale, car il ne peut prendre de mouvement en rond, mais par une ligne droite : & là il se tiendra arrêté.

L'expérience sera encore plus parfaite, si ce corps est précisément de la même pesanteur que l'eau ; car alors la pesanteur ne sera comptée pour rien, & l'on verra que le seul mouvement en produit l'effet : car ce corps ne pouvant pas suivre le mouvement du fluide, il en est nécessairement choqué dans tous les points de sa surface exposés au courant ; mais ce choc est inégal, il est plus grand dans la partie de la surface du corps la plus proche de la circonférence du vaisseau, & moindre dans celle qui est plus proche du centre ; car les globules d'eau ont d'autant plus de vîtesse, qu'ils approchent plus de la circonférence. Le corps doit donc être chassé vers le centre ; outre que les parties du fluide mu en rond ne sauroient tendre à s'échapper par la tangente de leurs révolutions, sans être réfléchies vers le centre par la circonférence du vaisseau ; & ces parties ne sauroient être réfléchies vers le centre par la circonférence du vaisseau, sans y chasser le corps qui est plongé dans ce fluide.

Telles sont les comparaisons qu'apporte Huygens pour rendre sensible l'action de la matiere subtile sur les corps que nous appellons *pesans*. Il va plus loin. Il ne prétend rien moins que de déterminer le chemin que fait la matiere subtile dans un tems donné. Puisque, *dit-il*, l'effort dont une masse de plomb tend au centre de la terre, est égal à celui dont la matiere subtile tend à s'en éloigner : il faut que la matiere subtile qui est vers la surface de la terre en fasse le tour dans le tems qu'une corde égale au demi-diametre de la terre feroit deux vibrations. Or, par la propriété connue des pendules, une corde de la longueur du demi-diametre de la terre, seroit une heure 25 minutes à faire deux vibrations ; donc la matiere subtile qui est près de la surface de la terre, en fait le tour, c'est-à-dire, fait environ 9000 lieues en moins d'une heure & demie.

Huygens conclut de-là que, si un corps tomboit d'une si grande hauteur, que, par l'accélération continuelle de sa chute, il vint à faire 9000 lieues dans une heure 25 minutes, sa chute ne s'accéléreroit plus; la matiere subtile n'auroit plus de vîtesse à lui donner; & avant cela elle lui en auroit donné d'autant moins, qu'il auroit plus approché de l'égalité.

Huygens remarque enfin que toutes les chutes qui sont à la portée de nos sens & de notre expérience, sont si courtes, & que la vîtesse de la matiere subtile y excede toujours à tel point celle des corps qui tombent, que l'on peut supposer son action sur eux toujours égale, & ne compter pour rien la diminution qui y arrive par l'augmentation de la vîtesse des corps. Ainsi Galilée a eu raison de supposer l'augmentation des vîtesses égale en tems égaux.

Tels sont les principaux systemes qu'on a imaginé pour expliquer d'une maniere physique la chute des corps graves. Le Lecteur ne nous accusera pas d'avoir altéré, ou de n'avoir rapporté qu'en deux mots ceux qui sont différens de celui que nous avons embrassé. Voici les conclusions que je crois pouvoir tirer de tout ce qui a été dit dans ce grand & important article.

Premiere Conséquence. Le sentiment des Péripatéticiens est insoutenable. Les corps sont d'eux-mêmes indifférens au mouvement ou au repos.

Seconde Conséquence. Le sentiment de Gassendi est une pure conjecture qui n'est fondée sur rien.

Troisieme Conséquence. Le sentiment de Descartes a eu besoin d'être raccommodé par trop de gens, pour que le fond en soit bon. Une montre qu'aucun Horloger n'a pu rendre juste, n'est dans le fond qu'une *patraque.*

Quatrieme Conséquence. Les Cartésiens travaillant sur un mauvais fond, n'ont pas pu assigner la cause physique de la gravité des corps. Voyez l'article des *Tourbillons.*

Cinquieme Conséquence. L'attraction Newtonienne n'est inhérente ni au corps attirant, ni au corps attiré. Ce n'est qu'un *mot* dont on se sert pour exprimer un fait.

Sixieme Conséquence. Il est probable que la gravité des corps n'a point de cause *seconde, immédiate & mécanique.*

Septieme Conséquence. Jusqu'à ce qu'on trouve une cause physique de la gravité des corps, l'on doit assurer que les corps ne tombent qu'en vertu d'une loi générale que le

Créateur a établie au commencement du monde. Cette loi peut s'exprimer en ces termes, *je veux que les corps aillent les uns vers les autres en raison directe de leurs masses & en raison inverse des carrés de leurs distances.* Voyez l'explication de cette loi dans l'article de l'*Attraction* qui en est l'effet immédiat.

GRAVITÉ ABSOLUE. C'est le poids d'un corps qu'on considere, sans comparer ce corps avec un autre plus ou moins pesant que lui. Dans l'article précédent nous avons parlé pour l'ordinaire de la gravité absolue.

GRAVITÉ RELATIVE. C'est le poids d'un corps qu'on considere, en comparant ce corps avec un autre plus ou moins pesant que lui. C'est de la gravité relative dont nous allons parler dans l'article suivant. Nous supposons que le Lecteur a vu ce que nous avons donné sur l'algebre, dans l'article *Arithmétique algébrique.*

GRAVITÉ SPÉCIFIQUE. C'est le poids que contient un corps sous un tel volume. Le corps A, par exemple, a-t-il beaucoup de poids & peu de volume? Il a beaucoup de gravité spécifique. Le corps B a-t-il beaucoup de volume & peu de poids? Il a peu de gravité spécifique. Le corps C pese-t-il autant que le corps D, auquel il est égal en volume? Ces deux corps auront une égale gravité spécifique. Le corps E a-t-il autant de poids, & moins de volume que le corps F? Le premier aura plus de gravité spécifique que le second. Enfin le corps M a-t-il autant de poids & plus de volume que le corps N? Celui-ci aura plus de gravité spécifique que celui-là. Les Physiciens concluent de-là que la gravité spécifique de l'or est supérieure à la gravité spécifique de quelque corps que ce soit; parce qu'il n'y a point de corps qui, à volume égal, pese autant que l'or. Voici quelques regles dont on ne comprendra pas le sens, si l'on n'a pas appris en son lieu à manier une équation algébrique.

Corollaire premier. Nommons G la gravité spécifique d'un corps quelconque A. Nommons P son poids, & V son volume; l'on aura l'équation suivante $G = \frac{P}{V}$, c'est-à-dire, la gravité spécifique du corps A est égale au poids de ce corps divisé par son volume, ou ce qui revient au même, l'on connoît la gravité spécifique d'un corps, en divisant son poids par son volume.

Par la même raison s'il s'agit du corps B, & que l'on nomme g sa gravité spécifique, p son poids, & u son volume; l'on dira $g = \frac{p}{u}$.

Corollaire second. $G = \frac{P}{V}$ & $g = \frac{p}{u}$; donc $G : g ::$ $\frac{P}{V} : \frac{p}{u}$; donc $\frac{Gp}{u} = \frac{gP}{V}$; donc $GVp = guP$.

Corollaire troisieme. $GVp = guP$; donc si $p = P$, $GV = gu$.

Corollaire quatrieme. $GV = gu$; donc $G : g :: u : V$; donc deux corps égaux en poids, & inégaux en volume, ont leur gravité spécifique en raison inverse de leur volume. Supposons, par exemple, que le corps A & le corps B pesent chacun 2 livres. Supposons encore que le volume du corps A soit représenté par le nombre 2 & le volume du corps B par le nombre 1; l'on aura la proportion suivante, la gravité spécifique du corps A : à la gravité spécifique du corps B :: 1 : 2.

Corollaire cinquieme. $GVp = guP$; donc si $V = u$, $Gp = gP$. Mais si $Gp = gP$, l'on aura $G : g :: P : p$; donc lorsque 2 corps inégaux en gravité spécifique, sont égaux en volume, ils ont leur gravité spécifique en raison directe de leur poids. Supposons que le corps A & le corps B soient égaux en volume. Supposons encore que le premier pese 4 & le second 1 livre; l'on dira, la gravité spécifique du corps A : à la gravité spécifique du corps B :: 4 : 1.

Corollaire sixieme. $GVp = guP$; donc si $G = g$, $Vp = uP$; mais si $Vp = uP$, $P : p :: V : u$; donc 2 corps qui ont la même gravité spécifique, ont leur poids en raison directe de leur volume.

Corollaire septieme. $GVp = guP$; donc $P : p :: GV : gu$; donc les poids de deux corps sont en raison composée de leur volume & de leur gravité spécifique, c'est-à-dire, pour connoître le rapport qu'il y a entre le poids du corps A & le poids du corps B, il faut multiplier d'un côté la gravité spécifique du corps A par son volume, & de l'autre la gravité spécifique du corps B par son volume. Il faut dire ensuite ; le poids du corps A : au poids du corps B :: la gravité spécifique du corps A multipliée par son volume : à la gravité spécifique du corps B multipliée par son volume. Si l'on demande, par exemple, le rapport qu'il y a entre 2 pieds cubiques d'or, dont la gravité spécifique est 19, & 6 pieds cubiques d'eau dont la gravité spécifique est 1 ; l'on dira le poids de cet or : au poids de l'eau en question :: 2 × 19 : 1 × 6.

Toutes ces regles que nous n'avons fait que jetter ici, sont démontrées fort au long & dans toutes les formes dans l'article de la *Densité* : gravité spécifique & densité signifient précisément la même chose. L'on trouvera la démonstration des regles suivantes dans l'article de ce tome troisieme qui commence par le mot *Hydrostatique*.

Un corps solide a-t-il autant de gravité spécifique que le fluide dans lequel on le plonge ? Il ne surnage pas ; mais il demeure dans l'endroit où on l'aura d'abord placé.

Un corps solide a-t-il plus de gravité spécifique que le fluide dans lequel on le plonge ? Il tombera au fond.

Un corps solide a-t-il moins de gravité spécifique que le fluide dans lequel on le plonge ? Il surnagera.

Lorsqu'un solide plongé dans un fluide vient à surnager, la gravité spécifique du fluide est à la gravité spécifique du solide, comme toute la hauteur du solide est à la hauteur de la partie submergée.

GREGORY, (Jacques) *natif d'Aberden en Ecosse, a été un des plus grands hommes du siecle passé.* M. l'Abbé Nollet assure dans sa 17e. leçon, qu'il a été l'inventeur du télescope de réflexion. Ce qu'il y a de sûr, c'est qu'il a mis cet instrument dans l'état où nous le voyons aujourd'hui. Le télescope dont on trouve la description dans le tome quatrieme de cet ouvrage est le télescope de Gregory. Celui de Newton avoit 2 défauts très-considérables ; il renversoit les objets ; & le spectateur étoit obligé de regarder par un des côtés du tuyau qui contenoit les deux miroirs de métal. Grégory obvia à ces deux inconvéniens, en substituant au petit miroir plan un petit miroir concave, & en mettant deux *oculaires* dans le petit tuyau qu'il adapta au trou qu'il fit au milieu du grand miroir concave. Grégory enseigna les mathématiques à St. André en Ecosse avec tout l'éclat imaginable. Pendant le tems qu'il occupa cette chaire, il composa un grand nombre d'excellens ouvrages. Les plus estimés sont ceux qu'il a intitulés, *exercitationes Geometricæ* & *Optica promota*. Il mourut en l'année 1675. Il ne faut pas le confondre avec David Gregory, natif d'Aberden, & Professeur de Mathématique d'abord à Edimbourg, puis à Oxford. Ce dernier étoit neveu de Jacques Grégory. Il mourut en l'année 1708. Il a donné au public beaucoup de bons ouvrages. Les principaux sont : *Astronomiæ Physicæ & Geometricæ elementa. Exercitatio Geometrica de dimensione figurarum.*

GRELE. Météore fait d'une eau congelée par le froid. L'on prétend communément en Physique que les nuages tombent en forme de grele, lorsqu'après avoir été changés en pluie, ils trouvent aux environs de la terre quelque vent froid qui les condense & qui les glace. Voyez ce phénomene rapproché de ses principes dans l'article des *Météores*. Vous y apprendrez pourquoi la grêle tombe plutôt pendant l'été, que dans les autres saisons de l'année.

GREW, (Néhémie) *a été un des plus grands Botanistes que l'Angleterre ait produit*. M. Duhamel avoue avoir puisé dans ses ouvrages tout ce qu'il a dit sur les plantes dans son cours de Philosophie. Voici comment il parle dans le Chapitre *de Ortu Plantarum. Verùm res ipsa digna est quæ accuratiùs à nobis pertractetur, præsertim cùm paucis abhinc annis vir doctissimus Nehemias Grew hoc sit executus diligentissimè in opere quod nuper in linguam gallicam conversum est. Hinc pleraque eorum quæ hoc capite dicturi sumus, decerpemus.* Grew mourut à Londres de mort subite en 1711. Il devoit être alors dans un âge fort avancé. Il y avoit plus de 35 ans qu'il avoit donné au public l'ouvrage dont parle M. Duhamel. Il y a eu peu de personnes qui aient exercé la Médecine avec plus de succès que lui. Londres fit une vraie perte à sa mort.

GREY. Physicien du dix-huitieme siecle, eût de grands succès dans la partie de la Physique qui a rapport à l'Electricité. Il fit en ce genre des expériences sans nombre. Les deux seules dont il nous paroisse avoir été l'inventeur sont les suivantes.

Par le moyen d'une ficelle, soutenue horizontalement, à quelque distance de terre, sur des cordons de soie, il transmit l'électricité jusqu'à sept cens pieds de distance. Il parvint à cette découverte par une expérience bien simple. Il suspendit une boule d'ivoire d'un peu plus d'un pouce de diametre, à l'extrémité d'une ficelle nouée par son autre extrémité au tube de verre dont il avoit coutume de se servir. Le tube frotté communiqua, par le moyen de la ficelle, son électricité à la boule d'ivoire, puisqu'elle attira & repoussa du cuivre en feuille qui étoit au-dessous d'elle. La boule étoit éloignée du tube de trente-six pieds.

Autre expérience dont *Grey* paroît avoir été l'inventeur. Il plaça un enfant, tantôt horizontalement sur des cordons de crin, & tantôt perpendiculairement sur un gâteau de résine, & il approcha de ses pieds le tube de verre bien frotté. A l'instant l'enfant fut électrisé au point, que son visage & ses mains attirerent des feuilles légeres de métal ; c'est-à-dire, que nous devons à ce Physicien la maniere d'isoler les corps électrisables *par communication*. Sans cette découverte, l'électricité eût été long-tems dans l'enfance.

Tous ces faits sont consignés dans l'*Histoire abrégée de l'Electricité* que M. *d'Alibard* a mise à la tête de la traduction qu'il a donnée des œuvres de M. *Franklin*.

GRIMALDY, (François-Marie) *dont il seroit inutile de faire connoître la famille, naquit à Bologne en l'année* 1518. A l'âge de 15 ans il entra dans la Compagnie de Jesus, qui le regarda, tant qu'elle exista, comme un des plus grands Physiciens qu'elle eût nourri dans son sein. De concert avec le fameux Riccioli, il augmenta de 305 étoiles le catalogue de Képler. Le P. Grimaldy nous a laissé un ouvrage dont Newton faisoit beaucoup de cas. Il est intitulé *de lumine & coloribus iridis*. Cet Auteur a été un des premiers à s'appercevoir que les rayons colorés avoient différens degrés de réfrangibilité. Il a même examiné quelle pouvoit en être la cause, comme le remarque Newton à la fin de l'*expérience quatrieme* de la *proposition seconde* de la *partie premiere* du livre premier de son Optique : *Apparet in similibus planè incidentiis notabilem esse refractionum inæqualitatem. Verùm undè tandem hæc oriatur inæqualitas ; utrùm ex eo quòd radiorum incidentium alii magis refringantur, alii minùs, idque certâ aliquâ ac constanti ratione ; an verò casu hæc omnia eve-*

biant; an ex eo denique quòd unus idemque radius refractione conturbetur, discutiatur, dilatetur, & diffissus quodammodò in multos divergentes radios diffundatur, in quâ sententiâ erat Grimaldus. Newton rapporte encore plusieurs observations que fit le Pere Grimaldy sur les ombres des corps qui ne recevoient la lumiere que par le trou de la chambre obscure, dont nous avons fait la description dans l'article des couleurs. Voici comment il commence le troisieme livre de son Optique. *Observavit* Grimaldus, *si Solis lumen immittatur in cubiculum tenebricosum per foramen perexiguum, futurum ut umbræ corporum in ipso lumine positorum latiores sint, quàm deberent utique esse, si radii in rectis lineis propè corporum istorum extrema transirent: itemque umbras istas ternis inter se parallelis luminis colorati limbis, fasciolis, sivè ordinibus, fimbriatas visum iri: verùm si id foramen largius sit factum; tum fimbrias illas in latitudinem se laxare & inter se permisceri invicem, ut adeò discerni ampliùs haud queant.* Ce n'est pas-là la seule découverte que la Physique doive au Pere Grimaldy. En l'année 1560 il trouva la *diffraction* de la lumiere, c'est-à-dire, il trouva que la lumiere ne pouvoit pas passer près d'un corps sensible, sans s'approcher de ce corps & se détourner visiblement de son chemin. Voyez l'article de la *Diffraction*. Ce grand homme mourut en l'année 1562, à l'âge d'environ 45 ans.

GROS. Lorsqu'on le prend pour un poids, il signifie la huitieme partie d'une once. Lorsqu'on le prend pour une monnoie, il vaut 10 deniers de France en Lorraine. À Amsterdam, Anvers, Cologne la livre de *gros* vaut 6 livres de France.

GROTTE. On donne ce nom aux cavités qui se trouvent dans l'intérieur de la terre & surtout dans l'intérieur des montagnes où elles sont assez communes. Bien des Physiciens les regardent comme des especes de réservoirs d'où la plupart des fontaines tirent leurs eaux. Ce sentiment ne présente rien que de très-raisonnable & de très-conforme aux loix de la nature. On parle trop en Physique d'une cavité connue sous le nom de *grotte du chien*, pour ne pas dire quelle est notre maniere de penser sur la cause du phénomene qu'elle présente. Cette grotte, située dans le Royaume de Naples, a environ huit pieds de hauteur, douze de longueur & six de largeur. Du fond de la grotte il s'éleve une vapeur chaude, subtile & cependant visible. A peine s'est-elle élevée, qu'elle retombe comme par son propre poids, sans se mêler avec l'air atmosphérique, circonstance qu'il ne faut pas oublier. L'homme qui a les clefs de la grotte, est suivi d'un chien dressé & accoutumé au manége dont nous allons parler. Il le fait coucher à terre au fond de la grotte. Après trente secondes, l'animal paroît mort. Après une minute, ses membres sont attaqués de mouvemens convulsifs; il tombe dans l'asphyxie la plus complette, & il mourroit dans cet endroit, si on ne se hâtoit de l'en retirer. On le plonge dans le lac d'Agnano qui est tout près, où on l'expose sur l'herbe, & il revient à la vie, sans aucune espece d'incommodité.

Lorsque la vapeur s'éleve du fond de la grotte, un homme peut y rester impunément, tant que sa tête se trouve dans l'air ordinaire. Mais il éprouveroit les mêmes accidens que le chien, si sa tête étoit plongée dans la vapeur.

L'on disoit assez communément qu'il s'élevoit du fond de la grotte des vapeurs minérales, connues sous le nom de *moufettes*; cette explication étoit raisonnable. M. l'Abbé *Nollet*, pendant son séjour en Italie, examina le fait, & il prétendit que ces exhalaisons n'avoient aucune des qualités des *Moufettes*. Il peut avoir eu raison; mais il n'auroit pas dû ajouter que ces vapeurs étoient à-peu-près semblables à celles que produit l'eau bouillante. Elles auroient donc beaucoup d'analogie avec l'*air inflammable*, assez commun dans les lieux souterrains; elles s'éleveroient donc dans l'air, au lieu de retomber, l'instant d'après, au fond de la grotte. Ne sait-on pas que l'air inflammable, le plus léger de tous les *gaz*, l'est sept à huit fois plus que l'air dans lequel nous respirons?

Je pense donc que les vapeurs dont il s'agit, sont un composé d'*air inflammable*, d'*air nitreux* & d'*air fixe*, trois *gaz* très-propres à faire tomber les hommes dans l'asphyxie la plus dangereuse. J'ajoûte que dans ce mélange l'*air inflammable* doit être en très-petite quantité; ce qui doit prédominer, c'est l'*air fixe*; il est plus pesant que l'air atmosphérique. Cherchez *Airs factices*, *Asphyxie* & *Alkali*.

GRUAUX. Ceux qui emploient la mouture économique, donnent ce nom à tout ce qui n'est pas *fleur de farine*. Ils distinguent les gruaux en blancs & en gris; ceux-là valent mieux que ceux-ci. Cherchez Mouture *en grosse* & Mouture *économique*, dans l'article *grains*.

GUERICKE, (Otto de) Consul de Magdebourg, s'adonna avec beaucoup de succès, vers le milieu du siecle passé, à la Physique expérimentale. Newton le regarde comme l'inventeur de la fameuse machine pneumatique, dont on trouvera la description en son lieu. Il parle ainsi au commencement de la proposition huitieme de la partie troisieme du livre second de son Optique : *Cùm Aër omnis submotus sit à posteriore vitri superficie, putà in machinâ pneumaticâ ab Ottone Guericko inventa*, &c. Boyle qui nous dépeint Otto de Guericke comme un homme d'un vrai génie, ne convient pas de ce fait. Il avoue seulement au commencement de sa Physique, que cet Auteur a fait des expériences qui lui ont donné les premieres idées de sa machine. *Recordaberis igitur me non ita diù, ante nostrum ab invicem in Angliâ discessum, tibi de libro quodam, authore Schotto, industrio Jesuitâ, locutum, quem non legeram, sed extare saltem inaudiveram, eumque recitare generosum & solertis ingenii virum, Ottonem Guerickium, Consulem Magdeburgensem, nuper in Germaniâ vasa vitrea aërem, per os vasis in aquam immersi, exsugendo evacuasse; & te ipsum credo meminisse me ex eodem hoc experimento non parùm voluptatis cepisse visum, quòd indè aëris externi immensa vis exposita & conspicua magis, quàm in ullo aliò experimento à me anteà viso, redderetur.* Ce n'est pas-là la plus belle expérience que nous devions à Otto de Guericke. Le premier il a imaginé de prendre deux hémispheres concaves de cuivre; de les joindre en forme de globe, & d'en pomper l'air. Aussi ces deux hémispheres sont-ils connus en Physique sous le nom de *machine de Magdebourg*. Nous avons de cet Auteur un recueil précieux d'expériences sur le vide qu'il donna au public en un volume *in-folio* en l'année 1672. Il mourut quelques années après.

GUGLIELMINI, (Dominique) *associé étranger de l'Académie Royale des Sciences de Paris*, naquit à *Bologne le 27 Septembre* 1655. Il étoit en même-tems Mathématicien, Physicien & Médecin. En qualité de Mathématicien, il nous a donné les observations de la comete de 1680, & de l'éclipse solaire du 12 Juillet 1684. En qualité de Physicien, il a beaucoup travaillé sur l'Hydrostatique. Les ouvrages qu'il a composés sur cette matiere sont très-estimés. Le premier a pour titre *Aquarum fluentium mensura novâ methodo inquisita*. C'est-là qu'il prétend que le Danube jette dans le Pont-Euxin en une minute près de 42 millions de pieds cubiques Bolonnois d'eau. Son second ouvrage est sur la nature des fleuves. L'on y trouve des méthodes excellentes pour prévenir, & pour réparer les ravages que ne font que trop souvent les rivieres & les torrens. Enfin en qualité de Médecin, M. Guglielmini a composé les dissertations suivantes. 1°. *De sanguinis naturâ & constitutione.* 2°. *De Salibus.* 3°. *Exercitatio de idearum vitiis, correctione & usu, ad statuendam & inquirendam morborum naturam.* 4°. *De principio sulphureo.* On s'apperçoit dans tous ses ouvrages de Médecine qu'il avoit été l'éleve & l'ami du célebre Malpighy. M. Guglielmini mourut en l'année 1719 à l'âge de 65 ans.

H

HALES, (Etienne) célebre Physicien du 18e. siecle, naquit dans la Comté de Kent le 7 Septembre 1677. Les Anglois nous assurent que ce qu'il a fait pour la Physique expérimentale peut être mis en parallele avec les services qu'a rendu Newton à la Physique céleste. Ils en trouvent la preuve la plus convaincante dans les deux grands ouvrages que publia le Docteur Hales en l'année 1727 & en l'année 1733. Ils ont pour titre la *Statique des végétaux & l'analyse de l'air ; l'Hæmastatique ou la Statique des animaux*. Le premier contient 124 expériences, neuves pour la plupart, & faites avec tout le soin & tout le succès possible. La 77e. est celle qui m'a le plus frappé. Notre Physicien y raconte que M. Rambi, Chirurgien de la maison du Roi d'Angleterre, lui donna des pierres tirées de la vessie du corps humain. Je distillai, *dit-il*, une de ces pierres, dont le poids étoit de 230 grains, & qui avoit à-peu-près en volume deux tiers de pouce

pouce cubique. Il en sortit avec vivacité dans la distillation 516 pouces cubiques d'air, c'est-à-dire, 645 fois le volume de la pierre; de sorte que par l'action du feu il y eux plus de la moitié de cette pierre qui se convertit en air. En effet puisqu'il est sûr qu'un pouce cubique d'air pese $\frac{2}{7}$ d'un grain, il est évident que 516 pouces cubiques d'air peseront 147 grains; ce qui est plus de la moitié de 230 grains, poids absolu de la pierre en question. C'est cette belle expérience qu'il apportoit en preuve, lorsqu'il avançoit que tous les corps contiennent une grande quantité d'air, & que cet air est souvent dans ces corps sous une forme différente de celle que nous connoissons, c'est-à-dire, dans un état de fixité & comme de solidité. La grande quantité d'air qu'il tira du sel de tartre par la distillation, lui servit à expliquer d'une maniere très-physique les effets surprenans de la poudre fulminante; c'est-là le principal corollaire qu'il tire de sa 74e. expérience. Ce qu'il dit dans sa neuvieme expérience sur les mouvemens du tournesol, mérite d'avoir ici sa place. Il prétend que la cause de cette mutation est dans la tige de la plante. Il veut que le côté du tournesol exposé au Soleil, transpirant plus que les autres côtés, la tige se raccourcisse du côté où se fait la plus grande transpiration; & voilà pourquoi la tête est obligée de se courber, le matin vers le Soleil levant, & le soir vers le Soleil couchant. Tout ce que nous avons rapporté jusqu'à présent du Docteur Hales, est approuvé de tous les Botanistes; il n'en est pas ainsi de ce qu'il dit dans sa 46e. expérience sur le mouvement de la séve dans les végétaux. Il ne veut pas, contre le sentiment commun, qu'elle ait une circulation à-peu-près semblable à celle du sang dans le corps humain; & il explique toutes les expériences qu'on lui oppose, par l'alternative des mouvemens, tantôt progressifs & tantôt rétrogrades de la séve, selon les différens tems du jour & de la nuit. Bien des Physiciens aussi n'adoptent pas la maniere dont il explique dans sa 109e. expérience l'augmentation de poids dans les métaux calcinés. Nous avons rapporté son systeme dans ce Dictionnaire à l'article *Calcination*. Enfin ceux qui n'admettent que ce qu'il y a de démontré dans le systeme de l'attraction Newtonienne, seront fâchés que

M. Hales ait si souvent recours aux loix arbitraires de la répulsion & de l'attraction dans les petites distances, pour rendre raison de certains phénomenes qu'il ne paroît pas difficile de rapporter à des causes secondes qui sont en même-tems physiques, immédiates & mécaniques. Nous ajouterons à toutes ces remarques celle de M. de Buffon, à qui nous devons la traduction Françoise de l'ouvrage dont nous venons de rendre compte. (Ces découvertes, *dit-il*, auroient encore brillé davantage, si M. Hales les eût autrement présentées; son livre n'est pas fait pour être lu, mais pour être étudié ; c'est un recueil d'une infinité de faits utiles & curieux, dont l'enchaînement ne se voit pas du premier coup d'œil : il a négligé certaines liaisons nécessaires pour certains esprits ; il n'est point entré dans de certains détails ; enfin il n'a fait son livre que pour les amateurs de la vérité la plus nue, & il suppose dans ses lecteurs beaucoup de connoissances, & encore plus de pénétration.) Six ans après avoir fait paroître la statique des végétaux, M. Hales donna la statique des animaux. Cet ouvrage ne contient que 36 expériences, dont 25 ont été faites sur des animaux vivans, & 11 sur les pierres que l'on trouve dans les reins & dans la vessie. Nous laissons aux Médecins le soin d'en faire l'analyse. Nous nous contenterons de dire en passant qu'ils en font un cas infini, & qu'ils ont une véritable obligation à M. de Sauvages d'en avoir donné la traduction Françoise, & de l'avoir rendue plus précieuse que l'original par les notes savantes & curieuses dont il l'a enrichie. Nous devons encore à M. Hales le *Ventilateur*, ou l'instrument par le moyen duquel on peut à son gré renouveller facilement & promptement l'air dans tous les endroits, où l'on peut avoir besoin d'en introduire de nouveau. Ce grand Physicien mourut le 4 Janvier 1761, à l'âge de 84 ans. Il étoit Membre des Académies Royales de France & d'Angleterre. Il ne faut pas le confondre avec Mathieu Hales qui naquit dans la Comté de Glocester le 1 Novembre 1609, & mourut en 1676 à l'âge de 67 ans. Ce fut un des premiers Membres de la Société Royale de Londres ; & ses ouvrages intitulés, *observations sur les expériences de Toricelli : Essai sur la gravitation des corps fluides : observations sur la raréfaction & la condensation*, prouvent que dès sa naissance cette célebre Compagnie a nourri dans son sein les plus grands Physiciens.

HALLEY (Edmond) *naquit à Londres*, *le* 8 *Novembre* 1656. C'est avec raison que dans l'histoire que nous avons donnée des progrès de l'Astronomie, nous avons regardé cette naissance comme une des époques de cette science. Dès l'âge de 19 ans, M. Halley donna sa méthode directe & géométrique pour trouver les aphélies & les excentricités des planetes. Le monde savant doit à ce grand Astronome la position de 373 étoiles australes qu'il observa pendant les deux années qu'il demeura exprès à l'Isle sainte Hélene; la détermination des orbites de 24 cometes; l'observation exacte du passage de Mercure par le disque du Soleil, arrivé le 3 Novembre 1677, & des réflexions savantes sur ce phénomene; la prédiction du passage de Vénus par le disque du même astre, pour le cinquieme Juin de l'année 1761: il prétend que nous pourrons par cette observation connoître la vraie distance du Soleil à la terre, à une 500e. près; aussi invite-t-il les Astronomes qui vivront alors, à mettre tout en œuvre pour ne manquer aucune des circonstances qui accompagneront ce passage. M. Halley n'étoit pas seulement Astronome; il étoit encore Physicien. Les variations de la boussole; la cause des vents; l'histoire des vents; l'histoire des vents alizés & des mouvemens qui regnent dans les Mers placées entre les tropiques; l'estimation des vapeurs aqueuses que le Soleil éleve de la Mer; la circulation de ces vapeurs; l'origine des fontaines; la lumiere; la transparence des corps, &c. Tels sont les sujets de Physique qu'il a traités d'une maniere toujours neuve, mais quelquefois trop ingénieuse pour être vraie; témoin ce globe d'aimant qu'il met dans celui de la terre supposée creuse vers son centre. M. Halley soutient que ce gros aimant attire à lui tout ce qui est doué de quelque vertu magnétique; & que par sa rotation sur l'axe qui lui est propre, il entretient la déclinaison de la boussole dans une variation continuelle. Ce qu'il dit sur le barometre & ses usages, sur les marées, sur les Météores, sur la maniere de faire descendre l'air que nous respirons jusqu'au fond de la Mer, est très-curieux & très-physique. Il mourut à Gréenvich le 25 Janvier

1742 à l'âge de 86 ans. Il avoit été reçu Membre de la Société Royale de Londres en l'année 1678, & en l'année 1713; il fut choisi sécrétaire de la même Compagnie. Il en fit les fonctions jusqu'en 1720, tems auquel il fut nommé Astronome Royal & Directeur de l'Observatoire de Gréenvich, à la place du fameux Flamstéed que la mort venoit d'enlever au monde savant. M. Halley avoit été reçu à l'Académie Royale des Sciences de Paris au mois d'Août de l'année 1729 en qualité d'associé étranger. Il ne faut pas oublier que nous lui devons l'édition du fameux livre des *principes mathématiques de la Philosophie naturelle* que Newton n'auroit peut-être jamais pensé à donner au public.

HALO. Météore qui a la figure d'un cercle de différentes couleurs, & qui paroît tantôt autour du Soleil, tantôt autour de la Lune. Ce phénomene a mérité l'attention de Newton. Ce Philosophe en parle souvent dans son Optique, & surtout à la *page* 247 de la partie 4 du *Livre* 2. Il prétend que les rayons de l'astre au-dessous duquel se trouve le *Halo*, ne parviennent à nos yeux, qu'après avoir été réfractés dans un nuage composé de particules propres à se changer en gouttes d'eau, ou en globules de grêle. Il veut que ce nuage réfringent, dont il suppose les parties parfaitement égales entr'elles, décompose la lumiere, à-peu-près comme le font nos prismes ordinaires. *Finge jam, die sereno, solem collucere per tenuem nubeculam ex istiusmodi globulis aquæ vel grandinis constantem; globulosque istos eâdem esse omnes magnitudine; jamque sol per nubeculam istam conspectus, cinctus ubique videbitur concentricis colorum annulis, eritque diameter primi annuli rubri, graduum* 7 $\frac{3}{4}$; *secundi* 10 $\frac{1}{4}$; *& tertii*, 12 *graduum*, 33 *minutorum; & pro eo ut aquæ globuli majores minoresve fuerint, ita hi quoque annuli majores erunt facti vel minores. Hæc quidem est theoria; eique optimè congruit experientia.* Newton fait ensuite la description de deux fameux *Halo* qu'il a observés pendant sa vie, l'un autour du Soleil, l'autre autour de la Lune. Celui-ci arriva le 19 Février 1664; celui-là au mois de Juin 1692.

HAMEL. Cherchez *Duhamel.*

HARTSOÉKER, (Nicolas) *naquit à Goude en Hollande* le 26 *Mars* 1656. Il s'adonna à la pratique & à la théorie de la Physique. Ses microscopes & ses observations microscopiques ; les deux fameux verres de lunette qu'il travailla & dont l'un avoit six cent & l'autre douze cent pieds de foyer ; son miroir ardent composé de plusieurs miroirs plans inclinés les uns aux autres qu'il exécuta sur les principes du P. Kircher, tout cela nous prouve qu'il avoit un goût décidé & un vrai talent pour la Physique expérimentale. Il n'a pas eu les mêmes succès dans la Physique Systématique. Il ne veut que deux élémens ; l'un est une substance parfaitement fluide, infinie, toujours en mouvement, & dont aucune partie n'est jamais entierement détachée de son *tout*. L'autre, ce sont de petits corps différens en grandeur & en figure, parfaitement durs & inaltérables, qui nagent confusément dans ce grand fluide, s'y rencontrent, s'y assemblent & deviennent les différens corps sensibles. M. Hartsoéker, en 1722, dans son *recueil de pieces de Physique* attaqua directement le systeme de Newton. Il aima mieux métamorphoser sa matiere subtile en tourbillons Cartésiens, que d'admettre la gravitation mutuelle des corps en raison directe des masses & en raison inverse des carrés des distances. Le grand argument des cometes ne l'embarrassoit pas. Il regardoit ces astres comme des taches du Soleil assez massives pour avoir été chassées impétueusement hors de ce grand globe de feu à une certaine distance, & pour retomber ensuite dans le Soleil afin d'y être absorbées, ou d'en être repoussées de nouveau. Ce n'est pas là le seul roman qu'il ait fait en Physique. Dans ses *éclaircissemens sur les conjectures physiques*, il donne à l'homme deux ames, l'une raisonnable, l'autre *plastique* ou *végétative* qui prend soin de toute l'œconomie animale, de la circulation des liqueurs, de la nutrition, de l'accrétion, &c. Selon lui les animaux & les plantes ont une ame *plastique* qui, dans ceux-là préside aux fonctions animales, & dans celles-ci sert à expliquer pourquoi leur tige est toujours perpendiculaire, &c. M. Hartsoéker est beaucoup plus Physicien dans sa Dioptrique ; c'est le premier ouvrage qu'il ait donné au public ; il le fit paroître en l'année 1694. Il mourut à Utrecht le 25 Décembre 1725, à l'âge de 69 ans. Il avoit été reçu à l'Académie Royale des Sciences de Paris en qualité d'associé étranger, en l'année

1699 ; & il avoit été agrégé quelque tems après à la Société Royale de Berlin. Nous avons puisé tous les traits dont nous avons formé cet article dans l'éloge historique que fit M. de Fontenelle, à la mort de M. Hartsoéker.

HARVÉE *ou* HARVEY, (Guillaume) *le plus grand Médecin que l'Angleterre ait produit, naquit à Folkston, dans la Comté de Kent, en* 1577 *ou* 1578. On le regarde comme l'inventeur de la circulation du sang. Nous avons examiné dans plusieurs endroits de ce Dictionnaire, & surtout dans les articles qui commencent par les mots *Hippocrate*, *Galien* & *Fabri*, s'il méritoit qu'on lui fît un pareil honneur ; & nous avons vu qu'il n'étoit pas difficile de prouver qu'un pareil mouvement n'avoit pas été inconnu aux anciens. Mais enfin qu'Harvey ait fait, ou qu'il n'ait pas fait cette précieuse découverte, il est sûr qu'il a connu mieux que personne la route du sang, & que son fameux ouvrage : *de motu cordis & sanguinis*, a fait changer de face à l'anatomie. Nous allons en donner l'abrégé le plus exactement qu'il nous sera possible.]

Harvey a divisé son livre, en 17 chapitres. Il expose dans le premier les raisons qui l'ont engagé à donner son ouvrage au public.

Dans le chapitre second il considere le cœur dans deux états, dans l'état de *Diastole* & dans l'état de *Systole*. Il nomme le premier un état de repos, & le second un état de mouvement. Il fait remarquer que le cœur en *Diastole* se remplit de sang, puisqu'il en prend la couleur ; il ajoute que le cœur en *Systole* rend le sang qu'il vient de recevoir, puisqu'il acquiert une couleur blanche. *Notandum in piscibus & frigidioribus sanguineis animalibus, ut serpentibus, ranis, &c. illo tempore quo movetur, cor albidioris coloris esse; cùm quiescit à motu, coloris sanguinei saturum cerni...... Ex quibus observatis rationi consentaneum est cor, eo quo movetur tempore & undique constringitur & secundùm parietes incrassescit, secundùm ventriculos coarctari, & contentum sanguinem protrudere ; quod ex quartâ observatione satis patet, cùm in ipsâ tensione suâ, propterea quòd sanguinem in se priùs contentum expresserit, albescit : & denuò in laxatione & quiete, subingrediente de novo sanguine in ventriculum, redit color purpureus & sanguineus cordi.*

Le chapitre 3e. eſt ſur le mouvement des arteres. L'Auteur nous y apprend que les arteres battent & ſont en *diaſtole*, lorſque le cœur eſt en *ſyſtole*. On enſeignoit tout le contraire de ſon tems.

Le chapitre 4e. eſt ſur le mouvemont du cœur & de ſes oreillettes. Celles-ci ſont en *diaſtole*, lorſque le cœur eſt en *ſyſtole* ; & elles ſont en *ſyſtole*, lorſque le cœur eſt en *diaſtole*. C'eſt dans ce chapitre qu'Harvey avance que non-ſeulement le cœur, mais encore les oreillettes ſont *primùm vivens & ultimùm moriens*.

Le chapitre 5e. eſt une continuation du chapitre précédent. L'Auteur nous y dépeint le mouvement du cœur en cette maniere : *Primùm ſe ſe contrahit auricula, & in illa contractione ſanguinem contentum (quo abundat tanquàm venarum caput & ſanguinis promptuarium & ciſterna) in ventriculum cordis conjicit. Quo repleto cor ſe ſe erigit, continuò omnes nervos tendit, contrahit ventriculos & pulſum facit. Quo pulſu immiſſum ab auriculâ ſanguinem continenter protrudit in arterias ; dexter ventriculus in pulmones per vas illud quod vena arterioſa nominatur ; ſiniſter ventriculus in Aortam, & per arterias in univerſum corpus*.

Dans les chapitres 6e. & 7e. Harvey nous fait remarquer que, lorſque l'enfant eſt encore renfermé dans le ſein de ſa mere, le ſang va de la *veine cave* dans l'*aorte* par le *trou botal*; mais que dans les adultes le ſang va du *ventricule droit* dans les *poumons*, par l'*artere pulmonaire* : des *poumons* dans l'*oreillette gauche* par la *veine pulmonaire* : & de-là dans le *ventricule gauche* du cœur.

Il aſſigne dans le chapitre 8e. les mouvemens du cœur pour la cauſe phyſique de la circulation du ſang. C'eſt-là qu'il avance que le cœur eſt pour le corps ce que le Soleil eſt pour le monde. *Itá cor principium vitæ & ſol microcoſmi*.

Il prouve dans le chapitre 9e. de la maniere la plus démonſtrative, que la circulation du ſang n'eſt pas un mouvement imaginaire. C'eſt-là qu'il explique pourquoi dans les diſſections anatomiques l'on trouve tant de ſang dans les veines & dans le ventricule droit du cœur, & ſi peu dans les arteres & dans le ventricule gauche. Voici la cauſe qu'il apporte d'un fait qui avoit fait dire aux anciens que les ventricules du cœur pourroient bien n'être, pendant la vie, que les réſervoirs des eſprits vitaux.

Causa forsan est quòd à venis in arterias nullibi datur transitus, nisi per cor ipsum & per pulmones. Cùm autem expiraverint, & pulmones moveri desiverint, è venæ arteriosæ ramulis in arteriam venosam & indè in sinistrum ventriculum cordis, sanguis permeare prohibetur. Cùm verò, unà cum pulmonibus, cor non desinat moveri, sed posteà pulsare & supervivere pergat; contingit sinistrum ventriculum & arterias emittere in venas ad habitum corporis sanguinem, & per pulmones non recipere, & proindè quasi inanitas esse. Dans le reste de son livre il confirme la circulation du sang par les expériences les plus curieuses, les plus multipliées & les mieux constatées. Ce grand homme mourut en 1657, à l'âge d'environ 80 ans. Il fut pendant longtems lecteur d'Anatomie & de Chirurgie dans le Collége des Médecins à Londres. Il fut aussi Médecin de Jacques I & de Charles I; & il parut pendant toute sa vie très-attaché à la Famille Royale.

HAWKSBÉE, (François) *a fait des expériences dont* Newton *faisoit grand cas.* Il s'en est servi dans son *optique*, pour prouver l'existence de l'*attraction.* La principale est celle d'une goutte d'huile que l'on met sur une lame de verre placée horizontalement. Si l'on prend une seconde lame, & qu'on lui fasse former avec la premiere un angle de 10 à 15 minutes, la goutte d'huile s'approchera du sommet de l'angle. Si l'on éleve cette seconde lame, la goutte d'huile s'élevera vers elle. Nous sommes étonnés que *Newton* qui, dans son livre des *Principes*, démontre l'existence de l'*attraction* d'une maniere si démonstrative, se soit attaché dans son *optique* à une preuve si mince. Si *Hawksbée* n'avoit pas fait d'autre découverte, il ne mériteroit pas une place parmi les Physiciens; il la mérite cependant par celles qu'il a faites dans l'*électricité.* Ses expériences en cette matiere sont sûres; elles sont consignées dans les *actes* de la Société Royale de Londres dont il étoit Membre; je ne rapporterai ici que les principales.

Hawksbée découvrit le premier que le verre est peut-être le corps le plus électrisable *par frottement* que nous connoissions. Il substitua au globe de soufre dont on se servoit de son tems, un cylindre creux de verre. Il le frotta rapidement dans sa main, un papier entre deux, & il le rendit tellement électrique, que dans l'obscurité on appercevoit une lumiere ſuivre la main qui frottoit, & qu'avec ſon autre main, il excitoit de ce tube une étincelle, accompagnée d'un pétillement. Il n'en excita aucune, lorſqu'il frotta le tube vuide d'air; mais il apperçut dans ſon intérieur une lumiere très-vive & très-brillante. Il réfléchit ſur cette lumiere, & ce fut alors qu'il inventa une machine pour électriſer les corps ſous le récipient de la machine pneumatique exactement purgé d'air. Le frottement d'un morceau d'ambre jaune contre de la laine produiſit dans le récipient une lumiere beaucoup plus vive, que le même frottement dans l'air ordinaire, & après l'opération l'ambre jaune & la laine lui parurent un peu brûlés : preuve évidente que la matiere électrique eſt un véritable feu.

C'eſt à *Hawksbée* que nous devons nos machines électriques à globe de verre. Il imagina le premier de faire tourner ſur ſon axe un globe creux de verre par le moyen d'une roue & d'une corde, & de le rendre électrique, en le frottant avec la main ſeche ou avec un couſſinet. Ce n'eſt que depuis l'invention de cette machine que nous avons produit ce qu'on peut appeller des *phénomenes électriques*.

Enfin cet ingénieux Phyſicien prouva que, dans certains corps, la chaleur pouvoit ſuppléer au frottement. Il fit fondre de la réſine ; & avant qu'elle fût tout-à-fait refroidie, il en approcha quelques feuilles légeres de métal ; elles furent attirées à la diſtance d'un à deux pouces. *Hawksbée* a fait en Phyſique bien d'autres découvertes, rapportées dans des ouvrages généralement eſtimés, dont nous n'avons pas pu nous procurer la lecture. Nous aimons mieux les omettre, que de les rapporter ſur le témoignage d'autrui.

HÉMISPHERE. On nomme *Hémiſphere* la moitié d'une ſphere ou d'un globe.

HERMÉTIQUEMENT. On bouche *Hermétiquement* un tube de verre, lorſqu'on le bouche avec ſa propre matiere, en fondant une de ſes extrémités à la lampe. C'eſt à un ouvrier nommé *Hermès* que nous devons cette invention.

HÉRON, *natif d'Alexandrie, a été un des grands Phyſiciens de l'Antiquité.* Il floriſſoit 120 ans avant J. C. ; la ſeule Machine qui nous reſte de lui, nous prouve qu'il connoissoit très-bien le ressort & la force de l'air. Elle est connue sous le nom de *Fontaine de Héron.* Nous en avons donné la description, & nous en avons expliqué le Mécanisme à la fin de l'article des *Fontaines.*

HÉTÉROGENE. Un corps hétérogne est un corps composé de parties qui ne se ressemblent pas.

HÉVÉLIUS, (Jean) *naquit à Dantzick le 28 Janvier* 1611. Il y a eu peu d'Astronomes aussi laborieux que lui. Non-seulement il observa très-exactement toutes les cometes & tous les phénomenes astronomiques qui parurent de son tems ; mais encore il calcula les positions de 1553 étoiles. Il découvrit le mouvement de la Lune auquel les Astronomes ont donné le nom de *libration ;* & il fit sur les autres planetes des observations qu'il nous a laissées dans sa *Sélénographie.* Cet ouvrage, imprimé en un volume *in-folio*, a toujours été & sera toujours regardé comme un ouvrage *excellent.* Peut-être ce terme n'est-il pas assez expressif ? C'est-là qu'Hévélius donne à Copernic dont il embrasse l'hypothese, toutes les louanges imaginables. Après avoir avoué que Pythagore a parlé le premier du mouvement de la terre dans l'écliptique ; il continue de la sorte *pages* 163 & 164 : *Postmodùm verò per aliquot sæcula, hæc hypothesis in alto jacuit silentio ; donec ante centum & triginta circiter annos, Copernicus civis noster, vir nunquàm satis laudatus, singulari Dei Providentiâ genitus, prodiit, qui antiquam illam & ferè oblivioni traditam Hypothesim, denuò ex cineribus resuscitavit, nec solummodò illam clariorem, sed & diversis in locis, ubi opus, perfectiorem reddidit. Quam opinionem ferè omnes eximii Mathematici, hoc nostro sæculo amplectuntur, & contra objectiones contradicentium magis magisque defendere laborant ; quippè per hanc admodùm feliciter & commodè omnia Phænomena & motus stellarum tàm longitudinis quàm latitudinis, ut & planetarum regressiones (quare videlicet certis temporibus tardiores, velociores, stationarii, &c.) explicantur & intelliguntur ; ità ut ea sententia rationi minùs contrariari videatur.* Ce passage seul nous prouve avec quel soin Hévélius s'adonnoit à l'Astronomie physique. Son livre pourroit nous en fournir bien d'autres preuves. Nous y renvoyons tout Lecteur qui aime à voir des ouvrages marqués au coin de l'immortalité. Hévélius mourut le 28 Janvier 1688, à l'âge de 67 ans. La haute réputation dont il jouissoit dans le monde savant, lui mérita une pension annuelle du Roi Louis le Grand.

HIDRAULIQUE & HIDROSTATIQUE. Cherchez *Hydraulique & Hydrostatique.*

HIPPARQUE, *natif de Nicée, a été sans contredit le plus grand Astronome de l'Antiquité.* Pline le nomme *consiliorum naturæ particeps.* Cet éloge n'a rien d'exagéré. Nous avons remarqué dans l'histoire que nous avons donnée des progrès de l'Astronomie, qu'Hipparque fut le premier à prédire les éclipses ; qu'il calcula toutes celles qu'il devoit y avoir de Soleil & de Lune dans l'espace de 600 ans ; qu'il compta les étoiles ; qu'il marqua la situation & la grandeur des principales ; qu'il s'apperçut que ces Astres avoient un mouvement d'Occident en Orient autour des pôles de l'écliptique, &c. Ce grand homme florissoit entre l'an 168 & l'an 219 avant J. C.

HIPPOCRATE, *le Pere de la Médecine, naquit dans l'Isle de Coos, l'une des Cyclades, environ l'an 460 avant J. C.* C'est le premier qui ait rédigé la Médecine en corps de Science. Ce qui le rendit célebre, ce furent les remedes efficaces qu'il ordonna contre la peste qui ravageoit l'Illyrie. L'on assure que la circulation du sang n'a pas été inconnue à ce grand homme. Le P. Regnault dans son ouvrage intitulé l'*Origine ancienne de la Physique moderne,* rapporte les passages suivans, tirés des écrits d'Hippocrate, en preuve de ce sentiment. *Bilis commota..... ex solitâ motione sanguinem dimovet* ; de morbis lib. 2, *calefacto enim sanguine & attracto celerem circuitum faciunt ea quæ in corpore sunt ;* de victûs ratione lib. 2. *In juvenibus..... velox circuitus..... in senioribus tarda motio.* Ibidem. Nous ajouterons à toutes ces preuves ce que dit ce même Auteur dans son livre *de flatibus.* Il assure dans la section 3e. de cet ouvrage qu'il est impossible que la masse du sang soit en repos dans le corps de l'homme. *Neque enim fieri potest ut sanguinis copia conquiescat.*

HIRE, (Philippe de la) *naquit à Paris, le 18 Mars* 1640. M. de Fontenelle n'exagéra pas, lorsque faisant l'éloge de ce grand homme, il assura qu'on avoit eu en M. de la Hire seul une Académie entiere des Sciences. Ç'a été en effet un profond Géometre, un habile Mécanicien, un exact Astronome, un grand Physicien, &c. Ce ne sont pas ici des titres donnés en l'air. Qu'on lise ses *sections coniques*, ses *lieux Géométriques*, sa *construction des équations*, son traité des *Epicycloïdes*, &c. l'on verra combien avant il a pénétré dans les mysteres de la plus haute Géométrie. Son traité sur la théorie & la pratique de la mécanique sera un monument éternel des progrès qu'il fit dans une science si utile au genre humain. Sa *Gnomonique*, ses Tables Astronomiques du Soleil, de la Lune & de toutes les planetes; sa fameuse *Machine* qui montre toutes les éclipses passées & à venir, & les mois & les années lunaires avec les épactes; la *Méridienne* commencée par M. Picard qu'il continua au Nord de Paris, tandis que M. Cassini la poussoit du côté du sud, tout cela nous apprend qu'il n'y a point eu d'Astronome dans son siecle avec lequel on ne le puisse mettre en parallele. Enfin M. de la Hire paroît grand Physicien dans son *Optique*; dans l'explication qu'il donne des principaux effets de la *glace* & du *froid*; dans les différences qu'il assigne entre les *sons* de la corde, & ceux de la *trompette marine*, &c. Il mourut à Paris le 21 Avril 1718, à l'âge de 78 ans. Il avoit été reçu à l'Académie des Sciences en l'année 1678. Ceux qui voudroient donner son histoire, devroient le représenter encore comme un grand Professeur d'Architecture, un bon Dessinateur, & un habile Peintre de Paysage; nouvelle preuve qu'on a eu en M. de la Hire seul une Académie entiere des Sciences.

HOBBES, (Thomas) *naquit à Malmesburg le 5 Avril* 1588. Ç'a été sans contredit un des plus beaux génies que l'Angleterre ait produit. Les traités de Mathématique & de Physique qu'il a donnés au public, sont renfermés dans 2 volumes *in-4°.* imprimés à Amsterdam en l'année 1668. L'on y trouve des choses excellentes sur l'*Astronomie*, l'*Optique*, la *Catoptrique*, la *Dioptrique*, la *nature de l'air*, &c. Ce qui est sûr, c'est qu'il a assigné, longtems avant Newton, l'*attraction* pour la cause physique de la gravité des corps. Il dit en termes exprès que les corps graves n'ont d'eux-mêmes aucune tendance vers le centre de la terre; il ajoute que s'ils vont vers ce centre, c'est qu'ils sont attirés par notre globe. Voici comment parle, *tome* 1, *part.* 4, *page* 251 Hobbes dont la naissance a précédé de 54 ans celle de Newton. *Gravia autem dicimus corpora illa, quæ, nisi vi aliquâ impediantur, feruntur versùs corporis telluris centrum; idque, quantùm ſenſu percipere poſſumus, ſponte ſuâ. Itaque in eâ opinione fuerunt Philoſophi, alii quidem ut deſcenſum gravium appetitum eſſe putarent internum quò projecta ſursùm, rursùs deſcendant mota à ſeipſis, ad locum naturæ ſuæ convenientem; alii autem à terrâ attrahi. Prioribus illis aſſentiri non poſſum..... Poſterioribus qui deſcenſum gravium telluris attribuunt attractioni aſſentior.* Hobbes mourut à Hardwick le 4 Décembre 1679, à l'âge de 91 ans. L'on aſſure qu'il avoit tellement peur des démons & des eſprits revenans, qu'il n'oſoit pas demeurer ſeul un moment, ſurtout pendant la nuit. Si le fait eſt vrai, Hobbes ne croyoit pas les dogmes impies qu'il a débités ſur l'ame de l'homme qu'il regarde comme matérielle & mortelle. Nous aurons occaſion d'attaquer cet abominable ſyſteme dans l'article du *Matérianiſme.*

HOFFMANN, (Fréderic) *naquit à Hall, le* 19 *Février* 1660. Il a été Conſeiller d'Etat du Roi de Pruſſe & ſon premier Médecin, premier Profeſſeur en Médecine dans l'Univerſité de Hall, Doyen de la même Univerſité, Comte du Palais de l'Empereur, Membre de l'Académie des Curieux de la nature, de l'Académie Impériale de Pétersbourg, de la Société Royale de Londres, & de l'Académie Royale des Sciences de Berlin. Un homme d'un mérite ordinaire pourroit abſolument avoir été décoré de tous ces titres; mais ce qui ſuppoſe dans M. Hoffmann un mérite extraordinaire, c'eſt le grand nombre d'ouvrages qu'il a donnés au public. Nous avons de lui trois cent deux diſſertations dont la plupart ſont excellentes, celles ſurtout qu'il a fait entrer dans ſon bel ouvrage intitulé; *la médecine raiſonnée.* Il aſſure dans la préface de cet ouvrage qu'un Médecin doit avoir des connoiſſances exactes de l'*Anatomie*, de la *Phyſique expérimentale* & de la *Mécanique; parce que ces ſciences ſont celles des choſes corporelles qui influent extrêmement ſur le corps humain, & qu'elles en indiquent la nature, les propriétés & les forces.* M. Hoffmann étoit plus en droit que perſonne de parler de la ſorte. Ses diſſertations ſur la *nature* des *vents*, ſur les *météores*, ſur le *barometre*, ſur l'*eau*, ſur les *bains d'eau douce*, ſur les *remedes tirés du pavot*, ſur la *putréfaction*, ſur les *dents*, ſur les *ſomnambules*, ſur les *ſoufres* des *métaux*, ſur la *peſanteur* & le *reſſort* de l'*air* contre la machine du corps humain, ſur le *hoquet*, &c. Toutes ces dissertations, dis-je, prouvent que M. Hoffmann étoit aussi grand Physicien, que célebre Médecin. Il mourut à Hall, le 12 Novembre 1742, à l'âge de 83 ans.

HOMBERG, (Guillaume) *naquit à Batavia dans l'Isle de Java, le* 8 *Janvier* 1652. Lorsque sa famille eut quitté les Indes, pour se fixer à Amsterdam, M. Homberg résolut de visiter les Savans de l'Europe, dans le dessein de se perfectionner dans la Physique expérimentale pour laquelle il avoit un talent éminent. Il étoit prêt à quitter Paris où il s'étoit fait un grand nom par ses opérations chimiques, lorsque les bienfaits de Louis le Grand le fixerent en France pour toujours. Le détail des découvertes qu'il a faites dans la Physique nous meneroit trop loin. Il faudroit faire l'énumération de toutes les especes de phosphores qu'il a trouvés, de tous les microscopes qu'il a travaillés, de tous les changemens qu'il a fait à la machine pneumatique, &c. Mais nous ne saurions passer sous silence l'expérience qu'il fit au foyer du fameux verre du Palais Royal. Il prétendit avoir réduit l'or à ses premiers élémens, & avoir découvert qu'il étoit composé de *mercure*, d'un *sable fin*, & de *sels fixes*. Nous avons examiné ce fait dans l'article des *Métaux*. M. Homberg mourut à Paris le 24 Septembre 1715, à l'âge de 63 ans. Il avoit été admis à l'Académie Royale des Sciences, en qualité de Chimiste, en l'année 1691. L'Académie, *remarque M. de Fontenelle*, étoit alors tombée dans une assez grande langueur. Souvent on ne trouvoit pas de quoi occuper les deux heures de séance; mais dès que M. Homberg eut été reçu, on vit que l'on avoit une ressource assurée. Il étoit toujours prêt à fournir du sien, & l'on s'étoit fait sur sa bonne volonté une espece de droit qui l'assujettissoit. Il n'eût presque osé paroître les mains vides. Sa grande abondance contribua beaucoup à soutenir la compagnie jusqu'au renouvellement de 1699. M. de Fontenelle raconte encore qu'en l'année 1704, Monseigneur le Duc d'Orléans nomma M. Homberg, son premier Médecin, charge d'elle-même incompatible avec la place d'Académicien pensionnaire qu'il occupoit déjà. Celui-ci déclara nettement que s'il étoit réduit à opter, il se détermineroit pour l'Académie. Mais le Roi le jugea digne d'une exception. Ces sortes de grace ne tirent jamais à conséquence, lorsqu'elles sont accordées à un homme d'un mérite aussi distingué que l'étoit M. Homberg.

HOMME. C'est un composé de deux substances spécifiquement différentes. L'une, essentiellement active, inétendue & indivisible, se connoît, sait qu'elle pense, nie ce qui lui paroît faux, affirme ce qu'elle croit véritable. Souvent par l'examen des raisons contraires, elle demeure en suspens; elle flotte dans l'incertitude, parce qu'elle n'a qu'une connoissance imparfaite. Souvent aussi ce qu'elle sait, la conduit à la découverte de ce qu'elle ignore. Elle infere l'un de l'autre, en suivant le fil d'une progression méthodique. Capable de méditer, elle distingue une conclusion juste de celle qui ne le seroit pas, examine le rapport de ses idées, réfléchit sur l'ordre qu'elle doit leur donner. Par ces efforts redoublés elle parvient à comprendre un objet, à l'embrasser tout entier: se repliant sur elle-même, elle considere tous les pas qui l'ont conduite à ce terme. Combien d'autres opérations l'Ame n'a-t-elle pas qui ne dépendent que d'elle-même, & auxquelles la substance à laquelle elle est intimement unie, n'a aucune part? quoique finie dans sa nature, elle perce d'un vol rapide l'Éternel, l'Infini, l'Immense: elle ose en sonder la profondeur, en parcourir l'étendue, &c. Cherchez *Matérialisme*, vous y trouverez la spiritualité de l'Ame de l'homme établie sur les preuves les plus triomphantes.

L'autre substance qui fait partie de l'Homme, essentiellement inerte & passive, c'est-à-dire, essentiellement incapable de produire quoi que ce soit d'elle-même, n'est susceptible que d'extension, de figure, de mouvement, de repos, de division, d'organisation, &c. La plus noble de ses fonctions, est de servir de pur instrument à l'Ame, lorsqu'elle produit ses sensations, à-peu-près comme la lyre sert d'instrument au musicien qui sait en tirer les sons les plus mélodieux. Voilà ce qu'on peut appeller le tableau général de l'homme. Examinons-le en détail, en commençant par celle des deux substances que nous savons être la moins noble.

Le corps de l'homme dans son origine n'est qu'un point imperceptible dont les parties informes échappent à nos regards. Placé dans la matrice qui lui convient, ce point se développe, il s'étend, il s'accroît par l'addition continuelle de matieres analogues à son être, qu'il attire, qui se combinent & s'assimilent avec lui. Sept jours après la conception, *disent les plus grands Anatomistes*, on peut distinguer à l'œil simple les premiers linéamens du fœtus. Le quinzieme jour on commence à en bien distinguer la tête & à reconnoître les traits les plus apparens du visage. Au bout de trois semaines les bras & les jambes, les mains & les pieds sont visibles; dans ce même tems l'organisation intérieure du fœtus commence à être sensible. A un mois il a plus d'un pouce de longueur, & la figure humaine n'est plus équivoque. A deux mois le fœtus a plus de deux pouces de longueur. C'est à-peu-près en ce tems-là qu'on apperçoit le mouvement du cœur, on l'a vu battre dans un fœtus de cinquante jours, & même continuer de battre assez long-tems, après qu'il eut été tiré du sein de la mere. C'est donc à-peu-près au cinquantieme jour depuis la conception que se fait l'union de l'ame avec le corps. Jusqu'à ce que l'homme ait atteint l'âge de puberté, la nature ne paroît occupée qu'à sa conservation & à son accroissement; mais ensuite les principes de vie se multiplient; & alors il a non-seulement tout ce qu'il faut pour exister, mais il a encore de quoi donner l'existence à d'autres.

Tous les mouvemens ou changemens que l'homme éprouve dans le cours de sa vie, soit de la part des objets extérieurs, soit de la part des substances renfermées en lui-même, sont ou favorables ou nuisibles à son être, le maintiennent dans l'ordre ou le jettent dans le désordre, sont tantôt conformes & tantôt contraires à sa façon d'exister, en un mot sont agréables ou fâcheux. Il approuve les uns & il désapprouve les autres; les uns le rendent heureux, les autres le rendent malheureux; les uns deviennent les objets de ses desirs, les autres de ses craintes.

Les êtres de l'espece humaine sont susceptibles de deux sortes de mouvemens; les uns sont des mouvemens extérieurs par lesquels le corps entier ou quelques-unes de ses parties sont visiblement transférées d'un lieu dans un autre; les autres sont des mouvemens internes & cachés, dont quelques-uns sont sensibles pour nous, tandis que d'autres se font à notre insu, & ne se font deviner que par

par les effets qu'ils produisent au-dehors. Dans une machine très-composée, formée par la combinaison d'un grand nombre de matieres, variées pour les propriétés, pour les proportions, pour les façons d'agir, les mouvemens deviennent nécessairement très-compliqués; leur lenteur, aussi-bien que leur rapidité, les dérobent souvent aux observations de celui-là même dans lequel ils se passent.

Ne soyons donc pas surpris si l'homme rencontra tant d'obstacles, lorsqu'il voulut se rendre compte de son être ou de sa façon d'agir. Il vit bien que son corps & ses différentes parties agissoient; mais souvent il ne put voir ce qui les portoit à l'action. Il sentit donc qu'il renfermoit au-dedans de lui-même un principe moteur, distingué de son corps, qui donnoit secrétement l'impulsion aux ressorts de cette machine, se mouvoit par sa propre énergie & agissoit suivant des loix totalement différentes de celles qui reglent les mouvemens de tous les autres êtres. Il avoit la conscience de certains mouvemens internes qui se faisoient sentir à lui. En un mot, il apperçut en lui-même une substance d'une toute autre nature que celle des causes visibles qui agissoient sur ses organes. Il conclut que cette substance ne devoit point, comme les mixtes, subir de dissolution; que sa parfaite simplicité l'empêchoit de pouvoir se décomposer ou changer de forme; enfin qu'elle étoit par son essence exempte des révolutions auxquelles on voyoit le corps sujet, ainsi que tous les êtres composés dont la nature est remplie. C'est de-là sans doute que nous sont venus les notions d'*Immatérialité*, de *Spiritualité*, d'*Immortalité*, &c.

L'Homme se regarda donc avec raison comme un *Tout* composé par l'assemblage de deux natures différentes. Il distingua deux substances en lui-même; l'une visiblement soumise aux influences des êtres grossiers & composée de matieres grossieres & inertes, fut nommée *Corps*; l'autre simple & indivisible, d'une essence plus pure, agissante par elle-même & donnant le mouvement au corps avec lequel elle se trouve intimement unie, fut nommée *Ame* ou *Esprit*. Les fonctions de l'une furent nommées *physiques*, *corporelles*, *matérielles*; les fonctions de l'autre furent appellées *spirituelles* & *intellectuelles*; l'homme considéré relativement aux premieres, fut appellé l'*homme physique*; & quand on le considéra relativement aux dernieres, il fut désigné sous le nom d'*homme moral*.

Ces distinctions sont adoptées aujourd'hui par tous les véritables Philosophes; elles sont même adoptées par la plupart de ceux que l'on met au rang des prétendus esprits forts de ce siecle. Ecoutons un Auteur à qui ceux-ci donnent les plus grands éloges. » En méditant sur la na» ture de l'homme, j'y crus découvrir deux Principes » distincts, dont l'un l'élevoit à l'étude des vérités éter» nelles, à l'amour de la justice & du beau moral, aux » régions du monde intellectuel dont la contemplation fait » les délices du sage, & dont l'autre le ramenoit basse» ment en lui-même, l'asservissoit à l'empire des sens, » aux passions qui sont leurs ministres, & contrarioit » par elles tout ce qui lui inspiroit le sentiment du » premier. En me sentant entraîné, combattu par ces » deux mouvemens contraires, je me disois: non, l'hom» me n'est point un; je veux & je ne veux pas; je me » sens à la fois esclave & libre; je vois le bien, je l'ai» me & je fais le mal: je suis actif, quand j'écoute la rai» son; passif, quand mes passions m'entraînent; & mon » pire tourment, quand je succombe, est de sentir que » j'ai pu résister.... Que celui qui fait de l'homme un être » simple, leve ces contradictions, & je ne reconnois plus » qu'une substance.

» Vous remarquerez que par ce mot de substance, j'en» tends en général l'être doué de quelque qualité primi» tive, & abstraction faite de toutes modifications parti» culieres ou secondaires. Si donc toutes les qualités pri» mitives qui nous sont connues, peuvent se réunir dans » un même être, on ne doit admettte qu'une substance; » mais s'il y en a qui s'excluent mutuellement, il y a au» tant de diverses substances qu'on peut faire de pareilles » exclusions. Vous réfléchirez sur cela; pour moi, je n'ai » besoin, quoi qu'en dise Locke, de connoître la matiere » que comme étendue & divisible, pour être assuré qu'elle » ne peut penser; & quand un Philosophe viendra me » dire que les arbres pensent & que les rochers pensent, » il aura beau m'embarrasser dans ses argumens subtils, » je ne puis voir en lui qu'un sophiste de mauvaise foi,

» qui aime mieux donner le ſentiment aux pierres, que » d'accorder une ame à l'homme. » *Emile tome* 3, *page* 63 *& ſuiv.*

Ecoutons encore M. Caraccioli, parlant à ces prétendus eſprits forts qui ont le front d'avancer que c'eſt gratuitement qu'on ſuppoſe dans l'homme deux ſubſtances eſſentiellement diſtinguées: que c'eſt ſans fondement qu'on prétend que la ſubſtance qui agit inviſiblement au-dedans de nous-mêmes, eſt différente de celle qui agit au-dehors: que c'eſt par ignorance qu'on déſigne la premiere ſous la forme d'*eſprit*, &c. » On diroit, *remarque très-à-propos ce* » *ſage Philoſophe*, que nous revenons à la premiere en» fance du monde; il faut aujourd'hui prouver des véri» tés qu'on a enſeignées pendant ſix mille ans. La nouvelle » Philoſophie a tellement défiguré les choſes, qu'on prend » pour des aſſertions douteuſes ce qui eſt démontré. No» tre Ame eſt naturellement grande quant à ſon origine, » ſon eſſence & ſa deſtinée; & elle paroît telle à quicon» que ſe conduit par la lumiere que lui fournit la religion. » Cette lumiere, *continue le même Auteur*, ne brille pas » ſurement dans ces livres ténébreux où l'homme eſt relé» gué dans la claſſe des bêtes, ni dans ces diſſertations » impies où l'on nous ravit la douce eſpérance de l'immor» talité. Cependant on oſe ſe familiariſer avec des erreurs » auſſi pitoyables; & à l'aide de quelques jolies phraſes » & de quelques définitions qui ſemblent toutes neuves, » croire d'auſſi étranges paradoxes. L'*Anti-Lucrece* par » Polignac, voilà l'ouvrage immortel qui nous appren» dra à connoître notre Ame; voilà l'ouvrage qui réduit » en poudre les faux principes & les objections inſenſées » de nos Philoſophes modernes, & qui couvrira à ja» mais de confuſion tant de liſeurs aſſez imbécilles pour » les admirer ».

C'eſt en effet dans ce Poëme que nous trouvons le tableau fidelle des connoiſſances humaines & le detail intéreſſant de tout ce que l'homme eſt capable d'exécuter. Tantôt ce poëte nous repréſente l'homme comme un ingénieux Phyſicien qui décompoſe les mixtes, tire le ſel, le ſoufre, le ſable, les liqueurs qu'ils renferment, en déſunit ou rejoint à ſon gré les principes; & fabriquant des corps artificiels, imite, ſouvent même réforme l'ouvrage de la nature. C'eſt, *dit-il*, un nouveau Prométhée qui, après avoir dérobé impunément le feu céleste, rassemble au foyer d'un verre les rayons du Soleil réunis par la réfraction; & forçant, pour ainsi dire, l'Astre du jour à descendre sur la terre, avec ces flammes adroitement surprises, il embrase les chênes, il liquéfie les métaux. Pour seconder les efforts de ses yeux, il fabrique, selon les loix d'une savante théorie, des instrumens dont l'utile concours, en donnant plus d'étendue à l'image d'un objet, l'éclaircit & le rapproche. A l'aide du Microscope, il pénetre même dans l'intérieur des corps, en démêle les parties imperceptibles & contemple avec surprise les merveilles de leur composition. Cherchez *Mixte*, *Chimie*, *Dioptrique*, *Lunettes*, *Microscope*.

Tantôt il nous le représente comme un habile Astronome qui mesure la vaste étendue des cieux, qui pese les astres qui roulent sur nos têtes, & qui connoît les grandeurs différentes des circonférences qu'ils décrivent. Par des calculs infaillibles il prédit combien de fois dans l'espace de mille ans, de mille siecles la Lune doit être obscurcie par l'ombre de la Terre, & dans quel point du ciel, à quelle heure de la nuit, elle le sera chaque fois. Par des calculs aussi sûrs, il détermine à quelle partie de notre globe la Lune doit cacher le Soleil, dans quel instant elle doit intercepter le jour, & quelle portion du disque solaire elle obscurcira pour lors à nos yeux. Il prévoit tous ces phénomenes, il les annonce, & il consigne ses prédictions dans des fastes plus sûrs que ceux des oracles. Cherchez *Astronomie*, *centre de gravitation*, *Eclipse*, *mouvement en ligne courbe*.

Tantôt enfin il nous représente l'homme comme un grand Législateur qui établit les regles les plus sages de conduite, qui cherche en quoi consiste le bonheur & qui propose les moyens d'atteindre à ce but; & il conclut de-là que le systeme le plus digne d'avoir été fabriqué aux petites maisons, seroit celui qui ne reconnoîtroit pas dans l'homme une substance spirituelle à laquelle l'on attribuât toutes ces opérations.

Que n'auroit pas dit l'immortel Polignac, s'il avoit pu s'imaginer qu'un jour il paroîtroit un ouvrage aussi impie & aussi peu conforme aux loix de la saine Physique, que celui qui a pour titre *Systeme de la nature*? On lit au Chapitre 6 de la premiere partie de cet ouvrage que la source des erreurs où nous sommes tombés, est venue de ce que nous avons cru être autre chose que matiere. On y insinue que l'Ame de l'homme n'est qu'un assemblage de corpuscules déliés, toujours en mouvement, que le hasard a réunis, & que le hasard doit séparer après un certain tems. On veut que ces corpuscules matériels aient eu, par succession, du mouvement, de la sensation, des idées, de la pensée, de la réflexion, de la conscience, des passions, des signes, des gestes, des sons, des sons articulés, une langue, des loix, des sciences, des arts, &c. On y soutient que la Terre a produit le premier homme & la premiere femme, à-peu-près comme elle produit aujourd'hui les plantes. L'Auteur va plus loin. Il assure que *si la Terre déplacée cessoit de recevoir les mêmes impulsions ou influences de la part des causes qui agissent actuellement sur elle & qui lui donnent son énergie, l'espece humaine changeroit, pour faire place à des êtres nouveaux, propres à se coordonner avec l'état qui succéderoit à celui que nous voyons subsister maintenant.* Quels sarcasmes ne feroient pas contre les vrais Philosophes nos prétendus esprits forts, s'ils osoient présenter pareilles impiétés & pareilles rêveries comme autant de vérités incontestables! Ainsi l'a pensé Jean-Jacques Rousseau, Auteur qui ne sauroit leur être suspect. Voici comment il parle dans son *Emile*, *Tom.* 3, *pag.* 59 & *suiv.*

» Après avoir découvert, *dit-il*, ceux des attributs de » la Divinité par lesquels je connois son existence, je re» viens à moi, & je cherche quel rang j'occupe dans l'or» dre des choses qu'elle gouverne & que je puis examiner. » Je me trouve incontestablement au premier par mon » espece; car par ma volonté & par les instrumens qui » sont en mon pouvoir pour l'exécuter, j'ai plus de force » pour agir sur tous les corps qui m'environnent, ou pour » me prêter ou me dérober, comme il me plaît, à leur » action, qu'aucun d'eux n'en a pour agir sur moi malgré » moi & par la seule impulsion physique. Par mon intel» ligence, je suis le seul qui ait inspection sur le tout. » Quel être ici-bas, hors l'homme, sait observer tous les » autres, mesurer, calculer, prévoir leurs mouvemens, » leurs effets, & joindre, pour ainsi dire, le sentiment » de l'existence commune à celui de son existence indi» viduelle? Qu'y a-t-il de si ridicule à penser que tout

» est fait pour moi, si je suis le seul qui sache tout rap-» porter à lui ? Il est donc vrai que l'Homme est le Roi » de la Terre qu'il habite ; car non-seulement il dompte » tous les animaux, non-seulement il dispose des élémens » par son industrie ; mais lui seul sur la Terre en fait dis-» poser, & il s'approprie encore, par la contemplation, les » astres même dont il ne peut approcher. Qu'on me mon-» tre un autre animal sur la Terre qui sache faire usage » du feu & qui sache admirer le Soleil. Quoi ! Je puis » observer, connoître les êtres & leurs rapports ; je puis » sentir ce que c'est qu'ordre, beauté, vertu ; je puis con-» templer l'Univers, m'élever à la main qui le gouverne ; » je puis aimer le bien, le faire ; & je me comparerois » aux bêtes ? Ame abjecte, c'est ta triste Philosophie qui » te rend semblable à elles ; ou plutôt, tu veux en vain » t'avilir ; ton génie dépose contre tes principes ; ton cœur » bienfaisant dément ta doctrine ; & l'abus même de tes » facultés prouve leur excellence, en dépit de toi. ».

Nous n'en dirons pas davantage sur cette matiere ; nous serons obligés de la reprendre à l'article *Matérialisme* auquel nous renvoyons le Lecteur, de même qu'à celui de la *longueur de la vie des hommes*.

HOMOGENE. Un corps est homogene, lorsqu'il est composé de parties semblables.

HOOK, (Robert) *naquit dans l'Isle de Wight en Angleterre en l'année* 1635. Il s'est fait un grand nom parmi les Physiciens. Nous lui devons la perfection du microscope & l'invention des montres de poche. Il a été un des premiers Membres de la Société Royale de Londres, & le principal Auteur des transactions philosophiques. Ses plus beaux ouvrages sont la *microscopie. Lectiones cutlerianæ*. Ces leçons sont sur la mécanique. Il ne leur a donné ce titre, que parce que Jean Cutler lui donna une pension, & l'engagea à faire à Londres des leçons publiques sur la mécanique. Nous avons encore de lui *philosophicæ collectiones. Opera posthuma*. Comme aucun de ces ouvrages ne nous est tombé entre les mains, nous nous contenterons de dire que les savans en font grand cas. Hook mourut à Londres le 3 Mars 1703, à l'âge de 68 ans.

HOPITAL, (Guillaume-François de l') *Chevalier, Marquis de Saint Mesme, Comte d'Entremont, Seigneur d'Ouques, la Chaise, le Bréau & autres lieux, naquit en*

1661, *d'Anne de l'Hôpital, Lieutenant-Général des Armées du Roi, premier Ecuyer de feu S. A. R. Monsieur Gaston Duc d'Orléans, & d'Elizabeth Gobelin, fille de Claude Gobelin, Intendant des Armées du Roi, & Conseiller d'Etat ordinaire.* Pour donner en deux mots l'idée la plus étendue de son rare & profond génie pour les Sciences les plus relevées, nous dirons qu'il a vécu dans un siecle où les Mathématiciens se proposoient, par maniere de défi, les problemes les plus embrouillés, & qu'il ne se trouvoit dans le monde que MM. Newton, Leibnitz, les deux Bernoulli, Huygens, & M. le Marquis de l'Hôpital qui fussent en état d'en donner la solution. Nous ajouterons que, lorsque M. Huygens voulut s'adonner au calcul différentiel, il s'adressa à M. le Marquis de l'Hôpital qu'il regarda toujours dans la suite comme un maître dans la Géométrie sublime. Son *Analyse des infiniment petits*, & son traité des *Sections coniques* prouvent que la France n'a pas produit de plus grand Mathématicien que lui. Quel malheur pour les Sciences que la mort l'ait enlevé à l'âge de 43 ans, le 2 Février 1704! Il étoit Académicien honoraire de l'Académie Royale des Sciences de Paris.

C'est ici le lieu d'avertir le Lecteur que la note 35e, de notre commentaire du traité des infiniment petits de M. le Marquis de l'Hôpital a besoin d'une correction. A l'article 58 auquel cette note est analogue, ce Mathématicien propose le probleme suivant : *le cercle AEB, étant donné de position, avec les points C, F hors de ce cercle; trouver sur sa circonférence le point E, tel que la somme des droites CE, EF soit la moindre qu'il est possible.* Voyez la figure 43 de la planche 3 du traité des infiniment petits.

Comme nous supposons que les angles FGE & CGE étoient tels qu'ils le paroissent dans la figure, c'est-à-dire, droits, nous donnames, pour trouver le point E, une méthode beaucoup plus simple que celle de M. le Marquis de l'Hôpital. Nous avons depuis lors médité de nouveau sur cet important probleme, & nous nous sommes convaincus que les angles en G ne sont pas droits, quoiqu'ils paroissent tels. L'on abandonnera donc notre méthode, & l'on continuera à employer celle de M. le Marquis de l'Hôpital, en se servant des éclaircissemens que nous avons donnés, non pas au commencement, mais à la fin de notre note 35.

Nous avertiſſons encore le lecteur que lorſqu'il cherchera la différence de $\frac{x}{y}$, il vaut mieux ſe ſervir du calcul que nous avons fait dans cet ouvrage, que de celui qui ſe trouve à la note 3 du commentaire dont nous parlons.

HORIZON. L'horizon eſt un grand cercle dont nous renvoyons la deſcription à l'article de la *Sphere*.

HORIZONTAL. On appelle *Horizontal* tout ce qui eſt parallele à l'horizon.

HUMIDE. On donne ce nom à tout corps liquide dont les parties s'attachent à la ſurface des corps durs qu'elles touchent. Il ſuit de cette définition que le mercure n'eſt pas un corps humide. Il ſuit encore que tout corps liquide n'eſt pas un corps humide, quoique tout corps humide ſoit un corps liquide.

HUNAULD, (François-Joſeph) *Membre de l'Académie Royale des Sciences de Paris, & de la Société Royale de Londres, naquit à Château-Briant en Bretagne, le 24 Février* 1701. M. Duverney, dont nous avons fait l'éloge en ſon lieu, en faiſoit ſi grand cas, qu'il ne crut pas pouvoir remettre ſa chaire d'Anatomie au Jardin-Royal en meilleures mains, qu'en celles de M. Hunauld. M. de Fontenelle nous raconte que bientôt les démonſtrations anatomiques du nouveau Profeſſeur attirerent un ſi grand concours d'étudians, qu'ils ne pouvoient tenir dans l'amphithéâtre où elles ſe faiſoient, tout ſpacieux qu'il eſt. Il ajoute qu'on étoit obligé de les renvoyer par centaines. Ce ſeul trait doit nous donner une grande idée de M. Hunauld. Il faut qu'il ait eu un mérite bien diſtingué, pour effacer en quelque façon M. Duverney. Ce fut ſur-tout à l'*Oſtéologie* qu'il s'appliqua; nous avons de lui ſur cette matiere des pieces excellentes dans les Mémoires de l'Académie des Sciences depuis l'année 1729 juſqu'à l'année 1742. L'on fait encore grand cas d'une diſſertation qu'il a donnée ſur la queſtion dans laquelle on demande ſi le cœur s'accourcit ou s'allonge dans le mouvement de ſyſtole. Il ſe détermine pour l'accourciſſement. M. Hunauld mourut à Paris d'une fievre maligne le 10 Décembre 1742, à l'âge de 41 ans. Il n'avoit que 23 ans, lorſqu'il fut reçu à l'Académie des Sciences. Il le fut, 11 ans après, à la Société Royale de Londres. Un Mémoire qu'il lut dans une des assemblées de cette Compagnie, contenant des réflexions sur la *fistule lacrymale*, lui mérita cet honneur. Il a été inséré dans les *transactions Philosophiques*.

HUYGENS, (Chrétien) *naquit à la Haye le* 14 *Avril* 1629. Il est du petit nombre des savans dont le mérite est supérieur à tous les éloges qu'on peut faire. Nous lui devons la découverte de l'anneau & du quatrieme Satellite de Saturne; la perfection des lunettes dioptriques à observation; l'invention des pendules astronomiques; la premiere idée des développées. L'on prétend même qu'il a eu, avant M. Auzout, l'idée du micrometre. Ce que nous avons rapporté de lui dans les articles de ce Dictionnaire qui commencent par les mots *gravité* & *lumiere* doit nous le faire regarder comme un grand Physicien. Il mourut à la Haye le 8 Janvier 1695, à l'âge de 66 ans. Il avoit été reçu à la Société de Londres en 1663, & à l'Académie des Sciences de Paris en 1666. Ses ouvrages ont été recueillis en 2 volumes *in*-4°. dont le premier a pour titre *opera varia*, & le second *opera reliqua*.

HYDRAULIQUE. C'est une science qui apprend à conduire les eaux d'un lieu à un autre. Elle est fondée sur les Principes que nous devons développer dans l'article suivant. On suppose le Lecteur au fait de l'hydrostatique. Cela supposé, on entre en matiere par les notions les plus simples & les expériences les mieux constatées.

Un pied cubique d'eau douce pese 70 livres; donc un pouce cubique ne pesera que 5 *gros* & 13 *grains*, parce qu'un pied cubique contient 1728 pouces; donc la toise cubique qui contient 216 pieds cubiques, pesera 15120 livres.

Un pied cylindrique d'eau douce pese 56 livres; donc un pouce cylindrique ne pesera que 4 *gros* & 10 *grains*; donc la toise cylindrique pesera 12096 livres.

La pinte de Paris d'eau douce pese 2 livres.

Le muid de Paris d'eau douce contient 8 pieds cubes, & pese par conséquent 560 livres.

Ce que les fontainiers appellent *pouce d'eau* est une mesure qui contient 28 livres d'eau. Ne confondons pas donc *pouce d'eau* avec *pouce cubique d'eau*. Celui-ci ne pese que 5 *gros* 13 *grains*; celui-là pese 28 livres.

A ces notions vont succéder des expériences qu'on doit regarder comme les principes fondamentaux de l'Hydraulique.

Premiere expérience. Ayez un bassin constamment rempli d'eau. A la partie supérieure d'un des côtés de ce bassin faites un trou. Adaptez à ce trou une plaque d'une ligne d'épaisseur. Faites au milieu de cette plaque un trou rond d'un pouce de diametre. Entretenez l'eau du bassin de maniere que la partie supérieure de la circonférence de ce trou soit constamment couverte d'une ligne d'eau seulement. L'expérience vous apprendra que l'eau qui coulera par ce trou, pendant une minute, pesera vingt-huit livres. C'est à cette quantité qu'on est convenu de donner le nom de *pouce d'eau*.

Il suit de là 1°. qu'une source d'eau donne 1, 2, 3 pouces d'eau, lorsque, dans une minute, elle donne 28, 56, 84 livres d'eau. Elle en donneroit 60 pouces, si, dans une seconde, elle donnoit 28 livres d'eau.

Il suit 2°. que par l'ouverture de l'*expérience premiere*, il passera, en 24 heures, 40320 livres d'eau, qui font précisément 72 muids de Paris. S'il est vrai, comme on le prétend, que M. *Mariotte* ait dit qu'il n'en passeroit que 66 muids $\frac{2}{3}$, il s'est trompé; c'est-là une faute que corrigeront ceux qui ont notre édition de 1781. Ils en corrigeront une seconde, en ne donnant que 111 lignes d'aire à l'ouverture dont il est parlé dans la *même expérience*, au lieu de 117. Je dois ces doctes remarques à M. le Comte *de Rosnyvineu*, Conseiller au Parlement de Bretagne, qui cultive la Physique & les Mathématiques avec le succès que devoit naturellement avoir le parent du plus grand Philosophe que la France ait produit, l'immortel *Descartes*.

Il suit 3°. qu'en recevant dans un vase quelconque l'eau que donnera une source pendant une minute, & en pesant cette eau, l'on trouvera facilement combien de pouces elle donne.

Probleme. Quelle quantité d'eau passera-t-il, dans l'espace de 24 heures, par une ouverture *donnée*, en supposant la partie supérieure de cette ouverture constamment couverte d'une ligne d'eau ſeulement ; & abſtraction faite de tout frottement & de la viteſſe de l'eau occaſionnée par la pente du canal ou par toute autre cauſe accidentelle.

Réſolution. 1°. Meſurez l'aire de l'ouverture *donnée.* Quelle qu'en ſoit la figure, vous la trouverez par les regles établies dans notre article *Géométrie-pratique.*

2°. Examinez combien de fois l'aire de l'ouverture dont il eſt parlé dans la *premiere expérience* eſt contenue dans l'aire de l'ouverture *donnée*; ſuppoſons qu'elle y ſoit contenue ſix fois, c'eſt-à-dire, ſuppoſons-la ſix fois moindre.

3°. Une ſimple regle de proportion vous donnera la ſolution du probleme propoſé. Vous direz donc ; ſi une ouverture de 111 lignes d'aire donne, dans l'eſpace de 24 heures, 72 muids de Paris d'eau douce ; combien donnera une ouverture de 666 lignes d'aire, c'eſt-à-dire, $111 : 72 :: 666 : x = 432$. L'ouverture en queſtion donnera donc, dans l'eſpace de 24 heures, 432 muids de Paris d'eau douce.

4°. Si l'aire de l'ouverture *donnée* étoit moindre que celle dont il eſt parlé dans l'*expérience premiere*, vous diriez, 111 : 72 :: l'aire de l'ouverture donnée : à la quantité d'eau qu'elle fournira.

Remarque 1. Quoique l'ouverture *donnée* ne ſoit pas circulaire, vous opérerez néanmoins comme ci-deſſus. Si, *par exemple*, l'ouverture *donnée* a la figure d'un parallélogramme de 13 pouces de hauteur ſur 21 de largeur, vous trouverez par les regles ordinaires que ſon aire eſt de 39312 lignes. Vous direz donc, $111 : 72 :: 39312 : x = 25499 \frac{75}{111}$, c'eſt-à-dire, que l'ouverture en queſtion donnera, en 24 heures, à-peu-près vingt-cinq mille cinq cens muids de Paris d'eau douce ; & voilà la rectification du calcul que les deux fautes, corrigées dans cette édition, avoient rendu faux dans l'édition de 1781.

Remarque 2. Si le canal par où l'eau ſe rend dans l'ouverture *donnée*, a plus qu'une pente ordinaire, la viteſſe de l'eau élidera le déchet néceſſairement occaſionné par les frottemens. Nous avons ſuppoſé dans la *Réſolution* de ce probleme que l'eau couloit horizontalement & avec une viteſſe toujours égale.

Seconde Expérience. Bouchez l'ouverture dont il eſt parlé dans la *premiere expérience* & ouvrez-en une de 3 lignes de diametre, en faiſant en ſorte que la partie ſupérieure de cette derniere ouverture ſoit conſtamment couverte de 13 pieds d'eau; vous aurez un *pouce d'eau* par minute; c'eſt-à-dire; vous aurez autant d'eau, que vous en avez eu dans la *premiere expérience*.

Vous remarquerez que le diametre de l'ouverture dont il eſt parlé dans la *ſeconde expérience*, étant ſous-quadruple de celui dont il eſt parlé dans la *premiere*, l'aire de la premiere ouverture eſt 16 fois plus grande, que l'aire de la ſeconde, parce que les aires circulaires ſont comme les carrés de leurs diametres; donc ſi les deux diametres ſont comme 4 eſt à 1, les deux aires correſpondantes ſeront comme 16 à 1.

Corollaire 1. Si la partie ſupérieure de l'ouverture dont il eſt parlé dans la *ſeconde expérience*, n'étoit conſtamment couverte que d'une ſeule ligne d'eau, il n'en ſortiroit que la 16e. partie de ce qu'il en ſort, lorſqu'elle eſt chargée de 13 pieds d'eau.

Corollaire 2. Si, en ſuppoſant tout le reſte égal à ce qui eſt marqué dans la *ſeconde expérience*, l'on eût fait une ouverture d'un pouce de diametre, il en ſeroit ſorti 16 pouces d'eau par minute.

Corollaire 3. Une ouverture circulaire d'un pouce de diametre, chargée d'une ſeule ligne d'eau, donne un pouce d'eau, & elle en donneroit 16 pouces, ſi elle étoit chargée de 13 pieds ou 1872 lignes d'eau. Dans le premier cas la diſtance de la ſurface de l'eau au centre de l'ouverture, n'eſt que de 7 lignes; dans le ſecond cas elle eſt de 1878 lignes.

La racine carrée de 7 : à la racine carrée de 1878 :: 1 : 16 à-peu-près; donc lorſque l'eau coule par deux ouvertures égales, les quantités qui s'écoulent, ſont à-peu-près entr'elles comme les racines carrés de leurs charges, en comptant les diſtances depuis la ſuperficie ſupérieure de l'eau, juſqu'aux centres des ouvertures.

Corollaire 4. Il paſſera à-peu-près 4 pouces d'eau, par une ouverture circulaire d'un pouce de diametre, en ſuppoſant le centre de cette ouverture conſtamment chargé d'un pied d'eau. En effet il en ſeroit paſſé 16 pouces, ſi le centre de cette ouverture eût été conſtamment chargé de 13 pieds ou 1878 lignes d'eau ; donc il en passera à-peu-près 4 pouces, lorsqu'il sera chargé d'un pied ou de 144 lignes d'eau, puisque les racines carrées de 1878 & de 144 sont à-peu-près entr'elles comme 4 est à 1.

Troisieme Expérience. Recevez l'eau d'une fontaine dans un petit canal d'une figure réguliere & connue, par exemple, dans un petit canal de figure carrée. Jettez une boule de cire sur l'eau qui coule librement dans ce canal, & examinez combien de tems elle aura mis à le parcourir. Supposons qu'elle l'ait fait dans une minute. Il est évident qu'il aura passé dans ce tems-là par ce canal une colonne d'eau dont il sera très-facile de connoître le poids, parce que l'eau fait autant de chemin que la boule qu'elle emporte. Supposons un canal de 2 pieds de largeur, de 3 pieds de hauteur & de 100 pieds de longueur. Introduisons-y les eaux de la fontaine qu'on veut mesurer. Supposons que les eaux s'y soient élevées à la hauteur de deux pieds, & que dans une minute la boule de cire en ait parcouru la longueur ; nous pouvons assurer que la fontaine en question a donné 1000 pouces d'eau. En effet elle a donné dans une minute une colonne d'eau de 400 pieds cubes ou de 28000 livres ; elle a donc donné 1000 pouces d'eau, puisque chaque pouce d'eau pese 28 livres.

C'est en employant cette méthode qu'on a trouvé que la fameuse fontaine de Nîmes donne, dans le tems des plus grandes sécheresses, au moins 120 pouces d'eau par minute. On ne sauroit la mesurer, lorsqu'elle est dans l'état moyen, & encore moins, lorsqu'elle est haute.

Remarque. Cette mesure n'est pas à beaucoup près aussi exacte que les précédentes, parce que ce sont les surfaces supérieures de l'eau qui emportent la boule de cire. Or ces surfaces supérieures ont plus de vîtesse que les surfaces moyennes, & les surfaces moyennes plus de vîtesse que les surfaces inférieures. Aussi ne faut-il employer cette méthode qu'en désespoir de cause, & lorsqu'il est impossible de se servir de celles dont nous avons parlé ci-dessus.

HYDROSTATIQUE. L'Hydrostatique est une science qui apprend à mettre en équilibre tantôt les corps solides avec les corps fluides, tantôt deux fluides homogenes, & tantôt deux fluides hétérogenes. C'est-là l'ordre que nous allons suivre dans cet article. Nous supposons que l'on se formera, avant que de le lire, une idée nette de la *densité* ou de la *gravité spécifique* des corps.

PREMIERE PARTIE.

Des Solides comparés avec les Fluides.

L'on n'aura point de peine à rendre raison des phénomenes innombrables que nous présente cette premiere partie de l'hydrostatique, si l'on fait attention aux regles suivantes.

Premiere Regle. Un corps solide a-t-il autant de gravité spécifique, que le fluide dans lequel on le plonge? Il ne surnagera pas, mais il demeurera dans l'endroit où on l'aura d'abord placé.

Seconde Regle. Un corps solide a-t-il plus de gravité spécifique que le fluide dans lequel on le plonge? Il doit tomber au fond.

Troisieme Regle. Un corps solide a-t-il moins de gravité spécifique que le fluide dans lequel on le plonge? Il surnagera.

On ne doit pas être plus surpris de ces trois regles, qu'on l'est de voir le bassin A d'une balance tantôt en équilibre avec le bassin B, tantôt soulevant le bassin B & tantôt soulevé par le bassin B. Le premier cas arrive, lorsque vous mettez dans le bassin A un poids exactement égal à celui que vous avez mis dans le bassin B; le second cas a lieu, lorsque le bassin A contient un poids plus fort que celui qu'on a placé dans le bassin B; l'on voit le troisieme cas se vérifier, lorsqu'il y a dans le bassin A un poids moins pesant, que dans le bassin B.

Quatrieme Regle. Lorsqu'un solide plongé dans un fluide vient à surnager, la gravité spécifique du fluide est à la gravité spécifique du solide, comme toute la hauteur du solide est à la hauteur de la partie submergée. Supposons, par exemple, que le corps A dont la hauteur est de 6 pieds soit plongé dans l'eau, & qu'il surnage de 4 pieds; je dis que la gravité spécifique de l'eau l'emporte autant sur la gravité spécifique du corps

A, que 6 pieds l'emportent ſur 2 pieds. La raiſon en eſt évidente : 2 pieds d'eau chaſſés par le corps A peſent autant que tout le corps A haut de 6 pieds ; donc l'eau a une gravité ſpécifique triple de celle du corps A.

Cinquieme Regle. Le poids que perd un corps ſolide plongé dans un fluide totalement ou en partie, eſt toujours égal au poids du volume de fluide qu'il a déplacé. Si le corps B, par exemple, plongé dans l'eau, a déplacé deux livres de ce fluide, le corps B peſé dans l'eau aura deux livres de moins, que s'il étoit peſé dans l'air. Pourquoi ? Parce qu'il eſt ſoutenu par une colonne d'eau capable de tenir en équilibre un poids de deux livres. Les différens *Corollaires* que nous allons tirer de ces 5 regles ſerviront d'explication à pluſieurs phénomenes intéreſſans que nous avons tous les jours ſous les yeux.

Corollaire premier. Il n'eſt pas difficile aux poiſſons de monter, de deſcendre, & d'être comme ſuſpendus & immobiles au milieu de l'eau ; l'expérience nous apprend qu'ils ont dans leur corps une double veſſie remplie d'air, laquelle dilatée ou reſſerrée à propos diminue ou augmente leur gravité ſpécifique, ſans apporter aucun changement à leur poids abſolu.

Corollaire ſecond. Les oiſeaux doivent auſſi facilement voler dans les airs, que les poiſſons nagent dans les eaux. Les oiſeaux ont d'eux-mêmes, il eſt vrai, plus de peſanteur qu'un égal volume d'air, puiſque bleſſés mortellement ils tombent à terre ; mais pour ſe procurer une légereté ſpécifique très-conſidérable, ils n'ont qu'à ſe dilater la poitrine, étendre leurs ailes & augmenter leur volume, ſans acquérir plus de peſanteur abſolue.

Ajoutez à cela que l'oiſeau frappe l'air avec ſes ailes, à-peu-près comme le Batelier frappe l'eau avec ſes rames.

Corollaire troiſieme. Les nageurs naturellement plus peſans qu'un égal volume d'eau, ont ſoin de diminuer leur gravité ſpécifique en ſe dilatant la poitrine, en étendant les pieds & les bras, en tenant la tête hors de l'eau & en produiſant pluſieurs mouvemens contraires à celui de la peſanteur.

Corollaire quatrieme. Les gens qui apprennent à nager font très-prudemment, lorſqu'ils ſe garniſſent le corps de calebaſſes remplies d'air ; ils forment un *Tout* plus léger qu'un égal volume d'eau.

Corollaire cinquieme. Les hommes & les animaux qui se noyent vont d'abord au fond, parce qu'ils ont plus de gravité spécifique que l'eau; mais quelques jours après on les voit surnager, parce que les sels qui étoient dans leur corps, ont été dissous par l'eau.

Corollaire sixieme. Les barques, les bateaux, les vaisseaux sont tellement construits, que quelque considérable que soit leur cargaison, ils sont toujours plus légers que le volume d'eau auquel ils répondent. Aussi n'est-il pas difficile de remettre à flot un navire qui a échoué sur le sable, ou qui est évasé. On y attache, dans le tems de la marée basse, de grandes caisses remplies d'air; lorsque la Mer monte, l'eau ne manque pas de l'enlever, & de le mettre en état d'être tiré à bord.

Corollaire septieme. L'Aréometre, c'est-à-dire, une petite phiole de verre à long col, fermée hermétiquement, pleine d'air, & dont le fond est garni d'un peu de Mercure, doit surnager; parce que le volume composé d'air, de verre & de mercure, est plus léger que le volume de liqueur correspondant. L'Aréometre cependant s'enfonce plus ou moins, suivant que la liqueur est plus ou moins légere, parce qu'une liqueur plus légere est moins capable de le soutenir, qu'une liqueur plus pesante. On ne peut révoquer en doute quelqu'un de ces corollaires, sans nier l'existence de quelqu'une des 3 regles que nous avons établies au commencement de cette premiere partie. Les corollaires suivans dépendent de la *quatrieme* & *cinquieme regles*.

Corollaire huitieme. Plus un fluide est dense, & plus le corps solide qu'on y plonge perd de son poids; parce que le poids qu'il perd est toujours égal au poids du volume de fluide qu'il a déplacé.

Corollaire neuvieme. Plus un corps solide, plongé dans un fluide, a de volume, & plus il perd de son poids, parce qu'il déplace alors une plus grande quantité de fluide.

Corollaire dixieme. Un Pêcheur remue sans peine son filet rempli de poissons, tout le tems qu'il est dans l'eau.

Corollaire onzieme. Un homme dans l'eau ne nous paroît pas peser une ou deux livres, quoiqu'il en pese une centaine; parce qu'il a chassé un volume d'eau d'un poids presqu'égal.

Nous joindrons à ces corollaires quelques usages fondés sur les regles que nous avons données.

Premier usage. Si l'on veut connoître la gravité spécifique de deux corps solides, par exemple, de l'or & du fer, voici la méthode dont il faut se servir. 1°. Prenez un morceau d'or & un morceau de fer, dont le volume soit parfaitement le même. 2°. Pesez le morceau d'or d'abord dans l'air & ensuite dans l'eau, vous trouverez qu'il a perdu dans l'eau la 19e. *partie* de son poids, c'est-à-dire, qu'il ne pesera que 18 onces dans l'eau, supposant qu'il en pesât 19 dans l'air. 3°. Ce que vous avez fait par rapport au morceau d'or, faites-le par rapport au morceau de fer & vous trouverez que le fer perd dans l'eau la 8e. *partie* de son poids. Cela fait, voici comment vous raisonnerez : l'or est dix-neuf fois plus pesant que l'eau ; tandis que le fer n'est que 8 fois plus pesant que l'eau ; donc la gravité spécifique de l'or, l'emporte autant sur la gravité spécifique du fer, que le nombre 19 l'emporte sur le nombre 8 ; ou pour parler dans les termes de l'art, la gravité spécifique de l'or est à la gravité spécifique du fer, comme 19 est à 8.

Second usage. L'on doit se servir à-peu-près de la même méthode pour connoître la gravité spécifique de deux corps plus légers que le fluide dans lequel on les jette. Si l'on me donne, par exemple, le corps A & le corps B hauts chacun de 4 pieds, & que l'on m'assure que le corps A s'enfonce dans l'eau de 2 pieds, & le corps B d'un pied seulement ; je dois conclure que la gravité spécifique du corps A est double de celle du corps B ; parce que plus un corps est pesant, & plus il s'enfonce dans un fluide.

Troisieme usage. Lorsque l'on veut savoir de combien la gravité spécifique d'un solide l'emporte sur la gravité spécifique de l'eau, il faut d'abord peser le solide dans l'air, & ensuite dans l'eau. Cela fait, l'on peut dire que la gravité spécifique du solide l'emporte autant sur la gravité spécifique de l'eau, que le poids que le solide avoit, lorsqu'on l'a pesé dans l'air, l'emporte sur le poids que le solide a perdu dans l'eau. C'est en suivant cette méthode que l'on a découvert que l'or étoit dix-neuf fois plus pesant que l'eau. Ce fut par la même voie qu'Archimede découvrit que la couronne du Roi *Hiéron* n'étoit pas d'or pur; pesée dans l'eau, elle ne perdit pas précisément la 19e. *partie* du poids qu'on lui avoit trouvé, lorsqu'on l'avoit pesée dans l'air.

Quatrieme usage. Pour connoître la gravité spécifique de deux fluides, voici la méthode dont il faut se servir. 1°. A l'une des extrémités de la balance hydrostatique D, *fig*. 21, *pl*. 2, suspendez par un crin de cheval un corps quelconque A qui soit relativement plus pesant que les fluides dont vous cherchez la gravité. 2°. Pesez ce corps dans l'air, c'est-à-dire, mettez-le en équilibre avec certains poids que vous jetterez dans le bassin E de la balance hydrostatique. 3°. Plongez ensuite ce même corps A dans l'eau, sans y plonger le bassin E; l'équilibre cessera, parce que le corps A doit perdre de son poids autant que pesoit le volume d'eau qu'il a chassé. 4°. Otez quelque poids du bassin E, afin que l'équilibre soit rétabli; supposons que le poids ôté soit 1. 5°. Faites les mêmes opérations pour le mercure, & s'il faut ôter 13 poids pour rétablir l'équilibre, vous aurez droit de conclure que le mercure a 13 fois plus de gravité spécifique que l'eau.

Cinquieme usage. Ayez une aiguille; posez-la horizontalement sur la surface de l'eau avec toute la délicatesse imaginable. Si elle est seche, elle surnagera, parce qu'environnée d'une atmosphere ou d'air ou de quelqu'autre fluide aussi léger que l'air, elle forme un *Tout* relativement plus léger que le volume d'eau correspondant. Mais si l'aiguille est mouillée, elle ira au fond du vase, parce que privée d'une atmosphere semblable, elle est plus pesante que le volume d'eau correspondant.

Sixieme usage. Prenez un tube de verre fermé hermétiquement des deux côtés, purgé d'air & rempli à moitié d'une eau exactement purgée d'air; toutes les fois que vous remuerez cette eau, vous entendrez un coup sec, à-peu-près semblable à celui que vous entendriez, si vous aviez mis un morceau de glace dans le tube. N'en soyez pas surpris. Ce qui empêche l'eau de frapper les extrémités du tube de verre, à-peu-près comme le feroit un morceau de glace, c'est non-seulement l'air qu'elle doit diviser en tombant, mais encore celui qu'elle contient dans elle-même, qui ne sert qu'à séparer ses molécules les unes d'avec les autres. L'on a paré à ce double inconvénient, en purgeant d'air & le tube & l'eau qu'il contient ; l'on doit donc entendre un coup sec, lorsque l'on fait passer adroitement l'eau d'une extrémité du tube dans l'autre.

SECONDE PARTIE.

Des Liquides Homogenes.

On nomme *liquide* ou *fluide homogene* celui qui est composé de parties semblables. C'est celui-là seul qui va faire le sujet de cette seconde partie de l'Hydrostatique.

Premiere proposition. Deux fluides homogenes qui se trouvent dans deux tubes communiquans, sont en équilibre, & ils s'élevent toujours à la même hauteur dans les deux branches, lors même qu'elles sont de différente capacité.

Explication. Supposons que l'on mette de l'eau dans le deux tubes communiquans ABCD & HGEF, *fig.* 22, *pl.* 2. Supposons encore que la largeur du premier tube soit de 4 pieds, & celle du second d'un pied seulement. Supposons enfin que dans le tube ABCD l'eau s'éleve jusqu'à la ligne AB, je dis que dans le tube HGEF l'eau s'élevera jusqu'à la ligne HG.

Démonstration. L'eau contenue dans le petit tube HGEF a quatre fois plus de vîtesse que l'eau contenue dans le grand tube ABCD, puisqu'il est impossible d'incliner le tube ABCD & de faire descendre l'eau d'un pied, par exemple, jusqu'au point M, sans faire monter en même-tems de 4 pieds, c'est-à-dire, jusqu'au point K l'eau contenue dans le tube HGEF. Cela supposé, voici comment je raisonne : l'eau contenue dans le tube ABCD a 4 de masse & 1 de vîtesse ; l'eau contenue dans le tube HGEF a 4 de vîtesse & 1 de masse ; donc ces deux quantités d'eau ont égale force, suivant les principes que nous avons établis dans l'article des *Forces* ; donc ces deux quantités d'eau doivent être en équilibre, & s'élever à la même hauteur dans les deux tubes ABCD & HGEF. Nous expliquerons en son lieu pourquoi cette regle souffre une exception, lorsqu'il s'agit de deux tubes communiquans dont l'un est capillaire & l'autre ne l'est pas.

Corollaire premier. C'est sur ce principe, qu'est fondée la conduite des eaux que l'on veut faire jaillir dans les airs pour embellir un parterre ; ces sortes de jets s'éleveroient aussi haut que leurs sources, s'il n'y avoit point d'air à diviser; si l'eau qui jaillit ne retomboit pas sur celle qui la suit & ne l'affoiblissoit pas par sa chute; enfin si l'eau qu'on conduit, ne perdoit pas de sa force par les frottemens qu'elle a à essuyer contre les parois des canaux par lesquels elle passe.

Corollaire second. Le lieu où l'on veut conduire une eau, ne doit pas être plus élevé que celui d'où elle vient; il ne faut pas même que ces deux lieux soient de niveau. M. l'Abbé Nollet remarque à cette occasion, que dans tous les aqueducs, dans les tuyaux de conduite, dans les canaux où l'on veut qu'il y ait écoulement, l'on donne communément demi ligne d'inclinaison par toise.

Corollaire troisieme. Les colonnes d'un fluide homogene contenu dans un seul vase doivent se mettre en équilibre & s'élever à la même hauteur: parce que ces colonnes, prises de deux en deux, sont comme dans deux tubes communiquans.

Seconde proposition. La pression qu'exerce un fluide homogene sur le fond du vase dans lequel il est contenu, est toujours en raison composée de la base & de la hauteur du fluide.

Explication. Supposons que le vase ABCD & le vase FGDE, *fig.* 23, *pl.* 2, sont remplis d'eau. Supposons encore que ces deux vases ont la même base & la même hauteur; je dis que, quoique le vase FGDE contienne beaucoup moins d'eau, que le vase ABCD, cependant la base DE sera autant pressée que la base BC, & que par conséquent lorsqu'il s'agit de la pression qu'exerce un fluide homogene sur le fond du vase dans lequel il est contenu, il faut avoir égard, non à la quantité, mais à la base & à la hauteur du fluide; ou, pour parler plus physiquement, je dis que pour connoître la pression qu'exerce un fluide sur le fond du vase dans lequel il est contenu, il faut multiplier sa base par sa hauteur. C'est-là ce que signifie la *raison composée de la base & de la hauteur du fluide.*

Pour démontrer cette proposition, je prends sur la base DE la partie MN égale à la partie RM; & je soutiens que la partie MN est autant pressée par la petite colonne d'eau KIMN, que la partie RM est pressée par la grande colonne d'eau FGRM.

Démonstration. 1°. Si l'eau qui répond à MN s'élevoit jusqu'en GL, la partie MN seroit évidemment autant pressée par la colonne d'eau GLMN, que la partie RM est pressée par la colonne d'eau FGRM; puisque ces deux colonnes auroient, avec la même quantité d'eau, la même base & la même hauteur.

2°. La colonne d'eau KIMN presse autant le fond MN, que si elle s'élevoit jusqu'en GL. En voici la preuve. La colonne d'eau KIMN communique avec la colonne d'eau FGRM; donc, *par la proposition précédente*, elle tend à s'élever jusqu'en GL; donc elle agit contre KI pour s'élever en effet jusqu'en GL; donc KI réagit contre elle, & la presse contre MN. Mais il est démontré, dans l'article du *mouvement*, que la réaction est non-seulement contraire, mais encore égale à l'action; donc la réaction de KI contre MN presse autant MN, que si l'eau de la colonne KIMN s'élevoit jusqu'en GL; donc la partie MN est autant pressée par la petite colonne d'eau KIMN, que la partie RM est pressée par la grande colonne d'eau FGRM; donc, pour connoître la pression qu'exerce un fluide sur le fond du vase dans lequel il est contenu, il faut avoir égard, non à la quantité, mais à la base & à la hauteur du fluide; donc pour avoir cette pression, il faut multiplier la base par la hauteur du fluide. Mais c'est-là ce qu'on appelle *raison composée de la base & de la hauteur*; donc la pression qu'exerce un fluide homogene sur le fond du vase dans lequel il est contenu, est toujours en raison composée de la base & de la hauteur du fluide.

Quelques-uns se contentent de la démonstration suivante qui à la vérité est beaucoup plus simple, mais qui aussi est beaucoup moins *rigoureuse*. La voici. Supposons, *disent-ils*, que le vase A & le vase B soient remplis d'eau; supposons encore que le vase A ait 3 pieds de base & 6 de hauteur, & le vase B 2 pieds de base & 3 de hauteur; je dis que la pression que l'eau exercera sur le fond du vase A sera exprimée par 3 multipliant 6, c'est-à-dire, par 18, & la pression que l'eau exercera sur le fond du vase B par 2 multipliant 3, c'est-à-dire, par 6, ou pour parler en termes de l'art, je dis que la pression que l'eau exercera sur le fond du vase A, l'emportera autant sur la pression que l'eau exercera sur le fond du vase B, que 18 l'emporte sur 6.

Démonstration. La base d'un fluide marque sa masse, & la hauteur sa vîtesse; donc le fluide contenu dans le vase A, a 3 de masse & 6 de vîtesse, & le fluide contenu dans le vase B, a 2 de masse & 3 de vîtesse; donc suivant les principes que nous avons établis dans l'article des *Forces*, le fluide contenu dans le vase A, a une force représentée par le nombre 18, tandis que le fluide contenu dans le vase B, n'a qu'une force représentée par le nombre 6. Ce principe incontestable une fois supposé, voici comment je raisonne : la pression qu'exerce un fluide sur le fond du vase dans lequel il est contenu est l'effet immédiat de sa force; donc la pression exercée sur le fond du vase A est exprimée par le nombre 18, & la pression exercée sur le fond du vase B est exprimée par le nombre 6; donc la pression qu'exerce un fluide homogene sur le fond du vase dans lequel il est contenu, est toujours en raison composée de la base & de la hauteur du fluide.

Corollaire premier. Lorsque deux fluides homogenes ont même base & différente hauteur, la pression qu'ils exercent sur le fond des vases dans lesquels ils sont contenus, est en raison directe des hauteurs. Supposons, par exemple, que le vase A rempli d'eau ait 1 de base & 4 de hauteur, & le vase B rempli d'une eau semblable ait 1 de base & 1 de hauteur; le fond du vase A sera 4 fois plus pressé que le fond du vase B. Pourquoi? Parce que le fluide contenu dans le vase A, a 4 de force, tandis que le fluide contenu dans le vase B, n'a que 1 de force.

Corollaire second. Si l'on fait au fond de ces deux vases un trou semblable, & qu'il s'écoule dans une minute une livre d'eau par le trou pratiqué au fond du vase B, il s'écoulera dans un tems égal par le trou pratiqué au fond du vase A, non pas 4 livres, mais seulement deux livres d'eau; parce que les deux livres d'eau qui s'écoulent dans une minute par le trou pratiqué au fond du vase A ont 2 de vîtesse; & par conséquent elles donnent un effet quadruple de celui que donne une livre d'eau qui s'écoule par le trou pratiqué au fond du vase B, qui n'a que 1 de vîtesse. Aussi les Physiciens assurent-ils que les eaux qui s'écoulent par des trous égaux, sont comme les racines carrées des hauteurs. Tout le monde ſait que 2 eſt la racine carrée de la hauteur 4, & 1 la racine carrée de la hauteur 1.

Troiſieme propoſition. Dans un vaſe rempli d'eau la preſſion latérale n'eſt que la moitié de la preſſion ſur la baſe.

Explication. L'on me donne le vaſe ABCD, *fig.* 23, *pl.* 2, rempli d'eau, dont la baſe BC eſt de 2, & la hauteur AB de 6 pouces. La preſſion totale exercée ſur la baſe BC eſt repréſentée par le nombre 12, *par la propoſition précédente*; je dis que la preſſion totale exercée ſur le côté AB ne ſera repréſentée que par le nombre 6. Pour entrer dans le ſens de la démonſtration que nous allons donner, l'on doit avoir préſent à l'eſprit un principe de Statique énoncé en ces termes: *Un corps qui parcourt un eſpace quelconque, en recevant à chaque inſtant infiniment petit un degré infiniment petit de vîteſſe accélératrice, ne parcourt que la moitié de l'eſpace qu'il auroit parcouru, s'il avoit eu au commencement tous les degrés de vîteſſe, qu'il a eu à la fin, & qu'il les eût conſervé tout le tems ſans augmentation ni diminution.* Voyez l'article de la *Statique.*

Démonſtration. 1°. L'expérience m'apprend que dans quelque endroit que je perce la baſe BC, l'eau coulera avec la même vîteſſe; donc la baſe BC eſt preſſée également dans tous ſes points par l'eau contenue dans le vaſe ABCD.

2°. L'expérience m'apprend encore que ſi je perce le côté AB en différens endroits, l'eau coulera avec d'autant plus de vîteſſe, que le trou ſera plus près du point B; donc le côté AB eſt preſſé inégalement par l'eau contenue dans le vaſe ABCD; donc la preſſion exercée ſur le côté AB va tellement en augmentant, qu'au point A elle eſt comme zero, & que infiniment près du point B elle eſt comme égale à celle qui s'exerce ſur la baſe BC; donc, par l'application du principe de Statique que nous avons rapporté plus haut, la preſſion ſur la baſe BC eſt repréſentée par le parallélogramme ABCD, & la preſſion ſur le côté AB eſt exprimée par le triangle ABC.

3°. Le Parallélogramme ABCD eſt double du triangle ABC, *par le corollaire* 4e. *de la propoſition* 6 *de notre premier livre de Géométrie*: donc la preſſion totale exercée ſur le côté AB n'eſt que la moitié de la preſſion totale exercée ſur la baſe BC ; donc en général dans un vaſe rempli d'eau la preſſion latérale n'eſt que la moitié de la preſſion ſur la baſe. Cette démonſtration me paroît plus ſimple que toutes celles que l'on trouve dans les Ouvrages d'Hydroſtatique.

TROISIEME PARTIE.

Des Fluides Hétérogenes.

Les fluides hétérogenes qui vont faire le ſujet de cette *troiſieme partie* de l'hydroſtatique, ſont les fluides qui ont une denſité différente ; tels ſont, par exemple, le mercure & l'eau ; nous avons déjà remarqué que le premier étoit 13 fois plus denſe que le ſecond.

Premiere propoſition. Lorſque deux fluides hétérogenes ſe trouvent dans deux tubes communiquans, ils ne s'élevent pas à la même hauteur ; parce que le fluide plus denſe ayant plus de maſſe & autant de vîteſſe, que le fluide moins denſe, le premier auroit néceſſairement plus de force que le ſecond, & par conſéquent ces deux fluides ne ſeroient pas en équilibre, s'ils étoient de la même hauteur.

Corollaire. La denſité d'un fluide marque ſa maſſe, & la hauteur ſa vîteſſe.

Seconde propoſition. Lorſque deux fluides hétérogenes ſe trouvent dans deux tubes communiquans, ils ont leurs hauteurs en raiſon inverſe de leurs denſités. Suppoſons, par exemple, que le mercure & l'eau ſe trouvent dans deux tubes communiquans, la hauteur de l'eau l'emportera autant ſur la hauteur du mercure, que la denſité du mercure l'emporte ſur la denſité de l'eau. Nous voyons en effet que 1 pouce de mercure tient en équilibre 13 pouces d'eau ; parce que 1 pouce de mercure a 1 de vîteſſe & 13 de maſſe, & 13 pouces d'eau ont 1 de maſſe & 13 de vîteſſe.

Corollaire premier. Dans le barometre une colonne de mercure de 29 pouces de hauteur doit être en équilibre avec une colonne d'air de la hauteur de l'atmoſphere terreſtre. L'air eſt environ neuf cent fois moins denſe que l'eau, & l'eau environ 13 fois moins denſe que le mercure.

Corollaire second. Dans les *pompes aspirantes* dont le mécanisme n'est pas différent de celui des *seringues ordinaires*, l'eau doit s'élever jusqu'à 32 pieds. En effet une colonne d'eau de 32 pieds de hauteur doit être en équilibre avec une colonne d'air de la hauteur de l'atmosphere terrestre, parce qu'une colonne d'eau de 32 pieds de hauteur, est en équilibre avec une colonne de mercure de 29 pouces.

Corollaire troisieme. L'on peut tellement verser le vin sur l'eau que ces deux liquides ne se mêlent pas ensemble. En effet mettez d'abord l'eau dans le verre; mettez ensuite une tranche légere de pain sur l'eau; si vous laissez couler doucement du vin sur le pain, le vin comme plus léger que l'eau, occupera la partie supérieure du verre & l'eau la partie inférieure. Ce phénomene n'a pas lieu, lorsque vous versez le vin sur l'eau avec précipitation; parce que le vin acquiert dans sa chute assez de force, pour diviser les particules de l'eau, se répandre dans leurs pores, se mêler & s'embarrasser avec elles sans pouvoir s'en séparer.

HYDROPHOBIE. Crainte & aversion de l'eau, poussée à un tel point, qu'on ne peut pas en supporter la vue, encore moins en avaler la moindre goutte; cette aversion s'étend sur toute autre liqueur, sur celles surtout qui ont quelque ressemblance avec l'eau. Cette cruelle maladie a pour cause la morsure d'un animal, celle surtout d'un chien enragé. Avant que d'indiquer un remede qui, bien administré, guerit infailliblement le mal; qu'il me soit permis de faire en peu de mots la description d'un insecte qui en est comme la base; les uns le nomment simplement *proscarabée*, les autres *méloé proscarabé.* C'est un insecte de 11 à 12 lignes de longueur: *il est coéloptere*, c'est-à-dire, ses ailes sont renfermées dans un étui. Sa tête & son cou sont d'un pourpre foncé. On apperçoit autour de son corps plusieurs cercles nuancés de bleu, de verd & de jaune. Il suinte de toutes les jointures de ses jambes une liqueur grasse, onctueuse, de couleur jaune, qui teint les mains & qui est d'une assez bonne odeur; elle contient beaucoup d'huile & de sel volatil. C'est dans les bois, le long des chemins & dans les prés humides que l'on trouve cet insecte, dans les mois d'Avril & de Mai. Il se nourrit de vers, de feuilles de violette & d'herbes tendres. Telle eſt la deſcription que fait du *proſcarabée* M. *Valmont de Bomare* dans ſon excellent Dictionnaire d'Hiſtoire naturelle. Venons-en maintenant au remede anti-hydrophobique que j'ai cru devoir inſérer dans cet article.

Dans les mois d'Avril & de Mai, ramaſſez une quantité quelconque de *proſcarabées*. Pour qu'ils ne perdent rien de leur huile, recevez chaque inſecte ſur une feuille d'arbre & portez-le ainſi dans un vaſe de verre bien propre où vous le laiſſerez ſe vuider, l'eſpace d'une nuit. Vous prendrez enſuite chaque ver avec une fourchette de bois, & le tenant au-deſſus d'un vaſe, à moitié rempli de miel, avec des ciſeaux, vous lui couperez la tête que vous jetterez, & vous laiſſerez tomber le corps dans le miel. Pour 80 vers, il faut une livre de miel. Il faut encore, pour empêcher cette pâte de ſe corrompre, placer le vaſe qui la contient, dans un endroit qui ne ſoit ni trop chaud, ni trop trop froid.

Voulez-vous employer ce remede vis-à-vis un hydrophobe, ou vis-à-vis une perſonne menacée de tomber dans l'hydrophobie? Du bocal où ſont renfermés ces inſectes, tirez-en un, & avec votre couteau, hachez-le en mille morceaux ſur une palette de bois. Cette opération faite, mêlez les morceaux hachés avec une quantité du même miel où l'inſecte étoit tombé. Ajoutez à ce mélange 2 ſcrupules de thériaque d'Andromaque, 3 gouttes d'huile de ſcorpion, un peu de bois d'ébene pulvériſé; & pour amollir cette pâte, ajoutez-y de l'extrait de ſureau; vous aurez un remede dont une ſeule doſe a préſervé de l'hydrophobie les perſonnes qui en étoient menacées, & dont quelques doſes, priſes de tems à autre, ſuivant l'ordonnance du Medécin qui aſſignera le régime qu'il faut garder entre deux, guérira radicalement de cette maladie, regardée juſqu'à préſent comme incurable.

Dans la compoſition de ce remede anti-hydrophobique, il en eſt qui préferent la ſerpentine de Virginie & la valériane au bois d'ébene.

La doſe qu'on fait prendre aux malades, doit être toujours proportionnée à leur âge & à leur tempérament, c'eſt-à-dire, qu'il ne faut jamais rien faire en cette occasion ; comme dans toutes les autres maladies, sans le conseil d'un homme de l'art.

On pretend, au reste, que c'est ici le même remede que celui que *Fréderic le Grand*, Roi de Prusse, acheta, en 1777, d'un paysan de Silésie, & qu'il fit distribuer, dans toute l'étendue de son Royaume, comme un spécifique contre la morsure des chiens enragés. On le donne, avec le même succès aux animaux hydrophobes ou menacés d'hydrophobie ; la dose qu'ils en prennent, est toujours proportionnée à leurs forces & à la grandeur de leurs corps.

M. *Charles Traugott Schwarts* a fait insérer dans le Journal de Physique, *Mai* 1785, une excellente dissertation sur l'Hydrophobie, dans laquelle il rapporte des cures sans nombre, opérées en Silésie par le moyen de ce remede. Il a bien droit d'en être le panégyriste ; il peut dire mieux que personne, *experto crede Roberto* ; voici comment il raconte le fait.

J'avois dix ans, lorsqu'un jour, accompagné d'un de mes freres, je traversai notre jardin pour aller au-devant de mon pere, qui, dans ce moment étoit à l'église ; je n'y fus pas plutôt entré, qu'à l'instant je me vis assailli par un gros chien qui me renversa par terre ; mes bas furent mis en pieces ; & je reçus cinq blessures aux jambes. Non content de ces blessures, le chien vouloit encore me sauter au visage. Comme je faisois tous mes efforts pour me garantir avec mes mains, l'animal s'élance sur mes bras & les déchire à belles dents. Mon frere qui étoit avec moi, jettoit pendant ce tems-là des mottes de terre au chien : cet expédient lui réussit bientôt ; l'animal me quitte pour s'élancer sur lui. J'en profitai pour me dérober à sa fureur. Pour mon frere, comme il s'étoit échappé par la porte du jardin, il en fut quitte pour son habit que le chien avoit déchiré en le poursuivant. L'animal ne trouvant plus alors d'objets sur lesquels il pût exercer sa rage, sort du jardin & tombe sur une troupe d'habitans qui revenoient de l'Eglise. Il mord d'abord le Sacristain, deux femmes & quatre paysans, quelques autres chiens ensuite ; mais enfin on le tue. Moi pendant ce tems-là de jetter les hauts cris, de raconter en pleurant mon accident à ma mere & de rester assis dans un coin de la chambre accablé de douleur.

On fait venir un berger renommé par les cures qu'il avoit faites en pareilles occasions, & le lendemain, à sept heures du matin (car selon lui ce remede devoit être pris à jeun) il me donna un bol fait avec un ver de méloé & du miel. Il m'interdisit le boire & le manger.

Une heure après, je sentis une douleur sourde dans les reins, qui fut bientôt suivie d'une retention d'urine si violente, que pendant la journée je ne pus uriner que goute à goutte, & encore avec des douleurs cruelles. Mes urines étoient épaisses, & ressembloient à une matiere huileuse & mucilagineuse; on n'y apperçut aucune teinte de sang; il y avoit seulement au fond du vase quelques gouttes d'une matiere différente de l'urine.

Tous mes parens me firent compliment de ce symptôme qu'ils regardoient comme très-heureux. Sur le soir les symptômes furent encore plus favorables. Ma frayeur commença à se dissiper & les urines coulerent en abondance. Dès ce moment, le berger me permit de boire & de manger comme à mon ordinaire. La nuit suivante fut calme, je goutai un sommeil tranquille qui me remit des fatigues de la journée.

Quant aux blessures, après les avoir lavées, le berger ne mit dessus que du sucre en poudre, mêlé avec un peu de safran. Au moyen de ce remede, & d'une simple ligature, il ne leur fallut gueres plus de sept jours pour se refermer. La cicatrice ne parut accompagnée d'aucune enflure, contre l'ordinaire des blessures que font les chiens enragés.

Tous ceux qui avoient été mordus par le même chien, prirent le même remede, & ils furent guéris comme moi.

Quant aux chiens qui avoient été aussi blessés, ils devinrent tous enragés, parce qu'on n'avoit pu leur administrer qu'une très-petite dose de ce remede.

Les raisons qui engagent M. *Traugott* à préférer ce remede à tous les autres, sont les suivantes : 1°. La vertu du méloé, *dit-il*, est constatée par un plus grand nombre d'observations, & par une plus longue suite d'années, que celle d'aucun anti-hydrophobique.

2°. Le méloé dégage le genre nerveux, il le change même entierement.

3°. Le méloé agit sur les parties les plus éloignées du siége de l'hydrophobie.

4°. Avec le méloé, il en coûte peu pour se faire traiter de l'hydrophobie, & on est guéri en très-peu de tems.

Nous ne sommes pas en état de prononcer dogmatiquement sur la vérité de ces différentes assertions; nous ne dissimulerons pas même que le remede dont il s'agit, a eu plus de Médecins contre que pour. Nous reprendrons cette matiere à l'article *Rage*.

HYENE. Les Physiciens naturalistes ont trop parlé de l'hyene, pour ne pas la faire connoître à nos lecteurs. L'hyene est un animal quadrupede. Sa hauteur approche de celle du loup & ne l'égale pas. Ses pattes ont assez de rapport avec celles du même animal. Son poil est extrêmement droit & roide, singulierement sur l'épine du dos jusques au sommet de la tête. Sa peau est semée de taches de différentes couleurs, parmi lesquelles le blanc, le noir & le fauve dominent le plus souvent. L'hyene n'a point de col; de sorte que quand elle veut regarder ou derriere ou à ses côtés, elle est obligée de se tourner toute entiere. Autre particularité non moins remarquable: l'hyene n'a pour dents que deux os continus dans toute la longueur des deux mâchoires. Elle établit ordinairement sa demeure dans des cavernes au bord des fleuves. Là elle est à portée de fondre sur les voyageurs qui prennent terre en des rivages déserts, ou sur d'autres bêtes fauves qui viennent boire ou se baigner; car l'hyene se nourrit presque indifféremment de toute sorte de chairs. Elle préfere cependant la chair humaine; & c'est peut-être ce qui a donné occasion de dire qu'elle en faisoit son unique aliment. Elle en est extrêmement avide, il est vrai, & les cadavres humains, même ensevelis depuis plusieurs jours, flattent encore sa gloutonnerie. Aussi assure-t-on qu'elle est d'une merveilleuse sagacité à découvrir les tombeaux, & d'une activité incroyale à y fouiller. C'est une des observations d'Aristote.

Après la chair humaine, l'hyene paroît singulierement friande de celle des chiens; & pour les prendre, elle ruse avec eux. Elle imite les soupirs & les cris d'un homme, qui rend par le vomiſſement une médecine. A ces cris, à ces ſoupirs le chien approche, & auſſitôt l'hyene en fait ſa proie.

On a bien encore voulu que l'homme lui-même devienne quelquefois la victime de la ſupercherie de cet animal. Il ſe gliſſe, dit-on, près d'un hameau, il prête l'oreille. Si les payſans s'entre-appellent par leurs noms, l'hyene en retient un, qu'elle eſt bien attentive à ne pas oublier. Sur le tard, la voilà en embuſcade; & comme elle imite parfaitement la voix humaine, elle implore à grands cris le malheureux dont elle ſait le nom. Celui-ci ſe croit appellé par un de ſes camarades, il accourt à la voix, & l'hyene l'aſſaille & le dévore.

Les hommes à leur tour uſent d'artifice pour prendre l'hyene; & ils y réuſſiſſent aſſez ſouvent. Elien & Pline d'après Ariſtote, parlent d'un chaſſeur, qui en avoit pris lui ſeul juſqu'à onze, dont dix étoient mâles; car les femelles, ſoit timidité, ſoit fineſſe propre de leur ſexe, tombent rarement dans le piege.

Voici ce que raconte de cette chaſſe artificieuſe *Abraham Ecchelenſis*, ce ſavant Maronite, qui a tant contribué à l'édition de la Poliglotte de *le-Jai*. Rien, dit-il, n'eſt plus ſingulier que la chaſſe à l'hyene. Il n'y faut d'autres armes, que des inſtrumens de muſique, ni d'autres chaſſeurs, que des muſiciens. Un air, une chanſon vulgaire calment la férocité de cet animal. Au premier ſon qu'il entend retentir au fond de ſa taniere, il vient ſe préſenter à l'ouverture. Auſſitôt les inſtrumens s'uniſſent aux voix. L'hyene ſenſible à cette mélodie s'approche des chaſſeurs, les flatte, ſe laiſſe careſſer. Cependant on lui jette adroitement un licol & une muſeliere; & la muſique ne ſert plus qu'à célébrer la captivité de l'hyene & le triomphe des chaſſeurs. Qu'on ne s'inquiete point au reſte en ces occaſions du choix des muſiciens. Les orphées de nos carrefours ſeroient aſſez habiles pour y réuſſir.

Nous avons avec l'hyene pluſieurs rapports d'utilité. Non, ce n'eſt point ici un monſtre uniquement créé pour nous affliger par des maux trop réels, ou du moins par des alarmes bien fondées. Ennemi redoutable à la vérité, s'il triomphe de notre foibleſſe; ſa défaite payera notre victoire par les avantages les plus importans. Pline assure que la chair de l'hyene prise en aliment, & spécialement son foie, est merveilleux contre la morsure du chien enragé; que si l'on frotte la morsure avec sa graisse, & que l'on étende sa peau sur le malade, il en sera soulagé sur le champ. Scribonius Largus, fameux Médecin, rapporte qu'ayant été informé qu'un vieux barbare, qui avoit été jetté dans l'Isle de Crete par une tempête, dans laquelle son vaisseau avoit échoué, & qui y étoit entretenu aux dépens de l'Etat, guérissoit tous ceux qui avoient été mordus par des chiens enragés, quoiqu'ils fussent attaqués d'hydrophobie, qu'ils hurlassent & qu'ils eussent des convulsions, seulement en leur attachant quelque chose au bras gauche; il eut la curiosité de savoir ce que ce pouvoit être, & de s'adresser pour cet effet à Zopire, Médecin de Gordium, qu'il eut l'avantage de recevoir chez lui: il me dit franchement ajoute Scribonius, pour reconnoître la politesse avec laquelle je l'avois reçu, que ce secret consistoit en un morceau de peau d'hyene enveloppé dans de l'étoffe.

Toutes ces particularités intéressantes sont tirées d'une savante dissertation qui fut lue à la Société Royale de Lyon en l'année 1755, & qui l'année suivante fut imprimée à Paris chez Daniel Chaubert & Claude Hérissant. Elle fut faite à l'occasion d'une hyene qu'on assure avoir paru dans le Lyonnois & les Provinces voisines vers les derniers mois de 1754, & pendant 1755 & 1756.

HYGROMETRE. On nomme *hygrometre* un instrument météorologique destiné à nous indiquer l'état actuel de l'atmosphere terrestre par rapport à l'humidité & à la sécheresse. Pour avoir un bon hygrometre, dit M. Nollet, tendez foiblement dans une situation horizontale & dans un endroit à couvert de la pluie, quoiqu'exposé à l'air libre, une corde de chanvre de 10 à 12 pieds de longueur; attachez au milieu de cette corde un fil de laiton au bout duquel vous ferez pendre un petit poids qui servira d'*index*, & qui correspondra à une petite échelle divisée en pouces & en lignes, à peu-près comme sont celles des barometres; vous aurez un instrument dont l'*index* en montant vous marquera les degrés d'humidité, & ceux de sécheresse en descendant. La raison en est évidente; l'humidité raccourcit les cordes & la sécheresse les alonge, puisqu'une corde perd de sa longueur lorsqu'on la mouille ; donc dans un tems humide la corde de chanvre qui forme l'hygrometre, doit être plus tendue, que dans un tems sec ; donc dans un tems humide l'*index* doit monter, & dans un tems sec il doit descendre.

Le même M. Nollet remarque qu'on fait souvent des hygrometres avec un bout de corde de boyaux que l'on fixe d'un côté à quelque chose de solide, & que l'on attache par l'autre perpendiculairement à une petite traverse qui tourne à mesure que la corde se tord ou se détord, & qui marque comme une aiguille sur la circonférence d'un cadran, les degrés de sécheresse & d'humidité. Mais cette derniere espece d'hygrometres, *continue le même Auteur*, n'est bonne que pour amuser les enfans, parce que la corde qui en est l'ame, est contenue comme dans un étui où l'air ne se renouvelle que peu, ou point.

HYPERBOLE. L'hyperbole est une courbe produite par une des cinq manieres dont on peut couper le cône. Nous ne connoissons aucun corps en Physique qui ait un mouvement hyperbolique ; aussi nous contenterons-nous de remarquer que l'orbite hyperbolique est moins courbe que l'orbite parabolique, parce qu'il est démontré qu'un corps qui décriroit une hyperbole devroit avoir plus de force centrifuge, qu'un corps qui décriroit une parabole.

HYPOCONDRE. Les Anatomistes ont donné ce nom aux deux parties latérales de la région inférieure du ventre. L'hypocondre droit contient le grand lobe du foie & la vésicule du fiel. L'hypocondre gauche contient la plus grande partie du ventricule & la rate.

HYPOGASTRE. La partie antérieure du ventre s'appelle *Abdomen*. L'Abdomen se divise en 3 régions, dont la partie supérieure s'appelle *épigastrique*, la moyenne *umbilicale*, & l'inférieure *hypogastrique*. L'hypogastre est donc le milieu de la région hypogastrique ; il est placé entre les deux hypocondres.

HYPOMOCLION. On donne quelquefois ce nom au point d'appui d'un levier, de quelque espece qu'il soit. Voyez *Mécanique*.

HYPOTHENUSE. C'est la base d'un triangle, c'est-à-dire, le côté opposé au plus grand angle.

HYPOTHESE. *L'hypothese* & la *supposition* sont deux termes

termes synonymes. On ne nie l'hypothese, que lorsqu'elle renferme des choses impossibles.

HYVER. L'hyver est une des quatre saisons de l'année. Il commence le 21 Décembre, tems auquel le Soleil paroît sous le premier degré du signe du *Capricorne*, & il dure tout le tems que le Soleil paroît sous ce signe, & sous les deux suivans, ou, pour parler plus physiquement, nous avons l'hyver, lorsque la terre parcourt les signes du *Cancer*, du *Lion* & de la *Vierge*. Tel est l'hyver de ceux qui se trouvent dans la partie boréale de la sphere. Pour ceux qui habitent la partie méridionale, ils ont l'hyver dans le tems où nous avons l'été.

Il est sûr qu'outre les causes particulieres & accidentelles qui rendent un pays plus ou moins froid, il y a une cause générale du froid de l'hyver. Il est encore sûr que ce plus ou moins de chaleur, en tant qu'il appartient à une cause générale, ne peut être attribué qu'au Soleil. M. de Mairan l'a cherchée cette cause dans l'excellent Mémoire qu'il lut à l'Académie des Sciences le 19 Avril 1719. Il la fait consister dans le plus ou le moins d'obliquité des rayons du Soleil sur l'horizon, & le plus ou le moins de tems que cet astre y demeure. En un mot, selon ce grand Physicien, à parler en général, le froid de l'hyver vient de ce que dans cette saison les rayons du Soleil tombent plus obliquement & moins de tems, qu'en toute autre saison de l'année.

Et d'abord, *dit-il*, l'obliquité des rayons du Soleil doit entrer 3 fois dans la cause générale du froid de l'hyver, ou composer selon 3 rapports, le rapport de la chaleur de l'été à celle de l'hyver ; savoir, par le moindre nombre de rayons qui tombent sur la surface d'un pays, en conséquence de leur obliquité ; par le moins de force qu'ont ces rayons en venant frapper le terrain, ou ce qui revient au même, par une plus grande quantité d'ombre, en conséquence de la même obliquité ; & enfin par un plus grand nombre de rayons interceptés ou affoiblis, en conséquence de leur obliquité par rapport à l'atmosphere qu'ils ont à traverser.

1°. Qu'en conséquence de leur obliquité, il tombe moins de rayons solaires dans un pays quelconque pendant l'hyver, que pendant l'été : voici comment le démontre M. de Mairan. Imaginons-nous, *dit-il*, l'action des rayons lumineux ſur la ſurface d'un pays, comme le choc d'un fluide qui ſe meut en ligne droite contre un plan. Le nombre des filets dont on peut concevoir que ce fluide eſt compoſé & qui viennent heurter le plan en queſtion, ſera d'autant plus petit, que le plan ſera plus incliné à leur direction. Si l'on vouloit recevoir la pluie dans un vaiſſeau, il eſt clair qu'on en recevroit moins, à meſure qu'on inclineroit davantage l'ouverture du vaiſſeau, & qu'on n'en recevroit point du tout, ſi l'on tenoit l'ouverture, parallele à la direction de la pluie. Donc plus la ſituation du Soleil eſt oblique par rapport à un pays, moins ce pays reçoit de rayons ſolaires.

2°. Le choc des rayons ſolaires qui viennent frapper la terre, eſt d'autant plus foible, qu'ils ſont plus obliques; pourquoi ? Parce que ces rayons ne font preſque alors que gliſſer ſur le terrain : ils n'emploient contre lui que la plus petite partie de leur force, c'eſt à-dire, le peu qu'ils ont de force perpendiculaire : tout le monde ſait, & nous l'avons démontré en ſon lieu, que tout mouvement oblique eſt compoſé de deux eſpeces de mouvement, dont l'un eſt perpendiculaire & l'autre horizontal ou parallele; l'on ſait encore que plus un mouvement eſt oblique, & plus il contient de mouvement horizontal. Donc l'obliquité des rayons ſolaires entre déjà deux fois dans la cauſe générale du froid de l'hyver.

M. de Mairan conclut de-là avec raiſon qu'en vertu de ce qui a été dit juſqu'à préſent, & indépendamment de ce qu'il y a à dire dans la ſuite, l'on a la proportion ſuivante; l'action des rayons du Soleil au midi du ſolſtice d'été ſur une ſuperficie plane : à l'action des rayons du Soleil au midi du ſolſtice d'hiver ſur la même ſuperficie : : le carré du ſinus d'inclinaiſon ou d'incidence des rayons du Soleil au midi du ſolſtice d'été : au carré du ſinus d'incidence des rayons du Soleil au midi du ſolſtice d'hyver. Mais l'on trouve par les tables, qu'à Paris le ſinus d'incidence des rayons à midi, lorſque le Soleil eſt au ſolſtice d'été, eſt à-peu-près 3 fois auſſi grand que le ſinus d'incidence, lorſque le Soleil eſt au ſolſtice d'hyver. Donc à Paris l'action des rayons du Soleil au midi du ſolſtice d'été : à l'action des rayons du Soleil au midi du ſolſtice d'hiver : : 3 × 3, c'eſt-à-dire, 9 : 1 × 1, c'eſt-à-dire, 1; donc en vertu de ce qui a été dit juſqu'à préſent, il doit faire à Paris neuf fois plus chaud au cœur de l'été, qu'au cœur de l'hyver.

Le même Physicien, pour nous rendre cette vérité plus sensible, nous invite à jetter les yeux sur une allée de jardin sablée avec du gravier. Pendant le solstice d'hyver, *dit-il*, même à midi, si l'on y regarde de près, l'on verra que ce n'est qu'un mélange de lumiere & d'ombre : les faces éclairées des petits cailloux qui la couvrent seront comme des charbons dispersés çà & là ; d'où résulte une chaleur générale d'autant moindre, que les intervalles obscurs qui les séparent sont plus grands. Au midi du solstice d'été, ce n'est presque partout qu'un tissu de lumiere ; un amas de charbons qui se touchent, & pour ainsi dire, un brasier.

3°. L'obliquité des rayons solaires par rapport à telle ou telle partie de l'atmosphere terrestre, doit entrer nécessairement dans la cause générale du froid qui regne pendant l'hyver. L'air dans lequel nous vivons, *dit M. Rohault*, s'élevant au-dessus de la terre jusqu'à la hauteur d'environ 2 ou 3 lieues, où les vents, les nuages n'arrivent jamais, sa surface doit être fort unie, de même que celle de toutes les liqueurs qui ne sont pas agitées ; & comme c'est une propriété des rayons qui se présentent pour passer d'un milieu dans un autre, de n'y pas entrer tous, mais de se réfléchir d'autant plus que leur chute est plus oblique, il s'ensuit qu'il doit parvenir plus de rayons jusqu'à nous, quand le Soleil est vers le solstice de l'été, que quand il est vers le solstice de l'hyver ; & c'est de cette grande quantité de rayons, qui pénetrent alors jusqu'à nous, que provient cette chaleur que nous expérimentons en été.

M. de Mairan explique ce point de Physique d'une maniere bien différente. On ne sauroit révoquer en doute, *dit-il*, que les particules d'air & toutes les autres matieres qui composent notre atmosphere n'interceptent une partie des rayons du Soleil, & ne les empêchent de parvenir jusqu'à nous. D'où il suit qu'il y aura d'autant plus de rayons interceptés, que l'atmosphere étant la même sera traversée plus obliquement ; car le chemin qu'ils ont à faire en devient d'autant plus long, & par conséquent ils rencontrent un nombre d'autant plus grand de particules de matiere qui les repoussent, qui les disperſent, ou qui affoibliſſent leur mouvement. Chaque rayon prêt à entrer dans l'atmoſphere, peut être conſidéré comme une balle de mouſquet tirée contre la ſurface de l'eau d'un baſſin, laquelle aura d'autant plus de chemin à faire dans l'eau, avant que d'en toucher le fond, qu'elle y ſera tirée plus obliquement.

Notre Auteur va plus loin. Il prétend que le nombre de rayons ſolaires que nous recevons pendant l'hyver n'eſt tout au plus que la moitié de celui que nous recevons pendant l'été. Il fonde cette aſſertion ſur des expériences bien ſenſibles. Lorſque dans les éclipſes de Soleil la moitié du diſque de cet aſtre eſt couverte, & qu'il nous envoie par conſéquent la moitié moins de rayons, il n'y a aucune diminution ſenſible de lumiere. En hyver au contraire tout pays eſt ſenſiblement moins éclairé qu'en été. Donc en hyver, il y a une diminution de plus de la moitié des rayons ſolaires. Le rapport de la chaleur à midi dans le ſolſtice d'été à la chaleur de midi dans le ſolſtice d'hyver ſera donc, par la ſeule circonſtance de l'atmoſphere, au moins comme 2 eſt à 1. L'on a déjà trouvé 2 rapports qui donnent neuf fois plus de chaleur en été qu'en hyver. Donc ſi l'on a égard à ce troiſieme rapport, l'on trouvera qu'en vertu de l'obliquité des rayons ſolaires la chaleur à Paris eſt 18 fois moins grande au ſolſtice d'hyver qu'au ſolſtice d'été. Donc l'obliquité des rayons ſolaires entre 3 fois dans la cauſe générale du froid de l'hyver, ſavoir, par le moindre nombre de rayons qui tombent ſur la ſurface d'un pays, en conſéquence de leur obliquité ; par le moins de force qu'ont ces rayons en venant frapper le terrain, en conſéquence de la même obliquité ; & enfin par un plus grand nombre de rayons interceptés ou affoiblis, en conſéquence de leur obliquité par rapport à l'atmoſphere qu'ils ont à traverſer.

M. de Mairan en vient à la ſeconde cauſe générale du froid, le peu de tems que le Soleil demeure ſur l'horizon pendant l'hyver. Il regarde cette cauſe comme beaucoup plus puiſſante que la premiere conſidérée même ſous ſes trois rapports. Le Soleil, *dit-il*, eſt environ 8 heures 3 minutes ſur l'horizon de Paris, le jour du ſolſtice d'été, depuis ſon lever juſqu'au moment où il paſſe par le méridien, & il n'y eſt qu'environ 4 heures 5 minutes le jour du ſolſtice d'hyver, en comptant de même depuis fon lever jufqu'à midi. De plus la hauteur du Soleil fur l'horizon eft plus de 3 fois auffi grande pendant cette préfence double. Donc cette feconde caufe doit augmenter confidérablement la chaleur pendant l'été, & la diminuer confidérablement pendant l'hyver. Il avoue que cette caufe eft très-difficile à évaluer. Il veut cependant qu'elle rende la premiere prefque 4 fois plus forte, & que nous ayons par conféquent en vertu des deux caufes la chaleur à Paris 66 fois moins grande au folftice d'hyver, qu'au folftice d'été.

Il fe préfente contre ce calcul une objection qu'il n'a pas manqué de fe faire. Non-feulement, *dit-il*, nous ne fentons pas en été 66 fois plus de chaleur qu'en hyver; mais encore les expériences du thermometre faites en 1702 par M. Amontons, nous apprennent que le chaud qu'il fait à Paris aux rayons du Soleil à midi dans le folftice d'été ne differe du froid qu'il y fait, quand l'eau fe glace, que comme 60 differe de 51 & demi.

M. de Mairan, pour répondre à cette objection, fait remarquer qu'il y a fur la terre un fond de chaleur indépendant du Soleil, caufé foit par l'agitation continuelle de la matiere ignée qui fe trouve aux environs de notre globe, foit par les feux fouterrains, foit par la chaleur que la terre a acquife en vertu de l'action réitérée des rayons folaires fur elle, & qu'elle confervera toujours. Toutes ces caufes font que la chaleur du folftice d'été : à la chaleur du folftice d'hyver :: 60 : 51 & demi. Mais cela n'empêche pas que la chaleur produite par le Soleil au folftice d'été ne foit 66 fois plus grande que celle qu'il produit au folftice d'hyver.

Mais, *dira-t-on*, comment peut-il fe faire que le fond permanent de chaleur étant le même dans toutes les faifons de l'année, & le Soleil caufant en été 66 fois plus de chaleur qu'en hyver; la chaleur du folftice d'été ne foit à la chaleur du folftice d'hyver, que comme 60 eft à 51 & demi?

Ce calcul eft très-facile. Suppofons que le fond de chaleur permanent & perpétuel du climat de Paris foit repréfenté par 393; la chaleur du folftice d'hyver fera 394, & la chaleur du folftice d'été fera 459. Or 459 : 394 :: 60 : 51 & demi, ou à-peu-près. Donc quoique le fond permanent de chaleur foit le même dans toutes les faifons,

& quoique le Soleil cause en été 66 fois plus de chaleur qu'en hyver, il peut cependant arriver que la chaleur du solstice d'été soit à la chaleur du solstice d'hyver, comme 60 est à 51 & demi.

Au reste l'on nous avertit dans le Mémoire dont nous venons de donner l'abrégé, que l'on a évalué les choses sur le plus bas pied. L'on ajoute que l'on a eu égard à tout ce qui pouvoit augmenter la chaleur pendant l'hyver. L'on a remarqué, par exemple, que suivant les observations de M. Cassini, le Soleil étoit plus près de nous en hyver de 748 rayons terrestres, c'est-à-dire, d'environ un million de lieues, parce qu'un rayon terrestre vaut environ 1500 lieues.

Si le Lecteur ne trouve pas suffisant ce que nous venons de dire sur le froid de l'hyver; il pourra consulter ce que nous avons dit dans l'article de ce Dictionnaire qui commence par le mot *froid*. Il y trouvera un détail dans lequel nous n'avons pas dû entrer dans cet article.

Remarque. L'hyver de 1709 ne sera plus époque en Physique; celui de cette année (1789) a été bien plus rude. En 1709 le mercure, dans le thermometre de Réaumur, ne descendit à Paris qu'au 15e. degré au-dessous de 0. En 1789 il est descendu au 19e. degré, ou, pour parler plus exactement, à 18 degrés $\frac{1}{4}$.

J

JALLABERT, (Jean) célebre Professeur de Physique expérimentale à Geneve, des Sociétés Royales de Londres & de Montpellier, & de l'Académie de l'Institut de Bologne, a occupé pendant sa vie une place très-distinguée parmi les Physiciens électrisans. Il n'est personne qui se soit servi de la machine électrique, avec autant de succès que lui, pour la guérison des paralytiques. Cherchez *Electricité médicale*. Nous avons de M. Jallabert un très-bon ouvrage intitulé, *Expériences sur l'Electricité avec quelques conjectures sur la cause de ses effets*. Il le donna au public dès l'année 1749, tems auquel cette matiere étoit encore toute neuve. Voyez le compte que nous en avons rendu sur la fin de notre article *Electricité*. M. Jallabert est mort à Geneve en l'année 1767.

JAUNE. Le jaune est la troisieme des sept couleurs primitives, comme nous l'avons expliqué dans l'article des *couleurs*.

IDIO-ÉLECTRIQUE. Autrefois en Physique, pour que tout le monde nous comprît, nous distinguions les différentes substances de la nature en corps électriques *par frottement* & en corps électriques *par communication*. Maintenant on nomme les premiers *idio-électriques* & les seconds *anélectriques*. Pour moi qui ne veux pas, à l'aide de quelques mots grecs, passer pour plus savant que je ne suis, je continuerai à me servir de l'ancienne maniere de parler. J'ai droit, à mon âge, de ne pas employer un nouvel alphabet.

JEJUNUM. Nous avons remarqué dans l'article des *boyaux* que le *jejunum* étoit le second des intestins grêles, & qu'il portoit ce nom, parce qu'on le trouvoit presque toujours vide.

ILÉON. L'*iléon* est le troisieme des intestins grêles; nous avons averti, en parlant des boyaux, que l'*iléon* tiroit son nom des tours & des retours dont il s'entortille.

IMAGE. C'est la peinture & la ressemblance qui se fait des objets, lorsqu'on les oppose à une surface bien polie. Le but principal de la catoptrique dont nous avons donné les élémens dans le *Tome* 2, c'est de déterminer le lieu où se trouve l'image d'un objet vu par le moyen d'un miroir. Lorsqu'il s'agit d'un miroir plan, le probleme n'est pas difficile à résoudre; il est sûr que l'image d'un objet vu par un miroir de cette espece, paroît toujours au point de concours de la cathete d'incidence & des rayons réfléchis. Mais cette proposition n'est pas toujours exactement vraie, lorsqu'il s'agit des miroirs courbes. Soit, *par exemple*, le miroir concave RMK, *fig.* 22, *pl.* 3; soient les deux rayons de lumiere infiniment près l'un de l'autre BM, B*m*, envoyés par le point B sur la surface concave du miroir RMK, & réunis au point F après la réflexion. Il est évident que l'image du point B sera au foyer F; l'on auroit partout ailleurs, non pas une, mais deux images du point B. Mais il n'est pas moins évident que le point F n'est pas le point de concours des rayons réfléchis avec la cathete d'incidence BL;

donc il n'eſt pas toujours exactement vrai dans les miroirs courbes que l'image de l'objet paroiſſe au point de concours de la cathete d'incidence & des rayons réfléchis. Ce qui eſt toujours vrai dans toute ſorte de miroirs, c'eſt que le lieu de l'image eſt néceſſairement dans le point où deux rayons incidens infiniment proches l'un de l'autre, viennent ſe couper après la réflexion. Ce point, je l'avoue, eſt pour l'ordinaire le point de concours de la cathete d'incidence & des rayons réfléchis ; mais cela ne ſe trouvât-il faux qu'une ſeule fois, il n'en faudroit pas davantage pour nous empêcher de lui donner le nom d'*Axiome*. M. le Marquis de l'Hôpital de qui nous avons tiré cette théorie, a calculé dans ſon *Traité des infiniment Petits*, *art.* 113, la longueur de MF. Il fait le rayon incident $BM = y$. Du point C, centre du miroir, il abaiſſe ſur BM la perpendiculaire CE, & il fait $EM = a$. L'équation qui lui vient après cette préparation, eſt $MF = \frac{ay}{2y - a} = \frac{EM \times BM}{2BM - EM}$. Voyez-en la démonſtration la plus rigoureuſe à l'article que nous venons de citer. Pour les images que l'on a par réfraction, nous en avons déterminé le lieu aux articles de ce Dictionnaire qui commencent par les mots, *dioptrique*, *lunette* & *microſcope*.

IMAGINATION. L'ame ſpirituelle a le pouvoir de ſe repréſenter ſous des images ſenſibles & corporelles les objets abſens, comme s'ils étoient réellement préſens. C'eſt-là ce que l'on appelle *imagination* ou *fantaiſie*. Cette puiſſance de l'ame, ou plutôt ce ſens interne a ſon organe dans la partie *calleuſe* du cerveau qui ſe trouve au-deſſus du centre ovale. Cette partie ferme & ſolide nous paroît plus propre que la ſubſtance *cendrée* à recevoir & à conſerver les images que les eſprits vitaux vont y graver. L'on dit aſſez communément que les gens à imagination ont une vivacité qui dégénere en une eſpece de folie : l'on a raiſon ; accoutumés à ſe repréſenter les choſes ſous les images les plus vives & les plus frappantes, ils prennent tout au tragique ; & ſi la réflexion ne venoit au ſecours, ils puniroient par les châtimens les plus rigoureux des fautes quelquefois très-légeres. L'imagination des Femmes offre de tems en tems des Phénomenes presque inexplicables. Sous le regne de Louis le Grand, tout Paris a vu pendant 20 ans, à l'Hôpital des Incurables, un jeune homme qui étoit né fou, & dont le corps étoit rompu dans les mêmes endroits dans lesquels on rompt les criminels.

Malebranche, pour expliquer cet accident dont il regarde l'imagination d'une mere imprudente comme l'unique cause, pose les Principes suivans. 1°. Les enfans dans le sein de leurs Meres sont unis avec elles de la maniere la plus étroite; & quoique leur Ame soit séparée de celle de leur Mere, leur corps n'étant point détaché du sien, on doit penser qu'ils ont les mêmes sentimens & les mêmes passions, en un mot, les mêmes pensées qui s'excitent dans l'Ame à l'occasion des mouvemens qui se passent dans le corps. Ainsi les enfans entendant les mêmes cris, ils reçoivent les mêmes impressions des objets, & ils sont agités des mêmes passions que leurs Meres. Car puisque l'air du visage d'un homme passionné pénetre ceux qui le voient, & imprime naturellement en eux une passion semblable à celle qui l'agite, quoique l'union de cet homme avec ceux qui le considerent ne soit pas fort grande; on ne peut pas, ce me semble, raisonnablement douter que les Meres n'impriment dans leurs enfans tous les mêmes sentimens dont elles sont frappées, & toutes les mêmes passions dont elles sont agitées. Car enfin le corps de l'enfant fait comme un même corps avec celui de la Mere: le sang & les esprits sont communs à l'un & à l'autre: les sentimens & les passions sont des suites naturelles des mouvemens des esprits & du sang, & ces mouvemens se communiquent nécessairement de la Mere à l'enfant. Donc les passions & les sentimens sont communs à la Mere & à l'enfant.

2°. Il y a dans notre cerveau des ressorts qui nous portent naturellement à l'imitation; c'est-là un des principaux liens de la Société civile. Non-seulement il est nécessaire que les enfans croient leurs Peres; les disciples leurs Maîtres; & les hommes les autres hommes: il faut encore que tous les hommes aient quelque disposition à prendre les mêmes manieres & à faire les mêmes actions de ceux avec qui ils veulent vivre. Car afin que les hommes se lient, il est nécessaire qu'ils se ressemblent & par le corps & par l'esprit.

3°. Non-seulement les esprits vitaux se portent naturellement dans les parties de notre corps, pour faire les mêmes actions & les mêmes mouvemens que nous voyons faire aux autres ; mais encore pour recevoir en quelque maniere leurs blessures, & pour prendre part à leurs miseres. Car l'expérience nous apprend que lorsque nous considérons avec beaucoup d'attention quelqu'un que l'on frappe rudement, les esprits se transportent avec effort dans les parties de notre corps qui répondent à celles que l'on voit blesser dans un autre, pourvu qu'on ne détourne point ailleurs le cours de ces esprits.

4°. Le mouvement des esprits vitaux se fait mieux sentir dans les personnes délicates qui ont l'imagination vive & les chairs tendres & molles ; car elles ressentent fort souvent comme une espece de frémissement dans leurs jambes, si elles regardent, par exemple, attentivement quelqu'un qui ait une ulcere, ou qui y reçoive actuellement quelque coup.

5°. Comme les enfans qui sont encore dans le sein de leur Mere ont les fibres d'une extrême délicatesse, le cours des esprits y doit produire les changemens les plus considérables. Ces principes posés, Malebranche explique ainsi le Phénomene que nous avons rapporté plus haut.

La cause de ce funeste accident, *dit-il*, fut que la Mere ayant su qu'on alloit rompre un criminel, l'alla voir exécuter. Tous les coups que l'on donna à ce misérable, frapperent avec force l'imagination de cette Mere, & par une espece de contre-coup le cerveau tendre & délicat de son enfant. Les fibres du cerveau de cette femme furent étrangement ébranlées, & peut-être rompues en quelques endroits par le cours violent des esprits produit à la vue d'une action si effrayante ; mais elles eurent assez de consistance pour empêcher leur bouleversement entier. Les fibres au contraire du cerveau de l'enfant ne pouvant résister au torrent de ces esprits, furent entierement dérangées, & le ravage fut assez grand pour lui faire perdre la raison pour toujours. Voilà pourquoi il vint au monde privé de sens. Pourquoi étoit-il rompu aux mêmes parties du corps que le criminel que sa Mere avoit vu mettre à mort ; en voici, *continue Malebranche*, la raison physique.

A la vue de cette exécution si terrible pour une femme, le cours violent des esprits vitaux de la Mere alla avec force de son cerveau vers tous les endroits de son corps qui répondoient à ceux du criminel, & la même chose se passa dans l'enfant. Mais parce que les os de la Mere étoient capables de résister à la violence de ces esprits, ils n'en furent point blessés. Il n'en fut pas ainsi de l'enfant ; ce cours rapide des esprits fut capable de fracasser ses os encore tendres. Car les os sont les dernieres parties du corps qui se forment, & ils ont très-peu de consistance dans les enfans qui sont encore dans le sein de leur Mere.

Ce n'est pas-là le seul phénomene dont Malebranche essaie de rendre compte dans son Traité de l'imagination. En voici un encore plus frappant. Une femme ayant considéré avec trop d'application le tableau de St. Pie, accoucha à Paris d'un enfant mort qui ressembloit parfaitement à l'image de ce Saint. Il avoit le visage d'un vieillard, autant qu'un enfant qui n'a point de barbe en est capable. Ses bras étoient croisés sur sa poitrine ; ses yeux tournés vers le Ciel ; il avoit très-peu de front, parce que l'image de ce Saint étant élevée vers la voûte de l'Eglise en regardant le Ciel, n'en avoit presque point. Il avoit une espece de Mitre renversée sur ses épaules avec plusieurs marques rondes aux lieux, où les Mitres sont couvertes de pierreries. En un mot, cet enfant ressembloit parfaitement au tableau sur lequel sa mere l'avoit formé par la force de son imagination.

Tandis que cette Mere regardoit avec application le tableau de Saint Pie, les esprits vitaux graverent dans son cerveau une image semblable à celle du Saint ; peut-être l'auroient-ils gravée sur son visage, si les chairs en avoient été moins dures & les fibres plus flexibles. La même chose arriva dans le cerveau de l'enfant. Les esprits vitaux y graverent d'abord l'image de St. Pie ; & trouvant ensuite une chair propre à prendre toute sorte de formes, ils y graverent tous les traits du tableau en question. Nous ne croyons pas, comme Malebranche, que l'enfant, dans le sein de la mere, voie tous les objets sur lequel sa mere fixe les yeux. Nous croyons plutôt que dans cette occasion la mere eut non-seulement envie de ressembler à S. Pie, mais encore de mettre au monde un enfant qui lui reſſemblât. Quoi qu'il en ſoit, le corps de cet enfant fut tellement agité & par conſéquent tellement dérangé par cette imitation forcée, que l'enfant en mourut.

Après ce que nous venons de dire, l'on n'aura preſque point de peine à expliquer d'où viennent ces marques que les enfans ne portent que trop ſouvent en naiſſant, auxquelles on a donné le nom d'*envies*. Une mere deſirant fortement de manger un raiſin, a-t-elle l'imprudence de porter la main à ſon viſage ; l'enfant vient au monde avec la figure d'un raiſin marquée ſur la partie de ſon viſage analogue à celle que la mere a touchée ſur le ſien. Comment cela peut-il ſe faire ? Le voici. La mere dont il s'agit, n'a pas pu avoir une pareille envie, ſans que les eſprits aient gravé dans ſon cerveau l'image d'un raiſin. Le mouvement qu'elle a fait en portant la main, par exemple, à ſa joue, a déterminé ces eſprits à diriger leurs cours de ce côté-là ; & ils y auroient vraiſemblablement laiſſé l'empreinte de ce fruit, s'ils n'avoient pas trouvé des obſtacles inſurmontables. Ces obſtacles ils ne les trouvent pas ſur le corps de l'enfant : ſa chair tendre & molle eſt ſuſceptible de toute ſorte de figures. Auſſi les eſprits, après avoir gravé dans le cerveau de l'enfant l'image d'un raiſin, iront-ils en graver une pareille ſur ſa joue.

IMMERSION. Le point de l'immerſion d'un aſtre eſt l'inſtant où il ſe cache par rapport à nous.

IMPÉNÉTRABILITÉ. Qualité qu'a tout corps d'en chaſſer un autre de l'endroit que le premier occupe actuellement ; ou, ce qui revient au même, qualité qu'ont tous les corps d'occuper chacun un lieu particulier. L'on demandoit autrefois en Phyſique ſi le Tout-Puiſſant peut par miracle ôter à un corps ſon *impénétrabilité actuelle*, & ne lui laiſſer qu'une *impénétrabilité exigitive*. Cette queſtion me paroît au moins inutile. Un corps dépouillé par miracle de ſon *impénétrabilité actuelle* ne ſeroit pas l'objet de la Phyſique.

IMPULSION. Action de pouſſer un corps. Ce qui diſtingue l'école Cartéſienne de l'école Newtonienne, c'eſt que celle-là n'admet pour cauſe du mouvement que l'*impulſion*, & que celle-ci admet des mouvemens dont l'*attraction* doit être regardée comme la cauſe.

INCIDENCE. C'eſt la ligne ſuivant laquelle un corps

tombe sur un autre. Nous avons démontré en cent endroits de ce Dictionnaire & surtout dans l'article de l'*Elasticité*, que l'angle d'incidence est égal à l'angle de réflexion.

INCLINAISON. Une ligne est inclinée sur un plan, lorsqu'elle penche plus d'un côté que d'un autre. Celui des deux angles qui se trouve aigu, s'appelle *angle d'inclinaison*.

INDÉFINI. Mot qui ne signifie rien, s'il ne signifie pas infini.

INDEX. On donne ce nom au second doigt de la main, parce qu'on s'en sert, lorsqu'on veut montrer quelque chose. On donne encore ce nom au cadran qui dans les horloges marque les heures.

INDICTION. Le cycle de l'indiction est l'espace de 15 années. *Voyez* dans l'article du calendrier cette matiere traitée assez au long.

INDIGO. L'indigo est la sixieme des couleurs primitives, comme on peut le voir dans l'article des *couleurs*; c'est un violet bleuâtre très-vif & très-brillant.

INDIVISIBLE. Epithete que l'on donne en Physique à toute substance que l'on regarde comme simple.

INERTIE. C'est l'incapacité qu'a tout corps de passer par lui-même d'un état à un autre. Est-il en repos? Son inertie l'empêche de passer à l'état de mouvement: est-il en mouvement? Son inertie l'empêche de passer à l'état de repos. A-t-il telle ou telle figure? Son inertie l'empêche d'en changer pour en prendre une autre. L'inertie est donc fondée sur l'inactivité essentielle à tout corps & sur l'indifférence qu'a tout corps non-seulement au repos ou au mouvement, mais encore à quelque figure que ce puisse être.

De-là les Physiciens ont assuré qu'il y a dans les corps une force purement passive qu'ils ont appellée *force d'inertie*. Ils ont prouvé que cette force étoit toujours proportionnelle à la quantité de matiere. Voyez cette question traitée dans l'article de ce Dictionnaire qui commence par le mot *Force d'inertie*.

INFINI. Qui n'a point de bornes. On peut diviser l'infini en incréé, en physique, & en géométrique. L'infini incréé c'est l'Etre suprême dont nous avons démontré l'existence dans le second volume de ce Dictionnaire à l'article *Dieu*. L'infini physique est une question dont on ne donnera jamais une solution satisfaisante, comme nous l'avons prouvé dans l'article de la *divisibilité*. Pour l'infini géométrique, nous allons le faire connoître dans l'article suivant.

INFINITÉSIMAL. C'est-là l'épithete que l'on donne au calcul qui roule sur les propriétés de la grandeur considérée dans l'infini. M. l'Abbé de la Caille, pour prouver que les Géometres ont droit de considérer ainsi la *grandeur*, parle de la sorte dans ses leçons élémentaires de Mathématique, *pages* 118, 119. (La grandeur est par son essence susceptible de plus & de moins; donc elle ne perd rien de son essence en recevant ce plus & ce moins; donc elle est encore grandeur après l'avoir reçu; donc elle est encore également susceptible de plus & de moins; donc elle en est toujours susceptible; donc elle l'est sans fin ou à l'infini. Par exemple, la suite naturelle des nombres 1, 2, 3, 4, &c. croît évidemment à l'infini; car à quelque grand nombre qu'on conçoive élevé un terme de cette suite, on ne voit pas pour cela que l'on en soit plus près de la fin; ce qui ne peut convenir à une suite dont le nombre des termes seroit fini. Or quoiqu'on ne puisse pas exprimer par des nombres les termes infinis de cette progression; comme ils sont toujours des grandeurs quoiqu'infinies, ils ne laissent pas d'avoir des propriétés finies; ce qui fait qu'on peut les soumettre au calcul, en les marquant par un caractere comme ∞; ainsi je puis représenter toute la suite des nombres par $\div$ 0. 1. 2. 3. 4. 5..... ∞. De même une quantité finie peut être divisée en parties toujours plus petites, jusqu'à ce qu'on vienne à une partie infiniment petite. Ainsi on peut représenter l'unité divisée en parties par cette suite $\div \frac{1}{2}. \frac{1}{3}. \frac{1}{4}. \frac{1}{5} \ldots \frac{1}{\infty}$.) Consultez les articles *Arithmétique sublime*, *calcul différentiel*, & *calcul intégral*.

INFLEXIBLE. Un corps est inflexible, lorsque par la compression il ne change pas de figure; tels sont les corps durs dont nous avons parlé fort au long dans l'article de la *dureté*.

INFLEXION *de la lumiere*. Propriété qu'a tout rayon de lumiere de ne pouvoir pas passer près d'un corps sensible, sans s'en approher & se détourner de son chemin. Cette découverte intéressante, connue sous le nom de *diffraction de la lumiere*, eſt due au Pere Grimaldi Jéſuite. Nous en avons rendu compte fort au long dans le premier volume de ce Dictionnaire, à l'article *diffraction*.

INFLUENCE. Un corps influe ſur un autre, lorſqu'il occaſionne en lui quelque changement. L'Académie Royale des Sciences de Montpellier, toujours occupée du bien public, propoſa pour le ſujet du prix qu'elle devoit diſtribuer en l'année 1774, le probleme ſuivant: *Quelle eſt l'influence des météores ſur la végétation? Et quelles conſéquences pratiques peut-on tirer, relativement à cet objet, des différentes obſervations météorologiques faites juſqu'ici?* Elle couronna la piece de M. l'Abbé Toaldo, Prévôt de la Sainte Trinité, & Profeſſeur d'Aſtronomie, de Géographie & de Météorologie dans l'Univerſité de Padoue. Cette excellente piece préſente un Eſſai de Météorologie, appliquée à l'Agriculture. Il ſeroit à ſouhaiter qu'elle fût entre les mains de tous les cultivateurs. Auſſi allons-nous en faire l'analyſe avec le plus d'étendue qu'il nous ſera poſſible. L'Auteur nous permettra bien de lui propoſer nos difficultés, lorſque nous ne ſerons pas du même ſentiment que lui. Il s'intéreſſe trop ſincerement au progrès des ſciences, pour ne pas les faire évanouir, ſi elles ne portent ſur rien, ou pour ne pas modifier quelques-unes de ſes aſſertions, ſi elles lui paroiſſent raiſonnables.

Les deux branches du probleme, propoſé par l'Académie de Montpellier, forment les deux parties de la diſſertation de M. l'Abbé Toaldo. Il examine dans la premiere partie quelle eſt l'influence des Météores ſur la végétation; il s'occupe dans la ſeconde des conſéquences que l'on peut tirer des obſervations météorologiques.

L'Auteur, avant que de traiter de l'influence de chaque eſpece de météore, jette un coup d'œil ſur l'endroit où ils ont coutume de ſe former; c'eſt l'atmoſphere terreſtre, qu'il ne conſidere pas dans toute ſon étendue, puiſqu'elle a près de trois cent lieues de hauteur, mais qu'il confond ici avec la ſphere des vapeurs & des exhalaiſons. Il ne dit ſur leur formation & ſur leur élévation au-deſſus de la ſurface de la terre & des eaux, que ce qu'on trouve dans tous les Ouvrages de Phyſique; mais il remarque très-à-propos, que les labours multipliés ne font avantageux, que lorfqu'il s'écoule entre eux un certain intervalle de tems. Ce tems eft néceffaire, *dit-il*, afin que la portion de terre expofée à l'air puiffe s'imbiber des efprits végétaux dont elle manque. Dès que cette portion eft bien faturée, on la renverfe, & l'on expofe à l'air une autre portion, qui reçoit une bonification femblable, & ainfi de fuite. Si l'on obferve, *ajoute-t-il*, que les fumiers même & les terres fertiles, mais crues, fe préparent, fe digerent & mûriffent par l'action du foleil & des météores, on avouera que la fécondité de la terre dépend entierement de l'atmofphere & des météores, qui en font les modifications.

Après cette efpece de préambule M. l'Abbé Toaldo en vient à l'influence qu'a chaque efpece de météore fur la végétation. C'eft par les vents qu'il a cru devoir commencer.

Après avoir rapporté la caufe la plus générale des vents, la raréfaction ou la condenfation de l'air, arrivée dans une partie de l'atmofphere, il fe plaint que les Phyficiens modernes ont trop légerement abandonné l'ancienne opinion qui jugeoit les vents produits par une efpece d'explofion d'exhalaifons. Cette plainte eft dénuée de tout fondement. Je ne connois aucun Phyficien de réputation qui ait apporté la raréfaction ou la condenfation de l'air, comme l'unique caufe des vents. L'on a toujours dit, & nous difons encore que les feux fouterrains font fortir du fein de la terre & des eaux des vapeurs & des exhalaifons qui, s'élevant avec impétuofité dans l'atmofphere, caufent dans l'air une agitation, toujours accompagnée de quelque vent confidérable. C'eft la chute de quelque nuage, que nous regardons encore comme la caufe phyfique & immédiate des ouragans. Cherchez *vent*.

Après cette efpece de plainte, M. l'Abbé Toaldo en vient aux bons & aux mauvais effets des vents. Les premiers, fuivant lui, font en plus grand nombre que les feconds. En agitant les arbres, *dit-il*, ils aident la circulation des fucs, les fecrétions, la tranfpiration; car le vent eft aux plantes, ce que la promenade, l'exercice eft aux animaux. Les vents balayent l'atmofphere; ils diffipent les vapeurs & les exhalaifons croupiffantes; ils apportent un air frais & nouveau, & raniment par-là les plantes

plantes qui souffrent beaucoup, quand elles sont privées de ventilation. Les vents du nord, chargés d'un acide nitreux, fertilisent les terres. Les vents de mer transportent à de très-grandes distances dans les continens, les vapeurs & les nuages, & conséquemment les pluies si nécessaires à la végétation. Les vents décident de tous les météores; ils sont, pour ainsi dire, les maîtres de la terre & du ciel; car l'état du ciel est tel que les vents le font. Voilà une partie de leurs bons effets. Dessécher la terre; contenir des matieres caustiques qui brûlent les tendres plantes, les germes, les fleurs, les fruits; causer la neige, la gelée, la grêle, voilà ce qu'il appelle effets des vents, funestes à la végétation. Il se trompe; la neige & la gelée lui sont souvent très-favorables: il l'assure lui-même dans la suite.

Aux météores aériens succedent les météores aqueux, je veux dire, la pluie, la rosée, les brouillards, la neige, la gelée, la grêle, la gelée blanche & les frimats.

Il nous fait remarquer dans l'article des *pluies* que nul arrosement artificiel, quelque préparation que l'on donne à l'eau, ne fait jamais autant de bien aux plantes qu'une pluie bénigne. Pourquoi? Parce que cette eau distillée donne une quantité sensible de terre calcaire, de nitre & de sel commun. C'est à M. Margraff, célebre Chimiste de Berlin, que nous devons cette analyse; il opéra sur une eau qu'il avoit recueillie dans un lieu ouvert, éloigné des habitations, & après avoir laissé passer une demi-journée de pluie.

M. l'Abbé Toaldo assure en termes exprès que *les vapeurs qui se trouvent le soir peu élevées, ou qui s'élevent la nuit, surprises par la fraicheur de l'atmosphere, & jointes aux émanations des plantes, se condensent, tombent & forment, en s'attachant à la surface des corps, ce qu'on appelle la rosée.* Ce n'est pas là ce que nous apprend l'expérience. Si l'on expose à la rosée un plat d'argent, l'on en trouve la partie concave seche & la partie convexe mouillée. La rosée ne tombe donc pas; elle monte, & c'est une vapeur très-subtile, élevée du sein de la terre par la chaleur qui regne dans l'atmosphere, quelque tems avant le lever du Soleil; c'est sur les herbes & sur les plantes que cette vapeur va se rassembler en forme de goutte. Suivant M. Muschembroek, elle contient, outre l'eau, du sel, de la terre, de l'huile & du soufre.

A l'occasion des autres météores aqueux, il fait quelques remarques que nous nous faisons un devoir de rapporter. Nul tems, *dit-il*, *en parlant des brouillards*, n'est plus favorable aux labours & aux semailles, que ces matinées où regne un brouillard épais & stillant, qui baigne doucement les sillons.

Il conseille, en parlant de la neige, de l'amonceler aux pieds des petits arbres nouvellement plantés, pour les garantir du froid.

Nous avons été étonnés de le voir mettre les aurores boréales au rang des météores ignées; voyez ce que nous avons dit sur cette matiere à l'article *Aurore boréale*. Nous pensons comme lui, que la végétation n'est jamais si vigoureuse, que dans les tems pluvieux, inégaux, orageux, & cela principalement à cause de l'abondance du feu électrique.

Avant que d'en venir à la seconde partie de sa dissertation, M. l'Abbé Toaldo a cru devoir nous faire la description de l'année *georgico-météorologique*. Il nous assure que l'année sera bonne, lorsque l'hiver sera froid, avec abondance de neige & de gelée; le printems hâtif, accompagné de pluies bénignes & de Zéphirs; l'été chaud & interrompu à propos par des pluies; & l'Automne tempérée, & plus seche qu'humide. Il fait une digression très-intéressante sur la rouille & les autres maladies des blés. La rouille, *dit-il*, est la consomption des grains. Il rapporte les différentes manieres dont on peut expliquer cette maladie. Nous préférons l'explication de Galilée qui prétend que, lorsqu'un brouillard, une rosée, une bruine a laissé une certaine quantité de petites gouttes sur les végétaux, & que le Soleil les darde brusquement, ces petites gouttes deviennent autant de lentilles caustiques très-aiguës, dont les foyers tombant sur les feuilles & les grains, les brûlent véritablement. Il donne pour remede la fumigation qui doit être faite tous les matins, quand le tems est suspect, dans les mois de Mai ou de Juin, en brûlant de la paille, des excrémens de vache ou d'autres matieres animales, des retailles de peau, de corne, d'ongle, &c. Il conseille aussi de secouer la rosée & les brouillards, en faisant tirer par deux hommes, le long des sillons, une corde au travers des blés. Il veut enfin qu'on trempe le grain, avant que de le semer, dans une saumure bien âcre, composée de cendres & de chaux, & il donne ce remede comme un préservatif de la maladie qu'on nomme le *charbon*.

Dans la seconde partie de sa dissertation, M. l'Abbé Toaldo ne s'occupe pas seulement des conséquences que l'on peut tirer des observations météorologiques, faites jusqu'ici ; il cherche encore la cause générale des variations de l'atmosphere ; & il prétend l'avoir trouvée dans les phases de la Lune, & dans les différentes situations de ce satellite par rapport au Soleil & à la terre. Comme il présente son systeme d'une maniere très-séduisante, & que nous sommes persuadés que la Lune n'a aucune influence sur la végétation, il nous permettra bien de lui proposer les raisons que nous avons de ne pas penser comme lui.

La Lune ne peut influer sur la végétation qu'en trois manieres, ou par des corpuscules envoyés de son sein, ou par sa lumiere ou par sa masse.

Dire que la Lune envoie de son sein tels & tels corpuscules, utiles ou nuisibles à la végétation, c'est renouveller les extravagances de l'Astrologie judiciaire : autant aimerois-je dire avec le peuple qu'elle influe sur la crue des cheveux, la plénitude des huîtres, des écrevisses, &c. Ce sont là des erreurs qu'on ne doit réfuter, que par un grand éclat de rire. Rendons justice à M. l'Abbé Toaldo, il n'y a rien dans sa dissertation qui fasse soupçonner qu'il admette une pareille émission.

Prétendre que par sa lumiere la Lune influe sur la végétation, c'est ignorer que cette lumiere est destituée de toute chaleur. Qu'on rassemble au foyer du meilleur miroir concave qui ait encore paru, la lumiere de la pleine Lune : qu'on plonge dans cet océan de lumiere le thermometre le plus exact ; la liqueur demeurera immobile ; elle ne montera pas d'une quantité, même infiniment petite ; donc la lumiere de la Lune est destituée de toute chaleur. Il n'est encore rien dans la dissertation dont nous parlons, qui soit contraire à cette expérience décisive.

Mais par sa masse la Lune peut-elle influer sur la végétation ? Voilà ce que pense M. l'Abbé Toaldo, & voilà ce qu'il convient d'examiner avec attention. Nous convenons avec lui qu'on ne peut plus disputer raisonnablement sur l'action que la Lune exerce sur les eaux de l'océan. Nous convenons encore que l'analogie doit nous porter à croire qu'elle produit une impression semblable sur l'atmosphere, espece de mer aérienne qui nous presse & qui nous environne. Oui, nous pensons que l'atmosphere a des especes de marées, aussi-bien réglées que celles de l'océan. C'est-là même un sentiment qui nous est propre, & que nous n'avons puisé chez personne. Il y a plus de vingt ans que nous fimes imprimer ce qui suit : *La Lune agit sur l'atmosphere terrestre, avant que d'agir sur les eaux de l'Océan; c'est Astre est tellement placé, que son action doit se faire beaucoup plus sentir sur la partie de l'atmosphere terrestre qui correspond à la Zone torride, que sur la partie de l'atmosphere qui correspond aux Zones tempérées*, &c. *Premiere édition du Dictionnaire de Physique, année* 1758, *à l'article Flux & Reflux*. Malgré cela, nous sommes bien éloignés de penser que les variations de l'atmosphere soient liées avec les phases de la Lune & les autres situations de ce satellite par rapport au Soleil & à la terre. Nous soupçonnons même que le Flux & le Reflux aérien ne doit pas être plus sensible pour nous, que l'est en pleine mer le vrai flux & le vrai reflux des eaux. Nous pensons encore moins que l'action de la Lune sur l'atmosphere terrestre puisse occasionner la moindre variation dans le barometre, pourquoi ? Parce que l'air en flux est parfaitement en équilible avec l'air en reflux.

D'ailleurs si les cultivateurs qui se reglent sur les influences de la Lune, causées par l'action de ce satellite sur l'atmosphere terrestre, raisonnoient conséquemment à leur systeme ; il devroit leur être indifférent d'opérer dans le tems de la nouvelle Lune, comme lorsqu'elle est dans son plein : il doit en être du flux & du reflux aérien, comme du flux & du reflux des eaux. Nous savons que celui-ci est le même pour l'océan dans le tems des sizigies; pourquoi dans ces deux tems ne sera-t-il pas le même pour l'atmosphere terrestre ? Voilà cependant ce qu'ils n'avouent pas; ils soutiennent avec opiniâtreté que telle opération d'agriculture qui réussit, lorsque la Lune est pleine, échoueroit, si on la faisoit dans le tems de la nouvelle

Lune. Ce n'étoit pas-là le ſentiment du plus grand cultivateur peut-être, que la France ait produit, le célebre la Quintinie. Voici comment il parle au *tome 2 de ſes réflexions ſur l'Agriculture*, *pag.* 66 & 67.

(Je proteſte de bonne foi que, pendant plus de trente ans, j'ai eu des applications infinies pour remarquer au vrai, ſi toutes les lunaiſons devoient être de quelque conſidération en jardinage, afin de ſuivre exactement un uſage que je trouvois établi, s'il me paroiſſoit bon: mais qu'au bout du compte, tout ce que j'en ai appris par mes obſervations longues & fréquentes, exactes & ſinceres, a été ſimplement que ces décours ne ſont que de vieux dire de jardiniers mal-habiles. Ils ont cru par-là non-ſeulement mettre à couvert leur ignorance à l'égard des points principaux du jardinage: mais en même tems ils ont eſpéré de s'acquérir par ce jargon quelque croyance auprès des honnêtes gens qui n'entendent rien en agriculture.... En effet greffez en quelque tems de la Lune que ce ſoit, pourvu que vous le faſſiez adroitement, dans les ſaiſons propres pour chaque greffe & ſur des ſujets convenables à chaque ſorte de fruits, & qu'enfin le pied ſoit bon & bien diſpoſé, en ſorte qu'il n'y ait ni trop de ſeve, ni trop peu; & qu'il ne ſoit ni trop fort, ni trop foible, vous réuſſirez certainement, tout au moins à la plus grande partie. Et tout de même ſemez ou plantez toutes ſortes de graines ou de plants en quelque quartier de la Lune que ce ſoit; je vous réponds d'un ſuccès égal de vos ſemences & de vos plants, pourvu que votre terre ſoit bonne, bien préparée; que vos plants & vos ſemences ne ſoient point défectueuſes, & que la ſaiſon ne s'y oppoſe pas; le premier jour de la Lune, comme le dernier, ſont entierement favorables à cet égard; chacun peut l'éprouver par lui-même, & me condamner enſuite comme un impoſteur, ſi j'avance ici une doctrine fauſſe.)

Nos Cultivateurs, dont toute la ſcience n'eſt qu'une routine viciée par les préjugés les plus ridicules, m'avoient aſſuré que ſi je faiſois faire des provins, lors de la nouvelle Lune, ces provins paroîtroient bons extérieurement; mais que ne prenant intérieurement preſqu'aucune nourriture, je les verrois périr bien plus vîte que ceux que l'on auroit fait, dans le tems de la pleine

Lune. Le ſarment des premiers, *me diſoient-ils*; groſſira beaucoup moins dans la terre que le ſarment des ſeconds. Je voulus vérifier le fait. J'ai une vigne que je fis planter il y a 15 ans. Je choiſis quatre ſouches d'égale beauté, plantées le même jour ſur la même ligne, portant la même eſpece de raiſins. Le même Cultivateur m'en provigna deux à la nouvelle Lune de Mars 1780, & il garda les deux autres pour être provignées à la pleine Lune du même mois. Ce qu'il fit pour les deux premieres, il le fit exactement pour les deux dernieres. Il eſt arrivé que ces quatre provins ont pouſſé le même nombre de jets, & ont porté le même nombre de raiſins. Ne triomphez pas encore, *me diſoit mon Cultivateur*; nous découvrirons ces quatre provins après les vendanges, & vous verrez la différence qu'il y a entre la partie intérieure de leurs ſarmens & le nombre de leurs racines. Je les fis découvrir, & il n'y eut intérieurement aucune différence entre les provins faits à la nouvelle Lune, & ceux qui furent faits à la pleine Lune du mois de Mars de l'année 1780.

Ce que les Aſtrologues débitent ſur les influences planétaires eſt encore plus ridicule. Ils admettent d'abord une grande affinité entre l'or & le Soleil, l'argent & la Lune, le fer & Mars, le vif-argent & Mercure, l'étain & Jupiter, le cuivre & Vénus, le plomb & Saturne. En conſéquence de cette affinité dont certains corpuſcules envoyés par les planetes dans les métaux, & certains autres partis des métaux pour ſe rendre dans les planetes, ſont comme le lien, ils prétendent qu'il ne ſe paſſe rien dans les planetes ſans que les métaux y prennent part, & qu'il n'arrive dans les métaux aucune révolution indifférente pour les planetes. Les Aſtrologues pouſſent leur folie plus loin. Ils débitent que les planetes ont leurs jours choiſis pour verſer leurs influences ſur la terre. Le Soleil envoie ſes corpuſcules bienfaiſans ſur l'or le Dimanche; la Lune les envoie ſur l'argent le Lundi; & ainſi des autres. Voyez les autres extravagances des Aſtrologues dans l'article de l'Aſtrologie judiciaire, tom. 1.

INOCULATION. Opération par laquelle on communique la petite vérole par artifice. Cette expérience phyſico-médicale eſt trop en uſage, pour ne pas en faire un article de ce Dictionnaire. Voici comment on inocule.

On purge d'abord la personne qu'on suppose jouir de la santé la plus parfaite, & on la met à la diete pendant quelques jours. On lui fait ensuite deux incisions, l'une à la partie musculaire du bras vers l'endroit où l'on applique ordinairement les cauteres, & l'autre à la jambe du côté opposé. On prend une petite goutte bien cuite de la matiere que l'on tire des pustules varioliques les meilleures & les plus distinctes, avant le changement de la maladie ; on en imbibe deux petits bourdonnets de charpies, qu'on fait entrer dans les incisions, pendant que la matiere est chaude, & on les arrête avec un bandage. Environ deux jours après, on ôte le bandage & la charpie, & on applique tous les jours aux incisions une feuille de chou fraîche. Les incisions deviennent ordinairement plus grandes, s'enflamment & s'élargissent d'elles-mêmes, & elles déchargent de la matiere avec plus d'abondance, à mesure que la maladie se forme. Les éruptions communément paroissent 8 ou 10 jours après l'opération. Et dans cet intervalle le malade n'est pas obligé de garder la chambre, ni d'observer un régime rigoureux. Ce détail clair & circonstancié est tiré d'un excellent Dictionnaire imprimé à Avignon en 1753 avec le titre de *nouveau Dictionnaire Universel des Arts & des Sciences, François, Latin & Anglois.*

On inocule encore, en faisant à chacun des bras (à la partie extérieure vers l'attache du deltoïde) une légere incision d'environ un pouce de longueur. On insinue dans la plaie un brin de fil variolique. On applique dessus un plumaceau garni de baume d'Arceus, un emplâtre légerement enduit de cérat, ou de diapalme, une compresse & une bande qui fait plusieurs tours sur le bras ; & on coud le bout de la bande, afin que l'inoculé ne dérange pas cet appareil, en se remuant.

On inocule enfin suivant la méthode Suttonienne, c'est-à-dire, suivant la méthode trouvée par M. Sutton le pere, Chirurgien Anglois, & perfectionnée par M. Daniel Sutton, son fils. Cette méthode consiste à conduire la personne qu'on veut inoculer dans la maison d'un malade attaqué de la petite vérole naturelle ou artificielle. L'inoculateur prend, avec la pointe de sa lancette, un peu de matiere variolique daus l'endroit où a été faite l'insertion, si le malade a été inoculé, ou d'une pustule, s'il a la petite vérole naturelle. Dans ce dernier cas, on prend le tems de la fievre d'éruption, parce que la matiere variolique est alors dans sa plus grande activité. On fait au bras de la personne qu'on veut inoculer, dans l'endroit où l'on a coutume de faire les cauteres, une plaie d'un huitieme de pouce de longueur. Par cette plaie l'on doit diviser l'épiderme, & pénétrer jusqu'au corps de la peau. On écarte les bords de la plaie avec l'index & le pouce, & l'on y fait pénétrer la matiere variolique dont la lancette a été chargée. Cette opération se fait aux deux bras; on la fait même quelquefois en deux endroits différens sur chacun des deux bras. On n'a trouvé jusqu'à présent aucun inconvénient à multiplier ces piqûres, sur lesquelles on n'applique ni emplâtre, ni bandage.

La méthode Suttonienne suppose, comme toutes les autres méthodes, une préparation dans le sujet qu'on veut inoculer. M. Power, Docteur en Médecine & ami intime de M. Daniel Sutton, nous assure que cette préparation consiste dans la diete, le régime végétal & les purgations. Il ajoute qu'on dispense de la diete & du régime végétal les personnes foibles & délicates. Ces personnes, *dit-il*, ont plutôt besoin, pour qu'elles soutiennent mieux la maladie, qu'on entretienne leurs forces, & même quelquefois qu'on les augmente, que de les diminuer. Il n'a pas plu à M. Power de s'expliquer sur la composition de ses purgations préparatoires, ainsi que sur les autres remedes dont M. Sutton fait usage dans tout le cours de la maladie. Le Docteur Dimsdale, célebre par l'inoculation de l'Impératrice de Russie & partisan de la méthode Suttonienne, nous assure dans son ouvrage intitulé: *Méthode actuelle d'inoculer la petite vérole*, que la diete ne doit durer que huit à neuf jours. Pendant ce tems-là il fait prendre le soir en se couchant à la personne qu'il prépare à l'inoculation, à deux jours d'intervalle l'un de l'autre, trois doses d'une poudre composée de huit grains de calomel, autant de poudre de pattes d'écrevisses composée, & un huitieme de grain de tartre émétique. Il diminue cette dose pour les tempéramens plus foibles; il leur permet même quelque peu de viande & un peu de vin. Le lendemain du soir où l'on a pris la poudre préparatoire, il donne une dose de sel de glauber dans l'eau de gruau. Si c'eſt un enfant qu'il prépare à l'inoculation, il ſe contente de lui nettoyer les entrailles avec une préparation mercurielle, qui a l'avantage de le débarraſſer des vers.

Le lendemain de l'opération, M. Dimſdale fait prendre à ſon malade trois grains de calomel, autant de poudre de pattes d'écreviſſes compoſée & un dixieme de grain de tartre émétique. Il réitere une fois ce remede, pendant le tems de la fievre éruptive; & le lendemain il lui donne une potion laxative, compoſée de deux onces d'infuſion de ſéné, demi-once de manne, & deux gros de teinture de jalap.

Dès qu'il apperçoit les premiers ſymptômes de l'éruption, il fait ſortir ſon malade, & il le fait promener doucement en plein air. Nous ignorons ſi ce traitement differe beaucoup de celui de MM. Sutton qui en ont fait un ſecret. M. Dimſdale a cru devoir publier ſa méthode; & le public doit lui ſavoir gré de cette maniere d'agir qui ſuppoſe beaucoup de déſintéreſſement & un grand amour de l'humanité.

En l'année 1769, les MM. Sutton avoient déjà inoculé plus de ſoixante & dix mille perſonnes de tout âge, de tout ſexe & de tout tempérament. Deux ou trois ſeulement y ont ſuccombé, & elles n'ont dû leur malheur qu'à leur imprudence.

Il ſeroit impoſſible de compter maintenant, même en France, les perſonnes inoculées ſuivant la méthode Suttonienne. C'eſt ſans doute la méthode ſujette aux moindres inconvéniens, puiſqu'on s'en eſt ſervi pour inoculer la petite vérole à Louis XVI & à ſes deux Freres; auſſi ſera-t-elle toujours précieuſe à l'Etat.

L'inoculation a eu, comme toutes les nouvelles découvertes, des gens pour & contre. Les uns regardent les Médecins inoculateurs comme des Docteurs précieux à l'Etat, comme les vrais amis de l'humanité; les autres ne craignent pas de les appeller des meurtriers, des aſſaſſins. Les premiers ſe fondent ſur le raiſonnement ſuivant: le *riſque d'avoir la petite vérole naturelle eſt de 3 ſur 4; le riſque d'en être diſgracié ou d'en périr, eſt de 1 ſur 4. L'inoculation n'augmente pas beaucoup le premier riſque, puiſqu'elle n'eſt guere efficace que ſur des ſujets menacés par leurs diſpoſitions de ſubir cette maladie, ou de la contrac-*

ter par contagion. Le second risque est le plus effrayant ; l'inoculation le réduit presque à rien : sur 100 inoculés à peine en trouve-t-on 1 qui en conserve la moindre disgrace, ou qui en ait reçu le coup fatal. Si le fait est vrai, l'on a raison d'assurer, que, si l'inoculation est essentiellement criminelle par les dangers qui en sont inséparables ; dans toute la médecine il n'y aura presque plus aucune pratique, aucune recette innocente, puisqu'il n'y en a aucune qui soit plus, ni peut-être autant à l'abri de tout danger. Il faut donc, *concluent les inoculateurs*, absoudre l'inoculation, ou condamner toute la médecine. Voyons cependant ce qu'on dit contre cette pratique.

Premier Argument. Des Peuples Barbares sans religion & sans mœurs.... Un autre peuple chez qui la superstition & l'amour de la singularité ont l'air de la religion & de l'humanité.... Une nation flottante dans une multitude de grossieres erreurs...., Une autre nation plongée dans le scepticisme, qui réduit sa foi, ses mœurs aux avantages temporels.... Une république qui donne asyle indifféremment à tous les cultes ; tels sont les peuples chez qui l'inoculation a pris naissance ou a reçu son éducation ; tels sont les modeles qu'on nous présente. Que reste-t-il de plus à nous persuader, *disent les anti-inoculateurs* ? Que c'est chez ces Peuples que nous devons choisir des Médecins pour nos ames avec autant de confiance, que nous en appellons de chez eux pour se jouer de nos vies.

Réponse. Tout argument qui tient de la déclamation ne mérite aucune réponse. De quelque Pays que nous vienne un remede ; s'il est bon, s'il est infaillible, s'il n'est défendu par aucune loi, l'on peut, l'on doit s'en servir.

Second Argument. Dans les hommes que la petite vérole ne doit point outrager, n'y en eût-il qu'un seul qui, par la voie de l'inoculation, vint à périr ; dès-lors l'inoculateur seroit convaincu d'un véritable homicide : la mort de cet inoculé, arrivée contre l'ordre de la Providence, seroit son ouvrage. Qu'on grossisse tant qu'on voudra le nombre des sujets que l'inoculation enleve au tombeau où la petite vérole naturelle les eût précipités, la victime unique que l'inoculation s'est réservée, n'en a pas moins droit de se plaindre qu'on l'a sacrifiée. La vie sauvée à mille Citoyens, ne justifie pas le meurtre d'un ſeul ; on n'a pas droit d'alonger leur trame aux dépens de la ſienne ; le mal de l'un ne ſe répare point, ne s'expie point par le bien des autres. La morale ne trouve pas ſon compte aux calculs de la politique ; ces calculs ne doivent pas l'emporter ſur la diſcipline des mœurs ; les regles de la morale ſont plus précieuſes à l'Etat que les maximes de la Politique ; quand leurs maximes ſe trouvent en oppoſition, ce ſont les ſyſtemes de la Politique qui doivent plier ſous les loix de la morale. Donner à quelqu'un qui ſe porte bien, une maladie qu'il n'auroit peut-être jamais eue, une maladie *factice* qui peut abſolument le tuer ; c'eſt ſe jouer de la vie des hommes ; c'eſt faire violence à l'ordre, à l'humanité ; c'eſt entreprendre ſur la Providence par un moyen illicite & par une opération diabolique. Remercier la Providence de cette découverte comme d'un bienfait dont Dieu a gratifié notre ſiecle, c'eſt blaſphémer plutôt que de bénir ſa bonté.

Réponſe. Les principes d'où partent les *anti-inoculateurs* ſont inconteſtables. Si l'application qu'ils en font eſt juſte, toute ſaignée, toute médecine de précaution ſeront autant d'attentats ſur la vie des hommes, autant de meurtres, autant d'homicides. Combien n'en pourroit-on pas compter qu'un *qui pro quo* d'Apothicaire a mis au tombeau ? Ce n'étoit cependant que par précaution & pour prévenir une maladie dont peut-être ils n'auroient jamais été atteints, qu'ils faiſoient ces remedes.

Troiſieme Argument. L'inoculation met un glaive à la main des furieux & des inſenſés. Les ignorans oſeront inoculer auſſi hardiment, que les plus experts.

Réponſe. Bientôt il faudra interdire la médecine, parce qu'il ſe trouve des aſſaſſins parmi les Médecins. Il faudra bientôt défendre l'uſage des armes, parce que les méchans en font l'inſtrument de leurs crimes. Voilà ce qu'on peut répondre au caſuiſte qui en l'année 1756 déféra l'inoculation de la petite vérole à l'Egliſe & aux Magiſtrats. On trouve l'abrégé de cette eſpece de diſſertation dans le premier volume du Journal de Trévoux, du mois de Janvier de l'année 1757, *pages* 117 & ſuivantes. Les Journaliſtes n'ont pas manqué de nous faire remarquer que la police & la Religion exigent des précautions qu'il ne faut jamais omettre. La principale de ces précautions eſt de ne pratiquer l'inoculation que dans des lieux d'où la contagion de la petite vérole ne puisse se répandre. Quelque avérés que soient les avantages de l'inoculation, il n'est pas permis de se les procurer aux dépens de ses voisins. Quand le cours des causes naturelles amene la petite vérole ; si elle devient épidémique, personne n'a droit d'en murmurer. Mais si l'opération des inoculateurs semoit l'épidémie, ils en seroient coupables devant Dieu & devant les hommes.

Ces précautions observées, rien ne me paroît plus louable que le zele des inoculateurs. Les réponses que j'ai apportées aux argumens qu'on fait contre eux, prouvent combien je suis éloigné de la maniere de penser de leurs adversaires.

Ce qui m'a confirmé dans cette pensée, c'est la lecture des *tables Nosologiques* de M. Razoux, Docteur en Médecine de l'Université de Montpellier, Médecin de l'Hôtel-Dieu de Nîmes, Secrétaire perpétuel de l'Académie Royale de la même Ville, de la Société Medico-Phys. de Basle, Correspondant de l'Académie Royale des Sciences de Paris, de la Société Royale des Sciences de Montpellier, & de l'Académie des Sciences, Inscriptions & Belles-Lettres de Toulouse.

Ce Médecin célebre nous a donné dans ses tables le Journal exact de 86 inoculations faites à Nimes entre les années 1757 & 1764 ; il ne craint pas d'assurer, à la fin de ce Journal, que personne n'est mort de l'inoculation, ni de ses suites : qu'aucun de ceux qui ont été bien & duement inoculés, n'a contracté la petite vérole naturelle : qu'il n'a vu aucun exemple de maladies de différente nature introduites par l'inoculation : que s'il y a quelques accidens après l'inoculation, ils sont infiniment plus rares, qu'après la petite vérole naturelle, & beaucoup moins dangereux : qu'on peut presque toujours attribuer ces accidens à toute autre cause qu'à l'inoculation, &c. Il donne, à la fin de ce même Journal, les avis suivans à tous les inoculateurs.

1°. Un pus récent doit être toujours préféré à un pus ancien, toutes choses égales d'ailleurs.

2°. Un degré de fievre plus ou moins fort, dénote une éruption plus ou moins abondante.

M. Razoux a constamment observé que, lorsque le

pouls donnoit par minute 150 pulſations ; la quantité des puſtules varioliques étoit moindre, que lorſqu'on en comptoit 160, 180, 200.

3°. Plus la ſuppuration des plaies eſt abondante, moins celle des puſtules eſt conſidérable, & *vice versâ*.

4°. Les purgatifs réitérés après la petite vérole ſont d'autant plus néceſſaires, que le virus variolique a paru plus abondant.

5°. Lorſque la cicatrice des inciſions ne porte point avec elle une marque à jamais ineffaçable, on peut ſuſpecter la réuſſite de l'opération, ſurtout lorſque les plaies n'ont pas ſuppuré.

6°. Lorſqu'au contraire l'apparition d'un, de deux, de trois boutons ſuit la fievre, & les autres ſymptômes précurſeurs de l'éruption, quoique ceux ci ne ſuppurent point, pourvu que les inciſions ſuppurent, on doit être aſſuré de la réuſſite de l'opération.

7°. Les ſueurs, dans le tems qui précede l'éruption, ſont d'un très-bon augure dans l'inoculation.

8°. On voit aſſez ſouvent deux éruptions, une incomplete, & l'autre parfaite.

9°. La fievre ſcarlatine qui paroît quelquefois, les éréſypeles qui ſe montrent autour des plaies, ne ſont pas de mauvais augure ; la ſuppuration emporte ceux-ci, l'éruption des boutons fait diſparoître celle-là.

10°. L'air extérieur, ſurtout lorſqu'il eſt froid & humide, eſt très-dangereux pour les inoculés qu'on y expoſe trop tôt après l'opération.

11°. Lors de la levée du premier appareil, il eſt aſſez indifférent que les fils varioliques paroiſſent ſecs ou imbibés de pus : on ne peut tirer de-là aucun prognoſtic certain.

12°. Les boutons varioliques commencent plutôt à paroître autour des plaies, que par-tout ailleurs.

Toutes ces remarques ſont dignes d'un Médecin véritablement ami des hommes. Heureuſes les Villes qui, comme Nîmes, trouvent dans leur enceinte des perſonnes de ce caractere !

INSECTE. C'eſt un petit animal compoſé, ou de pluſieurs anneaux qui s'éloignent & ſe rapprochent les uns des autres dans une membrane commune qui les aſſemble ; ou bien de pluſieurs lames coupées qui jouent en gliſſant les unes ſur les autres ; ou bien enfin de deux ou trois parties principales qui ne tiennent l'une à l'autre que par un filet ou un petit canal qu'on appelle *étranglement.* C'eſt-là la deſcription qu'en donne M. Pluche dans le *Spectacle de la Nature.* Il conſacre aux inſectes les 8 premiers entretiens du tome Ier. Nous croyons rendre un vrai ſervice au Lecteur, en lui mettant ſous les yeux tout ce que cet élégant Auteur a dit ſur les inſectes conſidérés en général. Il ne nous convient pas dans un article comme celui-ci de conſidérer les inſectes en particulier. Voyons donc, 1°. Quelle eſt l'origine des inſectes ; 2°. En combien de claſſes on peut les diviſer ; 3°. Quelles ſont leurs parures ; 4°. De quelles armes ils ſe ſervent ; 5°. Quels ſont leurs organes & leurs outils ; 6°. Quels ſont les différens états par où ils ont coutume de paſſer.

Premiere Queſtion. Quelle eſt l'origine des inſectes ?

Réſolution. Tout inſecte, comme tout autre animal, provient d'un germe qui le contenoit en petit. Il n'eſt plus aucun Phyſicien qui diſe, comme le vulgaire, que les inſectes naiſſent de corruption. La corruption d'un corps ne vient que de la diſſolution de ſes parties, occaſionnée par l'introduction de l'air dans l'intérieur de ce corps, & ſurtout d'un air échauffé qui en diſſipe les molécules les plus fixes, & ne laiſſe que les molécules les plus groſſieres & les moins propres à nourrir & à flatter le goût & l'odorat. Or on ne conçoit pas que les parties intérieures d'un morceau de viande étant éventées, déſunies & altérées de la ſorte, en deviennent plus propres à former tout d'un coup un corps organiſé qui ait des yeux, un cœur, des inteſtins, en un mot, ce qui fait un animal vivant. J'aimerois autant dire que les rochers ou les bois engendrent les cerfs ou les éléphans, que de dire qu'un morceau de fromage engendre des mites. Les cerfs naiſſent & vivent dans les bois & les mites dans le fromage ; mais il en eſt de la naiſſance des uns comme de la naiſſance des autres.

D'ailleurs l'opinion vulgaire que les Inſectes naiſſent de corruption, eſt injurieuſe au Créateur & déshonore notre raiſon. Car ſi on y fait la moindre attention, ces petits animaux qui ſont conſtruits avec tant d'art & d'agrément, qui ſont pourvus avec tant de précaution de tous les instrumens dont ils ont besoin, & qui se perpétuent sous une forme qui ne varie jamais ; ou c'est une sagesse toute-puissante qui les produit ; ou bien c'est le hasard & le concours fortuit de quelques humeurs altérées & déplacées. Or il est de la derniere absurdité de penser que le hasard agisse, & il ne l'est pas moins de penser qu'il agisse avec dessein, avec précaution, avec uniformité. Ainsi la même sagesse qui se fait admirer dans la structure du corps humain, se trouve dans la composition du corps d'un Insecte, & la corruption n'est non plus la mere des Insectes, que des autres animaux & des hommes mêmes. Si nous voyons donc les Insectes naître à point nommé dans un corps, aussitôt qu'il se corrompt, ce n'est pas parce que la corruption engendre des animaux, mais uniquement parce qu'il y a des meres qui savent qu'un corps altéré & corrompu est plus propre qu'un autre pour nourrir leurs petits. L'odeur qui s'en exhale au loin les attire. C'est même à les attirer que cette odeur est destinée.

L'expérience suivante mettra cette vérité dans tout son jour. Prenez du bœuf nouvellement tué : mettez-en un morceau dans un pot découvert, & un autre morceau dans un pot bien net que vous couvrirez sur le champ avec une piece d'étoffe de soie, afin que l'air y passe sans que la mouche y puisse glisser ses œufs. Le premier morceau se corrompra & sera rempli d'Insectes, parce que la mouche y pose ses œufs en liberté. L'autre morceau s'altérera par le passage de l'air, se flétrira, se réduira en poudre par l'évaporation ; mais on n'y trouvera, ni œufs, ni vers, ni mouches. Donc tout insecte, comme tout autre animal, provient d'un germe qui le contenoit en petit.

Seconde Question. En combien de classes peut-on diviser les insectes ?

Résolution. L'on divise les insectes en *vivipares* & *ovipares*. De la premiere espece sont ceux qui viennent au monde semblables à leurs meres. De la seconde espece sont ceux qui viennent au monde renfermés dans une sorte enveloppe, à laquelle on a donné le nom d'œuf.

Troisieme Question. Quelles sont les parures des insectes ?

Résolution. M. Pluche n'a rien exagéré, lorsqu'il a dit

que la nature s'étoit comme attachée à étaler sur le corps de plusieurs insectes tout ce qu'elle a de magnificence, l'azur, le vert, le rouge, l'or & l'argent, les diamans mêmes, les franges, les aigrettes, les panaches. Combien de papillons en effet sur les ailes desquels on trouve l'éclat & la variété des couleurs de la nacre, les yeux de la queue du paon, les zigzags, les pretintailles, les falbalas, les nuances du point d'Hongrie, &c.

Quatrieme Question. De quelles armes se servent les insectes ?

Résolution. Les insectes sont armés, pour ainsi dire, de pied-en-cap. Ils ont la plupart de fortes dents, ou une double scie, ou un aiguillon & deux dards, ou de vigoureuses pinces. Une cuirasse d'écaille leur couvre & leur garantit tout le corps. Les plus délicats sont garnis par dehors d'un poil épais qui affoiblit les chocs qu'ils pourroient recevoir & les frottemens qui les endommageroient. Presque tous trouvent leur salut dans l'agilité de leur fuite & se dérobent au danger, ceux-ci par le secours de leurs ailes ; ceux-là à l'aide d'un fil, sur lequel ils se soutiennent, en se jettant brusquement à bas des feuillages où ils vivent, & bien loin de l'ennemi qui les cherche ; d'autres par le ressort de leurs pieds de derriere, dont la détente les élance sur le champ à une grande distance & les met hors d'insulte.

Cinquieme Question. Quels sont les organes & les outils des insectes ?

Résolution. C'est ici que M. Pluche entre dans le détail le plus intéressant. Nous n'aurions garde d'y changer la moindre chose. Chaque insecte, *dit-il*, travaille selon sa profession. Les uns savent filer & ont deux quenouilles & des doigts pour façonner leur fil. D'autres savent faire de la toile & des filets, & sont pourvus pour cela de pelotons & de navettes. Il y en a qui bâtissent en bois & qui ont reçu deux serpes pour faire leurs abattis. Il y en a qui travaillent en cire, & dont l'atelier est garni de ratissoires, de cuilleres & de truelles. La plupart ont une trompe qui sert aux uns d'alambic pour distiller une espece de sirop ; à d'autres de langue pour goûter ; à quelques-uns de vrille pour percer ; & presque à tous de chalumeau pour sucer. Plusieurs d'entre eux, outre la scie, ou la trompe, ou les tenailles dont ils ont la tête munie,

munie, portent à l'autre extrémité de leurs corps une tariere, qu'ils alongent, tournent & retournent à discrétion, & par le secours de laquelle ils creusent des demeures commodes pour loger & nourrir leurs familles dans le cœur des fruits, sous l'écorce des arbres, dans l'épaisseur des feuilles ou des boutons, souvent même dans le bois le plus dur. Il en est peu qui avec d'excellens yeux ne soient encore avantagés de deux antennes ou especes de cornes qui mettent leurs yeux à couvert & qui en devançant le corps dans sa marche, surtout dans les ténebres, sondent le terrain, & éprouvent par un sentiment vif & délicat ce qui pourroit les salir, les noyer, ou les heurter. Si ces cornes se mouillent dans quelque liqueur nuisible, ou se plient par la résistance de quelque corps dur, l'animal est averti du danger & se détourne. Plusieurs insectes enfin ont des ailes qui les transportent facilement d'un lieu à un autre.

Sixieme Question. Par quels états différens passent la plupart des insectes ?

Résolution. Les vrais insectes passent leur vie dans trois états bien différens, dans l'état d'*insecte*, dans l'état de *chrysalide* & dans l'état de *papillon.* M. le Cardinal de Polignac dans son *Anti-Lucrece* nous dépeint ces trois états de la maniere la plus instructive & la plus amusante: il prend pour exemple le ver-à-soie. Il faut, *dit l'incomparable traducteur de ce magnifique poëme*, que l'œuf de ce ver ait renfermé dans l'origine non-seulement le vermisseau qui doit en sortir, mais le germe distinct des trois formes différentes dont il se revêtira dans des tems marqués par une loi immuable. D'abord *reptile*, puis *chrysalide*, il doit devenir enfin *papillon*, & mourir en laissant une nombreuse postérité sujette aux mêmes métamorphoses. C'est de cette maniere en effet que l'espece de vers-à-soie détruite avant le mois de Novembre, renaît avec le printems. Tel est l'ordre dans lequel se reproduit, telles sont les révolutions qu'éprouve cette nouvelle génération. A peine le vermisseau a-t-il passé deux mois, qu'il commence à s'ennuyer de son état. Ces feuilles tendres dont il se nourrissoit, le dégoûtent. On le voit tirer de son estomac une liqueur qui se seche à mesure qu'elle s'étend, la filer, l'attacher à une branche, & s'en faire un tombeau. Dans le milieu, il construit une cellule ovale dont le tissu, malgré sa délicatesse, a beaucoup de force, & qu'enveloppent différentes couches de duvet. Immobile au centre de cette solitude, il s'y plonge dans un engourdissement léthargique : on ne sait si le repos dont il paroît jouir, est un sommeil ou la mort. Alors il se défait de sa peau blanchâtre, pour en prendre une qui tire sur le noir. On n'apperçoit plus ni sa tête, ni ses pattes, ni le moindre trait qui rappelle sa premiere figure. Tous ses membres repliés à la fois rentrent dans son corps qui prend la forme d'une olive. Il devient un nouvel être. Enfin lorsque les feux de la canicule ont fait place à la douce chaleur de l'automne, il se ranime : sa peau se colore & rassemble les nuances des plus belles fleurs. De petites cornes arment son front : des ailes se déploient sur ses côtés : le bas de son corps s'étend & s'alonge. Il perce sa coque, y laisse les débris de son ancienne forme, & détruisant cette cellule qu'il s'étoit construite avec tant d'art, il prend l'essor & voltige dans les airs. Prêt à finir ses jours, il songe à perpétuer son espece, & il devient la tige d'une postérité nombreuse. Ayant rempli sa destinée, las de tant de vissicitudes & désormais inutile à l'Univers, il expire enfin pour ne plus revivre, & paie à la mort son dernier tribut.

La vie d'une mouche, ordinairement plus longue, est sujette à de semblables métamorphoses. Sous des formes différentes elle voit 2 fois le jour. Ainsi change d'état ce papillon qui cherche la mort au milieu d'une flamme dont l'éclat a pour lui des attraits. Avant que de présenter aux zéphyrs des ailes légeres, ces insectes ont tous été vermisseaux, & chacun d'eux dans le passage d'un état à l'autre offre à des yeux attentifs un spectacle digne d'admiration. Enseveli dans une retraite inaccessible au jour, il n'est plus ver, & n'est pas encore volatile ; il est mort, sans cesser de vivre.

Nous terminerons cet article par la description que fait M. Pluche des trois états différens dans lesquels la chenille passe sa vie. Vers la fin de l'été, quelquefois auparavant, les chenilles, après s'être rassasiées de verdure, & avoir changé de peau plusieurs fois, cessent de manger, & se mettent à bâtir une retraite pour y quitter la vie ou l'état de chenilles, & pour faire éclore le papillon qu'elles contiennent. Peu de jours suffisent à quelques-unes pour passer à une nouvelle vie ; d'autres demeurent des mois & des années entieres dans leur tombeau. Il y a des especes qui s'enfoncent quelque peu sous terre après s'être rassasiées. Là elles s'agitent & déchirent leur robe, qui, avec la tête, les pattes & les entrailles se ride & se retire comme un parchemin desséché. Il demeure une petite féve, ou une sorte d'étui de figure ovale, & terminé vers la partie la plus pointue par plusieurs boucles mouvantes qui vont toujours en diminuant. C'est dans cette chrysalide qu'est renfermé l'embryon du papillon avec des liqueurs propres à le nourrir, & à le perfectionner. Quand il est entierement formé, & qu'une douce chaleur l'invite à sortir de sa prison, il rompt le gros bout de son étui. Sa tête se dégage par l'ouverture ; ses antennes s'alongent ; ses pattes & ses ailes s'étendent ; le papillon vole & ne conserve rien de son premier état. La chenille qui s'est changée en nymphe & le papillon qui en sort sont deux animaux différens. Le premier n'avoit rien que de terrestre & rampoit avec pesanteur : le second est l'agilité même, il ne tient plus à la terre : il dédaigne en quelque sorte de s'y poser. Le premier étoit hérissé, & souvent d'un aspect hideux : l'autre est paré des plus vives couleurs. Le premier se bornoit stupidement à une nourriture grossiere ; celui-ci va de fleur en fleur : il vit de miel & de rosée & varie continuellement ses plaisirs : il jouit en liberté de toute la nature, & il l'embellit lui-même.

Voilà, *continue l'édifiant Auteur que nous citons*, une image bien agréable de notre propre résurrection. Toute la nature est pleine de traits qui nous aident à concevoir les choses célestes & les vérités les plus sublimes. Il y a un profit certain à l'étudier, & c'est une théologie qui est toujours bien reçue. Le plus grand de tous les maîtres, ou plutôt notre unique maître nous a enseigné cette méthode en tirant la plupart de ses instructions des objets les plus communs que la nature lui présentoit.

Ces dernieres réflexions ne seront pas du goût des beaux Esprits de nos jours. Mais cè n'étoit pas pour eux qu'écrivoit le sage Pluche ; il les méprisoit trop pour ambitionner leurs suffrages. Pour nous, nous avons déjà fait voir dans l'article qui commence par le mot *Dieu*, & nous ferons remarquer dans l'article du *Matérialisme* combien grande est la foiblesse de ces prétendus esprits forts.

En voilà assez sur les insectes considérés en général. Ceux qui seroient curieux de voir cette matiere traitée à fond, n'ont qu'à lire les ouvrages de M. de Réaumur; quelque longs qu'ils paroissent d'abord, on n'y trouve que des choses très-utiles & très-amusantes.

INSIPIDE. On nomme *insipide* un corps qui n'a point de sâveur. C'est le manque de sel qui rend un corps insipide.

INSOLATION. Opération de chimie par laquelle on expose aux rayons du Soleil quelque matiere qu'on veut mettre en fermentation, ou qu'on veut dessécher.

INSPIRATION. Inspirer, c'est recevoir dans la capacité de la poitrine une partie de l'air extérieur qui nous environne. Nous avons expliqué en parlant de la poitrine, par quel mécanisme se fait *l'inspiration.*

INSTRUMENT. Les nouveaux instrumens de Physique sont les télescopes de réfraction & de réflexion, le microscope, le barometre, la machine pneumatique & la machine électrique.

L'inventeur du télescope de réfraction est un faiseur de lunettes de Middelbourg en Zélande, appellé Zacharie Jansen. Il dut cette précieuse découverte au pur hasard. Il mit un jour, je ne sais comment, à une certaine distance, deux verres de lunettes vis-à-vis l'un de l'autre; & il s'apperçut qu'à travers ces deux verres les objets grossissoient considérablement. Une expérience à-peu-près semblable lui donna le microscope. Ce fut environ l'an 1590 que tout cela se passa.

En 1672 Newton fit construire un télescope d'observation avec des miroirs & des verres. Il est connu sous le nom de télescope de réflexion, parce que les miroirs y sont regardés avec raison comme les pieces principales.

Toricelli, Mathématicien du Duc de Florence, voulut démontrer en 1643 que Galilée avoit eu tort d'avancer que la nature avoit horreur du vide jusqu'à la hauteur de 32 pieds. Il fit faire pour cela un tuyau de verre de 3 à 4 pieds; il le ferma hermétiquement par un bout; il le remplit de vif argent; il le renversa dans un vase rempli à moitié de la même matiere; le vif argent ne demeura suspendu qu'à la hauteur de 27 à 28 pouces; & l'on eut dès-lors un barometre. Toricelli conclut de-là qu'il falloit regarder la pesanteur de l'air comme la cause physique de la suspension du mercure dans les tuyaux, de l'ascension de l'eau dans les pompes aspirantes, &c.

La pesanteur & le ressort de l'air furent encore mieux démontrés, quelques années après, par Otto de Guericke, Consul de Magdebourg. Ce grand homme eut en 1654 les premieres idées de la machine pneumatique.

Pour la machine électrique, ce n'est que dans ce siecle, & peu-à-peu, qu'on l'a mise dans l'état de perfection où nous la voyons aujourd'hui. Nous avons parlé fort au long de toutes ces machines dans les articles qui leur sont relatifs.

INTÉGRAL. Cherchez calcul intégral.

INTENSE. *Fort*, *grand*, *intense*, signifient la même chose en Physique.

INTERCALAIRE. Un nombre intercalaire est un nombre que l'on insere périodiquement entre deux autres. Le vingt-neuvieme jour du mois de Février, par exemple, est un jour intercalaire, parce que chaque quatrieme année, on ajoute un jour à ce mois, qui pour l'ordinaire n'en a que 28.

INTERMITTENT. On appelle *fontaines intermittentes* les fontaines qui coulent à différentes reprises. Nous en avons expliqué le mécanisme dans l'article des *Fontaines*.

INTERSECTION. Le point d'intersection est celui où deux lignes, deux cercles se coupent. De même la ligne d'intersection est celle ou deux plans se coupent mutuellement.

INTESTINS. Les intestins & les boyaux dont nous avons fait un article particulier, sont deux termes synonymes.

INVERSE. Epithete que l'on donne à une proportion géométrique dont le premier & le quatrieme termes appartiennent à une grandeur, & le second avec le troisieme termes appartiennent à une autre. Cherchez *raison inverse*.

JOUR. Le jour renferme l'espace de 24 heures, parce que c'est-là le tems que la terre emploie à faire un tour ſur ſon axe ; comme nous l'avons expliqué dans l'article de Copernic.

IRIS. Nous avons expliqué la formation & les couleurs de l'iris à la fin de l'article des couleurs.

IRRATIONNEL. Nombre irrationnel ou racine ſourde ſignifient la même choſe. La racine carrée de 3 eſt un nombre irrationnel ; il en eſt de même de la racine cubique de 4. Conſultez l'article de l'*Arithmétique*.

ISLE, (Guillaume de l') *le plus grand Géographe que le monde eut encore eu*, *naquit à Paris le dernier Février* 1675. A l'âge de 8 à 9 ans il dreſſa & il deſſina lui-même ſur l'hiſtoire ancienne des Cartes qui firent l'admiration des ſavans. De ſi brillans commencemens ne promettoient que ce que M. de l'Iſle a tenu dans la ſuite, en devenant le reſtaurateur, j'ai preſque dit, le pere de la Géographie. A l'âge de 25 ans, c'eſt-à-dire, à la fin de l'année 1699 il publia une mappemonde, 4 cartes des 4 parties de la terre, & 2 globes, l'un céleſte, l'autre terreſtre, dédiés à S. A. R. M. le Duc d'Orléans, dont Claude de l'Iſle ſon pere avoit été maître de Géométrie. C'eſt dans ces ouvrages, qu'il ne donne à la Méditerranée que 860 lieues d'Occident en Orient, au lieu de 1160 que les anciens lui donnoient par ignorance. Il raccourcit l'Aſie de 500 lieues. Il changea la poſition de la terre d'Yeco de 1700 lieues. Il fit enfin une infinité d'autres corrections abſolument néceſſaires qui ont fait tomber la plupart des cartes anciennes. On a encore de lui une carte intitulée, *le monde connu des Anciens* ; une des Evêchés de l'Afrique ; une de la Perſe ; une de l'Artois ; une de la Sicile ; une de l'Iſle de Malte ; l'on peut dire en un mot que ce grand homme a embraſſé la Géographie dans toute ſon étendue, qu'il l'a ſuivie dans toutes ſes branches, & qu'il l'a prouvée au public par des cartes de toutes les eſpeces. C'eſt la penſée de M. de Fontenelle dans l'éloge de M. de l'Iſle. En l'année 1702, il entra dans l'Académie des Sciences. En l'année 1718, il fut nommé premier Géographe du Roi. Ce fut en cette qualité qu'il eut l'honneur d'apprendre la Géographie au Prince qui faiſoit alors l'eſpérance, & qui a fait pendant ſon regne le bonheur du plus beau Royaume du monde. Ce fut à cette occaſion qu'il dreſſa une carte générale du

Monde de la derniere perfection. Une mort ſubite, cauſée par une apoplexie ſoudroyante nous enleva ce ſavant, le 25 Janvier 1726. Ce funeſte accident lui empêcha de mettre la derniere main à 4 cartes, dont la premiere repréſentoit l'Empire d'Alexandre; la ſeconde, l'Empire des Perſes; la troiſieme, la France ſelon toutes ſes différentes diviſions, tant ſous les Romains que ſous les trois races de ſes Rois; la quatrieme, la Terre-Sainte. Nous ne devons pas oublier une circonſtance bien glorieuſe à la vie de M. de l'Iſle. Le Czar Pierre le Grand alla pluſieurs fois, pendant ſon ſéjour à Paris, le voir familierement, pour connoître chez lui la poſition de ſon propre Empire.

ISLE, (Nicolas Joſeph de l') *Frere de Guillaume de l'Iſle, dont nous venons de parler, naquit à Paris, le* 4 *Avril* 1688. La Géographie lui doit deux cartes de la Paleſtine, une de la Syrie, pour ſervir à l'hiſtoire des croiſades, une relative à la ſituation du Paradis terreſtre, une de la Babylonie & pluſieurs cartes ſur l'Arménie & la Georgie. Elle lui doit ſurtout des cartes très-nettes & très-détaillées de la mer du Sud & du Nord-Oueſt de l'Amérique; il ne les compoſa, que pour faire évanouir les difficultés qu'on faiſoit ſur la maniere dont le Nord de l'Amérique avoit pu être peuplé. Quelqu'habile Géographe qu'ait été M. de l'Iſle, ce n'eſt pas cependant ſous ce point de vue qu'il faut le conſidérer, ſi l'on veut ſe former une idée juſte de ſon rare mérite. Aſtronome par goût & par état, il a obſervé tous les phénomenes arrivés dans le ciel, depuis l'année 1706, juſqu'en l'année 1768. L'immenſe collection de pieces aſtronomiques & géographiques qu'il avoit formée, eſt ſi précieuſe, que le Roi, Louis XV, crut devoir l'acheter, pour la joindre au dépôt de la Marine, dont M. de l'Iſle étoit Aſtronome-géographe. Ce n'eſt pas l'unique Souverain qui ait rendu juſtice à ſes talens. Le Czar Pierre le Grand, pendant ſon ſéjour à Paris, forma le deſſein d'établir à Pétersbourg une Ecole d'Aſtronomie; & il fit prometre à M. de l'Iſle d'en être le fondateur. Il demeura en effet, avec la permiſſion du Roi, vingt-deux ans dans cette Ville; & il n'en ſortit, qu'après avoir formé pluſieurs éleves qui occupent un rang diſtingué dans les faſtes de l'Aſtronomie. M. de l'Iſle avoit le talent, ſouvent rare parmi les ſavans, de communiquer aux autres les connoiſſances qu'il avoit acquiſes. C'eſt-là ce que diſoit Feu M. l'Abbé de la Caille qui le regardoit comme ſon Maître; c'eſt-là ce que diſent encore MM. de la Lande & Meſſier qui ſe glorifient d'avoir été ſes Eleves. Quelle gloire pour un Aſtronome d'avoir pu donner le nom de diſciples à des hommes que l'on conſulte comme des oracles. M. de l'Iſle mourut à Paris le 12 Septembre 1768, à l'âge de 80 ans & 5 mois. Il étoit Doyen de l'Académie Royale des Sciences & Doyen des Profeſſeurs Royaux, Membre de la Société Royale de Londres, des Académies de Berlin, de Stockholm, d'Upſal, de Bologne, de Pétersbourg, des Curieux de la nature, & de Rouen.

ISOKRONE. On appelle ainſi deux mouvemens qui ſe font en tems égaux; telles ſont les vibrations des pendules à obſervation.

ISOLER. On iſole un corps, lorſqu'on l'empêche de communiquer avec certains autres. Les Phyſiciens emploient ſouvent ce terme, ſurtout, lorſqu'il s'agit de l'électricité.

ISOPÉRIMETRE. On donne ce nom aux figures qui ont même circuit, aux corps qui ont la même ſurface. 2 Triangles qui ont tous leurs côtés égaux, ſont iſopérimetres. De même deux pieds cubiques de différente matiere ſont *iſopérimetres.*

ISOCELE. C'eſt un triangle qui a deux côtés égaux. Cherchez *Géométrie.*

JULIENNE. Epithete que l'on donne à la fameuſe période dont Joſeph Scaliger eſt l'inventeur. C'eſt une révolution de 7980 années. Voyez-en la formation dans l'article du Calendrier.

JUPITER. Jupiter eſt la ſeconde des planetes ſupérieures. Son globe ſenſiblement ſphérique, eſt environ 1170 fois plus gros, & environ quatre fois moins denſe que celui de la Terre. Son mouvement de rotation ſur ſon axe ſe fait en 9 heures 50 minutes d'Occident en Orient, & ſon mouvement périodique qui ſe fait auſſi d'Occident en Orient, ne s'acheve que dans l'eſpace de 12 années, ou pour parler plus exactement, 11 années, 315 jours, 14 heures & 36 minutes. Jupiter parcourt une ellipſe inclinée à l'écliptique de 1 degré, 17 minutes & 38 ſecondes. Les nouvelles obſervations mettent cette planete dans sa plus grande distance du Soleil à environ 119900, & dans sa plus petite distance 108900 rayons terrestres. Un rayon terrestre contient 1433 lieues. Consultez l'article de *Copernic*, & vous verrez pourquoi Jupiter dérange si souvent le cours des autres planetes.

JUSSIEU, (Antoine de) *Docteur-Régent de la Faculté de Médecine de Paris, Professeur de Botanique au Jardin Royal des Plantes*, a été sans contredit un des plus grands Botanistes de ce siecle. Il a fait dans cette partie de la Physique des découvertes très-intéressantes. On les trouve dans les Mémoires de l'Académie Royale des Sciences de Paris, où il fut reçu en l'année 1711. Les Académies de Londres & de Berlin ne voulurent pas que l'Académie de Paris possédât seule un homme de ce mérite; elles lui offrirent chacune une place qu'il accepta avec reconnoissance, & dont il remplit tous les devoirs avec autant d'exactitude que de distinction. M. de Jussieu ne s'appliqua pas seulement à la Botanique; il possédoit à fond la science du corps humain ; témoin la maniere dont il expliqua en 1718 *comment une fille sans langue pouvoit s'acquitter des fonctions qui dépendent de cet organe :* Voici le fait. M. de Jussieu se trouvoit à Lisbonne au commencement de l'année 1717. On lui dit que le Comte d'Ericeira avoit fait venir d'un village d'Allenteïo, Province de Portugal, une fille âgée de 15 ans qui, sans langue, s'acquittoit fort bien de toutes les fonctions auxquelles cette partie du corps est destinée. Il la vit 2 fois consécutives, & il l'examina avec toute l'attention dont il fut capable. Le soir, *dit-il*, à la faveur d'une bougie & le lendemain au grand jour, je lui fis ouvrir la bouche, dans laquelle, au lieu de cet espace que la langue y occupe ordinairement, je ne remarquai qu'une petite éminence en forme de Mamelon qui s'élevoit d'environ 3 à 4 lignes de hauteur du milieu de la bouche. Cette éminence m'auroit été presque imperceptible, si je ne me fusse assuré par le toucher de ce qui paroissoit à peine à la vue. Je sentis par la pression du doigt une espece de mouvement de contraction & de dilatation qui me fit connoître que les muscles qui forment la langue, & qui sont destinés pour son mouvement, s'y trouvoient. Je fis ensuite prononcer à cette fille toutes les lettres de l'alphabet, plusieurs syllabes féparément; une fuite de mots formant un raifonnement. Elle parla fi diftinctement & fi aifément, que je ne me ferois jamais imaginé que l'organe de la parole lui manquât, fi je n'en euffe pas été prévenu.

M. de Juffieu conclut de ce phénomene que la langue n'eft pas un organe effentiel à la parole; il veut même qu'elle n'en foit pas l'organe principal. En effet la luette, les conduits du nez, le palais, les dents & les levres y ont tant de part, que des nations entieres fe font diftinguer dans leur maniere de parler par l'ufage dominant de quelqu'une de ces parties.

Il examine enfuite ce qui dans cette fille a pu fuppléer au défaut de la langue. Il affigne les mufcles qui l'auroient fait agir, fi elle y eût été toute entiere, & furtout les *Génioglosses* qui prennent leur origine de la partie interne du menton, & viennent s'inférer prefque vers la bafe de la langue; les *Géniohyoïdiens* & les *Milohyoïdiens* qui tirant à eux l'os hyoïde du côté du menton, paroiffent élever le larynx & le rapprocher des dents. Or puifqu'il eft fûr que l'air qui fort de la cavité de la poitrine eft transformé en *fon* par le moyen de la glotte; ce fon porté vers les dents par le gonflement des mufcles que nous venons de nommer, aura reçu par ces mêmes dents & par plufieurs autres parties de la bouche & du nez de cette fille, les autres modifications néceffaires pour être changé en *fon articulé.* M. de Juffieu examine enfin comment cette fille a pu fans langue, *goûter*, *mâcher*, *avaler* & *boire.* Il explique toutes ces opérations en grand Phyfiologifte. Nous renvoyons le Lecteur qui feroit curieux de voir toutes ces belles chofes aux Mémoires de l'Académie, *année* 1718, *pag.* 6 & *fuiv.*

La partie de Phyfique à laquelle M. de Juffieu s'eft le plus appliqué, c'eft la Botanique. L'énumération fuivante en eft une preuve fans replique. Elle contient les Titres des principales Differtations qu'il a lues dans les Affemblées de l'Académie des Sciences, & qui ont été inférées dans les Mémoires de cette illuftre Compagnie.

Defcription du *Coryfpermum Hyffopifolium.* M. 1712, pag. 187.

Hiftoire du Café, M. 1713, pag. 291.

Defcription de deux efpeces de Caille-Lait. M. 1714, pag. 378.

Defcription du Cierge épineux du Jardin-Royal appellé en latin *Cereus peruvianus*. M. 1716, pag. 146.

Hiftoire du *Kali d'Alicante*. M. 1717, pag. 73.

Examen des caufes des impreffions des plantes marquées fur certaines pierres des environs de S. Chaumont dans le Lyonnois. M. 1718, pag. 287.

Hiftoire du Cachou. M. 1720, pag. 340.

Recherches phyfiques fur les pétrifications qui fe trouvent en France de diverfes parties de plantes & d'animaux étrangers, & fupplément auxdites recherches phyfiques. M. 1721, pag. 69 & 322.

Expériences faites fur la décoction de la fleur d'une efpece de *Chryfanthemum*, très-commun aux environs de Paris, de laquelle on peut tirer plufieurs teintures de différentes couleurs. M. 1724, pag. 353.

Hiftoire de ce qui a occafionné le recueil de peintures de plantes & d'animaux fur des feuilles de Velin confervées dans la Bibliotheque du Roi. M. 1727, pag. 131.

De la néceffité des obfervations à faire fur la nature des champignons & la defcription de celui qui peut être nommé Champignon Lichen. M. 1728, pag. 268.

De la néceffité d'établir dans la méthode nouvelle des plantes une claffe particuliere pour les *fungus*, à laquelle doivent fe rapporter non-feulement les champignons, les agarics, mais encore les lichens, à l'occafion de quoi on donne la defcription d'une efpece nouvelle de Champignon qui a une vraie odeur d'ail. M. 1728, pag. 377.

M. de Juffieu a fait fur les pétrifications, les mines, les minéraux, &c. un grand nombre de differtations dont le détail nous meneroit trop loin. Il mourut à Paris en l'année 1758 dans un âge avancé. L'Académie a encore le bonheur de pofféder M. Bernard de Juffieu fon frere, Docteur en Médecine de la Faculté de Paris & Démonftrateur des Plantes au Jardin du Roi.

K

KEILL, (Jean) *Membre de la Société Royale de Londres, naquit en Ecosse en l'année* 1671. Il eut de grands succès dans la Physique expérimentale. M. Désaguliers nous apprend dans son Cours de Physique qu'en l'année 1704 ou 1705 le Docteur Keill imagina de faire des leçons publiques de Physique expérimentale à la maniere des Mathématiciens ; c'est-à-dire, il donna des propositions fort simples qu'il prouva par des expériences ; de ces premieres propositions il en tira d'autres plus composées, qu'il confirma aussi par des expériences. Tout le monde voit combien cette admirable méthode a contribué à dissiper les épaisses ténebres dont la Philosophie étoit couverte, graces aux principes péripatéticiens. Keill a été pour le moins aussi grand Astronome, que savant Physicien ; témoin son fameux Ouvrage intitulé *introductio ad veram Physicam & ad veram Astronomiam* en deux volumes *in*-4°. La partie Astronomique contient tant de bonnes choses, que M. le Monnier le fils, l'un des plus grands Astronomes de ce siecle, a cru rendre & a rendu en effet un vrai service au Public en la traduisant en François. Keill mourut à Oxford en l'année 1721, à l'âge de 50 ans. Il avoit occupé pendant long-tems la chaire de Professeur d'Astronomie dans l'Université de cette Ville. Quoiqu'il eût reçu dans la même Université le degré de Docteur en Médecine, il ne faut pas le confondre avec Jacques Keill son frere, aussi Docteur en Médecine, qui fit à Oxford & à Cambridge des leçons publiques d'Anatomie avec beaucoup de succès. Celui-ci mourut à Northampton en Angleterre, où il exerçoit la Médecine avec une grande réputation, en l'année 1719, à l'âge de 46 ans.

KEGLER, *de la Compagnie de Jesus, Président des Mathématiques à Pekin, mérite une place parmi les Astronomes de ce siecle.* Il observa avec beaucoup d'exactitude la Comete de 1723. Ses observations sont un des beaux endroits du Mémoire de l'Académie Royale des Sciences de Paris de l'année 1726. L'on trouve dans le même

Mémoire plusieurs observations qu'il fit à Pekin des éclipses des Satellites de Jupiter. Elles ont beaucoup servi à determiner la différence qu'il y a entre le méridien de Paris & celui de Pekin.

KÉPLER, (Jean) *né à Wiel dans le pays de Wirtemberg, le 27 Décembre de l'année* 1571, a trouvé deux loix qui l'ont fait regarder comme le pere de l'Astronomie. Nous allons en donner l'explication & la démonstration. Il n'est maintenant aucun Professeur de Physique qui ne se croie obligé de mettre en état ceux qui lui sont confiés, d'en comprendre toute la force.

Premiere loi. Les Aires astronomiques parcourues par les planetes, sont comme les tems employés à les parcourir.

Explication. 1°. Les Astronomes appellent *rayon vecteur* d'une planete qui tourne autour du Soleil, une ligne droite tirée du centre du Soleil au centre de la planete. Ainsi les lignes AF, MF, RF, *fig.* 19, *pl.* 3, sont autant de rayons vecteurs de la planete A qui parcourt autour du Soleil, placé au foyer F, l'ellipse ADPE.

2°. L'espace contenu dans le triange AFM, formé par les deux rayons vecteurs AF, MF, & par la ligne courbe AM, représente l'aire astronomique de la planete A, lorsqu'elle va du point M au point A. Par la même raison l'espace contenu dans le triangle MFR représente l'aire astronomique de la même planete A, lorsqu'elle va du point R au point M.

3°. Si la planete A met autant de tems à aller du point M au point A, que du point R au point M, l'on pourra assurer que l'aire astronomique AFM est égale à l'aire astronomique MFR ; & voilà ce que Képler a voulu dire, lorsqu'il a avancé que les aires astronomiques parcourues par les planetes, étoient comme les tems employés à les parcourir.

4°. Pour démontrer cette proposition, voici comment je procede. 1°. Je prends les deux lignes AB & BC, *fig.* 23, *pl.* 3, pour le commencement de la courbe que décrit la planete A autour du Soleil S, dans deux instans égaux, par exemple, dans les deux premieres minutes de son cours périodique. 2°. Sur la ligne Ac, je prends Bc égal à BA. 3°. Je tire la ligne VC parallele à la ligne Bc. 4°. Je finis le parallélogramme en tirant la ligne Cc parallele à la ligne BV. 5°. Je tire la ligne ponctuée cS; & je dis que si la planete A ne met pas plus de tems à aller du point B au point C, qu'elle en a mis à aller du point A au point B, l'aire BSC sera egale à l'aire ASB.

Démonstration. 1°. Le triangle ASB est égal au triangle BSc. En effet ces deux triangles sont faits sur deux bases égales AB & Bc, & ils ont même hauteur, puisqu'ils vont tous les deux aboutir au point S; donc on peut les regarder comme ayant la même base, & comme étant renfermés entre les deux lignes paralleles Ac, MN; donc ils sont égaux entre eux par le Corollaire troisieme de la proposition sixieme de notre premier livre de Géométrie; donc le triangle ASB est égal au triangle BSc.

3°. Par les mêmes principes le triangle BSC est égal au triangle BSc, puisque ces deux triangles sont faits sur la base BS, & qu'ils se trouvent entre les paralleles BS & Cc; donc le triangle ASB est égal au triangle BSC, par l'axiome que deux grandeurs égales à une troisieme, sont égales entr'elles.

Corollaire premier. Plus les aires sont près du foyer F, *fig.* 2, *pl.* 19, plus leurs bases sont grandes, parce que près du foyer F les rayons vecteurs sont fort petits. L'aire MFR parcourue dans une heure, par exemple, n'est pas plus grande que l'aire AFM, parcourue dans un tems pareil, quoique la base MR soit plus grande que la base A M.

Corollaire second. Les planetes doivent aller plus vîte près du périhélie P, que près de l'aphélie A; elles manqueroient à la premiere loi de Képler, si dans un tems donné elles ne parcouroient pas près du périhélie une plus grande base, que près de l'aphélie.

Corollaire troisieme. L'aire d'une planete quelconque gagne sensiblement en base ce qu'elle perd en rayon vecteur.

Corollaire quatrieme. Deux aires égales dont l'une est à l'aphélie & l'autre au périhélie, ont leurs bases en raison inverse des rayons vecteurs, à prendre les choses sensiblement, c'est-à-dire, la base de l'aire qui se trouve au périhélie, l'emporte autant sur la base de l'aire qui se trouve à l'aphélie, que les rayons vecteurs de celle-ci l'emportent sur les rayons vecteurs de celle-là.

Corollaire cinquieme. En prenant toujours les choses sensiblement, l'on a raison d'assurer que les planetes ont leur vîtesse en raison inverse de leur distance au foyer; puisque leur vîtesse est représentée par les bases, & leur distance par les rayons vecteurs des aires.

Seconde loi. Les carrés des tems périodiques des planetes qui tournent autour d'un centre commun, sont comme les cubes de leurs distances à ce centre.

Explication. 1°. Le tems périodique d'une planete est le tems qu'elle emploie à parcourir son orbite autour du Soleil. La terre a pour tems périodique 1, Mars 2, parce que la terre met un an, & Mars 2 ans à parcourir d'Occident en Orient autour du Soleil les 12 signes du zodiaque.

2°. Un nombre se multipliant lui-même produit son carré. Ainsi le carré du tems périodique de la terre est 1, & le carré du tems périodique de Mars est 4, parce que le carré de 1 est 1, & le carré de 2 est 4.

3°. Le nombre qui se multiplie lui-même, se nomme la racine du carré. Ainsi 1 est la racine du carré 1, & 2 la racine du carré 4.

4°. Toutes les fois qu'une racine multiplie son carré, elle produit son cube. Ainsi 8 est le cube de 2; parce que la racine 2 multipliant son carré 4 produit 8.

5°. Pour avoir le cube de la distance de la terre au Soleil, il faut d'abord multiplier 30, 000, 000 de lieues par lui-même, & l'on aura le carré 900, 000, 000, 000, 000; il faut ensuite multiplier ce carré par sa racine 30, 000, 000, & l'on aura le cube que l'on cherche, c'est-à-dire, 27, 000, 000, 000, 000, 000, 000, 000. Une pareille opération ne paroît effrayante, qu'à ceux qui n'ont point d'idée d'arithmétique. Il n'est rien de si facile que de multiplier trente millions par trente millions; il faut seulement multiplier 3 par 3, & ajouter 14 zero au produit 9. Par la même raison il doit être aisé de multiplier le carré de trente millions par sa racine; l'on doit pour cela multiplier 9 par 3, & ajouter 21 zero au produit 27.

6°. La regle de 3 est une opération dans laquelle à trois nombres donnés, l'on cherche un quatrieme proportionnel, en sorte que l'on puisse dire, le premier est au second, comme le troisieme est au quatrieme. Pour trouver ce quatrieme nombre, l'on multiplie le troisieme par le second ou le second par le troisieme; l'on divise le produit par le premier nombre, & le quotient donne toujours le quatrieme nombre proportionnel que l'on cherche. Si aux trois nombres 2, 6, 4, par exemple, l'on veut trouver un quatrieme proportionnel, l'on doit multiplier 6 par 4, diviser par 2 le produit 24, & le quotient 12 donnera le nombre que l'on demande. En effet 2 est à 6, comme 4 est à 12; ou pour marquer les choses comme font les Géometres; 2 : 6 : : 4 : 12.

7°. Lorsque l'on connoît les tems périodiques de deux planetes qui tournent autour d'un centre commun, & la distance de l'une des deux à ce centre, l'on doit employer la seconde loi de Képler pour connoître la distance de l'autre. Je sais, par exemple, que la terre demeure un an, & Mars 2 ans à tourner autour du Soleil; je sais encore que la terre est éloignée du Soleil de 30 millions de lieues; pour connoître la distance de Mars, je dirai: *le carré du tems périodique de la terre, est au carré du tems périodique de Mars, comme le cube de la distance de la terre au Soleil, est au cube de la distance de Mars*; & voilà ce que Képler a voulu dire, lorsqu'il a avancé que les carrés des tems périodiques des planetes étoient comme les cubes de leurs distances au soleil.

8°. Pour trouver le cube de la distance de Mars au Soleil, je multiplie le cube de la distance de la terre par le carré du tems périodique de Mars; je divise le produit par le carré du tems périodique de la terre, & le quotient me donne le cube que je cherche.

9°. Une fois que je connois le cube de la distance de Mars, j'extrais sa racine cubique qui me donne la simple distance de cette planete au Soleil. C'est par ce moyen qu'on a découvert que Mars étoit éloigné du Soleil d'environ 52 millions de lieues. C'est en employant cette même regle que l'on connoîtra de combien de millions de lieues les autres planetes sont éloignées du Soleil. Il ne faut, pour en venir à bout, que savoir les regles de l'Aritmétique la plus commune.

10°. Lorsque l'on connoît les distances de deux planetes au Soleil, & le tems périodique de l'une des deux, il est facile de connoître le tems périodique de l'autre; parce que l'on peut assurer que les cubes des distances de deux

deux planetes qui tournent autour du Soleil ſont comme les carrés de leurs tems périodiques.

11°. De tout ce que nous avons dit juſqu'à préſent, concluons que ſi l'on connoît les diſtances des planetes au Soleil, on le doit à la ſeconde loi de Képler.

12°. Pour démontrer cette ſeconde loi, je ſuppoſe ce qui eſt démontré dans l'article de l'arithmétique algébrique appliquée à l'analyſe, que deux corps qui tournent circulairement autour d'un centre commun, ont leur vîteſſe en raiſon inverſe des racines carrées de leur diſtance. Si le corps A, par exemple, eſt éloigné d'une lieue, & le corps B de 4 lieues du centre C, la vîteſſe du corps A : à la vîteſſe du corps B :: la racine carrée de 4, c'eſt-à-dire, 2 : à la racine carrée de 1, c'eſt-à-dire, 1.

Si l'on vouloit exprimer algébriquement cette proportion, l'on diroit ; $\frac{r}{t} : \frac{R}{T} :: \sqrt{R} : \sqrt{r}$. En voici la preuve ; la vîteſſe eſt toujours égale à l'eſpace parcouru diviſé par le tems employé à le parcourir ; dans cette occaſion les eſpaces parcourus ſont des circonférences de cercle ; les circonférences de cercle ſont comme leurs rayons ; donc la vîteſſe du corps A peut être repréſentée par le rayon du cercle qu'il décrit, diviſé par le tems employé à le décrire, c'eſt-à-dire, par r diviſé par t, ou $\frac{r}{t}$. Par la même raiſon la vîteſſe du corps B ſera repréſentée par $\frac{R}{T}$. De plus la diſtance du corps B à ſon centre C, eſt un rayon ; donc la racine carrée de la diſtance du corps B à ſon centre C pourra être repréſentée par $\sqrt{R}$. Par la même raiſon la racine carrée de la diſtance du corps A à ſon centre C, ſera repréſentée par $\sqrt{r}$; donc au lieu de dire, la vîteſſe du corps A : à la vîteſſe du corps B :: la racine carrée de 4 lieues : à la racine carrée d'une lieue ; l'on pourra dire, $\frac{r}{t} : \frac{R}{T} :: \sqrt{R} : \sqrt{r}$.

13°. Je nomme $\frac{r}{t}$ la vîteſſe de la terre dans ſon orbite, & $\frac{R}{T}$ la vîteſſe de Mars. Je nomme encore t le tems périodique de la terre, & T le tems périodique de Mars ;

donc tt repréſentera le carré du tems périodique de la terre, & TT le carré du tems périodique de Mars. Je nomme enfin r la diſtance de la terre, & R la diſtance de Mars au Soleil; donc r^3 ſera le cube de la diſtance de la terre, & R^3 le cube de la diſtance de Mars au Soleil. Je dis que l'on aura la proportion ſuivante, $tt : TT :: r^3 : R^3$, c'eſt-à-dire, le carré du tems périodique de la terre : au carré du tems périodique de Mars :: le cube de la diſtance de la terre au Soleil : au cube de la diſtance de Mars au Soleil.

Démonſtration. 1°. Par le principe que nous avons poſé *num.* 12, & dont tous les Mécaniciens conviennent, l'on aura cette proportion; la vîteſſe de la terre dans une orbite regardée comme circulaire : à la vîteſſe de Mars dans une pareille orbite :: la racine carrée de la diſtance de Mars au Soleil : à la racine carrée de la diſtance de la terre au Soleil; ou bien, $\frac{r}{t} : \frac{R}{T} :: \sqrt{R} : \sqrt{r}$.

2°. Ces quatre quantités algébriques ſont réellement quatre racines carrées en proportion Géométrique. Or quatre racines carrées ne peuvent pas être en proportion Géométrique, ſans que leurs carrés le ſoient auſſi; donc ſi l'on peut dire $\frac{r}{t} : \frac{R}{T} :: \sqrt{R} : \sqrt{r}$; l'on pourra dire; $\frac{rr}{tt} : \frac{RR}{TT} :: R : r$.

3°. Dans toute proportion Géométrique le *produit* des quantités extrêmes eſt égal au *produit* des quantités moyennes; donc la derniere proportion donnera l'équation ſuivante, $\frac{r^3}{tt} = \frac{R^3}{TT}$, c'eſt-à-dire, le cube de la diſtance de la terre au Soleil, diviſé par le carré de ſon tems périodique, eſt égal au cube de la diſtance de Mars au Soleil, diviſé par le carré de ſon tems périodique.

4°. Deux fractions égales multipliées en croix, donnent deux produits égaux, par exemple, $\frac{1}{3} = \frac{2}{6}$ donnent $6 = 6$; donc l'équation $\frac{r^3}{tt} = \frac{R^3}{TT}$ donnera $r^3\ TT = R^3\ tt$.

5°. En decompoſant cette équation, l'on aura $tt : TT ::$

$r^3 : R^3$, c'eſt-à-dire, le carré du tems périodique de la terre : au carré du tems périodique de Mars :: le cube de la diſtance de la terre au Soleil : au cube de la diſtance de Mars au Soleil ; mais c'eſt-là préciſément la ſeconde loi de Képler ; donc la ſeconde loi de Képler eſt ſuſceptible d'une vraie & rigoureuſe démonſtration.

Remarquez 1°. Que quelques-uns, au lieu d'énoncer la ſeconde loi de Képler, comme nous l'avons fait, la propoſent de la maniere ſuivante : *les tems periodiques de deux planetes qui tournent autour du Soleil, ſont comme les racines carrées dès cubes de leurs diſtances à cet aſtre.*

2°. La ſeconde loi de Képler peut encore ſe propoſer ainſi : *les diſtances des planetes au Soleil, ſont comme les racines cubiques des carrés de leurs tems périodiques autour de cet aſtre.*

3°. Les trois manieres dont on peut propoſer la ſeconde loi de Képler conduiſent au même terme ; il me paroît cependant que la premiere maniere eſt moins embrouillée que les deux autres.

Remarquez enfin que ſi les planetes décrivoient des cercles autour du Soleil, la ſeconde loi de Képler ſe vérifieroit dans tous les points de leurs orbites ; mais elles décrivent des ellipſes ; auſſi cette ſeconde loi ne ſe vérifie-t-elle à l'égard des planetes, que lorſqu'elles ſe trouvent à-peu-près à l'extrémité de leur petit axe ; parce qu'elles ont alors une vîteſſe égale à celle qu'elles auroient, ſi elles décrivoient un cercle qui eût pour rayon leur rayon vecteur, & pour centre celui des deux foyers auquel ſe trouve le Soleil.

Telles ſont les deux fameuſes loi de Képler. Les principaux Ouvrages qu'il a compoſés, ont les titres ſuivans.

1°. *Prodromus diſſertationum de proportione orbium cœleſtium, deque cauſis cœlorum numeri, magnitudinis, motuumque periodicorum genuinis & propriis.* Képler faiſoit tant de cas de cet Ouvrage, qu'il avoue qu'il ne renonceroit pas pour l'Electorat de Saxe, à la gloire d'avoir inventé ce qu'il débite dans ce livre.

2°. *Armonice mundi*, avec une défenſe de ce traité.

3°. *De cometis libri tres.*

4°. *Epitome Aſtronomiæ Copernicanæ.*

5°. *Aſtronomia nova.*

6°. *Chilias Logarithmorum.*

7°. *Nova Stereometria doliorum vinariorum.*

8°. *Dioptrice.*

9°. *De vero naturali anno Christi.*

10°. *Ad vitellionem paralipomena quibus Astronomiæ pars Optica traditur.*

11°. *Somnium, lunarisve Astronomia.* Dans ce dernier ouvrage Képler enseigne que la terre & le Soleil ont chacun une ame & des sensations. Ce n'est pas la seule fois qu'il ne paroît pas aussi versé dans la Physique, que dans les Mathématiques. Cet Astronome incomparable mourut à Ratisbonne le 5 Novembre 1630, à l'âge de 59 ans. Il avoit depuis l'année 1601 le titre de Mathématicien de l'Empereur.

En 1781, parut le Dictionnaire de Physique de M. *Sigaud de la Fond* qui mérite une place très-distinguée parmi les grands Physiciens de ce siecle. Cet ouvrage nous appartenant en grande partie, comme nous l'avons prouvé dans la *préface du Tom.* 1, on ne sera pas surpris que nous n'en fassions pas l'éloge. Comme dans sa *préface* il blâme ouvertement les faiseurs de Dictionnaire de Physique qui hérissent leur ouvrage de calculs algébriques & de démonstrations géométriques, & qu'à l'ouverture du livre, nous tombames par hasard sur le mot *Képler*, nous fumes curieux de voir comment il traiteroit les deux fameuses loix trouvées par ce grand Astronome, sans le secours de la Géométrie & de l'Algebre. J'avoue que cette nouvelle méthode auroit ajouté infiniment à la haute idée que j'ai du mérite de M. *Sigaud de la Fond.* Mais quelle fut ma surprise, lorsque je trouvai, dans son Dictionnaire, mon article *Képler*, *copié mot par mot*, avec tous les accompagnemens géométriques & algébriques dont je l'ai orné! c'est apparemment par oubli qu'il n'a pas dit, comme il l'a fait à l'article *Tourbillon*, qu'il l'avoit extrait de mon Dictionnaire; j'aime à me le persuader. M. *Sigaud de la Fond* est trop riche de son propre fond, pour ne pas citer les Auteurs qui lui ont été de quelque utilité dans la composition de son ouvrage. Peut-être l'Imprimeur à qui il a vendu son manuscrit, a-t-il supprimé cette citation. Je n'en serois pas étonné. N'a-t-il pas adressé, en 1780, à tous les Libraires une lettre circulaire *imprimée*, dans laquelle il disoit, après l'annonce pompeuse de ſon nouveau Dictionnaire de Phyſique ; qu'on ne s'étoit ſervi du mien qu'en déſeſpoir de cauſe & parce qu'il étoit ſeul ?

Vous vous trompez, imprimeur trop avide de gain, celui de M. *Saverien*, dont on fera toujours grand cas, a précédé le mien de pluſieurs années. Si je n'ai pas relevé plutôt un ſarcaſme que j'aurois dû peut-être continuer de mépriſer, c'eſt que le public, toujours indulgent à mon égard, a fait à ma huitieme édition, encore plus d'honneur, qu'aux ſept précédentes.

KIRCH. *Cette famille originaire de Guben, Ville d'Allemagne dans la Baſſe-Luſace, a eu plus d'un Aſtronome.* Godefroy Kirch ſe diſtingua dans l'Aſtronomie vers la fin du 17e. & au commencement du 18e. ſiecle. Le 17 Janvier 1679 à 5 heures du matin, il obſerva la conjonction préciſe de Saturne avec une étoile fixe proche du Périgée de cette planete. L'étoile fixe étoit la moyenne de la corne méridionale du taureau. C'eſt-là une de ſes plus célebres Obſervations. Son épouſe Marie Marguerite Winckelman s'adonna avec ſuccès à la même Science que lui. Chriſt-Fried Kirch leur fils, Membre de la Société Royale des Sciences de Berlin, & correſpondant de l'Académie des Sciences de Paris, fut auſſi un grand Aſtronome. Les Mémoires de cette derniere Académie en font foi. Il mourut à Berlin le 9 Mars 1740 à l'âge de 46 ans.

KIRCHER, (Athanaſe) *à qui la Phyſique Moderne doit les découvertes les plus intéreſſantes & les plus curieuſes, naquit à Fulde en Allemagne en l'année* 1601. Au commencement du mois de Mai de l'année 1618 il entra dans la Compagnie de Jesus, où il donna des preuves de ce rare génie & de cette ſagacité d'eſprit qui l'ont fait regarder de tous les Savans comme un de ces hommes que la nature ne préſente que rarement au monde pour l'étonner. Parmi les 43 grands Ouvrages qu'il a donnés au public, les plus eſtimés ſont : *le Monde ſouterrain, les rapports de la lumiere & du ſon, ſes trois traités ſur l'aimant, ſes deux voyages extatiques, l'un ſur la terre & l'autre dans le Ciel, ſa Gnomonique Catoptrique & l'art de varier l'ombre & la lumiere.* Ce dernier Ouvrage intitulé *ars magna lucis & umbræ*, nous prouve qu'il y a eu peu d'hommes d'un génie auſſi inventif, que le P. Kircher.

L'on trouve dans ce fameux livre toute ſorte de découvertes dans la Gnomonique, l'Optique, la Catoptrique & la Dioptrique. C'eſt-là qu'il poſe les principes ſur leſquels il a conſtruit la lanterne magique & le miroir brûlant composé de pluſieurs Miroirs plans inclinés les uns aux autres. Nous avons parlé de la derniere de ces deux machines à la fin de l'article de la *Catoptrique*, & nous rendrons compte de la premiere à l'article *lanterne magique*. Quelque précieux cependant que ſoit le livre dont nous parlons, nous nous garderions bien d'adopter ce que l'Auteur a écrit ſur la nature du Soleil & des cometes, ſur la lumiere, le feu, les couleurs, &c. Nous ajouterons même que les principes ſur leſquels le Pere Kircher a fondé ſa Phyſique, ne ſeroient pas du goût de ce ſiecle. Il nous les préſente lui-même dans ſon Ouvrage intitulé *Magneticum naturæ regnum.* Nous allons les mettre ſous les yeux du Lecteur ſans y faire le moindre changement. *Quadripartitò diviſit Deus opera ſua, videlicet, in quatuor elementa, ex quibus omnia reliqua conſtarent, eorum unumquodque admirandis quibuſdam dotibus, eo omnia fœdere connexuit, ut quamvis unum alteri ſit contrarium, mediorum tamen interpoſitione, contraria ipſa amicam quamdam inimicitiam, vel potiùs diſcordem concordiam affectare videantur, quâ unum alterum ità proſequitur, ut faciliùs ſit univerſum mundum perire, quàm ut illa ab operationibus ſuis deficiant. Præterea quadruplici virtute ea ſapientiſſimus naturæ opifex ditavit, ita præpotente, ut ex eâ quidquid effectuum admirandorum prodigioſorumque in mundo unquàm comparuit, veluti ex fonte profluxerit. Quarum prima virtus eſt rarefactionis & condenſationis.... ſecunda vis aſſimilativa eſt, quâ unum perpetuò alterius affectat perfectionem, vel unum aliud ſibi aſſimilari nititur. Tertia eſt vis appetitiva loci, quâ unumquodque locum ſibi convenientem non petit ſolùm, ſed & alia ſecum ad eumdem trahere nititur. Quarta eſt vis communicativa, quâ magneticas vires aliis quoque mixtis corporibus confert.* Le Pere Kircher, dans un ſiecle auſſi éclairé que le nôtre, auroit fondé ſa Phyſique ſur une meilleure mécanique. Ce grand homme mourut à Rome ſur la fin de Novembre de l'année 1680; c'eſt à lui que l'on doit la plupart des curioſités que tous les ſavans vont admirer dans le cabinet de Phyſique du Collége Romain. Les richeſſes qu'il renferme ſont diviſées en douze claſſes. Dans la premiere, l'on voit les Idoles. Dans la ſeconde, les tableaux offerts pour acquitter quelque vœu, ou rendre graces de quelque bienſait. La troiſieme, outre quelques ſépulcres anciens, contient cent épitaphes tirées de terre dans le voiſinage de Rome. La quatrieme, eſt deſtinée aux lampes ſépulcrales & à deux eſpeces de vaſes, dont les uns ſervoient à recevoir les larmes, & les autres étoient employés dans les feſtins funéraires. L'on a rangé dans la cinquieme, d'autres précieux reſtes de l'antiquité; dans la ſixieme, les curioſités venues des pays étrangers; dans la ſeptieme, les pierres ſingulieres, celles ſurtout qui ont des figures d'Animaux; dans la huitieme, des animaux rares, des minéraux, des ſels; dans la neuvieme, toute ſorte de machines. La dixieme eſt pour les médailles; l'onzieme, pour des microſcopes à l'aide deſquels on fait des obſervations ſurprenantes; la douzieme, pour plus de huit cent coquillages particuliers. Toutes ces particularités intéreſſantes ſont tirées des Journaux de Trévoux, *Octobre année* 1709.

KRAFFT, (George Wolfgand) *naquit à Duitlingen dans la Suabe le* 15 *Juillet* 1701. Il a enſeigné les Mathématiques & la Phyſique d'abord à Pétersbourg où il fut reçu Membre de l'Académie de cette Capitale, & enſuite à Tubingen où il ne ſe rendit que par l'ordre exprès de ſon Souverain qui ne voulut pas laiſſer hors de ſes Etats un ſujet de ce mérite. Nous avons de lui deux grands & beaux ouvrages, dont le premier eſt intitulé *Inſtitutiones Geometricæ ſublimioris;* & le ſecond, *Prælectiones Academicæ publicæ in Phyſicam Theoreticam.* Il a donné outre cela un grand nombre de petites pieces de la derniere importance. Les principales ſont :

De vaporum & halituum generibus.
De Atmoſphærâ Solis.
De Tubulis capillaribus.
De verâ experimentorum phyſicorum conſtitutione.
De gravitate terreſtri.
De Hydroſtatices principiis generalibus.
De Iride.
De quadraturâ circuli.
De infinito Mathematico.

De corporum naturalium cohærentiâ.

De præcipuis experimentorum physicorum scriptoribus.

De monitis quibusdam ad Physicam experimentalem hodiè etiamnùm summè necessariis.

Krafft mourut à Tubingen le 12 Juin 1754 à l'âge de 53 ans. Il ne faut pas le confondre avec un Médecin de Dresde de ce nom, qui a passé pendant quelque tems sans raison pour l'inventeur du Phosphore de Kunckel.

KUNCKEL, (Jean) Chimiste de l'Electeur de Saxe, & ensuite de l'Electeur de Brandebourg, naquit environ l'an 1630. Nous lui devons le fameux Phosphore qui porte son nom. Voici comment & à quelle occasion il fit cette découverte. Un nommé *Brand*, Chimiste de Hambourg, se mit dans l'esprit que le secret de la pierre philosophale consistoit dans la préparation de l'urine. Il travailla sur cette matiere très-long-tems, sans rien trouver. Mais enfin en l'année 1669, après une forte distillation d'urine, il trouva dans son récipient une matiere luisante que l'on a depuis appellée *Phosphore*. Il la fit voir à M. Kunckel; mais comme il étoit mystérieux par caractere, il ne voulut jamais lui dire de quoi elle étoit composée; & peu de tems après il mourut, sans avoir communiqué son secret à personne.

Après sa mort, M. Kunckel ayant regret à la perte d'un si beau secret, entreprit de le recouvrer; & ayant fait réflexion que le Chimiste *Brand* avoit travaillé toute sa vie sur l'urine, il se douta que c'étoit-là qu'il falloit chercher le phosphore. Il se mit donc à travailler aussi sur l'urine; & après un travail opiniâtre de 4 ans, il trouva enfin ce qu'il cherchoit. Entrons dans le détail de ses opérations. Il prit de l'urine fraiche. Il la fit évaporer sur un petit feu, jusqu'à ce qu'il restât une matiere noire presque seche. Il mit cette matiere noire putréfier dans une cave durant 3 ou 4 mois. Il en prit ensuite 2 livres, & il les mêla bien avec le double de menu sable. Il mit ce mélange dans une bonne cornue de grès, lutée. Il versa une pinte ou deux d'eau commune dans un récipient de verre à long col. Il adapta la cornue à ce récipient, & il la plaça au feu nu. Il donna au commencement un petit feu pendant 2 heures; il l'augmenta peu-à-peu jusqu'à ce qu'il fût très-violent; & il continua ce feu violent 3 heures de ſuite. Au bout de ces 3 heures, il vit paſſer dans le récipient d'abord un peu de flegme, puis un peu de ſel volatil, enſuite beaucoup d'huile noire & puante, & enfin la matiere du phoſphore vint en forme de nuées blanches qui s'attacherent aux parois du récipient, comme une petite pellicule jaune : quelquefois elle tomba au fond du récipient, en forme de ſable fort menu. Alors M. Kunckel laiſſa éteindre le feu, & il n'ôta pas le récipient, de peur que le feu ne ſe mît au phoſphore, ſi on lui donnoit de l'air, pendant que le récipient qui le contenoit, ſeroit encore chaud.

Pour réduire tous ces petits grains en un monceau, il les mit dans une petite lingotiere de fer-blanc ; & ayant verſé de l'eau ſur ces grains, il échauffa la lingotiere, pour les faire fondre comme de la cire. Alors il verſa de l'eau froide deſſus, juſqu'à ce que la matiere du phoſphore fût congelée en un bâton dur qui reſſemblât à de la cire jaune. Il coupa ce bâton en petits morceaux pour les faire entrer dans une phiole. Il verſa de l'eau deſſus, & il boucha bien la phiole pour conſerver le phoſphore. Toutes ces particularités ſont ſûres. Elles ſont rapportées dans le tome 10 des Mémoires de l'Académie Royale des Sciences de Paris, *pag.* 84 *& ſuivantes*. Kunckel ne s'eſt pas ſeulement rendu recommandable par l'invention d'un phoſphore ; il a compoſé pluſieurs ouvrages qui rendront ſa mémoire immortelle. Le plus eſtimé eſt intitulé *obſervationes chimicæ*. L'on peut faire ſur le phoſphore de Kunckel les demandes ſuivantes.

Premiere Queſtion. Pourquoi faut-il prendre de l'urine fraîche, lorſqu'on veut compoſer le phoſphore de Kunckel ?

Réſolution. L'urine fraîche vaut mieux pour cette opération, que celle qui a long-tems fermenté, parce que par la fermentation les différentes matieres qui compoſent l'urine, ſe dégagent les unes des autres ; de ſorte que les parties volatiles ſe ſéparent aiſément d'avec les fixes, & ſont trop promptement enlevées par le feu que l'on eſt obligé de donner pour faire évaporer l'urine, avant la grande diſtillation.

Seconde Queſtion. Pourquoi mêle-t-on avec du ſable la matiere noire dont il eſt parlé dans la compoſition du phoſphore ?

Résolution. C'eſt pour l'empêcher de ſe fondre dans le grand feu ; ce qui arriveroit à cauſe de la grande quantité de ſels qui s'y trouve.

Troiſieme Queſtion. N'eſt-ce que de l'urine que l'on peut tirer le phoſphore en queſtion ?

Réſolution. M. Homberg a entendu dire à M. Kunckel qu'il avoit tiré encore ſon phoſphore des grós excrémens, de la chair, des os, du ſang, & même des cheveux, du poil, de la laine, des plumes, des ongles & des cornes. M. Kunchel ajoutoit même qu'il ne doutoit pas qu'on ne le pût auſſi tirer du tartre, du ſucre, du carabé, de la manne, & généralement de tout ce qui peut donner par la diſtillation une huile puante. Ces réponſes ſont dans le Mémoire que nous avons déjà cité.

L

LA CONDAMINE, (Charles - Marie de) *naquit à Paris le* 28 *Janvier* 1701. Son goût décidé pour toutes les ſciences, l'a fait voyager dans toutes les parties du monde ; & partout il s'eſt montré grand Botaniſte, Phyſicien attentif, profond Chimiſte, habile Aſtronome. Qu'on liſe les mémoires de l'Académie Royale des Sciences de Paris où il fut reçu en l'année 1730 ; l'on ſe convaincra facilement qu'il n'eſt rien de mieux mérité qu'un pareil éloge. Si la propoſition avancée par Newton que *la terre eſt un ſphéroïde élevé vers ſon équateur & applati vers ſes pôles*, a été démontrée par les obſervations les plus exactes & les expériences les plus frappantes ; nous le devons en partie à M. de la Condamine qui, de concert avec MM. Bouguer & Godin, meſura au Pérou un degré du méridien terreſtre, tandis que MM. de Maupertuis, Clairaut, le Camus, le Monnier, l'Abbé Outhier & Celſius faiſoient de ſemblables opérations du côté du Nord. Nous ne parlerons pas ici plus au long de ce fameux voyage que je regarde comme l'une des époques les plus glorieuſes à la nation Françoiſe ; nous avons rendu compte de ce travail à l'article *Terre* auquel nous renvoyons le Lecteur. Nous devons encore à M. de la Condamine de très-bons mémoires, en faveur de l'inoculation de la petite vérole. Nous avons rapporté à l'article *Inoculation* les raisons qui l'ont engagé à se déclarer pour une méthode qui nous garantit des suites d'une maladie presque inévitable, dont environ un quatorzieme de l'espece humaine avoit été jusqu'alors la triste victime, sans comprendre dans ce nombre tant de personnes ou défigurées par la petite vérole naturelle, ou condamnées à des infirmités qui ne finissent qu'avec la vie. M. de la Condamine mourut à Paris le 4 Février 1774. L'Académie Françoise & celle des Sciences de Paris, la Société Royale de Londres, & les Académies de Berlin, de Pétersbourg & de Cortone, s'empresserent de se l'associer : tant son mérite étoit reconnu dans tout le monde entier.

LAGNY, (*Thomas Fantet de*) l'un des premiers Membres de l'Académie Royale des Sciences de Paris, où il fut reçu en 1695, naquit à Lyon, le 7 Novembre 1660, & mourut à Paris, le 11 Avril 1734. Né avec un goût décidé pour la Physique & les Mathématiques, il quitta bientôt l'étude de la Jurisprudence à laquelle ses parens l'avoient comme forcé de s'adonner. La ville de Rochefort n'oubliera jamais que le Roi *Louis-le-Grand* l'y envoya, en qualité de Professeur d'Hydrographie, & que pendant les seize ans de séjour qu'il fit dans ce port de mer, il contribua beaucoup à la perfection de la navigation. Aussi ne quitta-t-il ce poste important qu'avec une pension de retraite de deux mille livres, & une place de Sous-Bibliothécaire du Roi pour les livres de Philosophie & de Mathématique. Nous avons de cet Auteur, outre plusieurs écrits dans les Mémoires de l'Académie Royale des Sciences, un ouvrage où il donne des *méthodes nouvelles & abrégées pour l'extraction & approximation des racines* en 2 volumes *in*-4°. ; un autre ouvrage en 3 volumes *in*-4°. contenant de *nouveaux élémens d'Arithmétique & d'Algebre* ; enfin un ouvrage en 4 volumes *in*-12. sur la *cubature de la sphere*. Dans tous les tems ces différens ouvrages donneront une haute idée de leur Auteur.

LAMI, (Bernard) *Prêtre de l'Oratoire*, *naquit dans la Ville du Mans en* 1645. Il a fait un très-grand nombre d'ouvrages dont la plupart appartiennent à la théologie. Ses élémens de géométrie sont le seul de ses livres dont il nous convienne de parler ; ils sont clairs, méthodiques, & par conséquent très-utiles aux commençans. M. de Mairan y a trouvé cependant 2 propositions fausses, parce que le Pere Lami a voulu s'écarter alors de la méthode d'Euclide. L'une regarde l'octaedre, ou solide géométrique compris sous huit triangles égaux & équilatéraux, dans lequel il s'agit d'inscrire le cube ; l'autre proposition regarde l'icosaedre, c'est-à-dire, un solide composé de 20 pyramides triangulaires dont les sommets se rencontrent au centre d'une sphere, qu'on imagine circonscrire ce corps, & qui par conséquent ont leurs hauteurs & leurs bases égales : il s'agit d'inscrire dans cet icosaedre un dodécaedre, ou un solide qui a pour base 12 pentagones réguliers. La construction du Pere Lami, *dit M. de Mairan dans les Mémoires de l'Académie des Sciences, année* 1725, *page* 207 *& suivantes*, qui consiste à partager les côtés tant de l'octaedre que de l'icosaedre par la moitié, à mener par le point du milieu des paralleles à la base des triangles, & à prendre ces paralleles pour les côtés du cube & du dodécaedre, inscriptibles, donne dans l'octaedre, non un cube, mais un prisme quadrilatere, qui a pour hauteur la diagonale du carré de sa base. Et à l'égard de l'icosaedre, le corps qu'il y inscrit n'est pas le dodécaedre, mais un corps régulier mixte, terminé par 12 pentagones & par 20 triangles équilatéraux qui ont tous pour côtés, les uns & les autres, la moitié du côté de l'icosaedre. Malgré ces deux propositions fausses, les élémens dont nous parlons, forment un très-bon ouvrage, & leur auteur est très-estimable. Le Pere Lami mourut à Rouen, le 29 Janvier 1715, à l'âge de 70 ans. Ne le confondons pas avec François Lami, Religieux Bénédictin, qui a fait de très-jolies conjectures physiques sur les effets du tonnerre. Celui-ci mourut à St. Denis, le 7 Avril 1711 dans un âgé avancé.

LAMPE INEXTINGUIBLE. Ce seroit une lampe qui, une fois allumée, ne s'éteindroit jamais. Tant que la Physique a été dans l'enfance (& elle y a été longtems) l'on faisoit quelque cas des ouvrages sur les *lampes sépulcrales* : l'on croyoit bonnement que les Anciens renfermoient dans les tombeaux des lampes qui ne s'éteignoient jamais. Il y a une quarantaine d'années qu'on me débita cette fable à Salon en Provence, lorfque je fus vifiter le tombeau de *Noftradamus*. On ajouta gravement que ce prétendu Aftrologue avoit connu ce fecret, puifque ce fut avec cette efpece de lampe qu'il s'enferma vivant dans fon tombeau. Celui qui me parla de la forte, m'apporta en preuve de fa burlefque affertion ce qui fe paffa, en 1540, à l'ouverture du tombeau de *Tullia*, fille de *Cicéron*, dans lequel on prétendit avoir trouvé une lampe qui ne s'éteignit, qu'après avoir pris l'air. Je laiffai parler mon Docteur ; il eût été dangereux pour moi de le contredire ; ce n'eût rien été de paffer pour ignorant ; je me ferois expofé à recevoir quelque infulte. S'il eft encore en vie, & que par hafard il life cet article, il apprendra que ceux qui firent l'ouverture de ce tombeau, furent évidemment trompés par quelque exhalaifon fulfureufe, par quelque air inflammable, affez commun dans les lieux fouterrains, qui prit feu & dont la flamme difparut bientôt après. On defcendit dans le tombeau ; on y trouva effectivement une lampe, & l'on débita la fable des lampes inextinguibles, lorfqu'elles ne communiquoient pas avec l'air extérieur.

LANGUE. La langue eft un mufcle compofé d'une infinité de fibres entrelacées les unes dans les autres. Les Phyficiens diftinguent dans la langue trois membranes ; la membrane extérieure ou l'épiderme ; la membrane du milieu ou la *réticulaire*, qui tire fon nom des trous dont elle eft percée, enfin la troifieme membrane ou la membrane nerveufe qui n'eft que la production des nerfs de la cinquieme & de la neuvieme conjugaifon. Cette membrane eft couverte d'une infinité de petites *houpes* qui paffent par les trous de la membrane réticulaire, & qui s'élevent jufqu'à l'épiderme de la langue. Ce font ces houpes nerveufes que nous regardons comme le principal organe du goût ; pourquoi ? Parce que les faveurs ne peuvent pas faire impreffion fur l'épiderme de la langue, fans picoter les houpes nerveufes dont nous parlons ; ces houpes nerveufes ne peuvent pas être picotées, fans que les nerfs de la cinquieme & de la neuvieme conjugaifon dont elles forment les extrémités, foient remués, & fans que l'impreffion foit portée jufqu'au centre ovale, d'où ces nerfs tirent leur origine, & où nous plaçons le vrai fiége de l'ame.

Jusqu'au commencement de ce siecle l'on avoit pensé que la langue étoit le principal organe de la parole. L'expérience nous a appris qu'on s'est trompé ; elle n'est pas même un organe absolument nécessaire à la prononciation la plus nette & la plus distincte. Voici le fait. En l'année 1702 il naquit dans un village d'Allenteïo, province de Portugal, une fille sans langue. On croyoit qu'elle seroit muette. L'on se trompa. Elle parla aussi facilement que le commun des hommes. En l'année 1717, M. Antoine de Jussieu, de l'Académie Royale des Sciences de Paris, Docteur Régent de la Faculté de Médecine de la même ville, Professeur de Botanique au Jardin Royal des Plantes, fit un voyage à Lisbonne. Le Comte d'Ericeira lui parla de cette fille, alors âgée de quinze ans. On la fit venir de son village & on la présenta à cet habile Anatomiste. M. de Jussieu la vit deux fois consécutives, & il l'examina avec toute l'attention dont il fut capable, le soir à la faveur d'une bougie & le lendemain au grand jour. Il lui fit ouvrir la bouche plusieurs fois, & il se convainquit par les yeux & par le toucher que cette fille n'avoit aucune espece de langue. Il lui fit prononcer toutes les lettres de l'Alphabet, plusieurs syllabes séparément, une suite de mots formant un raisonnement ; cette fille parla si distinctement & si aisément, que M. de Jussieu ne se seroit jamais imaginé qu'elle n'eût point de langue, s'il n'en eût pas été prévenu : tant il est vrai qu'en Physique les assertions qui paroissent les plus évidentes, ne doivent être érigées en principes, que lorsqu'elles ont été confirmées par une longue suite d'expériences, ou lorsqu'elles sont étayées d'une véritable démonstration. Cherchez *Jussieu* ; vous verrez comment ce grand Physicien explique cette espece de jeu de la nature.

LANTERNE MAGIQUE. La lanterne magique inventée par le P. Kircher, Jésuite Allemand, est un instrument qui appartient en même-tems à la catoptrique & à la dioptrique ; aussi ceux qui auront présens à l'esprit les principes que nous avons établis en expliquant ces deux traités de Physique, n'auront aucune peine à en comprendre tout le mécanisme. Ils verront d'abord que l'on met au fond de la boîte un miroir concave de métal, afin que les rayons envoyés par la chandelle, placée au foyer de ce miroir, soient réfléchis paralleles sur des figures peintes en petit, avec des couleurs fort transparentes, sur des verres très-minces que l'on a mis au commencement du tuyau mobile de la lanterne magique. Ils verront ensuite que, puisque ces petites figures peintes sur le verre, & vivement éclairées par derriere, n'envoient sur la muraille que des rayons de lumiere qui ont passé par deux verres convexes dont on a eu soin de garnir le tuyau de la lanterne, ils verront, dis-je, que ces petites figures doivent être peintes en grand sur la même muraille : une des principales propriétés des verres convexes est de grossir les objets. Ils verront enfin que puisque les verres convexes représentent les objets dans une situation opposée à celle qu'ils ont, l'on fait très-bien de renverser les figures que l'on veut représenter sur la muraille dans leur état naturel.

Remarquez que la lanterne magique dont M. l'Abbé Nollet nous donne la description dans le cinquieme volume de ses leçons physiques, page 567, a son tuyau mobile garni de trois verres lenticulaires. Mais alors il faut mettre les objets d'abord après le premier verre lenticulaire, & il faut placer la chandelle un peu plus bas que le foyer du miroir de métal, afin que les rayons de lumiere soient réfléchis divergens par la surface de ce miroir. Voyez cette matiere rapprochée de ses principes au Corollaire quatrieme du probleme troisieme de l'article *Dioptrique*.

Remarquez encore que l'on peut faire une lanterne magique sans le secours d'un miroir de métal. L'on place d'abord une chandelle allumée au fond de la boîte ; après la chandelle l'on met un verre convexe ; d'abord après ce verre convexe, l'on met des objets, & à quelque distance des objets l'on met un second verre convexe qui les représente en grand sur la muraille.

LARME. Au-dessus de l'œil, assez près du petit angle, est située une glande à laquelle les Anatomistes ont donné le nom de *lacrymale*. Elle filtre une eau qui sert à humecter le globe de l'œil, & qui se rend dans une cavité que l'on nomme *sac lacrymal*. C'est de cette cavité que la compression des muscles occasionnée par la douleur, la joie, le rire, &c. fait sortir une humeur que nous appellons *larme*.

LARME BATAVIQUE. Les trois expériences suivantes renferment tous les phénomenes que nous présente une espece de larme de verre que l'on nomme assez communément *batavique*, parce qu'on a commencé à la travailler en Hollande, appellée en latin *Batavia.*

Premiere Expérience. Prenez un peu de la matiere fondue dont on fait les verres ; laissez-la couler & tomber dans un vase plein d'eau ; laissez refroidir dans l'eau la partie la plus épaisse & la plus pesante qui coule sans se détacher tout-à-fait, & qui s'alonge en forme de larme ; frappez avec un marteau la tête de cette larme, elle ne se brisera pas.

Explication. Les parties frappées ne peuvent pas être disposées en forme de voute, sans se soutenir les unes les autres ; elles doivent donc être à l'épreuve de vos coups.

Seconde Expérience. Rompez l'extrémité de la queue de la larme batavique ; elle s'écartera tout d'un coup en poussiere blanche, à deux ou trois pieds à la ronde.

Explication. La larme batavique est un composé de surfaces de verre mises les unes sur les autres. Puisque c'est dans l'eau que l'on a laissé refroidir le corps de cette larme, il s'ensuit évidemment que la premiere surface a ses parties beaucoup mieux rapprochées & beaucoup mieux liées que la seconde ; la seconde surface beaucoup mieux que la troisieme, ainsi des autres jusqu'à la derniere qui renferme un grand nombre de bulles d'air que l'on voit rassemblées au centre. Lorsque vous rompez l'extrémité de la queue de la larme batavique, l'air extérieur entre avec impétuosité dans le corps de la larme, & chasse l'air intérieur de la place qu'il occupoit. Celui-ci pénetre de surface en surface jusqu'à la premiere ; & comme il a suivi des routes qui alloient toujours en se rétrécissant, parce que les premieres surfaces ont leurs parties beaucoup mieux rapprochées que les autres, il a acquis une force qui l'a mis en état de faire éclater la larme en mille pieces.

Le Pere Regnault remarque dans ses entretiens physiques que l'air extérieur entrant par la queue rompue de la larme batavique, fait à-peu-près ce que fait l'air qu'on laisse rentrer trop vîte dans le récipient de la machine pneumatique, auquel on a adapté le tuyau d'un baro-

metre,

metre. Cet air trouvant tout-à-coup accès par le bout inférieur du barometre, lance le mercure en haut, avec tant de violence, qu'il brise le tuyau en plusieurs pieces.

Troisieme Expérience. Au lieu de faire refroidir dans l'eau la larme batavique, laissez-la refroidir dans l'air, & rompez ensuite l'extrémité de la queue; la larme ne se brisera pas.

Explication. Les larmes qui se refroidissent dans l'air ne se brisent pas, parce que leurs différentes couches ou surfaces qui se refroidissent lentement & presque en même-tems, laissent des interstices égaux.

C'est apparemment pour la même raison que les larmes recuites ne se brisent pas plus que les larmes refroidies dans l'air.

LARYNX. Le larynx est le commencement de la trachée-artere.

LATITUDE. La latitude d'une ville est la distance qu'il y a du *Zenith* de cette ville à l'équateur céleste. Nous avons dit en son lieu qu'une personne a son *Zenith* au point du Ciel qui se trouve précisément sur sa tête; l'on a donc raison d'avancer que tous les pays qui sont sous la ligne, n'ont point de latitude, puisqu'ils ont leur *Zenith* dans l'équateur; & que ceux qui sont sous les pôles, ont la plus grande latitude possible, puisque leur *Zenith* est éloigné de l'équateur de 90 degrés.

C'est sur le cercle méridien que se comptent les degrés de latitude. *Avignon*, par exemple, a 43 degrés, 57 minutes, 25 secondes de latitude boréale, parce que l'arc de son méridien compris entre l'équateur céleste, & le *Zenith* de cette ville est de 43 degrés, 57 minutes, 25 secondes. Cette latitude s'appelle *boréale*, parce que Avignon se trouve dans la partie *boréale* de la sphere. Ceux qui auroient eu quelque peine à comprendre cet article, n'ont qu'à se former une idée de la sphere, & ils verront combien il est aisé d'entrer dans ces sortes de connoissances. L'on doit encore lire les articles qui commencent par les mots *Logarithme* & *Trigonométrie*, si l'on veut se mettre en état de résoudre les deux problemes suivans, qu'on ne doit pas regarder comme indifférens en Physique.

Probleme premier. Trouver la latitude d'une ville quelconque, par exemple, de Paris.

Résolution. Prenez l'élevation du pôle boréal sur l'horizon de Paris, que vous trouverez par la méthode suivante. 1°. Pendant une nuit d'hiver, observez une des étoiles qui ne se couchant jamais, passe pendant cette nuit deux fois par le méridien de Paris.

2°. Prenez sa plus grande & sa plus petite hauteur sur l'horizon.

3°. Prenez la différence entre la plus grande & la plus petite hauteur de cette étoile.

4°. Ajoutez à la plus petite hauteur de l'étoile en question, la moitié de la différence trouvée, vous aurez l'élévation du pôle boréal sur l'horizon de Paris, comme nous l'avons démontré dans l'article des étoiles. Je dis que vous aurez par-là même la latitude de la même ville. Voyez en la démonstration à l'article *Elévation du pôle.*

Probleme second. Connoissant la latitude d'une ville, connoître la grandeur du parallele sous lequel elle se trouve.

Résolution. Faites l'analogie suivante, le sinus total : au sinus du complément de la latitude du lieu, par exemple, de Paris :: la grandeur de l'équateur terrestre que l'on fait être de 9000 lieues : à la grandeur du parallele de Paris ; c'est-à-dire, en faisant usage des logarithmes, 10, 0000000 *logarithme du sinus total.* 9, 8182986, *logarithme de* 41 *degrés*, 9 *minutes*, 50 *secondes*, *complément de la latitude de Paris* : 3, 9542425 *logarithme de* 9000 *lieues.* 3, 7725411 *logarithme de* 5923 *lieues*, *valeur du parallele de Paris.* L'on trouve cette valeur en ajoutant d'abord le second terme de la proportion arithmétique précédente au troisieme, & en ôtant de cette somme le premier terme ; le restant donne le quatrieme terme que l'on cherche. Il faut donc démontrer que l'on peut faire l'analogie suivante ; *le sinus total* : *au sinus du complément de la latitude de Paris* :: *la grandenr de l'équateur terrestre* : *à la grandeur du parallele de Paris.* Vous trouverez cette démonstration à l'article *Elévation du pôle.*

Pour donner à cet article toute l'étendue qu'il mérite, il a été nécessaire de dresser une table alphabétique des latitudes boréales & méridionales des principales villes du monde. On la trouvera à la fin de ce volume.

LAVAL, (Antoine) *correspondant de l'Académie Royale des Sciences de Paris, Professeur de MM. les Gardes-Etendarts à Marseille, & de MM. les Gardes de la*

Marine à Toulon, *Professeur Royal d'Hydrographie*, *naquit environ l'année* 1662. A l'âge de 16 ans il entra dans la Compagnie de Jesus où il se distingua par le goût le plus décidé pour la physique & les mathématiques. Il n'est pas seulement connu par les observations qu'il fit au Mississipi où le Roi l'envoya, en 1720, en qualité de Mathématicien, & dont il a rendu compte au public dans son voyage de la Louisiane; mais encore par un ouvrage sur les réfractions, par des réflexions sur le systeme de Newton, par une infinité d'observations astronomiques, dont la plupart sont insérées dans les Mémoires de l'Académie Royale des Sciences de Paris. Le détail que nous pourrions en faire nous meneroit trop loin. Nous renvoyons le Lecteur aux Mémoires de cette illustre Compagnie qui se trouvent entre l'année 1706 & l'année 1728; il verra quel rôle le Pere Laval y joue, & quelles étoient ses relations avec les savans de l'Europe. Il mourut à Toulon le 5 Septembre 1728, à l'âge d'environ 66 ans.

LEIBNITZ, (Godefroy Guillaume) *naquit à Leipsick en Saxe*, le 23 *Juin* 1646. Si nous avions à faire l'histoire complete de ce Savant du premier ordre, nous marcherions sur les traces de M. de Fontenelle; nous le décomposerions, & nous prouverions qu'il a été grand Poëte, fidelle & savant Historien, laborieux Jurisconsulte, habile Politique, subtil Métaphysicien, profond Mathématicien, & un Physicien du premier ordre. Nous ferions même remarquer qu'il a composé dans chacune de ces sciences les plus beaux & les plus grands ouvrages. Mais dans un Dictionnaire comme celui-ci, nous ne devons considérer le fameux Leibnitz que comme Physicien & Mathématicien; encore faut-il que les points de Mathématique dont nous parlerons, aient quelque rapport avec la Physique. C'est donc sous ces deux derniers points de vue que nous allons le présenter. Les faits que nous allons citer, sont tous tirés de l'éloge historique que fit M. de Fontenelle à la mort de M. Leibnitz. Son nom, *dit-il*, est à la tête des plus sublimes problemes qui aient été résolus de nos jours, & il est mêlé dans tout ce que la Géométrie moderne a fait de plus grand, de plus difficile & de plus important. Les actes de Leipsick, les Journaux des Savans, les Mémoires de l'Académie des

Sciences de Paris, font pleins de lui en tant que Géomètre. L'histoire des infiniment petits suffit pour faire connoître son génie. En 1684 M. Leibnitz donna dans les actes de Leipsick, les regles du calcul différentiel ; & ce ne fut qu'en 1687 que parurent les *Principes mathématiques de la Philosophie naturelle* entierement fondés sur ce même calcul. On l'a accusé, je le sais, d'avoir lu en 1672 une lettre de Newton où la méthode des fluxions étoit expliquée assez nettement. Mais cependant il paroît probable que ces deux grands hommes par la conformité de leurs grandes lumieres, ont trouvé chacun de leur côté cette science qui porte nos connoissances jusques dans l'infini & presque au-delà des bornes prescrites à l'esprit humain. Les ouvrages de Physique de ce Savant sont *Theoria motûs abstracti* & *Theoria motûs concreti*. Le premier dédié à l'Académie Royale des Sciences de Paris, est sur le mouvement en général. Le second dédié à la Société Royale de Londres, est une application du premier à tous les phénomenes. Tous deux ensemble forment une Physique générale complete, dans laquelle l'Auteur paroît grand Mécanicien. M. Leibnitz a aussi beaucoup travaillé sur la mesure des forces qu'il divisa en *vives* & *mortes ;* nous avons examiné son principe dans l'article des *Forces*. Voici encore quelques particularités de sa vie que nous ne devons pas passer sous silence. En 1699 il fut mis à la tête des associés étrangers de l'Académie Royale des Sciences de Paris. En 1700 il fut élu Président perpétuel de l'Académie des Sciences de Berlin, dont il avoit donné le plan au Roi de Prusse. En 1710 parut un volume de cette Compagnie sous le titre de *Miscellanea barolinensia*. Là M. Leibnitz paroît en divers endroits sous presque toutes ses différentes formes d'Historien, d'Antiquaire, d'Etymologiste, de Physicien, de Mathématicien & même d'Orateur ; car l'Epître dédicatoire est de lui. En 1711 il eut l'honneur de recevoir la visite du fameux Czar Pierre & la gloire de concourir avec ce grand Prince à introduire les sciences dans la Moscovie. En 1715 il eut des attaques de goutte plus fréquentes que jamais. Elles le conduisirent au tombeau le 14 Novembre 1716 à l'âge de 70 ans.

LÉMERY, (Nicolas) *naquit à Rouen le 22 Novembre* 1645. Il est dans la Chimie ce qu'est Euclide dans la

Géométrie, Kepler dans l'Astronomie, & Newton dans le calcul. Lorsqu'environ l'année 1674 M. Lémery ouvrit des Cours publics de Chimie à Paris, toute l'Europe lui fournit des Eleves. On vit une année jusqu'à 40 Ecossois qui n'étoient venus que pour recevoir des leçons d'un si grand Maître. Les Rohault, les Régis, les Tournefort & plusieurs autres noms fameux pourroient entrer dans la liste de ses Auditeurs. Le Fondateur de la Société Royale de Médecine de Seville, disoit qu'en matiere de Chimie l'autorité du grand Lémery est plutôt unique, que recommandable. Le Cours de Chimie qu'il imprima en 1675 prouve que cet Espagnol ne lui donnoit pas des louanges qu'il n'eût pas méritées. Ce livre traduit en Latin, en Allemand, en Anglois & en Espagnol, a eu des éditions sans nombre. Nous ne croyons pas qu'il convienne d'en donner ici l'abrégé. Nous l'avons assez fait connoître dans cent endroits de ce Dictionnaire, ou pour mieux dire, nous avons pris dans ce Cours tout ce que nous avons dit sur la Chimie; pouvions-nous puiser dans une meilleure source? M. Lémery mourut à Paris le 19 Juin 1715, à l'âge de 70 ans. Il avoit été reçu à l'Académie Royale des Sciences de Paris en l'année 1699. Quand l'Académie se renouvella, la seule réputation de M. Lémery, *dit M. de Fontenelle*, y sollicita & y obtint pour lui une place de Chimiste. Il a eu le plaisir de voir dans cette Compagnie deux de ses fils se distinguer dans la même carriere que leur pere.

Pour donner à ceux qui n'ont jamais vu les ouvrages de M. Lémery, une idée de la maniere dont il procédoit dans les questions de Physique, nous allons faire connoître la belle dissertation qu'il lut à l'Académie, le 21 Avril 1700, intitulée *Explication physique & chimique des Feux souterrains, des Tremblemens de terre, des Ouragans, des Eclairs & du Tonnerre.*

Le systeme qu'embrassa M. Lémery sur la cause de ces terribles météores, est fondé sur l'expérience suivante. Il fit un mélange de parties égales de limaille de fer & de soufre pulvérisé. Il le réduisit en pâte avec de l'eau. Il mit 50 livres de cette pâte dans un grand pot. Il plaça ce pot dans un creux qu'il avoit fait en terre à la campagne. Il le couvrit d'un linge, & ensuite de terre à la hauteur d'environ 1 pied. Il apperçut 8 à 9 heures après, que la terre se gonfloit, s'échauffoit & se crevassoit. Il vit d'abord sortir de ces crevasses des vapeurs sulfureuses & chaudes, & ensuite quelques flammes qui élargirent les ouvertures & qui répandirent autour une poudre jaune & noire. Il ne trouva dans son pot, après l'expérience, qu'une poudre noire & pesante, c'est-à-dire, une limaille de fer dépouillée d'une partie de son soufre. M. Lémery tire de cette expérience les conséquences suivantes.

1°. Les tremblemens de terre sont causés par une vapeur qui ayant été produite dans la fermentation violente du fer & du soufre, s'est convertie en un vent sulfureux, lequel se fait passage & roule par où il peut, en soulevant & ébranlant les terres sous lesquelles il passe. Si ce vent sulfureux se trouve toujours renfermé sans pouvoir pénétrer aucune issue pour s'échapper, il fait durer le tremblement de terre long tems, & avec de grands efforts, jusqu'à ce qu'il ait perdu son mouvement; mais s'il trouve quelques ouvertures pour sortir, il s'élance avec grande impétuosité, & c'est ce qu'on appelle ouragan. Il écarte la terre & fait des abymes. Il déracine les arbres, il abat les maisons; & les hommes mêmes ne seroient pas à l'abri de sa furie, s'ils ne prenoient la précaution de se jeter promptement la bouche & le ventre contre terre, non pas seulement pour s'empêcher d'être enlevés; mais pour éviter ce vent sulfureux & chaud qui les suffoqueroit.

2°. Les vents qui font les ouragans, s'élevent avec tant de violence en s'échappant de dessus la terre, qu'il en monte une partie jusques aux nues; c'est ce qui fait la matiere & la cause du Tonnerre: car ce vent qui contient un soufre exalté, s'embarrasse dans les nues, & y étant battu & comprimé fortement, il y acquiert un mouvement assez grand pour s'y enflammer & y former l'éclair en fendant la nue, & s'élançant avec une très-grande rapidité.

3°. Ce vent sulfureux enflammé sortant avec violence du nuage où il étoit comme emprisonné, frappe l'air très-rudement, y roule avec une vîtesse incompréhensible, & nous cause l'effroyable bruit du tonnerre. Voilà ce qu'il y a de plus curieux dans la dissertation dont nous avons rapporté le titre. Quoique nous n'ayons pas expliqué le tonnerre & les tremblemens de terre comme

M. Lémery ; nous ne saurions cependant nous empêcher de convenir qu'il a été un des premiers à connoître une vraie analogie entre ces deux terribles phénomenes. Il est fâcheux que la machine électrique ne fût pas connue de son tems ; il n'auroit pas manqué de la faire entrer dans ses explications.

LENTILLE. *Lentille*, *verre lenticulaire* & *verre convexo-convexe* sont trois termes Synonymes.

LETON. Le leton est un composé de cuivre rouge & de calamine. L'expérience nous apprend que 100 livres de calamine, & 100 livres de cuivre rouge fondues ensemble, ne donnent que 150 livres de leton.

LEUCIPPE, Philosophe Grec, dont *Elée*, *Abdere* & *Milet* se disputoient autrefois la naissance, véeut environ l'an 428, avant l'Ere chrétienne. Nous ne lui donnerions pas une place dans la partie historique de notre Dictionnaire, s'il n'étoit pas démontré qu'il est l'inventeur des tourbillons qui sont comme les fondemens de la Physique de *Descartes*. Ce grand Homme, il est vrai, les a perfectionnés ; mais *facile est inventis addere*. *Leucippe* a eu encore des idées assez nettes sur les effets de la force *centrifuge*. Ses ouvrages, j'en conviens, sont une riche mine qu'il a été bien ennuyeux d'exploiter. Mais que ne fait pas le génie, & surtout un génie, tel que celui de *Descartes*, lorsqu'il croit appercevoir la semence de la vérité, & d'une vérité dont on ne croit pas pouvoir se passer dans le nouveau systeme général de Physique qu'on veut bâtir ?

LÉVIER. C'est un bâton, une barre ou de fer, ou de quelqu'autre matiere solide qu'on fait mouvoir autour d'un point quelconque que l'on appelle *point fixe* ou *point d'appui*. C'est la plus simple, mais en même-tems la plus nécessaire des machines ; ou plutôt de la connoissance du lévier dépend la connoissance de presque toutes les machines ; il en est peu en effet que l'on ne puisse ranger dans la classe des léviers. Un lévier a-t-il son *point fixe* entre la puissance & le poids ? Il est de la premiere espece. Le poids au contraire se trouve-t-il entre le *point fixe* & la puissance ? Le lévier est de la seconde espece. Enfin la puissance se trouve-t-elle entre le *point fixe* & le poids ? Le lévier est de la troisieme espece. La *Romaine* eſt évidemment un lévier de la premiere eſpece ; le *point fixe* ou le clou autour duquel elle ſe meut, eſt placé entre le poids mobile qui ſert de puiſſance, & la marchandiſe attachée au crochet, qui ſert de poids. Il en eſt de même de la balance, des ciſeaux, des tenailles, de la poulie immobile & d'une infinité d'autres machines, dont nous ferons l'énumération à l'article *Mécanique*. Le couteau du Boulanger, arrêté ſur une table, eſt un véritable lévier de la ſeconde eſpece ; le poids ou le pain que l'on coupe, ſe trouve entre la puiſſance ou la main qui tient le manche du couteau, & le *point d'appui* où le fer autour duquel le couteau tourne. Il en eſt de même des rames des Bateliers ; le poids ou le bateau eſt placé entre la puiſſance qui le fait mouvoir & le *point d'appui* qui n'eſt pas diſtingué du point de la rame qui frappe l'eau. Il en eſt enfin de même de la poulie mobile, du coin & de pluſieurs autres machines dont nous expliquerons l'uſage à l'article *Mécanique*. Enfin ces petites pinces qu'on appelle *Badines*, forment un double lévier de la troiſieme eſpece ; la puiſſance, ou la main eſt placée entre les charbons qu'on remue légerement & qui ſervent de poids, & l'arc par lequel les deux branches communiquent, qui ſert de *point d'appui*.

Mais ce qu'il eſt néceſſaire de bien ſavoir, & ce que nous démontrerons au commencement de notre article *Mécanique* ; c'eſt que deux poids appliqués à un lévier, ſont en équilibre, lorſqu'ils ont leurs maſſes en raiſon inverſe de leurs diſtances au *point d'appui*. Le poids A de 100 livres, par exemple, & le poids B de 10 livres, appliqués à un lévier, ſeront en équilibre, ſi l'on peut faire la proportion ſuivante ; la maſſe du poids A : à la maſſe du poids B : : la diſtance du poids B au *point d'appui* : à la diſtance du poids A au même *point d'appui*. Qu'on place en effet le poids A à 1 pied, & le poids B à 10 pieds du *point d'appui* d'un lévier quelconque ; il eſt auſſi sûr que ces deux poids ſeront en équilibre, qu'il eſt sûr que leur équilibre dépend de ce qu'ils ont leurs maſſes en raiſon inverſe de leurs diſtances au *point d'appui* du lévier. Cherchez *raiſon inverſe* & *Mécanique* ; vous trouverez au commencement de ce petit Traité la démonſtration de cette vérité. C'eſt-là le principe d'où ſont partis tous les inventeurs des machines; principe d'où nous tirerons un grand nombre de corollaires dont chacun aura pour objet une machine particuliere.

Dans cette démonstration, au reste, nous n'avons pas eu d'abord égard à la pesanteur du lévier; ce qu'il ne faut pas negliger dans la pratique. Aussi ne doit-on faire aucune application du principe dont nous parlons, que lorsqu'on aura résolu les trois problemes suivans.

Probleme 1. Connoissant la longueur d'un lévier, & les deux poids qu'on veut y mettre en équilibre, déterminer où doit être son *point d'appui*.

Probleme 2. La longueur, la pesanteur & le *point d'appui* d'un lévier quelconque de la premiere espece étant donnés, déterminer le poids qu'il faut appliquer à l'extrémité du bras le plus court, pour que le lévier soit en équilibre avec lui-même.

Probleme 3. Trouver une formule générale pour élider la pesanteur d'un lévier de la seconde espece.

L'on trouvera dans notre article *Mécanique* la solution de ces trois problemes.

LINNÉ (*Charles Vonn*) Chevalier de l'ordre de l'Etoile polaire, premier Médecin du Roi de Suede, Professeur de Médecine & de Botanique dans l'Université d'Upsal, & de presque toutes les Académies de l'Europe, naquit dans la Province de Smolande en Suede le 23 Mai 1707. M. *de Fontenelle*, considérant *Newton* comme Géometre, lui applique ce que *Lucain* a dit du Nil, dont les anciens ne connoissoient point la source, *qu'il n'a pas été permis aux hommes de voir le Nil foible & naissant.* Ne pourrions-nous pas dire la même chose de *Linné*, considéré comme Botaniste? A l'âge de 21 ans il s'attacha au célebre *Olaus Celsius*; & ce grand Naturaliste, surpris du mérite & de l'érudition de ce jeune homme, assura que la Botanique auroit en lui un génie supérieur. Ce fut sans doute ce témoignage glorieux qui détermina l'Université d'Upsal à lui donner, à l'âge de 25 ans, sa chaire de Botanique, & à la lui conserver tout le tems qu'il voyagea dans tous les pays où il crut trouver des plantes & des Botanistes. Il ne tarda pas à entreprendre ses savans & utiles voyages. Il parcourut en grand Botaniste, la Laponie, la Dalécarlie, presque toute la Suede, le Danemarck, l'Allemagne, la Hollande, une partie de la France & de l'Angleterre, & il rapporta à Upsal les fruits les plus précieux de tant de pénibles travaux. Ce fut alors qu'il se détermina à devenir Auteur. Il donna successivement au public les ouvrages suivans : *Classes, genera, species Plantarum*; *Critica Botanica*; *Fundamenta Botanices*; *Philosophia Botanica*; *Materia medica*; *Flora Lapponica* : *Systema naturæ*; *Amœnitates academicæ*, & un nombre prodigieux de petites pieces, toutes relatives à la connoissance des plantes. Tous ces ouvrages sont marqués au coin de l'immortalité ; ils ont opéré dans la Botanique la plus heureuse de toutes les révolutions. Le plan que nous nous sommes proposé dans cet ouvrage, ne nous permet pas d'en faire l'analyse raisonnée ; une pareille analyse ne pourroit trouver place que dans un Dictionnaire de Botanique, & nous avons averti à l'article *Botanique* que ne pouvant donner que les premiers élémens & poser les principes les plus universels de la Botanique générale, nous ne parlerions que de certaines plantes qui présentent des phénomenes dont il n'est pas permis à un Physicien d'ignorer la cause. Nous ne saurions cependant nous empêcher de faire remarquer que dans tous ses ouvrages *Linné* témoigne & veut inspirer à ses lecteurs le plus grand respect pour l'Être supreme ; ne fût-ce que pour prouver aux prétendus Esprits-forts de ce siecle qu'on peut être grand homme & très-grand homme, sans adopter les maximes séditieuses de l'athéisme & les horribles impiétés du matérialisme. Parle-t-il de Dieu au commencement de son Systeme de la Nature ? Il commence par reconnoître & par adorer son éternité, son immensité, sa toute-puissance & sa science infinie, *Deum sempiternum, immensum, omniscium, omnipotentem expergefactus à tergo transeuntem vidi & obstupui*. Il le nomme la Cause des causes, le Gardien, le Recteur, le Seigneur & le Créateur de ce vaste univers, *Causâ causarum, Custode, Rectoreque universi, Mundani hujus operis Domino & Artifice*. Il convient que rien n'est sans lui & que tout est par lui, *Hoc sine quo nihil est, quod totum hoc fundavit & condidit*, &c.

Ce que *Linné* dit de l'homme au commencement de ce même ouvrage, n'est ni moins noble, ni moins intéressant. Voici ses propres paroles : Comment l'homme se trouve-t-il sur la terre ? Par voie de création. *Undè ortus ? E stemmate creationis.* Où doit-il tendre ? A une vie heureuse. *Quò tendat ? Ad vitam beatam.* Et ne croyez pas qu'il parle d'une vie heureuse sur la terre. Que l'homme seroit méprisable, *s'écrie-t-il*, s'il ne s'élevoit pas au-dessus des choses créées ! Quelle honte pour lui s'il s'imaginoit être dans ce monde, pour vaquer à des opérations purement animales & pour veiller à la conservation d'un corps aussi caduc & aussi périssable que le nôtre ! *O quàm contempta res homo, nisi supra humana se erexerit ! Quid enim erat cur in numero viventium se positum gauderet ? An ut cibos & potiones percolaret ? ut hoc corpus casurum periturumque sarciret ?* Quel étonnement a dû être celui de *Linné* ! que de torrens de larmes n'a-t-il pas dû verser, lorsque, vers le milieu de l'année 1770, il vit paroître, avec le même titre que le sien, un ouvrage dont le pur athéisme est le fondement & la base. Le Systeme de la Nature de *Linné* a eu 13 éditions dans l'espace de 32 ans, tandis que dans tous les Etats policés l'unique édition de celui contre lequel on ne sauroit trop s'élever, a péri par les flammes qui auroient dû consumer l'Editeur & l'Auteur de ce monstrueux ouvrage. Consultez notre article *Systeme de la Nature* & revenons à *Linné*.

Sa Philosophie Botanique, ouvrage qu'il a composé dans un tems où la maladie l'obligeoit à garder le lit, est peut-être celui où il a fait paroître le plus de génie. Il a été le seul à y trouver des défauts, & il en auroit entrepris un autre sous le même titre, si son grand âge & ses infirmités le lui avoient permis. *Philosophiam Botanicam dudùm scripsi lecto detentus æger. Aliam traderem hoc ævo, nisi senectus me delassaret.* Ainsi écrivoit-il, trois ans avant sa mort, à M. l'abbé *Duvernoi*, qui par ses connoissances en Botanique, en Physique & en Histoire naturelle méritoit toute son estime, comme il mérite celle de tous ceux qui ont l'avantage de le connoître. C'est de lui que nous tenons la plupart des faits que nous avons avancés dans cet éloge historique.

Les qualités du cœur dans *Linné* n'étoient pas moins précieuses que celles de l'esprit. La reconnoissance étoit, pour ainsi dire, sa passion dominante. En combien d'occasions n'en a-t-il pas donné des preuves ? Il la fait surtout paroître dans l'Epître qu'il a mise à la tête de la 13e. édition de son Systeme de la Nature. Il y rappelle tout ce qu'a fait pour lui, dans les différentes époques de sa vie, Monsieur le Comte *de Tessin*, à qui il a dédié son ouvrage, & il l'assure que les bienfaits qu'il en a reçu, sont gravés dans son cœur en caracteres ineffaçables : *cana priùs gelido desint absinthia ponto, quàm nostro illius labatur pectore vultus.* Il parloit ainsi dans un tems où il se trouvoit dans le sein des honneurs & des richesses, c'est-à-dire, dans un tems où l'on a coutume d'oublier ses bienfaiteurs, pour faire oublier au monde l'état de misere d'où ils nous ont tiré.

La bonté de son cœur l'empêcha toujours de refuser de répondre à quiconque lui écrivoit pour le consulter, quoique ce commerce épistolaire lui devînt très-onéreux & très-dispendieux. *Si decem mihi essent manus, non sufficerent omnibus qui litteras mittunt; & si hîc coram me videres, crederes me nihil aliud agere quàm litteras, in quas dilapido & æs & tempus meum.* Ainsi écrivoit-il à M. l'Abbé *Duvernoi.*

Mais c'est surtout envers le souverain Maître de l'univers qu'il fait éclater les sentimens les plus vifs & les plus sinceres de la plus juste reconnoissance. Tous les événemens de sa vie il les rapporte à la providence bienfaisante d'un Dieu infiniment bon & infiniment miséricordieux. Voici ce qu'on lit dans ses *Amœnitates academicæ*, tom. 2, pag. 426. *Tibi, omnipotens Deus, omnium primò grates pius ac devotus exsolvo pro immensis beneficiis, quibus me, omni vitæ meæ spatio, per singularem tuam ac caram Providentiam cumulasti. Tu, indè à juventute mea ita me manuduxisti, ita direxisti meos gressus, ut in vivendi simplicitate ac innocentia, inque flagrantissimo scientiarum studio adoleverim.*

Grates tibi ago quòd in exantlatis itineribus meis per patrium & exterum orbem, inter tot gliscentia pericula, salvum me semper & incolumem conservasti.

Quòd in reliquo vitæ meæ cursu, inter gravissima paupertatis & alia quævis incommoda, omnipotenti auxilio tuo, mihi semper adfuisti.

Denique quòd inter tot rerum, quibus expositus fui vicissitudines, inter bona, inquam, & mala, læta & tristia, jucunda & ingrata, animum mihi suffecisti ad hæc omnia æquum, *conſtantem*, *fortem*, *erectum*. Ainſi penſent, ainſi parlent, ainſi écrivent les vrais ſavans, lorſque les paſſions n'ont pas obſcurci en eux les lumieres de la droite raiſon.

Ce grand homme mourut des ſuites d'une attaque d'apoplexie le 10 Janvier 1778, à l'âge de 71 ans. On lui rendit à ſa mort les plus grands honneurs funebres, & Sa Majeſté le Roi de Suede lui fit ériger un monument, à côté de celui de *Deſcartes*, mort 128 ans auparavant, à Stockholm. Elle fit encore frapper une médaille où l'on voit d'un côté le buſte de *Linné*, & de l'autre la déeſſe *Cybele*, affligée & entourée des attributs principaux des regnes minéral, végétal & animal, avec cette légende : *Deam luctus angit amiſſi.* On lit dans l'exergue : *Poſt obitum*, *Upſaliæ*, *d.* 10 *Januarii* 1778, *Rege jubente.*

SUPPLÉMENT.

CE supplément ne contiendra que la Table dont nous avons parlé à la fin de l'article *Latitude*. Pour la comprendre, vous obſervez ce qui ſuit.

1°. L'on voit dans chaque page de la Table ſuivante 5 colonnes perpendiculaires. La premiere contient le nom des pays où ſont ſituées les villes dont on cherche la latitude. La ſeconde contient les noms de ces mêmes villes; rangés par ordre alphabétique. La troiſieme contient les degrés de latitude. La quatrieme, les minutes; & la cinquieme les ſecondes.

2°. La latitude d'une ville eſt la diſtance qu'il y a du zenith de cette ville à l'équateur céleſte. Deux villes, *par exemple*, dont l'une ſe trouveroit ſous le tropique du *cancer* & l'autre ſous le tropique du *capricorne*, auroient chacune 23 degrés, 30 minutes de latitude, parce que les deux tropiques ſont éloignés de l'équateur de 23 degrés 30 minutes.

3°. La latitude d'une ville eſt boréale ou méridionale, ſuivant que cette ville eſt placée dans la partie boréale ou dans la partie méridionale de la ſphere. La premiere des deux villes dont nous avons parlé *num.* 2°., auroit une latitude boréale, & la ſeconde une latitude méridionale.

4°. Le cercle de latitude eſt toujours le méridien; & l'arc du méridien compris entre le zenith d'une ville & l'équateur céleſte, marque toujours la latitude de cette ville. Cet arc eſt-il de 15 degrés? La ville dont il s'agit, aura 15 degrés de latitude.

5°. Nous nous ſommes ſervi dans la Table ſuivante tantôt du chiffre ordinaire & tantôt du chiffre romain. Nous avons employé le premier pour marquer la latitude boréale, & le ſecond pour marquer la latitude méridionale.

6°. Cette même Table ſervira à trouver l'élévation du pôle ſur l'horizon des villes dont nous avons fait l'énumération. La latitude géographique d'un lieu quelconque eſt toujours égale à la hauteur du pôle ſur l'horizon de ce lieu. Le chiffre ordinaire marquera l'élévation du pôle boréal, & le chiffre romain l'élévation du *pôle méridional*,

TABLE

Des Latitudes des principales Villes du Monde.

PAYS.	VILLES.	LATITUDE.		
	A.	*Deg.*	*Min.*	*Sec.*
France.	Abbeville.	50	7	[illegible]1
Amérique.	St. Acapulco.	16	45	
France.	Agde.	43	18	57
France.	Agen.	44	12	7
Indes.	Agra.	26	43	
France.	Aire.	50		
France.	Aix.	43	31	35
France.	Albi.	43	55	44
France.	Alençon.	48	25	
Syrie.	Alep.	35	45	23
Syrie.	Alexandrette.	36	35	10
Egypte.	Alexandrie.	31	11	20
Afrique.	Alger.	36	49	30
Eſpagne.	Almérie.	36	51	18
France.	Amiens.	49	53	38
Hollande.	Amſterdam.	52	22	45
France.	Angers.	47	28	8
France.	Angoulême.	45	39	3
France.	Antibes.	43	34	50
Brabant.	Anvers.	51	13	15
Ruſſie.	Archangel.	64	34	
Pérou.	Arica.	18	26	38
France.	Arles.	43	40	33
Pays-Bas.	Arras.	50	17	30
Comtat-Venaiſſin.	Avignon.	43	57	25
France.	Avranches.	48	41	18
France.	Auch.	43	38	46
France.	Aurillac.	44	55	10
France.	Autun.	46	56	46
France.	Auxerre.	47	47	54
	B			
Indes.	Balaſſor.	20		
Eſpagne.	Barcelone.	41	26	

PAYS.	VILLES.	LATITUDE.		
		Deg.	Min.	Sec.
Suiſſe.	Baſle.	47	55	
France.	Bayeux.	49	16	30
France.	Bayonne.	43	29	21
France.	Beaucaire.	43	48	35
France.	Beauvais.	49	26	2
Allemagne.	Berlin.	52	32	30
France.	Beſançon.	47	13	45
France.	Beziers.	43	20	41
France.	Blois.	47	35	19
Amérique.	Boca-Chica.	10	20	25
Italie.	Bologne.	44	30	
France.	Boulogne.	50	43	31
Afrique.	Iſle de Bourbon.	xxj	v	
France.	Bourdeaux.	44	50	18
France.	Bourges.	47	4	58
Allemagne.	Breſlaw.	51	3	
France.	Breſt.	48	23	
Pays-Bas.	Bruxelles.	50	51	
Amérique.	Buenos-Ayres.	xxxiv	xxxiv	xxx
	C.			
Eſpagne.	Cadix.	36	31	7
France.	Caën.	49	11	10
Egypte.	Caire. (*le*)	30	2	30
France.	Cahors.	44	26	4
France.	Calais.	50	57	31
Indes.	Calicut.	11	17	
France.	Cambrai.	50	10	30
Indes.	Cananor.	11	58	
Archipel.	Candie.	35	18	45
Candie.	Canée. (*la*)	35	28	45
Afrique.	Cap de Bonne-Eſpérance.	xxxiv	xv	
Afrique.	Cap-Vert.	14	43	
France.	Carcaſſonne.	43	12	51
Comtat-Venaiſſin	Carpentras.	44	3	33
Amérique.	Carthagene.	10	26	35
Eſpagne.	Carthagene.	37	36	7
France.	Caſtres.	43	37	10
Amérique.	Cayenne.	4	56	

PAYS.

PAYS.	VILLES.	LATITUDE.		
		Deg.	*Min.*	*Sec.*
France.	Châlon-fur-Marne.	48	57	12
France.	Châlon-fur-Saône.	46	46	50
France.	Chartres.	48	26	49
France.	Cherbourg.	49	38	26
France.	Clermont.	45	46	45
Indes.	Cochin.	9	58	
Allemagne.	Cologne.	50	55	
Amérique.	Conception. (*la*)	xxxvj	xlij	liij
France.	Condom.	43	57	55
Turquie.	Conftantinople.	41		
Danemark.	Copenhague.	55	40	45
Amérique.	Coquimbo.	xxix	liv	x
France.	Coutances.	49	2	50
Pologne.	Cracovie.	50	10	
	D.			
Indes.	Daca.	24		
Syrie.	Damas.	33	3	
Afrique.	Damiette.	31		
Pologne.	Dantzick.	54	22	
France.	Dax.	43	42	23
France.	Dieppe.	49	55	18
France.	Dijon.	47	19	22
Bretagne.	Dol.	48	33	9
France.	Dole.	47	5	42
France.	Dunkerque.	51	2	4
	E			
Ecoffe.	Edimbourg.	55	58	
France.	Embrun.	44	34	
Perfe.	Erivan.	40		
Arménie.	Erzeron.	39	56	35
France.	Evreux.	49	1	24
	F			
Afrique.	Fer. (*Ifle de*)	28	5	
Italie.	Ferrare.	44	54	
France.	Fleche. (*la*)	47	42	
Italie.	Florence.	43	46	30
Afrique.	France. (*Ifle de*)	xix	xxxv	

PAYS.	VILLES.	LATITUDE.		
		Deg.	*Min.*	*Sec.*
Allemagne.	Francfort.	49	55	
France.	Fréjus.	43	26	3
Canaries.	Funchal.	33		
	G.			
Pays-Bas.	Gand.	51	3	
France.	Gap.	44	35	9
Italie.	Genes.	44	25	
Savoie.	Geneve.	46	12	
Indes.	Goa.	15	31	
France.	Granville.	48	50	11
France.	Graſſe.	43	39	25
Angleterre.	Greenwich.	51	28	30
France.	Grenoble.	45	11	49
Aſie.	Guhan. (*Iſle*)	13	20	
	J.			
Indes,	Jagrenat.	19	50	
Aſie.	Jeruſalem.	31	50	
Allemagne.	Ingolſtad.	48	46	
Perſe.	Iſpaham.	32	25	
	K.			
Amérique.	Kebec.	46	55	
	L.			
Canaries.	Laguna.	28	30	
Alſace.	Landau.	49	11	40
France.	Langres.	47	52	17
France.	Laon.	49	33	52
Suiſſe.	Lauſanne.	46	31	5
France.	Lectoure.	43	56	2
Allemagne.	Leipſick.	15	19	14
Pays-Bas.	Liége.	50	36	
Flandres.	Lille.	50	37	50
Pérou.	Lima.	xij	j	xv
Pays-Bas.	Limbourg.	50	40	
France.	Limoges.	45	49	53
Portugal.	Lisbonne.	38	42	20
France.	Liſieux.	49	11	
Angleterre.	Londres.	51	31	
Italie.	Lorette.	43	24	
Amérique.	Louisbourg.	45	53	45

PAYS.	VILLES.	LATITUDE.		
		Dég.	*Min.*	*Sec.*
France.	Luçon.	46	27	14
Pays-Bas.	Luxembourg.	49	40	
France.	Lyon.	45	45	51
	M.			
Chine.	Macao.	22	12	44
Indes.	Madraſpatan.	23	13	
Eſpagne.	Madrid.	40	25	
Indes.	Maduré.	10	20	
Angleterre.	Mahon. (*Port-*)	39	53	45
Indes.	Malaca.	2	12	
Pays-Bas.	Malines.	51	1	50
France.	Malo. (*St.*)	48	38	59
Afrique.	Malte.	35	54	
Indes.	Manille.	14	30	
France.	Mans. (*le*)	47	58	
France.	Marſeille.	43	17	45
Amérique.	Marthe. (*Ste.*)	11	26	40
Amérique.	Martinique. (*la*)	14	43	9
Indes.	Maſulipatan.	16	30	
Allemagne.	Mayence.	49	54	
France.	Meaux.	48	57	37
France.	Mende.	44	30	47
Pays-Bas.	Menin.	50	47	40
France.	Metz.	49	7	5
Amérique.	Mexico. (*St.*)	20		
Italie.	Milan.	45	25	
Italie.	Monaco.	43	48	
Italie.	Modene.	44	34	
Pays-Bas.	Mons.	50	27	10
France.	Montpellier.	43	36	33
Moſcovie.	Moſcow.	55	36	10
France.	Moulins.	46	34	4
Allemagne.	Munich.	48	2	
	N.			
Pays-Bas.	Namur.	50	28	28
Lorraine.	Nancy.	48	41	17
France.	Nantes.	47	13	45
Italie.	Naples.	40	50	13
France.	Narbonne.	43	11	

PAYS.	VILLES.	LATITUDE.		
		Deg.	*Min.*	*Sec.*
Indes.	Négapatan.	11		13
France.	Nevers.	46	59	54
Italie.	Nice.	43	41	41
Pays-Bas.	Nieuport.	51	7	35
France.	Nîmes.	43	50	37
France.	Noyon.	49	34	
Allemagne.	Nuremberg.	49	26	
	O.			
Bréfil.	Olinde.	viij	xiij	
France.	Orange.	44	9	17
France.	Orléans.	47	54	4
Canaries.	Ortava.	28	30	
Pays-Bas.	Oftende.	51	13	55
	P.			
Italie.	Padoue.	45	22	26
Indes.	Paléacate.	13	34	
France.	Paris.	48	50	10
France.	Pau.	43	15	
Chine.	Pekin.	39	54	
France.	Périgueux.	45	11	10
France.	Perpignan.	42	41	55
Mofcovie.	Pétersbourg.	60		
Mer du Nord.	Pic-des-Açores.	38	35	
Canaries.	Pic-de-Tenerife.	28	12	54
France.	Poitiers.	46	35	
Indes.	Pondichery.	11	53	47
Amérique.	Portobello.	9	33	5
France.	Puy. (*le*)	45	25	2
	Q.			
Chine.	Quanton.	23	8	
Piémont.	Quiers.	44	53	
France.	Quimper.	47	58	24
Amérique.	Quito.		xiij	xvij
	R.			
France.	Reims.	49	14	36
France.	Rennes.	48	6	45
Bréfil.	Rio-Janeiro.	xxij	liij	xxx
France.	Rochelle. (*la*)	46	9	43
France.	Rodez.	44	21	

PAYS	VILLES.	LATITUDE.		
		Deg.	*Min.*	*Sec.*
Italie.	Rome.	41	54	
France.	Rouen.	49	26	23
	S.			
France.	Saintes.	45	44	43
France.	St. Brieu.	48	31	21
France.	St. Flour.	45	1	55
France.	St. Omer.	50	44	46
France.	St. Paul de Léon.	48	40	55
Turquie.	Salonique.	40	41	10
Archipel.	Scio.	38	8	37
France.	Sedan.	49	42	29
France.	Séez.	48	36	21
France.	Senlis.	49	12	23
France.	Sens.	48	11	56
Indes.	Siam.	14	18	
France.	Sifteron.	44	11	21
Afie.	Smyrne.	38	28	7
France.	Soiffons.	49	22	32
Suede.	Stockholm.	59	20	
France.	Strasbourg.	48	34	35
Indes.	Surate.	21	10	
	T.			
Indes.	Tangapatan.	8	19	
Indes.	Tanjaor.	1	27	
Indes.	Tanor.	1	4	
France.	Tarafcon.	43	48	20
France.	Tarbes.	43	14	2
Efpagne.	Tolede.	39	50	
Indes.	Thomé. (*St.*)	13	10	
Suede.	Tornea.	65	43	
Italie.	Tortone.	44	53	
France.	Toul.	48	40	27
France.	Toulon.	43	7	24
France.	Toulouse.	43	35	54
France.	Tours.	47	23	44
Indes.	Trankebar.	11	20	
France.	Treguier.	48	46	45
Italie.	Trente.	46		
Allemagne.	Treves.	49	46	

PAYS.	VILLES.	LATITUDE.		
		Deg.	*Min.*	*Sec.*
Dombes.	Trévoux.	45	56	42
Barbarie.	Tripoli.	32	53	40
France.	Troyes.	48	18	2
Piémont.	Turin.	45	5	20
Indes.	Tutucurin.	8	52	
	V.			
Chili.	Valparais.	xxxiij		xix
France.	Vannes.	47	39	14
Pologne.	Varſovie.	52	14	
France.	Vence.	43	43	16
Italie.	Veniſe.	45	25	
Amérique.	Veracrux.	19	10	
France.	Verdun.	49	9	18
Italie.	Véronne.	45	26	26
France.	Verſailles.	48	48	18
Autriche.	Vienne.	48	12	48
France.	Vienne.	45	32	
Indes.	Viſapour.	17	30	
France.	Viviers.	44	28	54
Suede.	Upſal.	59	51	50
Saxe.	Wittemberg.	51	43	10
	Y.			
Pérou.	Ylo.	xvij	xxxvj	xv
Pays-Bas.	Ypres.	50	51	5

Fin du troiſieme Volume.

SOMMAIRE

Des Questions les plus importantes contenues dans le troisieme Volume du Dictionnaire de Physique.

E

LEs questions les plus importantes de cette partie de la lettre E qui forme le commencement du troisieme volume du Dictionnaire de Physique, sont discutées dans les articles qui commencent par les mots *Electricité*, *Electricité médicale*, *Electricité positive & négative*, *Electrometre*, *Electrophore*, *Elévation du pôle*, *Etincelle électrique*, *Etoiles*, *Eudiometre & Extraction.*

ÉLECTRICITÉ.

Voici l'ordre que nous avons suivi dans cet article, l'un des plus curieux de ce Dictionnaire. 1°. Nous avons fait la description de la machine électrique. 2°. Nous avons proposé l'hypothese que nous avons embrassée. 3°. Nous avons rapporté & expliqué dans cette hypothese quinze expériences différentes ; ce sont les plus frappantes que l'on ait coutume de faire en cette matiere. 4°. Nous avons proposé d'une maniere purement historique les hypotheses du Pere Fabri, de M. Dufay, de M. Jallabert, de de M. l'Abbé Nollet & de M. Franklin sur l'Electricité. Le Lecteur qui ne trouvera pas nos explications conformes aux loix de la saine Physique, pourra embrasser l'hypothese de quelqu'un de ces grands hommes ; on ne nous accusera pas de les avoir altérées.

SOMMAIRE.

ÉLECTRICITÉ MÉDICALE.

L'on trouvera dans cet article l'hiſtoire de l'Electricité, conſidérée & appliquée comme remede, depuis l'année 1745 juſqu'en l'année 1786. Nous avons parlé des cures électriques opérées par M. *de Sauvages* à Montpellier, par M. *Jallabert* à Geneve, par M. *Verrati* à Bologne, &c.

Ce qui fait le fond de cet article, ce qui le rend très-intéreſſant, c'eſt l'examen des *cures électriques* faites par M. *Mauduyt*, depuis l'année 1777, & conſignées dans les Mémoires de la Société Royale de Médecine de Paris. Ici point de charlataniſme, nous l'avons fait toucher au doigt. L'on verra avec plaiſir quels ont été les ſuccès de M. *Mauduyt* ſur quatre-vingt-deux malades ſoumis au traitement électrique, pour *paralyſies*, *ſtupeurs*, *engourdiſſemens*, *rhumatiſmes ordinaires & goutteux*, *ſurdité*, &c.

Nous avons terminé cet article par la *manœuvre du traitement électrique*, c'eſt-à-dire, nous avons appris comment il faut s'y prendre, pour électriſer un malade, tantôt par *étincelles*, tantôt par *bain* & tantôt par *commotions totales & partielles.*

Comme l'article *yeux* eſt la continuation de notre article *Electricité médicale*, vous en lirez le *ſommaire*, d'abord après avoir lu celui-ci.

ÉLECTRICITÉ POSITIVE ET NÉGATIVE.

Quelle différence y a-t-il entre l'électricité *poſitive* & l'électricité *négative ?* Par quels ſignes ſe manifeſtent-elles *?* Quel fond doit-on faire ſur ces ſortes de ſignes ? L'électricité *poſitive* eſt-elle diſtinguée ſpécifiquement de l'électricité *négative* ? Voilà les queſtions que nous avons diſcutées au commencement de cet important article.

A l'examen de ces queſtions a ſuccédé la deſcription de la machine nouvellement inventée à Londres par M. *Nairne* ; nous avons conclu de cette deſcription que ce ne ſeroit jamais là en Phyſique qu'une machine de pure curioſité.

Les électricités *vitrée* & *résineuse* ont été soumises, dans cet article, à l'examen le plus sérieux. Nous avons rapporté le cas où ces deux électricités se détruisent; & pour expliquer ce phénomene, réellement embarrassant; nous n'avons pas eu recours aux électricités *positive* & *négative*; mais à la nature des électricités *vitrée* & *résineuse*, dont l'une paroît composée de parties acides, & l'autre de parties alkalines. Je ne suis pas l'inventeur de cette heureuse idée; j'en fais honneur aux Physiciens qui me l'ont communiquée.

L'on trouvera encore, dans cet article, la description d'une machine qui ne doit produire que l'électricité qu'on appelle *négative*, & la preuve de son inutilité, pour ne pas me servir d'un terme plus fort dans le traitement des maladies nerveuses.

Enfin cet article est terminé par le détail des expériences que M. *Achard* a faites pour prouver que la nature de l'électricité *positive* n'est pas différente de celle de l'électricité *négative*.

ÉLECTROMETRE.

Nous avons fait, dans cet article, la description exacte des électrometres à *fils* & à *étincelles*; nous en avons fait remarquer les défauts; & nous avons indiqué les corrections qui nous ont été communiquées par des Physiciens dont nous faisons beaucoup de cas.

ÉLECTROPHORE.

A la description de l'*Electrophore* & des principales pieces dont il est composé, succede le jugement que nous avons cru devoir porter sur cette machine, construite pour prouver l'existence de deux électricités spécifiquement différentes, l'électricité *positive* & l'électricité *négative*. Nous avons ensuite mis sous les yeux du Lecteur les principales expériences qu'on fait par le moyen de l'*Electrophore*; nous en avons examiné les différens résultats, & nous avons conclu que ces expériences, ou ne prouvent rien en faveur de la distinction spécifique dont il s'agit, ou prouvent que l'électricité *négative* n'est dans le fond qu'une foible électricité *positive*.

ÉLÉVATION DU POLE.

Après avoir démontré dans cet article que l'élévation du pôle sur l'horizon est toujours égale à la latitude du lieu, nous avons résolu le probleme suivant : connoissant l'élévation du pôle sur l'horizon, connoître la grandeur du parallele sous lequel cette ville se trouve.

ÉTINCELLE ÉLECTRIQUE.

Nous n'avons rien changé dans cet article à l'explication que nous avons donnée de l'étincelle électrique dans celui de l'Electricité. Nous n'avons repris cette matiere, que pour répondre aux objections que fit M. l'Abbé Nollet contre notre explication dans le Tome 3 de ses Lettres.

ÉTOILES.

Après avoir prouvé que les Etoiles sont des corps célestes, fixes, lumineux, innombrables & éloignés de la terre d'une distance presque infinie, nous avons parlé de leur latitude & de leur déclinaison, de leur longitude & de leur ascension droite, de leur amplitude orientale & de leur amplitude occidentale. Nous avons ensuite proposé certains problemes dont le mouvement des Etoiles nous a donné la solution. Ces problemes sont :

1°. Trouver la hauteur du pôle sur l'horizon.

2°. Trouver l'Etoile polaire.

3°. Trouver l'heure du passage des Etoiles fixes par le Méridien.

4°. Trouver par les Etoiles fixes quelle heure il est pendant la nuit.

Nous avons fini cet article par l'explication physique du mouvement des Etoiles en *aberration*.

EUDIOMETRE.

La construction de l'Eudiometre à *air nitreux*, & la maniere de s'en servir pour découvrir le plus ou le moins de salubrité de différens airs, occupent la plus grande partie de cet article. Nous avons appliqué cet instrument à l'*air atmosphérique*, à l'*air déphlogistiqué* &

à l'*air fixe*, & nous avons appris à l'appliquer à quelque air que ce soit, *factice* & *non factice*. Nous n'avons pas cependant dissimulé que cet instrument, tout précieux qu'il est en lui-même, n'est pas sans défauts ; apparemment que le Docteur *Priestley* qui en est l'inventeur & qui les a reconnus, s'occupera sérieusement à les corriger.

Comme l'Eudiometre à *air nitreux* suppose que ceux qui s'en servent, ont un appareil monté, propre à produire les *airs factices*, & que bien des Physiciens n'ont pas les moyens de s'en procurer un, nous avons proposé un Eudiometre *à lumiere* dont on se servira, lorsqu'on n'aura point d'*appareil monté*.

EXTRACTION.

Nous avons donné dans cet article deux méthodes pour extraire facilement la racine quatrieme d'un carré-carré quelconque ; & nous avons renvoyé à l'article *Arithmétique* pour ce qui regarde l'extraction des racines carrée & cubique.

F

Les articles les plus intéressans contenus sous la lettre F, sont les articles suivans : *Faculté de sentir*, *Fermentation*, *Feu*, *Feux souterrains*, *Fluidité*, *Flux & Reflux de la mer*, *Fontaines*, *Force*, *Fractions ordinaires*, *Fractions décimales*, *Frottement*, & *Fusil électrique*.

FACULTÉ DE SENTIR.

Qu'est-ce que la faculté de sentir ? Quel est son organe dans le corps humain ? Quels en sont les actes ? Comment l'ame produit-elle les sensations ? Voilà ce que nous avons examiné, au commencement de cet article.

Nous avons ensuite rapporté ce que dit sur cette matiere l'Auteur du *Systeme de la Nature* ; nous avons analysé ses prétendus raisonnemens ; & nous avons prouvé, après en avoir découvert toute l'impiété, qu'ils ne renferment rien qui puisse nous faire révoquer en doute la spiritualité de l'ame raisonnable.

FERMENTATION.

Qu'eſt-ce que la Fermentation ? Quelles en ſont les cauſes phyſiques ? Quels en ſont les principaux phénomenes ? Comment doit-on expliquer les expériences que l'on a coutume de faire en ce genre ? Quelles ſont les principales difficultés qui paroiſſent détruire ces explications ? Comment doit-on y répondre ? Voilà ce qu'on a tâché d'éclaircir dans l'article des *Fermentations*.

FEU.

Après avoir donné une idée du *Feu élémentaire*, & du *Feu mixte*, nous avons cherché quelle eſt la cauſe qui produit & qui conſerve dans celui-là ce mouvement en tout ſens dont ſes particules ſont agitées. Nous avons enſuite examiné le fait du fameux *Mangeur de feu*. Nous avons enfin parlé de différens feux en uſage en chimie, tels que ſont les feux de *ſable*, de *cendres*, de *réverbere*, &c.

FEUX SOUTERRAINS.

Nous avons d'abord prouvé l'exiſtence ; nous avons enſuite examiné la formation ; nous avons enfin détaillé les effets des feux ſitués dans le ſein de la terre.

Ce n'eſt pas ſeulement des monts ignivomes, des volcans éteints, c'eſt ſurtout de la chaleur qu'on éprouve dans l'intérieur de la terre, que nous avons tiré la preuve de l'exiſtence des feux ſitués dans ſon ſein, feux toujours enflammés, ou toujours prêts à s'enflammer. C'eſt ce fond permanent de chaleur, inhérent à la terre, qui a été la *donnée* la plus ſûre, pour réſoudre le probleme ſuivant :

Pourquoi la chaleur purement ſolaire au cœur de l'été, étant à Paris ſoixante-ſix fois plus grande que la chaleur purement ſolaire au cœur de l'hiver, nous ne devons faire cependant que la proportion ſuivante ; le chaud qu'il fait à Paris aux rayons du ſoleil au ſolſtice d'été : au froid qu'il y fait, quand l'eau ſe glace :: 60 : 51 $\frac{1}{2}$.

Il n'en eſt pas ainſi du probleme ſuivant : y a-t-il ou n'y a-t-il pas un feu central ? Nous avons décidé que c'eſt-là une question qu'il faut ranger dans la classe des *problemes impossibles*.

Pour expliquer la formation physique des feux souterrains, nous n'avons pas eu recours au roman de M. *de Buffon*; nous avons trouvé dans la *fermentation* la cause principale, & dans l'*air inflammable* la cause subsidiaire dont nous avions besoin.

Enfin nous avons fait l'énumération des effets bons & mauvais des feux souterrains ; & comme ces derniers, purement locaux, sont en très-petit nombre, & que les premiers sont en grand nombre & qu'ils sont absolument nécessaires à notre conservation, nous avons conclu que les feux souterrains, nuisibles à quelques particuliers, sont un des plus grands bienfaits de l'Auteur de la Nature.

FLUIDITÉ.

Nous regardons les fluides comme des corps composés de particules très-déliées, assez communément rondes, & comme pénétrés d'une matiere qui communique à leurs molécules insensibles un mouvement en tout sens. Nous pensons que cette matiere n'est autre que la matiere électrique, & nous appuyons notre sentiment sur les expériences les plus décisives.

L'on trouve, à la fin de cet article, l'exposition de différens systemes sur la fluidité.

FLUX ET REFLUX DE LA MER.

Nous trouvons dans l'*Attraction mutuelle des corps* la cause naturelle du flux & du reflux de la mer. Dans ce systeme nous expliquons sans peine, pourquoi dans chaque hémisphere, les eaux de l'océan s'élevent & s'abaissent deux fois chaque jour ; pourquoi nous n'avons deux flux & deux reflux, que dans l'espace de vingt-quatre heures & quarante-huit minutes ; pourquoi le flux dépend du passage de la lune par le méridien ; pourquoi le flux & le reflux ne sont plus sensibles après le soixante-cinquieme degré de latitude ; pourquoi les plus grands flux & les plus grands reflux arrivent, lorsque la lune est dans les syzygies ; pourquoi les flux qui arrivent, lorsque la lune est dans les quadratures, sont les moindres de tous ; pourquoi depuis les syzygies jusqu'aux quadratures le flux du matin eſt plus grand, que celui du ſoir; pourquoi depuis les quadratures juſqu'aux ſyzygies le flux du ſoir eſt plus grand que celui du matin; pourquoi le flux eſt plus grand, lorſque la lune eſt périgée, que lorſqu'elle eſt apogée; pourquoi le flux augmente, lorſque la lune ſe trouve dans l'équateur; pourquoi les eaux s'élevent plus haut, lorſque le ſoleil eſt périgée, que lorſqu'il eſt apogée; pourquoi le flux eſt conſidérable, lorſque, dans le tems de l'équinoxe, la lune ſe trouve dans quelqu'une de ſes ſyzygies, & pourquoi il eſt moins conſidérable, lorſque dans ce tems-là la lune ſe trouve dans quelqu'une de ſes quadratures; pourquoi lorſqu'il y a en même-tems & équinoxe & ſyzygie, le flux du matin eſt égal à celui du ſoir; pourquoi la Méditerranée, la mer Baltique & la mer Caſpienne n'ont ni flux ni reflux; pourquoi la lune n'éleve pas les pailles, le ſable, les pierres qui ſe trouvent ſur la ſurface de la terre, comme elle éleve les eaux de la Mer; pourquoi les agitations cauſées par l'action de la lune ſur une partie de l'atmoſphere terreſtre, ne produiſent aucune variation dans la hauteur du barometre; pourquoi le ſoleil n'a pas plus de part aux marées, que la lune, &c.

Nous avons terminé cet article par l'expoſition de différens ſyſtemes ſur les cauſes phyſiques du flux & du reflux de la Mer. Le ſyſteme de Deſcartes parmi ceux que nous rejettons, eſt celui dont nous avons rendu le compte le plus exact.

FONTAINES.

Nous ſommes perſuadés qu'il y a des fontaines qui viennent uniquement de la Mer; d'autres qui viennent uniquement des pluies & des neiges; d'autres enfin qui viennent en partie de la Mer, en partie des pluies & des neiges. Dans ce ſyſteme nous expliquons ſans peine pourquoi bien des fontaines ont leur flux & leur reflux comme la Mer; pourquoi bien des fontaines tariſſent dans les tems de ſéchereſſe; pourquoi bien des fontaines dans les tems des plus grandes ſéchereſſes diminuent conſidérablement, ſans cependant tarir jamais; comment la Mer peut fournir de l'eau douce à certaines fontaines; comment la Mer peut fournir de l'eau à des fontaines dont la ſource eſt beaucoup plus élevée que le lit de la Mer ; pourquoi parmi les fontaines les unes sont pétrifiantes & les autres enivrent, les unes font tomber les dents & les autres sont chaudes, quelquefois même brûlantes, les unes sont intermittentes & les autres continuelles.

Nous n'avons pas oublié l'explication des phénomenes que nous présente la fameuse fontaine *d'Avaurd.* Nous avons expliqué pourquoi l'eau de cette fontaine ne gele jamais ; pourquoi les œufs des oies & des canards qui vont s'y baigner, ou ne sont pas féconds, ou donnent des oisons & de petits canards d'une forme constamment bisarre & monstrueuse ; pourquoi les hommes employés à défricher des terrains arrosés par les eaux de cette fontaine, devinrent chauves ; pourquoi les ongles de leurs pieds & de leurs mains tomberent presqu'aussitôt ; pourqui les mulets & les bœufs qui labourent cette terre, perdirent de même la corne de leurs pieds ; pourquoi le pain fait avec la farine du froment qu'on recueillit sur les terres qui bordent le cours de cette fontaine, altéra insensiblement les facultés de ceux qui en mangerent ; pourquoi enfin les grenouilles qui vivent dans cette fontaine & le long du ruisseau, ne croassent jamais.

Nous avons fini cet article par les descriptions de la fontaine de *compression*, de la fontaine de *Héron* & de la fontaine de *commandement.*

FORCE.

Après avoir considéré la Force en général, nous avons parlé en particulier des forces d'*inertie*, de *projection*, *centripete*, *centrifuge* & *motrice* ; il seroit trop long de rapporter tous les problemes que nous avons résolu sur ces différentes forces ; il suffira de dire qu'on trouvera dans cet article & dans ceux auxquels nous avons renvoyé le Lecteur, la solution de tous les problemes nécessaires à un Physicien qui veut faire des progrès dans ce qu'on peut appeller la *Physique savante.*

Nous avons ensuite discuté la grande question de la *Force perturbatrice.* Nous avons démontré que l'attraction du soleil sur la lune en quadrature augmente la pesanteur de ce satellite à l'égard de la terre d'une 178e. partie de sa pesanteur naturelle vers notre globe, & qu'elle diminue d'une 89e. partie cette même pesanteur, lorſque la lune ſe trouve dans les ſyzygies. Ces deux propoſitions une fois démontrées, nous avons déterminé, d'abord la part qu'a le ſoleil, & enſuite la part qu'a la lune aux phénomenes du flux & du reflux.

Nous avons enfin diſcuté la queſtion des *Forces vives* & *mortes*. Nous avons examiné les ſix expériences que les défenſeurs des *Forces vives* apportent en preuve de leur ſentiment, & nous avons conclu avec M. de Mairan 1°. que ces expériences ne prouvent rien; 2°. qu'il y a des expériences qui démontrent que les forces vives ne ſont pas proportionnelles aux carrés de vîteſſe; 3°. que la force ſe trouvant toujours en raiſon de la ſimple vîteſſe, doit avoir des effets proportionnels au carré de la vîteſſe.

FRACTIONS ORDINAIRES.

Nous avons appris dans cet article à réduire les fractions à une même dénomination, à les additionner, les ſouſtraire, les multiplier, les diviſer, extraire leurs racines carrée & cubique, & les réduire à de moindres termes. Nous avons appliqué la plupart de ces regles aux fractions algébriques.

FRACTIONS DÉCIMALES.

Après avoir donné une idée de ce qu'on nomme *Fractions décimales*, nous avons appris à les additionner, les ſouſtraire, les multiplier, les diviſer, extraire leurs racines carrée & cubique, & réduire une fraction non décimale en décimale. A la fin de cet article nous avons dit un mot des Fractions ſexagéſimales.

FROID.

Nous avons examiné dans cet article quelles ſont les principales cauſes du Froid, & nous les avons trouvées avec M. de Mairan dans la diſtance où l'on eſt du Soleil; dans la ſituation oblique d'un pays par rapport à cet aſtre; dans l'atmoſphere qui entoure la terre; dans certains corpuſcules qui ſe mêlent à l'air que nous reſpirons; enfin dans la ſuppreſſion totale ou partielle des exhalaiſons chaudes que le feu central doit envoyer néceſſairement

cessairement dans l'atmosphere terrestre. Nous avons ensuite comparé ces causes, les unes avec les autres, & nous avons expliqué pourquoi la situation oblique d'un pays par rapport au Soleil est regardée comme la cause la plus ordinaire du Froid. Nous avons enfin proposé le probleme suivant :

Pourquoi éprouve-t-on constamment un froid violent sur le sommet des montagnes situées dans les pays les plus chauds, après avoir essuyé une chaleur insupportable dans les vallons situés au pied de ces montagnes ?

Pour résoudre ce probleme, nous avons repris les causes générales du Froid ; & comme nous les avons trouvées les unes préjudiciables, les autres inutiles à cette solution, nous avons été obligés de les abandonner. La figure convexe des montagnes & l'air raréfié que l'on respire sur leur sommet, nous ont fait parvenir à la solution que nous cherchions. A ces deux causes physiques, nous en avons joint une physico-morale ; ç'a été le passage immédiat d'un lieu à un autre.

FROTTEMENT.

Après avoir divisé le Frottement en deux especes ; nous assurons avec M. Nollet 1°. que le frottement de la premiere espece fait beaucoup plus de résistance que celui de la seconde : 2°. que le frottement augmente par l'augmentation des surfaces, toutes choses égales d'ailleurs : 3°. que la pression fait croître la résistance du frottement, de quelque espece qu'il soit : 4°. qu'à proportions égales, la résistance des frottemens augmente plus considérablement par les pressions, que par les surfaces. De tous ces principes, nous avons tiré les conséquences les plus pratiques, surtout sur la maniere de diminuer la résistance des frottemens.

Nous avons renvoyé à l'article *Mécanique* tout ce qui a rapport aux frottemens considérés dans les machines.

Pour ce qui a rapport à la résistance des cordes, nous avons démontré ce qui suit :

1°. La résistance des cordes est en raison directe de leur pesanteur.

2°. La résistance des cordes est en raison directe de leur diametre.

3°. La résistance d'une corde est en raison directe de sa roideur.

4°. La roideur des cordes, toutes choses égales d'ailleurs, est en raison directe des poids qu'elles soutiennent.

5°. La résistance des cordes, totalement prise, est en raison composée directe de leur pesanteur, de leur diametre & de leur roideur.

Nous avons terminé cet article par le catalogue des plus grands poids que puissent soutenir les cordes de chanvre de différent diametre.

FUSIL ÉLECTRIQUE.

Nous avons fait dans cet article la description du Fusil électrique ; nous avons appris à le charger ; nous en avons rapporté les effets, & nous avons tâché de les expliquer d'une maniere conforme aux loix de la saine Physique.

G

Les questions les plus importantes contenues sous la lettre G, commencent par les mots *Géométrie*, *Géométrie-pratique*, *Glace*, *Grains*, *Gravitation*, *Gravité*, & *Gravité spécifique.*

GÉOMÉTRIE.

Ce n'est ici que le commencement de l'article *Géométrie* ; la plus grande partie de ce long & intéressant article se trouvera dans l'article suivant. Voici l'ordre que nous avons suivi. Nous avons posé les vérités fondamentales de la Géométrie ; elles sont renfermées dans 19 définitions, 7 axiomes & 5 suppositions. 2°. Nous avons donné l'abrégé du premier livre d'Euclide ; il contient 7 propositions & 23 corollaires. 3°. L'abrégé du troisieme livre d'Euclide qui ne contient que 3 propositions & 9 corollaires, nous a ensuite occupé. Comme les autres livres d'Euclide ont un rapport plus direct avec la Géométrie pratique, qu'avec la Géométrie spéculative, nous en avons fait entrer l'abrégé dans l'introduction à la Géométrie pratique.

GÉOMÉTRIE PRATIQUE.

Ce grand article eſt comme diviſé en quatre parties. La premiere partie eſt une eſpece d'introduction à la Géométrie pratique ; elle eſt tirée du quatrieme, cinquieme, ſixieme, onzieme & douzieme Livres d'Euclide. Notre abrégé du quatrieme Livre d'Euclide préſente la ſolution de 7 problemes, d'où nous avons tiré 8 corollaires pratiques. Nous avons ſubſtitué à l'abrégé du cinquieme Livre d'Euclide un Traité des proportions. C'eſt par leur moyen que nous avons démontré 7 propoſitions & 13 corollaires qui forment l'abrégé du ſixieme, onzieme & douzieme Livres d'Euclide. Nous avons terminé cette introduction par l'énumération des différentes meſures qui ſont en uſage parmi les différentes nations de l'Univers.

La ſeconde partie de notre Géométrie pratique contient non-ſeulement des problemes curieux, tels que ſont ceux qui apprennent à meſurer la hauteur des objets, & ceux qui ont rapport à la meſure des diſtances acceſſibles, & inacceſſibles ; mais encore des problemes dont l'uſage eſt très-commun en Phyſique, tels que ceux qui apprennent à trouver des quatriemes, des troiſiemes, des moyennes proportionnelles. Tous ces problemes appartiennent à la Longimétrie.

La Planimétrie ou la meſure des ſurfaces, ſe trouve d'abord après la Longimétrie. Nous y avons appris à meſurer les aires d'un *Parallélogramme*, d'un *Triangle*, d'un *Polygone*, d'un *Trapeze*, d'un *Cercle*, d'un *Secteur*, d'une *Ellipſe*, d'un *Cylindre*, d'un *Cône*, d'une *Sphere* & d'un *Sphéroïde*. C'eſt dans la Planimétrie que ſe trouvent contenus tous les principes de l'Arpentage.

La Stéréométrie ou la meſure des ſolides, termine notre Géométrie pratique. Nous y avons donné des méthodes infaillibles pour connoître la quantité de matiere que contiennent un *Cube*, un *Cylindre*, un *Priſme*, un *Cône*, une *Pyramide*, une *Sphere*, un *Secteur*, un *Sphéroïde*.

GLACE.

Cet article n'eſt qu'un abrégé de l'excellent Traité de M. de Mairan ſur la glace. Après avoir expoſé & adopté le systeme de ce savant Physicien, nous expliquons sans peine, 1°. pourquoi l'eau exposée à l'air dans un tems froid se gele & occupe un plus grand espace qu'auparavant; 2°. pourquoi l'eau contenue dans une bouteille bouchée très-exactement & exposée à l'air dans un tems très-froid, ne se gele pas, si on ne remue pas la bouteille; & pourquoi si l'on agite l'eau contenue dans cette même bouteille, sur le champ l'eau sera parsemée de glaçons; 3°. pourquoi la glace se fond plus tard, exposée en plein air, que placée dans le récipient de la machine pneumatique; 4°. pourquoi la glace se fond plutôt sur l'argent, que sur le bois; 5°. pourquoi un morceau de glace saupoudré de sel marin bien sec & bien pulvérisé, se fond plutôt que deux morceaux de glace égaux dont l'un seroit saupoudré de sel ammoniac & l'autre de salpêtre, & pourquoi ces deux derniers se fondent plutôt, qu'un égal morceau de glace sur lequel on n'auroit rien jetté; 6°. pourquoi l'eau se glace, lorsqu'elle est renfermée dans une bouteille enterrée dans un mélange de glace & de sel pilés; 7°. comment l'on peut parvenir à faire, au milieu de l'été, de la glace sans glace; 8°. pourquoi l'on brûle les corps avec un morceau de glace; 9°. pourquoi, si l'on expose à l'air une certaine quantité d'eau, & un morceau de glace de même poids, l'eau perdra beaucoup plus de son poids, que la glace; 10°. pourquoi de deux morceaux de glace égaux exposés à différens airs, l'un perd plus de son poids, que l'autre; 11°. pourquoi enfin en certain tems la glace perd de son poids, & qu'en certain autre elle n'en perd rien.

GRAINS.

Comme cet article est consacré à l'examen de la mouture économique, nous n'avons parlé que des grains qu'on a coutume de réduire en farine; ce sont le froment, le seigle & le méteil.

Nous avons examiné quelles sont les terres où le froment réussit le mieux, & nous avons appris à en choisir & à en préparer la semence. Nous avons ensuite parlé du tems où il faut le semer, le sarcler & le couper. Nous avons enfin donné différens moyens de conserver un grain aussi précieux.

Nous avons à-peu-près suivi la même méthode pour le seigle & pour le méteil.

A ces connoissances économiques ont succédé les notions que tout Physicien doit avoir des meules, soit qu'elles soient courantes ou gissantes, soit qu'elles appartiennent aux moulins ordinaires ou aux moulins économiques. Nous n'avons pas manqué de donner les regles dont il faut se servir, pour trouver le poids absolu d'une meule quelconque.

Les autres parties des moulins à eau ont ensuite été expliquées fort au long ; & comme nous avons rangé cette machine dans la classe des léviers de la premiere espece, il nous a été très-facile d'en expliquer le mécanisme, & de répondre aux questions suivantes.

Quelle différence y a-t-il entre la mouture *en grosse* & la mouture *économique ?*

Quelles sont les différentes opérations de la mouture *économique ?*

Quelle différence y a-t-il entre les effets de la mouture *économique* & les effets de la mouture *en grosse ?*

Quelle différence y a-t-il entre les moulins *ordinaires* & les moulins *économiques ?*

Quelle est la hauteur de la chute nécessaire à un pied cube d'eau, pour mettre un moulin en mouvement ?

La plupart de ces questions ont rapport aux moulins à vent dont nous avons fait la description exacte, avant que d'en faire connoître le mécanisme, & de résoudre les trois problemes suivans.

Trouver quelle doit être la vîtesse de l'air pour faire le même effet que l'eau.

Trouver l'angle que doivent faire avec l'axe les ailes d'un moulin à vent.

Connoissant l'angle que font avec l'axe les ailes d'un moulin à vent, connoître la force relative du vent sur les ailes.

Ce grand article est terminé par la réponse aux deux questions suivantes.

Seroit-il avantageux à l'Etat, considéré en général, que tous les moulins à grains fussent transformés en moulins économiques ?

Seroit-il avantageux aux particuliers d'un Etat quelconque, que tous les moulins à grains fussent transformés en moulins économiques ?

GRAVITATION.

Ce n'est ici qu'un supplément à l'article *Attraction*. Nous avons tiré de la formule la plus sûre & la plus simple les vérités suivantes.

Deux corps placés sur la surface de deux spheres homogenes de différente grosseur, graviteront vers leur centre en raison directe des rayons de ces spheres.

Deux corps égaux qui se trouvent dans l'intérieur d'une sphere homogene, à différentes distances du centre, sont attirés vers ce centre en raison directe de leur éloignement. Un corps placé au centre d'une sphere homogene, seroit destitué de toute la pesanteur que la sphere peut lui communiquer.

Tout corps attiré par une sphere homogene doit tendre à son centre.

GRAVITÉ.

Nous regardons l'attraction comme la cause de la gravité des corps, & nous expliquons facilement dans ce systême, 1°. pourquoi une pierre jettée en l'air, retombe sur la terre par une ligne perpendiculaire ; 2°. pourquoi les corps sublunaires sont attirés au centre & non pas à la surface de la terre ; 3°. pourquoi la gravité des corps est en raison inverse des carrés des distances au centre de la terre ; 4°. pourquoi les corps sublunaires sont moins graves sous l'équateur, que sous les pôles ; 5°. pourquoi dans le vuide les corps graves de différente masse, également éloignés de la terre, tombent avec une égale vitesse ; & pourquoi ce phénomene n'a pas lieu dans un milieu résistant ; 6°. pourquoi l'on peut regarder la gravité des corps comme une force constante & uniforme ; 7°. pourquoi la chute des corps graves suit telle proportion arithmétique, & non pas telle autre.

Nous avons terminé cet article par l'exposition des systemes de Gassendi, de Descartes, de Privat de Moliere, de Fontenelle, du P. Regnault, de Varignon & d'Huygens, sur la cause immédiate de la gravité des corps.

GRAVITÉ SPÉCIFIQUE.

Nous avons exprimé la gravité ſpécifique par une formule algébrique ; & de cette formule démontrée nous avons tiré, en forme de corollaires, les vérités ſuivantes.

Deux corps égaux en poids & inégaux en volume, ont leur gravité ſpécifique en raiſon inverſe de leur volume.

Deux corps inégaux en gravité ſpécifique & égaux en volume, ont leur gravité ſpécifique en raiſon directe de leur poids.

Deux corps qui ont la même gravité ſpécifique, ont leur poids en raiſon directe de leur volume.

Les poids de deux corps ſont en raiſon compoſée de leur volume & de leur gravité ſpécifique.

H

Les articles qui commencent par les mots *Homme*, *Hydraulique*, *Hydroſtatique*, *Hydrophobie*, *Hygrometre* & *Hyver*, ſont les ſeuls articles contenus ſous la lettre H, dont il ſoit néceſſaire de rendre compte.

HOMME.

Après avoir préſenté le tableau général de l'Homme, nous avons fait l'énumération des différentes propriétés des deux ſubſtances dont il eſt compoſé. Nous avons démontré que ces deux ſubſtances ſont ſpécifiquement différentes, l'une de l'autre, & qu'il faut fermer les yeux aux plus pures lumieres de la raiſon, pour n'admettre dans l'homme qu'une ſubſtance matérielle.

HYDRAULIQUE.

Cet article préſente d'abord les notions les plus ſimples & les expériences les mieux conſtatées. De ces expériences nous avons tiré la maniere de connoître combien de *pouces d'eau* donne une ſource quelconque, & quelle quantité d'eau paſſera, dans un tems donné, par une ouverture quelconque. Nous avons terminé cet article par l'examen de la quantité d'eau que donne, dans le tems des plus grandes ſéchereſſes, la fameuſe fontaine de Nîmes.

HYDROSTATIQUE.

Nous avons divisé notre Hydrostatique en trois parties. Dans la premiere nous avons comparé les solides avec les liquides ; dans la seconde nous avons comparé deux liquides homogenes ; & dans la troisieme deux liquides hétérogenes.

Dans la comparaison que nous avons faite des solides avec les liquides, nous avons donné des regles qui apprennent quand est-ce qu'un solide plongé dans un liquide doit surnager ; quand est-ce qu'il doit demeurer dans l'endroit où on l'a d'abord placé, & quand est-ce qu'il doit tomber au fond. Nous avons tiré de ces différentes regles l'explication des phénomenes les plus curieux. Nous avons appris, par exemple, par quel mécanisme les poissons nagent, les oiseaux volent, les vaisseaux voguent sur les eaux, &c. Nous avons enfin donné, à la fin de cette premiere partie, quelques méthodes qui conduisent infailliblement à la découverte de la différence qu'il y a entre la gravité spécifique de deux corps, soit qu'ils soient tous deux solides, soit qu'ils soient tous deux fluides, soit que l'un des deux soit fluide, & l'autre solide.

Nous avons démontré dans la seconde partie de l'Hydrostatique que deux fluides homogenes qui se trouvent dans deux tubes communiquans, sont en équilibre & s'élevent toujours à la même hauteur dans les deux branches, lors même qu'elles sont de différente capacité. Nous avons encore démontré que la pression qu'exerce un fluide homogene sur le fond du vase dans lequel il est contenu, est toujours en raison composée de la base & de la hauteur du fluide. Nous avons fini cette seconde partie par plusieurs corollaires que nous avons tiré de ces deux démonstrations. La troisieme partie de l'Hydrostatique traite des fluides hétérogenes ; c'est-là où nous avons démontré que deux fluides de cette espece, contenus dans deux tubes communiquans, ont leur hauteur en raison inverse de leur densité. Nous avons tiré de cette proposition plusieurs corollaires pratiques qui ont rapport à l'explication de l'ascension du mercure dans le barometre, de l'eau dans les seringues, &c.

HYDROPHOBIE.

Qu'est-ce que l'hydrophobie & quelle en est la cause la plus ordinaire ? Voilà ce que nous avons examiné, au commencement de cet article. Nous avons ensuite fait la description du *proscarabée* ou *méloé proscarabé*, insecte qui entre dans la composition du meilleur remede anti-hydrophobique que nous connoissions. Nous avons appris à préparer ce remede & à s'en servir avec succès. Nous avons enfin rapporté une foule de cures opérées par le moyen de ce remede.

HYGROMETRE.

Qu'est-ce que l'Hygrometre ? Quel est l'usage de cet instrument météorologique ? Comment peut-on se procurer un bon Hygrometre ? Quels sont les défauts de certains Hygrometres dont on a coutume de se servir ? Voilà ce que nous avons examiné dans cet article.

HYVER.

Nous avons prouvé dans cet article que le froid de l'hyver a pour cause générale un certain degré d'obliquité des rayons du Soleil sur l'horizon, & le peu de tems que cet Astre y demeure. Nous avons examiné tous les rapports selon lesquels cette cause agit ; & d'après M. de Mairan, nous avons répondu d'une maniere triomphante à une objection qui paroît renverser ce systeme.

I

La lettre I présente quatre grands articles dont il est nécessaire de rendre compte. Ils commencent par les mots *Imagination*, *Influence*, *Insecte* & *Jupiter*.

IMAGINATION.

Qu'est-ce que l'imagination & dans quelle partie du cerveau faut-il placer son organe ? Voilà ce que nous avons discuté au commencement de cet article. Nous avons ensuite tenté d'expliquer, d'après Malebranche, certains phénomenes qui n'ont d'autre cause que l'imagination des femmes, celui, par exemple, d'un jeune homme qui étoit venu au monde fou, & dont le corps étoit rompu dans les mêmes endroits dans lesquels on rompt les criminels; celui d'une femme qui ayant considéré avec trop d'application le tableau de Saint Pie, accoucha d'un enfant mort qui ressembloit parfaitement à l'image de ce Saint. Nous avons fini cet article par l'explication de ces marques que les enfans ne portent que trop souvent en naissant, auxquelles l'on a donné le nom d'*envies*.

INFLUENCE.

Après avoir rendu compte de la dissertation de M. l'Abbé Toaldo, intitulée : *Quelle est l'influence des météores sur la végétation ? Et quelles conséquences pratiques peut-on tirer relativement à cet objet des différentes observations météorologiques faites jusqu'ici ?* Nous avons proposé notre systeme sur cette matiere. Nous croyons avoir démontré que la Lune n'a sur la végétation aucune espece d'influence; & notre démonstration est fondée sur les expériences les plus décisives & la théorie la plus raisonnable.

INSECTES.

Cet article présente l'abrégé des huit premiers entretiens du Tome Ier. du Spectacle de la Nature. Après avoir défini ce que c'est qu'un insecte, considéré en général, nous avons répondu aux questions suivantes :

Quelle est l'origine des insectes ?
En combien de classes peut-on les diviser ?
Quelles sont les parures des insectes ?
De quelles armes se servent-ils ?
Quels sont leurs organes & leurs outils ?
Par quels états différens passent la plupart des insectes ?

JUPITER.

Qu'est-ce que Jupiter ? Quelle est la grosseur & la densité de son globe ? En combien de tems acheve-t-il son mouvement périodique & celui de rotation ? A quelle distance se trouve-t-il du Soleil ? De combien de satellites eſt-il entouré ? Comment & pourquoi dérange-t-il le cours des autres planetes ? Voilà ce que nous avons diſcuté dans cet article.

K

La Lettre K ne contient qu'un grand article ; c'eſt celui de Képler dont il eſt néceſſaire de rendre compte.

KÉPLER.

Nous avons d'abord démontré géométriquement dans cet important article que *les aires aſtronomiques, parcourues par les planetes, ſont comme les tems employés à les parcourir.* De cette premiere loi nous avons tiré les vérités ſuivantes :

Plus les aires ſont près du foyer, plus leurs baſes ſont grandes.

Les planetes doivent aller plus vîte près du périhélie, que près de l'aphélie.

L'aire d'une planete quelconque perd ſenſiblement en baſe, ce qu'elle gagne en rayon vecteur.

Deux aires égales dont l'une eſt à l'aphélie, & l'autre au périhélie, ont leurs baſes en raiſon inverſe des rayons vecteurs, à prendre les choſes ſenſiblement.

A prendre toujours les choſes ſenſiblement, l'on a raiſon d'aſſurer que les planetes ont leur vîteſſe en raiſon inverſe de leur diſtance au foyer. Voilà pour la premiere Loi de Képler.

Nous avons enſuite démontré algébriquement que *les carrés des tems périodiques des planetes qui tournent autour d'un centre commun, ſont comme les cubes de leurs diſtances à ce centre.* C'eſt ici la ſeconde Loi de Képler ; nous avons appris avec quelle facilité l'on peut, par le moyen de cette Loi, connoître les diſtances des planetes principales au Soleil, & celles des ſatellites à leur planete principale.

Nous avons terminé cet article par une notice légere des autres ouvrages de Képler.

Il eſt encore ſous la lettre K l'article Kircher qui n'eſt pas ſuſceptible d'abrégé, mais qui demande une lecture réfléchie.

L

La plupart des articles contenus sous cette partie de la lettre L qui termine ce troisieme volume, demandent une analyse. Aussi allons-nous rendre compte des articles qui commencent par les mots, *Lanterne magique*, *Larme batavique*, *Latitude*, *Lévier*, *Logarithmes*, *Logarithmique*, *Loix générales de la nature*, *Longimétrie*, *Longitude*, *Longueur de la vie des hommes*, *Louche*, *Loup marin*, *Loupe*, *Lumiere*, *Lumiere Zodiacale* & *Lune*.

LANTERNE MAGIQUE.

Quel est l'inventeur de la lanterne? Quelle en est la construction? Quel en est le mécanisme? Voilà ce que nous avons examiné dans cet article.

LARME BATAVIQUE.

Comment se fait la larme batavique? Pourquoi, si l'on frappe avec un marteau la tête de cette larme, elle ne se brisera pas? Pourquoi, si l'on rompt l'extrémité de la queue de cette larme, elle s'écartera tout d'un coup en poussiere blanche, à deux ou trois pieds à la ronde? Pourquoi cette larme ne se brise pas, lorsqu'on la laisse refroidir dans l'air & qu'on rompt ensuite l'extrémité de sa queue? Voilà ce que nous avons expliqué dans cet article.

LATITUDE.

Qu'est-ce que la latitude d'une Ville? Comment peut-on trouver la latitude d'une Ville quelconque? Comment peut-on trouver le parallele d'une Ville, en supposant sa latitude connue? Voilà les trois problemes que nous avons résolu dans cet article, auquel, pour la commodité du Lecteur, nous avons joint une table des latitudes des principales Villes du monde; on la trouvera à la fin de ce troisieme volume.

L'on trouve, à la fin du volume, la latitude des principales villes du monde, rangées par ordre alphabétique, en degrés, minutes & secondes géométriques.

LÉVIER.

Qu'eſt-ce qu'un lévier ? Combien compte-t-on d'eſpeces de léviers ? Quand eſt-ce que deux poids appliqués à un lévier, ſont en équilibre ? Comment peut-on ramener au lévier la plupart des machines uſuelles ? Comment peut-on trouver le *point d'appui* d'un lévier dont on connoît la longueur & les deux poids qu'on veut y mettre en équilibre ? Comment peut-on déterminer le poids qu'il faut appliquer à l'extrémité du bras le plus court, pour qu'un lévier de la premiere eſpece dont on connoît la longueur, la peſanteur & le point d'appui, ſoit en équilibre avec lui-même ? Quelle eſt la formule générale pour élider la peſanteur d'un lévier de la ſeconde eſpece ? Voilà des queſtions importantes que nous avons plutôt indiquées, que traitées dans cet article ; elles ſont partie, ou plutôt elles ſont le fondement de notre article *Mécanique* auquel nous avons renvoyé le Lecteur. Nous n'avons prétendu ici que donner une idée générale du lévier, de quelque eſpece qu'il ſoit.

Fin du Sommaire du troiſieme Volume.

Fautes à corriger dans le Tome III.

PAGE 209, *ligne* 24, milliers des questions *lisez* de questions.
213, *l.* 17, *pl.* 1 *lisez pl.* 3 du Tome II.
240, *l.* 2, deux bases *ajoutez* égales.
255, *l.* 28 & 30, BD : BD *lisez* BC : BD, AD : BC *lisez* AD : BD.
288, *l.* 32, *pl.* 2 *lisez pl.* 3.
334, *l.* 27, *pl.* 1 *lisez pl.* 2.
353, *liz.* 17, il trouve *lisez* il se trouve.
362, *l.* 33, quatrieme *lisez* cinquieme.
381, *l.* 15, *matérianisme* lisez *matérialisme*.
462, *l.* 22, *fig.* 2, *pl.* 19 *lisez fig.* 19, *pl.* 3.
524, *l.* 10, lanterne *ajoutez* magique.

Fig. 1.

Fig. 2.

Fig. 3.

Fig. 4

Fig. 5.

Fig. 6.

Fig. 7.

Fig. 8.

Fig. 9.

Fig. 10.

Fig. 11.

Fig. 12.

Fig. 13.

Fig. 14

Fig. 16.

Fig. 17.

Fig. 18.

Fig. 19.

Fig. 20.

Planche II. Tom. III

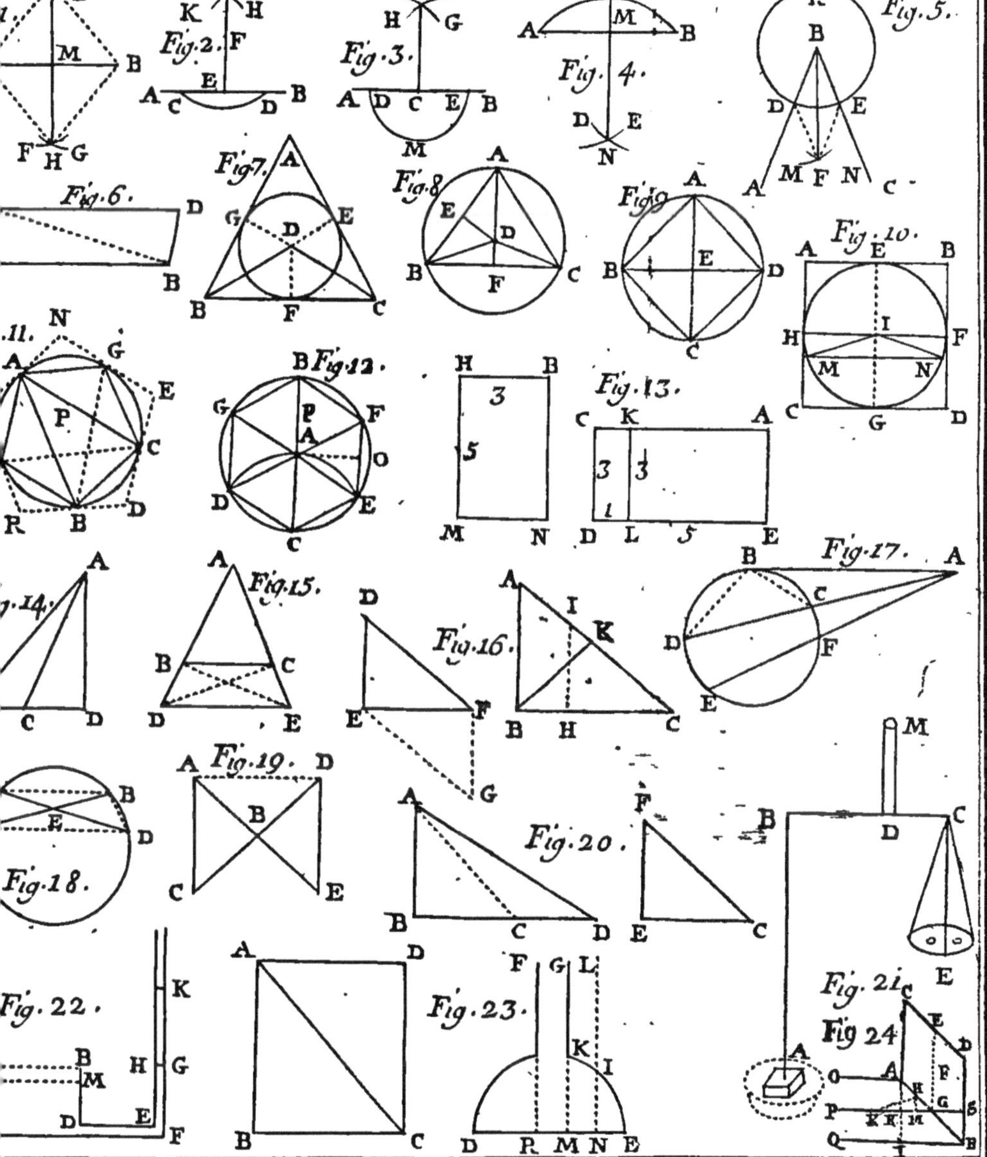

Planche III Tom. III

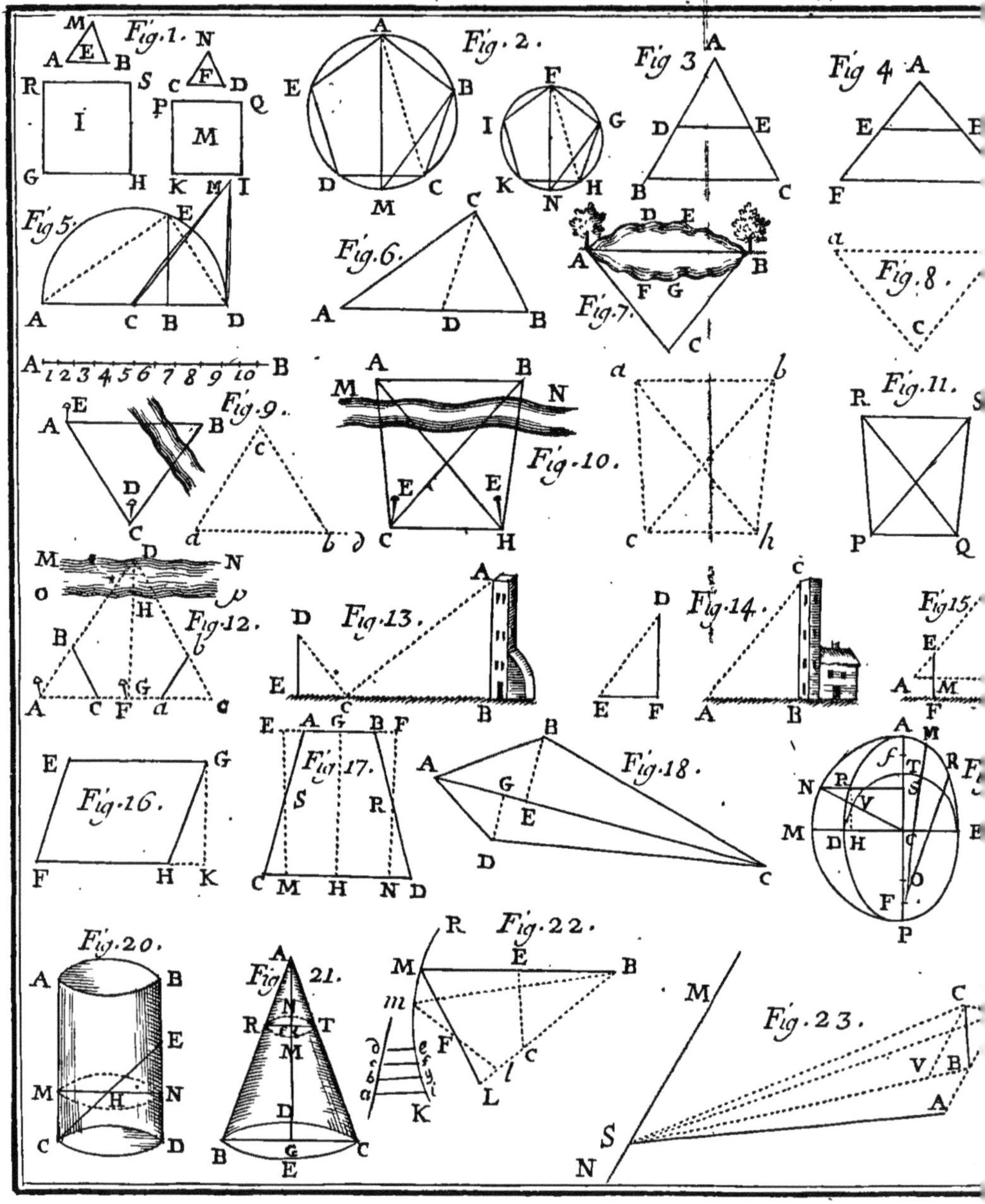

www.ingramcontent.com/pod-product-compliance
Ingram Content Group UK Ltd.
Pitfield, Milton Keynes, MK11 3LW, UK
UKHW022321190726
13856UKWH00001B/126